I0034833

Oldenbourg

Physik IV

Physik der Atome, Moleküle und Kerne
Wärmestatistik

von
G. Michael Kalvius

Oldenbourg Verlag München Wien

Die Deutsche Bibliothek - CIP-Einheitsaufnahme

Kalvius, Georg Michael:
Physik der Atome, Moleküle und Kerne, Wärmestatistik / von G.
Michael Kalvius. – 5., vollst. überarb. Aufl. – München ; Wien :
Oldenbourg, 1999
   (Physik ; 4)
   ISBN 3-486-24055-2

Physik Einführungskurs für Studierende der Naturwissenschaften
und Elektrotechnik. - [Ausg. für Studierende]. – München ; Wien :
Oldenbourg

   4. Kalvius, Georg Michael: Physik der Atome, Moleküle und Kerne,
   Wärmestatistik. – 5., vollst. überarb. Aufl. - 1999

1. Nachdruck 2013

© 1999 Oldenbourg Wissenschaftsverlag GmbH
Rosenheimer Straße 145, D-81671 München
Telefon: (089) 45051-0, Internet: http://www.oldenbourg.de

Das Werk einschließlich aller Abbildungen ist urheberrechtlich geschützt. Jede Verwertung
außerhalb der Grenzen des Urheberrechtsgesetzes ist ohne Zustimmung des Verlages
unzulässig und strafbar. Das gilt insbesondere für Vervielfältigungen, Übersetzungen,
Mikroverfilmungen und die Einspeicherung und Bearbeitung in elektronischen Systemen.

Lektorat: Martin Reck
Herstellung: Rainer Hartl
Satz: Cornelia Kratzer
Umschlagkonzeption: Kraxenberger Kommunikationshaus, München
Gedruckt auf säure- und chlorfreiem Papier
Druck: Grafik + Druck, München
Bindung: R. Oldenbourg Graphische Betriebe Binderei GmbH

ISBN 3-486-24055-2   ISBN 978-3-486-24055-2   eISBN 978-3-486-59898-8

Inhaltsverzeichnis

Abbildungsverzeichnis

Tabellenverzeichnis

Aus dem Vorwort zur ersten Auflage

Mit dem vorliegenden Band PHYSIK IV wird der Zyklus der Grundvorlesung in Physik abgeschlossen. Erfahrungsgemäß bereitet der Stoff der Vorlesung PHYSIK IV den Studenten immer wieder besondere Schwierigkeiten. Das liegt in der Atomphysik vor allem daran, daß die Phänomene nicht mit den bisher hauptsächlich behandelten Gesetzen der klassischen Physik beschreibbar sind, sondern nur in der Quantenmechanik begründet werden können. Da die strenge quantenmechanische Behandlung sicherlich der entsprechenden Theorievorlesung vorbehalten bleiben muß, ist man gezwungen, semi-quantitative, mechanische Modelle einzuführen, denen die quantenmechanischen Regeln einfach a priori aufgepfropft sind. Das ist für einen Studenten, der im Physikstudium meist die rigorose, logische aufgebaute Erklärung aller natürlichen Erscheinungsformen sucht, natürlich unbefriedend. Er verkennt wohl zunächst meist und aus verständlichen Mangel an Erfahrung, den ungeheuren Nutzen solcher Modelle in der Physik. Wir möchten daher den Leser bitten, sich sehr ernsthaft mit den angeführten Modellen (z.B. das Vektorgerüstmodell des Vielelekronenatoms) zu befassen. Der geschickte Gebrauch solcher Modelle, wozu auch das Wissen um ihre Grenzen gehört, trägt einen guten Teil zur „physikalischen Intuition" großer Physiker bei. Es versteht sich wohl von selbst, daß schließlich alle Modelle durch exakte Rechnungen der theoretischen Physik begründet werden müssen. Der historische Weg der Entwicklung verläuft aber in vielen Fällen so, daß zunächst aus dem experimentellen Erfahrungsschatz semi-quantitative Verfahrensregeln aufgestellt und in einer Modellvorstellung zusammengefaßt werden. Danach erst wird die exakte theoretische Begründung entwickelt. Ein schönes historisches Beispiel hierfür aus dem Stoff unserer Vorlesung sind die Kopplungsregeln für die Drehimpulse der Elektronen im Atom.

In jedem Fall will dieses Buch nur Leitfaden und Anregung sein. Unser dringender Rat ist daher: lesen Sie auch andere Darstellungen der hier behandelten Gebiete. Wir geben Ihnen dazu eine Starthilfe mit einem kurzen Literaturverzeichnis nach jedem Kapitel. Bestimmte Aspekte der Physik werden in jedem der Lehrbücher unterschiedlich betont sein.

München, im März 1977   G.M. Kalvius   K. Luchner   H. Vonach

Vorwort zur fünften Auflage

Die „alte" Physik IV litt lange Zeit unter dem Manko, daß sie auf einer Einführung in die Quantenphysik (Teil 2 von Physik III) aufbaute, die nur als Vorlesungsskript von Prof. K. Luchner vorlag. Als schließlich mein Kollege Prof. A. Körner diesen Teil von Physik III neu schrieb und in der Serie des Zyklus Physik I–IV veröffentlichte, wich dieser Text nicht unerheblich von dem genannten Skript ab und die Serie paßte nicht mehr so recht zusammen. Die Überlegungen zu einer Neufassung fielen dann zusammen mit einer Neuordnung des Studienplans, der eine deutlichere Trennung von „klassischer" und „moderner" Physik vorsieht. Daraus ergab sich die zwingende Notwendigkeit einer Neufassung, die hiermit nun vorliegt.

Der Hauptunterschied zur „alten" Fassung ist:

1. Die phänomenologische Behandlung der Wärmephysik wurde in Physik I eingebaut. In Physik IV verbleibt die statistische Wärmephysik. Die Quantenstatistik wurde dabei noch stärker betont. Die Strahlungsgesetze sind in Physik III zu finden.

2. Es wurden einige Kapitel über die Grundzüge der Kernphysik aufgenommen. Der Anlaß hierzu ist zweifach. Zum einen tendieren die höhersemestrigen Vorlesungen über Kernphysik (sowie die entsprechenden Lehrbücher) dazu, diesen Stoffbereich als bekannt vorauszusetzen, zum anderen gibt es Studienrichtungen, deren Anteil an Physik auf die ersten vier Grundsemster beschränkt ist. In diesem Falle sollte wenigstens eine elementare Kenntnis des Kernbaus und der experimentellen Methoden der Kernphysik übermittelt werden.

Die Behandlung der Atomphysik wurde weitgehend übernommen, jedoch mit einer größeren Betonung des Wasserstoffatoms und wasserstoffähnlicher Atome. Die Molekülphysik wurde etwas erweitert. Generell wurde versucht, moderne Beispiele der Anwendung mit einzubauen, um dem Studenten möglichst deutlich vor Augen zu führen, daß selbst aktuelle Experimente auf dem Grundlagenstoff direkt aufbauen und daß das Verständnis der Grundlagen ein „sine qua non" ist.

Meine beiden Mitstreiter der ursprünglichen Fassung von Physik IV, die Kollegen Prof. K. Luchner und Prof. H. Vonach, sind beide zwischenzeitlich emeritiert. Wegen anderweitiger Verpflichtungen sahen sie sich leider nicht in der Lage innerhalb der zur Verfügung stehenden Zeit an der Neufassung mitzuarbeiten. Sie erscheinen daher auf eigenen Wunsch nicht mehr als Autoren. Dies bedeutet aber nicht, daß der Einfluß der beiden Kollegen aus dem Text verschwunden wäre. Die Neufassung hat den alten Text zur Grundlage und berücksichtigt frühere Notizen. Mein Dank gilt Herrn Prof. K. Luchner und Herrn Prof. H. Vonach für die fruchtbare Zusammenarbeit. Ebenso möchte ich die sehr nützlichen Diskussionen mit Herrn Prof. A. Körner und Herrn Prof. P. Kienle dankend erwähnen.

Mein besonderer Dank gilt Frau Cornelia Kratzer, die aus meinen – nicht leicht lesbaren – handschriftlichen Notizen ein perfektes LaTeX Manuskript anfertigte. Herr Dr. A. Kratzer fungierte als der Bearbeiter des Bandes und unermüdliches Zwischenglied zum Oldenbourg Verlag. Die Zusammenarbeit mit Herrn Dipl. Physiker A. Türk und Herrn Dipl. Physiker M. Reck, verantwortlich für die Serie Physik I bis IV im Oldenbourg Verlag, verlief hervorragend.

Der vorliegende Band wurde mit sehr viel Mühe und Sorgfalt erstellt. Aber nichts ist perfekt, und ich wäre Studenten und Kollegen für Verbesserungsvorschläge (ebenso Hinweise auf Druckfehler), z.B. über die unten angegebene e-mail Adresse, sehr dankbar.

Garching, im Juli 1999   G. Michael Kalvius
                                                   (e-mail: Kalvius@PH.TUM.DE)

A ATOM- UND MOLEKÜLPHYSIK

1 Eigenschaften von Quantenteilchen

Wir fassen zu Beginn die wichtigsten Eigenschaften von Quantenteilchen zusammen, was zunächst eine Wiederholung von bereits in Physik III besprochenen Tatsachen beinhaltet. Als typische Beispiele von Quantenteilchen dienen uns das *Photon* und das *Elektron*.

1.1 Der Dualismus Welle – Teilchen

Klassische Wellen

Die Ausbreitung des Lichtes im Raum (der Materie enthalten kann) läßt sich beschreiben, indem man das Licht als elektromagnetische Welle auffaßt:

$$\vec{\mathcal{E}}(\vec{r}, t) = \vec{\mathcal{E}}_0 \cos\left(\omega t - \vec{k}\vec{r} + \phi\right). \tag{1.1}$$

Die mit der elektromagnetischen Welle in Zusammenhang stehenden Grössen sind in Tabelle 1.1 zusammengestellt.

Tabelle 1.1: Elektromagnetische Kenngrößen.

elektrische Feldstärke	$\vec{\mathcal{E}}$	Kreisfrequenz	ω
Wellenvektor	$\vec{k}$ ($|k| = 2\pi/\lambda$)	Phase	ϕ
Wellenlänge	$\lambda = n\omega/c$	Lichtgeschwindigkeit	$c_{\mathrm{Vak}} = 1/\sqrt{\varepsilon_0\mu_0}$
Brechungsindex	$n = \sqrt{\varepsilon}$	Dielektrizitätskonstante	ε

(1.1) ist eine Lösung der elektromagnetischen Wellengleichung

$$\vec{\nabla}^2\vec{\mathcal{E}} = \varepsilon\varepsilon_0 \frac{\partial^2}{\partial t^2}\vec{\mathcal{E}} \quad \text{mit} \quad \vec{\nabla}^2 = \frac{\partial^2}{\partial x^2} + \frac{\partial^2}{\partial y^2} + \frac{\partial^2}{\partial z^2}. \tag{1.2}$$

Wellengleichung für die elektromagnetische Welle (Licht)

Sie folgt direkt aus den Maxwellschen Gleichungen des elektromagnetischen Feldes. Die typischen Wellenphänomene wie Brechung, Beugung und Interferenz lassen sich mit Licht gut beobachten.

Eine Welle erzeugt einen kontinuierlichen Energieübertrag. Dies wird jedoch bei der Wechselwirkung von Licht mit Bausteinteilchen der Materie nicht beobachtet. So findet man etwa für die kinetische Energie von Elektronen, die durch Lichteinstrahlung aus der Atomhülle ausgelöst werden (*Photoeffekt*):

Photoeffekt

$$E_{\text{kin}} = \hbar\omega - E_{\text{B}}. \tag{1.3}$$

Hier ist ω die Frequenz des einfallenden Lichtes, E_{B} die atomare Bindungsenergie des Elektrons und $\hbar \approx 6{,}6 \cdot 10^{-34}\,\text{Js}$ die Plancksche Konstante. Ergebnis (1.3) ist unabhängig von der Intensität (die im Wellenbild $\propto |\vec{\epsilon}_0|^2$ ist). Eine Intensitätserhöhung erzeugt mehr Photoelektronen; sie alle besitzen jedoch die durch (1.3) definierte kinetische Energie.

Der Photoeffekt wurde in Physik III ausführlich besprochen. Bei Einstrahlung mit fester Lichtfrequenz ω spiegelt das Spektrum der kinetischen Energie der Photoelektronen die Verteilung der Bindungsenergien E_{B} im Atom wider. Derartige Messungen spielen, besonders hinsichtlich der Energiezustände der am schwächsten gebundenen Elektronen in Molekülen oder im Festkörper, eine wichtige Rolle, denn diese Elektronenzustände sind für die chemische Bindung verantwortlich. Ein Beispiel zeigt Bild 1.1.

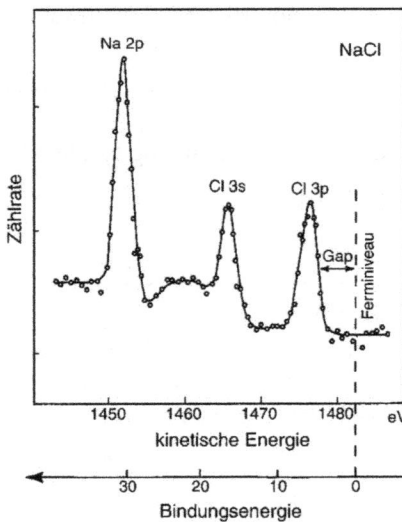

Bild 1.1: Photoemissions-Spektroskopie. Eine Probe wird mit Photonen bestrahlt, wodurch Elektronen aus der Probe herausgelöst werden. Die Verteilung der kinetischen Energien der Elektronen gibt Aufschluß über die Bindungsenergien der Elektronen in der Probe. Das Bild zeigt das Spektrum von NaCl. NaCl ist ein Isolator. Das Valenzband (Cl 3p) befindet sich etwa 5 eV unterhalb des Ferminiveaus (Bindungsenergie 0 eV). (Nach: K. Siegbahn et al., *ESCA*, Uppsala 1967)

Es zeigt sich also, daß im Einzelprozeß Lichtenergie nur als ein Vielfaches des Energiequants

$$\boxed{E = \hbar\omega} \qquad \textbf{Lichtquant}$$

auf Materie übertragen werden kann. Dem Lichtquant, das man als *Photon* bezeichnet, kommen Teilcheneigenschaften zu, denn den lokalisierten Energieübertrag auf ein einzelnes Materieteilchen kann das Wellenbild nicht wiedergeben. Insbesondere kann man den Photonen den Impuls

Das Lichtquant ist das Photon

$$\vec{p} = \hbar\vec{k} \tag{1.4}$$

zuordnen. Photonen sind rein relativistische Teilchen; sie existieren nur bei Lichtgeschwindigkeit. Sie haben demnach keine Ruhemasse, ihre relativistische Masse ist:

$$m = \frac{\hbar\omega}{c^2} = \frac{E}{c^2}. \tag{1.5}$$

Die Anwendung von relativistischem Energie- und Impulssatz auf die Streuung eines Photons an einem freien (d.h. ungebundenen) Elektron liefert den bereits in Physik III ausführlich besprochenen *Comptoneffekt*.

Klassische Teilchen

Die Ausbreitung von Teilchen im Raum läßt sich in der klassischen Physik durch lokalisierte Bahnen beschreiben, die man gemäß den Gesetzen von NEWTON (im nicht-relativistischen Grenzfall) bzw. EINSTEIN (bei relativistischer Bewegung) beliebig genau berechnen kann (falls man alle Kräfte, die auf das Teilchen wirken, kennt). Für Teilchen von atomarer Dimension entspricht dies jedoch nicht der experimentellen Beobachtung. So treten etwa bei der Reflexion (Rückstreuung) von Elektronen an einer Kristalloberfläche typische Wellenphänomene wie Beugung und Interferenz auf. Ein Beispiel zeigt Bild 1.2.

Bild 1.2: Beugungsexperimente mit niederenergetischen Elektronen (10-1000 eV) zeigen die Struktur der obersten Atomlagen eines Kristalls. Gezeigt ist das Beugungsbild einer Pt (111) Oberfläche bei einer Elektronenenergie von 51 eV. Die Methode wird mit LEED (Low Energy Elektron Diffraction) bezeichnet.

Die Beugungsmaxima sind durch die *Braggbeziehung*

$$2d \sin \Theta = m\lambda \quad \text{mit} \quad m = 1, 2, 3, \ldots \tag{1.6}$$

gegeben. Es handelt sich, wie in Physik III besprochen, um Beugung an einem dreidimensionalen Punktgitter. Die in (1.6) auftretende, dem Teilchen zuzuordnende Wellenlänge λ ist durch die *de Broglie-Beziehung* gegeben:

$$\vec{k} = \frac{\vec{p}}{\hbar} \quad \text{oder} \quad \lambda = \frac{2\pi\hbar}{|\vec{p}|}. \tag{1.7}$$

Zu beachten ist, das (1.7) identisch mit (1.4) ist. Wellen- und Teilcheneigenschaften sind völlig gleichartig miteinander verknüpft. Es spielt keine Rolle, ob wir von einer klassischen Welle oder einem klassischen Teilchen ausgehen. Wir sprechen generell von *Quantenteilchen*, und diese besitzen grundsätzlich *gleichzeitig* Wellen- und Teilcheneigenschaften wie sie die klassische Physik definiert.

Elektronenbeugungsdiagramme, wie sie Bild 1.2 zeigt, spielen bei der Charakterisierung von Oberflächen eine zentrale Rolle. Man spricht von LEED (**L**ow **E**nergy **E**lektron **D**iffraction) Messungen. Sie sind ein wichtiger Bestandteil der modernen Oberflächenphysik.

1.2   Die Wellenfunktion und die Schrödingergleichung

Wellenfunktion von freien Quantenteilchen

Zur mathematischen Beschreibung ihres Wellencharakters muß man den Quantenteilchen die *Wellenfunktion* $\Psi(\vec{r}, t)$ zuordnen, die etwa (analog zu (1.1)) die Form einer ebenen Welle besitzen kann (freies Teilchen):

$$\Psi(\vec{r}, t) = A_0 \cos\left(\omega t - \vec{k}\vec{r}\right). \tag{1.8}$$

Die Wellenfunktion muß immer eine Lösung der *Schrödingergleichung* darstellen:

$$\boxed{i\hbar \frac{\partial}{\partial t}\Psi(\vec{r}, t) = -\left[\frac{\hbar}{2m}\vec{\nabla}^2 + U(\vec{r}, t)\right]\Psi(\vec{r}, t)} \quad \begin{array}{l}\textbf{Schrödinger-}\\ \textbf{gleichung}\end{array} \tag{1.9}$$

Hier ist $U(\vec{r}, t)$ das Potential, in dem sich das Teilchen mit der Masse m bewegt. Ein Vergleich mit (1.2) zeigt, daß die Schrödingergleichung keine echte Wellengleichung ist, denn es tritt nur die erste und nicht die zweite Ableitung nach der Zeit auf. Außerdem ist die Schrödingergleichung von

Natur aus komplex, und dies gilt dann auch für die Lösungsfunktionen $\Psi(\vec{r}, t)$ (d.h. in (1.8) ist A_0 eine komplexe Zahl).

Bemerkung:

Man schreibt zwar oft auch die echte Welle wie sie (1.1) wiedergibt in komplexer Form. Dies ist aber nur zur Vereinfachung der Winkelfunktion und deshalb lediglich eine mathematische Bequemlichkeit, aber keine inhärente Eigenschaft. Die komplexe Natur der Wellenfunktion spiegelt wider, daß $\Psi(\vec{r}, t)$ nicht die reale physikalische Bedeutung zukommt wie etwa der elektrischen Feldstärke $\vec{\mathcal{E}}(\vec{r}, t)$ einer Lichtwelle.

Die physikalische Bedeutung der Wellenfunktion ist einzig gegeben durch die Forderung, daß ihr Absolutquadrat[1]

Bedeutung der Wellenfunktion

$$\boxed{|\Psi|^2 = \Psi^\star \Psi} \tag{1.10}$$

die Volumendichte der Aufenthaltswahrscheinlichkeit des beschriebenen Teilchens festlegt. $\Psi^\star \Psi$ ist eine reelle Größe und kann daher physikalische Bedeutung haben. Sie liefert die differentielle Wahrscheinlichkeit dP, das Teilchen am Ort x, y, z im Volumenelement $dV = dx\,dy\,dz$ zu finden:

$$dP(x, y, z) = \Psi^\star \Psi\, dV. \tag{1.11}$$

Es folgt sofort, daß $\int_{\text{Raum}} \Psi^\star \Psi\, dV = 1$, was die Normierungsbedingung der Wellenfunktion darstellt, denn irgendwo muß das Teilchen ja sein.

Normierungsbedingung

Falls das Potential U nur vom Ort (und nicht auch von der Zeit) abhängt, läßt sich die Wellenfunktion schreiben

$$\Psi(\vec{r}, t) = \psi(\vec{r}) \exp\left(-\frac{i}{\hbar} E t\right), \tag{1.12}$$

wobei die *Eigenfunktion* $\psi(\vec{r})$ die Lösungsfunktion der *zeitunabhängigen* Schrödingergleichung

$$\boxed{\left[-\frac{\hbar^2}{2m} \vec{\nabla}^2 + U(\vec{r})\right] \psi(\vec{r}) = E \psi(\vec{r})} \quad \textbf{Zeitunabhängige Schrödingergleichung} \tag{1.13}$$

ist. (1.13) schreibt man auch oft verkürzt als:

$$\boxed{\mathcal{H}\psi = E\psi} \tag{1.14}$$

und bezeichnet $\mathcal{H} = -\hbar^2/(2m)\vec{\nabla}^2 + U(\vec{r})$ als den *Hamilton-Operator*.

Hamilton-Operator

---

[1] $\Psi^\star$ ist die konjugiert komplexe Funktion von Ψ.

Dies, und ganz allgemein die Operatorformulierung von Quanteneigenschaften, wird in der theoretischen Quantenmechanik ausführlich behandelt[2].

Wie man sofort sieht, gilt

$$\Psi^\star\Psi = \psi^\star\psi. \tag{1.15}$$

Bei stationären Problemen genügt es somit, die Eigenfunktion $\psi(\vec{r})$ zu kennen.

Im Sprachgebrauch der Physik wird oft zwischen Eigenfunktion und Wellenfunktion nicht scharf unterschieden. (1.13) (bzw. (1.14)) stellt eine Eigenwertgleichung dar, d.h. sie läßt sich in der Regel nicht für beliebige Energiewerte erfüllen, sondern nur für einen (u.U. unendlichen) Satz von Energieeigenwerten E_n mit $n = 1, 2, 3, \ldots$ Dies führt auch hier zur Energiequantisierung.

Relativistisch: Diracgleichung

Die Schrödingergleichung ist nicht Lorentz-invariant, d.h. sie beschreibt nur nicht-relativistische Teilchen. Gewisse Eigenschaften von Quantenteilchen, speziell im Zusammenhang mit magnetischem Verhalten, werden nicht richtig wiedergegeben. Das relativistische Pendant zur Schrödingergleichung ist die *Diracgleichung*[3]. Ihre Lösung ist aber mathematisch viel aufwendiger und wir gehen hier darauf nicht ein. Ganz allgemein begnügt man sich vielfach mit dem Schrödinger-Formalismus (speziell in der Atomphysik) und fügt die nötigen relativistischen Korrekturen nachträglich an. Es sei aber erwähnt, daß die Diracgleichung ganz grundlegende Eigenschaften von Quantenteilchen beinhaltet wie etwa den Spin oder die Existenz von Antiteilchen. Sie liefert mehr als nur eine einfache relativistische Korrektur. Dies zeigt noch einmal deutlich, daß die Forderung nach Lorentz-Invarianz eine fundamentale Bedingung für physikalische Zusammenhänge ist.

1.3 Die Unschärferelation von Heisenberg

Für ein klassisches Teilchen können wir prinzipiell den Aufenthaltsort zu jedem Zeitpunkt angeben, wenn wir nur die anfänglichen Bewegungsgrößen sowie die Kräfte auf das Teilchen kennen. Für ein Quantenteilchen, das durch die Wellenfunktion $\Psi(\vec{r}, t)$ beschrieben wird, ist das nicht möglich. Die einzig machbare Aussage ist die Größe der Aufenthaltswahrscheinlichkeit in einem Volumenelement, die durch $\Psi^\star\Psi$ gegeben ist.

Die Lösung der Schrödingergleichung für ein freies Teilchen, d.h. für $U(\vec{r}, t) \equiv 0$ in (1.9), ist eine ebene Welle, wie sie (1.8) darstellt. Dann ist

---

[2] siehe z.B. F. Schwabl, *Quantenmechanik*, 4. Auflage, Abschnitt 2.4, Springer-Verlag oder Gasiorowicz, *Quantenphysik*, 7. Auflage, R. Oldenbourg Verlag 1998

[3] siehe Haken/Wolf, *Atom- u. Quantenphysik*, 6. Auflage, Kap. 14.6, Springer-Verlag 1996

natürlich $\Psi^\star\Psi$ = const, d.h. die Wahrscheinlichkeit das Teilchen zu finden, ist dieselbe überall im Raum. Nun können wir aber mit einem Detektor den Ort des Teilchens (zu einem Zeitpunkt t) festlegen. Das bedeutet, daß nunmehr die ebene Welle nicht die richtige Lösung sein kann, denn im Detektorvolumen ist $\Psi^\star\Psi \neq 0$, während überall sonst $\Psi^\star\Psi = 0$ sein muß. Dies verlangt, daß wir die ebene Welle durch ein Wellenpaket (Bild 1.3) ersetzen.

Lokalisierte Teilchen werden durch ein Wellenpaket beschrieben

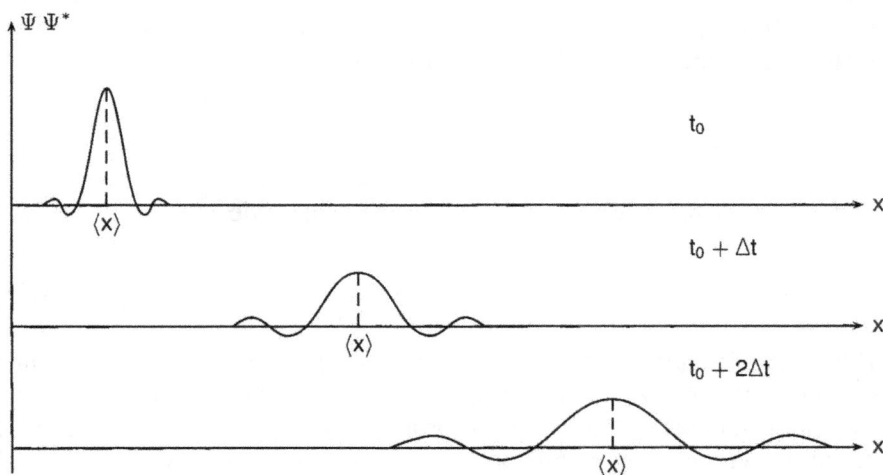

Bild 1.3: Wellenpaket eines bewegten Teilchens. Der Teilchenort wurde zur Zeit t_0 bestimmt. $\langle x \rangle$ ist der Erwartungswert des Ortes gemäß (1.19).

Nach FOURIER läßt sich das Wellenpaket durch Überlagerung einer Vielzahl ebener Wellen mit einer breiten Verteilung von $\vec{k}$ Vektoren um einen mittleren Wert darstellen. Da jede ebene Welle eine Lösung der Schrödingergleichung ist, ist natürlich auch eine Überlagerung ebener Wellen eine Lösung. Nach DE BROGLIE ist $\vec{k} \propto \vec{p}$, d.h. wir haben Ortsschärfe auf Kosten der Impulsschärfe erzielt. In der Tat, je enger wir das Wellenpaket machen, d.h. je genauer wir den Teilchenort definieren, um so mehr Fourierkomponenten werden benötigt, um so grösser wird die Impulsunschärfe. Wie in Physik III ausgeführt, zeigen Materieteilchen (d.h. Teilchen mit Ruhemasse) im Raum (selbst im Vakuum) Dispersion. Somit läuft das Wellenpaket schnell wieder auseinander (siehe Bild 1.3). Wir können nach kurzer Zeit den Teilchenort nicht mehr angeben, im Gegensatz zu einem klassischen Teilchen. Nun wäre wieder die ebene Welle eine Lösung, und $\vec{k}$ bzw. $\vec{p}$ sind scharf definiert, während der Aufenthaltsort undefiniert ist.

Der Sachverhalt der Verknüpfung von Ort und Impulsschärfe wird allgemein durch die von HEISENBERG postulierte Unschärferelation beschrieben. Die Unschärferelation ist eine der ganz fundamentalen Aussagen der Quantentheorie. Sie besagt, daß zwei kanonisch konjugierte Variablen p und q nicht gleichzeitig beliebig genau bestimmt werden können. Für die ihnen anhaftende inhärente Unsicherheit in den Werten von p und q gilt

$$\boxed{\Delta p \cdot \Delta q \geq \frac{\hbar}{2}}\qquad \textbf{Unschärferelation von Heisenberg} \qquad (1.16)$$

wobei die Unschärfen Δp und Δq typischerweise die Halbwertsbreiten (halbe Breite bei halben Maximum) der Verteilungen von p und q sind. Insbesondere folgt daraus für die Impuls- und Ortskoordinaten:

$$\Delta p_x \cdot \Delta x \geq \frac{\hbar}{2} \qquad (1.17)$$

und entsprechend für die y- und z-Komponenten, sowie

$$\Delta E \cdot \Delta t \geq \frac{\hbar}{2}. \qquad (1.18)$$

Die letzte Gleichung sagt aus, daß zur beliebig genauen Energiebestimmung eine beliebig lange Zeit zur Verfügung stehen muß. Nur ein total stationärer Zustand kann präzise die Energie E besitzen. Nichtstationäre Zustände sind grundsätzlich unscharf in ihren (gequantelten) Energieeigenwerten.

Bemerkung:

In der Darstellung der speziellen Relativität durch 4er-Vektoren (Raum-Zeit-kontinuum) ergibt sich (1.18) als die vierte Komponente von (1.17). Die Heisenberg-Beziehung ist also Lorentz-invariant.

Weiterhin gilt, daß der in einem entsprechenden Experiment bestimmbare Wert einer physikalischen Größe durch ihren sogenannten *Erwartungswert*

$$\langle q \rangle = \int \Psi^{\star} q \Psi \, \mathrm{d}V \qquad (1.19)$$

festgelegt wird.

Verschwindet z.B. der Erwartungswert von q, so ist die Teilcheneigenschaft, die durch q beschrieben wird, physikalisch nicht meßbar, d.h. ohne physikalische Bedeutung für Quantenteilchen, obwohl sie im klassischen Analogfall durchaus existieren mag.

1.4 Bahndrehimpuls und Spin

Eine Zentripetalkraft, die auf ein Teilchen mit Impuls $\vec{p}$ wirkt, erzeugt den Bahndrehimpuls $\vec{L} = \vec{r} \times \vec{p}$, wobei $\vec{r}$ der Radiusvektor der Zentripetalkraft ist. Für ein Quantenteilchen kann der Drehimpuls nicht beliebige Werte annehmen.

Um eine Vektorgröße eindeutig festzulegen, ist klassisch ein Satz von drei Zahlen nötig. Eine Möglichkeit ist, den Betrag und zwei der Komponenten anzugeben.

Für den Betrag des Bahndrehimpulses gilt die Quantisierungsbedingung

Quantisierung des Bahndrehimpulses

$$\boxed{|\vec{L}| = \sqrt{L^2} = \sqrt{l(l+1)}\hbar} \tag{1.20}$$

wobei l die *Bahndrehimpulsquantenzahl* ist, die die ganzzahligen Werte durchläuft:

$$\boxed{l = 0, 1, 2, \ldots} \tag{1.21}$$

Eine weitere Besonderheit des Drehimpulses von Quantenteilchen ist, daß nach der Festlegung des Betrages des Drehimpulsvektors gemäß (1.20) und (1.21) nur noch eine Komponente des Drehimpulses bestimmt werden kann. Die Konvention benutzt die z-Komponente, für die gilt:

$$\boxed{L_z = m_l \cdot \hbar} \tag{1.22}$$

wobei

$$\boxed{m_l = -l, -(l-1), \ldots, +(l-1), +l} \tag{1.23}$$

Man nennt m_l die *Orientierungsquantenzahl*, da sie den Winkel ϑ zwischen $\vec{L}$ und der z-Achse festlegt

$$\cos\vartheta = \frac{m_l}{\sqrt{l(l+1)}}. \tag{1.24}$$

Bild 1.4 zeigt die zulässigen Orientierungen von $\vec{L}$ für $l = 0, 1, 2, 3, 4$.

Die Tatsache, daß L_x und L_y unbestimmbar sind, nachdem $|\vec{L}|$ und L_z festgelegt wurden, bedeutet anschaulich, daß $\vec{L}$ auf einem Kegelmantel mit dem Öffnungswinkel 2ϑ um die z-Achse liegt, aber genauer nicht festgelegt werden kann. Die Situation zeigt Bild 1.5. In Bild 1.6 zeigen wir dann noch, wie sich diese Unbestimmtheit auf die Drehimpulsorientierung auswirkt. Die

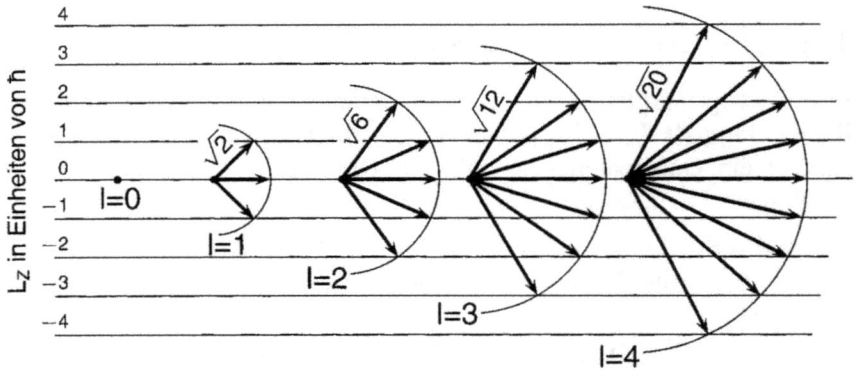

Bild 1.4: Orientierungsmöglichkeiten von $\vec{L}$ für $l = 0$ bis $l = 4$.

zulässigen Werte von m_l produzieren einen Satz konzentrischer Kegel um die positive und negative z-Achse.

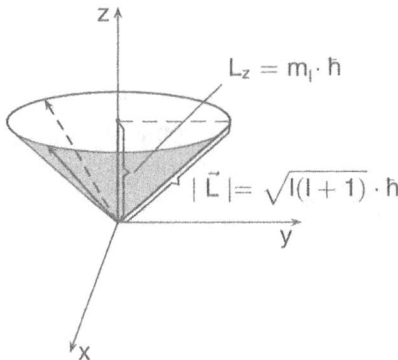

Bild 1.5: Räumliche Orientierung eines Drehimpulses.

Wir begegnen hier einen der Fälle, wo über Größen, die klassisch ohne weiteres bestimmbar sind (nämlich L_x und L_y), quantenmechanisch keine Aussage gemacht werden kann.

Bemerkung:

Die Situation ist hier allerdings etwas komplizierter als der bereits erwähnte Fall, daß der Erwartungswert der betrachteten Größe verschwindet. Im vorliegenden Fall erhebt sich die Frage, ob die Erwartungswerte $\langle L_z \rangle$ und $\langle L_y \rangle$ *gemeinsam* existieren können. Die quantenmechanische Formulierung des Problems[4] zeigt, daß zwei verschiedene Komponenten des Drehimpulses keine gemeinsamen Eigenzustände besitzen, also nicht zusammen gemessen werden können. Dagegen hat jede beliebige Drehimpulskomponente einen gemeinsamen Eigenzustand mit dem Quadrat des

---

[4] siehe z.B. F. Schwabl, *Quantenmechanik*, 4. Auflage, Kapitel 5, Springer-Verlag

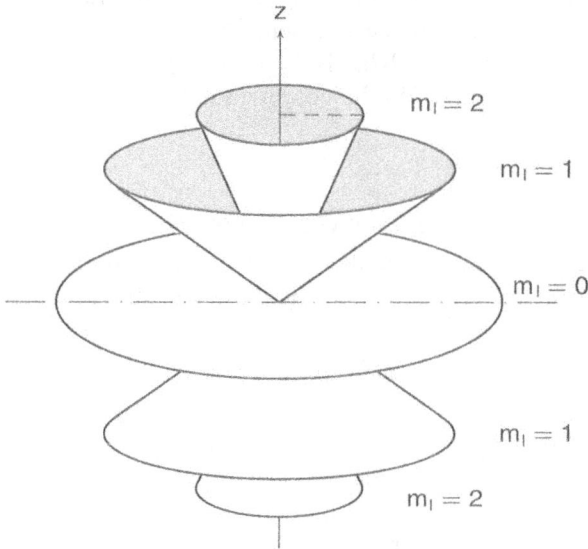

Bild 1.6: Einstellmöglichkeiten des Drehimpulses $\vec{L}$ mit der Quantenzahl $l = 2$. L_x und L_y sind nicht bestimmbar, nachdem $|\vec{L}|$ und L_z festgelegt wurden. Vergleiche mit Bild 1.5.

Drehimpulsvektors (also mit seinem Betrag). Diese zwei Größen können zusammen festgelegt werden.

Besitzt ein Quantenteilchen zusätzlich zum Drehimpuls $\vec{L}$ noch eine elektrische Ladung Q, so wird ein *magnetisches Dipolmoment*

Magnetisches Dipolmoment einer Ladung mit Drehimpuls

$$\vec{\mu} = \frac{Q}{2m}\vec{L} \qquad (1.25)$$

erzeugt (m ist die Teilchenmasse). Für ein Elektron ($Q = -e$, $m = m_\mathrm{e}$) ergibt sich unter der Verwendung von (1.20) bis (1.23):

$$\boxed{|\vec{\mu}_L| = g_l \cdot \mu_\mathrm{B} \cdot \sqrt{l(l+1)}} \qquad (1.26)$$

und

$$\boxed{(\mu_L)_z = g_l \cdot \mu_\mathrm{B} \cdot m_l} \qquad (1.27)$$

wobei $\mu_\mathrm{B} = e\hbar/2m_\mathrm{e}$ das Bohrsche Magneton und $g_l = 1$ der g-Faktor (Landé-Faktor) des Bahndrehimpulses ist. Da $\vec{\mu}$ streng mit $\vec{L}$ verkoppelt ist, können für Quantenteilchen keine Aussagen über $(\mu_L)_x$ und $(\mu_L)_y$ gemacht werden, wenn $(\mu_L)_z$ festliegt.

In diesem Fall kann man sich ein anschauliches Bild für die Unbestimmbarkeit der x- und y-Komponente machen. Die z-Achse sei durch ein äußeres Feld $\vec{B} = B_z\hat{z}$ festgelegt[5]. Klassisch gesehen präzediert dann das Moment $\vec{\mu}$ um die z-Achse mit der Winkelgeschwindigkeit

$$\vec{\omega}_L = -(Q/2m)\vec{B}, \tag{1.28}$$

Vorsicht bei klassischen Bildern in der Quantenphysik

und μ_x und μ_y sind in der Tat nicht stationär (Bild 1.7). Dieses Bild ist oft nützlich, aber Vorsicht ist geboten. Die Unbestimmtheit liegt primär bei $\vec{L}$. Diese gilt auch im Grenzfall $\vec{B} = 0$ und ebenso für Teilchen mit $Q = 0$. Es handelt sich um einen Quanteneffekt ohne klassisches Analogon.

Für ein Elektron ergibt sich die *Larmor-Frequenz* zu

$$\boxed{\omega_L = \frac{g_l \cdot \mu_B \cdot B}{\hbar}} \qquad \textbf{Larmorfrequenz} \atop \textbf{eines Elektrons} \tag{1.29}$$

Wegen $Q = -e$ zeigt $\vec{\omega}_L$ für das Elektron gemäß (1.28) in Richtung von $\vec{B}$. Besonders zu beachten ist, daß ω_L unabhängig von der Orientierung von $\vec{L}$ ist, denn m_l ist in (1.29) nicht enthalten.

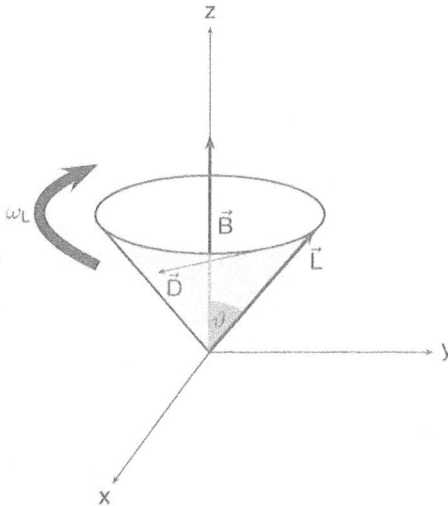

Bild 1.7: Larmorpräzession eines quantisierten Drehimpulses (mit $l = 1$) und des damit verbundenen magnetischen Momentes in einem homogenen Magnetfeld in z-Richtung.

Gleichungen des Typs (1.20) bis (1.27) waren uns schon in Physik III anläßlich der Behandlung des Stern-Gerlach-Versuches und des daraus abgeleiteten Elektronenspins begegnet.

---

[5] Wir bezeichnen Einheitsvektoren mit ^.

Der Satz von Gleichungen (1.20) bis (1.27) gilt ganz allgemein für jeden quantenmechanischen Drehimpuls.

Gemäß dem Ergebnis des Stern-Gerlach-Versuchs kann ein Quantenteilchen noch eine weitere drehimpulsartige Eigenschaft, den Spin $\vec{S}$, besitzen. Der Spin wird anschaulich oft als ein Eigendrehimpuls des Teilchens dargestellt. Dies ist hilfreich, aber nicht korrekt. So besitzen die Fundamentalteilchen (Leptonen und Quarks, siehe Physik I) keine räumliche Ausdehnung (sie sind echte Massenpunkte), aber dennoch Spin. Für ein punktförmiges Teilchen macht aber ein Eigendrehimpuls keinen Sinn.

Der Spin verhält sich wie ein Drehimpuls

Der Spin ist eine Quanteneigenschaft, die an der Drehimpulserhaltung teilnimmt und sich wie ein Drehimpuls transformiert, aber kein klassisches Analogon besitzt.

Der Spin ist im Schrödinger-Formalismus nicht enthalten, er erscheint jedoch zwanglos aus der Anwendung der Diracgleichung. Der Spin ist also zusätzlich eine an die Lorentzinvarianz gekoppelte Quanteneigenschaft.

Gemäß dem aufgeführten Bedingungen für quantenmechanische Drehimpulse finden wir für den Spin (wie schon in Physik III gezeigt)

$$\boxed{|\vec{S}| = S = \sqrt{s(s+1)}\hbar} \tag{1.30}$$

und

$$\boxed{S_z = m_s\hbar} \tag{1.31}$$

Der Unterschied zum Bahndrehimpuls ist, daß die Spinquantenzahl s auch *halbzahlige* Werte annehmen kann. Für die Orientierungsquantenzahl gilt wie vorher:

$$\boxed{m_s = -s, -(s-1), \ldots, (s-1), s}$$

S_x und S_y sind ebenfalls unbestimmt, wenn S_z festliegt.

Das Elektron besitzt $s = 1/2$ und somit $m_s = -1/2, +1/2$. Hier sei wieder auf den oft laxen Sprachgebrauch hingewiesen. Man sagt, das Elektron besitzt den Spin 1/2, der entweder „auf" oder „ab" orientiert sein kann. Gemeint ist die z-Komponente. Der Spinvektor selbst kann ja niemals die Länge $\hbar/2$ haben und steht niemals parallel oder antiparallel zur z-Achse.

Bei geladenen Teilchen ist auch mit dem Spin ein magnetisches Dipolmoment verknüpft:

$$\boxed{|\mu_S| = g_s \cdot \mu_B \cdot \sqrt{s(s+1)}} \tag{1.32}$$

und

$$\boxed{(\mu_S)_z = g_s \cdot m_s \cdot \mu_B} \tag{1.33}$$

Für das Elektron ist μ_B wieder das Bohrsche Magneton. Der entscheidende Unterschied liegt im g-Faktor, für den im Falle des Spins gilt $g_s = 2{,}0023$. Die Existenz des Spins wurde über sein magnetisches Moment im Stern-Gerlach-Versuch nachgewiesen.

$g_s = 2$ ist eine Näherung, die fast immer benutzt wird

In der Regel genügt die Näherung $g_s \approx 2$. Klassisch gesehen müßte auch $g_s = 1$ sein, wenn wir $\vec{S}$ als Eigendrehimpuls interpretieren. Dies zeigt erneut, daß der Spin eine Quanteneigenschaft ist. Man spricht von der Spin-Anomalie. (Die Situation wurde ausführlich in Physik III diskutiert).

Wie erwähnt, besitzt das Elektron die Spinquantenzahl $s = 1/2$. Es gibt aber auch Quantenteilchen mit ganzzahligem Spin. Bekanntlich kann eine elektromagnetische Welle zirkular polarisiert sein. Wenn wir diese Tatsache im Photonenbild beschreiben wollen, so müssen wir dem Photon einen Drehimpuls zuordnen. Wie in Physik III genauer besprochen, besitzt das Photon einen „Eigendrehimpuls" $\pm 1\hbar$ in Ausbreitungsrichtung. Dieser Sachverhalt läßt sich allgemein darstellen, indem wir dem Photon die Spinquantenzahl $s = 1$ zuordnen. Das Photon besitzt keine Ladung, also ist mit dem Spin kein magnetisches Moment verknüpft. Wie wir weiter unten sehen werden, gibt es grundsätzliche Unterschiede im Verhalten von Quantenteilchen mit halbzahligen und ganzzahligen Spin (z.B. Pauli-Verbot).

Gesamtdrehimpuls

Für ein geladenes Teilchen mit Bahndrehimpuls $\vec{L}$ und Spin $\vec{S}$ sind die beiden Drehimpulse über die Wechselwirkung ihrer magnetischen Momente $\vec{\mu}_L$ und $\vec{\mu}_S$ verkoppelt zu einen *Gesamtdrehimpuls* $\vec{J}$. Für diesen müssen wieder die Quantenregeln des Drehimpulses gelten, also:

$$|\vec{J}| = J = \sqrt{j(j+1)}\hbar \tag{1.34}$$

$$J_z = m_j\hbar \tag{1.35}$$

$$m_j = -j, -(j-1), \ldots (j-1), j. \tag{1.36}$$

Bei geladenen Teilchen:

$$|\vec{\mu}_J| = \mu_J = g_j \cdot \mu_B \cdot \sqrt{j(j+1)} \tag{1.37}$$

$$(\mu_J)_z = g_j \cdot m_j \cdot \mu_B. \tag{1.38}$$

Auf die Kopplungsregeln, die die Quantenzahl j festlegen, gehen wir später ein, ebenso auf die Darstellung des g-Faktors g_j (Landé-Faktor), der sich aus g_s und g_l zusammensetzt.

1.5 Ununterscheidbarkeit

In der Quantenphysik zeigt sich, daß die *Ununterscheidbarkeit von identischen Teilchen* (also z.B. zwei Elektronen) eine wesentliche Eigenschaft dieser Teilchen darstellt. Die Probleme und Folgerungen der Ununterscheidbarkeit lassen sich am besten mittels eines Streuexperiments, wie es Bild 1.8 zeigt, diskutieren.

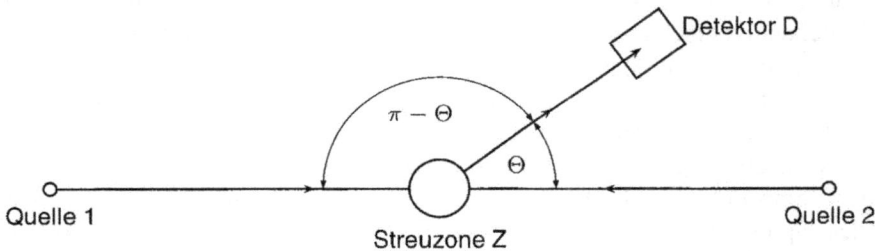

Bild 1.8: Prinzipielle Anordnung zur Messung der Winkelverteilung zweier aneinander gestreuter Teilchen.

Die Quellen Q_1 und Q_2 senden identische Teilchen aus, die dann in der Streuzone Z miteinander kollidieren und so von ihrer ursprünglichen Flugrichtung abgelenkt werden. Der Nachweis der Teilchen erfolgt mit Hilfe des Detektors D, der unter einem Winkel Θ zur Achse Q_1–Q_2 aufgestellt ist. Zur Vereinfachung seien alle Betrachtungen im Schwerpunktsystem durchgeführt. *Identische Teilchenstrahlen*

Es gibt offenbar zwei Möglichkeiten, wie ein gestreutes Teilchen in den Detektor gelangen kann (siehe Bild 1.9):

I)   Teilchen 1 wird an Teilchen 2 um den Winkel Θ gestreut.

II) Teilchen 2 wird an Teilchen 1 um den Winkel $\pi - \Theta$ gestreut.

Wie kann man zwischen den Streuprozessen I und II unterscheiden? Auch hier gibt es zwei Möglichkeiten:

1. Der Detektor ist in der Lage zu erkennen, ob es sich bei dem Nachweis um Teilchen 1 oder Teilchen 2 handelt.

2. Durch geeignete Hilfsmittel werden zu jedem beliebigen Zeitpunkt die Orts- und Impulskoordinaten der beiden Teilchen bestimmt, so daß ihre Bahnen rekonstruiert werden können.

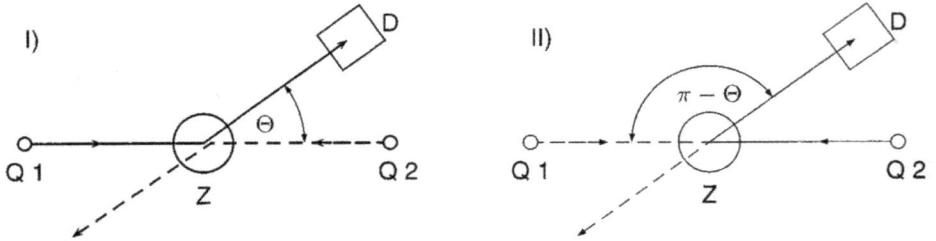

Bild 1.9: Streuung zweier Teilchen aneinander. Man beachte die verschiedenen Streuwinkel.

Für klassische Teilchen ist Bedingung 1 ohne weiteres realisierbar. Wir können z.B. anderweitig identische Kugeln durch verschiedene Farben identifizieren. Auch Bedingung 2 ist möglich, wie schon erwähnt.

Für Quantenteilchen können wir Bedingung 1 erfüllen, wenn die beiden Teilchen unterschiedlich in einem Eigenwert sind, der auf den Streuprozeß keinen Einfluß hat, aber im Detektor nachgewiesen werden kann. Eine solche Möglichkeit bietet z.B. im Falle des Elektrons die Orientierung der z-Komponente des Spins. Die Spin-Spin-Wechselwirkung in der Streuzone Z ist vernachlässigbar klein, die Streuung erfolgt praktisch ausschließlich am Coulomb-Potential der Elektronen, und die Ausrichtung der z-Komponente des Spins bleibt erhalten. Wir benutzen als Quellen Q_1 und Q_2 zwei Stern-Gerlach-Apparaturen, die Teilchen mit einer festen Orientierung von S_z erzeugen. Man spricht in einem solchen Fall von (spin-)polarisierten *Spinpolarisierte* Teilchenstrahlen. Für das gewählte Beispiel (Elektron) sind zwei Polarisa-*Teilchenstrahlen* tionsrichtungen möglich, nämlich $S_z = +\hbar/2$ und $S_z = -\hbar/2$. Vor den *zur Unterscheidung* Detektor schalten wir einen Stern-Gerlach-Filter, der nur Teilchen mit einer *der Teilchen beim* der beiden Polarisationsrichtungen durchläßt. Die Anordnung ist in Bild 1.10 *Streuprozeß* gezeigt.

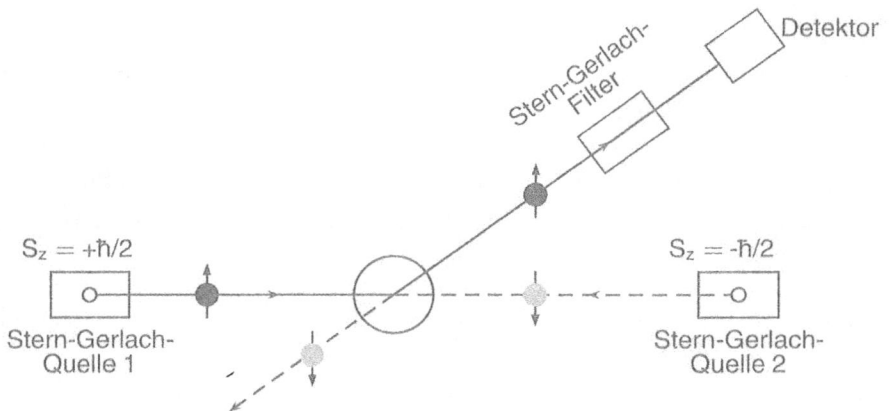

Bild 1.10: Streuung zweier Teilchen mit orientiertem Spin $S_z = \pm\hbar/2$.

Schalten wir in diesem Beispiel den Stern-Gerlach-Filter auf $S_z = +\hbar/2$, so stammen die nachgewiesenen Teilchen aus Quelle Q_1, und die Streuung erfolgte um Θ. Schaltet man um auf $S_z = -\hbar/2$, so war der Streuwinkel $\pi - \Theta$. Sind jedoch die beiden Quantenteilchen ununterscheidbar, was vorliegt, wenn Teilchen 1 und 2 beide die gleiche Spinorientierung, z.B. $S_z = +\hbar/2$ besitzen, so kann der Detektor Fall I und II nicht trennen. Dasselbe gilt natürlich prinzipiell, wenn wir gar keine Stern-Gerlach-Apparaturen als Quellen verwenden, wenn also Q_1 und Q_2 unpolarisierte Strahlung aussenden.

Die Möglichkeit 2 zur Unterscheidung der beiden Streuprozesse ist für Quantenteilchen als Folge der Heisenberg-Unschärfe nicht gegeben.

Damit finden wir, daß für identische Quantenteilchen, d.h. Teilchen, die in allen ihren Quantenzahlen übereinstimmen, durch eine physikalische Messung nicht unterschieden werden kann, ob die Streuung um Θ oder $\pi - \Theta$ erfolgt ist.

Streuprozesse kennzeichnet man vielfach durch die Streuamplitude $f(\Theta)$. Dabei gilt, daß die Wahrscheinlichkeit der Streuung um den Winkel Θ proportional zum Absolutquadrat $| f(\Theta) |^2$ der Streuamplitude ist. Bei Unterscheidungsmöglichkeit zwischen Teilchen 1 und 2 ist die im Detektor registrierte Streuintensität P gleich der Summe aus den Quadraten der Streuamplituden der beiden Streuprozesse I und II, da die beiden Streuvorgänge unkorreliert sind:

Streuamplitude und Streuintensität

Unterscheidbare Teilchen

$$P_u = |f(\Theta)|^2 + |f(\pi - \Theta)|^2 = P_1 + P_2. \tag{1.39}$$

Die Gesamtstreuintensität ist die Summe der Einzelstreuintensitäten der möglichen Prozesse für unterscheidbare Teilchen.

Für den Fall, daß die beiden Streuprozesse I und II nicht unterschieden werden können (identische Teilchen), ist Streuung um Θ und $\pi - \Theta$ ein und derselbe Vorgang. Es liegt volle Korrelation der Streuvorgänge vor. Dies bedeutet, daß die beiden entsprechenden Streuamplituden $f(\Theta)$ und $f(\pi - \Theta)$ erst addiert oder subtrahiert werden müssen, bevor zur Berechnung der Streuintensität das Betragsquadrat der Gesamtstreuamplitude gebildet werden darf. Auf die Wahl des Vorzeichens gehen wir im nächsten Abschnitt ein. Es gilt also:

Identische Teilchen

$$\begin{aligned} P_i &= |f(\Theta) \pm f(\pi - \Theta)|^2 \\ &= |f(\Theta)|^2 + |f(\pi - \Theta)|^2 \pm I \\ &= P_1 + P_2 \pm I. \end{aligned} \tag{1.40}$$

*Bei der Streuung identischer Teilchen ist in der Gesamtstreuinten-
sität zusätzlich der Interferenzterm I zwischen den verschiedenen
Einzelstreuprozessen zu berücksichtigen.*

Der deutliche Unterschied zwischen den Streuintensitäten im Fall von Streuung unterscheidbarer (1.39) und ununterscheidbarer (1.41) Teilchen läßt sich
an einem einfachen Beispiel sofort klarmachen. Die Detektorachse sei zur
Achse Q_1–Q_2 um $\Theta = \pi/2$ gedreht, dann ist $f(\Theta) = f(\pi - \Theta) = f(\pi/2)$.
Daraus ergibt sich

$$\text{identische Teilchen:} \quad P_i = 4\,|f(\pi/2)|^2 \quad \text{für positives Vorzeichen}$$
$$P_i = 0 \qquad\qquad \text{für negatives Vorzeichen}$$
$$\text{unterscheidbare Teilchen:} \quad P_u = 2\,|f(\pi/2)|^2\,.$$

*Rutherford-
Streuung:
unterscheidbare
Teilchen*

Für elastische Streuung am Coulomb-Potential erhält man nach RUTHER-
FORD (siehe Physik III):

$$f(\Theta) \propto \frac{1}{\sin^2(\Theta/2)}. \tag{1.41}$$

Sind die Teilchen unterscheidbar, so folgt:

$$\boxed{P_R(\Theta) \propto \frac{1}{\sin^4(\Theta/2)} + \frac{1}{\cos^4(\Theta/2)}} \tag{1.42}$$

Dies ist eine glatte Winkelabhängigkeit der Streuwahrscheinlichkeit symmetrisch zu $\Theta = \pi/2$ (für den Fall, daß die beiden Teilchen dieselbe Masse
haben).

Sind die Teilchen jedoch ununterscheidbar, so tritt zusätzlich das Interferenzglied $I(\Theta)$ auf

$$\boxed{P_M(\Theta) = P_R(\Theta) \pm I(\Theta)f(\Theta)f(\pi - \Theta)} \tag{1.43}$$

*Mott-Streuung:
identische Teilchen*

Man spricht von *Mott-Streuung*. Auf die Berechnung von $I(\Theta)$ wollen wir
hier nicht eingehen. Entscheidend sind die Spineigenschaften der streuenden
Teilchen, wie wir im nächsten Abschnitt ausführen werden. Generell beobachtet man, daß nun die Streuwahrscheinlichkeit oszillatorisches Verhalten
besitzt, wie das für Interferenzphänomene typisch ist. Ein Beispiel hierzu
ist Bild 1.11. Die Streuwahrscheinlichkeit für identische Teilchen $P_M(\Theta)$
oszilliert um den durch $P_R(\theta)$ gegebenen Verlauf.

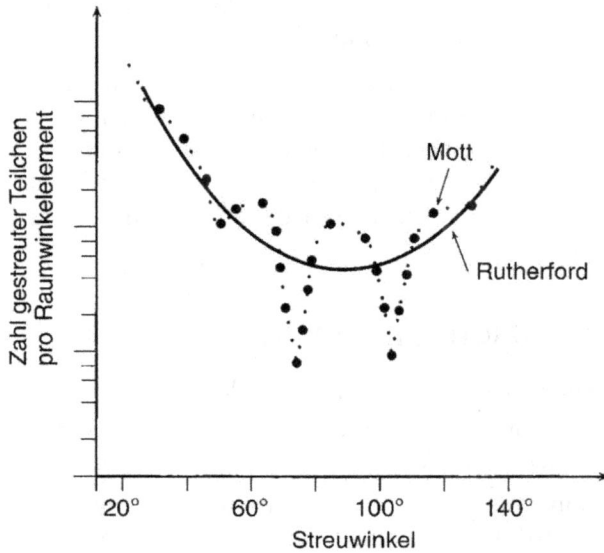

Bild 1.11: Winkelabhängigkeit der Streuwahrscheinlichkeit im Schwerpunktsystem für die Streuung von ^{12}C und ^{12}C Kernen. Die Meßpunkte zeigen deutlich das Interferenzverhalten.

1.6 Fermionen und Bosonen

Wie bereits erwähnt, können Quantenteilchen halbzahlige (z.B.: Elektron, $s = 1/2$) oder ganzzahlige (z.B.: Photon, $s = 1$) Spinquantenzahlen besitzen (im folgenden sprechen wir einfach von „halb- bzw. ganzzahligem" Spin). Die Fundamentalbausteine der Materie, Leptonen und Quarks (siehe Physik I), besitzen alle halbzahligen Spin. In zusammengesetzten Teilchen kann durch antiparallele Kopplung der Spins der Gesamtspin Null entstehen. Ein Beispiel ist das Pion (π-Meson), das aus einem Quark-Antiquark-Paar besteht (z.B. $\pi^- = u\bar{d}$).

Bei der Besprechung der Streuintensität für identische Teilchen hatten wir gefunden

$$P_i(\Theta) = |f(\Theta) \pm f(\pi - \Theta)|^2 .$$

Der Vorzeichenwechsel entspricht einer Phasenverschiebung von $\pi/2$ im Interferenzglied.

Es zeigt sich, daß beide Fälle vorkommen, und daß das jeweils gültige Vorzeichen an den Spin der identischen Teilchen gebunden ist. Es gilt:

Teilchen mit ganzzahligem Spin $\longrightarrow P_i = |f(\theta) + f(\pi - \Theta)|$

Teilchen mit halbzahligem Spin $\longrightarrow P_i = |f(\theta) - f(\pi - \Theta)| .$

Bei Teilchen mit ganzzahligem Spin sprechen wir von *Bosonen*, bei Teilchen mit halbzahligem Spin von *Fermionen*.

Die Berechnung des Interferenzgliedes bei Mott-Streuung hängt also davon ab, ob wir es mit Bosonen oder Fermionen zu tun haben. Als weitere Schwierigkeit kommt hinzu, daß wir unterscheiden müssen, ob wir es mit polarisierten Teilchenstrahlen zu tun haben oder nicht[6]. Der in Bild 1.11 gezeigte Fall ist relativ einfach. Bei den ^{12}C Kernen handelt es sich um Bosonen mit $s = 0$.

1.7 Austauschsymmetrie

Der fundamentale Unterschied zwischen Fermionen und Bosonen macht sich ebenfalls in einer weiteren wichtigen Größe bemerkbar, der sogenannten *Austauschsymmetrie* der Wellenfunktion. Dieser Begriff sei kurz erläutert.

Gegeben sei ein System, das zwei identische Quantenteilchen 1 und 2 mit den Koordinaten $\vec{r}_1$ und $\vec{r}_2$ enthält. Die Wellenfunktion, die dieses System beschreibt, sei $\Psi(\vec{r}_1, \vec{r}_2)$. Für den Fall, daß zwischen den beiden Teilchen keine Wechselwirkung besteht, kann die Gesamtwellenfunktion als Produkt der Wellenfunktionen der beiden Teilchen beschrieben werden:

$$\Psi(\vec{r_1}, \vec{r_2}) = \Psi_a(\vec{r_1}) \cdot \Psi_b(\vec{r_2}). \tag{1.44}$$

Dabei definieren a und b die Quantenzustände, in denen sich die Teilchen befinden. Nun vertauschen wir die Teilchen 1 und 2, d.h. wir bilden $\Psi(\vec{r}_2, \vec{r}_1)$. Da es sich um identische Teilchen handelt, darf sich physikalisch am System nichts ändern, was der Ansatz (1.44) auch garantiert. Die physikalische Bedeutung liegt aber allein im Absolutquadrat der Wellenfunktion, also muß sein $\mid \Psi(\vec{r}_1, \vec{r}_2) \mid^2 \equiv \mid \Psi(\vec{r}_2, \vec{r}_1) \mid^2$. Dafür gibt es aber zwei Möglichkeiten:

symmetrischer Austausch: $\Psi(\vec{r}_1, \vec{r}_2) = \Psi(\vec{r}_2, \vec{r}_1)$
antimetrischer Austausch: $\Psi(\vec{r}_1, \vec{r}_2) = -\Psi(\vec{r}_2, \vec{r}_1)$

Ob symmetrischer oder antimetrischer Austausch vorliegt, hängt vom Spin des Quantenteilchens ab. Er ist symmetrisch für ganzzahligen Spin (Bosonen) und antimetrisch für halbzahligen Spin (Fermionen). Der Produktansatz (1.44) liefert nicht das gewünschte Austauschverhalten. Es ist erforderlich, die Linearkombination

$$\Psi(\vec{r}_1, \vec{r}_2) = C \left(\Psi_a(\vec{r}_1)\Psi_b(\vec{r}_2) \pm \Psi_a(\vec{r}_2)\Psi_b(\vec{r}_1) \right) \tag{1.45}$$

---

[6] Eine ausführliche Betrachtung findet sich in R.P. Feynman, *Vorlesungen über Physik*, 4. Auflage, Band III, Kap. 3 und 4, R. Oldenbourg Verlag 1996.

zu bilden, um die Gesamtwellenfunktion zu erhalten. C ist ein Normierungsfaktor. Für Bosonen gilt das Plus- für Fermionen das Minuszeichen.

Wir sehen also, daß mit dem Spin grundsätzlich unterschiedliches Verhalten von Quantenteilchen verknüpft ist. Im nächsten Abschnitt werden wir noch einen weiteren entscheidenden Unterschied im Verhalten von Fermionen und Bosonen kennenlernen, die aus der Austauschsymmetrie folgt. Zunächst sei hier noch daran erinnert, daß die aus der Schrödingergleichung folgende Wellenfunktion eines Quantenteilchens den Spin gar nicht enthält! Das bedeutet, daß wir die Wellenfunktion eines Teilchens schreiben müssen als das Produkt einer Ortswellenfunktion $\Psi(\vec{r})$, die aus der Schrödingergleichung folgt und einer Spinfunktion χ, die den Spinzustand angibt:

$$\Phi(\vec{r}, m_s) = \Psi(\vec{r}) \cdot \chi. \tag{1.46}$$

Im Falle des Elektrons kann χ offenbar die Eigenwerte $\chi_\alpha = \hbar/2$ und $\chi_\beta = -\hbar/2$ annehmen. Auf Einzelheiten wollen wir hier nicht eingehen. Wir werden dem Problem noch in Abschnitt 10.3 begegnen. Entscheidend ist:

Die Gesamtwellenfunktion muß das richtige Austauschverhalten zeigen

Es kommt auf die Austauschsymmetrie von Φ an, die den Spin mit einschließt, und nicht auf die von Ψ, die nur den Ort enthält.

symmetrischer Austausch: $\Phi(1, 2) = \Phi(2, 1)$ für Bosonen
antimetrischer Austausch: $\Phi(1, 2) = -\Phi(2, 1)$ für Fermionen. $\qquad$ (1.47)

1.8 Das Pauli-Verbot

Aus dem antimetrischen Austauschverhalten der Fermionen folgt das sogenannte Pauli-Verbot, das wir hier ohne Ableitung angeben:

In einem abgeschlossenen System können keine zwei Fermionen existieren, die einen völlig gleichen Satz von Quantenzahlen besitzen.

Für Bosonen gilt das Pauli-Verbot nicht; mehrere Bosonen in einem abgeschlossenen System können identisch bezüglich aller ihrer Quantenzahlen sein.

Bemerkung:

Das Pauli-Verbot gilt insbesondere für Elektronen (die mit $s = 1/2$ ja Fermionen sind) und beeinflußt somit entscheidend den Aufbau der Elektronenhülle der Atome (siehe Kap. 6). PAULI hat das Pauli-Verbot zunächst rein empirisch aus dem Atombau abgeleitet. Die Verbindung zum antimetrischen Austauschverhalten konnte erst später gezeigt werden.

Zusammenfassend stellen wir fest:

Quantenteilchen mit jeweils identischem Satz von Quantenzahlen (identische Teilchen) sind prinzipiell nicht voneinander unterscheidbar.

Dies ist ein grundlegender Unterschied zu klassischen Teilchen und liegt in der Heisenberg-Unschärfe begründet. In diesem Sinne sind klassische Teilchen solche Teilchen, bei denen die Heisenberg-Unschärfe der Impuls- und Ortskoordinaten vernachlässigbar klein gegen die Koordinatenwerte selbst ist. Zusätzlich muß dann bei Quantenteilchen noch unterschieden werden, ob es sich um Bosonen oder Fermionen handelt. Das unterschiedliche Verhalten der beiden Klassen von Quantenteilchen faßt Tabelle 1.2 noch einmal zusammen. Entscheidend ist die Tatsache, daß nur Fermionen dem Pauli-Verbot unterliegen. Aufgrund dieser verschiedenen Verhaltensweisen wird sich zeigen, daß wir bei der statistischen Behandlung von Teilchensystemen (siehe Teil B dieses Buches) streng zwischen klassischen und Quantenteilchen unterscheiden müssen und im letzten Fall auch zwischen Bosonen und Fermionen.

Tabelle 1.2: Eigenschaften von Fermionen und Bosonen.

	Fermionen	Bosonen
Spinquantenzahl	halbzahlig	ganzzahlig
Streu-Interferenz	$\lvert f(\Theta) - f(\pi - \Theta)\rvert^2$	$\lvert f(\Theta) + f(\pi - \Theta)\rvert^2$
Austauschsymmetrie	antimetrisch	symmetrisch
Pauli-Verbot	wirksam	nicht wirksam

2 Quantenmechanische Beschreibung des Einelektronenatoms

2.1 Einleitung (Bohrsches Modell)

Informationen über die Struktur der freien Atome, d.h. Atome, die untereinander nicht in Wechselwirkung treten, erhält man zum überwiegenden
Teil aus der Beobachtung und Interpretation des von diesen Atomen ausgesandten Lichtes. Analysiert man dieses Licht auf seine Frequenzverteilung
(Energieverteilung) in einem Spektrographen, so findet man ein sogenann-
tes *Linienspektrum*. Das bedeutet, man findet Strahlungsintensität nur in
sehr engen Frequenzbereichen um genau definierten Frequenzwerten her-
um. Die Spektrallinien sind für jede Atomart charakteristisch. So senden alle
Eisenatome, wenn sie auf die gleiche Temperatur erhitzt werden, das gleiche
Spektrum aus. Bild 2.1 zeigt einen Ausschnitt aus einem solchen Spektrum.
Es fällt die Vielzahl der emittierten Spektrallinien auf. Über die Spektralanalyse des aus dem Weltall zu uns kommenden Lichtes kennen wir die atomare
Zusammensetzung fernster Objekte.

Das Linienspektrum ist charakteristisch für jede Atomart

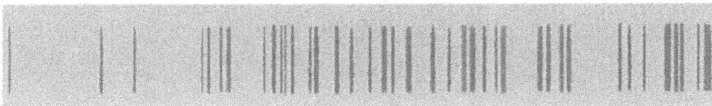

Neben den Linienspektren der freien Atome findet man noch *Bandenspektren* und *kontinuierliche Spektren*. Letztere werden von erhitzten
Festkörpern (z.B. Glühlicht) oder von heißen Gasen unter sehr hohen
Drücken (z.B. Sonnenlicht) ausgestrahlt. Die Lichtemission kommt primär
immer noch von den Atomen. Diese sind aber nun so dicht gepackt, daß
sie miteinander stark in Wechselwirkung treten, also nicht mehr als frei
angesehen werden können. Daraus resultiert eine so starke Verbreiterung
der Linien, daß sie zu einem Kontinuum überlappen. Der ideale Sender ei-

Bild 2.1: Teil des optischen Spektrums, wie es von erhitzten Eisenatomen ausgesandt wird.

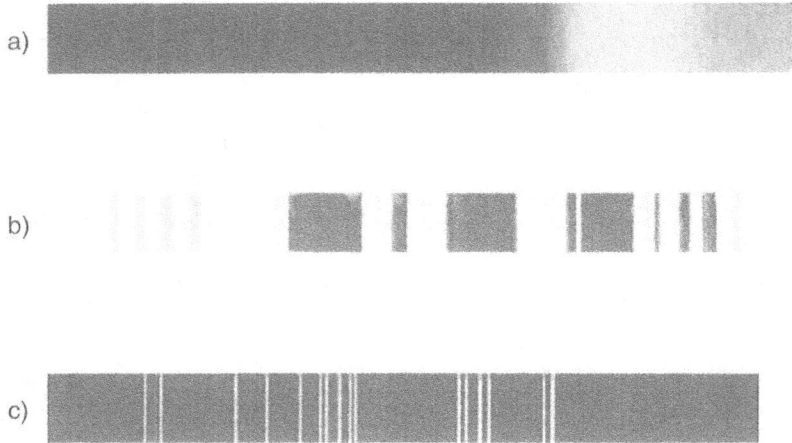

Bild 2.2: Beispiele für verschiedene Typen von Spektren:
a – Kontinuierliches Spektrum, b – Bandenspektrum, c – Linienspektrum

Glühspektrum

Bandenspektren

nes kontinuierlichen Spektrums ist der *schwarze Strahler* (Glühspektrum). Er wurde bereits in Physik III vorgestellt. Die Erklärung seines Spektralverlaufes durch PLANCK ist die *Geburtsstunde der Quantenphysik*[1]. Die Bandenspektren stellen den dazwischenliegenden Fall dar. Sie stammen von freien Molekülen, also kleinen Atomverbänden. Dort stehen zwar mehrere Atome in Wechselwirkung, nicht aber die Moleküle untereinander. Ein Vergleich der drei Typen von Spektren ist in Bild 2.2 gezeigt. Die Physik hat Modelle für die Struktur der Atome bzw. Moleküle entwickelt, die diese Spektren erklären. Zunächst sollen hier die Linienspektren diskutiert werden, was bedeutet, daß wir den Aufbau der Atome verstehen müssen.

Aus den Experimenten von RUTHERFORD kam die Erkenntnis, daß das Atom aus einem positiv geladenen Kern besteht, der von einer Elektronen enthaltenden Hülle umgeben ist. Gegenüber der Hülle ist der Kern praktisch punktförmig, trägt aber fast die gesamte Masse des Atoms. Dies wurde ausführlich in Physik III behandelt. Die Lichtaussendung der Atome ist auf Vorgänge in der Hülle zurückzuführen. Wir interessieren uns daher für die Struktur der Atomhülle und für die Eigenschaften der im Atom gebundenen Elektronen. Die Struktur des Atomkernes, d.h. sein Aufbau aus Nukleonen (Protonen, Neutronen) bleibt unberücksichtigt.

Termschema

Die Gesetzmäßigkeiten der Linienspektren der Atome waren zu Beginn dieses Jahrhunderts bereits genau vermessen, ohne daß die Physik ein brauchbares Modell für die Atomstruktur besaß. Es konnte zunächst gezeigt werden, daß alle Spektrallinien einer bestimmten Atomart in einem *Termschema* angeordnet werden können. Bild 2.3 zeigt das aus dem Wasserstoffspektrum

---

[1]   PLANCKs Vortrag war am 14. Dez. 1900.

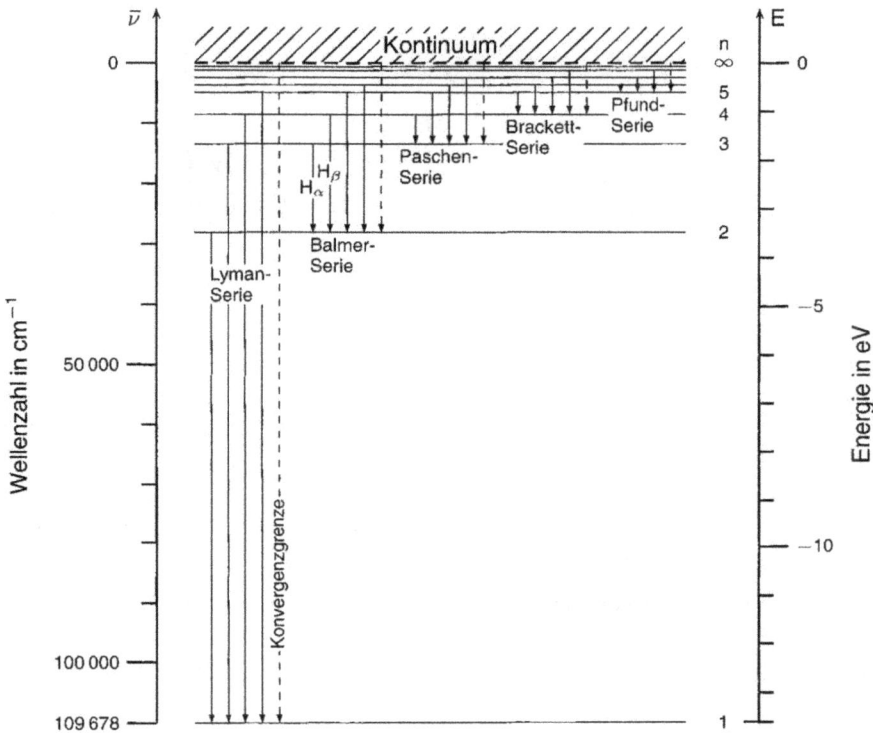

Bild 2.3: Termschema zum Emissionsspektrum des Wasserstoffatoms.
Die mit n bezeichneten Zahlen sind die Hauptquantenzahlen der Elektronenzustände, die in den Abschnitten 2.3 bzw. 2.7 quantenmechanisch abgeleitet werden. An die Seriengrenze ($n = \infty$) schließt sich das Seriengrenzkontinuum an.

gewonnene Termschema. Es gibt Spektrallinien als Differenzen zwischen einer kleinen Zahl von Niveaus mit festgelegter Wellenzahl $\bar{\nu} = 1/\lambda = \nu/c$ wieder. Spektrallinien, die durch Übergänge zu einem bestimmten Endniveau entstehen, faßt man als *Serie* zusammen. Man unterscheidet beim Spektrum des Wasserstoffatoms die *Lyman-, Balmer-, Paschen-, Brackett-* und *Pfundserie*. Spektralaufnahmen der Balmerserie zeigt Bild 2.4. Die Linien liegen im sichtbaren Bereich und nahem Ultravioletten.

Dem Wasserstoff als dem leichtesten aller Atome kommt die Schlüsselstellung zu den Prinzipien des Atombaus zu. Die Erklärung des Wasserstoffspektrums bzw. des Termschemas des Wasserstoffs war die große Herausforderung. Der entscheidende Schritt gelang NIELS BOHR. Er entwickelte ein rein mechanisches Modell des Wasserstoffatoms, in dem das Elektron auf Keplerbahnen, speziell einer Kreisbahn, um den Kern kreist. Die Gleichgewichtsbedingung für eine solche Bahn ist, daß die Zentripetalkraft, hier die Coulomb-Kraft zwischen der negativen Elektronenladung und

Bohrsches
Atommodell

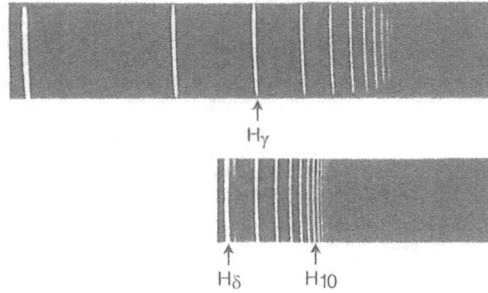

Bild 2.4: Spektralaufnahmen der Balmerserie des Wasserstoffs;
oben: langwelliger Bereich, unten: Seriengrenze.
(Bildquelle: G. Herzberg, *Ann. Phys.* **84**, 565 (1927))

der positiven Kernladung, entgegengesetzt gleich zur Zentrifugalkraft ist

$$\frac{1}{4\pi\varepsilon_0}\frac{e^2}{r^2} = m_e\omega^2 r = \frac{m_e v^2}{r} \tag{2.1}$$

wobei v die Bahngeschwindigkeit des Elektrons und r der Bahnradius ist.
Bedingung (2.1) erlaubt beliebige Bahnradien. Die Gesamtenergie (kinetische und potentielle Energie) des Elektrons auf einer Bahn mit Radius r ist

$$E(r) = E_{\text{kin}}(r) + E_{\text{coul}}(r) = \frac{1}{4\pi\varepsilon_0}\cdot\left(\frac{e^2}{2r} - \frac{e^2}{r}\right)$$
$$= -\frac{1}{4\pi\varepsilon_0}\cdot\frac{e^2}{2r}. \tag{2.2}$$

Der entscheidende Schritt war eine *Quantisierungsbedingung*. BOHR forderte, daß für den Bahndrehimpuls des Elektrons $L = m\cdot r\cdot v$ nur die Werte

$$L = n\hbar \quad \text{mit} \quad n = 1,2,3,\ldots \tag{2.3}$$

zulässig sind. In (2.1) eingesetzt folgt, daß nur Bahnradien

$$r_n = a_{\text{B}}\cdot n^2 \tag{2.4}$$

erlaubt sind, wobei a_{B} der sogenannte *Bohrsche Radius* ist. Er ist der Radius
der kleinsten Bahn ($n = 1$):

$$a_{\text{B}} = \frac{4\pi\varepsilon_0\hbar^2}{m_e e^2} = 5,29\cdot 10^{-11}\,\text{m} \qquad \textbf{Bohrscher Radius} \tag{2.5}$$

Aus (2.3) und (2.4) ergeben sich die gequantelten Energiezustände des Wasserstoffatoms zu:

$$E_n = -E_R \frac{1}{n^2}$$ **Energiezustände des Wasserstoffatoms** (2.6)

wobei

$$E_R = \frac{e^4 m_e}{(4\pi\varepsilon_0)^2 2\hbar^2}$$ **Rydbergenergie** (2.7)

die *Rydbergenergie* ist, d.h. die sich für $n = 1$ ergebende Bindungsenergie (siehe Bild 2.3). Ein Elektron mit $E > 0$ ist nicht mehr an das Wasserstoffatom gebunden. Es ist ein freies Elektron, für das keine quantisierten Energiezustände mehr existieren (d.h. die kinetische Energie eines Elektrons kann dann beliebige Werte annehmen, potentielle Energie existiert nicht).

Gebundene Zustände haben negative Energien

Da die durch (2.6) festgelegten Energiewerte den Termen des Wasserstoffschemas entsprachen, folgerte BOHR, daß sich das Elektron auf der niedrigsten Bahn ($n = 1$, Grundzustand) strahlungslos bewegt, was aber klassisch nicht zu erklären ist. Wird dem Wasserstoffatom entsprechende Energie zugeführt (etwa durch Stöße mit Elektronen in einer Gasentladung), so wird das Elektron auf eine höhere Bahn ($n > 1$) gehoben. Dort ist es nicht stationär. Es fällt zurück auf eine niedrigere Bahn, wobei die Energiedifferenz gemäß der Planckschen Bedingung als Licht mit der Frequenz ω (bzw. der Wellenzahl $\bar{\nu} = 1/\lambda = \omega/(2\pi c)$) abgestrahlt wird:

BOHR mußte eine strahlungslose Bewegung des Elektrons auf der niedrigsten Bahn fordern

$$\hbar\omega = E_i - E_f = E_R \left(\frac{1}{n_f^2} - \frac{1}{n_i^2} \right)$$ **Spektrallinien des Wasserstoffatoms** (2.8)

Die Indizes i und f charakterisieren den Anfangs- (initial) und den Endzustand (final). Wir werden diese Bezeichnung stets benutzen. (2.8) beschreibt die Übergänge, die im Termschema (Bild 2.3) eingezeichnet sind. Somit konnte BOHR das Wasserstoffspektrum erklären.

Es wurde aber bald klar, daß sich die Spektren der schwereren Atome nicht mit einer einzigen Quantenzahl n erklären ließen. Speziell SOMMERFELD hat das Bohrsche Modell weiterentwickelt und z.B. elliptische Bahnen eingeführt, deren Exzentrizität durch eine weitere Quantenzahl beschrieben wird.

Vom Standpunkt der modernen Quantenphysik sind alle diese mechanischen Modelle bestenfalls ein Hilfsbild. Sie haben keinen realen Charakter, da sich das Elektron als Quantenteilchen nicht streng lokalisieren läßt. Auch ist die Quantisierungsbedingung (2.3) von BOHR nicht richtig. Der Betrag des Drehimpulses ist kein ganzzahliges Vielfaches von $\hbar$ (siehe (1.20)). Ganzzahligkeit gilt nur für die z-Komponente des Bahndrehimpulses, aber eine Vorzugsachse existiert im Zentralfeld des Kernes ja zunächst nicht.

Es ist nötig, das Problem des gebundenen Elektrons mit Hilfe des Schrödinger-Heisenberg-Formalismus zu untersuchen. Dies wurde in Physik III bereits in seinen Grundzügen diskutiert.

2.2 Schrödingergleichung eines Elektrons im Coulomb-Feld

Das Lösungsverfahren ist aufwendig. Es wird am Schluß dieses Kapitels (Abschnitt 2.7) in allen Einzelschritten dargestellt. Hier wollen wir die Lösungsfunktionen der Schrödingergleichung hinsichtlich ihres physikalischen Gehaltes besprechen. Zunächst eine kurze Skizzierung der wichtigsten Schritte des Lösungsweges.

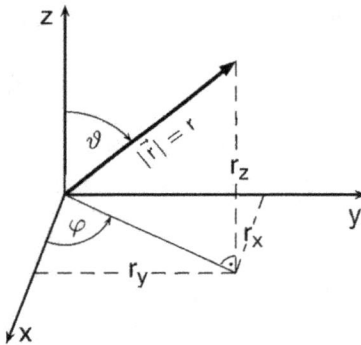

Bild 2.5: Übergang von kartesischen Koordinaten x, y, z zu Kugelkoordinaten r, ϑ, φ.

Wir verallgemeinern das Problem, indem wir die Kernladung mit Ze ansetzen. Dies schließt neben dem Wasserstoff mit $Z = 1$ auch die wasserstoffähnlichen Spektren, etwa die Ionen He$^+$ oder Li^{++} mit ein. Zur Vereinfachung sei angenommen, daß der Schwerpunkt des Atoms mit dem punktförmigen Atomkern zusammenfällt, was wegen $m_e \ll m_K$ (m_K = Kernmasse) eine sehr gute Näherung ist. Als Wechselwirkung zwischen Kern und Elektronen existiere allein die rein radiale Coulomb-Kraft mit dem Potential

$$U(r) = -\frac{Z \cdot e^2}{(4\pi\varepsilon_0) \cdot r}. \tag{2.9}$$

Da hier nur die stationären Zustände interessieren, setzt man die zeitunabhängige Schrödingergleichung für das Elektron an

$$-\frac{\hbar^2}{2m_e}\left(\frac{\partial^2\psi}{\partial x^2}+\frac{\partial^2\psi}{\partial y^2}+\frac{\partial^2\psi}{\partial z^2}\right)+U(r)\cdot\psi-E\cdot\psi=0. \tag{2.10}$$

Das Potential (2.9) hängt nur von r ab. Es ist deshalb sinnvoll, (2.10) in Polarkoordinaten umzuschreiben

Zeitunabhängige Schrödingergleichung in Kugelkoordinaten

$$\frac{1}{r^2}\cdot\frac{\partial}{\partial r}\left(r^2\cdot\frac{\partial\psi}{\partial r}\right)$$

$$+\frac{1}{r^2}\left[\frac{1}{\sin\vartheta}\cdot\frac{\partial}{\partial\vartheta}\left(\sin\vartheta\cdot\frac{\partial\psi}{\partial\vartheta}\right)+\frac{1}{\sin^2\vartheta}\cdot\frac{\partial^2\psi}{\partial\varphi^2}\right]$$

$$+\frac{2m_e}{\hbar^2}\left(\frac{Z\cdot e^2}{4\pi\epsilon_0\cdot r}+E\right)\cdot\psi=0. \tag{2.11}$$

In den einzelnen Gliedern kommen nur Differentialquotienten entweder nach r oder nach ϑ und φ vor. Dies erlaubt einen Separationsansatz für die Lösungsfunktion[2]:

Separationsansatz

$$\psi(r,\vartheta,\varphi)=R(r)\cdot Y(\vartheta,\psi). \tag{2.12}$$

Damit ist es möglich, aus (2.11) zwei getrennte Differentialgleichungen, eine für die Radialabhängigkeit

$$\frac{d^2R}{dr^2}+\frac{2}{r}\frac{dR}{dr}+R\cdot\left[\frac{2m_e}{\hbar^2}\left(E+\frac{Z\cdot e^2}{4\pi\epsilon_0\cdot r}\right)-\frac{C}{r^2}\right]=0, \tag{2.13}$$

die andere für die Winkelabhängigkeit

$$\frac{1}{\sin\vartheta}\cdot\frac{\partial}{\partial\vartheta}\left(\sin\vartheta\cdot\frac{\partial Y}{\partial\vartheta}\right)+\frac{1}{\sin^2\vartheta}\cdot\frac{\partial^2Y}{\partial\varphi^2}+C\cdot Y=0 \tag{2.14}$$

zu gewinnen. Die Konstante C ist zunächst willkürlich, muß aber dann im Lösungsverfahren berechnet werden.

Die Eigenfunktion gemäß (2.12) enthält drei Quantenzahlen n, l, m, von denen jeweils zwei die Radialfunktion und die winkelabhängige Funktion bestimmen:

$$\boxed{\psi(r,\vartheta,\varphi)=R_{nl}(r)\cdot Y_{lm}(\vartheta,\varphi)} \tag{2.15}$$

---

[2] siehe z.B.: A. Duschek, *Vorlesung über höhere Mathematik*, Band III, §13 (insbesondere Abschnitt 4), Springer-Verlag 1960

2.3   Die Radialfunktion R_{nl}

Wie in Abschnitt 2.7 gezeigt wird, existieren Lösungen für (2.13) nur, wenn

$$\boxed{E_n = -E_\mathrm{R}\frac{Z^2}{n^2}} \qquad (2.16)$$

wobei

$$\boxed{n = 1, 2, 3 \ldots} \qquad (2.17)$$

Hauptquantenzahl   Man bezeichnet n als die *Hauptquantenzahl* (des Wasserstoffatoms). (2.16) ist identisch mit dem Resultat von BOHR (siehe (2.6)), das ja, wie schon gesagt, dem Experiment entspricht. Wir werden später sehen, daß bei sehr guter Spektralauflösung die Energiezustände des Wasserstoffs eine Unterstruktur (*Feinstruktur*) besitzen. Die Rydbergenergie E_R ist in (2.7) definiert. Die zweite Quantenzahl l kommt auch in der winkelabhängigen Lösung vor. Wie weiter unten diskutiert, beschreibt letztere die Drehimpulseigenschaften des Elektrons im Coulomb-Feld. Wir interpretieren daher l als die *Bahndrehim-* *Bahndrehimpuls-* *pulsquantenzahl* des Elektrons. Gemäß dem Rechengang von Abschnitt 2.7 *quantenzahl*   gilt einschränkend

$$\boxed{l = 0, 1, 2, \ldots, n - 1.} \qquad (2.18)$$

Dies bedeutet, für $n = 1$ ist nur $l = 0$ zulässig.

> *Das Elektron im Wasserstoffatom besitzt im Grundzustand keinen Bahndrehimpuls!*

Dies ist klassisch nicht verständlich. Für $n = 2$ existiert $l = 0$ und $l = 1$, usw. Es ist üblich, den Wert der Bahndrehimpulsquantenzahl durch Buch-

Tabelle 2.1: Die Symbole der Bahndrehimpulsquantenzahl.

Wert von l	Symbol
0	s
1	p
2	d
3	f
4	g
5	h
.	alphabetisch
.	weiter

stabensymbole zu charakterisieren. Sie sind in Tabelle 2.1 aufgeführt. Wir charakterisieren Elektronenzustände durch die Hauptquantenzahl gefolgt vom Buchstabensymbol der Drehimpulsquantenzahl. Also: $1s$ für $n = 1$, $l = 0$; $3d$ für $n = 3$, $l = 2$, usw.

Die explizite Form der Radialfunktionen für $n = 1, 2, 3$ gibt Tabelle 2.2 wieder. Sie sind in Bild 2.6 grafisch dargestellt.

Tabelle 2.2: Die Radialfunktionen R_{nl} des wasserstoffähnlichen Atoms für $n = 1, 2, 3$. Der Bohrsche Radius a_{B} wurde in (2.5) definiert.

n	l	R_{nl}
1	0	$R_{1s} = 2 \cdot \left(\dfrac{Z}{a_{\mathrm{B}}} \right)^{3/2} \cdot \exp\left(-\dfrac{Zr}{a_{\mathrm{B}}} \right)$
2	0	$R_{2s} = 2 \cdot \left(\dfrac{Z}{2a_{\mathrm{B}}} \right)^{3/2} \cdot \left(1 - \dfrac{Zr}{2a_{\mathrm{B}}} \right) \cdot \exp\left(-\dfrac{Zr}{2a_{\mathrm{B}}} \right)$
2	1	$R_{2p} = \dfrac{2}{\sqrt{3}} \cdot \left(\dfrac{Z}{2a_{\mathrm{B}}} \right)^{3/2} \cdot \dfrac{Zr}{2a_{\mathrm{B}}} \cdot \exp\left(-\dfrac{Zr}{2a_{\mathrm{B}}} \right)$
3	0	$R_{3s} = 2 \cdot \left(\dfrac{Z}{3a_{\mathrm{B}}} \right)^{3/2} \cdot \left[1 - \dfrac{2}{3}\dfrac{Zr}{a_{\mathrm{B}}} + \dfrac{2}{27} \left(\dfrac{Zr}{a_{\mathrm{B}}} \right)^2 \right] \cdot \exp\left(-\dfrac{Zr}{3a_{\mathrm{B}}} \right)$
3	1	$R_{3p} = \dfrac{4}{3} \cdot \sqrt{2} \left(\dfrac{Z}{3a_{\mathrm{B}}} \right)^{3/2} \cdot \dfrac{Zr}{3a_{\mathrm{B}}} \cdot \left(1 - \dfrac{Zr}{6a_{\mathrm{B}}} \right) \cdot \exp\left(-\dfrac{Zr}{3a_{\mathrm{B}}} \right)$
3	2	$R_{3d} = \dfrac{2\sqrt{2}}{3\sqrt{5}} \cdot \left(\dfrac{Z}{3a_{\mathrm{B}}} \right)^{3/2} \cdot \left(\dfrac{Zr}{3a_{\mathrm{B}}} \right)^2 \cdot \exp\left(-\dfrac{Zr}{3a_{\mathrm{B}}} \right)$

Tabelle 2.3: Die Schalenzustände des Wasserstoffatoms.

Schale	Elektronenzustände	Energie
K	$1s$	$E_1 = -E_{\mathrm{R}}$
L	$2s, 2p$	$E_2 = -E_{\mathrm{R}}/4$
M	$3s, 3p, 3d$	$E_3 = -E_{\mathrm{R}}/9$
N	$4s, 4p, 4d, 4f$	$E_4 = -E_{\mathrm{R}}/16$
O	$5s, 5p, 5d, 5f, (5g)$	$E_5 = -E_{\mathrm{R}}/25$
P	$6s, 6p, 6d, 6f, (6g), (6h)$	$E_6 = -E_{\mathrm{R}}/36$

Da die Energie der Elektronen im Wasserstoff, zumindest in der hier gemachten Näherung, daß allein die Coulomb-Wechselwirkung mit dem Kern
existiert, nur von der Hauptquantenzahl abhängt, besetzen alle Elektronenzustände mit identischem n dasselbe Energieniveau. Man faßt diese
Schalenstruktur   Elektronen zu einer *Schale* zusammen und spricht dann (in alphabetischer
Reihenfolge) von der K, L, M, ...-Schale, was den Hauptquantenzahlen
$n = 1, 2, 3, \ldots$ entspricht.

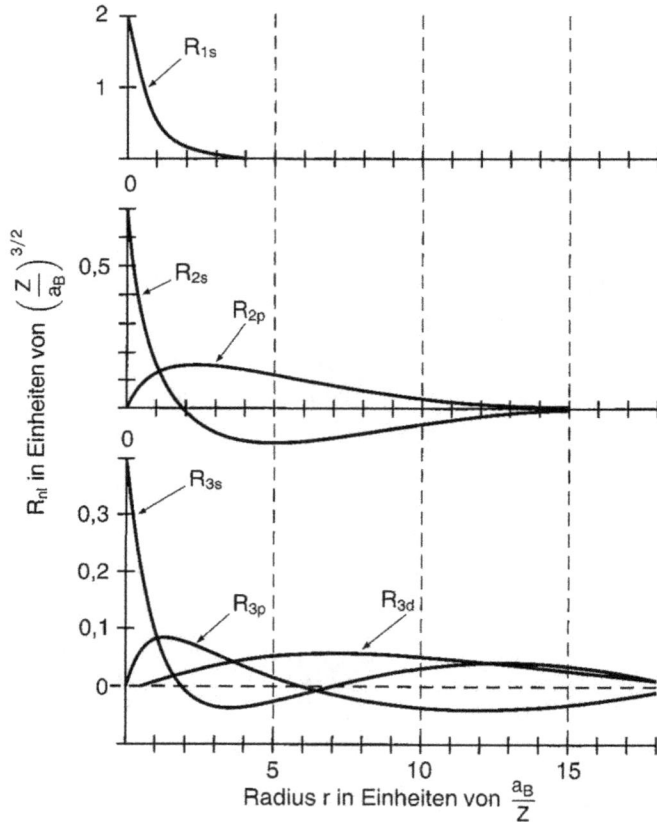

Bild 2.6: Darstellung der Radialwellenfunktionen $R_{n,l}(r)$ für $n = 1, 2, 3$.

In Tabelle 2.3 sind die Elektronenzustände der einzelnen Schalen zusammengefaßt. Die in Klammern gesetzten Zustände sind zwar möglich, kommen
aber unter normalen Bedingungen im Atom nicht vor. Es existieren nur
s, p, d, f Zustände.

2.4 Die winkelabhängige Funktion Y_{lm}

In der theoretischen Quantenmechanik[3] wird gezeigt, daß (2.14) ganz allgemein die Schrödingergleichung des Bahndrehimpulses eines Quantenteilchens ist. Die Bedeutung der Quantenzahlen l und m ist somit klar: l ist, wie erwähnt, die *Bahndrehimpulsquantenzahl*, wobei Bedingung (2.18) einzuhalten ist, und m ist die zu l gehörige *Orientierungsquantenzahl*, die bekanntlich die Werte

$$\boxed{m = 0, \pm 1, \pm 2, \dots \pm l} \tag{2.19}$$

annehmen kann.

Die Lösungsfunktion von (2.14) lautet explizit:

$$\boxed{\begin{aligned} Y_{lm}(\vartheta, \varphi) &= \Theta(\vartheta) \cdot \Phi(\varphi) \\ &= \sqrt{\frac{2l+1}{4\pi} \cdot \frac{(l-|m|)!}{(l+|m|)!}} \cdot P_l^m(\cos\vartheta) \cdot \exp(im\varphi) \end{aligned}} \tag{2.20}$$

$P_l^m(\cos\vartheta, \varphi)$ sind die zugeordneten Legendreschen Polynome. Man findet sie in mathematischen Formelsammlungen[4]. Die Y_{lm} werden als *normierte Kugelflächenfunktionen* bezeichnet. Ihre Werte sind für die wichtigsten Fälle in Tabelle 2.4 angegeben. *Kugelflächenfunktionen*

Da in der Differentialgleichung des winkelabhängigen Anteils (2.14) die Energie E nicht vorkommt, ist die Winkelabhängigkeit der Wellenfunktion unabhängig von der Energie des Elektrons. Dies kommt auch dadurch zum Ausdruck, daß die Quantenzahl n im winkelabhängigen Teil nicht vorkommt.

2.5 Aufenthaltswahrscheinlichkeiten

Die Wahrscheinlichkeit, das Elektronen des Wasserstoffs im Volumenelement $d\tau = dx\, dy\, dz$ an der Stelle x, y, z zu finden, ist:

$$\begin{aligned} d^3 P(x, y, z) &= W(x, y, z)\, d\tau \\ &= |\psi_{nlm}|^2\, d\tau = |R_{nl}|^2 \cdot |Y_{lm}|^2\, d\tau. \end{aligned} \tag{2.21}$$

---

[3] F. Schwabl, *Quantenmechanik*, 4. Auflage, Kap. 5, Springer-Verlag.

[4] siehe z.B. *Handbook of Mathematical Functions*, Hrsg. von M. Abramowitz und I.A. Stegun, Kapitel 8 und Tabelle 8.1, Dover Publications, New York 1964.

Tabelle 2.4: Die normierten Kugelflächenfunktionen Y_{lm} für $l = 0, 1, 2, 3$ und zulässige m.

l				m
0	1	2	3	
			$\sqrt{\dfrac{35}{64\pi}}\sin^3\vartheta \cdot e^{-i3\varphi}$	-3
		$\sqrt{\dfrac{15}{32\pi}}\sin^2\vartheta \cdot e^{-i2\varphi}$	$\sqrt{\dfrac{105}{32\pi}}\sin^2\vartheta\cos\vartheta \cdot e^{-i2\varphi}$	-2
	$\sqrt{\dfrac{3}{8\pi}}\sin\vartheta e^{-i\varphi}$	$\sqrt{\dfrac{15}{8\pi}}\sin\vartheta\cos\vartheta \cdot e^{-i\varphi}$	$\sqrt{\dfrac{21}{64\pi}}\sin\vartheta \cdot (5\cos^2\vartheta - 1) \cdot e^{-i\varphi}$	-1
$\sqrt{\dfrac{1}{4\pi}}$	$\sqrt{\dfrac{3}{4\pi}}\cos\vartheta$	$\sqrt{\dfrac{15}{8\pi}} \cdot (3\cos^2\vartheta - 1)$	$\sqrt{\dfrac{7}{16\pi}} \cdot (5\cos^3\vartheta - 3\cos\vartheta)$	0
	$\sqrt{\dfrac{3}{8\pi}}\sin\vartheta \cdot e^{i\varphi}$	$\sqrt{\dfrac{15}{8\pi}}\sin\vartheta\cos\vartheta \cdot e^{i\varphi}$	$\sqrt{\dfrac{21}{64\pi}}\sin\vartheta \cdot (5\cos^2\vartheta - 1) \cdot e^{i\varphi}$	-1
		$\sqrt{\dfrac{15}{32\pi}}\sin^2\vartheta \cdot e^{i2\varphi}$	$\sqrt{\dfrac{105}{32\pi}}\sin^2\vartheta\cos\vartheta \cdot e^{i2\varphi}$	$+2$
			$\sqrt{\dfrac{35}{64\pi}}\sin^3\vartheta \cdot e^{i3\varphi}$	$+3$

Bild 2.7 zeigt den Verlauf des winkelabhängigen Anteils der Dichte der Aufenthaltswahrscheinlichkeit $|Y_{lm}|^2$ als Polardiagramm für einige Werte von l und m. Die Abhängigkeit vom Azimutwinkel φ verschwindet, denn aus (2.20) folgt:

$$|\Phi(\varphi)|^2 = \exp\left(-im\varphi\right)\exp\left(im\varphi\right) = 1. \qquad (2.22)$$

Multipliziert mit dem Quadrat der Radialfunktion ergibt sich die totale Dichte der Aufenthaltswahrscheinlichkeit $|\psi_{nlm}|^2$ des Elektrons im Wasserstoffatom. Bild 2.8 zeigt die entsprechende Dichteverteilung für $n = 1, 2, 3$ als Punktdiagramm.

Man erkennt, daß für den $1s$ Zustand, d.h. den Grundzustand des Wasserstoffatoms, reine Kugelsymmetrie herrscht. Bei den höheren Energiezuständen setzt die Unterscheidung nach verschiedenen m-Werten natürlich die Existenz einer Vorzugsachse (z-Achse) voraus. Im freien Atom ist eine solche a priori nicht gegeben. Wir müßten z.B. ein Magnetfeld anlegen. Denkt man sich die Figuren aus Bild 2.8 für verschiedene m bei gegebenen l zusammengefügt, so sieht man, daß wieder eine reine Radialabhängigkeit von $|\psi|^2$ zustande kommt. Im freien Atom ist keine Richtung ausgezeichnet. Wie gesagt, dies ändert sich aber im Magnetfeld (siehe Abschnitt 4.5).

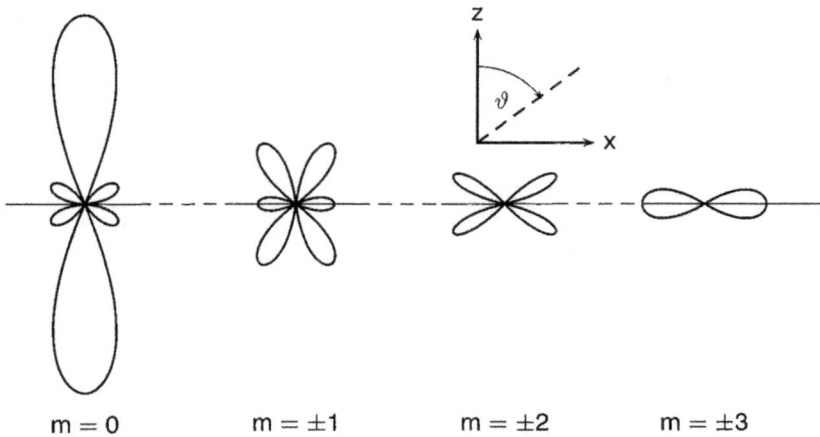

$$m = 0 \qquad m = \pm 1 \qquad m = \pm 2 \qquad m = \pm 3$$

Bild 2.7: Polardiagramm der Winkelabhängigkeit des Quadrats der normierten Kugel-flächenfunktion $|Y_{lm}|^2$ für $l = 3$, $m = 0, \pm 1, \pm 2, \pm 3$. Aus dieser Darstellung kann der Wert von $|Y(\vartheta)|^2$ wie folgt entnommen werden: Man zeichne vom Zentrum der betreffenden Figur (die dem Kernort entspricht) einen Strahl in Richtung ϑ und erhält einen Schnittpunkt mit der Figur. Die Länge der Strecke zwischen Zentrum und Schnittpunkt ist gleich $|Y(\vartheta)|^2$. Für die räumliche Darstellung muß man sich die Figuren rotationssymmetrisch um die z-Achse ergänzt denken, d.h. x- und y-Achsen können vertauscht werden, da eine Abhängigkeit vom Azimutwinkel nicht existiert.

Bemerkung:

Weiter sehen wir, daß eine Dichte der Aufenthaltswahrscheinlichkeit am Kernort nur für s-Zustände existiert. In der Näherung $r \ll a_{\mathrm{B}}/Z$ variiert der exponentielle Term in R_{nl} (siehe Tabelle 2.2) nur schwach, und man findet

$$R_{nl} \propto r^l \tag{2.23}$$

und damit

$$|R_{nl}|^2 \propto r^{2l}. \tag{2.24}$$

Also ist $|R_{nl}|^2$ nur groß für $l = 0$. Dieses Verhalten wird uns später bei der Diskussion der *Hyperfeinwechselwirkungen* noch beschäftigen.

Es muß betont werden, daß in Bild 2.8 Wahrscheinlichkeitsdichten für ein Volumenelement $\mathrm{d}\tau = \mathrm{d}x\,\mathrm{d}y\,\mathrm{d}z$ aufgetragen sind. Will man einen echten Vergleich mit dem Bohrschen Modell durchführen, so muß man zunächst (2.21) auf Kugelkoordinaten umschreiben:

$$\mathrm{d}^3 P(r, \vartheta, \varphi) = |\psi_{nlm}(r, \vartheta, \varphi)|^2 \, r^2 \, \mathrm{d}r \, \mathrm{d}\vartheta \, \mathrm{d}\varphi \tag{2.25}$$
$$= r^2 R_{nl}^2 \, \mathrm{d}r \, |Y_{lm}|^2 \sin\vartheta \, \mathrm{d}\vartheta \, \mathrm{d}\varphi.$$

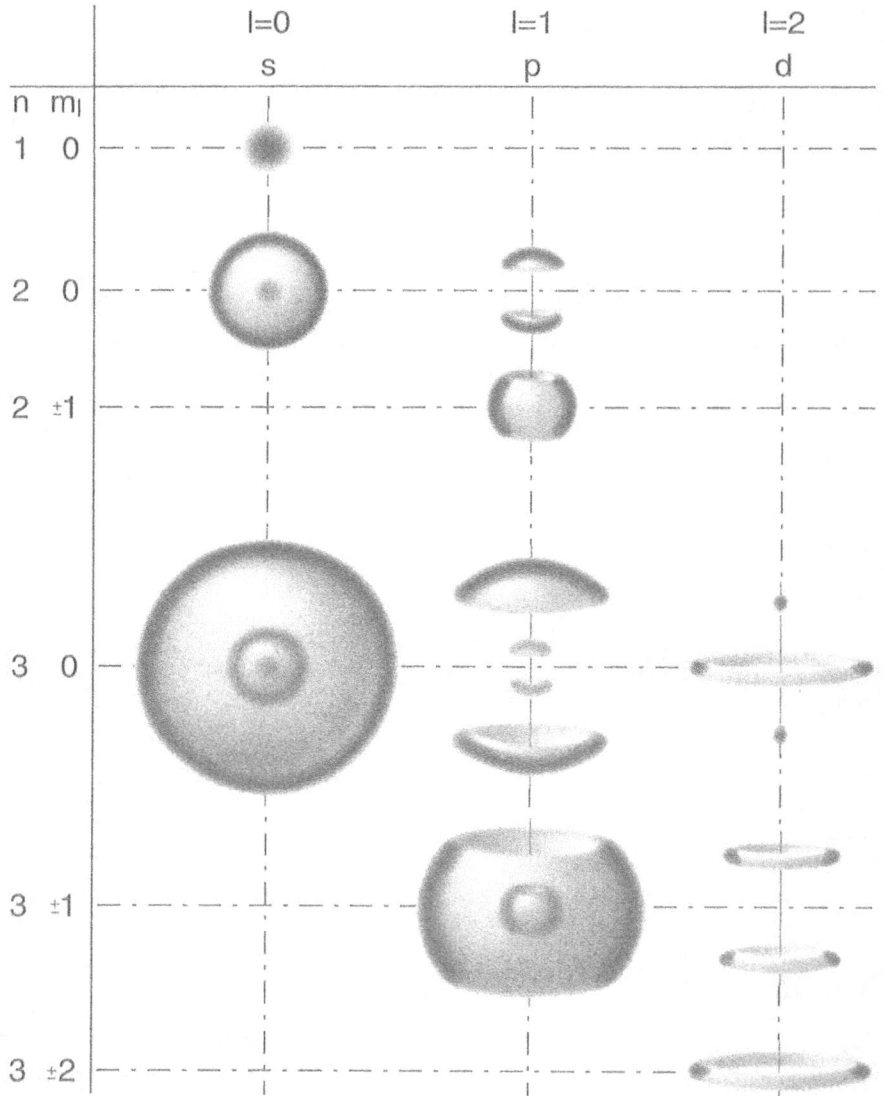

Bild 2.8: Wahrscheinlichkeitsverteilung $|\psi_{nlm}|^2$ des Aufenthalts von Wasserstoffelektronen in verschiedenen Eigenzuständen.

Wir fragen nun nach der Wahrscheinlichkeit, das Elektron im Zustand ψ_{nlm} im Abstand zwischen r und $r + dr$ vom Kern zu finden. Aus (2.25) folgt:

$$dP(r) = P(r + dr) - P(r)$$

$$= \int_0^{2\pi} \int_0^{2\pi} |\psi_{nlm}|^2 r^2 \, dr \sin\vartheta \, d\vartheta \, d\varphi = r^2 R_{nl}^2(r) \, dr. \quad (2.26)$$

Die sich daraus ergebende *differentielle radiale Aufenthaltswahrscheinlichkeit*

Radiale Aufenthaltswahrscheinlichkeit

$$\boxed{\frac{dP(r)}{dr} = r^2 R_{nl}^2(r)} \qquad\qquad (2.27)$$

ist in Bild 2.9 aufgetragen.

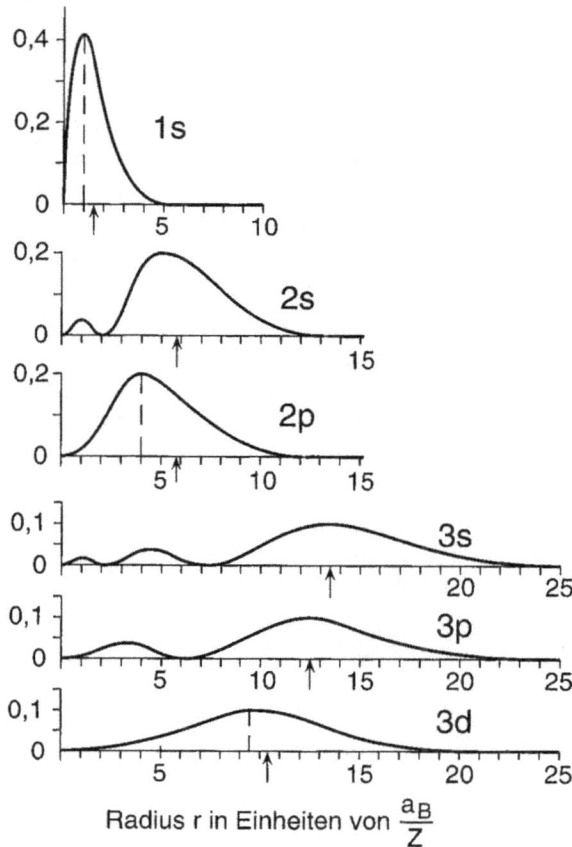

Bild 2.9: Darstellung der differentiellen Wahrscheinlichkeiten $r^2 R_{nl}^2$ für die Wellenfunktion aus Bild 2.6. Die Pfeile geben den radialen Erwartungswert wieder.

Bemerkung:

Man sollte sich genau den Unterschied zwischen Bild 2.6 und Bild 2.9 klarmachen, d.h. den Unterschied zwischen der Wahrscheinlichkeitsdichte und der differentiellen radialen Aufenthaltswahrscheinlichkeit der Elektronen. Diese beiden Größen werden erfahrungsgemäß gerne verwechselt. Der Unterschied ist besonders augenfällig für s Zustände an der Stelle $r = 0$.

Für ein $1s$ Elektron liegt die maximale radiale Aufenthaltswahrscheinlichkeit bei $r = a_B$, für das $2p$ Elektron bei $r = 4a_B$ (Bild 2.9). Die $2s$, $3s$ und $3p$ Elektronen besitzen mehrere Maxima. Allgemein gilt, daß die radiale Aufenthaltswahrscheinlichkeit $n - l - 1$ Knoten hat. Wie Bild 2.9 weiter vor Augen führt, ist mit steigendem n das Maximum der Aufenthaltswahrscheinlichkeit immer weniger scharf ausgeprägt.

Die quantenmechanische Größe, die dem Bohrschen Radius entsprechen würde, ist der Erwartungswert:

$$\langle r \rangle_{nl} = \int_{\text{Vol}} r \, |\psi_{nlm}|^2 \, \mathrm{d}\tau. \tag{2.28}$$

Der Erwartungswert $\langle r \rangle_{nl}$ ist in Bild 2.9 als Pfeil eingezeichnet. Wie man sieht, ist schon $\langle r \rangle_{1s} \neq a_B$. In der Theorie der Elektronenwechselwirkungen spielen oft auch andere Potenzen des Elektronenradius eine Rolle, insbesondere der Erwartungswert $\langle r^{-3} \rangle_{nl}$, der analog zu obiger Gleichung zu bilden ist.

Bemerkung:

Aus Bild 2.9 ersehen wir aber doch auch, daß wir die Elektronen im Zustand nl jeweils vorzugsweise in einem bestimmten radialen Bereich finden. Das Bild der Bohrschen Bahnen ist somit nicht total falsch, aber die typische Ortsunschärfe von Quantenteilchen macht sich ebenfalls deutlich bemerkbar.

Orbitale

Man spricht in der Atomphysik gerne von den einzelnen Elektronenzuständen hinsichtlich ihres radialen Verhaltens als *Orbitale*, also z.B. vom $1s$ Orbital oder $3d$ Orbital. Dies ist ein nützliches Bild, solange man sich dabei bewußt ist, daß Orbitale keine echten Bohrschen Bahnen sind. Wie aus Bild 2.9 ersichtlich, können sich Orbitale überlappen, bei Bohrschen Bahnen ist das nicht möglich. Die Überlappung von Orbitalen wird uns später noch beschäftigen.

2.6 Berücksichtigung des Elektronenspins

Aus dem Ergebnis des *Stern-Gerlach-Versuches* (Physik III) wissen wir, daß bereits das freie Elektron einen Spin $\vec{S}$ trägt mit der Spinquantenzahl $s = 1/2$. Also gilt gemäß (1.30) und (1.31)

$$|\vec{S}| = \sqrt{3/4}\,\hbar \qquad (2.29)$$

und

$$S_z = \pm\frac{\hbar}{2}. \qquad (2.30)$$

Diese Spineigenschaft bleibt bei der Bindung an den Kern erhalten. Wie aber schon erwähnt wurde, beschreibt die Schrödingergleichung nicht das Spinverhalten von Quantenteilchen. Wir müssen dies den Eigenfunktionen ψ_{nlm} hinzufügen (siehe auch Abschnitt 1.7, (1.46)). Das bedeutet, wir benötigen eine weitere Quantenzahl für das Elektron im Coulomb-Feld. Da für das Elektron immer $s = 1/2$ gilt, genügt es, die Spinorientierungsquantenzahl $m_s = \pm 1/2$ zu verwenden. Wir werden also im Folgenden zwischen Bahndrehimpulsorientierungs- (gegeben durch m_l) und Spinorientierungsquantenzahl m_s zu unterscheiden haben[5].

Somit gelten vier Quantenzahlen für das Wasserstoffatom

$$\boxed{n,\, l,\, m_l,\, m_s} \qquad (2.31)$$

Auf die Coulomb-Wechselwirkung zwischen Kern und Elektron hat der Spin keinen Einfluß. Solange wir diese als die einzig relevante Wechselwirkung im Wasserstoffatom betrachten (und dies ist eine sehr gute Näherung), wird der Zustand des Elektrons nach wie vor durch ψ_{nlm_l} gemäß Tab. 2.2 und 2.4 beschrieben. Die Aussagen, die in den Abschnitten 2.3 bis 2.5 gemacht wurden, sind also nach wie vor richtig. Dies gilt insbesondere für die Aufenthaltswahrscheinlichkeiten. Nur ist zu beachten, daß jeder durch ψ_{nlm_l} definierte Zustand zweimal vorkommt (zweifache Spinentartung), einmal mit $m_s = +1/2$ und einmal mit $m_s = -1/2$. Aus den Bedingungen für l und m_l (siehe (2.18) und (2.19)) folgt, wenn wir die Spinentartung berücksichtigen:

Zu jeder Hauptquantenzahl n existieren $2n^2$ mögliche Elektronenzustände.

---

[5] Beachten Sie, daß m_l das bisherige nicht-indizierte m der winkelabhängigen Funktion ersetzt.

2.7   Mathematische Lösung der Schrödingergleichung

Will man eine Beschreibung eines gebundenen Elektrons (Ladung $-e$, Masse m_e) im Coulomb-Feld eines positiv geladenen Kerns (Ladung $Z \cdot e$, Masse m_K) auf ein Einkörperproblem zurückführen, so führt man statt der Ortsvektoren $\vec{r}_e$ und $\vec{r}_K$ von Elektron und Kern die Relativkoordinate

$$\vec{r} = \vec{r}_e - \vec{r}_K \tag{2.32}$$

und den Ortsvektor des Massenmittelpunktes

$$\vec{r}_S = \frac{m_K \cdot \vec{r}_K + m_e \cdot \vec{r}_e}{m_K + m_e} \tag{2.33}$$

ein. Dies ist in Bild 2.10 veranschaulicht.

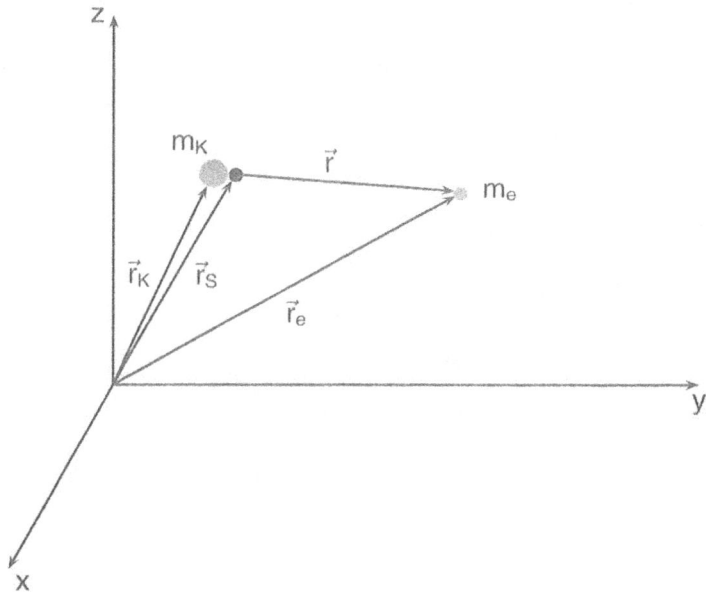

Bild 2.10: Darstellung der Ortsvektoren der Schrödingergleichung des Wasserstoffatoms.

Die Schrödingergleichung des Zweiteilchenproblems

$$-\frac{\hbar^2}{2m_K} \Delta_K \psi(\vec{r}_e, \vec{r}_K) - \frac{\hbar^2}{2m_e} \Delta_e \psi(\vec{r}_e, \vec{r}_K) +$$
$$(U(\vec{r}_e - \vec{r}_K) - E)\,\psi(\vec{r}_e, \vec{r}_K) = 0 \tag{2.34}$$

(Δ_K und Δ_e sind die Laplace-Operatoren in bezug auf die Koordinaten von Kern und Elektron, $U(\vec{r}_e - \vec{r}_K)$ ist das Wechselwirkungspotential der Teilchen) läßt sich nun schreiben als:

$$-\frac{\hbar^2}{2(m_K + m_e)}\Delta_{r_S}\psi(\vec{r}_S, \vec{r}) - \frac{\hbar^2}{2m_{red}}\Delta_r\psi(\vec{r}_S, \vec{r}) +$$
$$(U(\vec{r}) - E)\,\psi(\vec{r}_S, \vec{r}) = 0. \qquad (2.35)$$

Δ_{r_S} und Δ_r sind die Laplace-Operatoren in bezug auf die Vektoren $\vec{r}_S$ und $\vec{r}$, und m_{red} ist die reduzierte Masse:

$$m_{red} = \frac{m_K \cdot m_e}{m_K + m_e}. \qquad (2.36)$$

Man erkennt, daß die Schrödingergleichung in zwei Teile getrennt werden kann, von denen der eine Anteil nur von der Schwerpunktskoordinate $\vec{r}_S$ und der andere nur von der Relativkoordinate $\vec{r}$ abhängt. Die Wellenfunktion $\psi(\vec{r}_S, \vec{r})$ läßt sich somit durch das Produkt $\psi_S(\vec{r}_S) \cdot \psi(\vec{r})$ darstellen. Durch $\psi_S(\vec{r}_S)$ wird die Bewegung des Schwerpunktes beschrieben. Das gesamte Atom soll als ruhend angenommen werden, so daß dieser Anteil nicht weiter berücksichtigt werden muß. $\psi(\vec{r})$ beschreibt die Relativbewegung zwischen Atomkern und Elektron. Es ist zu beachten, daß sich der Kern und das Elektron beide bezüglich des gemeinsamen Schwerpunktes bewegen. Dieser *Mitbewegungseffekt* wird durch die reduzierte Masse (2.36) erfaßt.

Für das Potential (Coulomb-Potential) kann geschrieben werden:

$$U(\vec{r}) = -\frac{Z \cdot e^2}{4\pi\varepsilon_0 \cdot r}. \qquad (2.37)$$

Die Schrödingergleichung für die Relativbewegung wird damit zu:

$$\boxed{-\frac{\hbar^2}{2m_{red}}\Delta_r\psi(\vec{r}) - \left(\frac{Ze^2}{4\pi\varepsilon_0 \cdot r} + E\right)\psi(\vec{r}) = 0} \qquad (2.38)$$

Bei der Lösung dieser Differentialgleichung ist es wegen der Kugelsymmetrie des Problems günstig, den Laplace-Operator Δ_r in Kugelkoordinaten darzustellen:

$$\Delta_r = \frac{1}{r^2}\frac{\partial}{\partial r}\left(r^2\frac{\partial}{\partial r}\right) +$$
$$\frac{1}{r^2\sin\vartheta}\frac{\partial}{\partial\vartheta}\left(\sin\vartheta\frac{\partial}{\partial\vartheta}\right) + \frac{1}{r^2\sin^2\vartheta}\frac{\partial^2}{\partial\varphi^2}. \qquad (2.39)$$

Die Winkel ϑ und φ sind „geographische Breite" und „Länge", r ist der Radius. Dies eingesetzt in (2.38) ergibt nach Multiplikation mit $-(2m_{red}r^2)/\hbar^2$:

$$\frac{\partial}{\partial r}\left(r^2\frac{\partial\psi}{\partial r}\right) + \frac{1}{\sin\vartheta}\frac{\partial}{\partial\vartheta}\left(\sin\vartheta\frac{\partial\psi}{\partial\vartheta}\right) + \frac{1}{\sin^2\vartheta}\frac{\partial^2\psi}{\partial\varphi^2} +$$

$$\frac{2m_{red}r^2}{\hbar^2}\left(\frac{Ze^2}{4\pi\varepsilon_0\cdot r} + E\right)\psi = 0. \qquad (2.40)$$

Man sieht, daß in dieser Gleichung nur Differentialquotienten nach r, ϑ oder φ auftreten. Es liegt daher nahe, für $\psi(r,\vartheta,\varphi)$ eine Lösung in Form eines Produktes

$$\boxed{\psi(r,\vartheta,\varphi) = R(r)\cdot Y(\vartheta,\varphi)} \qquad (2.41)$$

zu suchen, wobei R nur radialabhängig und Y nur winkelabhängig ist.

Setzt man (2.41) in (2.40) ein, so ergibt sich:

$$Y(\vartheta,\varphi)\cdot\frac{\partial}{\partial r}\left(r^2\frac{\partial R(r)}{\partial r}\right) +$$

$$R(r)\cdot\left[\frac{1}{\sin\vartheta}\frac{\partial}{\partial\vartheta}\left(\sin\vartheta\frac{\partial Y(\vartheta,\varphi)}{\partial\vartheta}\right) + \frac{1}{\sin^2\vartheta}\frac{\partial^2 Y(\vartheta,\varphi)}{\partial\varphi^2}\right] +$$

$$\frac{2m_{red}r^2}{\hbar^2}\left(\frac{Ze^2}{4\pi\varepsilon_0\cdot r} + E\right)\cdot R(r)\cdot Y(\vartheta,\varphi) = 0. \qquad (2.42)$$

Nach der Multiplikation mit $1/(R\cdot Y)$ und dem Sortieren nach radial- und winkelabhängigen Gliedern erhält man:

$$\frac{1}{R}\frac{\partial}{\partial r}\left(r^2\frac{\partial R}{\partial r}\right) + \frac{2m_{red}r^2}{\hbar^2}\left(\frac{Ze^2}{4\pi\varepsilon_0\cdot r} + E\right) =$$

$$-\frac{1}{Y}\left[\frac{1}{\sin\vartheta}\frac{\partial}{\partial\vartheta}\left(\sin\vartheta\frac{\partial Y}{\partial\vartheta}\right) + \frac{1}{\sin^2\vartheta}\frac{\partial^2 Y}{\partial\varphi^2}\right]. \qquad (2.43)$$

Die linke Seite dieser Gleichung hängt nur von r, die rechte nur von ϑ und φ ab. Da beide Seiten für alle r und alle ϑ und φ gleich sein sollen, dürfen beide Seiten weder von r noch von ϑ und φ abhängig sein, d.h. sie müssen konstant sein. Diese Konstante möge C sein:

$$-\frac{1}{Y}\left[\frac{1}{\sin\vartheta}\frac{\partial}{\partial\vartheta}\left(\sin\vartheta\frac{\partial Y}{\partial\vartheta}\right) + \frac{1}{\sin^2\vartheta}\frac{\partial^2 Y}{\partial\varphi^2}\right] = C \qquad (2.44)$$

$$\frac{1}{R}\frac{\partial}{\partial r}\left(r^2\frac{\partial R}{\partial r}\right) + \frac{2m_{red}r^2}{\hbar^2}\left(\frac{Ze^2}{4\pi\varepsilon_0\cdot r} + E\right) = C. \qquad (2.45)$$

Die Differentialgleichung (2.44) soll nun weiter umgeformt werden. Setzt man:

$$Y(\vartheta, \varphi) = \tilde{Y}(\cos \vartheta, \varphi) \quad \text{und} \quad \cos \vartheta = x,$$

so wird (2.44) zu:

$$\frac{\partial}{\partial x}\left[(1-x^2)\frac{\partial \tilde{Y}}{\partial x}\right] + \frac{1}{1-x^2}\frac{\partial^2 \tilde{Y}}{\partial \varphi^2} + C\tilde{Y} = 0. \tag{2.46}$$

Als Lösungsfunktion wird wieder ein Produktansatz verwendet:

$$\tilde{Y}(x, \varphi) = f(x) \cdot g(\varphi). \tag{2.47}$$

Für (2.46) erhält man dann nach weiteren Umformungen:

$$\frac{1}{f(x)}\frac{\partial}{\partial x}\left[(1-x^2)\frac{\partial f(x)}{\partial x}\right] \cdot (1-x^2) + C \cdot (1-x^2) =$$
$$-\frac{1}{g(\varphi)}\frac{\partial^2 g(\varphi)}{\partial \varphi^2}. \tag{2.48}$$

Da die rechte Seite von (2.48) nur eine Funktion von φ, die linke Seite nur eine Funktion von x ist, folgt mit der gleichen Argumentation wie bei (2.43), daß beide Seiten konstant, also unabhängig von x bzw. φ sein müssen.

Man erhält somit für die Funktion $g(\varphi)$ eine Differentialgleichung der Art:

$$\frac{\partial^2 g(\varphi)}{\partial \varphi^2} = -m^2 \cdot g(\varphi). \tag{2.49}$$

Die Wahl der Konstante als m^2 ist keine Beschränkung der Allgemeinheit, da über m zunächst keine weitere Aussage gemacht wurde.

Man kann sich durch Einsetzen überzeugen, daß die Lösungen zu (2.49) die Funktionen

$$g(\varphi) = \exp\left(im\varphi\right)$$

sind. Für eine physikalisch sinnvolle Lösung muß gefordert werden, daß diese sich bei einer Rotation um die z-Achse um 360° nicht verändert. Also:

$$g(\varphi + 2\pi) = g(\varphi) \quad \text{oder} \quad \exp\left(im(\varphi + 2\pi)\right) = \exp\left(im\varphi\right).$$

Daraus folgt sofort:

$$m = 0, \pm 1, \pm 2, \pm 3, \ldots \qquad (2.50)$$

Damit sind die Lösungsfunktionen für $g(\varphi)$ gefunden. Die Funktionen $f(x)$ bestimmen sich nun aus folgender Differentialgleichung, die aus (2.48) abgeleitet ist:

$$\frac{\partial}{\partial x} \left[(1 - x^2) \frac{\partial f(x)}{\partial x} \right] + f(x) \left(C - \frac{m^2}{1 - x^2} \right) = 0. \qquad (2.51)$$

Diese Differentialgleichung besitzt als Lösungsfunktionen die sogenannten zugeordneten *Legendreschen Funktionen* $P_l^m(x)$. Aus der Forderung, daß $f(x) = P_l^m(x)$ an den Stellen $x = \pm 1$ (d.h. für $\vartheta = 0$ oder π) stetig sein soll, ergibt sich für die Konstante C die Bedingung:

$$C = l(l + 1) \quad \text{mit} \quad l = 0, 1, 2, 3, \ldots \qquad (2.52)$$

und die sehr wichtige Zusatzforderung

$$|m| \leq l. \qquad (2.53)$$

Die zugeordneten Legendreschen Funktionen $P_l^m(x)$ stehen in sehr engem Zusammenhang mit den sogenannten *Legendrepolynomen* $P_l(x)$. Es gilt:

$$P_l^m(x) = (1 - x^2)^{m/2} \frac{\partial^m P_l(x)}{\partial x^m} \qquad (2.54)$$

und

$$P_l = \frac{1}{2^l \cdot l!} \frac{d^l[(x^2 - 1)^l]}{dx^l}. \qquad (2.55)$$

Nun läßt sich also die gesamte Lösungsfunktion von (2.44) bzw. (2.46) angeben (vergleiche auch mit (2.20))

$$\tilde{Y}(x, \varphi) = Y_{lm}(\vartheta, \varphi) = N_{l,m} \cdot P_l^m(\cos \vartheta) \cdot \exp(im\varphi). \qquad (2.56)$$

$N_{l,m}$ ist ein Normierungsfaktor, der sich aus folgender Bedingung berechnen läßt:

$$\int_{-1}^{+1} d(\cos \vartheta) \int_0^{2\pi} d\varphi \, Y_{lm}^\star \cdot Y_{l'm'} = \begin{cases} 1 \text{ für } l = l' \text{ und } m = m' \\ 0 \text{ für } l \neq l' \text{ und } m \neq m'. \end{cases} \qquad (2.57)$$

$Y_{lm}^\star$ ist die konjugiert komplexe Funktion von Y_{lm}.

Die Funktionen $Y_{lm}(\vartheta, \varphi)$ in (2.56) nennt man die *normierten Kugel-flächenfunktionen*. In Tabelle 2.4 wurden schon früher für die Werte $l = 0, 1, 2, 3$ und $m = 0, \pm 1, \pm 2, \pm 3$ die normierten Kugelflächenfunktionen explizit aufgeführt. Nach der Lösung des winkelabhängigen Anteils der Schrödingergleichung (2.43) durch die Kugelflächenfunktionen $Y_{lm}(\vartheta, \varphi)$ bleibt nun noch der Radialanteil (2.45) zu lösen. Da die Konstante C nun bekannt ist, lautet (2.45) jetzt:

$$\frac{1}{R}\frac{\mathrm{d}}{\mathrm{d}r}\left(r^2 \cdot \frac{\mathrm{d}R}{\mathrm{d}r}\right) + \frac{2m_{\mathrm{red}} \cdot r^2}{\hbar^2} \cdot \left(\frac{Z \cdot e^2}{4\pi\varepsilon_0 \cdot r} + E\right) = l(l+1) \qquad (2.58)$$

oder

$$\frac{\mathrm{d}^2 R}{\mathrm{d}r^2} + \frac{2}{r} \cdot \frac{\mathrm{d}R}{\mathrm{d}r} + \frac{2m_{\mathrm{red}}}{\hbar^2} \cdot \left(\frac{Z \cdot e^2}{4\pi\varepsilon_0 \cdot r} + E\right) \cdot R - \frac{l(l+1)}{r^2} \cdot R = 0. \qquad (2.59)$$

Genau genommen müßten in dieser Differentialgleichung E und R mit l indiziert werden, worauf aber der Übersichtlichkeit halber vorläufig verzichtet wird. Zur Vereinfachung wird üblicherweise r in dimensionslosen reduzierten Einheiten ρ, d.h. in Relation zum Bohrschen Radius a_{B}, angegeben:

$$\rho = r \cdot \frac{Z \cdot m_{\mathrm{red}} \cdot e^2}{\hbar^2 \cdot 4\pi\varepsilon_0} = r \cdot \frac{Z}{a_{\mathrm{B}}}. \qquad (2.60)$$

E wird ebenfalls dimensionslos relativ zur Rydbergenergie E_{R} durch ϵ ausgedrückt:

$$\epsilon = -E \cdot \frac{2\hbar^2}{m_{\mathrm{red}}} \cdot \frac{(4\pi\varepsilon_0)^2}{e^4 \cdot Z^2} = -E \cdot \frac{1}{E_{\mathrm{R}} \cdot Z^2} \frac{m_{\mathrm{e}}}{m_{\mathrm{red}}}. \qquad (2.61)$$

Das negative Vorzeichen wurde hier deshalb gewählt, weil nur gebundene Elektronenzustände (also $E < 0$) betrachtet werden sollen. Gleichung (2.59) kann nun umgeformt werden in:

$$\frac{\mathrm{d}^2 \tilde{R}(\rho)}{\mathrm{d}\rho^2} + \frac{2}{\rho} \cdot \frac{\mathrm{d}\tilde{R}(\rho)}{\mathrm{d}\rho} + \left(\frac{2}{\rho} - \frac{l(l+1)}{\rho^2} - \epsilon\right) \cdot \tilde{R}(\rho) = 0. \qquad (2.62)$$

Man überlegt sich zunächst einige Forderungen, die $\tilde{R}(\rho)$ zu erfüllen hat. Da aus $\psi(r, \vartheta, \varphi)$ die Wahrscheinlichkeitsdichte $|\psi|^2$ bestimmt wird, muß die Eigenfunktion *normierbar* und *eindeutig* sein. $Y_{lm}(\vartheta, \varphi)$ genügt dieser Bedingung; daraus folgt, daß $\tilde{R}(\rho)$ für große Abstände vom Kern verschwinden soll, d.h.:

$$\lim_{\rho \to \infty} \tilde{R}(\rho) = 0 \qquad (2.63)$$

Außerdem muß $\tilde{R}(\rho)$ für sehr kleine Abstände endlich bleiben:

$$-\infty < \lim_{\rho \to 0} \tilde{R}(\rho) < \infty. \tag{2.64}$$

Für große ρ soll die Funktion $\tilde{R}$ mit $\tilde{R}_\infty$ bezeichnet werden. Aus der Differentialgleichung (2.62) sieht man, daß man Glieder mit ρ im Nenner gegenüber den anderen Termen für große ρ vernachlässigen kann. Die Gleichung vereinfacht sich damit zu:

$$\frac{d^2 \tilde{R}_\infty}{d\rho^2} - \epsilon \cdot \tilde{R}_\infty = 0. \tag{2.65}$$

Diese Gleichung wird gelöst durch

$$\tilde{R}_\infty = A \cdot \exp\left(\pm\sqrt{\epsilon} \cdot \rho\right), \tag{2.66}$$

wobei A eine Konstante ist. Das positive Vorzeichen im Exponenten ist wegen der Bedingung (2.63) nicht erlaubt.

Die asymptotische Lösung von (2.62) für $\rho \to 0$ soll mit $\tilde{R}_0$ bezeichnet werden. Im 3. Glied der Differentialgleichung (2.62) kommen Glieder mit $1/\rho$ und $1/\rho^2$ vor. Es genügt zu fordern, daß für $\rho \to 0$ der Term mit $1/\rho^2$ nicht divergiert, da der Term mit $1/\rho$ auf alle Fälle kleiner als der Term $1/\rho^2$ ist; das konstante Glied kann für $\rho \to 0$ im Vergleich dazu vernachlässigt werden. Man erhält dann:

$$\frac{d^2 \tilde{R}_0}{d\rho^2} + \frac{2}{\rho} \cdot \frac{d\tilde{R}_0}{d\rho} - \frac{l(l+1)}{\rho^2} \cdot \tilde{R}_0 = 0. \tag{2.67}$$

Diese Differentialgleichung hat zwei Lösungsscharen

$$\tilde{R}_0^{(1)} = B_1 \cdot \rho^l \quad \text{und} \quad \tilde{R}_0^{(2)} = B_2 \cdot \rho^{-(l+1)}, \tag{2.68}$$

wobei B_1, B_2 wieder Konstanten sind.

$\tilde{R}_0^{(2)}$ muß ausgeschlossen werden, da (2.64) nicht erfüllt wird. Im weiteren soll nun für $\tilde{R}(\rho)$ im Intervall $0 \leq \rho < \infty$ ein Interpolationsansatz, der für $\rho \to 0$ und $\rho \to \infty$ die asymptotischen Lösungen $\tilde{R}_0$ und $\tilde{R}_\infty$ liefert, verwendet werden

$$\tilde{R}(\rho) = \tilde{R}_0(\rho) \cdot \tilde{R}_\infty(\rho) \cdot \tilde{F}(\rho); \tag{2.69}$$

und eingesetzt

$$\tilde{R}(\rho) = \rho^l \cdot \exp\left(-\sqrt{\epsilon} \cdot \rho\right) \cdot \tilde{F}(\rho). \tag{2.70}$$

Die Konstanten sind alle in $\tilde{F}(\rho)$ mit einbezogen. Geht man mit diesem Ansatz in (2.62) ein, so ergibt sich:

$$\frac{d^2\tilde{F}(\rho)}{d\rho^2} + 2 \cdot \left(\frac{l+1}{\rho} - \sqrt{\epsilon}\right) \cdot \frac{d\tilde{F}(\rho)}{d\rho} +$$

$$\frac{2}{\rho} \cdot \left[1 - \sqrt{\epsilon} \cdot (l+1)\right] \cdot \tilde{F}(\rho) = 0. \tag{2.71}$$

Man versucht nun, die Lösungsfunktion $\tilde{F}(\rho)$ durch einen Potenzreihenansatz zu bekommen:

$$\tilde{F}(\rho) = c_0 + c_1 \cdot \rho + c_2 \cdot \rho^2 + \ldots = \sum_{\nu=0}^{\infty} c_\nu \cdot \rho^\nu \tag{2.72}$$

und damit

$$\frac{d\tilde{F}(\rho)}{d\rho} = \sum_{\nu=1}^{\infty} \nu \cdot c_\nu \cdot \rho^{\nu-1} \tag{2.73}$$

und

$$\frac{d^2\tilde{F}(\rho)}{d\rho^2} = \sum_{\nu=2}^{\infty} \nu \cdot (\nu-1) \cdot c_\nu \cdot \rho^{\nu-2}. \tag{2.74}$$

In (2.71) eingesetzt erhält man:

$$\sum_{\nu=2}^{\infty} c_\nu \cdot \nu \cdot (\nu + 2l + 1) \cdot \rho^{\nu-2} -$$

$$2 \cdot \sum_{\nu=1}^{\infty} \left(c_\nu \cdot \sqrt{\epsilon} \cdot \left(\nu + l + 1 - \frac{1}{\sqrt{\epsilon}}\right)\right) \cdot \rho^{\nu-1} = 0. \tag{2.75}$$

Durch Koeffizientenvergleich (die Koeffizienten bei gleichen Potenzen von ρ müssen für alle gleich sein) ergibt sich die Rekursionsformel:

$$c_{\nu+1} \cdot (\nu+1) \cdot (\nu + 2l + 2) = 2 \cdot c_\nu \cdot \sqrt{\epsilon} \cdot \left(\nu + l + 1 - \frac{1}{\sqrt{\epsilon}}\right). \tag{2.76}$$

c_0 muß eine endliche Konstante sein, andernfalls könnte $\tilde{F} \to \infty$ oder $\tilde{F} \to 0$ gehen. Zur Prüfung der Konvergenz betrachtet man die Koeffizienten:

$$c_{\nu+1} = \frac{2 \cdot c_\nu \cdot \sqrt{\epsilon} \cdot (\nu + l + 1 - 1/\sqrt{\epsilon})}{(\nu+1) \cdot (\nu + 2l + 2)}. \tag{2.77}$$

Wir interessieren uns für große ν:

$$\nu \gg 1, \qquad \nu \gg \frac{1}{\sqrt{\epsilon}}, \qquad \nu \gg l.$$

Daraus folgt:

$$c_{\nu+1} \approx 2 \cdot c_\nu \cdot \sqrt{\epsilon} \cdot \frac{1}{\nu}. \tag{2.78}$$

D.h. die Potenzreihe bricht nicht ab, und $\tilde{R}_0 \cdot \tilde{R}_\infty \cdot \tilde{F}$ konvergiert nicht gegen 0 für $\rho \to \infty$. Die Konvergenz ist nur gewährleistet, falls die Reihe abbricht; dies bedeutet, daß der Potenzreihenansatz in einem Polynomansatz abgewandelt werden muß. Dazu nimmt man an, daß ein ν_{max} existiert, so daß $c_{\nu max} \neq 0$ und $c_{\nu max +1} = 0$. (Dies beinhaltet, daß alle höheren Koeffizienten ebenfalls Null sind.)

Aus der Rekursionsformel (2.76) folgt, daß $c_{\nu max +1} = 0$, $c_{\nu max} \neq 0$ nur möglich ist, falls:

$$\nu_{max} + l + 1 - \frac{1}{\sqrt{\epsilon}} = 0. \tag{2.79}$$

Da $\nu_{max} + l + 1$ eine ganze Zahl ist, muß auch $1/\sqrt{\epsilon}$ eine ganze Zahl sein. Benützt man dafür n, so erhält man:

$$\epsilon = \frac{1}{n^2}. \tag{2.80}$$

Dabei muß $n \geq l + 1$ sein, sonst kann (2.79) nicht erfüllt werden. ϵ läßt sich durch (2.61) wieder umformen in:

$$E_n = -E_R \frac{Z^2}{n^2} \frac{m_{red}}{m_e}. \tag{2.81}$$

Bis auf die Korrekturen für Mitbewegung ist dies die Bohrsche Formel, wie sie bereits in (2.6) eingeführt wurde.

Die Lösungsfunktionen der Differentialgleichung (2.71) lassen sich nun im Prinzip aus der Rekursionsformel (2.77) bestimmen, wenn c_0 durch die Normierung festgelegt wird.

Die Polynome $\tilde{F}(\rho) = \tilde{F}_{n,l}(\rho)$ sind bis auf den Normierungsfaktor die sogenannten *Laguerreschen Polynome*:

$$\tilde{F}_{n,l}(\rho) = N_{n,l} \cdot L_{n-l-1}^{2l+1}\left(\frac{2\rho}{n}\right) \tag{2.82}$$

($N_{n,l}$ ist ein Normierungsfaktor). Sie sind allgemein definiert als:

$$L_k^j(x) = \frac{1}{k!} \cdot x^{-j} \cdot \exp(x) \cdot \frac{\mathrm{d}^k}{\mathrm{d}x^k} \cdot \left(\exp(-x) \cdot x^{k+j} \right)$$

$$= \sum_{\nu=0}^{k} \binom{k+j}{k-\nu} \cdot \frac{(-x)^\nu}{\nu!}. \tag{2.83}$$

Mit Hilfe von (2.70) für den Radialanteil der Schrödingerschen Wellenfunktion $\tilde{R}(\rho)$ ergibt sich somit:

$$\tilde{R}_{n,l}(\rho) = \rho^l \cdot \exp\left(-\frac{\rho}{n}\right) \cdot \tilde{F}_{n,l}(\rho) =$$

$$= \rho^l \cdot \exp\left(-\frac{\rho}{n}\right) \cdot N_{n,l} \cdot L_{n-l-1}^{2l+1}\left(\frac{2\rho}{n}\right). \tag{2.84}$$

Für festes l und n lassen sich die Laguerreschen Polynome nach der Formel (2.83) leicht berechnen. Es ergibt sich z.B.

für	$n = 1$	und	$l = 0$:	$L_0^1 = 1$,	
für	$n = 2$	und	$l = 1$:	$L_0^3 = 1$,	
für	$n = 2$	und	$l = 0$:	$L_1^1 = 2 - \rho$,	
für	$n = 3$	und	$l = 2$:	$L_0^5 = 1$,	
für	$n = 3$	und	$l = 1$:	$L_1^3 = 4 - 2/3\rho$,	
für	$n = 3$	und	$l = 0$:	$L_2^1 = 3 - 2\rho + 2/9\rho^2$.	

Die Normierungskonstanten $N_{n,l}$ ergeben sich wieder aus der Normierungsbedingung für die Wellenfunktion $\psi_{nlm}(r, \vartheta, \varphi)$. Da der winkelabhängige Anteil $Y_{lm}(\vartheta, \varphi)$ für sich normiert ist, folgt für den Radialanteil:

$$\int_0^\infty r^2 \cdot R_{nl}^2(r)\, \mathrm{d}r = \left(\frac{a_\mathrm{B}}{Z}\right) \cdot \int_0^\infty \rho^2 \cdot R_{nl}^2(\rho)\, \mathrm{d}r = 1, \tag{2.85}$$

woraus sich die Normierungskonstanten $N_{n,l}$ berechnen lassen.

Für den Radialanteil der Wellenfunktion $R_{nl}(r)$ ergibt sich dann folgende Formel:

$$R_{nl}(r) = N_{n,l} \cdot \left(\frac{r \cdot Z}{a_\mathrm{B}}\right)^l \cdot \exp\left(-\frac{r \cdot Z}{n \cdot a_\mathrm{B}}\right) \cdot L_{n-l-1}^{2l+1}\left(\frac{2r \cdot Z}{n \cdot a_\mathrm{B}}\right)$$

$$= \left(\frac{Z}{a_\mathrm{B}}\right)^{3/2} \cdot \frac{2^{l+1}}{n^{l+2}} \cdot \sqrt{\frac{(n-l-1)!}{(n+l)!}} \cdot$$

$$\left(\frac{r \cdot Z}{a_\mathrm{B}}\right)^l \cdot \exp\left(-\frac{r \cdot Z}{n \cdot a_\mathrm{B}}\right) \cdot L_{n-l-1}^{2l+1}\left(\frac{2r \cdot Z}{n \cdot a_\mathrm{B}}\right). \tag{2.86}$$

Wir können diese Gleichung mit Hilfe der Definition der Laguerreschen Polynome (2.83) in eine andere Form überführen:

$$
R_{nl}(r) = N_{n,l} \cdot \left(\frac{Z}{a_{\mathrm{B}}}\right)^l \cdot r^l \cdot \exp\left(-\frac{r \cdot Z}{n \cdot a_{\mathrm{B}}}\right) \cdot L_{n-l-1}^{2l+1}\left(\frac{2r \cdot Z}{n \cdot a_{\mathrm{B}}}\right)
$$

$$
= r^l \cdot \exp{-\frac{r \cdot Z}{n \cdot a_{\mathrm{B}}}} \cdot \sum_{\nu=0}^{n-(l+1)} \left(\begin{array}{c} n+l \\ n-l-1-\nu \end{array}\right) \cdot
$$

$$
\frac{1}{\nu} \cdot (-1)^\nu \cdot \left(\frac{2 \cdot Z}{n \cdot a_{\mathrm{B}}}\right)^\nu \cdot \left(\frac{Z}{a_{\mathrm{B}}}\right)^l \cdot N_{n,l} \cdot r^\nu
$$

$$
= r^l \cdot \exp\left(-\frac{r \cdot Z}{n \cdot a_{\mathrm{B}}}\right) \cdot \sum_{\nu=0}^{n-(l+1)} c_\nu \cdot r^\nu. \tag{2.87}
$$

Einige Funktionen $R_{nl}(r)$ sind in der Tabelle 2.2 aufgeführt. Damit ist die Gesamtwellenfunktion $\psi_{nlm}(\vec{r})$ des Wasserstoffatoms festgelegt.

$$
\psi_{nlm}(r, \vartheta, \varphi) = R_{nl}(r) \cdot Y_{lm}(\vartheta, \varphi). \tag{2.88}
$$

Wie man erkennt, ist die exakte Lösung eines so einfachen wellenmechanischen Problems bereits recht aufwendig. Es wurde als Beispiel einmal detailliert durchgeführt, um zu zeigen, wie die Quantenzahlen aus den Bedingungen für die Lösungsfunktionen der entsprechenden Differentialgleichung folgen. Nur wenn die in den Quantenzahlen festgelegten Bedingungen erfüllt werden, existieren eindeutige und normierbare Lösungsfunktionen, die dann die Wellenfunktionen ergeben. In der Quantenphysik sind grundsätzlich nur solche Zustände physikalisch existent, die durch eine eindeutige und normierbare Wellenfunktion beschrieben werden können.

3 Übergänge zwischen Energiezuständen

3.1 Grundlagen

Normalerweise befindet sich ein gebundenes Elektron im tiefsten möglichen Energiezustand. Im Falle des Wasserstoffatomes ist dies der $1s$ Zustand. Bei Energiezufuhr wird das Atom angeregt, das Elektron nimmt einen höheren Energiezustand ein. In diesem verweilt es aber nur kurze Zeit und geht unter Abgabe der Anregungsenergie wieder in den Grundzustand über, unter Umständen über Zwischenstufen. Wir kennen grundsätzlich zwei An- und Abregungsmechanismen:

1. durch inelastischen Stoß (etwa mit Elektronen oder anderen Atomen bzw. Ionen),

2. durch Strahlung (im Quantenbild ist dies die Absorption oder Emission eines Photons mit der entsprechenden Energie $E = \hbar\omega$).

Ein Beispiel ist der *Franck-Hertz-Versuch*[1] (siehe Physik III):

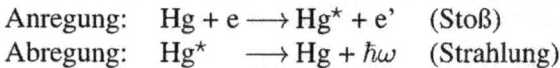

Anregung:	$Hg + e \longrightarrow Hg^\star + e'$	(Stoß)
Abregung:	$Hg^\star \longrightarrow Hg + \hbar\omega$	(Strahlung)

Dies ist nur eine Möglichkeit, prinzipiell können alle Kombinationen auftreten:

Anregung	Abregung
Stoß	Stoß
Stoß	Strahlung
Strahlung	Stoß
Strahlung	Strahlung

[1] Ein Atom mit einem Elektron im angeregten Zustand bezeichnen wir mit einem nachgestellten *, also etwa $Hg^\star$ und ein Elektron, das Energie verloren hat, mit e'.

3.2   Spontane Emission von Photonen

Wir wollen uns im folgenden mit der Strahlungsabregung befassen. Wir vereinfachen die Situation, indem wir ein Atom mit nur zwei Energieeigenwerten betrachten. Der angeregte Zustand sei E_i, der Grundzustand E_f, und wir diskutieren den Übergang $E_i \to E_f$ unter Aussendung eines Photons $\hbar\omega = E_i - E_f$. Wir haben hier der Einfachheit halber die Energieskala so gewählt, daß $E_i > E_f$ (Bild 3.1). Das ist im Gegensatz zur besprochenen Konvention für das Wasserstoffatom.

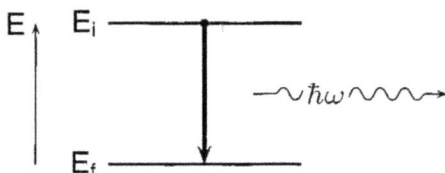

Bild 3.1: Abregung eines Atoms.

Der Übergang $E_i \to E_f$ erfolgt spontan, d.h. ohne äußere Einwirkung zu einem nicht vorhersagbaren Zeitpunkt. Das bedeutet, daß es unmöglich ist, für ein Ensemble von angeregten Atomen auszusagen, wann ein bestimmtes Atom abgeregt wird. Es läßt sich nur eine Übergangswahrscheinlichkeit A_{if} angeben. Wenn $N(t)$ die Zahl der angeregten Atome zum Zeitpunkt t ist, so zerfallen davon pro Zeiteinheit (d.h. gehen in den Grundzustand über):

*Übergangs-
wahrscheinlichkeit*

$$\boxed{-\frac{\mathrm{d}N}{\mathrm{d}t} = A_{if} \cdot N(t)} \tag{3.1}$$

Die entscheidende Aussage ist hier, daß A_{if} selbst unabhängig von der Anzahl der angeregten Atome und der bereits verstrichenen Zeit ist. Integration liefert das bekannte exponentielle Zerfallsgesetz:

Zerfallsgesetz

$$\boxed{N(t) = N(0) \exp\left(-A_{if} \cdot t\right) = N(0) \exp\left(-\frac{t}{\tau_i}\right)} \tag{3.2}$$

Damit haben wir die mittlere Lebensdauer des angeregten Zustandes E_i eingeführt

*Mittlere
Lebensdauer*

$$\tau_i = \frac{1}{A_{if}}. \tag{3.3}$$

$N(0)$ ist die Zahl der Atome im angeregten Zustand zum (willkürlich gewählten) Zeitnullpunkt.

Falls E_i über mehrere Kanäle zerfallen kann (d.h. wenn das System mehr als nur zwei Zustände besitzt), dann ist

$$\tau_i = \frac{1}{\sum_j A_{ij}},\qquad(3.4)$$

Ein angeregter Zustand E_i kann in verschiedene, tiefer liegende Zustände E_j zerfallen

wobei natürlich $E_j < E_i$ sein muß.

3.3 Das Dipolmoment

Als Diskussionsbeispiel benutzen wir die niedrigen Energiezustände des Wasserstoffatoms. Wenn das Elektron in einen dieser Zustände Energie abstrahlen soll, so müßte es nach den Erkenntnissen der Elektrodynamik einen schwingenden Dipol bilden. Ein schwingendes höheres Moment strahlt natürlich ebenfalls, aber wir beschränken uns auf den einfachsten Fall. Wir nehmen willkürlich an, daß der Dipol in z-Richtung schwingt, also

$$p = p_0 \exp\left(-i\omega t\right) = ez_0 \exp\left(-i\omega t\right),\qquad(3.5)$$

wobei z_0 die Auslenkungsamplitude darstellt.

Als erste Stufe hinsichtlich der Frage, ob ein Moment entsprechend (3.5) existiert, betrachten wir zunächst die örtlichen Symmetrieeigenschaften der Wasserstoff-Wellen-(Eigen-)Funktion. Es genügt, sich auf den Radialteil zu beschränken. In Bild 3.2 ist $\psi(z) \propto R(r)$ für $n = 1, 2, 3, 4$ und die jeweils erlaubten Werte von l aufgetragen. Gegenüber der früheren Darstellung (Bild 2.6) haben wir eine andere Skala sowie positive und negative Werte der Ortskoordinate benutzt.

Wie schon erwähnt, steigt für $\psi(r)$ die Zahl der Knoten (Nullstellen) mit der Hauptquantenzahl an. Alle Funktionen mit geradem l (s, d Funktionen) sind symmetrisch und alle Funktionen mit ungeradem l (p, f Funktionen) antimetrisch hinsichtlich des Koordinatenursprungs (Kernort):

$$\psi_{s,d}(-z) = +\psi_{s,d}(+z)\qquad(3.6)$$
$$\psi_{p,f}(-z) = -\psi_{p,f}(+z)\qquad(3.7)$$

Die Grössen $\psi^\star\psi$ sind definitionsgemäß immer positiv und symmetrisch zu $z = 0$.

Eine Aussage über die Dipolmomente bedeutet quantenphysikalisch die Bildung der entsprechenden Erwartungswerte. Etwa:

$$\langle p_{1s}\rangle = \int_{\text{Vol}} \Psi_{1s}^\star\, p\, \Psi_{1s}\, dV,\qquad(3.8)$$

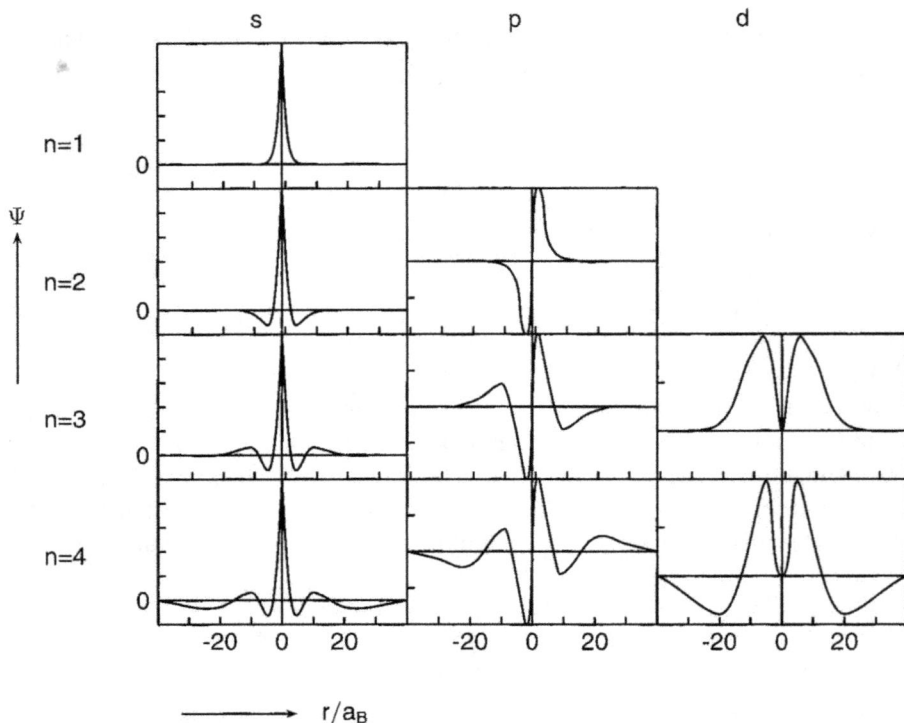

Bild 3.2: Radialteil der Wasserstoffwellenfunktion für $n = 1, 2, 3, 4$ und $l = 0, 1, 2$.

wobei p durch (3.5) gegeben ist.

Wie schon gezeigt, gilt für stationäre Zustände

$$\Psi = \psi \exp\left(i\frac{E}{\hbar}t\right)$$

und

$$\Psi^\star\Psi = \psi \exp\left(i\frac{E}{\hbar}t\right) \cdot \psi \exp\left(-i\frac{E}{\hbar}t\right)$$
$$= \psi \exp\left(i\omega t\right) \cdot \psi \exp\left(-i\omega t\right) = |\psi|^2 \,.$$

Also

$$\langle p_{1s} \rangle = \int_V |\psi_{1s}|^2 \, p \, dV = \int_{-\infty}^{+\infty} |\psi_{1s}|^2 \, ez \, dz, \tag{3.9}$$

denn wir wollten den Oszillator in z-Richtung schwingen lassen.

Da $|\psi_{1s}(z)|^2$ immer positiv und symmetrisch zu $z = 0$ ist, während ez
natürlich antimetrisch ist (e ist eine Konstante und z wechselt das Vorzeichen
am Ursprung), folgt aus (3.9)

$$\boxed{\langle p_{1s} \rangle = 0}$$
(3.10)

Somit erklärt sich quantenphysikalisch, daß das Elektron im Grundzustand *Der*
des Wasserstoffatoms nicht strahlt. Diese Forderung hatte BOHR ad hoc *Erwartungswert*
aufgestellt, im Widerspruch zur klassischen Physik, nach der ein Elektron *des Dipolmoments*
auf einer Kreisbahn ein schwingender Dipol ist. *verschwindet für*
stationäre
Die obige Argumentation für $\langle p_{1s} \rangle = 0$ ist jedoch für jeden stationären Ei- *Eigenzustände!*
genzustand ψ_{nl} gültig (da die Größen $\psi^\star\psi$ immer symmetrisch zu $z = 0$
sind), solange wir diesen Zustand alleine betrachten. Dies bedeutet, daß
ein Elektron generell in isolierten Eigenzuständen keine Energie abstrahlen
kann. (Das Argument des verschwindenden Erwartungswertes läßt sich auf
höhere elektrische und magnetische Momente der Eigenzustände ausdeh-
nen).

Nun ist es jedoch eine Erfahrungstatsache, daß ein Elektron von einem
höheren (angeregten) Energiezustand durch Strahlung in einen niedrigeren
Zustand übergehen kann. Dieser Vorgang erfolgt, wie diskutiert, spontan,
d.h. wir können im Einzelfall nicht sagen, wann das Elektron den höheren
Zustand verläßt. Wenn wir demnach ein System von Wasserstoffatomen *Mischung von*
betrachten, von denen ein Teil der Atome angeregt ist, so können wir (der *Anfangs- und*
Einfachheit halber beschränken wir uns wieder auf zwei Zustände) nicht *Endzustand*
sagen, ob ein bestimmtes Elektron sich im angeregten Zustand (ψ_i) oder
im Grundzustand (ψ_f) befindet. Quantenphysikalisch bedeutet dies, daß die
korrekte Beschreibung des Zustandes des Elektrons beide Eigenzustände
enthalten muß, daß also das Elektron durch die Linearkombination der
beiden Eigenzustände beschrieben wird:

$$\psi = C_i\psi_i + C_f\psi_f.$$
(3.11)

Die Mischungskoeffizienten C_i und C_f ergeben sich aus der Normierungsbedingung. Für nur zwei Eigenzustände ist $C_i = C_f = 1/\sqrt{2}$, denn in einem
der beiden Zustände muß sich das Elektron befinden. Wenn wir nun wieder
den Erwartungswert des Dipolmoments, etwa für den Übergang $2s \to 1s$
bilden, so erhalten wir

$$\langle p \rangle = \int |\Psi_{2s}^\star \Psi_{1s}|^2 \, p \, \mathrm{d}V.$$
(3.12)

Nun ist aber

$$\Psi_{2s} = \psi_{2s} \exp\left(i\frac{E_{2s}}{\hbar}t\right) \quad \text{und} \quad \Psi_{1s} = \psi_{1s} \exp\left(i\frac{E_{1s}}{\hbar}t\right)$$

mit

$$\frac{E_{2s} - E_{1s}}{\hbar} = \frac{E_i - E_f}{\hbar} = \omega_{if} \tag{3.13}$$

folgt

$$|\Psi_{2s}^{\star}\Psi_{1s}|^2 = \psi_{2s}^2 + \psi_{1s}^2 + \psi_{2s}\psi_{1s} \cdot \exp\left(i\,\omega_{if}\,t\right). \tag{3.14}$$

Wir sehen nun, daß infolge des durch die Zustandsmischung erzeugten Interferenzgliedes die Aufenthaltswahrscheinlichkeit nicht stationär ist, sondern mit der Frequenz ω_{if} oszilliert. Die Frage erhebt sich, ob diese Oszillation

Schwingendes Dipolmoment liefert elektrische Dipolstrahlung

der Aufenthaltswahrscheinlichkeit ein schwingendes Dipolmoment bedingt. Aus (3.12) und (3.14) ergibt sich, wenn wir bedenken, daß die stationären Glieder ψ_i^2 und ψ_f^2 keinen Beitrag liefern können:

$$\langle p \rangle \propto \int_{-\infty}^{+\infty} \psi_{2s}\, ez\, \psi_{1s}\, dz \cdot \exp\left(i\omega_{if}t\right)$$

$$\propto \langle p_0 \rangle \exp\left(i\omega_{if}t\right). \tag{3.15}$$

Wir haben hier die Proportionalität gesetzt, da wir alle Vorfaktoren (z.B. Mischungskoeffizienten) weggelassen haben. Aufgrund der Symmetrieeigenschaften von ψ_{1s} und ψ_{2s} (beide symmetrisch zu $z = 0$) und ez

Kein Dipolmoment bei gleicher Drehimpulsquantenzahl

(antimetrisch zu $z = 0$) folgt wiederum:

$$\boxed{\langle p_0 \rangle_{1s,2s} = 0} \tag{3.16}$$

und eine Abstrahlung erfolgt nicht.

Um Abstrahlung zu erreichen, ist es offenbar nötig, Eigenzustände mit

Dipolmoment bei unterschiedlicher Drehimpulsquantenzahl

unterschiedlichen Symmetrieeigenschaften zu verknüpfen. Also z.B.

$$\boxed{\langle p_0 \rangle_{2p,1s} = \int \psi_{2p}\, ez\, \psi_{1s} dz \neq 0.} \tag{3.17}$$

Es findet also Strahlungsabregung nur zwischen Zuständen statt, bei denen sich die Drehimpulsquantenzahl um eins geändert hat.

3.4   Auswahlregeln

In unserer vorangegangenen Betrachtung haben wir nur die Symmetrieeigenschaften der Wellenfunktion der beteiligten Zustände betrachtet und daraus
eine Auswahlregel abgeleitet. Wir müssen aber bei der Abstrahlung, wie
bei jedem physikalischen Prozeß auch die Erhaltungssätze beachten. Die
Energieerhaltung ist befriedigt. Das Photon besitzt jedoch den Spin 1 und
das bedeutet, daß das Strahlungsfeld Drehimpuls aus dem System (Wasserstoffatom) wegträgt. Dies muß in der Drehimpulserhaltung zum Ausdruck
kommen[2].

Wir gehen auf Einzelheiten nicht ein, sondern listen die Auswahlregeln für
elektrische Dipolstrahlung auf:

Auswahlregeln für elektrische Dipolstrahlung

1. Für das *strahlende Elektron* gilt:

$$\Delta l = \pm 1. \tag{3.18}$$

2. Für das *ganze Atom* (siehe Kap. 7) muß bezüglich seiner Quantenzahlen
    s, l, j und m_j gelten:

    (a) $\Delta s = 0$
    (b) $\Delta l = 0, \pm 1$
    (c) $\Delta j = 0, \pm 1$ aber nicht: $j = 0 \rightarrow j = 0$
    (d) $\Delta m_j = 0, \pm 1$ aber nicht: $m_j = 0 \rightarrow m_j = 0$ wenn: $j = 0$

    $$\tag{3.19}$$

Ein Teil dieser Regeln kommt erst bei Vielelektronenatomen zum Tragen. Wir haben sie hier als vollständigen Satz angegeben. Sehr wichtig
ist die Bedingung (3.19a). Sie verbietet *Spin-Flip Übergänge*. Das wird
uns noch beschäftigen. Bedingung (3.19d) ist nur im angelegten Magnetfeld (Zeeman-Effekt) relevant.

Für das Atom ist $\Delta l = 0$ erlaubt, aber nicht für das strahlende Elektron

Strahlende Übergänge in der Atomhülle haben nahezu ausschließlich elektrischen Dipolcharakter und die Auswahlregeln (3.18) und (3.19) beherrschen
die Atomspektroskopie.

In einem erweiterten Termschema, das die Quantenzahlen l und j berücksichtigt, sind niemals „senkrechte" Strahlungübergänge zugelassen. Wir
diskutieren dies für den Fall des Wasserstoffs in Abschnitt 4.2. Ein entsprechendes Termschema zeigt Bild 4.2. Der Fall der Vielelektronenatome findet
sich in Kap. 7.

Bei Übergängen zwischen Nukleonenzuständen im Kern (Emission von
Gammastrahlung) treten häufig höhere Multipolübergänge (Quadrupol,...)

---

[2]   siehe z.B.: F. Schwabl, *Quantenmechanik*, 4. Auflage, Abschnitt 16.4, Springer-Verlag

auf, ebenso magnetische Übergänge neben den elektrischen. Dann können obige Auswahlregeln natürlich verletzt werden. Dies wird später in der Kernphysik besprochen.

Bemerkung:

Die Übergangswahrscheinlichkeiten für magnetische Dipol- und elektrische Quadrupolstrahlung sind in etwa gleich und verhalten sich relativ zur elektrischen Dipolstrahlung wie

$$1 : Z^2 \alpha^2 \, ,$$

wobei α die in Physik III eingeführte *Sommerfeld-Konstante* ist. Die Emission von Strahlung durch magnetische oder höhere elektrische Momente ist also sehr klein verglichen mit elektrischer Dipolstrahlung.

3.5 Übergangswahrscheinlichkeiten und natürliche Linenbreite

In der Elektrodynamik ergab sich für die Strahlungsleistung des oszillierenden Dipols

$$\frac{\mathrm{d}W}{\mathrm{d}t} = \frac{1}{12 \cdot \pi \varepsilon_0 c^3} \, \omega^4 p_0^2. \tag{3.20}$$

Für p_0 setzen wir den Erwartungswert $\langle p_0 \rangle$ ein und berücksichtigen, daß jedes Photon die Energie $\hbar\omega$ trägt. Dann ergibt sich die Übergangswahrschein-

*Übergangswahr-
scheinlichkeit* lichkeit

$$\boxed{A_{\mathrm{if}} \propto \frac{\mathrm{d}W}{\mathrm{d}t} \frac{1}{\hbar\omega} \propto \omega^3 \langle p_0 \rangle^2} \tag{3.21}$$

Die Übergangswahrscheinlichkeit ist proportional zur 3. Potenz der Übergangsenergie und zum Quadrat des Erwartungswertes des Dipolmomentes. Letzterer wird in der Literatur auch als *Dipol-Matrixelement* bezeichnet.

Im Falle des $2p \rightarrow 1s$ Übergangs im Wasserstoff ist $\hbar\omega \approx 10\,\mathrm{eV}$ (also UV-Licht) und für $\langle p_0 \rangle$ ergibt sich $\langle p_0 \rangle \approx e \cdot a_\mathrm{B}$. Daraus folgt:

$$A_{2p \rightarrow 1s} \approx 0{,}1\,\mathrm{ns}^{-1} \quad \text{oder} \quad \tau_{2p} \approx 10\,\mathrm{ns} \qquad \text{für Wasserstoff.}$$

Dies ist die typische Größenordnung für die mittlere Lebensdauer eines atomaren Zustandes. Nach HEISENBERG ist

$$\Delta E \cdot \Delta t \approx \frac{\hbar}{2}.$$

Für Δt setzen wir die mittlere Lebensdauer ein, dann folgt mit $E = \hbar\omega$:

$$\Delta\omega = \frac{1}{2\tau_i}.$$

Damit erhalten wir eine absolute Frequenzunschärfe von $\Delta\omega \approx 10\,\mathrm{GHz}$. Aus $E = 10\,\mathrm{eV}$ folgt $\omega \approx 10^{16}\,\mathrm{Hz}$ und die relative Schärfe des Spektrallinie (natürliche Linienbreite) ist

$$\frac{\Delta\omega}{\omega} = \frac{\Delta E}{E} = 10^{-6}.$$

Bemerkung:

Da das Photon den Impuls $p = \hbar\omega/c$ trägt, wird (falls wir das Atom als ruhend bei der Emission ansehen) zur Erhaltung des Impulssatzes auf das Atom die Rückstoßenergie $E_R = \hbar^2\omega^2/(2Mc^2)$ übertragen, wobei M die Atommasse ist. Diese Rückstoßenergie fehlt dem Photon, das also nicht präzise die Energie $E_i - E_f$ trägt. Im vorliegenden Fall finden wir $E_R \approx 10^{-7}\,\mathrm{eV}$, womit $E_R/E \approx 10^{-8}$ und damit viel kleiner als die natürliche Linienbreite wird. Wir können also den Energieverlust durch Rückstoß bei optischen Übergängen getrost vernachlässigen.

Wir wollen noch kurz das Linienprofil diskutieren. Im Wellenbild entspricht die Aussendung eines Photons einer gedämpften ebenen Welle (Bild 3.3), denn die Lichtintensität, die von einem Termübergang stammt, trägt ja nur die Energie $E_i - E_f = \hbar\omega_{if}$ und muß daher irgendwann verschwinden. Es gilt also für $t > 0$:

$$\vec{\epsilon}(t) = \vec{\epsilon}_0 \exp\left(-\frac{\Gamma}{2}t\right) \exp\left(i\omega_{if}t\right).$$

Auf die Bedeutung von Γ kommen wir weiter unten.

Ein gedämpfter Wellenzug läßt sich nach FOURIER als Überlagerung einer Vielzahl von monochromatischen (d.h. ungedämpften) Wellen mit unterschiedlicher Frequenz ω und Amplitude $f(\omega)$ darstellen:

$$\epsilon(t) = \frac{1}{2\pi} \int_{-\infty}^{+\infty} f(\omega) \exp\left(i\omega t\right) \, \mathrm{d}\omega$$

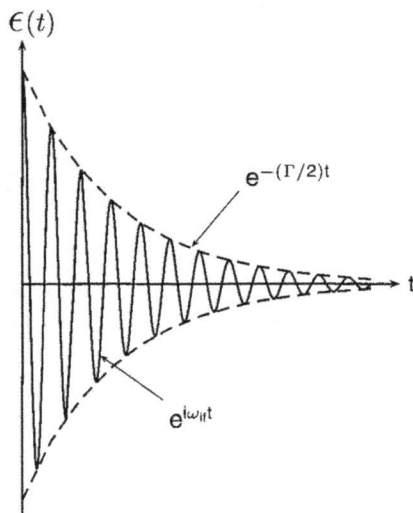

Bild 3.3: Gedämpfter Wellenzug.

und für die Fourier Koeffizienten gilt:

$$f(\omega) = \int_{-\infty}^{+\infty} \epsilon(t) \exp(-i\omega t) \, dt$$

(siehe auch Physik III).

Für den Wellenzug ist dann:

$$f(\omega) = -\epsilon_0 \left[\frac{1}{i\,(\omega_{if} - \omega) - (\Gamma/2)} + \frac{1}{i\,(-\omega_{if} - \omega) - (\Gamma/2)} \right]. \tag{3.22}$$

Nun ist $\omega_{if} - \omega \ll \omega_{if} + \omega$ und weiter nehmen wir nicht zu starke Dämpfung an (sonst könnte sich ein richtiger Wellenzug nicht entwickeln), was bedeutet $\Gamma \ll \omega_{if} + \omega$. Damit können wir das 2. Glied in (3.22) vernachlässigen. Die Lichtintensität ist proportional zum Amplitudenquadrat, also gibt $|f(\omega)|^2$ die *Lorentzkurve* spektrale Verteilung der Lichtintensität wieder

$$\boxed{I(\omega) \propto |f(\omega)|^2 = \epsilon_0^2 \frac{1}{(\omega - \omega_{if})^2 + (\Gamma^2/4)}} \tag{3.23}$$

Eine Kurve der Form (3.23) bezeichnet man als *Lorentzkurve*. Sie ist uns schon in Physik I bei der absorbierten Leistung in einem erzwungenen Schwingungssystem begegnet.

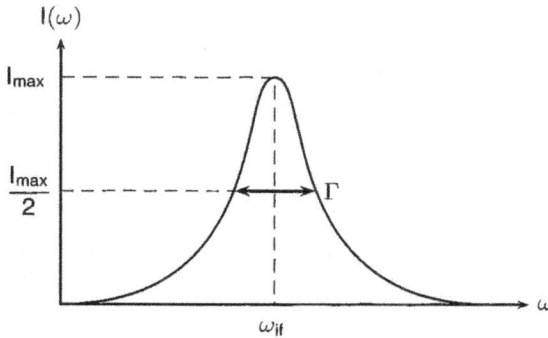

Bild 3.4: Lorentzförmiges Profil einer Spektrallinie.

Die natürliche Form einer Spektrallinie ist also ein Lorentzprofil, wie es Bild 3.4 zeigt. Die Lorentzkurve ist spitzer im Zentralbereich und fällt weiter entfernt von der Eigenfrequenz ω_{if} langsamer ab als eine Gaußkurve. Die lorentzförmige Linienform gilt für alle Formen elektromagnetischer Strahlung, also nicht nur im optischen Bereich. Sie gilt ebenfalls für den Intensitätsverlauf einer Resonanzanregung (siehe Physik I).

Die Dämpfungskonstante Γ ist die volle Breite bei dem halben Wert der maximalen Intensität (FWHM = *full width half maximum*). Aus den vorher diskutierten Zusammenhängen folgt dann

$$\Gamma = 2\Delta\omega = \frac{\hbar}{\tau_{if}}.$$

Man bezeichnet Γ häufig als die *Linienbreite*.   *Linienbreite*

In der Praxis ist es sehr schwierig, Spektrallinien mit der natürlichen Linienbreite und Lorentzform im optischen Bereich zu beobachten. Einmal stellt dies hohe Anforderungen an das tatsächliche Auflösungsvermögen des Spektrometers, die aber prinzipiell erfüllbar sind. Zum anderen, und das ist einschneidender, werden in den Lichtquellen meist zusätzliche Verbreiterungen erzeugt. Zwei Mechanismen sind dabei von hauptsächlicher Bedeutung: *Dopplerverbreiterung* und *Stoßverbreiterung*.

Bemerkung:

1. Dopplerverbreiterung

   Die Atome liegen in Gasform bei erhöhten Temperaturen vor. Die Wärmebewegung erzeugt mittlere Teilchengeschwindigkeiten von der Größenordnung 1000 m/s. Die Geschwindigkeiten sind räumlich isotrop verteilt und gehorchen der Maxwell-Boltzmann Verteilung (siehe Kap. 14). Für die Verteilung der Geschwindigkeiten in eine feste Raumrichtung (z.B. v_z) ist die Verteilungsfunktion eine Gaußfunktion mit der Breite $\sigma = 2(k_B T/M)^{1/2}$, wenn M die Atommasse ist. Die z-Richtung sei die Beobachtungsrichtung, und das Licht erleidet eine Dopplerverschiebung $\Delta E = Ev_z/c$. Da v_z gaußförmig mit der Breite σ verteilt ist, ist auch ΔE entsprechend verteilt. Daraus resultiert ein gaußförmiges Linienprofil (statt dem natürlichen Lorentzprofil) mit einer Breite, die die natürliche Linienbreite um Größenordnungen übertrifft.

2. Stoßverbreiterung

   Die natürliche Linienbreite resultiert aus der mittleren Lebensdauer τ_i des angeregten Zustandes E_i gegenüber spontaner Abregung durch Strahlungsemission. In einem Gasgemisch stoßen die Atome jedoch dauernd (untereinander und gegen die Wand). Dies kann zur Stoßabregung führen, was die effektive Lebensdauer des angeregten Zustandes verkürzt und gemäß der Heisenberg-Beziehung die Linie verbreitert.

Es ist daher wünschenswert, Spektrallichtquellen bei tiefer Temperatur und bei niederem Gasdruck zu betreiben. Dies bedeutet jedoch Intensitätseinbußen. Die moderne Lasertechnologie erlaubt dopplerfreie Lichtemission, so daß heutzutage natürliche Linienbreiten vermessen werden können.

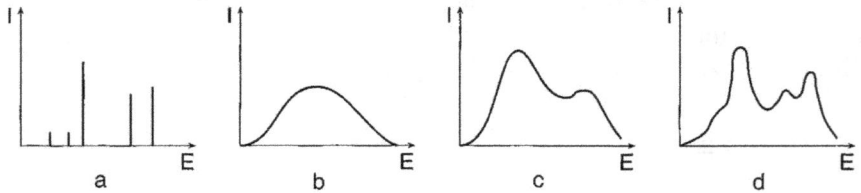

Bild 3.5: Die Feinstruktur der H_α-Linie des Wasserstoffspektrums, gemessen mit unterschiedlichen Auflösungsvermögen.

Bild 3.5 zeigt schematisch das Linienprofil der H_α-Linie des Wasserstoffs mit ihren fünf Feinstrukturkomponenten (Bild a). Die Ursache der Feinstrukturaufspaltung werden wir in Abschnitt 4.2 besprechen. Hier sei dies nur ein Beispiel für eine Spektrallinie mit fein detaillierter Unterstruktur. Ein einfaches Spektrometer zeigt nur eine breite Linie (Bild b). Die Begrenzung ist das instrumentelle Auflösungsvermögen. Ein hochauflösendes Spektrometer liefert etwas Struktur in der Linie (Bild c). Die Dopplerverbreiterung kann um den Faktor $\sqrt{2}$ reduziert werden, wenn statt normalem Wasserstoff das schwere Isotop Deuterium benutzt wird. Die Feinstruktur erscheint nun, aber immer noch nicht voll aufgelöst (Bild d). Ein Beispiel für das weiter gesteigerte Auflösungsvermögen mittels dopplerfreier Laserspektroskopie zeigt Bild 3.6. Es handelt sich auch hier um die H_α-Linie. Die Feinstruktur ist voll aufgelöst, allerdings sind die zwei intensitätsschwachen Linien (ganz links in Bild 3.5a) nicht sichtbar. Die ganz rechte Linie bei $\Delta\nu = 10\,\text{GHz}$ ist auf Grund der *Lamb-Verschiebung*, die wir ebenfalls später noch besprechen (Abschnitt 4.3), in zwei Komponenten aufgespalten. Dadurch entstehen drei Linien oberhalb der sehr starken Feinstrukturlinie.

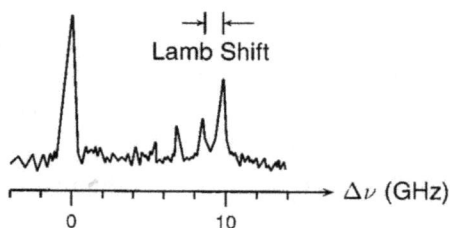

Bild 3.6: H_α-Linie des Wasserstoffs gemessen mit dopplerfreier Laserspektroskopie (nach Hänsch in *The Hydrogen Atom*, G.F. Basani et al., Herausgeber Springer, Berlin, 1989).

3.6 Photonenanregung

Wie erwähnt, können wir ein Atom vom Grundzustand E_f in den angeregten Zustand E_i dadurch überführen, daß ein Photon der Energie $\hbar\omega_{if} = E_i - E_f$ absorbiert wird. Die Behandlung erfolgt ganz analog zur Photonenemission. Wir definieren die *Absorptionswahrscheinlichkeit*

$$\boxed{P_{abs} = B_{fi} \cdot \rho(\omega_{if})} \tag{3.24}$$

B_{fi} ist die Übergangswahrscheinlichkeit, die wiederum das Dipolmoment $\langle p_0 \rangle$ enthält, und $\rho(\omega_{if})$ ist die Photonendichte am Atom.

3.7 Stimulierte Emission

In obiger Überlegung hatten wir Photonen mit $\omega_{if} = (E_i - E_f)/\hbar$ auf Atome im Grundzustand (E_f) eingestrahlt. Was passiert, wenn wir Photonen mit ω_{if} auf Atome im angeregten Zustand (E_i) einfallen lassen? Im klassischen Bild wird die physikalische Situation sofort klar: Das elektromagnetische Wechselfeld des einfallenden Lichtes regt das Elektron zu resonanter erzwungener Schwingung mit ω_{if} an. Das Elektron strahlt seine Energie ab. Man spricht von *stimulierter Emission*, im Gegensatz zur oben behandelten spontanen Emission. Ganz analog zu unseren vorangegangenen Überlegungen läßt sich die stimulierte Emissionswahrscheinlichkeit schreiben:

$$\boxed{P_{se} = B_{if}\rho(\omega_{if})} \tag{3.25}$$

Da in B_{if} genau so wie in B_{fi} nur die Kopplung zwischen ψ_i und ψ_f eingeht, muß gelten:

$$\boxed{B_{fi} = B_{if}} \qquad\qquad (3.26)$$

Einstein-Koeffizienten

Die Strahlungskoeffizienten A (spontane Emission) und B (Absorption und induzierte Emission) werden als die *Einstein-Koeffizienten* bezeichnet. Sie sind uns bereits in Physik III begegnet und wurden speziell im Zusammenhang mit der Funktionsweise des Lasers diskutiert.

Stimulierte Strahlung

Wir weisen noch einmal auf die speziellen Eigenschaften der stimulierten Strahlung hin. Sie besitzt:

1. dieselbe Phase

2. dieselbe Polarisation

3. dieselbe Ausbreitungsrichtung ($\vec{k}$-Vektor)

4. dieselbe Frequenz

wie die auslösende, einfallende Strahlung.

Bei der stimulierten Emission ist die mittlere Lebensdauer des angeregten Zustandes nicht verantwortlich für die Linienbreite des ausgesendeten Lichts. Diese ist im wesentlichen durch die Frequenzschärfe (Güte) des optischen Resonators festgelegt. Die natürliche Linienbreite kann um Größenordnungen unterschritten werden.

Bemerkung:

Für die Kohärenzlänge eines Lichtwellenzuges galt (siehe Physik III):

$$l = \tau \cdot c = \frac{1}{\Delta\omega} \cdot c,$$

wobei wir sinnvollerweise die mittlere Lebensdauer des angeregten Zustandes als die zeitliche Dauer des Wellenzuges eingesetzt haben.

Für die spontane Emission galt $\tau \approx 10^{-8}$ s, woraus folgt $l \approx 3$ cm. Bei LASER-Lichtquellen können Kohärenzlängen von einigen km erreicht werden. Damit findet man $\Delta\omega \approx 10^5$ Hz $= 0,1$ MHz, also eine sehr viel kleinere Frequenzunschärfe als bei spontaner Emission.

4 Spektroskopie des Wasserstoffs

Aus der quantenphysikalischen Behandlung des Verhaltens eines einzelnen Elektrons im Coulomb-Feld eines Punktkernes folgen die nur von der Hauptquantenzahl n abhängigen Energieeigenwerte E_n, wie sie (2.16) angibt. Im letzten Kapitel hatten wir die Übergänge zwischen Energieeigenzuständen diskutiert, wobei wir gewisse Auswahlregeln, insbesondere die Bedingung $\Delta l = \pm 1$, kennengelernt haben. Solange wir aber nur das Coulomb-Potential mit dem Kern als Wechselwirkung berücksichtigen, hat die Bahndrehimpulsquantenzahl l keinen Einfluß auf die Energie des Elektrons und die optischen Übergänge sind einfach gegeben durch

$\Delta l = \pm 1$ gilt für das Leuchtelektron

$$\hbar\omega = E_{\mathrm{R}} \left(\frac{1}{n_{\mathrm{f}}^2} - \frac{1}{n_{\mathrm{i}}^2} \right) \tag{4.1}$$

was der Bohrschen Aussage (2.8) entspricht. Die sich daraus ergebende Folge von Spektralserien war bereits im Termschema Bild 2.3 aufgeführt und ist in Tabelle 4.1 aufgelistet. In Bild 2.4 war auch bereits die typische Seriengrenze gezeigt worden, die entsteht, da die Abstände zwischen benachbarten Energiezuständen wegen der Abhängigkeit von $1/n^2$ für wachsendes n immer kleiner werden.

Wie wir im folgenden diskutieren, besitzen die Spektrallinien des Wasserstoffs eine Unterstruktur, die bei sehr guter Spektralauflösung sichtbar wird. Wir hatten in den Bildern 3.5 und 3.6 schon Beispiele gezeigt. Diese Unterstruktur gibt (4.1) nicht wieder. Das liegt daran, daß wir zusätzlich

Tabelle 4.1: Die Spektralserien des Wasserstoffs.

Name	n_{f}	n_{i}	Spektralbereich
Lyman	1	$2, 3, \ldots$	Ultraviolett
Balmer	2	$3, 4, \ldots$	sichtbar
Paschen	3	$4, 5, \ldots$	nahes Infrarot
Brackett	4	$5, 6, \ldots$	Infrarot
Pfund	5	$6, 7, \ldots$	fernes Infrarot

zum Potentialansatz (2.9) einer reinen Coulomb-Wechselwirkung mit einem Punktkern in der Schrödingergleichung (2.10) noch weitere, allerdings sehr viel schwächere, Wechselwirkungen zu berücksichtigen haben. Dies ist zunächst die *Spin-Bahn-Kopplung (Feinstruktur)*, weiterhin ein quantenelektrodynamischer Effekt (*Lamb-Verschiebung*) und schließlich die magnetische Kopplung zwischen Elektronen und Kern (*Hyperfeinstruktur*). Im nächsten Kapitel wird uns dann auch noch der Einfluß des endlichen Kernvolumens (*Isotopieverschiebung*) begegnen.

4.1 Die Spin-Bahn-Kopplung

Es war bereits darauf hingewiesen worden, daß (für geladene Teilchen) der Bahndrehimpuls $\vec{L}$ und der Spin $\vec{S}$ magnetisch zu einem Gesamtdrehimpuls

$$\vec{J} = \vec{L} + \vec{S} \tag{4.2}$$

verkoppelt sind. Für $\vec{J}$ gilt, wie für jeden Drehimpuls:

$$J = \sqrt{j(j+1)}\hbar \tag{4.3}$$

$$J_z = m_j \hbar \tag{4.4}$$

$$m_j = -j, -(j-1), \ldots, +j. \tag{4.5}$$

Das Vektorgerüstmodell ist ein halbklassisches Verfahren

Aus (4.2) entnehmen wir, daß wir die Drehimpulse wie Vektoren (entsprechend der klassischen Physik) behandeln, wobei wir jedoch die Quantisierungsbedingungen, wie sie (4.3) bis (4.5) beschreiben, zu berücksichtigen haben. Man bezeichnet diese halbklassische Methode als das *Vektorgerüstmodell*. Es liefert dieselben Ergebnisse wie die strenge quantenmechanische Rechnung und wird in der Behandlung optischer Spektren bevorzugt angewendet.

Im Falle des Wasserstoffes mit nur einem Elektron in der Hülle ist die Situation einfach. Den komplizierteren Fall der Vielelektronenatome besprechen wir später in Kap. 6. Für das eine Elektron ist immer $s = 1/2$ und somit nur $m_s = \pm 1/2$ möglich. Die daraus resultierende vektorielle Kopplung der Drehimpulse ist in Bild 4.1 veranschaulicht. Es folgt, daß die Gesamtdrehimpulsquantenzahl j nur die Werte

$$j = l + \frac{1}{2} \quad \text{und} \quad j = l - \frac{1}{2} \tag{4.6}$$

annehmen kann.

Im freien Atom verlieren $\vec{S}$ und $\vec{L}$ ihre Bedeutung, denn sie präzedieren um $\vec{J}$, sind also nicht stationär. Das Drehimpulsverhalten wird durch $\vec{J}$ mit

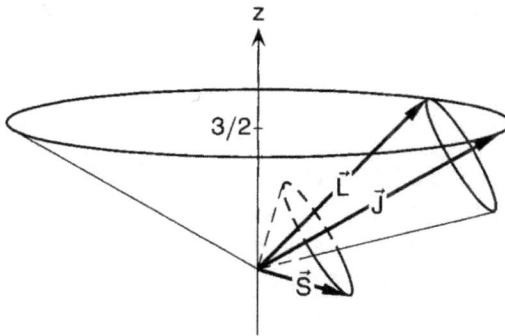

Bild 4.1: Vektorielle Addition von Drehimpulsen.

seinen Quantenzahlen j und m_j bestimmt.

Bemerkung:

Auf den Formalismus der Berechnung der Spin-Bahn-Kopplung gehen wir hier nicht ein. Da es sich um einen magnetischen Effekt handelt, muß die Behandlung relativistisch vorgenommen werden. Am einfachsten geht dies direkt über die *Diracgleichung*[1]. Es ist üblich die Kopplungsenergie E_{LS} auszudrücken durch:

$$E_{LS} = \lambda_{LS} \cdot \vec{S} \cdot \vec{L}. \tag{4.7}$$

Eine solche Darstellung (Kopplungskonstante mal Skalarprodukt der Vektoren) wird häufig bei der Verknüpfung von Drehimpulsvektoren benutzt. Das Skalarprodukt in (4.7) läßt sich umformen:

$$\vec{S} \cdot \vec{L} = \frac{1}{2}\left(J^2 - L^2 - S^2\right) = \frac{1}{2}\left[j(j+1) - l(l+1) - s(s+1)\right]. \tag{4.8}$$

Für die Größe der Kopplungskonstante ergibt die Rechnung näherungsweise:

$$\lambda_{LS} \approx \frac{Z^4}{n^3 l^3}. \tag{4.9}$$

Die Spin-Bahn-Kopplungsstärke steigt rasch mit der Kernladung an und fällt mit größer werdender Haupt- und Bahndrehimpulsquantenzahl ab. Sie ist besonders ausgeprägt in niederen p Zuständen der schweren Elemente.

Bei Berücksichtigung der Spin-Bahn-Kopplung sind, wie gesagt, j und m_j die entscheidenden Drehimpulsquantenzahlen. Es ist daher sinnvoller, den Zustand des Elektrons im Wasserstoff statt durch die in (2.31) aufgeführten

n, l, j, m_j
statt
n, l, m_l, m_s

---

[1] F. Schwabl, *Quantenmechanik*, 4. Auflage, Abschnitt 12.2, Springer-Verlag

Quantenzahlen mittels des folgenden Satzes von vier Quantenzahlen festzulegen:

$$\boxed{n,\, l,\, j,\, m_j}$$ (4.10)

Wir benötigen l, um die Werte von j zu erhalten; für den Spin ist immer $s = 1/2$. Die beiden Möglichkeiten, d.h. Quantenzahlen entweder nach (2.31) oder (4.10) sind im Prinzip völlig gleichberechtigt. Beide ergeben, daß es $2n^2$ Zustände zu jedem vorgewählten Wert von $n = 1, 2, 3, \ldots$ gibt. In dem Schema von (4.10) kennzeichnet man die Elektronenkonfigurationen durch die Gesamtdrehimpulsquantenzahl als nachgestellter Index. Tabelle 4.2 gibt die möglichen Zustände für $n = 1$ bis 4 an.

Tabelle 4.2: Elektronenzustände im Wasserstoffatom unter Berücksichtigung der Spin-Bahn-Kopplung.

n	l			
	1	2	3	4
1	$1s_{1/2}$			
2	$2s_{1/2}$	$2p_{1/2}\ 2p_{3/2}$		
3	$3s_{1/2}$	$3p_{1/2}\ 3p_{3/2}$	$3d_{3/2}\ 3d_{5/2}$	
4	$4s_{1/2}$	$4p_{1/2}\ 4p_{3/2}$	$4d_{3/2}\ 4d_{5/2}$	$4f_{5/2}\ 4f_{7/2}$

Für $j = 1/2$ gibt es zwei Zustände ($m_j = \pm 1/2$), für $j = 3/2$ gibt es vier Zustände ($m_j = \pm 3/2, \pm 1/2$) usw.. Daraus ergibt sich, daß die Gesamtzahl der s Zustände 2, der p Zustände 6, der d Zustände 10 und der f Zustände 14 ist.

4.2   Feinstruktur

Die Annahme, daß das Elektron des Wasserstoffes als einzige Wechselwirkung das von der Kernladung erzeugte Coulomb-Potential spürt, führte zu Energiezuständen, die allein durch die Hauptquantenzahl bestimmt sind, also $E_n = -E_R/n^2$. Im letzten Abschnitt hatten wir aber gesehen, daß es als zusätzliche Wechselwirkung die Spin-Bahn-Kopplung E_{LS} gibt. Für das $2p$ Elektron des Wasserstoffs ergibt sich in etwa $|E_{LS}| \approx 10^{-4}$ eV, während $|E_n| \approx 10$ eV ist. Also hat man:

$$\boxed{|E_{LS}| \ll |E_n|}$$ (4.11)

und die Spin-Bahn-Kopplung kann nur geringfügige Energieänderungen hervorrufen. Für die so erzeugten Verschiebungen der Zustände des Wasserstoffs gilt:

> *Durch die Spin-Bahn-Wechselwirkung sind die Energieterme mit gleicher Hauptquantenzahl n, aber unterschiedlicher Gesamtdrehimpulsquantenzahl j leicht gegeneinander verschoben. Die Größe der Bahndrehimpulsquantenzahl l hat weiterhin keinen Einfluß auf die Lage der Energieterme.*

Die Unempfindlichkeit der Energiezustände gegenüber dem Wert der Bahndrehimpulsquantenzahl l ist eine Besonderheit des Einelektronensystems und folgt aus der Tatsache, daß die Coulomb-Abstoßung zwischen Elektronen nicht existiert. Bei Vielelektronenatomen ist die Situation daher deutlich anders (siehe Kapitel 6).

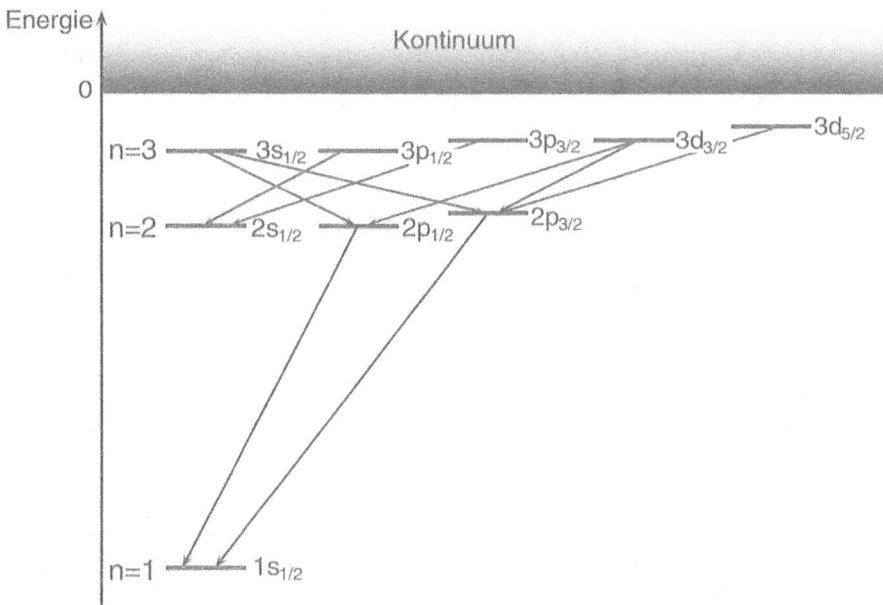

Bild 4.2: Termschema des Wasserstoffes unter Berücksichtigung der Spin-Bahn-Kopplung und der Auswahlregeln für optische Übergänge. Zu beachten ist die Energieentartung der Terme bezüglich der Drehimpulsquantenzahl.

Es ist üblich das Termschema der Atome erweitert zu zeichnen, um die Abhängigkeit der Energieterme von anderen Quantenzahlen als n darzustellen. Ein Beispiel für Wasserstoff zeigt Bild 4.2. Bei der Einzeichnung der optischen Übergänge müssen wir nun die bereits in Abschnitt 3.4 erwähnten

Auswahlregeln für Dipolstrahlung berücksichtigen. Im Falle des Wasserstoffs verlangen sie, daß

$$\boxed{\Delta l = \pm 1 \quad \text{und} \quad \Delta j = 0}$$

(4.12)

sein muß. In einem Termschema, wie in Bild 4.2 gezeigt, sind die optischen Übergänge immer schräge Pfeile. Es zeigt sich zunächst, daß der $2s_{1/2}$ Zustand nicht optisch abgeregt werden kann. Man sagt, der Zustand ist *metastabil*. Er kann aber durch Stoß mit anderen Teilchen abgeregt werden. Für Stoßprozesse gelten die Auswahlregeln (4.12) nicht.

In Bild 4.2 ist ersichtlich, daß der Übergang $n = 2 \to n = 1$ (*Lyman-Linie*) aus zwei Komponenten besteht. Für die H_α-Linie der *Balmerserie* ($n = 3 \to n = 2$) ergeben sich 7 Komponenten. Wegen der Entartung in l fallen jedoch zweimal je zwei Komponenten zusammen ($3s_{1/2} \to 2p_{1/2}$ und $3p_{1/2} \to 2s_{1/2}$ sowie $3p_{3/2} \to 2s_{1/2}$ und $3d_{3/2} \to 2p_{1/2}$). Man spricht von der *Feinstruktur* der Wasserstoffspektrallinien. Die Spektroskopie der Feinstruktur der H_α-Linie haben wir bereits besprochen.

4.3 Die Lamb-Verschiebung

Die Theorie des Wasserstoffatoms von DIRAC liefert eine Energieaufspaltung nach m_j, die durch die Spin-Bahn-Kopplung verursacht wird, beläßt aber die Energieentartung in l. Mit einem höchstauflösenden Mikrowellenverfahren konnten LAMB und RETHERFORD[2] eine sehr kleine Aufspaltung zwischen den $2s_{1/2}$ und dem $2p_{1/2}$ Zustand nachweisen. Es gilt:

Terme mit gleichem n und j aber unterschiedlichem l fallen nicht exakt zusammen. Es treten Energieverschiebungen von der Größenordnung 10^{-6} eV auf.

Bemerkung:

Die Erklärung hierfür liefert die von FEYNMAN, SCHWINGER und TOMONAGA entwickelte Quantenelektrodynamik[3] (QED), die ebenso die Abweichung des Spin-g-Faktors vom Diracschen Wert $g_s = 2$ enthält ($g_s = 2{,}0022908$ in QED). Die Quantenelektrodynamik beschreibt die Quantisierung des Elektrons zusammen mit dem von ihm erzeugten Strahlungsfeld. Dabei treten Nullpunktsschwankungen des elektromagnetischen Feldes auf, die statistisch an das Elektron koppeln und dadurch eine Änderung seiner potentiellen Energie verursachen.

---

[2] W.E. Lamb Jr. and R.C. Retherford, *Physical Review* **79** (1950) 549 und **81** (1951) 222.

[3] siehe R.P. Feynman, *Quantenelektrodynamik*, R. Oldenbourg Verlag 1997

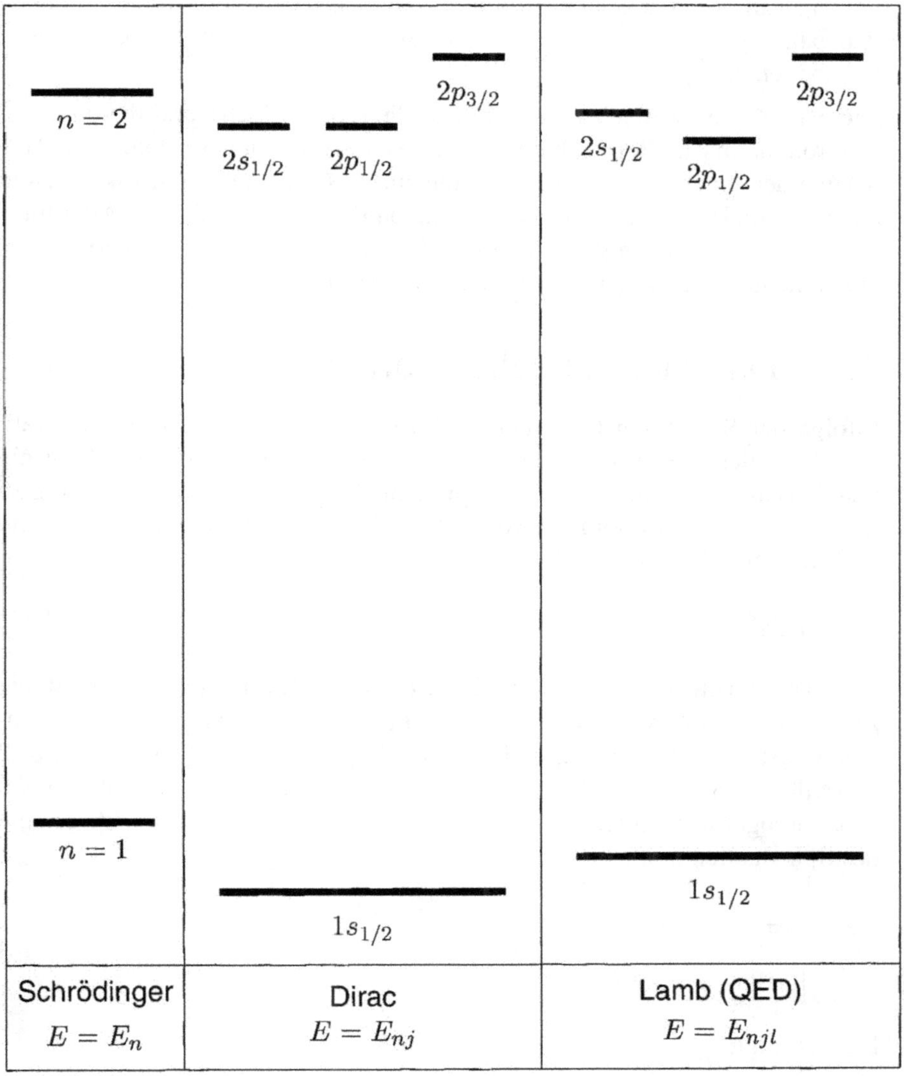

Bild 4.3: Wasserstoffterme für $n = 1$ und $n = 2$ in der nichtrelativistischen Theorie von SCHRÖDINGER, in der relativistischen Erweiterung von DIRAC und in der quantenelektrodynamischen Darstellung von LAMB. Die durch Spin-Bahn-Kopplung verursachten Energieverschiebungen sind um etwa 10^4, die Lamb-Verschiebung um 10^5 gedehnt gezeichnet.

In Bild 4.3 fassen wir noch einmal die Termlage für Zustände mit $n = 1$ und $n = 2$ gemäß den Aussagen von SCHRÖDINGER, DIRAC und LAMB zusammen. Im letzten Abschnitt hatten wir gezeigt, daß die Feinstruktur der H_α-Linie aus 5 statt 7 Komponenten besteht infolge der fehlenden Aufspaltung in l. Die Lamb-Verschiebung resultiert dann tatsächlich in 7 Komponenten.

Aus Bild 4.3 ist weiter zu ersehen, daß die relativistische und die quantenelektrodynamische Behandlung des Wasserstoffproblems nicht nur eine Aufhebung der Entartung der Energieterme zunächst in j und dann zusätzlich in l liefert, sondern auch absolute Verschiebungen der Termlagen. Allerdings sind diese Verschiebungen so klein, daß sie an der Grenze des experimentellen Auflösungsvermögen liegen. Sie sind aber inzwischen voll bestätigt.

4.4   Das magnetische Moment

Infolge der Spin-Bahn-Kopplung ist im freien Atom nur der Gesamtdrehimpuls J des Elektrons maßgebend. Mit ihm ist natürlich ebenfalls ein magnetisches Dipolmoment verknüpft. Man könnte versucht sein, analog zu $\vec{J} = \vec{L} + \vec{S}$ die Dipolmomente von Bahn- und Spinmoment (siehe (1.26) und (1.32)) ebenfalls einfach vektoriell zu addieren:

$$\vec{\mu}_{LS} = \vec{\mu}_l + \vec{\mu}_s. \tag{4.13}$$

Dies ist in Bild 4.4 dargestellt. In der oberen Hälfte des Bildes ist die Zusammensetzung von $\vec{J}$ aus $\vec{L}$ und $\vec{S}$ gemäß den bereits aufgestellten Quantisierungsregeln gezeichnet, und zwar ist das Beispiel der Fall $j = l + 1/2$ gewählt. In der unteren Hälfte des Bildes ist die vektorielle Konstruktion von $\vec{\mu}_{LS}$ durchgeführt, und man erkennt, daß infolge der magnetischen Anomalie des Spins gelten muß:

$$\boxed{\frac{|\vec{\mu}_s|}{|\vec{\mu}_l|} \approx 2 \cdot \frac{|\vec{S}|}{|\vec{L}|}} \tag{4.14}$$

Daraus folgt:

> Obwohl zwar $\vec{\mu}_l$ stets antiparallel zu $\vec{L}$ und $\vec{\mu}_s$ stets antiparallel zu $\vec{S}$ steht, kann $\vec{\mu}_{LS}$ nicht antiparallel zu $\vec{J}$ gerichtet sein.

Infolge der Kreiselwirkung bildet aber $\vec{J}$ im freien Atom in Abwesenheit äußerer Felder die einzig definierte raumfeste Achse. Somit ist $\vec{\mu}_{LS}$ nur bis auf die Lage auf einem Kegelmantel um die durch $\vec{J}$ festgelegte Achse

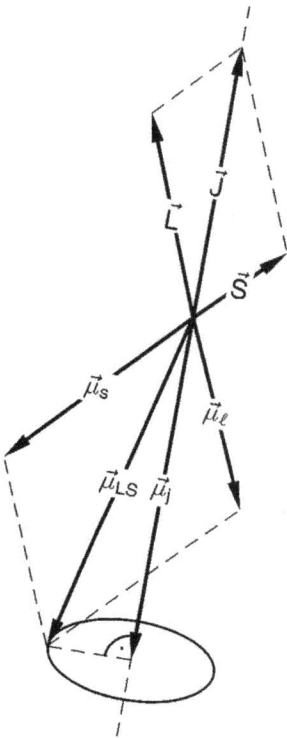

Bild 4.4: Vektorielle Zusammensetzung des Drehimpulses und des von ihm erzeugten Magnetmoments für ein gebundenes Elektron.

definiert, wie in Bild 4.4 gezeichnet. Der *raumfeste* Dipolvektor ist die Projektion μ_j von μ_{LS} auf die Drehimpulsachse. Nur für dieses Dipolmoment erhalten wir einen definierten (stationären) Erwartungswert, und es stellt somit das Dipolmoment des Gesamtdrehimpules dar. Aus der in Bild 4.4 gezeigten Geometrie folgt:

$$\vec{\mu}_j = \frac{\mu_B}{\hbar} \left[1 + \frac{|\vec{J}| + |\vec{S}| - |\vec{L}|}{2|\vec{J}|} \right] \vec{J} \qquad (4.15)$$

$$= \frac{\mu_B}{\hbar} \left[1 + \frac{j(j+1) + s(s+1) - l(l+1)}{2j(j+1)} \right] \vec{J}.$$

Die allgemeine Quantenbeziehung für das Dipolmoment eines geladenen Teilchens mit Drehimpuls verlangt (siehe Abschnitt 1.4)

$$|\vec{\mu}_j| = g_j \mu_B \sqrt{j(j+1)} \qquad (4.16)$$

und

$$(\mu_j)_z = -g_j \mu_B m_j \qquad (4.17)$$

(im Falle des Elektrons mit $Q = -e$). Durch Vergleich mit (4.15) ergibt sich der sogenannte *Landé-Faktor*:

$$\boxed{g_j = 1 + \frac{j(j+1) + s(s+1) - l(l+1)}{2j(j+1)}} \qquad \textbf{Landé-Faktor} \quad (4.18)$$

Hier wurde $g_s \approx 2$ genähert. Bei Verwendung des exakten Wertes für g_s muß der zweite Term mit 1,0023 multipliziert werden.

Bemerkung:

Der Faktor g_j wurde von LANDÉ rein empirisch aus der Aufspaltung von Spektrallinien im Magnetfeld gefunden. Dies gab den Anlaß zu dem Bild der Vektoraddition der Drehimpulse $\vec{S}$ und $\vec{L}$ gemäß den hier diskutierten Regeln (*Vektorgerüstmodell*). Es wird uns später insbesondere bei der Diskussion der Spektren der Vielelektronenatome gute Dienste leisten.

Der Sonderfall des reinen Spinmagnetismus ist in (4.18) enthalten. Für $l = 0$ folgt $j = s = 1/2$ und damit $g_j = g_s = 2$. In Tabelle 4.3 sind die Regeln für die Drehimpulse und ihre magnetischen Dipolmomente noch einmal zusammengefaßt.

Tabelle 4.3: Drehimpulse und Magnetmomente des Einelektronensystems.

	„Bahn"	„Spin"	„Gesamt"
Dreh-impuls	$\|\vec{L}\| = \hbar\sqrt{l(l+1)}$	$\|\vec{S}\| = \hbar\sqrt{s(s+1)}$	$\|\vec{J}\| = \hbar\sqrt{j(j+1)}$
	$L_z = \hbar m_l$	$S_z = \hbar m_s$	$J_z = \hbar m_j$
Magnet-moment	$\|\vec{\mu}_l\| = g_l \mu_B \sqrt{l(l+1)}$	$\|\vec{\mu}_s\| = g_s \mu_B \sqrt{s(s+1)}$	$\|\vec{\mu}_j\| = g_j \mu_B \sqrt{j(j+1)}$
	$(\mu_l)_z = -g_l \mu_B m_l$	$(\mu_s)_z = -g_s \mu_B m_s$	$(\mu_j)_z = -g_j \mu_B m_j$
Quanten-zahlen	$l = 0, 1, \ldots, (n-1)$	$s = 1/2$	$j = l+s, \|l-s\|$
	$m_l = -l, \ldots, l$	$m_s = -1/2, +1/2$	$m_j = -j, \ldots, j$
g-Faktor	$g_l = 1$	$g_s \approx 2$	g_j(siehe (4.18))

4.5   Zeeman- und Paschen-Back-Effekt

In der Gegenwart von Spin-Bahn-Kopplung ist $\vec{J}$ der Drehimpuls des freien Atoms. In einem schwachen äußeren Magnetfeld $\vec{B}$ wirkt auf sein magnetisches Dipolmoment $\vec{\mu}_j$ ein Drehmoment. $\vec{B}$ definiert wie üblich die z-Richtung des Raumes. Entsprechend den früheren Überlegungen wird $\vec{\mu}_j$ und damit $\vec{J}$ um die z-Achse (d.h. um $\vec{B}$) eine Larmor-Präzession ausführen.

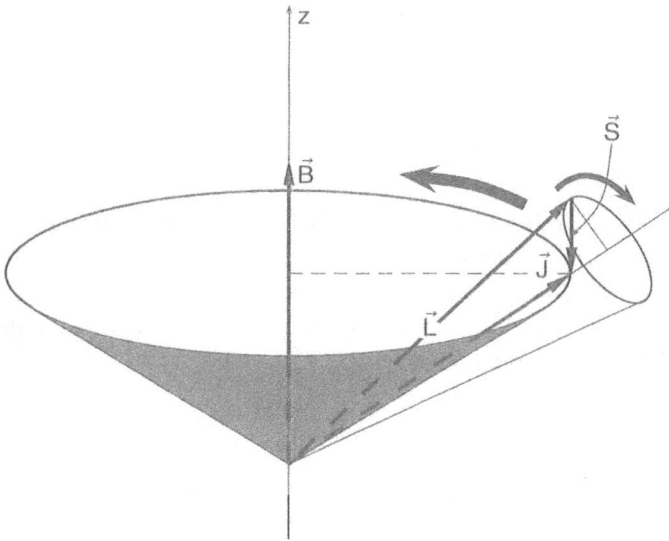

Bild 4.5: Larmor-Präzession von $\vec{J}$ um die z-Achse (Richtung von $\vec{B}$) in einem schwachen Magnetfeld ($l = 3, j = 5/2, m_j = 3/2$).

Als stationäre Komponenten von $\vec{J}$ bzw. $\vec{\mu}_j$ findet man dann nur noch die z-Komponente J_z bzw. $(\vec{\mu}_j)_z$. Ihre Größen sind durch (4.4) und (4.17) festgelegt. Es wurde bereits gefordert, daß das angelegte Magnetfeld schwach sein soll. Dies soll bedeuten, daß die Wechselwirkung der einzelnen Magnetmomente $\vec{\mu}_l$ und $\vec{\mu}_s$ mit dem externen Magnetfeld klein im Vergleich zur Spin-Bahn-Kopplung ist. Nur in diesem Fall ist ein Gesamtdrehimpuls $\vec{J}$ mit dem Magnetmoment $\vec{\mu}_j$ definiert. Bild 4.5 zeigt die Präzession von $\vec{J}$ und die Bewegungen von $\vec{L}$ und $\vec{S}$ für den Fall des schwachen Magnetfeldes für $l = 3$, $s = 1/2$, $j = 5/2$ und $m_j = 3/2$. Man sieht, daß die Komponenten $L_z = \hbar m_l$ und $S_z = \hbar m_s$ wegen der Präzession von $\vec{L}$ und $\vec{S}$ um $\vec{J}$ zeitlich nicht konstant sein können. Dieser Tatsache trägt man Rechnung, indem man sagt, die Zahlen m_l und m_s sind in diesem Fall „keine guten Quantenzahlen". Die gute Quantenzahl ist m_j.

Schwaches Magnetfeld

In Gegenwart eines schwachen homogenen Magnetfeldes in z-Richtung ist die Energie des magnetischen Dipolmomentes $\vec{\mu}_j$ gegeben durch:

$$\boxed{E_{\text{magn}} = -\vec{\mu}_j \vec{B} = g_j \mu_{\text{B}} |\vec{B}| m_j = E_{m_j}} \tag{4.19}$$

Die Gesamtenergie eines Termes des Einelektronenatoms ist

$$E = E_{nlj} + E_{m_j}. \tag{4.20}$$

Da $m_j = -j, -(j-1), \ldots, +(j-1), +j$ durchläuft, ergibt sich, daß die Energiedifferenz zwischen zwei benachbarten magnetischen Zuständen stets von m_j unabhängig ist. D.h.:

$$\Delta E_{m_j} = E_{m_j} - E_{m_{j-1}} = g_j \mu_B |\vec{B}|$$ (4.21)

Zeeman-Aufspaltung im schwachen Magnetfeld

Man findet also eine Aufspaltung im äußeren Magnetfeld in $2m_j + 1$ äquidistante Terme (*Zeeman-Aufspaltung*). Bild 4.6 zeigt die Verhältnisse für die $1s_{1/2}$, $2p_{1/2}$ und $2p_{3/2}$ Zustände des Wasserstoffs. Auf die optischen Übergänge zwischen den Zeeman-Zuständen gehen wir später im Rahmen der Vielelektronenatome ein (Kap. 7).

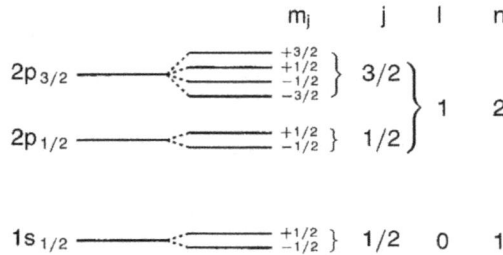

Bild 4.6: Zeeman-Aufspaltung für die Zustände $1s_{1/2}$, $2p_{1/2}$ und $2p_{3/2}$ des Wasserstoffs.

Starkes Magnetfeld: Spin-Bahn-Kopplung aufgebrochen

Anders verhält sich das Atom in einem starken äußeren Magnetfeld $\vec{B}$. Die Spin-Bahn-Kopplung ist nun schwächer als die Wechselwirkung der beiden Magnetmomente $\vec{\mu}_l$ und $\vec{\mu}_s$ mit $\vec{B}$. Es orientieren sich $\vec{L}$ und $\vec{S}$ unabhängig voneinander gegenüber der z-Achse gemäß den Quantisierungsregeln $L_z = \hbar m_l$ und $S_z = \hbar m_s$. Die Spin-Bahn-Kopplung ist aufgebrochen, und ein Gesamtdrehimpuls $\vec{J}$ ist nicht mehr definiert. Der Zustand des Elektrons im Wasserstoffatom wird jetzt durch die Quantenzahlen n, l und deren Orientierungsquantenzahlen m_l und m_s beschrieben. Die Quantenzahlen j und m_j sind nunmehr keine guten Quantenzahlen. Man spricht vom *Paschen-Back-Effekt*. Er ist in Bild 4.7 veranschaulicht.

Paschen-Back-Effekt im starken Magnetfeld

Nunmehr gilt für jeden Term:

$$E_{\text{magn}} = (m_l + 2m_s) \, \mu_B |\vec{B}|$$ (4.22)

Wie man schnell verifiziert, ändert dies nichts an der Gesamtzahl der magnetischen Terme, nur ist die Aufspaltung nicht mehr äquidistant. Die resultierenden Spektrallinien diskutieren wir ebenfalls später.

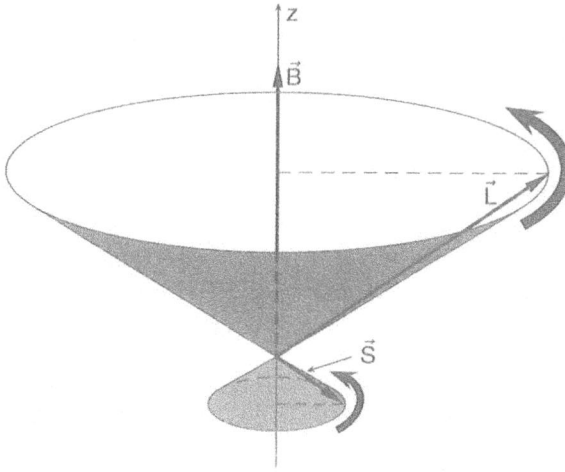

Bild 4.7: Aufbrechen der L-S-Kopplung in einem starken Magnetfeld B entlang der z-Achse. ($l = 3$, $m_j = 2$, $s = 1/2$, $m_s = 1/2$).

4.6 Kopplung zum Kern (Hyperfeinstruktur)

Bisher hatten wir den Kern nur als geladenen Massenpunkt behandelt. Der Kern des Wasserstoffs wird von einem Proton gebildet, und dieses trägt den Spin $1/2$, genauer gesagt, seine Spinquantenzahl ist $i = 1/2$. Ganz allgemein gilt für einen Kern mit dem Drehimpuls $\vec{I}$ gemäß den Quantenregeln für Drehimpulse:

Kerndrehimpuls

$$\boxed{I = \hbar\sqrt{i(i+1)}} \tag{4.23}$$

mit der z-Komponente

$$\boxed{I_z = m_i\hbar \quad \text{mit} \quad m_i = -i, -(i-1), \dots, i} \tag{4.24}$$

Im Falle des Protons ist $I = (\sqrt{3}/2)\hbar$ und $m_i = \pm 1/2$. Aufgrund der Kernladung Z ist mit dem Kerndrehimpuls I ein magnetisches Dipolmoment verbunden :

$$\mu_i = g_i\mu_\mathrm{K}I \qquad (\mu_i)_z = g_i\mu_\mathrm{K}m_i. \tag{4.25}$$

Dabei ist μ_K das *Kernmagneton* für das analog zum Bohrschen Magneton gilt

$$\boxed{\mu_\mathrm{K} = \frac{e\hbar}{2m_\mathrm{p}} = 5{,}05 \times 10^{-27}\,\frac{\mathrm{J}}{\mathrm{T}}} \qquad \textbf{Kernmagneton} \tag{4.26}$$

Wegen $m_e/m_p \approx 1/1860$ ist das Kernmagneton gut drei Größenordnungen kleiner als das für Elektronen gültige Bohrsche Magneton. Für g_i müssen wir hier den g-Faktor des Protons einsetzen. Es gilt

$$g_p = 1{,}395$$

(4.27)

Bemerkung:

Das Proton ist kein Fundamentalteilchen wie das Elektron. Also läßt sich sein g-Faktor auch nicht aus dem Dirac-Formalismus herleiten. Wie in Kap. 22 noch diskutiert wird, ist das Proton aus drei Quarks aufgebaut. Die Quarks sind Fermionen mit Spin 1/2. Also ist bereits der Protonenspin ein resultierender Spin der im Proton enthaltenen Quarks. Entsprechend resultiert auch das Dipolmoment des Protons aus den Beiträgen der drei Quarks[4]. Wir betrachten aber g_p als experimentell zu bestimmenden Parameter.

Über ihre Dipolmomente koppeln der Gesamtdrehimpuls des Elektrons $\vec{J}$ und der des Kerns $\vec{I}$ zum Kern-Hülle-Gesamtdrehimpuls $\vec{F}$, also zum Gesamtdrehimpuls des Atoms (Kern + Hülle)

$$\vec{F} = \vec{I} + \vec{J}$$

(4.28)

wobei wieder erfüllt sein muß

$$|\vec{F}| = \hbar \sqrt{f(f+1)}$$

(4.29)

und

$$F_z = \hbar m_f$$

(4.30)

mit

$$f = j \pm i$$

(4.31)

und

$$m_f = -f, -(f-1), \dots, +f$$

(4.32)

Durch die Kopplung zwischen $\vec{I}$ und $\vec{J}$ hängt die Energie eines Atomzustandes außer von den Quantenzahlen (n, l, j) nun auch noch geringfügig

---

[4] Nähere Einzelheiten finden sich z.B. in Povh et al., *Teilchen und Kerne*, 2. Auflage, Abschnitt 15.4

von f ab. Optische Übergänge finden jetzt (ohne äußeres Magnetfeld) zwischen den f-Unterzuständen der Feinstrukturniveaus statt. Man bezeichnet eine derartige Aufspaltung der optischen Spektrallinien als die *magnetische Hyperfeinstruktur*, da sie infolge des kleinen Wertes von μ_K in der Regel noch weit unterhalb der Feinstrukturaufspaltung liegt. Für Dipolstrahlung gilt die Auswahlregel:

Magnetische Hyperfeinstruktur

Auswahlregel für Dipolstrahlung bei Hyperfeinaufspaltung

$$\boxed{\Delta f = 0, \pm 1 \quad \text{aber NICHT} \quad f = 0 \to f = 0} \tag{4.33}$$

Die Hyperfeinstruktur der Wasserstoffterme für $n = 1$ und 2 zeigt Bild 4.8. Jeder Term spaltet in zwei Hyperfeinzustände auf.

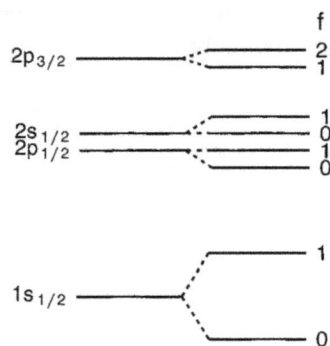

Bild 4.8: Schematische Darstellung der Hyperfeinstruktur der tiefsten Terme des Wasserstoffs.

Bemerkung:

Die Hyperfein-Kopplungs-Energie läßt sich analog zur Spin-Bahn-Kopplung ausdrücken als:

$$E_{hf} = a \cdot \vec{I} \cdot \vec{J}. \tag{4.34}$$

Dieser Ausdruck läßt sich in der Regel umschreiben als Energie des Kerndipols μ_i (wie er aus $\vec{I}$ folgt) in einem Magnetfeld B_{hf}, das von den Hüllenelektronen am Kernort erzeugt wird

Hyperfeinfeld

$$E_{hf} = \mu_i \vec{B}_{hf}. \tag{4.35}$$

Auf die Eigenschaften des Hyperfeinfeldes $\vec{B}_{hf}$ werden wir später anläßlich der Behandlung der Mikrowellenspektroskopie (Kapitel 8) noch genauer eingehen. Wir können uns aber mit Hilfe von (4.35) die Hyperfeinaufspaltung in einem halbklassischen Bild veranschaulichen. Im Feld $\vec{B}_{hf}$ präzediert $\vec{\mu}_i$ (und damit auch $\vec{I}$) um die Magnetfeldachse mit seiner Lamorfrequenz ω_{hf}. Die Hyperfeinenergie läßt sich dann auch darstellen als $E_{hf} = \hbar \omega_{hf}$.

Die Hyperfeinaufspaltung des Grundzustandes $1s_{1/2}$ des Wasserstoffs beträgt etwa $6 \cdot 10^{-6}$ eV, die des $2s_{1/2}$ Zustandes rund $7 \cdot 10^{-7}$ eV. Dies ist zu vergleichen mit der Feinstrukturaufspaltung $2p_{1/2} - 2p_{3/2}$. Diese liegt bei $4{,}5 \cdot 10^{-5}$ eV.

Der Grundzustand $1s_{1/2}$ spaltet in die Terme $f = 0$ und $f = 1$ auf. In einem angelegten Magnetfeld, das aber schwach genug sein muß, um die Kopplung $\vec{F} = \vec{J} + \vec{I}$ nicht aufzubrechen, bleibt der $f = 0$ Zustand ungestört (nur $m_f = 0$ ist erlaubt), während der $f = 1$ Zustand eine Zeeman-Aufspaltung in drei Niveaus ($m_f = 0, \pm 1$) erleidet. Man spricht daher auch *Singulett- und* von *Singulett-Wasserstoff* ($f = 0$) und *Triplett-Wasserstoff* ($f = 1$). Der *Triplett-* Unterschied zwischen den beiden Zuständen ist die relative Orientierung des *Wasserstoff* Elektronen- und Kernspins (für s-Zustände ist definitionsgemäß $J = S$). Im Singulett-Zustand stehen die z-Komponenten der Spins antiparallel, im Triplettzustand parallel. Dies ist in Bild 4.9 veranschaulicht.

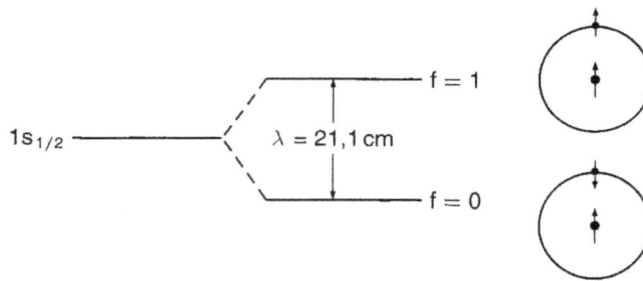

Bild 4.9: Hyperfeinstrukturaufspaltung des Grundzustandes im Wasserstoffatom. Die relativen Orientierungen zwischen Kernspin und Elektronenspin sind rechts symbolisch dargestellt.

21 cm-Linie Die bei dem Übergang zwischen dem Triplett- und dem Singulett-Zustand ausgesandte Strahlung ($\hbar\omega = 6 \cdot 10^{-6}$ eV) liegt bei $\nu_H = 1{,}42$ GHz bzw. $\lambda_H \approx 21$ cm, also im Mikrowellenbereich. Sie wäre gemäß der Auswahlregel (4.33) erlaubt, aber sie ist ein sogenannter *Spin-Flip-Übergang*, denn der Elektronspin muß seine Richtung umdrehen. Gemäß den allgemeinen Auswahlregeln für Dipolstrahlung (siehe Abschnitt 3.4) sind *Spin-Flip-* Spin-Flip-Übergänge aber verboten. D.h., die Übergangswahrscheinlichkeit *Übergänge sind für* bei Strahlungsemission ist nur über höhere Momente möglich und daher sehr *Dipolstrahlung* klein. Sie wird im Labor als spontaner Übergang praktisch nicht beobachtet. *verboten* Die Abregung findet eher durch Stoß statt. Im Weltraum existieren jedoch große Mengen von hochverdünntem Wasserstoff. In diesem interstellarem Gas wird die 21 cm-Linie in genügender Intensität ausgesendet und ist mit empfindlichen Antennen (siehe Bild 4.10) auf der Erde nachweisbar. Die 21 cm-Linie des Wasserstoffs gab den Anstoß zur modernen Radioastrono-

mie, die heute einen wesentlichen Beitrag zur Erforschung der Struktur des
Weltalls liefert. Bild 4.11 zeigt die Verteilung von neutralem Wasserstoff in
unserem Milchstraßensystem aus radioastronomischen Messungen. Die in
Physik III diskutierte kosmische Hintergrundstrahlung ist viel kurzwelliger.
Ihre Wellenlänge am Intensitätsmaximum liegt bei $\lambda \approx 2\,\mathrm{mm}$.

Bild 4.10: Astronomische Parabolspiegelantenne (Effelsberg bei Bonn).
Bildquelle: Max-Planck-Institute.

4.7 Entartung und Symmetrie

Falls in einem System Zustände mit einem unterschiedlichen Satz von
Quantenzahlen den selben Energieeigenwert besitzen, so spricht man von
Entartung des Energiezustandes. Falls k Zustände in einem Energieeigenwert zusammenfallen, so ist letzterer „k-fach entartet". Entartung ist
meist die Folge einer hohen räumlichen Symmetrie des Potentials in
der Schrödingergleichung. Ein einfaches Beispiel ist die Erweiterung der
Schrödingerlösung des Potentialtopfes (Physik III) auf einen dreidimensionalen Potentialkasten. Für einen Potentialtopf der Breite a sind die

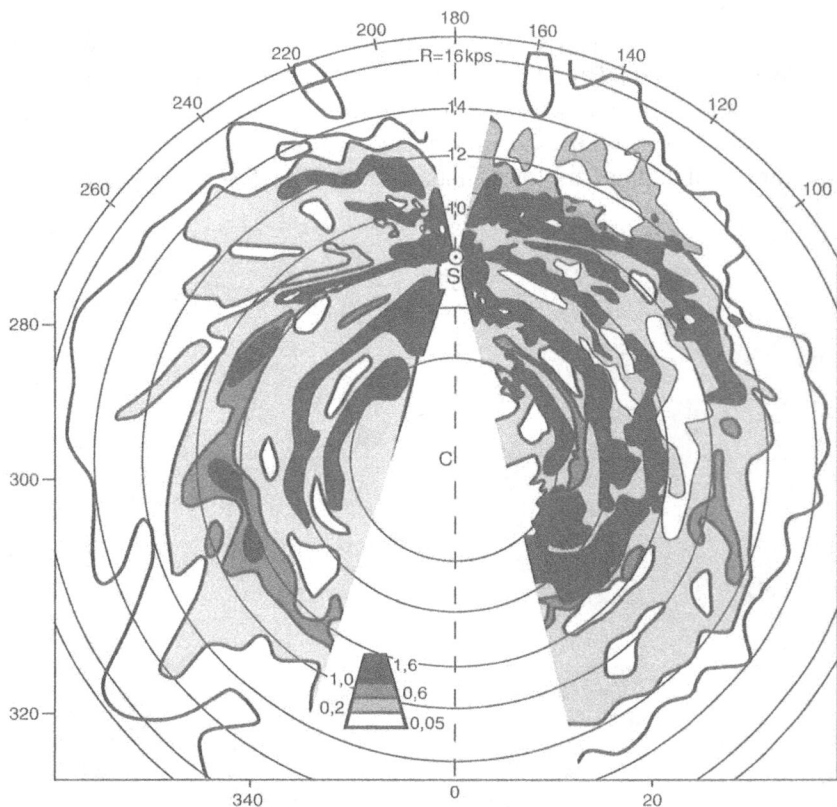

Bild 4.11: Verteilung von atomarem Wasserstoff in unseren Milchstraßensystem.
S = Ort der Sonne; C = Zentrum der Milchstraße. Der Radius ist in Kiloparsekunden
(= $3,084 \cdot 10^{19}$ m) gegeben, die Wasserstoffkonzentration in Atome/cm^3. Der tote Kegel
ist der Radioschatten der Sonne.
(Nach: J.M. Oort in *Interstellar Matter in Galaxies*, Herausgeber: Woltjer, New York,
Benjamin (1962)).

Energieeigenwerte $E_n = \hbar^2 \pi^2 / (2m) \, n^2/a^2$ mit $n = 1, 2, \ldots$. Die Erweiterung auf einen Kasten mit den Dimensionen $a \cdot b \cdot c$ ist gemäß dem
Superpositionsprinzip einfach:

$$E_{nlm} = \frac{\hbar^2 \pi^2}{2m} \left(\frac{n_a^2}{a^2} + \frac{n_b^2}{b^2} + \frac{n_c^2}{c^2} \right), \tag{4.36}$$

wobei die n_a, n_b, n_c die ganzen Zahlen unabhängig durchlaufen.

Ein hochsymmetrischer Fall ist der kubische Kasten $a = b = c$. Der niedrigste Energiezustand ist

$$E_{111} = \left(\frac{\hbar^2 \pi^2}{2m} \right) \frac{3}{a^2}.$$

Für die nächsten Energiezustände gilt offenbar

$$E_{211} = E_{121} = E_{112} \left(\frac{\hbar^2 \pi^2}{2m} \right) \frac{6}{a^2}.$$

Dieser Energiezustand ist also 3-fach entartet. Dies läßt sich entsprechend fortsetzen. Wir können die Symmetrie etwas erniedrigen, indem wir eine Achse auszeichnen, also $a = b \neq c$. Man spricht in diesem Fall von uniaxialer Symmetrie. Wie man sofort erkennt, ist nun

$$E_{211} = E_{121} \neq E_{112}.$$

Man sagt, die Entartung ist teilweise aufgehoben. Der im kubischen Fall dreifach entartete Energiezustand spaltet in der uniaxialen Symmetrie in einen zweifach entarteten und in einen nicht entarteten Zustand auf. Erniedrigen wir die Symmetrie vollständig, also $a \neq b \neq c$. so ist

$$E_{211} \neq E_{121} \neq E_{112}.$$

was eine vollständige Aufhebung der Entartung bedeutet.

Im Wasserstoffatom ist die Situation ganz ähnlich. Solange wir als Potential nur das Coulomb-Potential zum Kern ansetzen, haben wir eine hochsymmetrische Situation, nämlich eine reine Radialabhängigkeit. Die Energieeigenwerte E_{nljm_j} sind in l, j und m_j entartet. Bei Berücksichtigung der Spin-Bahn-Kopplung wird die Entartung in j aufgehoben (Feinstruktur). Die Spin-Bahn-Kopplung stört die reine Radialsymmetrie des Coulomb-Potentials. Das Anlegen eines äußeren Feldes erzeugt eine eindeutig uniaxiale Symmetrie (und die zusätzliche Feld-Dipol-Wechselwirkung). Die Entartung in m_j wird aufgehoben. Wie wir später im Fall der Vielelektronenatome noch zeigen werden, bewirkt die Gegenwart der Coulomb-Abstoßung der Elektronen untereinander eine starke Störung der Radialsymmetrie, was in einer deutlichen Aufspaltung der Zustände E_{nl} resultiert. Die l-Entartung ist im Wasserstoffatom lediglich durch die sehr schwache Lamb-Verschiebung leicht gestört.

Das Auftreten entarteter Zustände und ihre Aufspaltung durch zusätzliche Wechselwirkungen (Symmetrieerniedrigungen) ist eine charakteristische Eigenschaft von Quantensystemen und in vielen Fällen anzutreffen.

5 Wasserstoffähnliche Systeme

Die Eigenfunktionen $\psi_{nlm} = R_{nl}(r)Y_{lm}(\vartheta, \varphi)$, die sich aus der Schrödingergleichung (1.9) bzw. (1.13) ergaben und die daraus gezogenen Folgerungen (z.B. Energieeigenwerte, radiale Aufenthaltswahrscheinlichkeit) gelten entsprechend für alle echten Einelektronensysteme. Diese bezeichnet man als wasserstoffähnliche Atome. Wir wollen in diesem Kapitel die wichtigsten Vertreter vorstellen.

5.1 Rydbergatome

Für den Fall $E > 0$ existiert eine Lösung der radialen Differentialgleichung (2.13) des Wasserstoffproblems für beliebige Werte von E. Das bedeutet, das ungebundene Elektron kann beliebige Energiewerte annehmen. An das diskrete Energiespektrum ($E < 0$) schließt sich also das Seriengrenzkontinuum ($E \geq 0$) an, wie es schon in Bild 2.3 angedeutet wurde. Durch Absorption einer beliebigen Energie $E_a > |E_n|$ kann ein Elektron aus dem Zustand ψ_{nlm} in einen Zustand des Kontinuums gebracht werden. Diesen Vorgang bezeichnet man als *Ionisation*. Für das Wasserstoffatom im Grundzustand ($n = 1$) muß hierzu mindestens die Rydbergenergie E_R aufgebracht werden. Wenn die zur Abtrennung des Elektrons nötige Energie durch Absorption elektromagnetischer Strahlung erfolgt, liegt der atomare Photoeffekt (siehe Bild 1.1) vor.

Eng unterhalb der Grenze zu den Kontinuumszuständen liegen sehr dicht gepackt die atomaren Zustände mit sehr hoher Hauptquantenzahl n. Im Prinzip sind alle ganzzahligen Werte von n ($n \to \infty$) zulässig. Experimentell (Laserspektroskopie) wurden Werte um $n \approx 300$ beobachtet. Man spricht von *Rydbergzuständen*. Der Erwartungswert des Bahnradius nimmt mit n^2 zu. *Rydbergzustände* Das bedeutet, der Hüllendurchmesser hat nun die Größe von $(2 \cdot 10^5) a_B$, also schon makroskopische Dimension. Die Energiedifferenz zwischen benachbarten Zuständen ($\Delta n = 1$) variiert grob mit n^{-3}. Schon für $n \approx 50$ ergeben sich Werte um 10^{-4} eV, also weit unterhalb der thermischen Energie bei 300 K ($2{,}5 \cdot 10^{-2}$ eV). Die Strahlung liegt im Mikrowellenbereich. Da die Wahrscheinlichkeit für Strahlungsübergänge mit $(\Delta E)^{-3}$ abnimmt (siehe Abschnitt 3.5), sind Rydbergzustände sehr langlebig mit mittleren

Lebensdauern im Bereich von Millisekunden. Natürlich müssen die Atome isoliert gehalten werden, denn Stöße mit Nachbaratomen würden sofort zur Abregung führen. Im Labor geschieht dies durch elektromagnetische Fallen. Ein Beispiel wird später in Bild 5.6 gezeigt. Im Weltraum ist die Materiedichte so gering, daß Stöße praktisch nicht vorkommen. Radioastronomische Messungen haben die Existenz von Rydbergatomen im All nachgewiesen.

Wegen des großen Bahnradius des Elektrons in einem Rydbergorbital kommt es auf die Atomart nicht an. Alle übrigen $Z - 1$ Elektronen liegen, vom Rydbergelektron aus gesehen, ganz dicht am Kern. So sieht das Rydbergelektron sehr genau das Coulomb-Feld einer einzigen Elementarladung und verhält sich wie ein hochangeregtes Wasserstoffatom.

5.2   Die schweren Wasserstoffisotope

Der Wasserstoffkern kann neben einem Proton noch ein oder zwei Neutronen enthalten. Man spricht von *Deuterium* (schwerer Wasserstoff) oder *Tritium* (überschwerer Wasserstoff). Das Coulomb-Potential, in dem sich das Atomelektron bewegt, wird in diesem Fall nicht geändert[1], lediglich die Kernmasse ist größer geworden. Die Wellenfunktionen waren in Kap. 2 für die Näherung abgeleitet worden, daß die Kernmasse unendlich groß gegen die Elektronenmasse ist. In dieser Näherung sind die Termschemen des Wasserstoffs, des Deuteriums und des Tritiums identisch. Für eine genauere Berechnung muß berücksichtigt werden, daß sich Kern und Elektron um den gemeinsamen Schwerpunkt bewegen. Wir hatten dies bereits in Kap. 2.7 angesprochen. Die sogenannte Mitbewegung des Kernes wird erfaßt, indem man in der Schrödingergleichung die Elektronenmasse m_e durch die *reduzierte Masse* m_red ersetzt

Berücksichtigung der Kernmasse

Reduzierte Masse

$$\boxed{m_\mathrm{red} = \frac{m_\mathrm{e}}{1 + m_\mathrm{e}/m_\mathrm{K}}} \tag{5.1}$$

Dabei ist m_K die Masse des Atomkernes. Die Energie der Elektronenzustände ist dann

$$E_n = -E_\mathrm{R}\frac{Z^2}{n^2}\frac{1}{1 + m_\mathrm{e}/m_\mathrm{K}} \approx -E_\mathrm{R}\frac{Z^2}{n^2}\left(1 - \frac{m_\mathrm{e}}{m_\mathrm{K}}\right). \tag{5.2}$$

Diese Näherung ist stets erlaubt, da $m_\mathrm{K} \gg m_\mathrm{e}$. Für das Wasserstoffatom ergibt sich z.B. $(1 + m_\mathrm{e}/m_\mathrm{K}) = 1{,}00055$. Insbesondere findet man für einen

---

[1]   Für s-Elektronen gilt das nicht genau, denn sie können in den Kern eindringen. Dies wird in Abschnitt 5.4 besprochen.

H$_\beta$ D$_\beta$

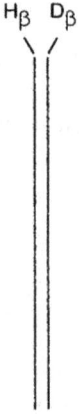

Bild 5.1: Isotopieverschiebung der H_β-Linie (Balmer-Serie) des Wasserstoffs. Das Verhältnis $H : D$ betrug 1 : 1 (Deuterium-Anreicherung). Aufnahme mit einem Prismenspektrograph.

optischen Übergang zwischen zwei Termen mit den Hauptquantenzahlen n_f und n_i in wasserstoffähnlichen Atomen: *Masseneffekt*

$$\Delta E_{if} = \hbar\omega_{if} = \left(\frac{1}{n_f^2} - \frac{1}{n_i^2}\right) Z^2 E_R \left(1 - \frac{m_e}{m_K}\right) \qquad (5.3)$$

Der Mitbewegungseffekt verringert also in geringem Maße die Frequenzen der Spektrallinien. Diese Frequenzverschiebung ist unterschiedlich für die verschiedenen Wasserstoffisotope. Für normalen Wasserstoff und Deuterium gilt z.B.

$$(E_n)_H = 0{,}99945 \cdot E_R \left(\frac{1}{n^2}\right) \qquad (5.4)$$

$$(E_n)_D = 0{,}99973 \cdot E_R \left(\frac{1}{n^2}\right).$$

Beobachtet man das optische Spektrum des H/D Isotopengemisches, so wird bei Verwendung eines hochauflösenden Spektrographen jede Linie des Wasserstoffspektrums noch einen Satelliten aufweisen, der vom Deuterium herrührt. Ein Beispiel zeigt Bild 5.1.

Man spricht von der *Isotopieverschiebung* der Spektrallinien, genauer vom *Masseneffekt* der Isotopieverschiebung. Es gibt noch einen zweiten Effekt, der zur Isotopieverschiebung führt, der *Kernvolumeneffekt*, den wir weiter unten diskutieren.

Die Isotopieverschiebung zählt zur Hyperfeinstruktur. Die Feinstrukturaufspaltung folgt aus der Spin-Bahn-Kopplung und ist kein isotopenabhängiger Effekt.

5.3   Ionisierte Atome

Das einfach positiv geladene Heliumion und das zweifach positiv geladene
Lithiumion (und so fort) stellen ebenfalls wasserstoffähnliche Systeme dar.
Die Wellenfunktionen waren in den vorangegangenen Kapiteln stets für
ein beliebiges Z gegeben, so daß der Formalismus auf diese Fälle sofort
übertragen werden kann. Für genauere Rechnungen ist ebenfalls eine kleine
Korrektur infolge der geänderten Kernmasse nötig.

5.4   Myonische Atome (Kernvolumeneffekt)

Bremst man einen Strahl von negativen Myonen (μ^-), wie er mittels eines
modernen Teilchenbeschleuniger erzeugt wird, durch inelastische Stöße
(etwa mit Kohlenstoff) auf thermische Energien ab und läßt ihn dann in
Materie einlaufen, so werden die Myonen von den (positiv geladenen)
Atomkernen auf Bohrsche Bahnen eingefangen.

Bemerkung:

Myonen sind wie die Elektronen Fundamentalteilchen aus der Familie der Leptonen. Sie entstehen beim Zerfall von Pionen. Für das negative Myon gilt: $\pi^- \rightarrow$
$\mu^- + \nu_\mu$. Die mittlere Lebensdauer ist $\tau_\pi \approx 3 \cdot 10^{-8}$ s. Es gibt natürlich ebenso
positive Myonen (Antimyonen) die beim entsprechenden Zerfall positiver Pionen
entstehen. Auf die Rolle der μ^+ in der Atomphysik kommen wir im nächsten Abschnitt. Die Pionen wiederum entstehen bei inelastischen Stößen zwischen Protonen
und Protonen oder Protonen und Neutronen bei Energien die oberhalb der Ruheenergie $E_\pi \approx 136\,\text{MeV}$ liegen. In Praxis schießt man einen Strahl von Protonen
aus einem Mittelenergiebeschleuniger mit hoher Strahlintensität (z.B. das 500 MeV
Sektorzyklotron am Paul Scherrer Institut (PSI) bei Zürich; ca. 1 mA Protonen-
strahl, siehe Abschnitt 21.7) auf ein Target (Produktionstarget) aus leichten Kernen
(typischerweise Kohlenstoff). Die zunächst entstehenden Pionen zieht man mittels
einer geeigneten elektromagnetischen Strahloptik ab und läßt sie eine entsprechende Strecke laufen, wobei fast alle Pionen in Myonen zerfallen. Der so entstandene
Myonenstrahl wird dann auf das Meßtarget gelenkt.

Der Einfang geschieht zunächst auf weit außen liegenden Orbitalen. Unabhängig davon, welches Z das Atom hat, d.h. wieviel Elektronen bereits
in einer Hülle vorhanden sind, bildet sich ein myonisches Atom mit wasserstoffähnlichen Energietermen (die natürlich von Z abhängig sind). Der
Grund ist, daß das Myon und die Elektronen nicht identische Teilchen sind
und somit ist das Pauli-Verbot nicht wirksam. Das Myon kann denselben
Satz von Quantenzahlen wie eines der Hüllenelektronen besitzen. Selbst bei
den höchsten erzielbaren Strahlstärken ist bestenfalls ein Myon im Atom
gegenwärtig, da die Myonen rasch wieder zerfallen.

Bemerkung:

Die Lebensdauer des freien Myons ist $\tau_\mu \approx 2 \cdot 10^{-6}$ s. Es zerfällt (im Falle des μ^-) in ein Elektron und zwei Neutrinos. Negative Myonen werden jedoch rasch von positiven Kern eingefangen und erleiden Reaktionen wie z.B. $^{12}\mathrm{C} + \mu^- \rightarrow {}^{12}\mathrm{B} + \nu_\mu$. Schon bei $Z = 12$ ist die Lebensdauer τ_e gegenüber Einfang kürzer als die freie Lebensdauer τ_μ; τ_e sinkt mit steigendem Z rasch ab.

Wie wir in Abschnitt 3.5 gezeigt haben, sind die Lebensdauern der atomaren Hüllenzustände in der Regel $< 10^{-9}$ s, also viel kürzer als die Lebensdauer des μ^-. Dem μ^- bleibt genügend Zeit, um durch Strahlungsabregung in den $1s_{1/2}$ Grundzustand zu gelangen. Dort hält es sich dann für den Rest seiner Lebensdauer auf. Das Myon besitzt etwa die 207-fache Ruhemasse des Elektrons. Um diesen Faktor ist der Radius des $1s$ Orbitals kleiner ($a_{1s}^\mu = a_B/207 \approx 2,5 \cdot 10^{-13}$ m) und erreicht somit einen Wert der im Bereich der Kernradien (siehe Physik III) liegt. Dies bedeutet, daß die radiale Aufenthaltswahrscheinlichkeit des Myons sich zu einem merklichen Bruchteil innerhalb des Kerns befindet. Dies ist speziell bei schweren Kernen der Fall. Ein Beispiel zeigt Bild 5.2.

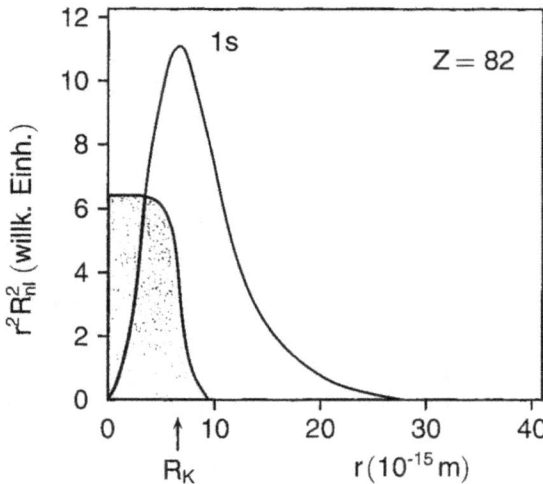

Bild 5.2: Radiale Aufenthaltswahrscheinlichkeit eines Myons im $1s$ Zustand und die Kernladungsverteilung (schraffiert) für Blei.

Die große Wahrscheinlichkeit ein Myon innerhalb des Kerns zu finden ist verantwortlich für die Dominanz des Zerfalls des Myons durch Einfang im Kern. Weiter ist ersichtlich, daß die Störung der Coulomb-Wechselwirkung Kern-Myon durch die Hüllenelektronen vernachlässigbar klein ist, denn die Elektronen sind vom Myonenort (im $1s$ Grundzustand) weit entfernt. Für die Einelektronenenergieterme gilt $E_n \propto m_\mu Z^2$ (genau genommen muß nicht m_μ, sondern die reduzierte Masse benutzt werden). Die Strahlungsübergänge des Myons zum Grundzustand liegen also energetisch um Größenordnungen höher als im Wasserstoffatom, d.h. nicht mehr im Sichtbaren bis UV, sondern im Röntgen- bis Gammastrahlungsbereich. Ein Beispiel zeigt Bild 5.3

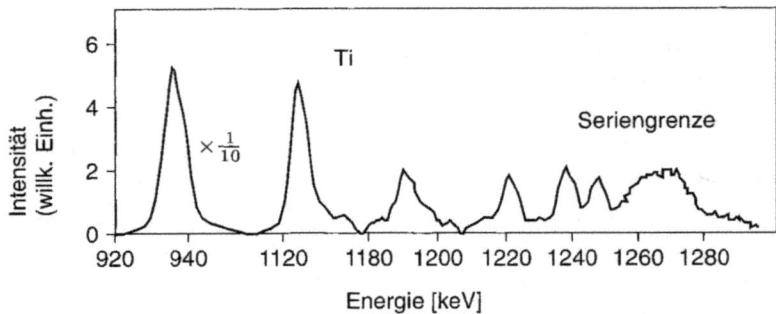

Bild 5.3: Lyman Serie von myonischem Titan. Der energetisch niedrigste Übergang ist $2p \to 1s$, die Intensität nahe der Seriengrenze stammt vom Übergang $14p \to 1s$.

Bemerkung:

Neben myonischen Atomen kann man auch negativ geladene Mesonen (z.B. π^-, K^-) über das Coulomb-Potential des Kerns einfangen (mesonische Atome). Wegen der kurzen Lebensdauer der Mesonen sind diese für die Atomphysik weniger interessant. Die große Aufenthaltswahrscheinlichkeit des Myons innerhalb des Kerns hat aber noch eine weitere Folge. Bei der Berechnung der Termenergien E_n darf man nicht einfach das Coulomb-Potential eines Punktkernes benutzen. Das wäre nur dann richtig, wenn sich das Myon stets außerhalb des Kerns befände. Man fügt in der Regel der Coulomb-Energie des Punktkernes $E_P = Ze^2/r$ einen Korrekturterm hinzu, die sogenannte *Volumenenergie* E_V. Ohne Ableitung erwähnen wir, das gilt:

$$E_V \propto Ze^2 R_K^2 \left| \psi_{1s}(0) \right|^2 , \tag{5.5}$$

wobei $|\psi(0)|^2$ die Aufenthaltswahrscheinlichkeitsdichte des Teilchens (hier des Myons) am Kernmittelpunkt (Koordinatenursprungspunkt) ist. Wie aus der $1s$ Radialwellenfunktion ersichtlich ist (siehe Bild 2.6), verschwindet dieser Wert nicht. Diese Aussage gilt im übrigen für alle s Zustände. Der Wert von $|\psi_{ns}(0)|^2$ nimmt aber mit steigenden n rasch ab. Man kann setzen $\delta E = \Delta E_0 + \Delta E_V = \hbar\omega$. Dabei ist ΔE_0 die Differenz der Termenergie für die Annahme eines Punktkernes und ΔE_V die entsprechende Differenz der Volumenenergien für einen Strahlungsübergang. Entscheidend ist, daß in E_V der Kernradius R_K eingeht, und dieser wiederum hängt von der Massenzahl A ab. Folglich ist der Volumenterm E_V leicht verschieden für die verschiedenen Isotope eines Elements. Dies wiederum bewirkt eine leichte

Verschiebung der Termenenergien von Isotop zu Isotop. Man spricht vom *Volumeneffekt* der Isotopieverschiebung im Gegensatz zum Masseneffekt, den wir unter in Abschnitt 5.2 für die Wasserstoffisotope behandelt haben. Da in myonischen Atomen $|\psi_{1s}(0)|^2$ sehr groß ist, ist in den myonischen Übergängen die Isotopieverschiebung sehr ausgeprägt. Ein Beispiel zeigt Bild 5.4.

Volumeneffekt

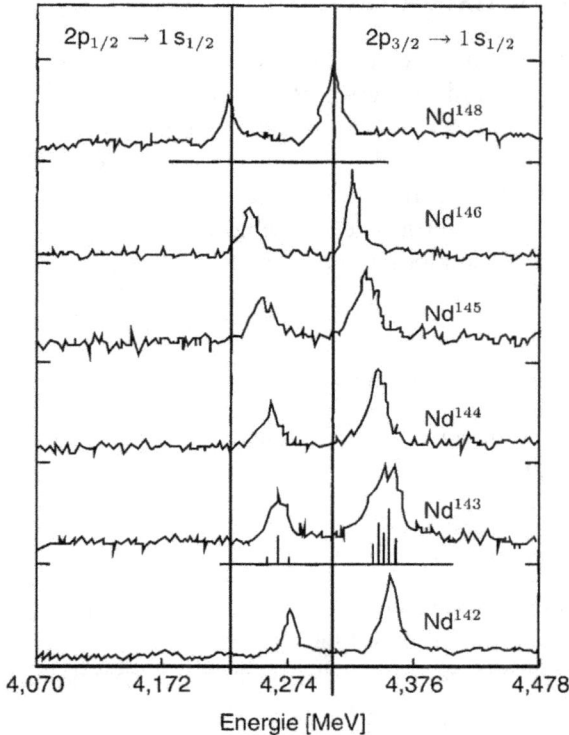

Bild 5.4: Isotopieverschiebung des $2p \rightarrow 1s$ Überganges in myonischem Neodymium (Nach: C.C. Wu and L. Wilets, *Muonic Atomes and Nuclear Struture*, Annual Review of Nuclear Science, Vol. 19 (1969)).

Die zwei aufgelösten Linien in allen Isotopen repräsentieren die Feinstruktur des Übergangs. Bei ^{143}Nd sind die Linien verbreitert. Dies rührt daher, daß hier auch die (nicht aufgelöste) Hyperfeinstruktur (Kopplung zum magnetischen Moment des Kerns) gegenwärtig ist. In den Nd Isotopen mit gerader Massenzahl ist der Kerndrehimpuls $I = 0$, und die Hyperfeinstruktur verschwindet. Näheres siehe Abschnitt 7.8.

Natürlich existiert der Kernvolumeneffekt auch für normale (elektronische) Atome. Im Falle des Wasserstoffs ist allerdings die Ausdehnung des Kerns so klein, daß sich die s-Elektronen nur sehr selten innerhalb des Kerns aufhalten. Bei schweren Atomen liefert aber der Kernvolumeneffekt den Hauptbeitrag zur Isotopieverschiebung. Wir haben den Kernvolumeneffekt am Beispiel der myonischen Atome

Zur Isotopieverschiebung tragen Masseneffekt und Volumeneffekt bei

eingeführt, weil er dort besonders ausgeprägt und einfach zu behandeln ist (Einteilchenproblem). Im übrigen liefern Messungen der Termverschiebung durch die Kernvolumenenergie in myonischen Atomen einerseits und der Isotopieverschiebungen in Atomen andererseits wichtige Daten zur Festlegung von Kernradien.

5.5 Lochzustände

Sie entstehen, wenn in einem Vielelektronenatom ein inneres Elektron herausgeschlagen wird, wie etwa beim atomaren Photoeffekt. Dieses Elektronenloch wird durch ein weiter außen liegendes Elektron aufgefüllt, wobei die Energiedifferenz der beiden Zustände abstrahlt wird. Es handelt sich also auch hier um Einelektronenzustände (genauer Lochzustände) mit einer wasserstoffähnlichen Termfolge. Die abgestrahlten Spektrallinien liegen im Röntgenbereich (charakteristische Röntgenstrahlung). Auf Einzelheiten gehen wir in Kapitel 9 ein.

5.6 Exotische Atome

Darunter versteht man wasserstoffähnliche Bindungszustände zwischen positiv und negativ geladenen Teilchen, wobei das positive Teilchen kein Proton (oder Atomkern) ist.

Antiwasserstoff

Dieses echte Pendant zum Wasserstoffatom ist aus einem Antiproton und einem Antielektron (Positron) aufgebaut und wird mit $\overline{\mathrm{H}}$ bezeichnet. Es ist das Grundatom der Antimaterie, die aber nach dem gegenwärtigen Wissensstand in unserem Kosmos nicht vorkommt.

Bemerkung:

An sich ist Antiwasserstoff (Antimaterie generell) stabil. Nur die Kombination mit normaler Materie führt zur Vernichtung (Zerstrahlung). Das Positron zerstrahlt mit dem Elektron in zwei $511\,\mathrm{keV}$ γ-Quanten (siehe nächsten Abschnitt). Das Antiproton wird in der Kollision mit einem Proton oder Neutron vernichtet („annihiliert") wobei Mesonen (z.B. $\pi^{\pm}$, K^0, Λ) und auch Photonen entstehen.

Falls es Antimaterie im Weltraum gäbe, würde sie sicher irgendwo mit normaler Materie zusammentreffen (kollidierende Sterne und Galaxien sind uns wohl bekannt). Die dabei entstehende Vernichtungsstrahlung (speziell die $511\,\mathrm{keV}$ γ-Strahlung) läßt sich leicht nachweisen. Eine entsprechende kosmische Strahlungsquelle wurde aber nicht gefunden.

Falls die kombinierte Ladungs-, Zeit- und Paritäts-Symmetrie streng gültig ist (was nach heutiger Auffassung der Fall ist – siehe auch Kapitel 22) sollte keinerlei Unterschied zwischen H und $\overline{\text{H}}$ meßbar sein. Aber wie alle grundlegenden Theorien bedarf auch dies einer Überprüfung. Bisher sind die Experimente noch nicht so weit fortgeschritten, um dieses Ziel zu erreichen, aber es wird daran intensiv gearbeitet.

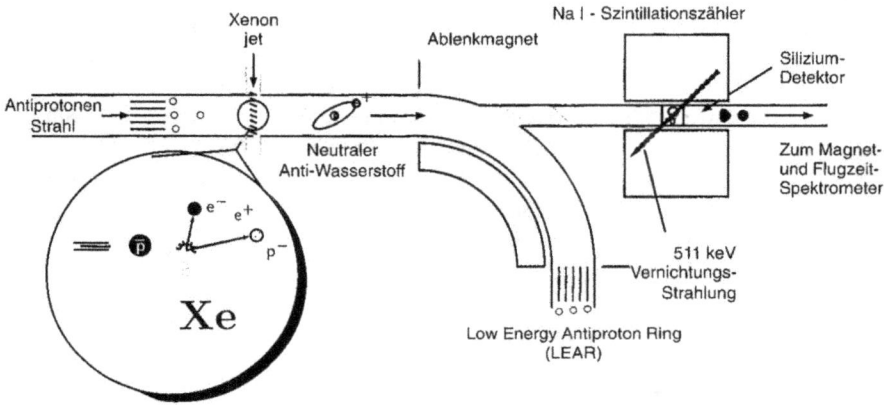

Bild 5.5: Prinzip des CERN Antiwasserstoff Experiments. Die Erklärung ist im Text gegeben. (Nach: CERN Courier, März 1996)

Bemerkung:

Die Erzeugung und der Nachweis von Antiwasserstoff ist kürzlich am CERN erstmals gelungen. Bild 5.5 zeigt den prinzipiellen Aufbau des Experiments. Zunächst werden Antiprotonen ($\overline{\text{p}}$) durch energiereiche Protonenstöße ($\geq 6\,\text{GeV}$) erzeugt und in einen Speicherring (LEAR) eingespeist. Um $\overline{\text{H}}$ zu erhalten, müssen die $\overline{\text{p}}$ mit Positronen ($\overline{\text{e}}$), die ja ebenfalls erst erzeugt werden müssen, zusammen gebracht werden (auf atomare Dimensionen, also $\approx 10^{-10}\,\text{m}$). Zusätzlich darf die Energiedifferenz zwischen $\overline{\text{p}}$ und $\overline{\text{e}}$ die Rydbergenergie ($13,6\,\text{eV}$) nicht überschreiten, andernfalls dissoziiert $\overline{\text{H}}$ sofort wieder. Diese Bedingungen werden mit einem raffinierten Trick erreicht. Der $\overline{\text{p}}$-Strahl durchquert einen Gasstrahl (Xenonjet). In Stößen zwischen $\overline{\text{p}}$ und Xe Atomen entstehen als Folgeprodukt Positron-Elektron-Paare (siehe Insert in Bild 5.5), die, unter günstigen Bedingungen, etwa dieselbe Geschwindigkeit wie die $\overline{\text{p}}$ haben und dicht benachbart sind. Damit ist Einfang und Bildung von $\overline{\text{H}}$ möglich. Das $\overline{\text{H}}$-Atom ist elektrisch neutral und wird von Ablenkmagneten des Rings in seiner Bahn nicht beeinflußt. Es verläßt den Ring und fällt auf eine Reihe von dünnen Silizium-Detektoren (siehe Abschnitt 20.3). Die Si-Detektoren registrieren den Einfall des $\overline{\text{H}}$-Atoms, das beim weiteren durchqueren der Si-Scheiben aufgebrochen wird. Das Positron wird sofort abgebremst und annihiliert. Die zwei entstehenden $511\,\text{keV}$ Photonen der Vernichtungsstrahlung, die eine $180°$ Korrelation besitzen (Impulserhaltung), werden in zwei dem Si-Detektor umgebenden NaJ-Szintillationsdetektoren nachgewiesen. Das Antiproton wird nur wenig gebremst und nachfolgend in einer Kombination von magnetischen und Flugzeitspektrometer (im Bild nicht gezeigt) identifiziert. Die Spektrometergeometrie verlangt, daß das $\bar{p}$ aus dem Bereich der Si-Detektoren kommt. Das Verhältnis von „echten" zu „falschen" Zählimpulsen liegt bei $1 : 10^4$, eine extreme Anforderung an die Identifizierungslogik.

Unter diesen Bedingungen ist natürlich eine optische Spektroskopie des Antiwasserstoffs nicht möglich. (Im geschilderten Experiment war die Lebensdauer der $\bar{H}$-Atome nur $\approx 10^{-10}$ s). Es ist erforderlich, die wenigen erzeugten $\bar{H}$-Atome herauszufiltern und in eine *Falle* (Trap) zu leiten. Solche Fallen (ursprünglich von dem deutschen Physiker PAUL entwickelt, der dafür den Nobelpreis erhielt) nutzen elektromagnetische Felder, um Teilchen einzusperren. Bisher gelang es, Antiprotonen in einer sogenannten *Penning-Falle* (deren Prinzip Bild 5.6 zeigt) einzufangen und zu untersuchen. Es konnten keine Unterschiede zu Protonen festgestellt werden. Für atomare Systeme ist aber die Fallenproblematik um vieles größer. Fallen spielen in der modernen Physik eine wichtige Rolle und werden uns noch mehrmals begegnen (siehe speziell Abschnitt 15.4).

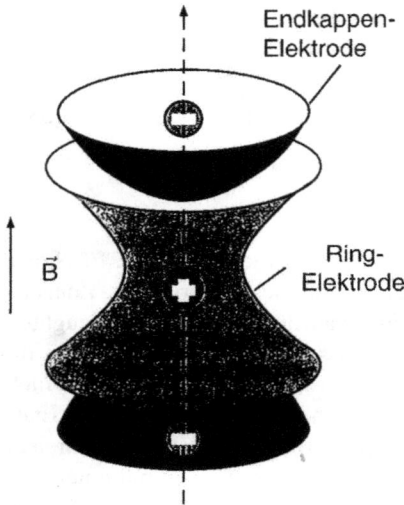

Bild 5.6: Prinzip einer Penning Falle: Die gegenüber der positiven zentralen Ringelektrode (etwa hyperbolisch gekrümmte Zylinderwand) negativ geladenen Endkappen (Kugelkalotten) verhindern, daß Teilchen nach unten oder oben entweichen. Im Mittelbereich der Ringelektrode sorgt ein angelegtes Magnetfeld der gezeigten Richtung dafür, daß sich die Teilchen auf engen Spiralbahnen bewegen. Die Anordnung befindet sich im Hochvakuum (Nach: CERN Jahresbericht 1995).

Positronium und Myonium

Positronium ist das gebundene System aus einem Positron (Antielektron) und einem Elektron das heutzutage mit dem Atomsymbol „Ps" bezeichnet wird. Es unterscheidet sich vom normalen Wasserstoff im wesentlichen in zwei Punkten:

1. „Kern" (Positron) und Hülle (Elektron) haben dieselbe Masse, d.h. die beiden Teilchen bewegen sich um den zwischen ihnen liegenden Schwerpunkt. Es ist hier unumgänglich, die reduzierte Masse etwa in den Gleichungen für die Energieeigenwerte zu benutzen, was eine

Skalierung um den Faktor 0,5 gegenüber dem Wasserstoff bedeutet. So ist z.B. die Ionisierungsenergie $I_{Ps} = E_R/2 \approx 6{,}8\,\text{eV}$. Andererseits sind die Erwartungswerte der Orbitalradien um den Faktor zwei vergrößert. Für den Grundzustand gilt somit $r_{1s}^{Ps} = 2a_B$.

2. Positron und Elektron haben (dem Betrag nach) das gleiche magnetische Moment, während im Wasserstoff das Kernmoment (Moment des Protons) etwa 650 mal kleiner als das des Hüllenelektrons ist. Dies hat zur Folge, daß die Hyperfeinkopplungskonstante entsprechend größer ist. Im Positronium sind Fein- und Hyperfeinstrukturaufspaltungen in etwa von der gleichen Größenordnung. Wie beim Wasserstoff müssen wir für den Grundzustand die Unterscheidung zwischen dem Triplettzustand ($s = 1$) und dem Singulettzustand ($s = 0$) treffen, je nach Stellung der Spins von Positron und Elektron relativ zueinander.

Bemerkung:

Positronium ist nicht stabil. In Umkehrung des Paarerzeugungsmechanismus (Physik III) zerstrahlt ein Positron zusammen mit einem Elektron in elektromagnetische Energie. Nehmen wir an, es handle sich um ein freies Positron und Elektron in Ruhe. Dann hat der Anfangszustand der zwei Teilchen den Impuls und Drehimpuls Null. Das Photon besitzt aber Impuls ($\vec{p} = \hbar\vec{k}$) und Drehimpuls ($s = 1$). Die Impulserhaltung fordert demnach, daß bei der Zerstrahlung zwei Photonen entstehen mit entgegengesetzter Ausbreitungs- und Spinrichtung (Zirkularpolarisation). Jedes Photon besitzt die Ruheenergie eines der Teilchen: $E_\gamma = m_e c^2 \approx 511\,\text{keV}$.

Wie wir im vorausgegangenen Kapitel diskutiert haben, besitzen Teilchen im $1s$ Zustand eine endliche Aufenthaltswahrscheinlichkeit im Kern. Im Positronium bedeutet dies, daß sich die Wellenfunktionen von Positron und Elektron etwas überlappen und es deshalb zur Zerstrahlung kommen wird. Allerdings müssen wir hier die Drehimpulserhaltung etwas genauer betrachten. In Singulett-Positronium ist der Fall identisch mit dem des freien Elektron-Positron-Paars. Der Drehimpuls im Anfangszustand ist Null, die Zerstrahlung muß über zwei 511 keV γ-Quanten erfolgen. Die Lebensdauer des Singulett-Positroniums gegen Zerstrahlung beträgt $\tau_S^{Ps} = 125\,\text{ps}$. Bei Triplett-Positronium hat der Anfangszustand $s = 1$. Aussendung eines γ-Quants ist aber wegen der Erhaltung des linearen Impulses nicht zulässig. Daher muß Triplett-Positronium in 3 γ-Quanten zerstrahlen. Dies ist ein Prozeß höherer Ordnung und entsprechend weniger wahrscheinlich. Triplett-Positronium lebt daher viel länger: $\tau_T^{Ps} = 142\,\text{ns}$. In der Tat ist es oft wahrscheinlicher, daß sich Triplett-Positronium durch Stoß mit einem anderen Teilchen in Singulett-Positronium umwandelt (Spin-Flip-Stoß) und dann praktisch sofort zerstrahlt. Der elektromagnetische Triplett-Singulett-Übergang ist verboten, wie beim Wasserstoff schon diskutiert.

Analog zum Positronium kann ein wasserstoffartiger Zustand zwischen dem positiven Myon (μ^+) und einem Elektron gebildet werden. Dieser wird als *Myonium* bezeichnet und besitzt das Atomsymbol Mu. Myonium liegt viel dichter in seinen Eigenschaften am Wasserstoff, da wegen $m_\mu \approx 207\, m_e$ der Mitbewegungseffekt kleiner als im Positronium ist und auch das magnetische Moment des Myons nur etwa 3mal größer ist als das des Protons. Es existieren ebenso der Triplett- und der Singulett-Zustand. Die Erzeugung von Myonium kann analog zum Fall der myonischen Atome vorgenommen werden. Auch hier wird der $1s$ Zustand rasch erreicht.

Bemerkung:

Das Myon besitzt eine Lebensdauer $\tau_\mu \approx 2 \cdot 10^{-6}$ s. Derselbe Wert gilt für Myonium. Es handelt sich um einen reinen Kernzerfall, der durch die schwache Wechselwirkung vermittelt wird. Die Lebensdauer ist dadurch unabhängig vom Atomzustand. Myonische Atome können mit μ^+ nicht gebildet werden, da eine abstoßende Wirkung zu Kernen besteht.

Positronium und Myonium können als leichte Isotope des Wasserstoffs aufgefaßt werden. Sie erlauben daher sehr empfindliche Tests bezüglich der exakten Beschreibung der Zustände des gebundenen Einelektronensystems durch die Quantenelektrodynamik.

Zum Vergleich zeigen wir in Bild 5.7 das Termschema für H, Mu und Ps für $n = 1$ und $n = 2$.

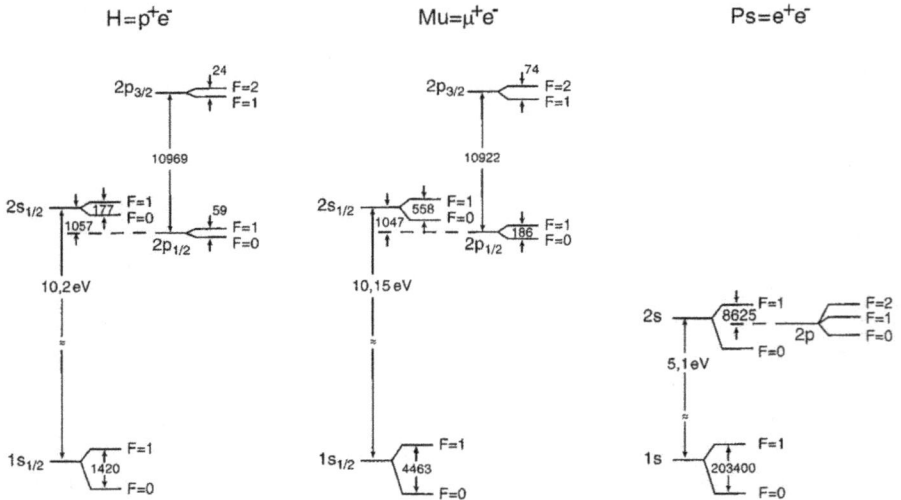

Bild 5.7: Termschema von Wasserstoff, Myonium und Positronium für $n = 1$ und $n = 2$ einschließlich Lamb-Verschiebung und Hyperfeinstruktur. Die Fein- und Hyperfeinstrukturaufspaltungen sind in MHz angegeben. (Nach T. Yamazaki, *Encyclopedia of Appl.Phys.*, Vol.11 , VCH Publishers, 1994)

Bemerkung:

Besonders kritisch ist eine genaue Bestimmung der Lamb-Verschiebung. Hierbei besteht ein feiner Unterschied zwischen Wasserstoff einerseits und Myonium und Positronium andererseits. Wasserstoff ist ein hadronisch-leptonisches System, Mu und Ps sind rein leptonische Systeme. Dies bedeutet z.B., daß in Mu und Ps der „Kern" punktförmig und nicht zusammengesetzt ist. Der Wasserstoffkern ist aus Quarks zusammengesetzt, die zusätzlich der starken Wechselwirkung unterliegen. Diese Unterschiede bewirken kleine Veränderungen in der Lamb-Verschiebung, deren Verifikation gefragt ist. In Tab. 5.1 sind theoretische und expermentielle Werte der Hyperfeinkopplungskonstanten (ausgedrückt als Frequenz ν_{hf}) für den $1s$ Zustand, der Lamb-Verschiebung S_L zwischen dem $2s_{1/2}$ und $2p_{1/2}$ Zustand sowie die Übergangsenergie vom $2s$ zum $1s$ Zustand (beide in der $F = 1$ Konfiguration) angegeben.

Leptonen sind Elementarteilchen; Hadronen sind aus Quarks zusammengesetzt

Tabelle 5.1: Vergleich von theoretischen und gemessenen Energiewerten in Wasserstoff, Myonium und Positronium. Die Zahlen in Klammern geben die Unsicherheit der Werte. (Nach T. Yamazaki, *Encyclopedia of Applied Physics*, Vol.11, VCH Verlag, 1994).

		H	Mu	Ps
ν_{hf}^{1s}	Exp.	1420 405,751 7667(9)	4463 302,88(16)	203 389 100 (740)
(kHz)	Th.	1420 405 (2)	4463 303,1(1,3)	203 404 500 (930)
S_L	Exp.	1057,845(9)	1062 (13)	8622 (28)
(MHz)	Th.	1057,864(0,011)	1047,49(1)	8625,14
$E_{2s \to 1s}$	Exp.	2 466 061,4138(15)	2455 529,002(80)	1233 607,219(11)
(GHz)	Th.	a	2455 528,934(4)	1233 607,228(19)

a Ein direkter Vergleich mit einem theoretischen Wert wurde nicht vorgenommen. Der Meßwert wurde benutzt, um die $1s$ Lamb-Verschiebung abzuleiten. Das Ergebnis von 8173,3(1,7) MHz stimmt mit dem theoretischen Wert von 8172,94(0,09) MHz gut überein (R.G. Beausoleil et al., *Physical Review* **A35** 4878 (1987)).

Man erkennt, daß in einigen Fällen die Meßdaten kleinere Unsicherheiten als die theoretischen Vorhersagen besitzen. Im allgemeinen ist die Übereinstimmung sehr gut, aber es gibt manchmal kleine Abweichungen.

Protonium, Antiprotonische Atome

Dies ist das Äquivalent zu Positronium, nämlich der gebundene Zustand aus einem Proton und einem Antiproton $(p, \bar{p})$. Erzeugen kann man Protonium, indem man Antiprotonen in H_2 (Wasserstoffmolekül) Gas einschießt und abbremst. Die Verhältnisse sind ähnlich wie bei Positronium, nur beträgt hier die reduzierte Masse $m_p/2$ (statt $m_e/2$). Wir müssen also in den Gleichungen der Eigenwerte des Wasserstoffatoms die Elektronenmasse durch $m_p/2$ ersetzen, was eine Änderung um den Faktor 1000 bringt. So ist die Rydbergenergie 12,5 keV und der $1s$ Bahnradius 57 fm. Entsprechend liegen die Spektrallinien im Röntgenbereich. Bild 5.8 zeigt das Termschema von Protonium und eine Messung der Lyman- und Balmer-Linien.

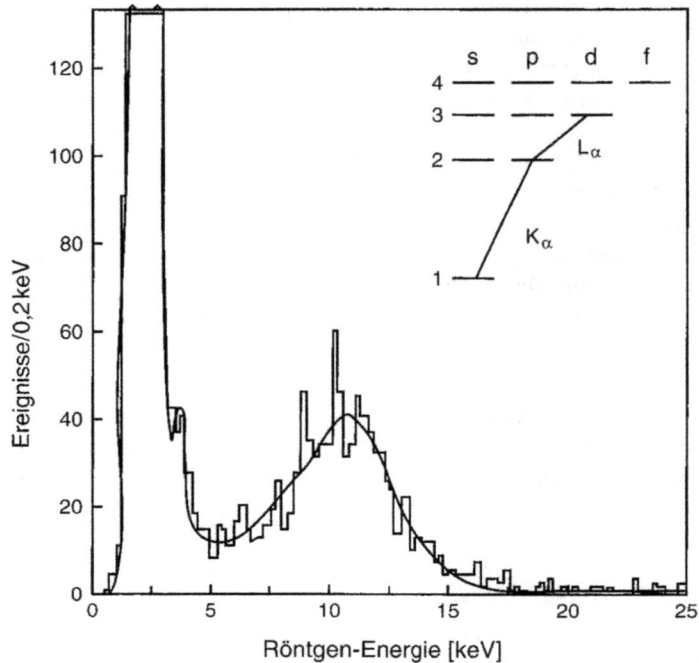

Bild 5.8: Röntgenspektrum und Termschema von Protonium. K_α gehört zur Lyman-, L_α zur Balmerserie. Die durchgezogene glatte Kurve ist die berechnete Spektralfunktion. (Nach: E. Klempt, in *The Hydrogen Atom*, G.F. Bassani, M. Inguscio and T.W. Hänsch eds., Springer, Berlin, 1989)

Bemerkung:

Ein Bahnradius von 57 fm ist nur rund eine Zehnerpotenz größer als typische Kernradien. Protonium ist ein extrem kleines Atom. Da p und p̄ so dicht beieinander sind, ist der Überlapp ihrer Wellenfunktionen beträchtlich. Protonium ist im Gegensatz zu *Antiwasserstoff* in sich instabil, wie auch Positronium. Es wird sehr rasch zerstrahlen. In der Tat ist die Lebensdauer von Protonium kürzer als die mittlere Lebensdauer seiner angeregten Zustände. Die Spektrallinien sind deshalb verbreitert, d.h. ihre Frequenzunschärfe ist nicht durch die Lebensdauer des Zustandes, sondern durch die des gesamten Atoms gegeben.

Man kann sich auch antiprotonische Atome vorstellen, d.h. Atome in denen ein Elektron durch ein Antiproton ersetzt ist. Für Helium ist die Erzeugung eines solchen Atoms in der Tat gelungen. Das Antiproton wird auf einem Orbital mit sehr großem Bahndrehimpuls und folglich mit großer Hauptquantenzahl eingefangen. Es befindet sich daher durchaus in einem für die Elektronenhülle typischen Abstand zum Kern. Die Lebensdauer des p̄ ist jedoch zu kurz, um eine Abregung in den Grundzustand zu erlauben. In den hohen Orbitalen konnten aber erfolgreich Übergangsenergien zwischen benachbarten Zuständen mit der Laserspektroskopie vermessen werden. Vergleiche mit theoretischen Rechnungen zeigten eine sehr gute Übereinstimmung, was bedeutet, daß unsere Vorstellung über die Eigenschaften von Antiteilchen recht genau erfüllt sind, und daß die Berechnung von Orbitaleigenschaften bis in feine Details heutzutage möglich ist.

5.7 Quarkonium

In der modernen Theorie der Elementarteilchen, der Quantenchromodynamik QCD (der Name kommt daher, daß Quarks neben elektrischer Ladung noch eine Farbladung tragen, die als die Quelle der starken Wechselwirkung verstanden wird) werden gebundene Systeme aus einem schweren Quark und Antiquark als Quarkonium bezeichnet. Am wichtigsten ist Charmonium, das aus dem Charm-Quark und seinem Antiteilchen besteht (c$\bar{\text{c}}$).

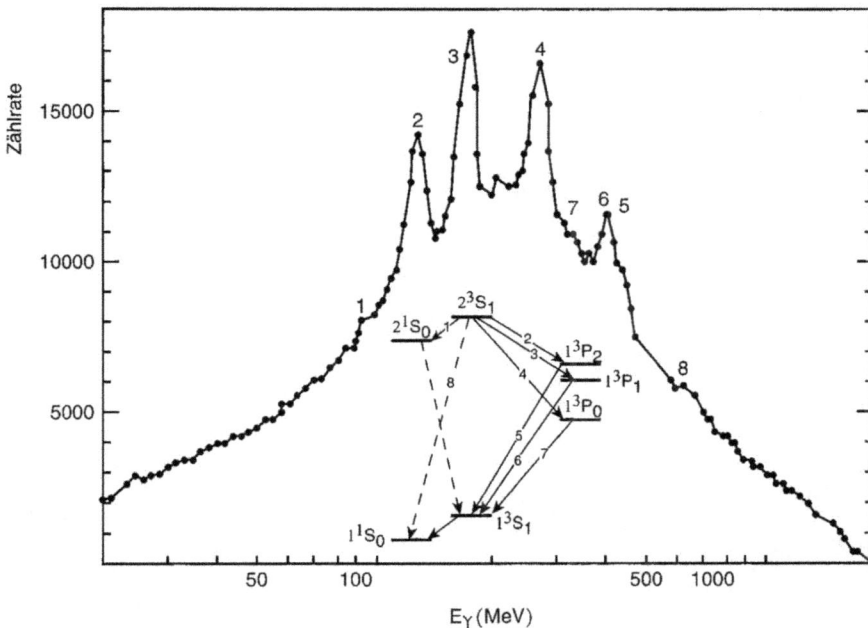

Bild 5.9: Gamma-Spektrum des Zerfalls des 2^3S_1-Zustandes von Charmonium und das daraus abgeleitete Termschema. Zur Klassifizierung der Zustände wurden die spektroskopischen Symbole benutzt, die wir später (in Abschnitt 6.6) einführen. Im Gegensatz zu atomaren Systemen müssen hier neben elektrischer Dipolstrahlung (durchgezogene Übergänge) auch magnetische Dipolstrahlung (gestrichelte Übergänge) berücksichtigt werden (Nach: K. Königsmann, *Phys. Rev.* **139** (1988) 243).

Obwohl die Bindung hier über eine ganz andere Wechselwirkung (starke Kraft statt Coulomb-Kraft) erfolgt, ist zumindest in den niederen Anregungszuständen eine deutliche Analogie zu Positronium (Lepton-Antilepton-Paar) vorhanden. Auf nähere Einzelheiten gehen wir hier nicht ein[2]. Als Beispiel zeigt Bild 5.9 das Photonenspektrum des Zerfalls eines angeregten Charmoniumszustandes und das daraus entwickelte Termschema. Die Ähnlichkeit mit atomaren Systemen ist deutlich zu sehen.

---

[2] siehe z.B. Povh et al., *Teilchen und Kerne*, 2. Auflage.

6 Die Elektronenstruktur der Vielelektronenatome

6.1 Elektronenschalen

Die Atome der verschiedenen Elemente werden gebildet, indem man schrittweise die Kernladungszahl Z und gleichzeitig die Zahl der Elektronen um eins erhöht. Damit ist die elektrische Neutralität gewahrt.

Streng genommen müßte man zur Beschreibung eines Atoms mit Z Elektronen im Coulomb-Potential der Kernladung $Z \cdot e$ die Schrödingergleichung des entsprechenden Vielkörperproblems aufstellen und lösen. Dabei müßte insbesondere die Wechselwirkung der Elektronen untereinander berücksichtigt werden. Da dieses Problem streng nicht lösbar ist und auch in guter Näherung noch immer sehr kompliziert ist, beginnt man mit einer ganz elementaren, rohen Näherung. Als einzige Wechselwirkung wird nur die Coulomb-Anziehung im Kernpotential berücksichtigt. Die Coulomb-Abstoßung der Elektronen des Atoms untereinander wird vollständig vernachlässigt, ebenso wie alle höheren Wechselwirkungen (z.B. magnetische Kopplung der Elektronen untereinander). Das Atom wird weiterhin als abgeschlossenes System aufgefaßt, und deshalb müssen alle im Atom enthaltenen Elektronen der Regel des Pauli-Verbotes genügen.

Im Rahmen dieses Modells werden somit alle Elektronen des Vielteilchenatoms als *einzelne, unabhängige* Teilchen aufgefaßt, die sich im Coulomb-Feld des Kernes bewegen. Dies entspricht dem Wasserstoffatom, und wir kennzeichnen daher die Elektronen mit dessen vier Quantenzahlen

$$n, \, l, \, m_l, \, m_s.$$

Quantenzahlen des Wasserstoffatoms

Auf diese Quantenzahlen müssen wir das Pauli-Prinzip anwenden. Die Quantenzahlen m_l und m_s sind im freien Atom zwar ohne Bedeutung, aber sie müssen bei der Anwendung des Pauli-Verbotes berücksichtigt werden. Man kann sich dies etwa wie folgt veranschaulichen:

In einem freien Atom genügt bereits ein beliebig schwaches Magnetfeld, um eine z-Achse im Raum zu definieren. Die Wechselwirkung der Elektronen mit diesem Feld ist dann aber beliebig klein, was bedeutet, daß sich ihr quantenmechanischer Zustand nicht ändert. Die Quantenzahlen m_l, m_s sind also auch im Grenzfall $\vec{B} \to 0$ bereits im Zustand des Elektrons enthalten. Bildlich gesprochen, das Elektron weiß, wie es sich verhalten wird, wenn ein Feld eingeschaltet ist.

Bemerkung:

<table>
<tr><td>*Adiabatensatz*</td><td>Allgemeiner gesagt, ist die Berücksichtigung der Orientierungsquantenzahlen m_s im freien Atom eine Folge des sogenannten *Adiabatensatzes* von EHRENFEST. Dieser besagt, daß bei stetiger Veränderung irgendeines Parameters sich die Zustände eines Atoms eindeutig verfolgbar verschieben.</td></tr>
</table>

Wir hatten bereits erwähnt, daß bei Berücksichtigung des Spins zu jedem Wert der Hauptquantenzahl $n = 1, 2, 3 \dots$ gerade $2n^2$ Zustände existieren. Wir ordnen demgemäß nun die Elektronen mit steigendem Z ein, wobei wir zunächst immer die energetisch niedrigsten Zustände besetzen. In der Einelektronen-Näherung gilt, daß die Energie im wesentlichen von n abhängt, während die Quantenzahlen l, m_l, m_s nur einen geringen Einfluß haben.

Das Auffüllen der Elektronenzustände ist in Tabelle 6.1 grafisch veranschaulicht. Dabei steht ↑ für $m_s = +1/2$ und ↓ für $m_s = -1/2$. Zunächst gibt es für $n = 1$ nur die zwei $1s$ Zustände, die entsprechenden Atome sind $_1$H und $_2$He. Man benutzt die folgende Schreibweise, um die Elektronenkonfiguration zu charakterisieren:

$$(n)\ (l \text{ als Buchstabe})^{\text{Zahl der Elektronen im Zustand } nl}$$

also z.B. $1s^2$ für He. Die so beschreibbaren Konfigurationen sind in der letzten Spalte von Tabelle 6.1 aufgelistet.

Will man nun jenseits von He ein drittes Elektron einbringen, muß man zu einem $n = 2$ Zustand übergehen. Zunächst werden die $2s$ Zustände besetzt und $_3$Li sowie $_4$B gebildet. Es folgen dann die sechs $2p$ Zustände. Hier

<table>
<tr><td>*Spinorientierung beim Einbau von Elektronen in die Schalen*</td><td>ersehen wir in Tabelle 6.1 eine Besonderheit. Zunächst werden 3 Elektronen mit $m_s = +1/2$ eingebracht und dann erst diejenigen mit $m_s = -1/2$. Es findet also zunächst keine Spinabsättigung in Paaren statt. Dies ist eine Folge der Hundschen Regeln, die wir später (Abschnitt 6.7) diskutieren. Mit $_{10}$Ne sind alle $n = 2$ Zustände besetzt. Wir schreiten fort mit den $3s$ Zuständen in $_{11}$Na und $_{12}$Mg sowie den $3p$ Zuständen für die Elemente von $_{13}$Al bis $_{18}$Ar. Nun gibt es aber für $n = 3$ auch zehn d Zustände. Sie werden aber nicht besetzt, sondern es folgen erst die beiden $4s$ Zustände in $_{19}$K und $_{20}$Ca. Erst mit dem nächsten Element $_{21}$Sc beginnt das Auffüllen der $3d$ Zustände. Es gibt noch mehrere derartige Unregelmässigkeiten im Aufbau der Atome. Wir kommen darauf im nächsten Kapitel zurück.</td></tr>
</table>

Tabelle 6.1: Das Auffüllen der Elektronenzustände für die Elemente Wasserstoff (H, $Z = 1$) bis Scandium (Sc, $Z = 21$). Weitere Erklärungen finden sich im Text.

Element	m_l	Konfiguration
H	$Z = 1$	$1s^1$
He	2	$1s^2$
Li	3	$[He]\ 2s^1$
Be	4	$[He]\ 2s^2$
B	5	$[He]\ 2s^2\ 2p^1$
C	6	$[He]\ 2s^2\ 2p^2$
N	7	$[He]\ 2s^2\ 2p^3$
O	8	$[He]\ 2s^2\ 2p^4$
F	9	$[He]\ 2s^2\ 2p^5$
Ne	10	$[He]\ 2s^2\ 2p^6$
Na	11	$[Ne]\ 3s^1$
Mg	12	$[Ne]\ 3s^2$
Al	13	$[Ne]\ 3s^2\ 3p^1$
Si	14	$[Ne]\ 3s^2\ 3p^2$
P	15	$[Ne]\ 3s^2\ 3p^3$
S	16	$[Ne]\ 3s^2\ 3p^4$
Cl	17	$[Ne]\ 3s^2\ 3p^5$
Ar	18	$[Ne]\ 3s^2\ 3p^6$
K	19	$[Ar]\ 4s^1$
Ca	20	$[Ar]\ 4s^2$
Sc	21	$[Ar]\ 4s^2\ 3d^1$

Schale: K ($1s$), L ($2s$, $2p$), M ($3s$, $3p$, $3d$), N ($4s$) — Unterschale mit m_l-Werten.

Wie schon erwähnt, werden die Elektronenzustände mit festem n in sogenannten Schalen, die man mit K, L, M... bezeichnet, zusammengefaßt. Dies rührt eben daher, daß die Elektronenenergie in erster Näherung durch n gegeben ist und ebenso die radiale Aufenthaltswahrscheinlichkeit. Nach diesem Aufbauprinzip ist die K-Schale bei $Z = 2$ (Helium), die L-Schale bei $Z = 10$ (Neon) geschlossen, usw. Verschiedene experimentelle Erfahrungstatsachen spiegeln diese Schalenstruktur deutlich wider und sind somit ein Beweis für das Aufbauprinzip der Elemente gemäß dem Pauli-Verbot. Ein besonders gutes Beispiel sind die einfachen Ionisierungsenergien[1] der Atome, die in Bild 6.1 als Funktion von Z aufgetragen sind.

Die Schalenstruktur zeigt sich in den Ionisierungsenergien

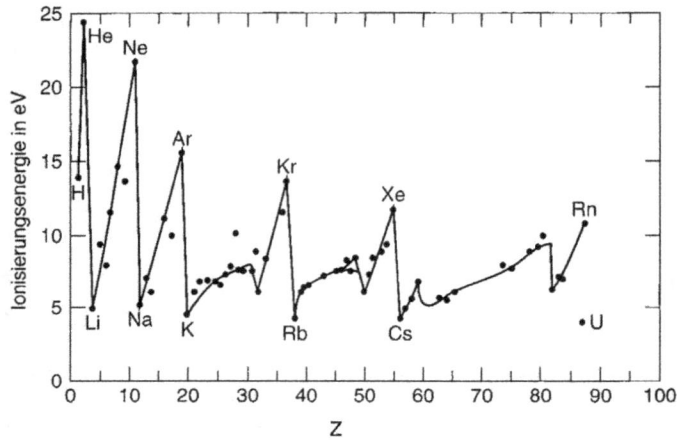

Bild 6.1: Einfache Ionisierungsenergien der Atome.

Die voll besetzten Elektronenschalen stellen besonders stabile Elektronenkonfigurationen dar, die nur mit vergleichsweise großem Energieaufwand aufgebrochen werden können. Chemische Bindung bedeutet immer einen Transfer von elektronischer Ladung zwischen die Bindungspartnern. So ein Transfer ist bei den hohen Ionisierungsenergien der Edelgase nur schwer möglich. Diese Elemente sind chemisch inert, was zu ihrer Namensgebung führte.

Edelgase

In Bild 6.2 sind die radialen Ladungsdichten $\rho(r)$ der Elektronen in dem Edelgas Argon, also einem Atom, dessen $1s$, $2s$, $2p$, $3s$ und $3p$ Zustände gefüllt sind, gezeigt. Nach (2.27) gilt

$$\rho_{n,l}(r) = -er^2 R_{n,l}^2(r) \tag{6.1}$$

---

[1] d.h. die Energie, die nötig ist, ein Elektron vom Atom abzutrennen. Aus H entsteht das H^+ Ion, aus He das He^+ Ion, usw.

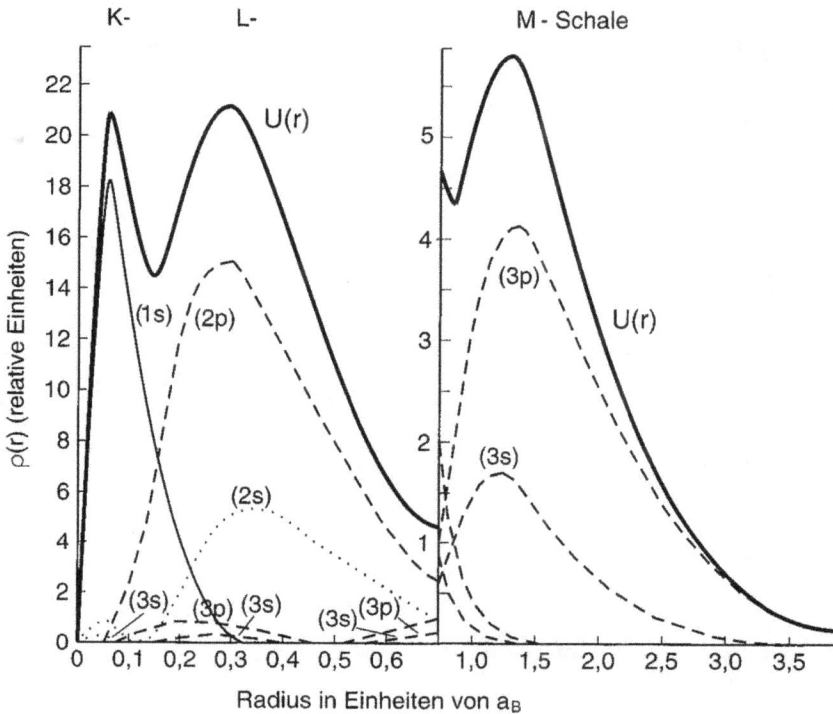

Bild 6.2: Radiale Ladungsdichte der Elektronen des Argon Atoms. Die dick ausgezogene Linie stellt die totale elektronische Ladungsdichte $U(r) = \sum_{n,l} \rho_{n,l}(r)$ dar. Die $3d$ Zustände sind gemäß dem Schema von Bild 6.1 noch nicht besetzt.

Man erkennt, daß sowohl im energetischen, wie auch im räumlichen Sinne von Elektronenschalen in den Atomen gesprochen werden darf. Die Elektronen mit derselben Hauptquantenzahl n sind vorzugsweise innerhalb bestimmter Kugelschalen zu finden. Natürlich überlappen sich die Ladungsdichten der einzelnen Schalen K, L, M ... etwas, und insbesondere wird die örtliche Schalenstruktur immer weniger ausgeprägt für große n. Außerdem kann man sehen, daß die Elektronen der äußersten Schale jeweils am wenigsten lokalisiert sind.

Es kann im energetischen und im räumlichen Sinn von der Schalenstruktur gesprochen werden

Aus Bild 6.2 sieht man weiter, daß innerhalb eines Kugelradius von rund vier Bohrschen Radien praktisch die gesamte Ladung der Elektronen zu finden ist. Man kann offenbar recht gut die Atomvolumina definieren. Ihre Variation mit Z ist in Bild 6.3 gezeigt. Es existiert eine ähnliche Periodizität wie bei den Ionisierungsenergien.

Im allgemeinen sind die spezifischen Volumina am größten, wenn das erste Elektron außerhalb einer geschlossenen Schale eingebaut wird, was leicht verständlich ist, denn die Elektronen innerhalb der Edelgasschalen sind sehr

Atomvolumen

fest gebunden, während das zusätzliche Elektron außerhalb der Schale nur locker gebunden ist, sich also weit vom Kern entfernen kann.

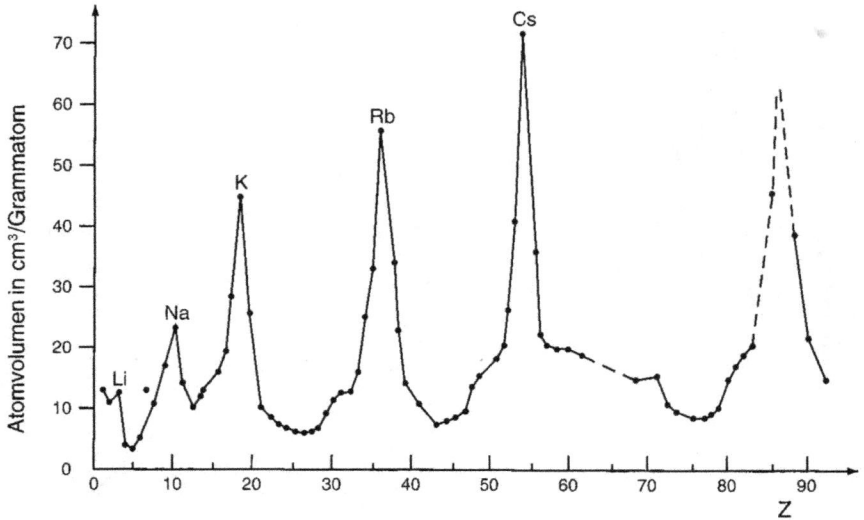

Bild 6.3: Spezifische Atomvolumina (Volumen von $L = 6,02 \cdot 10^{23}$ Atomen) als Funktion der Elektronenzahl Z.

6.2 Übergangselemente

In Tabelle 6.1 war gezeigt worden, daß bei $Z = 18$ die Edelgaskonfiguration erreicht ist, obwohl in der $n=3$ Schale noch zehn Elektronen in $3d$ Zuständen Platz hätten. Bei $Z=19$ wird statt einer $3d^1$-Konfiguration die $4s^1$ Konfiguration gebildet. Diese Abweichung vom einfachen Aufbau der Atome spiegeln sowohl die einfachen Ionisierungsenergien (Bild 6.1) wie auch die Atomradien (Bild 6.3) wider. Die verfrühte Auffüllung der $4s$ Zustände bedeutet (Bindungungsenergien sind negativ!):

Die Elektron-Elektron-Wechselwirkung macht das Aufbauprinzip komplizierter

$$E_{4s} < E_{3d}. \tag{6.2}$$

Die Ursache für diese Verletzung des einfachen Aufbauprinzips liegt in der Vernachlässigung der Elektron-Elektron-Wechselwirkung.

Erst nachdem die zehn $3d$ Zustände von $Z = 21$ bis $Z = 30$ besetzt worden waren, werden die $4p$ Zustände von $Z = 31$ bis $Z = 36$ aufgefüllt. Bei $Z = 36$ (Krypton) liegt wieder ein scharfes Maximum der Ionisierungsenergie, d.h. die Edelgaskonfiguration ist erreicht. Es werden nun die $5s$ Zustände statt der $4d$ und der $4f$ Zustände besetzt. Letztere bleiben zunächst frei.

Die $4d$ Zustände werden zwischen $Z = 39$ bis $Z = 48$ besetzt. Dann folgen die $5p$ Zustände. Bei $Z = 54$ ist wieder die Edelgasschale erreicht, allerdings mit unbesetzten $4f$ und $5d$ Zuständen. Es setzt sich dann zunächst die Besetzung der $6s$ Zustände fort. Darauffolgend werden die noch nicht aufgefüllten $4f$, $5d$ und danach anschließend die $6p$ Zustände besetzt. Dies ist bei $Z = 86$ (Radon) erreicht, wo wieder ein deutliches Maximum der Ionisierungsenergie auftritt. Nun füllen sich die $7s$, $5f$ und $6d$ Zustände. Bevor dies jedoch vollständig erreicht ist, hat man bereits $Z = 92$ erreicht, was die Stabilitätsgrenze der Atomkerne darstellt. Die zur Zeit künstlich erzeugten metastabilen Kerne ($Z=93$ bis $Z=109$) füllen erst die $5f$ Zustände und dann die $6d$ Zustände. Mit $_{109}$Mt (Meitnerium) ist die Konfiguration $[\text{Rn}]5f^{14}6d^77s^2$ erreicht, was aber noch nicht der vollen Besetzung $6d^{10}$ entspricht. Das komplette Aufbauschema der Atomhülle zeigt Bild 6.4.

Man kann folgende Sequenz in den Energien der Elektronenzustände nl aufstellen (der Energienullpunkt liegt an der Grenze zum Kontinuum!)

$$E_{1s} < E_{2s} < E_{2p} < E_{3s} < E_{3p} < E_{4s} < E_{3d} < E_{4p} < E_{5s} < E_{4d} <$$
$$< E_{5p} < E_{6s} < E_{4f} < E_{5d} < E_{6p} < E_{7s} < E_{5f} < E_{6d} \qquad (6.3)$$

Natürlich gibt dies nur die grobe Sequenz wieder. Die Energieunterschiede zwischen einzelnen Zuständen sind oft so gering, daß es auch vorkommen kann, daß ein $5d$ Zustand tiefer als ein $4f$ Zustand in einem bestimmten Atom oder Ion zu liegen kommt. Der genaue Bau der Atome ist, soweit bekannt, am Ende des Buches wiedergegeben (Anhang B).

In Bild 6.5 sind die radialen Ladungsdichten der Elektronen in den äußeren Unterschalen von Gd gezeigt (vergleiche auch mit Bild 6.2). Im Gd Atom sind die $4f$ Zustände gerade zur Hälfte mit Elektronen besetzt, während die $6s$, $5s$ und $5p$ Zustände bereits alle besetzt sind. Man erkennt deutlich, daß offenbar der Radius der Unterschalen – wie beim Einelektronensystem – in erster Linie von der Hauptquantenzahl n abhängt. Er steigt systematisch mit n an und ist nur in geringerem Maße auf l empfindlich. Obwohl die $4f$ Zustände in Gd die geringste Bindungsenergie besitzen (denn sie werden ja gerade aufgefüllt), ist ihre radiale Ausdehnung doch auf einen Bereich nahe des Kernes beschränkt. Man spricht deshalb hier davon, daß eine *innere Schale* aufgefüllt wird. Solche inneren Schalen sind die

$$\boxed{3d,\ 4d,\ 5d,\ 4f \text{ und } 5f.}$$ *Innere Schalen*

Diejenigen Elemente, bei denen diese inneren Schalen aufgefüllt werden, bezeichnet man als *Übergangselemente*. Sie zeichnen sich durch spezielle chemische und magnetische Eigenschaften aus.

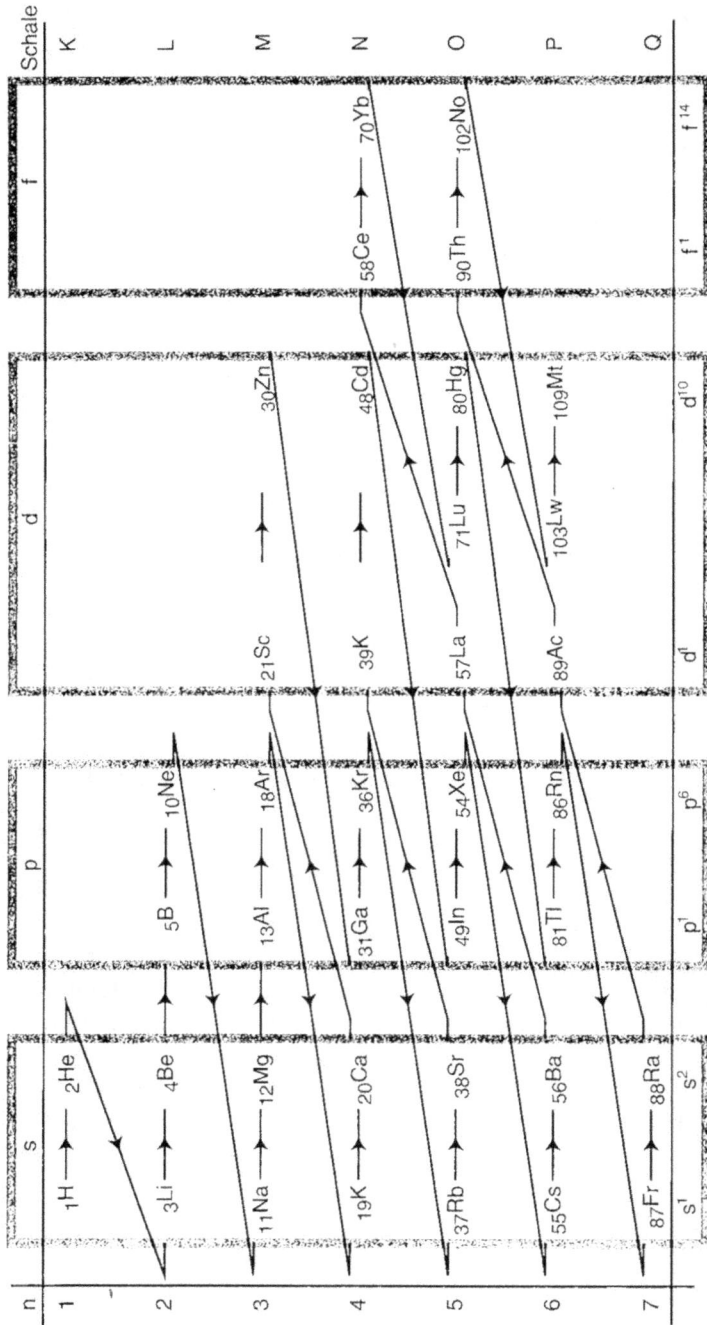

Bild 6.4: Aufbauschema der Atomhülle.

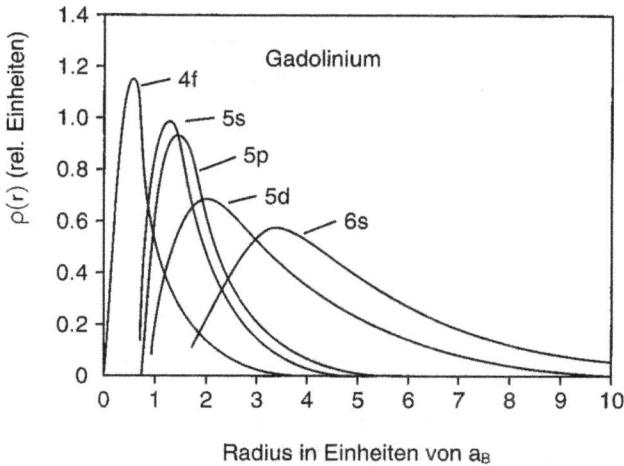

Bild 6.5: Radiale Ladungsdichten der äußeren Elektronen für Gd. Die Oszillationen von $\rho(r)$ für kleine Radien (siehe Bild 6.2) sind weggelassen, um das Bild klarer erscheinen zu lassen. (Nach: A.J. Freeman in *Magnetic Properties of Rare Earth Metals*, Edited by R.J. Elliot, Plenum Press, New York (1972)).

Es ist wichtig, sich klar zu machen, daß die energetische Sequenz der Elektronen nicht streng an ihre räumliche Ausdehnung im Atom gekoppelt ist, denn die äußersten Elektronen ändern sich nicht innerhalb der Übergangsserie. Dies ist in Bild 6.4 gut zu erkennen. Die f Zustände liegen noch tiefer im Atom als die d Zustände. Dies demonstriert auch Bild 6.5.

6.3　Das Periodensystem der Elemente

Es war in der Chemie schon seit längerem bekannt, daß die Elemente eine gewisse Periodizität in ihren grundlegenden chemischen Eigenschaften zeigen. Dies führte zur Aufstellung des *Periodensystems der Elemente*, das auf der inneren Umschlagseite in einer modernen Form dargestellt ist.

Wie schon erwähnt, beruht die chemische Bindung im wesentlichen auf einem Austausch elektrischer Ladungen. In Kap. 10 werden wir das Bindungsverhalten genauer diskutieren. An der Bindung sind damit vor allem die direkt an der Oberfläche des Atomvolumens befindlichen Elektronen beteiligt. Dies sind aber gerade die Elektronen außerhalb der abgeschlossenen Schalen. Daher wird es z.B. verständlich, daß Li, Na, K, Rb, Cs, Fr (Alkaliatome) große Ähnlichkeit in ihrem chemischen Verhalten aufweisen. Sie besitzen alle ein s Elektron außerhalb einer abgeschlossenen Schale und zeigen große Bereitschaft, dieses Elektron abzugeben, wie ein Blick auf die Ionisierungsenergien (Bild 6.1) lehrt. Ähnlich verhält es sich mit den Elementen H, F, Cl, Br, J (Halogene), bei denen gerade ein Elektron zum

Abschluß einer Schale fehlt. Diese Elemente nehmen bereitwillig Elektronen auf. Man findet daher in Lösungen stets die Alkaliionen positiv und die Halogenionen negativ (Elektrolyte). Die hohen Ionisierungsenergien für diejenigen Elemente, bei denen gerade die Schalen abgeschlossen sind, nämlich He, Ne, Ar, Kr, Xe und Rn (Edelgase), erklären auch, weshalb diese Elemente wenig Bereitschaft zeigen, chemische Bindungen einzugehen. Wir kommen darauf aber gleich nochmal zurück.

Die d Übergangselemente haben eine nicht abgeschlossene d Schale innerhalb der bereits gefüllten höheren s Schale. Jedoch überlappen sich s und d Zustände räumlich noch genügend, um eine gewisse Teilnahme der d Elektronen an der Bindung zu ermöglichen (Bild 6.5). Man bildet daher getrennte Perioden für die $3d$, $4d$, $5d$ und $6d$ Übergangselemente, die sogenannten *Nebengruppen*. Bei den f Übergangselementen liegt die nicht abgeschlossene f Schale, wie schon gezeigt (siehe Bild 6.5), weit im Inneren des Atoms. Daher ist die chemische Bindungsfähigkeit fast ausschließlich durch die äußeren s Elektronen (und evtl. d Elektronen) festgelegt, und diese Elemente verhalten sich chemisch praktisch gleich. Eine chemische Trennung der verschiedenen $4f$ Übergangselemente (Seltene Erden) konnte auch erst nach großem Aufwand erfolgreich durchgeführt werden. Die seltenen Erden und die Aktiniden ($5f$ Übergangselemente) werden daher vielfach im Periodensystem jeweils wie ein einziges Element eingeordnet.

Es ist in diesem Rahmen natürlich nur möglich, das chemische Verhalten grob zu beschreiben. Von den feineren Einzelheiten sei als Beispiel genannt, daß es in letzter Zeit gelang, auch mit den schweren Edelgasen chemische Verbindungen herzustellen wie etwa XeF_2. In der Tat besitzt ja Xe ganz streng genommen keine voll abgeschlossenen Schalen, denn die $4f$ und $5d$ Zustände sind noch unbesetzt. Darauf ist seine chemische Aktivität zurückzuführen. Die leichten Edelgase He und Ne besitzen voll abgeschlossene Schalen und eine chemische Bindung tritt wirklich nicht auf.

6.4 Selbstkonsistente Rechenverfahren

Die elektronischen Ladungsdichten in den Bildern 6.2 und 6.5 basieren auf radialen Eigenschaften für die entsprechende Vielelektronen-Atomhülle. Sie sind nicht identisch mit den Radialfunktionen des Wasserstoffs, d.h. eines Einelektronensystems, wie sie etwa Bild 2.9 zeigt. In diesem Abschnitt soll kurz diskutiert werden, wie man die Eigenfunktionen von Mehrelektronenatomen in guter Näherung numerisch berechnen kann. Der zentrale Gesichtspunkt hierbei ist die Erzeugung des *selbstkonsistenten Potentials* unter dessen Einfluß sich die Elektronen bewegen.

Eine strenge geschlossene Lösung der Schrödinger- (bzw. Dirac-) Gleichung für mehr als ein Elektron ist nicht möglich, und schon die Wasserstofflösung (Abschnitt 2.7) war recht aufwendig. Das Zweielektronensystem Helium läßt sich noch in guter Näherung analytisch lösen (*Heitler-London Lösung*[2]). In Abschnitt 10.3 diskutieren wir kurz den in vieler Hinsicht analogen Fall des Wasserstoffmoleküls (H_2). Die Schwierigkeit in der Behandlung der Mehrelektronenatome liegt darin, daß die Bewegungen der Elektronen infolge der Coulomb-Wechselwirkung zwischen ihnen miteinander verkoppelt sind. Dabei läßt sich auch keine eindeutige Hirachie zwischen der Elektron-Kern- und der Elektron-Elektron-Wechselwirkung aufstellen (sonst wäre eine Störungsrechnung möglich). Das Auftreten der Übergangselemente zeigte, daß die Energieeigenwerte nicht immer von n, der Energiequantenzahl des Einelektronensystems, bestimmt werden: die Elektron-Elektron-Wechselwirkung kann die durch n festgelegte Energiesequenz durchaus ändern.

In dem von HARTREE entwickelten Näherungsverfahren für Mehrelektronenatome bewegt sich jedes der Z Elektronen (Index $i = 1, 2, \ldots Z$) unabhängig in einem *effektiven Potential*, das einerseits von der Kernladung, andererseits von den Ladungen der $Z - 1$ anderen Elektronen aufgespannt wird. Man setzt also für jedes Elektron eine Einteilchen-Schrödergleichung der Art

Ein Elektron im effektiven Potential

$$-\frac{\hbar^2}{2m_e}\vec{\nabla}^2\phi(q_i) + U^{\text{eff}}\phi(q_i) = E\phi(q_i) \qquad (6.4)$$

Die Indizierung ist hier der Übersichtlichkeit halber stark vereinfacht. Z.B. haben wir auf einen Index, der die Quantenzahlen für E und ϕ charakterisiert, verzichtet. Wegen des zu erfüllenden Pauli-Prinzips müssen die Eigenfunktionen ϕ das Produkt aus Orts- und Spinfunktion sein:

$$\phi(q_i) = \psi(\vec{r}_i)\chi(m_s) \qquad (6.5)$$

Dabei repräsentiert $\vec{r}$ die relevanten Ortskoordinaten (diese brauchen nicht kartesische Koordinaten sein; man rechnet, wie beim Wasserstoffatom, oft besser in Kugelkoordinaten) und q_i den Satz der kombinierten Orts- und Spinkoordination des i-ten Elektrons. Die Spinfunktion wird durch die z-Komponente des Spins festgelegt. Dieser Ansatz bedeutet im Prinzip, daß wir die Bewegung eines herausgegriffenen Elektrons beschreiben und dabei die Bewegung aller anderen Elektronen durch ihren im Zeitmittel durchlaufenen Aufenthalt ersetzen. Dies wird für alle Elektronen durchgeführt und

---

[2] siehe z.B. F. Schwabl, *Quantenmechanik*, 4. Auflage, Springer-Verlag

liefert uns so einen Satz von Einteilchenwellenfunktionen, in denen jedoch die Präsenz anderer Elektronen berücksichtigt ist. Die Gesamtenergie des Atoms ist dann

$$E_{\text{ges}} = \sum_{i=1}^{Z} E_i \qquad (6.6)$$

und die Gesamteigenfunktion

$$\Phi = \prod_{i=1}^{Z} \phi(q_i) \qquad (6.7)$$

Das effektive
Potential hängt von
den
Eigenfunktionen
der anderen
Elektronen ab

Die Schwierigkeiten des Verfahrens liegen offenbar darin, daß uns eigentlich die Ladungsverteilung der Elektronen bekannt sein muß, wenn wir U^{eff} bestimmen. Das bedeutet, wir müssen den Satz von Eigenfunktionen $\phi(q_i)$ aller Elektronen kennen, bevor wir diese durch (6.4) berechnen. Dieses Problem wird durch eine *Iterationsschleife* gelöst. Wir beginnen mit einem groben Näherungsansatz für U^{eff}, den wir zunächst als gleich für alle Elektronen annehmen. Damit wird (6.4) gelöst, und wir erhalten einen ersten Wertesatz $\phi(q_i)$. Mit diesem berechnen wir den elektronischen Anteil des effektiven Potentials und setzen den neuen Wert U^{eff} in (6.4) ein. Die nun erzeugten Lösungsfunktionen $\phi'(q_i)$ werden mit den Eingabefunktionen $\phi(q_i)$ verglichen. Falls ein Unterschied besteht, wird die Schleife erneut durchlaufen, falls $\phi(q_i) = \phi'(q_i)$ stellt dies das Endresultat dar[3]. Das Ergebnis ist in sich selbst konsistent. Das Ganze ist eine Art Trick nach Münchhausen, der sich selbst am Zopf aus dem Sumpf zieht. Bild 6.6 zeigt diagrammatisch die Prozedur.

Bemerkung:

Der einfachste Ansatz für einen Startwert von U^{eff} basiert auf folgender Überlegung. Wenn das herausgegriffene Elektron dicht am Kern ist ($r \to 0$), dann befinden sich wahrscheinlich alle anderen Elektronen in größerem Abstand vom Kern. Das Elektron spürt die gesamte Kernladung $+Ze$. Für weite Abstände vom Kern ($r \to \infty$) liegen alle anderen Elektronen dichter am Kern und schirmen dessen Ladung bis auf eine Einheit ab. Das Elektron spürt nur noch $+e$. Für beliebige Werte von r wird zwischen den beiden Extremalsituationen monoton interpoliert (Bild 6.7):

$$\frac{Ze^2}{r} \to U_r^{\text{eff}} \leftarrow \frac{e^2}{r} \qquad (6.8)$$

---

[3] Es ist aus dem Gesagten nicht offenkundig, daß das selbstkonsistente Iterationsverfahren wirklich zu einem Bestwert konvergiert. Es ist aber möglich, dies generell mathematisch zu beweisen.

```
┌──────────────────────────────────────────────┐          ┌──────────┐
│  Ansetzen eines gemeinsamen Potentials Uᵉᶠᶠ für alle │          │          │
│         Elektronen als 1. Näherung             │          │ Programm-│
└──────────────────────────────────────────────┘          │  start   │
                      ↓                                     │          │
┌──────────────────────────────────────────────┐          └──────────┘
│ Berechnung der Energieeigenwerte Eᵢ und Eigenfunktionen φᵢ │
│     mit Hilfe der Schrödingergleichung (6.4)   │
└──────────────────────────────────────────────┘
                      ↓
┌──────────────────────────────────────────────┐
│ Sortieren der Energiewerte Eᵢ nach Größe und Besetzung │
│   der zugehörigen Zustände φᵢ mit i = 1 ... Z Elektronen │
│        unter Beachtung des Pauli-Prinzips      │
└──────────────────────────────────────────────┘
                      ↓
┌──────────────────────────────────────────────┐
│ Berechnung des Potentials Uᵢᵉᶠᶠ gemäß (6.11) unter Verwendung │
│    der zuletzt erhaltenen besetzten Zustände φᵢ │
└──────────────────────────────────────────────┘          Selbst-
                      ↓                                     konsistente
┌──────────────────────────────────────────────┐          Iterations-
│ Lösen der Schrödingergleichung (6.4) mit Uᵢᵉᶠᶠ nach (6.11) │   schleife
└──────────────────────────────────────────────┘
                      ↓
┌──────────────────────────────────────────────┐
│ Neuer Satz von Energiewerten Eᵢ' und Eigenfunktionen φᵢ' │
└──────────────────────────────────────────────┘
                      ↓
┌──────────────────────────────────────────────┐
│            Vergleich zwischen                  │
│  Eingangsfunktionen φᵢ und Ausgangsfunktionen φᵢ' │
└──────────────────────────────────────────────┘
       ↓                    ↓
┌──────────┐        ┌──────────┐ ┌──────────┐
│ Neueingabe│◄──────│ φᵢ' ≠ φᵢ │ │ φᵢ' = φᵢ │──► Endergebnis
│ mit φᵢ', Eᵢ'│       └──────────┘ └──────────┘
└──────────┘
```

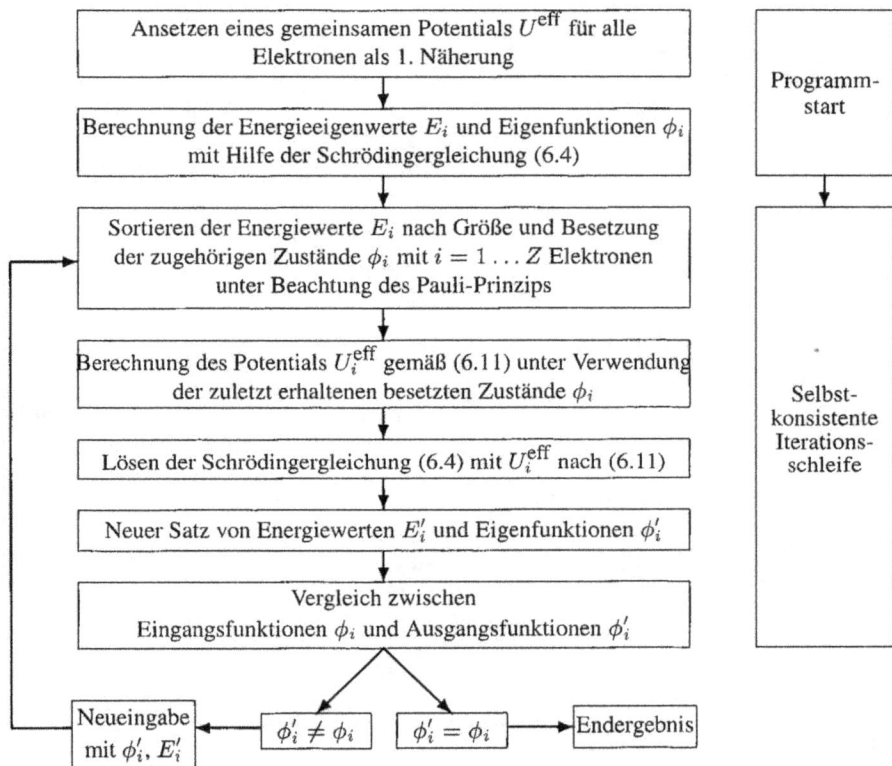

Bild 6.6: Selbstkonsistentes Iterationsverfahren für Vielelektronenatome.

Dieses Startpotential in (6.4) eingesetzt liefert einen Satz von Energieeigenwerten, die wir der Größe nach sortieren. Sodann werden die zugehörigen Eigenzustände $\phi(q_i)$ sequentiell mit je einem Elektron, entsprechend dem Pauli-Prinzip, besetzt. Gemäß (6.6) garantiert die Besetzung der niedrigsten Energieeigenwerte die minimale Gesamtenergie. Mit Hilfe der so besetzten Zustände berechnen wir die Ladungsdichte der einzelnen Elektronen

$$\rho(\vec{r}_i) = e\,|\phi(q_i)|^2 \tag{6.9}$$

und das zugehörige Potential

$$U^{\mathrm{el}}(\vec{r}_i) = \frac{e}{4\pi\varepsilon_0} \int\int\int \frac{\rho(\vec{r}_i)}{r - r_i}\,\mathrm{d}V = \frac{e^2}{4\pi\varepsilon_0} \int\int\int \frac{|\phi(q_i)|^2}{r - r_i}\,\mathrm{d}V, \tag{6.10}$$

wobei über das gesamte Atomvolumen zu integrieren ist. Damit läßt sich ein neues,

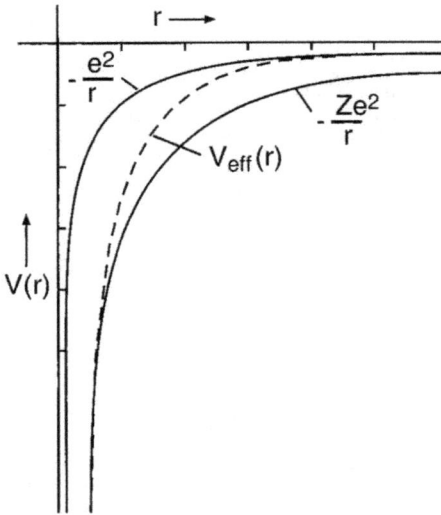

Bild 6.7: Einfachste Form des effektiven Potentials in einem Vielelektronenatom.

besseres, effektives Potential generieren

$$\boxed{\begin{aligned} U^{\text{eff}}(r_i) &= U^{\text{Kern}}(r_i) + \sum_{i \neq j} U^{\text{el}}(\vec{r}_j) \\ &= -\frac{Ze^2}{4\pi\varepsilon_0} \int \int \int \frac{|\phi(q_j)|^2}{r - r_j} \, \mathrm{d}V \end{aligned}}$$

(6.11)

das dann in (6.4) eingesetzt wird. Die daraus erhaltenen Eigenfunktionen $\phi'(q_i)$ werden, wie gesagt, mit den Eingangsfunktionen verglichen, und bei Ungleichheit wird die Schleife mit Sortieren und Besetzen der Eigenzustände erneut gestartet.

Als Wechselwirkung haben wir bisher nur die Coulomb-Wechselwirkung zwischen den Elektronen betrachtet. Speziell in Mehrelektronenatomen spielt aber auch die magnetische Spin-Bahn-Kopplung (siehe Abschnitt 6.5) eine Rolle. Im Regelfall kann diese jedoch als Störung auf die in (6.11) benutzten Wechselwirkungen angesehen werden, und ihre Mitnahme bereitet keine größeren Schwierigkeiten.

Viel ernster ist, daß in dem beschriebenen Rechengang das Pauli-Prinzip nur grob berücksichtigt wurde. Zwar haben wir dafür gesorgt, daß jedes Elektron einen anderen Satz von Quantenzahlen besitzt, aber wir haben nicht sichergestellt, daß die Gesamtwellenfunktion *antimetrisches* Austauschverhalten besitzt. In der Tat liefert dies der Produktansatz (6.7) nicht. Wie in Abschnitt 1.7 ausgeführt, muß die Linearkombination gebildet werden. Bei zwei Elektronen:

$$\Phi = C \left(\phi_1(q_1)\phi_2(q_2) - \phi_1(q_2)\phi_2(q_1) \right).$$

(6.12)

Dafür, daß die beiden Elektronen nicht im selben Quantenzustand sind, hatten wir schon gesorgt. Für größere Werte von Z führt dies schnell zu einem riesigen Gleichungssystem (*Slaterdeterminante*). Die von FOCK konzipierte Näherung vereinfacht die Situation, indem auf der linken Seite von (6.4) ein Zusatzglied (*Austauschglied*) eingefügt wird. Auf die explizite Form dieses Austauschgliedes gehen wir nicht ein[4]. Es ist so konstruiert, daß es die Coulomb-Abstoßung zwischen zwei Elektronen bei Parallelstellung (der z-Komponenten) ihrer Spins verstärkt, aber bei Antiparallelstellung schwächt. Das vorgestellte selbstkonsistente Rechenverfahren nach HARTREE und FOCK ist in der Lage, die Eigenschaften von Mehrelektronensystemen in Einzelheiten zu beschreiben, und zwar nicht nur hinsichtlich des Grundzustandes, sondern ebenso bezüglich angeregter Zustände (Termschema) wie wir sie in Kap. 7 vorstellen werden.

Bemerkung:

Die enorme Leistung moderner Großrechner erlaubt, viele der Näherungen, die ursprünglich nötig waren, abzuschwächen oder sogar aufzugeben. Insbesondere erlaubt das Verfahren, statt der Schrödingergleichung einen Dirac-Ansatz in (6.4) zu verwenden. Dies ist möglich, da es sich um eine Einteilchengleichung handelt, denn nur für diesen Fall ist die Diracgleichung formuliert. Derartige *Dirac-Fock-Rechnungen* schließen naturgemäß den Spin, die Spin-Bahn-Kopplung (siehe auch Bild 4.3) und andere relativistische Effekte automatisch ein. Sie sind bei schweren Atomen essentiell und liefern die Spektralterme bis hin zur Hyperfeinstruktur. Speziell für die Handhabung des Volumeneffekts der Isotopieverschiebung (Abschnitt 7.7) muß die Näherung eines Punktkerns aufgegeben werden. Es ist heutzutage möglich, in Dirac-Fock-Rechnungen realistische Kernladungsverteilungen, wie wir sie in Abschnitt 16.3 besprechen, einzufügen.

Dirac-Fock-Rechnungen

Isotopieverschiebung

Selbstkonsistente Lösungsverfahren lassen sich auch auf nicht zu große Moleküle anwenden, wobei das *LCAO-Verfahren* (siehe Abschnitt 10.5) mit zum Zuge kommt. Selbst die Eigenschaften von Festkörpern können auf diese Weise reproduziert werden. Man benutzt z.B. einen Ansatz, bei dem die Einheitszelle in zwei Bereiche geteilt ist, die atomaren Kugeln und die interatomare Region. Innerhalb des ersteren werden Radialfunktionen gemäß dem Hartree-Fock-Verfahren benutzt (am Atom lokalisierte Elektronen), im letzteren dagegen ebene Wellen (delokalisierte Elektronen wie z.B. die Leitungselektronen). Schließlich erwähnen wir noch, daß auch für die Kernladungsverteilung selbstkonsistente Rechnungen möglich sind. Allerdings ist der Potentialansatz ganz anders.

LCAO-Verfahren

---

[4] Mehr Einzelheiten finden sich in F. Schwabl, *Quantenmechanik*, 4. Auflage, Abschnitt 13.3, Springer-Verlag.

6.5   Der Gesamtdrehimpuls

Zunächst soll die im folgenden benutzte Nomenklatur festgelegt werden. Wir bezeichnen mit Großbuchstaben die Drehimpulsvektoren, ihre Beträge und Komponenten:

$$\vec{J}, \vec{L}, \vec{S}, J, L, S, J_z, L_z, S_z$$

mit Kleinbuchstaben die zugehörigen Quantenzahlen:

$$j, l, s, m_j, m_l, m_s.$$

Dies sind die Drehimpulse der gesamten Atomhülle, die sich aus den Drehimpulsen der Z Elektronen des Vielelektronenatoms zusammensetzen. Diese Drehimpulse der einzelnen Elektronen und ihre Quantenzahlen indizieren wir mit i, also z.B.

$$J_i, L_i, S_i, j_i, l_i, s_i \text{ usw.}$$

Dabei läuft i prinzipell von $1 \ldots Z$, aber wie wir sehen werden, müssen in der Regel nicht alle Elektronen berücksichtigt werden. Wie schon erwähnt, ist infolge der mit den verschiedenen Drehimpulsen verknüpften magnetischen Momente nicht zu erwarten, daß die Drehimpulse der verschiedenen Elektronen des Atoms völlig unabhängig voneinander bestehen können. Schon für das einzelne Elektron im Wasserstoffatom war bereits eine Kopplung der beiden Drehimpulse $\vec{S}$ und $\vec{L}$ zum Gesamtdrehimpuls $\vec{J}$ erfolgt. In analoger Weise kann für das Vielelektronenatom ein Gesamtdrehimpuls $\vec{J}$, der sich aus den Einzeldrehimpulsen $\vec{S}_i$ und $\vec{L}_i$ vektoriell zusammensetzt, eingeführt werden. Allerdings muß nun noch eine Aussage über das Verfahren gemacht werden, mit dessen Hilfe sich $\vec{J}$ aus den verschiedenen $\vec{L}_i$ und $\vec{S}_i$ zusammensetzen läßt. Man spricht dabei vom *Kopplungsschema*. Es lassen sich zwei Grenzfälle unterscheiden:

1. **Die L-S- oder Russel-Saunders-Kopplung**

   Die Spins aller i Elektronen koppeln zunächst zum Gesamtspin

$$\vec{S} = \sum_{i=1}^{Z} \vec{S}_i. \tag{6.13}$$

Ebenso koppeln alle Bahndrehimpulse zunächst zum Gesamtdrehimpuls

$$\vec{L} = \sum_{i=1}^{Z} \vec{L}_i.$$

(6.14)

Die beiden so resultierenden Drehimpulse $\vec{S}$ und $\vec{L}$ koppeln nun ihrerseits zu dem Gesamtdrehimpuls der Atomhülle:

Gesamtdrehimpuls in L-S-Kopplung

$$\boxed{\vec{J} = \vec{L} + \vec{S} = \sum_{i=1}^{Z} \vec{L}_i + \sum_{i=1}^{Z} \vec{S}_i}$$

(6.15)

Die detaillierten Kopplungsregeln, d.h. die Frage, wie die Vektorsummen (6.13) bis (6.15) unter Beachtung der Richtungquantisierung tatsächlich zu bilden sind, wird weiter unten behandelt. Zunächst sei der andere Grenzfall betrachtet.

2. **Die J-J-Kopplung:**

Hier koppeln zunächst in jedem der i Atomelektronen der Spin- und der Bahndrehimpuls getrennt zu einem Gesamtdrehimpuls des Elektrons:

$$\vec{J}_i = \vec{L}_i + \vec{S}_i.$$

(6.16)

Die einzelnen Drehimpulse $\vec{J}_i$ koppeln nun ihrerseits zum Gesamtdrehimpuls der Atomhülle:

Gesamtdrehimpuls in J-J-Kopplung

$$\boxed{\vec{J} = \sum_{i=1}^{Z} \vec{J}_i = \sum_{i=1}^{Z} \left(\vec{L}_i + \vec{S}_i \right)}$$

(6.17)

Aus den Spektren der Vielelektronenatome, wie sie in Kap. 7 besprochen werden, kann man entnehmen, daß – abgesehen von den sehr schweren Atomen – stets die L-S-Kopplung in guter Näherung realisiert ist. Die schweren Elemente (etwa in der Gegend von Blei) lassen sich besser durch die *intermediäre Kopplung* beschrieben. In diesem Fall ist nur noch J, nicht aber L und S definiert. Die Kopplungsregeln sind kompliziert, und wir gehen darauf nicht ein. Reine J-J-Kopplung findet man in angeregten Zuständen schwerer Atome.

intermediäre Kopplung

Bemerkung:

Beim Aufbau des Kernes kann man die Nukleonen (Protonen und Neutronen) ebenfalls auf Orbitalen (d.h. bahnartigen Zuständen wie im Atom) anordnen. Es existiert auch, wie im Atom, eine Schalenstruktur. Allerdings sind die Gesetzmäßigkeiten für die Energieeigenwerte anders, da sich die Nukleonen ja nicht in einem Zentralfeld (Coulomb-Feld) bewegen. Die Nukleonen sind untereinander durch die starke Kraft gebunden. Jedes Nukleon trägt Spin ($s = 1/2$) und kann auf den Orbitalen auch Bahndrehimpuls besitzen[5]. Die Kopplung zum Gesamtdrehimpuls des Kernes, den man mit $\vec{I}$ bezeichnet, folgt der J-J-Kopplung in ziemlich reiner Form. Wir kommen darauf in Kap. 17 zurück.

Das Zustandekommen der L-S-Kopplung erklärt sich folgendermaßen: Die verschiedenen Elektronen des Atoms unterliegen nicht nur dem Zentralfeld des Kernes, sondern es existiert die Coulomb-Abstoßung zwischen den verschiedenen Elektronen (siehe Hartree-Ansatz). Ist diese groß gegenüber der Spin-Bahn-Kopplung in jedem einzelnen Elektron, dann sind Spin- und Bahnmomente als getrennte Systeme zu behandeln, die dann zu einem Gesamtsystem koppeln. Nur das Atom als Ganzes kann als abgeschlossenes System behandelt werden. Die Russel-Saunders-Kopplung hat also folgende Hierarchie der Wechselwirkungen im Atom zur Voraussetzung:

Hierarchie der Wechselwirkungen für L-S-Kopplung

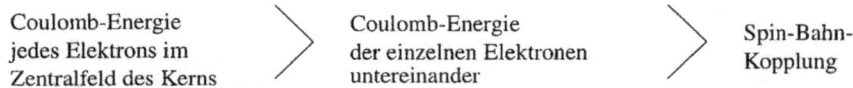

| Coulomb-Energie jedes Elektrons im Zentralfeld des Kerns | > | Coulomb-Energie der einzelnen Elektronen untereinander | > | Spin-Bahn-Kopplung |

Für das Zustandekommen der J-J-Kopplung ist der entgegengesetzte Grenzfall verantwortlich, nämlich daß die Coulomb-Abstoßung der Elektronen untereinander der Spin-Bahn-Kopplung unterliegt. Dann dürfen Spin- und Bahnmomente der Elektronen nicht mehr als unabhängige Systeme betrachtet werden. Nun bildet jedes Elektron ein getrenntes Drehimpulssystem. Daher muß der Gesamtdrehimpuls $\vec{J_i}$ der Elektronen eingeführt werden, und nur dieser darf zur Bildung des gesamten Drehimpulses des Atoms herangezogen werden. Für die J-J-Kopplung existiert also die folgende Hirarchie der Wechselwirkungen:

Hierarchie der Wechselwirkungen für J-J-Kopplung

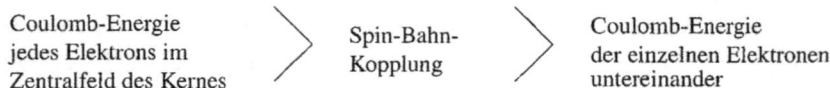

| Coulomb-Energie jedes Elektrons im Zentralfeld des Kernes | > | Spin-Bahn-Kopplung | > | Coulomb-Energie der einzelnen Elektronen untereinander |

Wie aus (4.9) ersichtlich, steigt bei schweren Atomen die Spin-Bahn-Kopplungskonstante λ_{LS} rasch an, und daher ist es verständlich, daß man sich dort dem J-J-Fall nähert.

Als wichtigstes Kopplungsschema der Atomphysik sei nun die Russels-Saunders- oder L-S-Kopplung genauer beschrieben.

---

[5] Man benutzt zur Kennzeichnung der Orbitale dieselbe Nomenklatur wie im Atom, also z.B. $1s$ oder $5g$ (siehe auch Abschnitt 16.3).

6.6 Spektroskopische Symbole

Einzelheiten der Vektorkopplung $\vec{J} = \vec{L} + \vec{S}$ hatten wir bereits in Abschnitt 4.1 besprochen (siehe auch Bild 4.1). Dazu ist es aber nötig, festzulegen, wie die zulässigen Werte der Gesamtdrehimpulsquantenzahl j zu bilden sind. Die Orientierungsquantenzahl m_j folgt dann automatisch. Beim Einelektronensystem (Wasserstoff) war die Situation einfach, nur $j = l \pm s$ war möglich. Die Verallgemeinerung ist offenkundig. Es gilt, daß j die Werte zwischen

$$|l - s| \leq j \leq l + s \tag{6.18}$$

in ganzzahligen Schritten annehmen kann. Da j nicht negativ sein darf, $l < s$ aber vorkommen kann, muß das Absolutzeichen gesetzt werden. Aus (6.18) folgt, daß es eine Reihe zulässiger Werte von j für einen vorgegebenen Wert von l und einen vorgegebenen Wert von s gibt.

Andererseits entstehen aber l und s selbst wiederum aus der Kopplung der Drehimpulse L_i und S_i der Z Elektronen des Atoms. Daher existieren auch für diese Quantenzahlen Sätze von zulässigen Werten. Allerdings brauchen wir nicht wirklich alle Z Elektronen betrachten. Wie aus dem Aufbauschema der Elektronenstruktur der Atome (Tabelle 6.1) ersichtlich ist, summieren sich für alle voll mit Elektronen besetzten abgeschlossenen s, p, d, f Unterschalen die Bahndrehimpulse zu $L = 0$ und ebenso die Spins zu $S = 0$. Es bleiben dann noch eventuell die q Elektronen in der letzten, offenen Unterschale. Diese Elektronen nummerieren wir mit $1, 2, \ldots, q$, wobei sein soll:

Für abgeschlossene Schalen gilt: $L = 0$ und $S = 0$

$$l_1 \geq l_2 \geq \ldots \geq l_q.$$

Dann gilt:

$$l = (l_1 + l_2 + \ldots + l_q), (l_1 + l_2 + \ldots + (l_q - 1)), \ldots (l_1 - l_2 - \ldots - l_q),$$

solange $l \geq 0$ ist. Ebenso gilt für die Spinquantenzahl:

$$s = (s_1 + s_2 + .. + s_q), (s_1 + s_2 + .. + (s_q - 1)), \ldots (s_1 - s_2 - .. - s_q),$$

wieder solange $s \geq 0$. Da für jedes Elektron $s = 1/2$ ist, erübrigt sich eine Reihung, wie wir sie für l vorgenommen haben. Es folgt sofort, daß für gerade Z stets s ganzzahlig und für ungerade Z s halbzahlig sein muß.

Die Bilder 6.8 und 6.9 zeigen die Vektordiagramme der Kopplungsmöglichkeiten zweier p Elektronen zu l und s. Es gilt $l_1 = l_2 = 1$ und

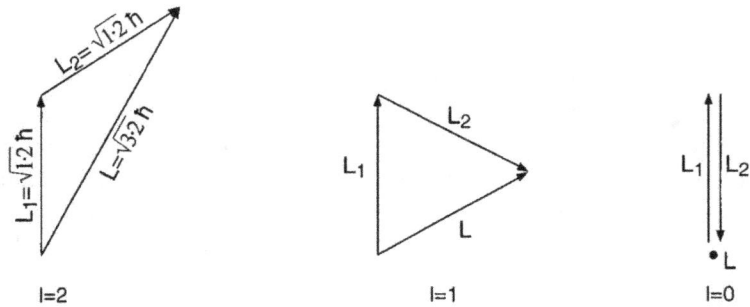

l=2   l=1   l=0

Bild 6.8: Kopplungsmöglichkeit zweier Bahndrehimpulse mit $l_1 = l_2 = 1$ (p^2).

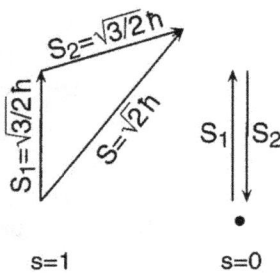

s=1   s=0

Bild 6.9: Kopplungsmöglichkeit zweier Elektronenspins mit $s_1 = s_2 = 1/2$.

$s_1 = s_2 = 1/2$. Für die Gesamtbahndrehimpulsquantenzahl l sind die Werte zwischen $l_1 + l_2 = 2$ und $l_1 - l_2 = 0$, also $l = 0, 1, 2$ zulässig. Analog gilt für die Gesamtspinquantenzahl (wie stets bei 2 Elektronen) $s = 0, 1$. Man erkennt aus den Diagrammen, daß die Parallelstellung zweier Drehimpulse niemals möglich ist, während die Antiparallelstellung durchaus erlaubt ist. Bereits in diesem einfachen Fall ergeben sich viele Werte von l und s. Die daraus folgenden Werte für j gemäß (6.18) sind in Tabelle 6.2 aufgelistet.

Es ist offenbar nötig, eine Nomenklatur zu schaffen, mit der die Vielzahl von Zuständen klassifiziert werden kann. Dazu dienen die *spektroskopischen Symbole*. Zunächst benutzt man zur Benennung der Quantenzahl l des Gesamtbahndrehimpulses die bereits bekannte Buchstabensequenz S, P, D, F, ..., die man hier mit großen Buchstaben schreibt, um sie von den Symbolen s, p, d, f, ... der Bahndrehimpulsquantenzahl l_i der einzelnen Elektronen zu unterscheiden. Die Zahl der möglichen Werte von j ist $2s + 1$

Multiplizität   (wenn $l \geq s$). Das bezeichnet man als *Multiplizität* und setzt sie als Hochzahl dem Buchstabensymbol der Bahndrehimpulsquantenzahl voraus. So erhält man z.B. ^{3}P für $s = 1$, $l = 1$ und liest dies als „Triplett-P". In Tabelle 6.3 finden sich die spektroskopischen Bezeichnungen für alle Werte zwischen $s = 0$ und $s = 7/2$.

Tabelle 6.2: Kopplungsmöglichkeiten für zwei p Elektronen. Die sich ergebenden Werte für die Drehimpulsquantenzahlen l, s, j sind dargestellt. Die unterstrichenen spektroskopischen Symbole sind diejenigen, die das Pauli-Prinzip erlaubt.

l	s	$l+s$	$l-s$	j	Spektroskopisches Symbol
2	1	3	1	3, 2, 1	$^3D_3$, $^3D_2$, $^3D_1$
2	0	2	2	2	$^1D_2$
1	1	2	0	2, 1, 0	$^3P_2$, $^3P_1$, $^3P_0$
1	0	1	1	1	$^1P_1$
0	1	1	1	1	$^3S_1$
0	0	0	0	0	$^1S_0$

Falls $l < s$ existieren nur $2l + 1$ Werte von j, statt $2s + 1$. Es wird aber auch hier weiter $2s + 1$ benutzt, um die Multiplizität zu kennzeichnen, da somit eine Aussage über s möglich ist. Man spricht in diesem Fall davon, daß die *Multiplizität nicht voll entwickelt* ist.

Tabelle 6.3: Multiplizität von Atomzuständen.

Gesamtspinquantenzahl s	Multiplizität	Benennung
0	1	Singulett
1/2	2	Dublett
1	3	Triplett
3/2	4	Quartett
2	5	Quintett
5/2	6	Sextett
3	7	Septett
7/2	8	Oktett

Schließlich benötigt man noch die Quantenzahl j des Gesamtdrehimpulses zur eindeutigen Charakterisierung eines Atomzustandes. Man schreibt den Wert von j als Index rechts unten an das Buchstabensymbol. Also z.B. $^3P_2$, was gelesen wird als „Triplett-P-zwei".

Das spektroskopische Symbol ist also folgendermaßen gebildet:

Multiplizität $(2s + 1)$ Gesamtbahndrehimpuls
(großes Buchstabensymbol)   Gesamtdrehimpulsquantenzahl (j)

Spektroskopisches Symbol (setzt L-S-Kopplung voraus)

Aus dem spektroskopischen Symbol sind folglich die drei Drehimpulsquantenzahlen s, l, j erkennbar. Es sei noch erwähnt, daß die Klassifizierung von Zuständen mit dem spektroskopischen Symbol natürlich L-S-Kopplung voraussetzt.

In Tabelle 6.2 sind in der letzten Spalte die spektroskopischen Zustände für die p^2 Konfiguration aufgeführt. Wir erkennen auch, daß für den Fall $l = 0$, $s = 1$ die Multiplizität (Triplett) nicht voll entwickelt ist.

Die Quantenzahlen l und s können natürlich prinzipiell auf verschiedene Weise aus den Quantenzahlen l_i und s_i innerhalb der L-S-Kopplung entstehen. Um den genauen Zustand eines Vielelektronenatoms festzulegen, muß man deshalb auch noch die Elektronenkonfiguration, d.h. die Zustände der Einzelelektronen, angeben. Für die pp-Kopplung also z.B.

$$(3p^2)^3P_2. \tag{6.19}$$

Falls wir, wie gerade angedeutet, annehmen, daß die beiden p Elektronen in der selben Schale sind (also die gleiche Hauptquantenzahl besitzen), müssen wir noch prüfen, ob das Pauli-Prinzip nicht verletzt ist, d.h. ob die zwei Elektronen nicht in allen Quantenzahlen übereinstimmen. Für die np^2 Konfiguration sind nur die Zustände ^1S, ^1D, ^3P erlaubt. Diese haben wir daher in Tabelle 6.2 unterstrichen. Falls wir aber einen angeregten Konfiguration betrachten, also etwa $(3p'4p')$, dann sind natürlich alle Zustände von Tabelle 6.2 erlaubt, denn die beiden Elektronen unterscheiden sich in jedem Fall in ihrer Hauptquantenzahl.

6.7 Der Grundzustand des Vielelektronenatoms – Hundsche Regeln

Einer der vielen elektronischen Zustände, die man durch die Kombination mehrerer Elektronen bekommen kann, und von denen Tabelle 6.2 ein Beispiel zeigt, muß energetisch am tiefsten liegen. Dies ist der Grundzustand, in dem man das Atom unter normalen Bedingungen antreffen wird.

Aus spektroskopischen Daten vieler Atome wurden von HUND die folgenden Regeln für die Auffindung des Grundzustandtermes aufgestellt:

1. Voll aufgefüllte s, p, d, f Unterschalen liefern stets $\vec{L} = 0$ und $\vec{S} = 0$ (und somit auch $\vec{J} = 0$).

Die Konfiguration s^2, p^6, d^{10}, f^{14} liefern demnach stets den Term $^1S_0$. Damit ist für diese Konfigurationen der Grundzustand festgelegt. Fast wichtiger ist aber, daß es diese Regel erlaubt, in anderen Konfigurationen sich auf die Elektronen außerhalb abgeschlossener Schalen zu beschränken, um l, s und j festzulegen. Darauf hatten wir im letzten Abschnitt bereits hingewiesen.

Z.B. genügt es, bei Titan mit der Konfiguration $1s^2 2s^2 2p^6 3s^2 3p^6 3d^2 4s^2$ allein die beiden d-Elektronen zu betrachten. Man schreibt daher oft die Elektronenkonfiguration in verkürzter Form, also für das Beispiel Titan einfach $3d^2$.

Ein Beispiel für den oben behandelten Fall zweier p Elektronen ist Sn mit der Konfiguration $1s^2 2s^2 2p^6 3s^2 3d^{10} 4s^2 4p^6 4d^{10} 5s^2 5p^2$. Hier wird die Nützlichkeit der 1. Hundschen Regel sehr deutlich.

2. In einer offenen, s, p, d, f-Unterschale liegen die Terme mit maximalem s (also mit höchster Multiplizität) am tiefsten.

Im Beispiel von Tabelle 6.2 sind dies die Triplett-Terme. Wegen des Pauli-Verbots kommt für Sn nur ^{3}P in Frage.

Diese Regel hatten wir schon in Tabelle 6.1 berücksichtigt, wo die Auffüllung der Schalen mit Elektronen beschrieben ist. Sie führt dazu, daß sich erst alle Spins (z-Komponenten des Spins) parallel stellen, solange das Pauli-Prinzip dies erlaubt.

3. Für die Terme mit maximalen s liegen die Terme mit maximalen l am tiefsten.

Im Beispiel von Tabelle 6.2 wären dies die Terme ^{3}D. Das Pauli-Verbot beschränkt uns aber auf ^{3}P für Sn.

4. Ist die s, p, d, f-Unterschale weniger als halbgefüllt, so bildet der Term mit $j = |l - s|$ den Grundzustand, ist sie mehr als halbgefüllt, der Term mit $j = l + s$.

Die p Schale kann 6 Elektronen aufnehmen. Bei p^2 ist die p Schale also weniger als halbgefüllt, und wir müssen $|l - s|$ wählen. Dies ergibt ^{3}P$_0$. Im Anhang B sind die Grundzustandsterme (in L-S-Kopplung) für alle Atome aufgeführt.

6.8   Das atomare magnetische Moment

Der Hüllengesamtdrehimpuls J erzeugt, da er mit Elektronen verknüpft ist, wie üblich ein magnetisches Moment für das gilt:

$$\mu_J = g_J \cdot \mu_B \cdot \sqrt{j(j+1)} \qquad (6.20)$$
$$(\mu_j)_z = g_J \cdot \mu_B \cdot m_J.$$

Gilt für
L-S-Kopplung

Den Faktor g_J, genannt *Landé-Faktor*, hatten wir schon beim Wasserstoffatom kennengelernt:

$$g_J = 1 + \frac{j(j+1) + s(s+1) - l(l+1)}{2j(j+1)}. \tag{6.21}$$

Es ist hier lediglich zu beachten, daß s und l die Spin- und Bahndrehimpuls-Quantenzahlen der entsprechenden summarischen Drehimpulse aller Elektronen des Vielelektronenatoms sind. Daher setzt die Gültigkeit von (6.21) das L-S-Kopplungsschema voraus. Tatsächlich ist die Messung von μ ein guter Test für das Vorhandenseins der L-S-Kopplung.

Im letzten Abschnitt besagte die 1. Hundsche Regel, daß der atomare Grundzustand bei voll aufgefüllten s, p, d, f Unterschalen $^1S_0$ ist, d.h. in diesem Fall ist $l = s = j = 0$, und diese Atome besitzen kein magnetisches Moment. Sie sind, wie in Physik II besprochen, *diamagnetisch*. Prominentes Beispiel sind Edelgase. Atome mit offenen Unterschalen dagegen tragen ein inhärentes magnetisches Moment gemäß (6.21) und sind infolgedessen *paramagnetisch*. Insbesondere fallen darunter die Übergangselemente, ganz besonders markant die $4f$ Übergangselemente (*seltene Erden*).

Bemerkung:

Es sei noch darauf hingewiesen, daß die Gegenwart eines magnetischen Momentes gemäß (6.21) streng nur für *freie Atome* korrekt ist. In kondensierter Materie kann einmal der mit der chemischen Bindung verbundene Elektronentransfer zu einer Änderung der Elektronenstruktur führen. Wie später besprochen wird, streben die Bindungspartner die Edelgaskonfiguration und damit diamagnetisches Verhalten an. Zum anderen herrschen im Inneren eines Festkörpers lokale elektrische Felder (speziell in ionischen Materialien), die man als das kristallelektrische Feld bezeichnet und die u.U. an der Spin-Bahn-Kopplung angreifen können. In Metallen sind die äußeren Elektronen nicht mehr an ein bestimmtes Atom gebunden (*Leitungselektronen*). Dies führt ebenfalls zu einer gesonderten Form des Paramagnetismus (*Pauli-Paramagnetismus*). Nähere Einzelheiten werden in der Kursvorlesung „Festkörperphysik" oder in Spezialvorlesungen zum Magnetismus behandelt[6].

---

[6] siehe z.B. C. Kittel, *Festkörperphysik*, 12. Auflage, R. Oldenbourg Verlag 1999.

7 Spektren der Vielelektronenatome

7.1 Einleitung

Wie schon aus Bild 2.1 ersichtlich, können die Spektren der Vielelektronenatome recht linienreich werden. Entsprechend kompliziert ist dann das Termschema. Bild 7.1 zeigt ein Beispiel, ohne daß wir Einzelheiten diskutieren wollen.

Unser Ziel ist es, im Folgenden an drei einfachen Fällen (Alkali-, Helium-, Erdalkali-Spektren) die grundsätzlichen Unterschiede zum Einelektronenspektrum (Wasserstoff) herauszuarbeiten.

Grundsätzlich gilt in Vielelektronenatomen, daß nur ein *einziges Elektron* die Termfolge durchläuft. Dieses bezeichnet man als das *Leuchtelektron*. Durch Energiezufuhr zum Atom (in der Regel durch Stoß) wird das Leuchtelektron in einen angeregten Zustand gehoben, den es dann unter Lichtemission verläßt, um seinen Grundzustand (eventuell über Zwischenstufen) wieder zu erreichen. Verständlicherweise kommt als Leuchtelektron nur ein schwächer gebundenes Elektron in Frage, d.h. ein Elektron außerhalb abgeschlossener Edelgasschalen. Die Edelgaskonfiguration ist so stabil, daß z.B. die Anregung eines $2p$ Elektrons im Natrium, etwa die Konfigurationsänderung $1s^2 2s^2 2p^6 3s^1$ nach $1s^2 2s^2 2p^5 3s^2$, mehr Energie benötigt, als die Abtrennung des ungepaarten $3s$ Leuchtelektrons vom Atom (Ionisation). Außer bei den Edelgasen selbst findet man daher nur selten eine Anregung der abgeschlossenen Schalen. Meist gilt dieselbe Aussage auch für abgeschlossene Unterschalen.

Es sind die Auswahlregeln für das Leuchtelektron sowie für das Atom als Ganzes zu beachten

Bei den optischen Strahlungsübergängen zwischen den angeregten Termen des Leuchtelektrons müssen die *Dipol-Auswahlregeln* beachtet werden, die wir bereits in Abschnitt 3.4 aufgelistet haben.

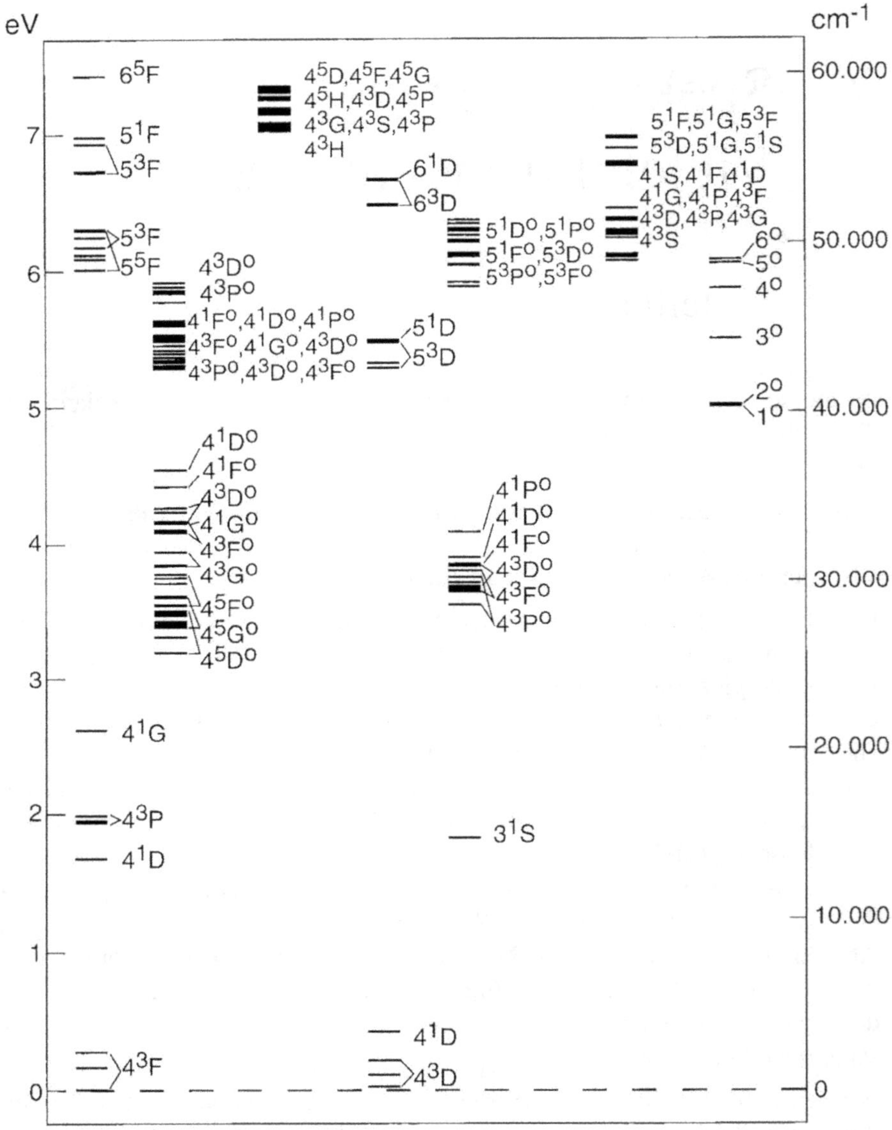

Bild 7.1: Ausschnitt aus dem Termschema von einfach ionisiertem (Ni$^+$) (nach H.N. Russel, *Phys.Rev.* **34** (1929) 821).

7.2 Alkali-Atome

Das einfachste Beispiel für Vielelektronenspektren liefern die Alkali-Atome Li, Na, K, Rb, Cs, Fr. Sie besitzen ein s Elektron außerhalb der Edelgasschale, und dieses ist naturgemäß das Leuchtelektron. Wir haben also eine dem Einelektronensystem recht ähnliche Konfiguration und fragen uns daher, inwieweit Unterschiede zum Wasserstoffspektrum bestehen. Als Diskussionsbeispiel dient Natrium. Natriumlicht wird gerne in Demonstrationsversuchen zur Spektralphysik verwendet und ist auch in der Beleuchtungstechnik von Bedeutung (Natrium-Dampflampen). Im Grundzustand des ^{11}Na Atoms befindet sich ein Elektron im $3s$ Zustand außerhalb der Edelgasschale von ^{10}Ne. In Bild 7.2 sind die vereinfachten Termschemen (ohne Spin-Bahn-Aufspaltung) von Wasserstoff und Natrium gegenüber gestellt. Es existiert ein ins Auge fallender Unterschied. Im Wasserstoff sind die Energieterme in der Bahndrehimpulsquantenzahl l entartet (abgesehen von der vernachlässigbar kleinen Lamb-Verschiebung), während im Na die Aufhebung der l-Entartung markant ist.

Die Alkali-Atome zeigen eine starke Aufspaltung nach l

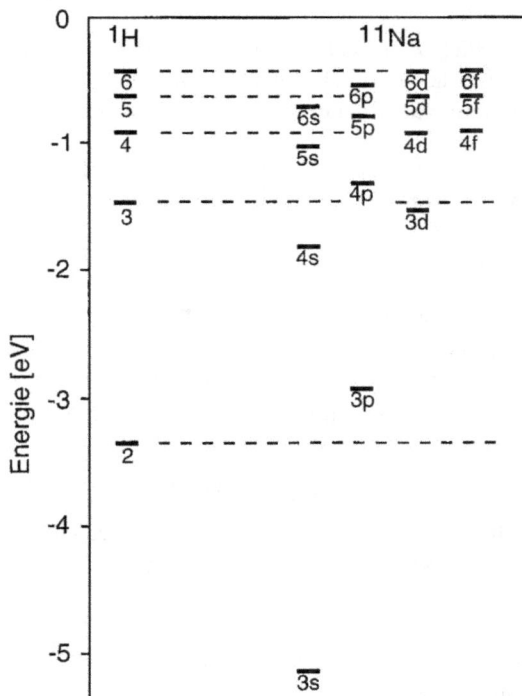

Bild 7.2: Vergleich der Termlagen von Wasserstoff und Natrium ohne Berücksichtigung der Spin-Bahn-Aufspaltung.

Die Energiedifferenz ΔE_l zweier Termen mit gleicher Hauptquantenzahl, aber mit benachbarten Bahndrehimpulsquantenzahlen (z.B. $3s \leftrightarrow 3p$) ist nicht mehr klein gegen die Energiedifferenz ΔE_n zweier Termen mit gleichem l, aber mit benachbartem n (z.B. $3s \leftrightarrow 4s$). Es ist in etwa

$$\Delta E_n \approx \Delta E_l. \tag{7.1}$$

Dies ist eine Folge der Coulomb-Wechselwirkung der Elektronen untereinander. Wenn man die in Bild 6.2 gezeigte radiale Ladungsdichte des $3s$ Elektrons ansieht, so erkennt man, daß ein deutlicher Überlap mit der $2s$, $2p$ und auch der $1s$ Dichte besteht. Das $3s$ Elektron des Na bewegt sich also nicht völlig außerhalb der Neon-Schale. Wäre dies so, hätten wir tatsächlich ein wasserstoffartiges Termschema. Vielmehr spürt aber das $3s$ Elektron durchaus die Gegenwart der anderen Elektronen und unterliegt damit auch der Coulomb-Wechselwirkung mit ihnen. Dies bewirkt, wie gesagt, die starke Aufspaltung der Energieterme nach der Bahndrehimpulsquantenzahl. Im Hartree-Fock-Ansatz (siehe Abschnitt 6.4) war dies berücksichtigt worden.

Bemerkung:

Es ist daher verständlich, daß die Lamb-Verschiebung nur in wasserstoffähnlichen Atomen gemessen werden kann. Hier wird sie von der Coulomb-Wechselwirkung der Elektronen untereinander um Größenordnungen übertönt.

Als Folge von (7.1) beobachtet man in den Alkali-Atomen optische Übergänge schon zwischen Zuständen mit gleicher Hauptquantenzahl. Im Falle des Na z.B. $3p \to 3s$. Das vollständige Termschema für Na (allerdings nicht mehr maßstabsgetreu) zeigt Bild 7.3.

Zur Charakterisierung der Zustände benutzen wir nun die spektroskopischen Symbole. Zunächst ist stets $s = 1/2$ (Hundsche Regel), also findet man nur Dubletterme. Für $l = 0$ ist die Multiplizität nicht voll entwickelt, es gibt nur $^2S_{1/2}$-Terme mit den Hauptquantenzahlen $n = 3, 4, 5, 6 \ldots$. Zustände des Leuchtelektrons mit $n < 3$ verbietet das Pauli-Prinzip.

Fraunhofersche
D-Linie:
589,29 nm

Die erlaubten j-Werte sind $l+s$ und $l-s$ für alle Terme mit $l > 0$, also $^2P_{1/2}$, $^2P_{3/2}$ für $l = 1$ und $^2D_{3/2}$, $^2D_{5/2}$ für $l = 2$, usw. Der Übergang $3^2P \longrightarrow 3^2S$ ist die bekannte gelbe Natrium D-Linie. Bei guter Auflösung zeigt sich, daß sie aus zwei Komponenten besteht (Bild 7.4).

Feinstruktur

Diese Dublettstruktur ist charakteristisch für die Spektrallinien der Alkali-Atome. Sie stellt die Feinstruktur dar.

Nur bei Übergängen zu Termen mit nicht voll entwickelter Multiplizität ist streng die Dublettstruktur der Spektrallinien gegeben. Im Allgemeinen sind

Bahndrehimpuls-
quantenzahl   l=   0   1   2   3

Spektroskopisches $^2S_{1/2}$ $^2P_{1/2}$ $^2P_{3/2}$ $^2D_{3/2}$ $^2D_{5/2}$ $^2F_{5/2}$ $^2F_{7/2}$
Symbol

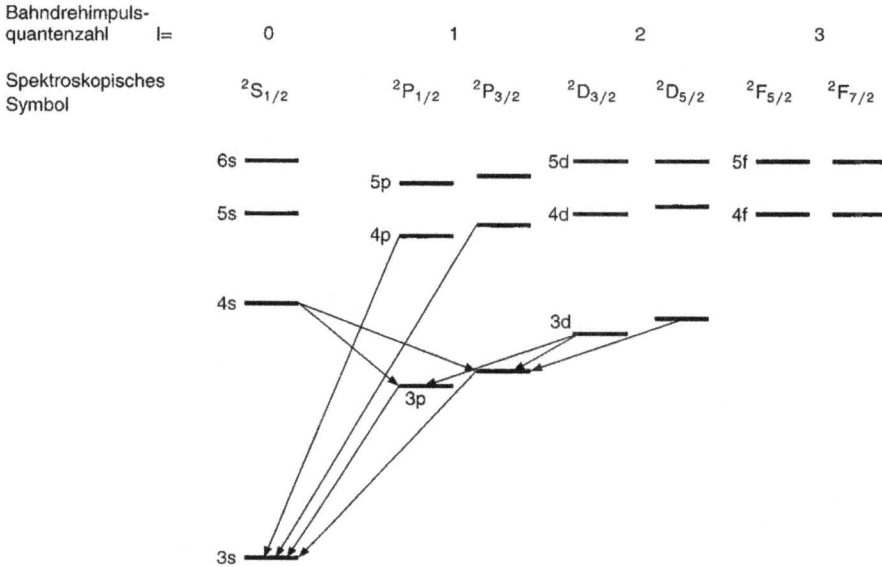

Bild 7.3: Termschema des Leuchtelektrons von Na. Die Darstellung ist nicht maßstabsgerecht, speziell die Spin-Bahn-Aufspaltung ($\approx 10^{-3}$ eV) ist übertrieben gezeichnet.
Charakteristische optische Übergänge sind ebenfalls markiert.

sowohl Anfangs- wie Endzustände Dubletterme, und es gibt (gemäß den
Auswahlregeln) drei mögliche Spektrallinien. Ein Beispiel ist der Übergang
$3^2D \longrightarrow 3^2P$, der in Bild 7.5 gezeigt ist. Man sieht, daß zwei Komponenten
fast untrennbar nahe liegen, die anderen aber leicht trennbar entfernt. Die
Ursache ist, daß für steigendes l die Spin-Bahn-Kopplungskonstante λ_{LS}
kleiner wird (siehe (4.9)). Hinzu kommt, daß die Linie mit $\Delta j = 0$ nur
geringe Intensität besitzt, somit zeigen auch diese Spektrallinien praktisch
Dublettcharakter. Übergänge in den Grundzustand wie z.B. $3^2P \rightarrow 3^2S$
nennt man auch Resonanzübergänge, wie aus Kap. 8 verständlich wird.

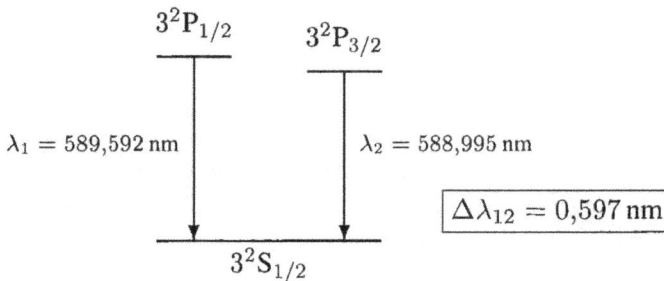

$3^2P_{1/2}$ $3^2P_{3/2}$

$\lambda_1 = 589{,}592$ nm $\lambda_2 = 588{,}995$ nm

$\boxed{\Delta\lambda_{12} = 0{,}597\,\text{nm}}$

$3^2S_{1/2}$

Bild 7.4: Dublettstruktur der Natrium D-Linie.

$$3^2D_{3/2} \qquad\qquad 3^2D_{5/2}$$

$$\lambda_1 = 818,327\,\text{nm} \qquad \lambda_2 = 819,481\,\text{nm} \qquad \lambda_3 = 819,478\,\text{nm}$$

$$\boxed{\begin{array}{l} \Delta\lambda_{12} = 1,154\,\text{nm} \\ \Delta\lambda_{23} = 0,003\,\text{nm} \end{array}}$$

$$3^2P_{1/2} \qquad\qquad 3^2P_{3/2}$$

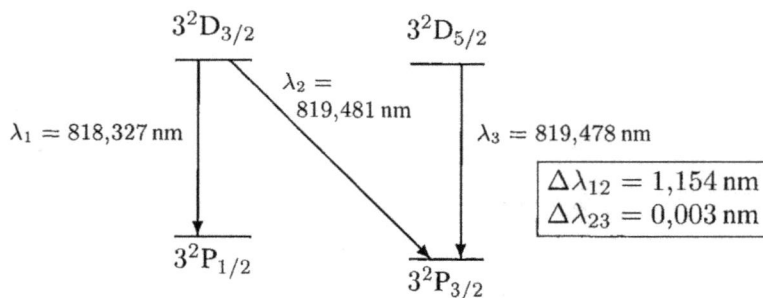

Bild 7.5: Beim $3^2D \longrightarrow 3^2P$ Übergang liegen zwei Komponenten fast untrennbar nahe, deshalb haben die Spektrallinien Dublettcharakter.

7.3   Helium

Helium ist das einfachste Zwei-Elektronen-System. Seine Konfiguration ist $1s^2$, und gemäß der 1. Hundschen Regel ist der Grundzustand 1^1S_0. Hier besteht keine andere Wahl, als bei Anregung die Edelgasschale aufzubrechen (was natürlich einiges an Energie kostet, siehe Bild 7.6), also eines der Elektronen anzuheben und etwa die Konfiguration $1s2s$ zu bilden. Der Atomzustand ist dann $2s^1S_0$, und man bekommt bei höheren Anregungen eine Folge von *Singulett-S-Null*-Termen. Dabei wurde angenommen, daß die Spin-Orientierung des angeregten Atoms sich nicht ändert, daß also $s = 0$ erhalten bleibt (= antiparallele Orientierung). Man kann aber auch z.B. in einen p Zustand anregen; d.h. $1s2p$; dann erhält man $2p^1P_1$. Bei höheren Anregungen dieser Art durchläuft man alle *Singulett-P-Eins*-Terme. Analog hierzu findet man $^1D_2$, $^1F_3$-Termfolgen, usw. Dies ist in der linken Seite des in Bild 7.6 gezeigten Termschemas von Helium eingezeichnet. Ändert sich aber bei der Anregung auch die Spinorientierung, so entspricht nun der $1s2s$-Konfiguration der Term $2s^3S_1$. Da $s > l$, ist die dreifache Multiplizität dieser Termfolge nicht ausgebildet. Man findet sie erst bei der Anregung zu $1s2p$ mit der Gesamtspinquantenzahl $s = 1$. Dort erhält man die Terme $^3P_2$, $^3P_1$, und $^3P_0$, die allerdings im Falle des Heliums nahezu dieselbe Energie besitzen, da die Spin-Bahn-Kopplung noch sehr schwach ist. Sie sind deshalb im Termschema (Bild 7.6) nur als ^3S, ^3P, ^3D, usw. angegeben.

> *Das vollständige Termschema des Heliums besteht aus zwei Term-folgen, der Singulett-Termfolge $^1S_0$, $^1P_1$, $^1D_2$, ... und der Triplett-Termfolge $^3S_1$, $^3P_{2,1,0}$, $^3D_{3,2,1}$, ...*

Interkombinations-verbot

Nach den vorher genannten Auswahlregeln sind aber optische Übergänge von einem Triplett-Zustand zu einem Singulett-Zustand und umgekehrt verboten. Man nennt dies das *Interkombinationsverbot*. Das Spektrum des

Heliums (und aller Zwei-Elektronen-Systeme) erscheint also so, als ob es zwei verschiedene Typen von Helium gäbe: das Singulett-Helium und das Triplett-Helium (auch *Para-Helium* und *Ortho-Helium* genannt), die völlig voneinander isoliert sind. Bei Stoßanregung gelten die optischen Auswahlregeln nicht, und man kann z.B. durchaus den $^3S_1$-Zustand erzeugen. Optische Übergänge $2^1S_0 \rightarrow 1^1S_0$ und $2^3S_1 \rightarrow 1^1S_0$ sind verboten, so daß die Zustände 2^1S_0 und 2^3S_1 *metastabil* sind und beträchtliche Lebensdauern besitzen können. Obwohl sie nicht die eigentlichen Grundzustände des Heliums darstellen, ist es daher durchaus wahrscheinlich, Heliumatome in der Natur in diesen beiden Zuständen zu finden.

Ortho-Helium, Para-Helium

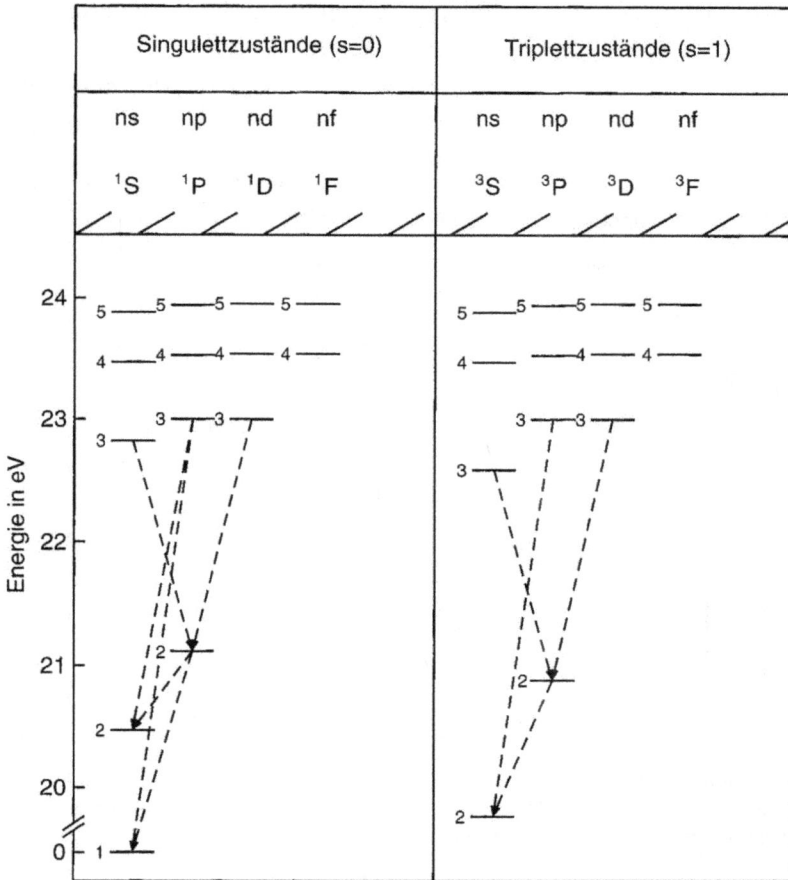

Bild 7.6: Termschema von Helium. Die Spin-Bahn-Aufspaltung ist nicht eingezeichnet. Zu beachten ist die Energieskala im Vergleich zu Bild 7.1 und Bild 7.2.

7.4   Erdalkali-Atome

Das als Beispiel gewählte Calcium-Atom (Ca) besitzt die Konfiguration [Ar] $4s^2$ und ist prinzipiell ebenfalls ein Zwei-Elektronen-System. Jedes der beiden $4s$ Elektronen steht als Leuchtelektron zur Verfügung. Seine Anregung erfordert nicht das Aufbrechen der Edelgasschale. Man erwartet deshalb ein dem Helium ähnliches Termschema, nur mit niedrigeren Anregungsenergien. Das (etwas vereinfachte) Termschema in Bild 7.7 zeigt (linke Seite), daß dies in der Tat der Fall ist. Wir finden die für Zwei-Elektronen-Atome charakteristische Singulett- und Triplett-Termfolge. Die zu diesem Termschema gehörenden Konfigurationen sind [Ar] $4s\,ns$, [Ar] $4s\,np$, usw. Dies ist in Bild 7.7 oberhalb der spektroskopischen Symbole vermerkt.

Termschemen sind dem des Helium ähnlich

Beachte:
$E_{4s} < E_{3d}$; vgl. (6.3)

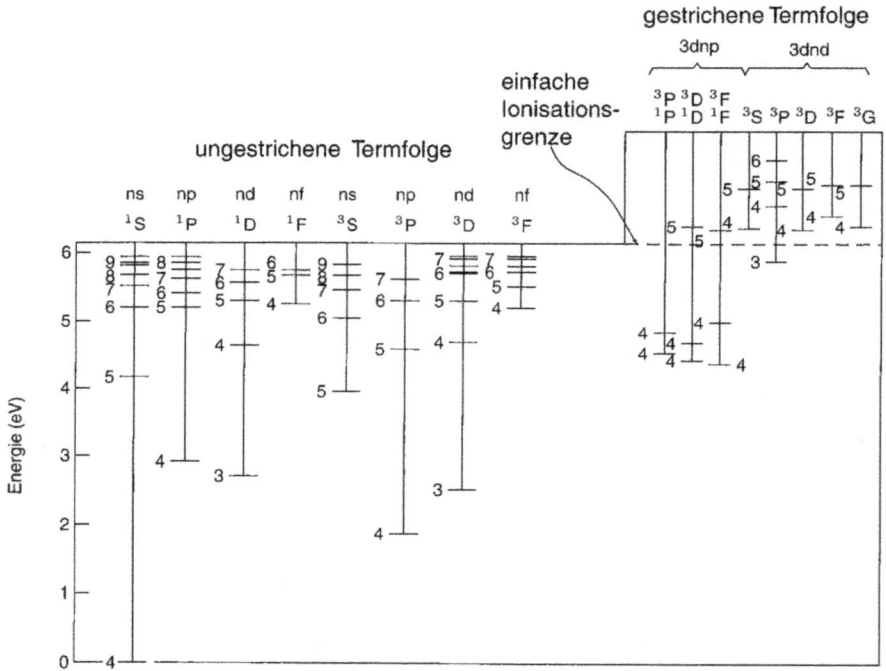

Bild 7.7: Vereinfachtes Termschema von Calcium. Die Feinstrukturaufspaltung (z.B. $^3P_1$, $^3P_3$, $^3P_0$) ist vernachlässigt, ebenso die Unterscheidung zwischen Singulett- und Triplett-Zuständen für die Konfigurationen $3d\,np$.

Neben diesen beiden „normalen" Termfolgen existiert aber noch eine weitere, als *gestrichene* bezeichnete Termfolge. Ihr Charakteristikum ist, daß Zustände jenseits der Ionisationsgrenze der normalen, ungestrichenen Termfolge auftreten. Die Ursache hierfür ist, daß erst ein $4s$ Elektron in

Gestrichene Termfolge

den metastabilen $3d$ Zustand gehoben wird[1]. Während das eine Elektron im $3d$ Zustand verharrt, wird das zweite $4s$ Elektron angeregt und durchläuft seine Singulett- oder Triplett-Termfolge. Diese Terme liegen höher als die ungestrichenen Terme, da zusätzlich die Übergangsenergie $4s \rightarrow 3d$ aufzubringen ist. Wir haben eine Termanregung eines Atoms, das sich nicht im Grundzustand, sondern einem metastabilen angeregten Zustand befindet. Die zur gestrichenen Termfolge gehörenden Konfiguration sind, wie in Bild 7.7 vermerkt, $3d\,np$ und $3d\,nd$.

Bemerkung:

Strahlungsübergänge finden hauptsächlich *zwischen* den gestrichenen und ungestrichenen Termfolgen statt. Wir weisen nochmal darauf hin, daß es sich nicht um eine echte Doppelanregung handelt, die wir ausgeschlossen hatten. Die beiden Elektronen werden nicht gleichzeitig, sondern sequentiell in angeregte Zustände gebracht. Voraussetzung ist, daß ein Elektron einen relativ langlebigen Zustand erreicht. Gestrichene Termfolgen findet man häufig in Vielelektronenatomen, und dies macht die Interpretation ihrer Spektren noch aufwendiger.

7.5 Linienintensitäten

Die bisher gegebene Darstellung beschränkt sich ausschließlich auf die Erklärung der energetischen Lage der Spektrallinien, die Frage ihrer Intensitäten blieb praktisch unberührt, außer in der Aufstellung der Auswahlregeln, die gewisse Übergänge als nicht erlaubt erklärten. Die theoretische Behandlung der Übergangswahrscheinlichkeiten (Intensitäten) kann sinnvoll nur mit dem vollen Rüstzeug der Quantenmechanik vorgenommen werden und übersteigt den Rahmen dieses Buches.

Wir beschränken uns auf ein paar einfache Überlegungen. Wie in Kap. 3 diskutiert, ist die Intensität eines spontanen Übergangs $E_i - E_f$ proportional zur Besetzungszahl des angeregten Zustandes N_i. Bei thermischer Anregung ist die Wahrscheinlichkeit, den angeregten Zustand bei der Temperatur T zu besetzen durch den Boltzmannfaktor gegeben: *Thermische Anregung*

$$N_i \propto w_i \exp\left[-\frac{E_i - E_f}{k_B T}\right], \tag{7.2}$$

wobei k_B die Boltzmannkonstante ist. Der Faktor w_i ist das *statistische Gewicht* des Zustandes, d.h. die Wahrscheinlichkeit den gesuchten Zustand zu finden. *Statistisches Gewicht*

---

[1] Gemäß dem Aufbauschema (Abschnitt 6.2) sind die $3d$ Zustände schwächer gebunden als die $4s$ Zustände, liegen also im Termschema höher.

Stoßanregung

Bei Stoßanregung gilt in guter Näherung $N_i \propto w_i$.

Bemerkung:

Als Beispiel für w_i: Der Zustand $^2P_{3/2}$ ist vierfach entartet in m_j, dagegen ist der Zustand $^2P_{1/2}$ nur zweifach entartet. Ihre statistischen Gewichte sind demnach 4 und 2, es ist doppelt so wahrscheinlich, den $^2P_{3/2}$ Zustand zu bilden, als den Zustand $^2P_{1/2}$. (Beachten Sie, daß es sich bei thermischer Anregung nicht um einen Resonanzprozeß handelt). Die beiden Dublettlinien der Na D-Linie ($3^0P \rightarrow 3^2S$) sollten also das Intensitätsverhältnis 2:1 besitzen, da $E_i - E_f$ sich für beide Dublettlinien nur minimal unterscheidet *und somit ihre Boltzmannfaktoren in etwa gleich sind.* Dieses Intensitätsverhältnis wird auch beobachtet.

Wir erwarten, daß solche Übergänge, die gegen die (Dipol-) Auswahlregeln verstoßen (*verbotene Übergänge*), im Spektrum nicht sichtbar sind. Das ist aber nicht streng richtig. Sie können erscheinen, sind aber von sehr schwacher Intensität.

Bemerkung:

Verbotene Linien

Die Ursachen für das Auftreten „verbotener" Linien, können verschiedenartig sein.

1. Die Auswahlregeln gelten nur in 1. Ordnung, z.B. könnte die L-S-Kopplung nur näherungsweise erfüllt sein.

2. Höhere Multipolabstrahlung bzw. magnetische Dipolstrahlung ist erlaubt. Wie besprochen sind solche Übergänge aber um Größenordnungen schwächer.

3. Die Gegenwart von stärkeren Feldern ändert die Elektronenstruktur geringfügig, so daß (2) deutlicher zum Tragen kommt. Dies kann vor allem auftreten, wenn eine merkliche Wechselwirkung zwischen den Atomen vorhanden ist.

Ein typisches Beispiel für die Beobachtung einer verbotenen Spektrallinie ist der Übergang $2^3P \rightarrow 1^1S$ im Helium (siehe Termschema Bild 7.6), der gegen das Interkombinationsverbot verstößt. Dies ist jedoch die einzige verbotene Linie, die im Heliumspektrum noch erkennbar ist.

7.6 Aufspaltung im angelegten Feld

Es sei ein homogenes Magentfeld B_{ext} an die Lichtquelle gelegt. Die Situation ist weitgehend analog zu der bereits diskutierten Sachlage im Wasserstoffatom. Wir fassen uns daher kurz, besprechen aber in Ergänzung eine zusätzliche Eigenschaft: die resultierende Polarisation des Lichtes. Dieser Gesichtspunkt ist auch für Wasserstoff gültig. Wir haben eine Diskussion jedoch zunächst verschoben, um nicht von dem grundsätzlichen Phänomen der Zeeman- und Paschen-Back-Aufspaltung abzulenken.

Bild 7.8 zeigt das zur Natrium D-Linie gehörige Termschema ohne Feld, im schwachen und im starken angelegten Feld. Ein Vergleich mit den Bildern 4.6 und 4.7 zeigt, daß die Situation weitgehend dieselbe wie beim Wasserstoff ist. Der einzige Unterschied ist, daß sich hier die Hauptquantenzahl n beim Strahlungsübergang nicht ändert. Der Wert von n ist aber ohne Einfluß auf die magnetische Aufspaltung, die allein von m_j bzw. m_l und m_s bestimmt ist. Bild 7.9 zeigt die Spektralaufnahme der Zeeman-Aufspaltung des Na D-Dubletts.

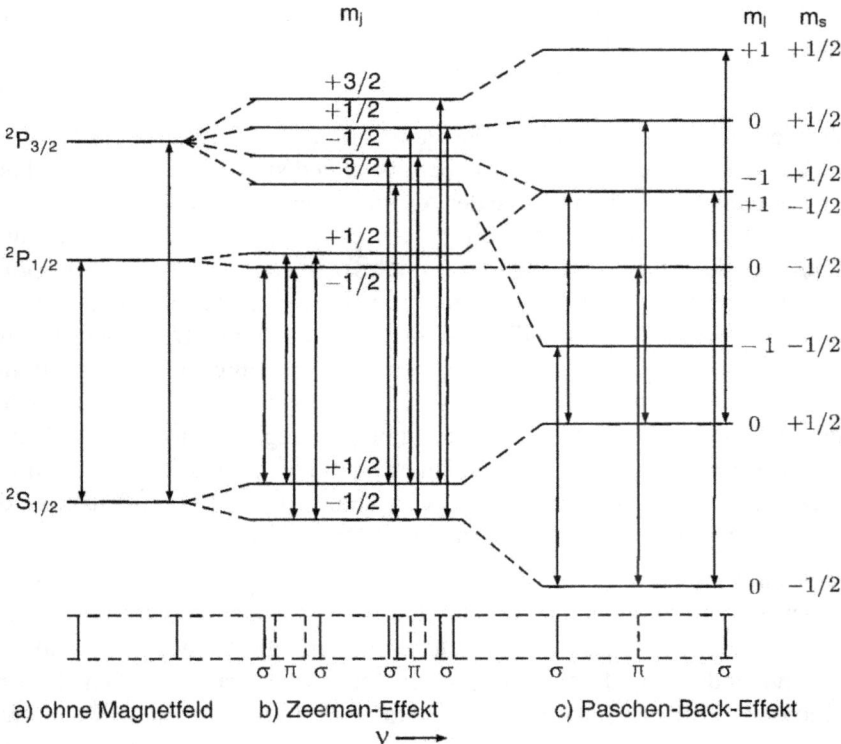

Bild 7.8: ^{2}P–^{2}S Übergang des Natriums (D-Linie)
Oben ist das Termschema, unten die vom Spektrographen aufgezeichneten Linienlagen schematisch gezeigt. Die Symbole σ und π beziehen sich auf die Polarisation des Lichtes.

Bemerkung:

In der Literatur wird manchmal zwischen „normalen" und „anomalen" Zeeman-Effekt unterschieden. Das hat historische Gründe. Der normale Zeeman-Effekt bezieht sich auf Mehrelektronenatome in denen $S = 0$ und $J = L \neq 0$ ist. Es liegt rein bahnmagnetisches Verhalten vor. Beim anomalen Zeeman-Effekt erfolgt die Termaufspaltung sowohl durch Bahn- wie Spinmagnetismus. Dies ist der Regelfall,

Normaler und anomaler Zeeman-Effekt

und die besprochene Aufspaltung des Na D-Dubletts repräsentiert den anomalen Zeeman-Effekt.

Bild 7.9: Spektralaufnahme der D-Linien des Natriums, oben: ohne Feld; unten: mit Feld;
(Zeeman-Region, Beobachtungsrichtung senkrecht zum Feld).

Wir wenden uns nun der Frage der Polarisation der Zeeman- bzw. Paschen-Back-Linien zu, die in Bild 7.8 bereits angedeutet ist. Aus den Bildern der wellenmechanischen Dichte der Aufenthaltswahrscheinlichkeit $|\Psi_{n,l,m}|^2$ des Elektrons in den Zuständen n, l, m, wie sie für das Einelektronen-

Aufhebung der Kugelsymmetrie durch das Feld

atom in Bild 2.8 gezeigt wurden, ersieht man, daß durch die Festlegung der Quantenzahl m die Kugelsymmetrie der Elektronenverteilung auf eine Rotationssymmetrie um die z-Achse reduziert wird. Bei Anlegen eines äußeren Magnetfeldes ist also die Elektronenverteilung im Atom bezüglich der Magnetfeldachse im Raum ausgerichtet. Optische Übergänge zwischen den einzelnen Atomzuständen sind Dipolstrahlung. Sie stellen das elektromagnetische Feld eines schwingenden elektrischen Dipols dar. Die Strahlung eines Dipols ist nicht isotrop, z.B erfolgt keine Abstrahlung in Richtung der Dipolachse. Ferner ist die Strahlung eines Dipols polarisiert.

Beobachtet man Licht von freien Atomen, so integriert das Meßinstrument immer das Licht von vielen Atomen. Da die Elektronenverteilungen im freien Atom nicht bezüglich einer Raumachse orientiert sind, muß man sich die strahlenden Dipole als beliebig im Raum orientiert vorstellen. Das resultierende Licht ist isotrop und unpolarisiert. Bei angelegtem Magnetfeld entspricht einer bestimmten Spektralenergie der Übergang zwischen zwei Termen mit festgelegtem m_j. Die strahlenden Dipole der Atome sind also

Anisotropie und Polarisation

bezüglich der z-Achse orientiert, und man erhält *Anisotropie* und *Polarisation*. Man findet deshalb, daß die Zeeman-Komponenten einer Spektrallinie aus polarisiertem Licht bestehen und in bestimmten Beobachtungsrichtungen bezüglich des äußeren Magnetfeldes nicht auftreten.

Man unterscheidet beim Zeeman-Effekt zwei Typen, die σ- und die π-Komponenten, je nachdem, ob sich die Orientierungsquantenzahl m_j um eine Einheit, oder gar nicht ändert[2] (andere Übergänge sind wegen der

---

[2] Leider benützt die *Kernphysik* die Bezeichnung σ für die $\Delta m = 0$ und π für die $\Delta m = \pm 1$ Komponente.

Auswahlregeln nicht zugelassen). In Bild 7.8 wurde für das Beispiel der Na D-Linie diese Bezeichnung bereits benützt. Es gilt (ohne Ableitung):

1. Beobachtungsrichtung ($\vec{k}$) senkrecht zu $\vec{B}_{ext}$:
   (a) die π-Komponenten ($\Delta m_j = 0$) sind linear parallel polarisiert, d.h. der $\vec{E}$-Vektor schwingt parallel zu $\vec{B}_{ext}$ (und senkrecht zu $\vec{k}$).
   (b) die σ-Komponenten ($\Delta m_j = 1$) sind linear senkrecht polarisiert, d.h. der $\vec{E}$-Vektor schwingt senkrecht zu $\vec{B}_{ext}$ (und senkrecht zu $\vec{k}$).

2. Beobachtungsrichtung ($\vec{k}$) in Richtung von $\vec{B}_{ext}$:
   (a) die π-Komponenten verschwinden
   (b) die σ-Komponenten sind zirkular polarisiert.
   $$\left.\begin{array}{l} \Delta m_j = +1 \ \text{ist rechts zirkular} \\ \Delta m_j = -1 \ \text{ist links zirkular} \end{array}\right\} \ \text{polarisiert.}$$

Bild 7.10 veranschaulicht die Polarisationsrichtungen für den Übergang $^2P_{1/2} \to {}^2S_{1/2}$ der Natrium D-Linie.

Für den Fall, daß die Beobachtungsrichtung einen beliebigen Winkel Θ zum Magnetfeld einnimmt, beobachtet man *elliptisch* polarisiertes Licht.

Ebenso wird beim Paschen-Back-Effekt Polarisation und anisotrope Lichtausbreitung beobachtet, da hier eine Orientierung gemäß m_l und m_s der Elektronenverteilung im Raum stattfindet. In Bild 7.8c sind deshalb die Bezeichnungen σ und π für die Spektrallinien angegeben. Ihre Bedeutung ist die gleiche wie in Bild 7.10.

Bemerkung:

Es sei noch angemerkt, daß auch eine Aufspaltung der Spektrallinien im elektrischen Feld möglich ist, die proportional mit $\vec{E}^2$ geht, wenn $\vec{E}$ die elektrische Feldstärke ist. Durch das elektrische Feld wird die Elektronenhülle polarisiert, und es entsteht ein Dipolmoment

$$\vec{p} = \alpha\vec{E}, \tag{7.3}$$

wobei α die Polarisierbarkeit ist (siehe Physik II). Dieser Dipol wechselwirkt mit dem Feld, wobei bekanntlich für die Wechselwirkungsenergie gilt:

$$E_d = \frac{1}{2} \cdot \vec{p} \cdot \vec{E} = \frac{1}{2} \cdot \alpha \cdot \vec{E}^2. \tag{7.4}$$

Die elektrische Aufspaltung wird als *Stark-Effekt* bezeichnet. Auf die quantenmechanische Rechnung wollen wir nicht eingehen. Sie liefert prinzipiell das klassische Ergebnis (7.4). Der Wasserstoff bildet eine Ausnahme in sofern als die Stark-Aufspaltung linear mit $\vec{E}$ geht. Die Ursache ist dort, daß die Entartung in l nicht

Der Stark-Effekt ist die elektrische Aufspaltung von Spektrallinien

a)

σ   π   π   σ   ν

b)

π-Komponente:

$\vec{B}$

$\vec{E}$ —

σ-Komponente

$\vec{B}$

$\vec{E}$ —

c)

σ   σ   ν

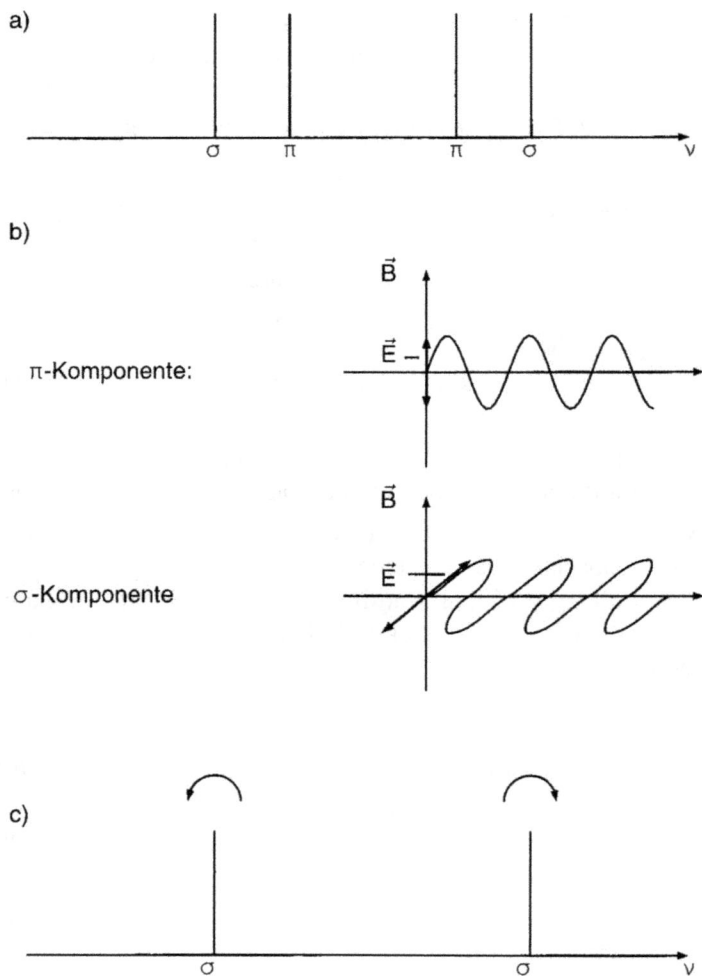

Bild 7.10: Polarisation der Strahlung beim Zeeman-Effekt,
a) Spektrum für eine Beobachtungsrichtung senkrecht zum Feld,
b) Polarisationsrichtung der beiden Komponenten für senkrechte Beobachtungsrichtungen
bezüglich des Feldes,
c) Spektren für die Beobachtungsrichtung parallel zum Feld. Die beiden σ-Linien sind rechts-
bzw. links-zirkular polarisiert.

durch innere elektrische Felder (Coulomb-Abstoßung der Elektronen untereinander) aufgehoben ist. Dieser *lineare Stark-Effekt* hat keine klassische Analogie. Insgesamt spielt aber der Stark-Effekt gegenüber den magnetischen Aufspaltungen eine untergeordnete Rolle in der Atomspektroskopie.

7.7 Isotopieverschiebung

Viele Atomkerne können bei gleicher Protonenzahl Z (die die Atomart festlegt) unterschiedliche Neutronenzahlen $A - Z$ (A = Kernmassenzahl) besitzen, was als *Isotopie* bezeichnet wird. Die überwiegende Zahl von Elementen kommt daher in der Natur als Isotopengemisch vor.

Der Masseneffekt der Isotopieverschiebung, den wir in Abschnitt 5.2 anläßlich der schweren Wasserstoffisotope diskutiert haben, verliert bei schwereren Atomen rasch an Bedeutung. Das extreme Massenverhältnis von 1:2 zwischen Wasserstoff und Deuterium führt nur zu einer minimalen Verschiebung der Termlage. Schon bei Neon mit $Z = 10$ und den Isotopen ^{20}Ne, ^{21}Ne und ^{22}Ne ist das Massenverhältnis auf 1:1,1 abgesunken. Die daraus resultierende Isotopieverschiebung geht bei schweren Kernen daher rasch in der Linenbreite unter. Anders verhält es sich beim Volumeneffekt der Isotopieverschiebung, den wir in Abschnitt 5.4 am Beispiel der myonischen Atome vorgestellt hatten. Durch den Anstieg des Kernradius bei schweren Atomen wird der Überlapp der Aufenthaltswahrscheinlichkeiten $\sum_n |\Psi_{ns}(0)|^2$ für alle s-Elektronen mit der protonischen Ladungsverteilung merklich, und die Kernvolumenenergie E_V (siehe (5.5)) liefert einen meßbaren Beitrag zur Termlage. Ein Beispiel für die so verursachte Isotopieverschiebung zeigt Bild 7.11 für das mittelschwere Atom $_{37}$Rb (Rubidium). Wir hatten darauf hingewiesen, daß moderne Dirac-Fock-Rechnungen diesen Effekt sehr gut reproduzieren!

Masseneffekt

Volumeneffekt

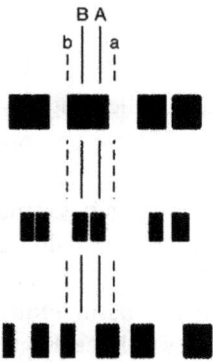

Bild 7.11: Isotopieverschiebung um 780 nm der Spektrallinien von Rubidium.
Oben: Natürliches Isotopengemisch (72% ^{85}Rb und 28% ^{87}Rb),
Mitte: Reines Isotop ^{85}Rb (Linien A, B),
Unten: Reines Isotop ^{87}Rb (Linien a, b)

7.8 Hyperfeinaufspaltung

Wie in Abschnitt 4.6 für das Wasserstoffatom dargestellt wurde, hat die Hyperfeinaufspaltung ihre Ursache darin, daß der Hüllengesamtdrehimpuls $\vec{J}$ und der Kerndrehimpuls $\vec{I}$ über ihre magnetischen Momente verkoppelt sind. Es bildet sich der Gesamtatomdrehimpuls $\vec{F}$ des Atoms aus, wobei:

Kopplung von Hülle und Kern

$$
\begin{aligned}
\vec{F} &= \vec{J} + \vec{I} \\
F &= \sqrt{f(f+1)}\hbar \quad \text{mit} \quad f = i+j,\, i+j-1,\, \dots \\
F_z &= m_f \hbar \quad\quad\quad \text{mit} \quad m_f = -f,\, -(f-1),\, \dots + f
\end{aligned}
\tag{7.5}
$$

Der Unterschied zwischen der Situation beim Wasserstoff und derjenigen für Vielelektronenatome liegt primär in den Kerneigenschaften. Im Wasserstoff bildet ein Proton den Kern, und sein Drehimpuls ist der Protonenspin mit $s = 1/2$. Bei allen anderen Kernen tragen sowohl Spin wie Bahndrehimpuls aller Nukleonen (Protonen und Neutronen) zum Kerndrehimpuls I bei. Die Kopplungsregeln sind nicht so durchsichtig wie in der Hülle. Wie wir in Abschnitt 16.4 genauer besprechen werden, besitzen alle Kerne mit gerader Protonenzahl Z und gerader Massenzahl A (d.h. gerader Neutronenzahl $Z - A$) im Grundzustand $I = 0$, und eine Hyperfeinaufspaltung bildet sich nicht aus. Dies war uns schon in Bild 5.4 begegnet, wo nur das Nd-Isotop $^{143}_{60}$Nd eine Hyperfeinaufspaltung zeigte. Alle anderen Nd-Isotope haben gerade Massenzahlen. Weiter kann man den Kern-g-Faktor nicht so einfach berechnen wie den Landé-Faktor. In der Tat ist man meist auf experimentelle Bestimmungen angewiesen. Tabelle 7.1 gibt einige charakteristische Werte an. Das Vorzeichen des g-Faktors bedeutet Parallel- (+) bzw. Antiparallelstellung ($-$) des kernmagnetischen Moments bezüglich der Feldrichtung.

Für Wasserstoff war $i = 1/2$, und daher war nur $f = j \pm 1/2$ zulässig. Die Hyperfeinkopplung bewirkte also stets eine Aufspaltung der Feinstrukturterme in zwei Hyperfein-Niveaus. Im Allgemeinen können mehr Werte von f auftreten. Dies zeigt das Beispiel des Termschemas für die D-Linie von Natrium (mit ^{23}Na als einzigem stabilen Isotop) in Bild 7.12. Wegen $i = 3/2$ spaltet der $^2P_{3/2}$ Zustand in 4 Niveaus auf. Allerdings ist die Aufspaltung der $^2P_{1/2}$ und $^2P_{3/2}$ Zustände so gering, daß sie mit optischer Spektroskopie nicht aufgelöst werden kann. Man beobachtet eine Aufspaltung jeder Dublettlinie in zwei Hyperfeinkomponenten auf Grund der Aufspaltung des $^2S_{1/2}$ Grundzustandes. Da die Hyperfeinaufspaltung von einer Kerngröße bestimmt wird, ist sie isotopenabhängig. In Atomen mit mehr als einem Isotop mit $g_K \neq 0$ kann es also zu einer Überlagerung von Hyperfeinkomponenten kommen. Dies bedeutet eine zusätzliche Komplexität der Vielelektronenspektren.

Tabelle 7.1: Einige Beispiele für Kern-g-Faktoren.

Kern	Drehimpuls-quantenzahl i	g-Faktor g_K
$^{1}_{1}\text{H}$	1/2	+1,396
$^{2}_{1}\text{D}$	1	+0,857
$^{14}_{7}\text{N}$	1	+0,404
$^{19}_{9}\text{F}$	1/2	+1,314
$^{23}_{11}\text{Na}$	3/2	+1,478
$^{27}_{13}\text{Al}$	5/2	+1,456
$^{35}_{17}\text{Cl}$	3/2	+1,359
$^{57}_{26}\text{Fe}$	1/2	+0,18
$^{59}_{27}\text{Co}$	7/2	+1,309
$^{89}_{39}\text{Y}$	1/2	−0,275
$^{165}_{67}\text{Ho}$	7/2	+1,143
$^{235}_{92}\text{U}$	7/2	−0,1
$^{241}_{95}\text{Am}$	5/2	+1,96

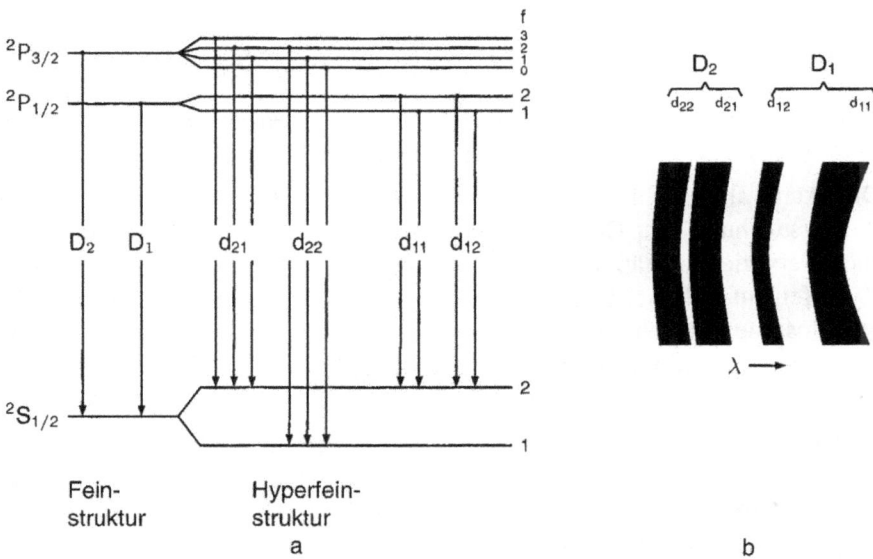

Bild 7.12: Magnetische Hyperfeinstruktur des Na D-Dubletts.
a) Termschema (schematisch), b) Spektrographenbild (Fabry-Perot-Interferometer).

Bemerkung:

In Gegenwart eines schwachen äußeren Magnetfeldes findet Zeeman-Aufspaltung gemäß den erlaubten Quantenzahlen m_f statt. Der $f = 1$ Zustand bildet 3 Zeeman-Zustände ($m_f = -1, 0, +1$) u.s.w. Stärkere Felder brechen die Hyperfeinkopplung und wir kommen zur üblichen Zeeman-Aufspaltung gemäß der erlaubten Werte von m_j. Wir besprechen dies später genauer (Abschnitt 8.2) im Rahmen des Breit-Rabi-Diagramms (Bild 8.4).

7.9 Hyperfeinfelder

Wir hatten in Abschnitt 4.6 ausgeführt, daß die Hyperfeinaufspaltung auch dargestellt werden kann als die Energie des kernmagnetischen Momentes $\vec{\mu}_K$ in dem von den Hüllenelektronen erzeugten Magnetfeld (*Hyperfeinfeld*) $\vec{B}_{hf}$ am Kernort:

$$E_{hf} = \vec{\mu}_K \vec{B}_{hf}. \tag{7.6}$$

Wir wollen noch kurz die Erzeugung von $\vec{B}_{hf}$ diskutieren. Einer der Mechanismen ist sofort verständlich. Die Orbitalbewegung der Elektronen, die zum Gesamtbahndrehimpuls L führt, kann als ein elektrischer Kreisstrom aufgefaßt werden, der, nach den Gesetzen der Elektrodynamik, ein dipolares Feld an seinem Zentrum erzeugt:

$$B_L = -\frac{\mu_0}{4\pi} 2\mu_B \frac{L}{r^3}. \tag{7.7}$$

In dem entsprechenden quantenmechanischen Ausdruck muß der radiale Erwartungswert $\langle r^{-3} \rangle$ benutzt werden. Man spricht vom *Orbitalfeld*.

Dies kann aber nicht der einzige felderzeugende Mechanismus sein. Die Wasserstoffhülle im Grundzustand besteht aus einem s Elektron, welches definitionsgemäß $L = 0$ besitzt. Dennoch beobachten wir eine Hyperfeinaufspaltung. Dasselbe Argument gilt für die Alkali-Atome. Für abgeschlossene Schalen gilt nach HUND stets $L = J = S = 0$. Außerhalb der Edelgasschale befindet sich bei den Alkali-Atomen im Grundzustand aber wieder nur ein s Elektron.

Es bleibt also der Elektronenspin als eine weitere Ursache des Hyperfeinfeldes. Wie wir bereits wissen, besitzen s Elektronen eine endliche Aufenthaltswahrscheinlichkeit im Kernvolumen. Die elektrostatische Wechselwirkung zwischen der Kernladung und der elektrischen Ladungsdichte im Kern führte zur Volumenenergie E_V, die eine leichte Verschiebung der Energieterme bewirkte (siehe Abschnitt 5.4 und 7.7). Mit der elektrischen

Ladungsdichte des Elektrons dringt aber auch Spindichte, die wir als magnetische Dipoldichte interpretieren können, in den Kern ein und wechselwirkt mit dem Kerndipolmoment. Ausgedrückt als ein Hyperfeinfeld erhält man:

$$B_{\mathrm{FC}} = \frac{8\pi\mu_0}{3} \mu_{\mathrm{B}} S \left| \Psi_s(0) \right|^2 . \tag{7.8}$$

Der Ausdruck $S \left| \Psi_s(0) \right|^2$ ist die Spindichte am Kernmittelpunkt. Man bezeichnet diesen Feldbeitrag als das *Fermi-Kontaktfeld* (FC). Es ist ein quantenmechanischer Effekt ohne klassisches Analogon, im Gegensatz zum Orbitalfeld.

Fermi-Kontaktfeld

Bemerkung:

Der Ausdruck (7.8) gilt streng genommen nur für ein einzelnes s Elektron. In der Konfiguration ns^2 liefert jedes der s Elektronen einen Beitrag gemäß (7.8), aber mit umgekehrten Vorzeichen, da die Spins antiparallel stehen. Der Nettoeffekt ist somit Null. In Helium, als ein Beispiel, ist kein Hyperfeinfeld gegenwärtig, da auch kein Orbitalmoment L existiert. Allgemeiner muß man in (7.8) die Elektronendichte $\left| \Psi_s(0) \right|^2$ ersetzen durch $\sum_n \left[\left| \Psi_{ns}^{\uparrow}(0) \right|^2 - \left| \Psi_{ns}^{\downarrow}(0) \right|^2 \right]$, d.h. mit der effektiven Auf-Ab-Spindichtedifferenz. Diese wird erzeugt durch die Gegenwart eines Orbitalfeldes. Die Berechnung der resultierenden Spindichte am Kern erfordert wieder den Aufwand eines selbstkonsistenten Verfahrens. Da der Spin auftritt, muß ein Dirac-Fock-Ansatz verwendet werden, und die Einelektronengleichungen müssen getrennt für Spin „auf" und Spin „ab" gelöst werden. Es kam uns hier jedoch nur darauf an, auf das Kontaktfeld als wichtigen Beitrag hinzuweisen, auf weitere Einzelheiten wollen wir deshalb nicht eingehen.

Hyperfeinfelder können sehr groß sein und übertreffen in der Regel Felder, die man im Labor erzeugen kann. Für die Alkali-Atome ergeben sich Werte von 50 bis 200 T (die höheren Felder in den schwereren Atomen); für Eisen liegt B_{hf} zwischen 30 und 50 T und für die schweren Seltenen Erden im Bereich von 600 T.

Hyperfeinfelder sind sehr groß

Neben der Kern-Hüllen-Kopplung über die Wechselwirkung des magnetischen Kerndipolmomentes mit dem von den Elektronen erzeugten Hyperfeinfeld existiert auch noch eine *elektrische Quadrupolkopplung* E_Q. Sie spielt in der Atomphysik keine große Rolle, ist aber in Festkörpern von Bedeutung.

Bemerkung:

Falls die Kugelsymmetrie der elektronischen Ladungsverteilung etwa durch die Festlegung einer Vorzugsachse erniedrigt wird, so erzeugen die Elektronen am Kernort ein nicht homogenes elektrisches Feld. Dieses passiert zum Beispiel, wenn die Atome in einem nicht-kubischen Kristall eingebaut werden. Mit anderen Worten, es existiert dann am Kern ein elektrischer Feldgradient $\vec{\nabla}\vec{\mathcal{E}}$. Falls nun außerdem die Kernladungsverteilung nicht kugelsymmetrisch ist, so existiert neben dem üblichen elektrischen Monopolmoment Ze der Kernladung noch ein elektrisches Quadrupolmoment[3] Q_K. Man spricht von deformierten Kernen. In diesem Fall existiert eine Quadrupolwechselwirkung $E_Q \propto Q_K(\vec{\nabla}\vec{\mathcal{E}})$. Dies stellt offenbar ebenfalls eine Kopplung zwischen Hülle $(\vec{\nabla}\vec{\mathcal{E}})$ und Kern (Q_K) dar.

7.10 Zusammenfassung der optischen Spektroskopie der Vielelektronenatome

Zum Abschluß der Spektren der Vielelektronenatome sei noch einmal eine kurze Übersicht über die verschiedenen Wechselwirkungen in der Elektronenhülle eines Atoms gegeben (siehe Bild 7.13).

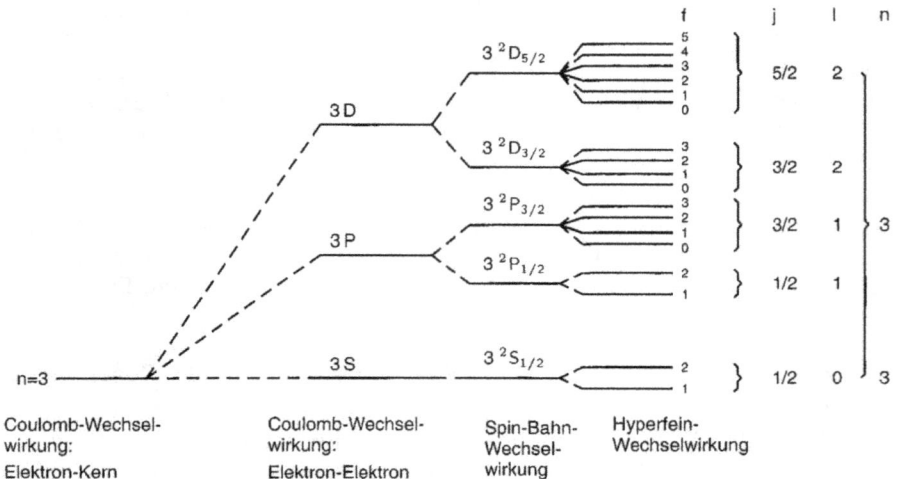

Bild 7.13: Energiezustände des $3s$ Elektrons in Natrium im äußeren Magnetfeld, wobei schrittweise immer neue Wechselwirkungen "dazu geschaltet" werden. Die Aufspaltungen sind nicht maßstabsgerecht.

1. Zunächst bestimmt die Wechselwirkung mit dem *Coulomb-Potential des Kernes* grob die Energie des Leuchtelektrons. In dieser Näherung ist die Energie des Elektrons durch die *Hauptquantenzahl* n alleine festgelegt: $E = E(n)$.

2. Durch die *Coulomb-Abstoßung zwischen dem Leuchtelektron und den weiteren im Atom vorhandenen Elektronen* (Elektronenrumpf) wird die Bahnentartung aufgehoben. D.h. der Elektronenzustand mit der Energie

---

[3] Man kann in der Kernphysik zeigen, daß Kerne keine elektrischen Dipolmomente besitzen.

$E(n)$ spaltet in Zustände mit unterschiedlichem Bahndrehimpuls auf: $E = E(n, l)$. Diese Zustände werden mit der Hauptquantenzahl n und den Buchstaben S, P, D, ... für $l = 0, 1, 2, ...$ usw. bezeichnet. Also z.B. 3S, 3P, usw.

Ist mehr als ein Elektron außerhalb geschlossener Schalen vorhanden, so muß noch die Kopplung ihrer Spins untereinander beachtet werden. Dies führt zu *separaten Termfolgen*, je nach Größe der Gesamtdrehimpuls-quantenzahl s. Die Termfolgen werden durch ihre *Multiplizität* $(2s + 1)$ gekennzeichnet. Terme mit maximaler Multiplizität liegen energetisch am tiefsten. Für zwei Elektronen ergeben sich so die *Triplett* ($s = 1$) *Termfolge:* ^{3}S, ^{3}P, ^{3}D, ... und die *Singulett* ($s = 0$) *Termfolge:* ^{1}S, ^{1}P, ^{1}D, ... Strahlungsübergänge zwischen den beiden Termfolgen sind verboten (*Interkombinationsverbot*).

3. Die verschiedenen, erlaubten Orientierungen des Spin-Drehimpulses $\vec{S}$ gegenüber dem Bahndrehimpuls $\vec{L}$ werden durch die Werte der Gesamtdrehimpulsquantenzahl j festgelegt. Über die Spin-Bahn-Kopplung entsteht so eine Energiedifferenz zwischen den Elektronentermen mit gleicher Bahndrehimpulsquantenzahl l aber verschiedener Gesamtdreh-impulsquantenzahl j. Dies ist die *Feinstrukturaufspaltung*, und es ist nun $E = E(n, l, j)$. Im Na-Atom führt dies z.B. zur Trennung des 3D-Terms in das Feinstrukturdublett 3^2D$_{5/2}$ und 3^2D$_{3/2}$. Die Zahl der maximal möglichen Feinstrukturterme ist durch die Multiplizität des Zustandes gegeben.

4. Weiter kann noch eine Kopplung zwischen dem Magnetmoment $\vec{\mu}_j$ der Atomhülle und dem Magnetmoment $\vec{\mu}_i$ des Kernes existieren. Dies führt zur Bildung des Gesamtdrehimpulses des Atoms $\vec{F} = \vec{J} + \vec{I}$. Die relative Orientierung zwischen $\vec{J}$ und $\vec{I}$ wird durch die Quantenzahl f des atomaren Gesamtdrehimpulses beschrieben. Sie bewirkt eine geringfügige Änderung der Energie der Feinstrukturterme. Es gilt daher $E = E(n, l, j, f)$. Die Aufspaltung der Termenergie nach f ist die *magnetische Hyperfeinaufspaltung*. Neben der magnetischen Hyperfeinstruktur existieren noch die *Isotopieverschiebung*, die ihre Ursache im endlichen Kernvolumen hat, und die *elektrische Quadrupolaufspaltung*, die durch das Kernquadrupolmoment hervorgerufen wird.

5. Äußere Magnetfelder bewirken eine Aufspaltung der Zustände nach m_f bzw. m_j je nach Stärke des Magnetfeldes (Zeeman-Effekt). Bei sehr starken Feldern entkoppelt die Spin-Bahn-Wechselwirkung (Paschen-Back-Effekt).

Der Vollständigkeit halber wiederholen wir auch noch die Dipolauswahlregeln, die die erlaubten Übergänge festlegen.

1. Übergänge finden nur zwischen Termen statt, bei denen *ein* Elektron seinen Zustand ändert (*Leuchtelektron*).

2. Für das Leuchtelektron gilt:

$$\Delta l_i = \pm 1 \quad \text{(Leuchtelektron)}.$$

3. Für die Quantenzahlen des Atoms muß gleichzeitig erfüllt sein:

$$\Delta s = 0$$
$$\Delta l = 0, \pm 1$$
$$\Delta j = 0, \pm 1 \quad \text{aber kein Übergang von } j = 0 \text{ nach } j = 0$$
$$\Delta m_j = 0, \pm 1 \quad \text{aber nicht: } m_j = 0 \rightarrow m_j = 0 \text{ wenn: } j = 0$$
$$\Delta f = 0, \pm 1 \quad \text{aber nicht } f = 0 \text{ nach } f = 0.$$

Die vorletzte Regel gilt nur bei Zeeman-Aufspaltung, die letzte für Hyperfeinterme.

Die Atomspektroskopie hat auch in der modernen Physik noch immer große Bedeutung. So ist z.B. die von den Atomen ausgesandte elektromagnetische Strahlung die Informationsquelle über den Aufbau des Kosmos und die physikalischen Bedingungen in fernen Sternsystemen. Schließlich sei auch noch erwähnt, daß die Atomspektroskopie in der chemischen und metallurgischen Analyse eine wichtige Rolle spielt, insbesondere zum Nachweis nur geringfügig enthaltener Verunreinigungen (Spurenelemente). Speziell durch die Entwicklung der laserspektroskopischen Methoden hat die optische Spektroskopie einen neuen Schub erhalten. Die Möglichkeit, einzelne Atome in sogenannten Fallen festzuhalten und dann mit Laserlicht anzuregen und zu spektroskopieren ist ein wichtiges neues Arbeitsgebiet, welches erlaubt, die grundlegenden Aussagen der Quantenphysik zu überprüfen.

8 Resonanzspektroskopie

8.1 Resonanzfluoreszenz

Die Anregung von Atomen durch Absorption von Licht und die darauffolgende Wiederaussendung (zumindest eines Teils) der Anregungsenergie in Form von Licht wird als *Fluoreszenz* bezeichnet. Von besonderem Interesse ist die Lichtabsorption im Grundzustand des Atoms, die zu einer Anregung eines höheren Energiezustandes führt mit anschließender Abregung des angeregten Zustandes zurück zum Grundzustand durch Lichtemission. Diesen Prozeß bezeichnet man als *Resonanzfluoreszenz*. In diesem Fall besitzen das absorbierte und das re-emittierte Licht dieselbe Frequenz (Energie), was zu der Namensgebung führt. Er ist am Beispiel des $3P_{1/2} \rightarrow 3S_{1/2}$ Übergangs in Natrium (einer der Linien des Na D-Dubletts) in Bild 8.1 dargestellt.

Zwischen dem Absorptions- und dem Emissionsprozeß verstreicht im Mittel die mittlere Lebensdauer τ des angeregten Zustands. Diese liegt für optische Dipolstrahlung typischerweise im Bereich $10^{-8} - 10^{-9}$ s. Die Re-emission erfolgt also prompt innerhalb der experimentell üblicherweise zugänglichen Zeitskala. Mit der in Bild 8.2 gezeigten Versuchsanordnung kann die Resonanzfluoreszenz sichtbar gemacht werden.

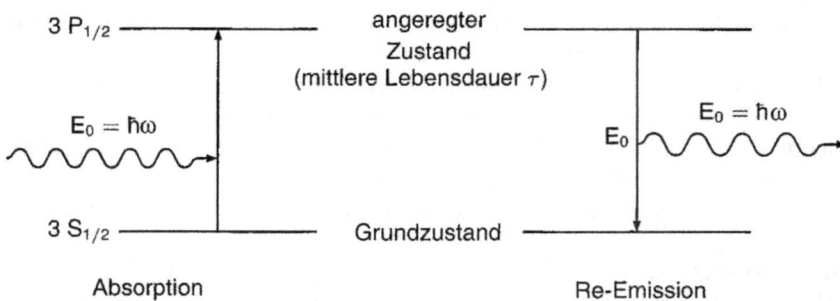

Bild 8.1: Resonanzfluoreszenz des $3P_{1/2} \rightarrow 3S_{1/2}$ Überganges in Natrium.

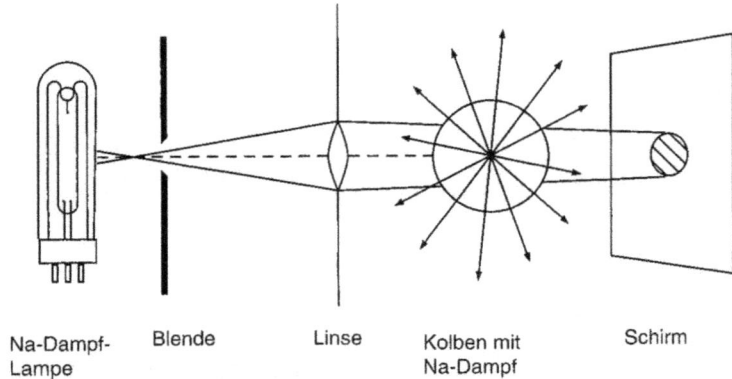

Na-Dampf-   Blende   Linse   Kolben mit   Schirm
Lampe   Na-Dampf

Bild 8.2: Beobachtung der Resonanzfluoreszenz der Na D-Linie. Die auf dem Schirm abgebildete Blendenöffnung wird dunkel bei Resonanzfluoreszenz.

Natrium:
Schmelzpunkt
97,81° C;
Siedepunkt
882,9° C

Bemerkung:

Zunächst sei der mit Na gefüllte Kolben (Bild 8.2) auf Zimmertemperatur und das Na-Metall als Tropfen kondensiert. Das Licht der Na-Lampe trifft ungehindert auf den Schirm. Nun wird durch Erhitzen des Kolbens das Na verdampft, und es setzt Resonanzfluoreszenz ein. Das bedeutet, aus dem direkten Strahlengang wird das Licht zunächst absorbiert. Bei der Re-emission existiert keine Vorzugsrichtung. Sie erfolgt isotrop, und nur ein geringer Teil des Lichts fällt in Richtung des Schirmes. Man sieht dort Schattenbildung (Resonanzabsorption). In dem vorliegenden Versuch beobachtet man natürlich die Resonanzabsorption beider Komponenten des Na D-Dubletts.

Resonanzabsorption kann nur stattfinden, wenn die Emissionslinie der Lichtquelle im Rahmen ihrer natürlichen Linienbreite mit der Absorptionslinie im Resonanzabsorber zusammenfällt. Dies wurde hier erreicht durch die Verwendung identischer Systeme für die Erzeugung und Absorption des Lichtes (Na-Dampflampe und Kolben mit Na-Dampf). Die Resonanzbedingung läßt sich aber leicht zerstören. Legt man z.B. ein Magnetfeld an die Absorberatome an (d.h. man positioniert den Kolben mit Na-Dampf zwischen die Polschuhe eines Magneten), so spaltet die Absorptionslinie in ihre Zeeman-Komponenten auf. Bild 7.8 zeigte bereits die Situation für das Na D-Dublett. Man erkennt sofort, daß bei den Frequenzen, bei denen die beiden Emissionslinien liegen (feldfreier Fall), gerade keine Zeeman-Komponenten der Absorptionslinie zu finden sind. Resonanzfluoreszenz ist nicht mehr möglich. Beim Einschalten des Feldes verschwindet somit der Schattenfleck auf dem Schirm.

Die Resonanzbedingung $E_{\text{Emission}} = E_{\text{Absorption}}$ muß innerhalb der tatsächlichen Linienbreite (d.h. inklusive eventueller Doppler- oder Stoßverbreiterungen) erfüllt sein. Zur Zerstörung der Resonanz muß also die Feldstärke so groß gewählt werden, daß die Zeeman-Aufspaltung größer ist als die Linienbreite. Wie wir in Abschnitt 3.5 diskutiert haben, geht der Rückstoßenergieverlust bei optischen Übergängen in der natürlichen Linienbreite unter und gefährdet die Resonanzbedingung nicht. Dies ist bei Kern-γ-Strahlung anders, womit wir uns in Abschnitt 18.8 kurz beschäftigen.

Die Einwirkung eines Magnetfeldes auf die Resonanzfluoreszenz war hier als Demonstrationsversuch vorgestellt worden. Das Verfahren läßt sich aber auch mit entsprechenden Verfeinerungen als hochempfindliches Magnetometer einsetzen.

Bemerkung:

Man geht hierbei aus von der Zeeman-Aufspaltung des $^2S_{1/2}$ Grundzustandes eines Alkali-Atoms (gern wird Cs-Dampf benutzt) in zwei Zustände. Im thermischen Gleichgewicht wäre der untere Zustand stärker besetzt als der obere. Man erzielt Besetzungsinversion durch optisches Pumpen, wie beim Laser (Physik III) besprochen, mittels zirkularpolarisiertem Licht. Der optische Übergang zum unteren Zustand ist für spontane Emission verboten (Spin-Flip), kann aber durch Anlegen eines entsprechenden radiofrequenten (rf) Feldes erzwungen werden. Dieses stellt das thermische Gleichgewicht wieder her, und die dem Pumplicht entzogene Leistung steigt an. Die Pumpleistung, d.h. die Absorption des Pumplichts durch den Cs-Dampf als Funktion der Frequenz des rf-Feldes, erreicht ein Maximum, wenn die rf-Frequenz der Zeeman-Aufspaltung des Grundzustandes entspricht, wenn also die Resonanzbedingung erfüllt ist. Über die Messung der Frequenzabhängigkeit der Pumpleistung erhält man so einen präzisen Wert der Zeeman-Aufspaltung, und da alle atomaren Daten sehr genau bekannt sind, läßt sich daraus das Feld am Cs-Dampfkolben bestimmen. Die Empfindlichkeit ist besser als 0,1 nT (das Erdfeld ist etwa 0,1 mT). Solche Magnetometer wurden in Raumsonden benutzt, um das interplanetarische Feld auszumessen.

Zeeman-Magnetometer

Hauptsächlich stammt unsere Kenntnis der Magnetfelder im Raum und auf Sternoberflächen von der beobachteten Zeeman-Aufspaltung von Spektrallinien von Elementen, die in der interstellarer Materie oder auf Sternen vorhanden sind. In Spezialfällen kann auch die Synchrotronstrahlung von Elektronen auf durch Magnetfelder erzwungenen Kreisbahnen im interstellaren Raum dazu benutzt werden. Das extremste Magnetfeld herrscht in den polaren Regionen (d.h. im Bereich der Drehachse) von Neutronensternen. Es liegt im Bereich von $5 \cdot 10^8$ T, nachgewiesen durch die Abstrahlung der Zyklotronfrequenz $\omega_z = eB/(m_e c)$ von Elektronen auf quantisierten Bahnen im Feld (Landau-Zustände[1]).

8.2   Mikrowellen-Resonanz und Breit-Rabi-Diagramm

Die Mikrowellen-Resonanz-Verfahren, die wir in den folgenden Abschnitten kurz besprechen werden, dienen letztlich alle der Messung der Hyperfein-Kopplungsenergie E_{hf}. In diese gehen Kern- und Elektronenparameter ein.

---

[1] siehe C. Kittel, *Festkörperphysik*, 12. Auflage, Kap. 6 und 8, R. Oldenbourg Verlag 1999

Untersuchung von Molekülen und Kristallen

Wir gehen davon aus, daß die Kernparameter (I, g_I) bekannt sind, was in der Regel der Fall ist. Dann läßt sich aus E_{hf} der elektronische Parameter, insbesondere das von den Elektronen erzeugte Hyperfeinfeld bestimmen. Dieses spiegelt die tatsächlich vorhandene Struktur der Elektronenhülle wider. Für freie Atome ist dies von geringem Interesse, aber für Atome, die in Molekülen oder Kristallen gebunden sind, ist diese Information wichtig, da sie entscheidende Aufschlüsse über die Bindungszustände liefert.

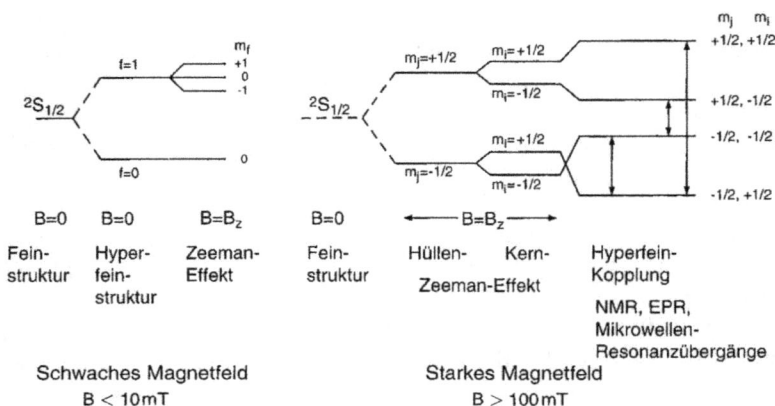

Bild 8.3: Zustände des Wasserstoffatoms im Magnetfeld.

Gemeinsam ist den verschieden Mikrowellen-Resonanz-Methoden, daß sie die Existenz eines Magnetfeldes an den Atomen verlangen. Dies ist in der Regel ein angelegtes Feld. Unsere erste Aufgabe ist es also, das Verhalten von Hyperfeinzuständen in Magnetfeldern zu verstehen. Hierzu müssen wir zwischen schwachen und starken Magnetfeldern unterscheiden. Bild 8.3 illustriert die grundlegende Situation am Beispiel des Wasserstoffatoms, das das einfachste System darstellt, da es $j = s = 1/2$ im Grundzustand und $i = 1/2$ besitzt. Wie schon besprochen, führt dies zu zwei Hyperfeinzuständen mit $f = 0$ und $f = 1$. Dies ist in Bild 8.3 links gezeichnet. Solange das Magnetfeld schwach ist, bleibt die Hyperfeinkopplung $\vec{F} = \vec{J} + \vec{I}$ erhalten, und wir beobachten die Zeeman-Aufspaltung der Zustände in m_f, wobei natürlich der Zustand $f = 0$ nur $m_f = 0$ besitzt und daher unbeeinflußt bleibt. Stärkere Felder brechen die Hyperfeinkopplung auf. Die Hüllen-Zeeman-Aufspaltung in m_j und die Kern-Zeemann-Aufspaltung in m_i wirken unabhängig voneinander additiv. Die Hyperfeinkopplungsenergie E_{hf}, die natürlich nach wie vor vorhanden ist, beeinflußt nun die durch m_j, m_i charakterisierten Zustände. Dies ist ganz rechts in Bild 8.3 gezeigt. Durch Mikrowelleneinstrahlung können wir Übergänge zwischen den nach m_i aufgespalteten Zuständen erzwingen. Dies ist die kernmagnetische Resonanz (NMR = Nuclear Magnetic Resonance). Oder aber wir induzieren

NMR

Übergänge zwischen den im m_j aufgespaltenen Zuständen, was man als Elektronen-Paramagnetische-Resonanz (EPR = Electron Paramagnetic Resonance) bezeichnet. (Manchmal spricht man auch von ESR = Electron Spin Resonance).

EPR, ESR

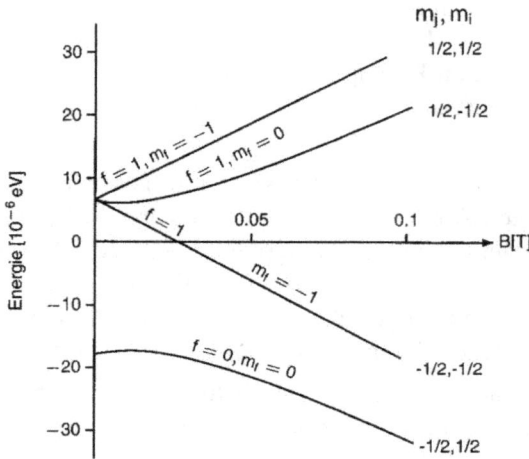

Bild 8.4: Aufspaltung der Hyperfeinzustände des Wasserstoffatoms als Funktion des Magnetfeldes (Breit-Rabi-Diagramm). Die Kurven sind durch ihre Quantenzahlen für schwache Magnetfelder charakterisiert. Die Quantenzahlen für stärkere Felder sind rechts aufgeführt.

Wir interessieren uns nun für die Frage, wie sich die Lage der Energiezustände vom Nullfeld über schwache Felder bis hin zu starken Feldern entwickelt. Dies gibt das *Breit-Rabi-Diagramm* an. Bild 8.4 zeigt das Resultat für den $^2S_{1/2}$ Grundzustand des Wasserstoffs. Wir sehen links die Zeeman-Aufspaltung nach m_f der Hyperfeinzustände und rechts die Situation, wenn m_j und m_i unabhängige Quantenzahlen sind[2].

Breit-Rabi-Diagramm

Bemerkung:

Im allgemeinen Fall ($j > 1/2$, $i > 1/2$) wird das Breit-Rabi-Diagramm recht komplex. Weiterhin ist angenommen, daß das Feld nie groß genug wird, um die Spin-Bahn-Kopplung in der Hülle ($\vec{J} = \vec{L} + \vec{S}$) zu brechen, d.h. die Hülle in den Paschen-Back-Bereich zu bringen. Natürlich ist auch der Kerndrehimpuls (außer bei Wasserstoff) aus Bahn- und Spindrehimpulsen der Nukleonen zusammengesetzt. Feldstärken, die nötig wären die Drehimpulskopplung im Kern aufzubrechen, lassen sich jedoch im Labor nicht erreichen.

---

[2] Die Berechnung des Breit-Rabi-Diagramms für den Wasserstoff-Grundzustand findet sich in R.P. Feynman, *Vorlesungen über Physik*, 4. Auflage, Bd. III, Kap. 12., R. Oldenbourg Verlag 1996.

8.3   Atomstrahl-Resonanz (Rabi-Verfahren)

Die Methode beruht im Prinzip darauf, daß ein Atomstrahl zwei Stern-Gerlach-Apparaturen (siehe Physik III) hintereinander durchläuft. Die erste Apparatur dient als „Polarisator" während die zweite als „Analysator" fungiert. Zwischen den beiden werden durch eingestrahlte resonante Mikrowellen Übergänge in den Atomen des Strahles erzwungen. Eine moderne Meßanordnung und ihr Prinzip zeigt Bild 8.5. Das Verfahren sei am Beispiel der Hyperfeinaufspaltung des $^2S_{1/2}$ Grundzustandes des Wasserstoffatoms erläutert.

Der im Ofen erzeugte Strahl von Wasserstoffatomen läuft in den Stern-Gerlach-Magneten A ein. Dort existiert ein starkes Magnetfeld B_z und ein dem Feld entgegengerichteter Feldgradient $-dB/dz$. Das Feld spaltet den Grundzustand in die rechts im Breit-Rabi-Diagramm (Bild 8.4) gezeigten Zustände m_j, m_i auf. Durch den Feldgradienten erleiden die Atome in A eine ablenkende Kraft, deren Größe von m_j, m_i abhängt.

Hinter dem Magneten A ist ein Kollimatorschlitz K angebracht. Der Feldgradient $-dB/dz$ wird so eingestellt, daß nur Atome, die ein bestimmtes Wertepaar m_j, m_i (z.B. $m_j = m_i = 1/2$) besitzen, auf den Schlitz kollimiert werden. Gleichzeitig müssen hierzu bestimmte Bedingungen bezüglich der Eintrittsgeschwindigkeit $\vec{v}_a$, mit der die Atome in den Magneten einlaufen, erfüllt sein. Der Strahl durchläuft dann den Magneten C, in dem ein schwaches homogenes Magnetfeld herrscht. Dieses hat keinen merklichen Einfluß auf die Strahlgeometrie. Im folgenden Stern-Gerlach-Magneten B existiert wieder ein starkes Magnetfeld B_z, hier jedoch mit gleichgerichtetem Feldgradienten $+dB/dz$. Die Beträge von B_z und dB/dz sind die gleichen wie im Magneten A. Der durch K ausgeblendete Atomstrahl erleidet also in B die genau umgekehrt gerichtete Ablenkkraft wie in A und wird auf die Apparateachse zurück fokussiert. Dort sitzt der Detektor D, mit dessen Hilfe die eintreffende Strahlintensität gemessen werden kann (Einzelheiten des Detektors sollen hier nicht interessieren). Innerhalb des schwachen homogenen Feldes C (ca. 0,03 mT) wird nun durch Einstrahlung der resonanten Mikrowellenfrequenz ein Übergang vom $f = 1$ zum $f = 0$ Hyperfeinzustand erzwungen. Für diejenigen Wasserstoffatome, die einen Hyperfeinübergang erlitten haben, ist die Fokussierungsbedingung durch den Magneten B nicht mehr erfüllt (gestrichelte Bahn in Bild 8.5a), und der Detektor registriert einen Verlust der Strahlintensität. Bild 8.6a zeigt eine so gewonnene Resonanzkurve. Die Stern-Gerlach-Magneten A und B werden nun auf die verschiedenen Magnetfeldzustände des Wasserstoffs (Bild 8.4) eingestellt. Ebenso wird die Magnetfeldstärke in C variiert. Die Variation der verschiedenen Übergangsfrequenzen (Auswahlregeln für Dipolstrahlung beachten!) mit der Stärke des homogenen Magnetfeldes zeigt Bild 8.6b. Die Meßkur-

a)

b)

c)

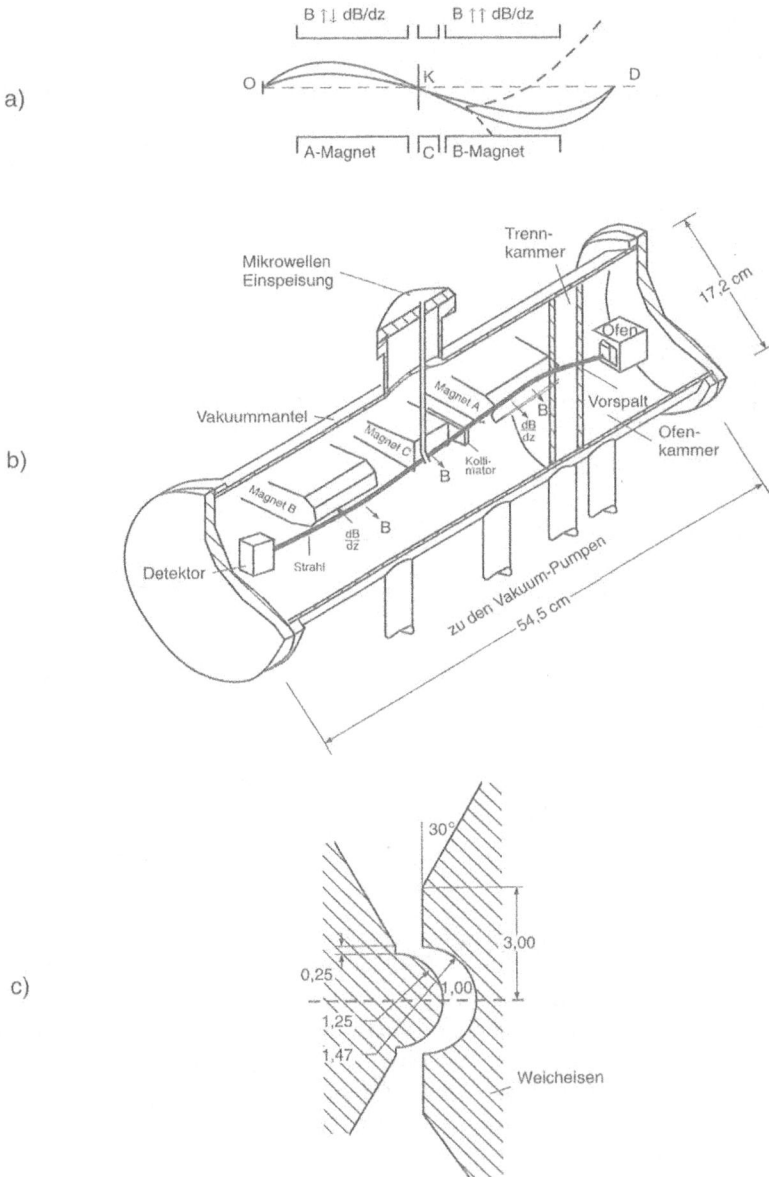

Bild 8.5: Atomstrahlverfahren nach RABI.

a) Prinzip der Meßanordnung.

b) Aufsicht auf eine moderne Atomstrahlapparatur (Maße in cm),

c) Magnet des inhomogenen A- bzw. B-Feldes (Maße in mm).

b) und c) nach: P. Kusch und V.W. Hughes, *Handbuch der Physik*, Band XXXVII/1, Springer-Verlag 1959.

ve reflektiert sozusagen ein Abtasten des Breit-Rabi-Diagramms. Damit ist
einerseits eine exakte Bestimmung der Quantenzahlen m_j, m_i und somit
von J und I möglich, andererseits gibt die Extrapolation für $B \to 0$ die
Hyperfeinaufspaltung im Nullfeld. Für atomaren Wasserstoff ergab sich:

$$\nu_0(f = 1 \to f = 0)_{\mathrm{H}} = (1420405751{,}80 \pm 0{,}03)\,\mathrm{Hz}.$$

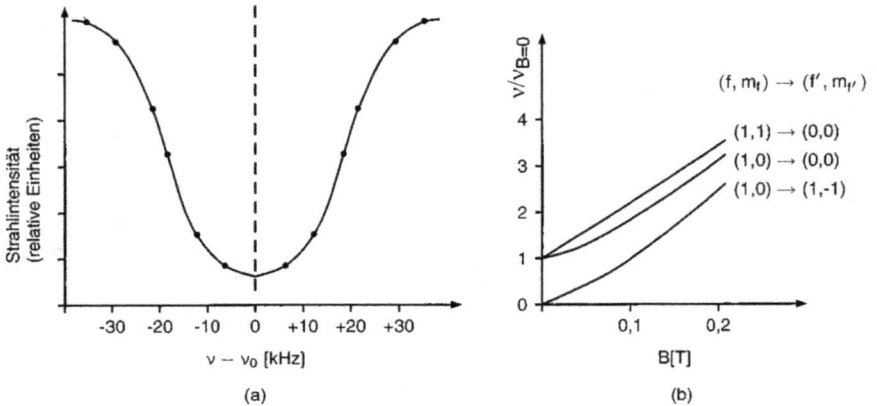

(a)   (b)

Bild 8.6: a) Atomstrahl Resonanzkurve des $f = 1 \to f = 0$ Hyperfeinüberganges in
atomaren Wasserstoff in einem homogenen Magnetfeld von 0,03 mT. Die Resonanzfrequenz
liegt etwa bei $\nu_0 = 1{,}420406$ GHz.
b) Übergangsfrequenz zwischen den magnetischen Zuständen der Hyperfeinstruktur des
atomaren Wasserstoffs als Funktion des angelegten Magnetfeldes. Die Übergangsfrequenzen
sind relativ zur Frequenz im Nullfeld angegeben.

Bemerkung:

Dies ist eine relative Genauigkeit $\Delta\nu_0/\nu_0 \approx 2 \cdot 10^{-11}$ und zeigt die ungeheure
Präzision des Atomstrahlverfahrens. Mit dieser Methode sind auch die magneti-
schen Dipolmomente der Grundzustände der meisten stabilen und metastabilen
(Halbwertszeiten größer als Stunden) Kerne bestimmt worden. Dazu benutzt man
in der Regel einen Strahl aus diamagnetischen Molekülen, d.h. Molekülen, in denen
sich die magnetischen Momente der Atome zu einem resultierenden Moment Null
addieren. Dann bleibt nur die direkte Wechselwirkung mit dem Kernmoment übrig.

Das Atomstrahlverfahren hat den Nachteil, daß es prinzipiell auf Atome oder
Moleküle in kondensierter Materie (Flüssigkeiten oder Festkörper, speziell
Kristalle) nicht anwendbar ist. Hierzu dienen NMR und EPR.

8.4 Neutronenspin-Echo-Spektrometer

Als ein Beispiel, wie das der Atomstrahlmethode zugrunde liegende Prinzip auch in ganz anderen Bereichen der Physik nützlich sein kann, stellen wir kurz das Neutronenspin-Echo-Spektrometer (NSE) vor. Dieses hat in den letzten Jahren breite Anwendungen in der inelastischen Neutronenstreuung gefunden und ganz neue Meßbereiche eröffnet. Neutronen zeigen nach außen keine elektrische Ladung. Da es sich aber um ein aus geladenen und spinbehafteten Teilchen (3 Quarks) zusammengesetztes Gebilde handelt, besitzen Neutronen ein magnetisches Moment $\mu_n = -1{,}91\,\mu_K$ (Proton: $\mu_p = +2{,}79\,\mu_K$). In einem senkrecht zu $\vec{\mu}_n$ angelegten Magnetfeld wird dieses Moment um $\vec{B}$ präzedieren. Den Aufbau eines NSE-Spektrometers zeigt schematisch Bild 8.7. Die aus einem Reaktorstrahlrohr austretenden Neutronen haben eine breite Energieverteilung und sind unpolarisiert[3]. Zunächst wird der Neutronenstrahl monochromatisiert.

Inelastische Neutronenstreuung

Bemerkung:

Dies geschieht in einem mechanischen Geschwindigkeitsselektor, der aus einer Reihe von rotierenden Scheiben mit zueinander verdrehten Nuten besteht. Nur Neutronen einer bestimmten Geschwindigkeit treffen jeweils auf eine offene Nut in den Scheiben, wenn sie parallel zur Drehachse durch das Gerät fliegen. Man kann Neutronen auch mittels der Braggreflexion an einem Einkristall (z.B. Cu) monochromatisieren. Dieses Verfahren hat jedoch einen größeren Intensitätsverlust zur Folge als der mechanische Selektor.

Als nächstes treffen die nun monochromatischen Neutronen auf einen magnetischen Spiegel 1, der nur Neutronen deren Spin[4] in Flugrichtung (z-Richtung) steht, reflektiert (für Neutronenwellen besitzt Materie einen Brechungsindex, der geringfügig kleiner ist als eins, und daher ist Totalreflexion bei streifendem Einfall möglich). Die darauf folgende $\pi/2$-Spule 1 erzeugt ein Feld in y-Richtung, und der Neutronenspin präzediert in der x, z-Ebene. Die Spulenparameter sind so gewählt, daß sich der Spin gerade um 90° dreht, also nun in die x-Richtung zeigt. Spiegel 1 und $\pi/2$-Spule 1 bilden den Polarisator. Nun durchläuft das Neutron axial eine lange Spule (A) mit Feld in Flugrichtung der Neutronen ($+z$-Richtung). In deren Feld präzediert der Spin so, daß das Ende des Spinvektors auf einer zur Spulenachse konzentrischen Schraubenlinie läuft. Nach Verlassen der Spule ist der Spin also um einen gewissen Winkel gegenüber der Eingangsstellung ($\vec{S}_n \parallel \hat{x}$) verdreht. Der Winkel hängt bei gegebener Feldstärke und Spulenlänge von der Neutronengeschwindigkeit ab. Nun wird das Neutron an der

Beschreibung des Spektrometers

---

[3] Dies bedeutet, ihre magnetischen Momente $\vec{\mu}_n$ sind wahllos in alle Raumrichtungen orientiert (dies ist im feldfreien Fall erlaubt, eine z-Achse ist nicht definiert).

[4] Wie üblich ist die z-Komponente des Spinvektors gemeint.

Probe gestreut. Nehmen wir zunächst an, die Streuung sei elastisch und ohne Spinflip (Braggstreuung). Dann hat sich nur die Ausbreitungsrichtung, nicht aber die Geschwindigkeit geändert. Das Neutron durchläuft eine π-Spule. Damit besteht am Eingang der Spule (B) bezüglich des Koordinatensystems x', y', z' dieselbe Polarisation von $\vec{S}_n$ wie am Ausgang der Spule (A). Das Feld der Spule (B) liegt entgegengesetzt zur Flugrichtung der Neutronen ($-z$-Richtung), ist sonst aber identisch mit dem Feld der Spule (A).

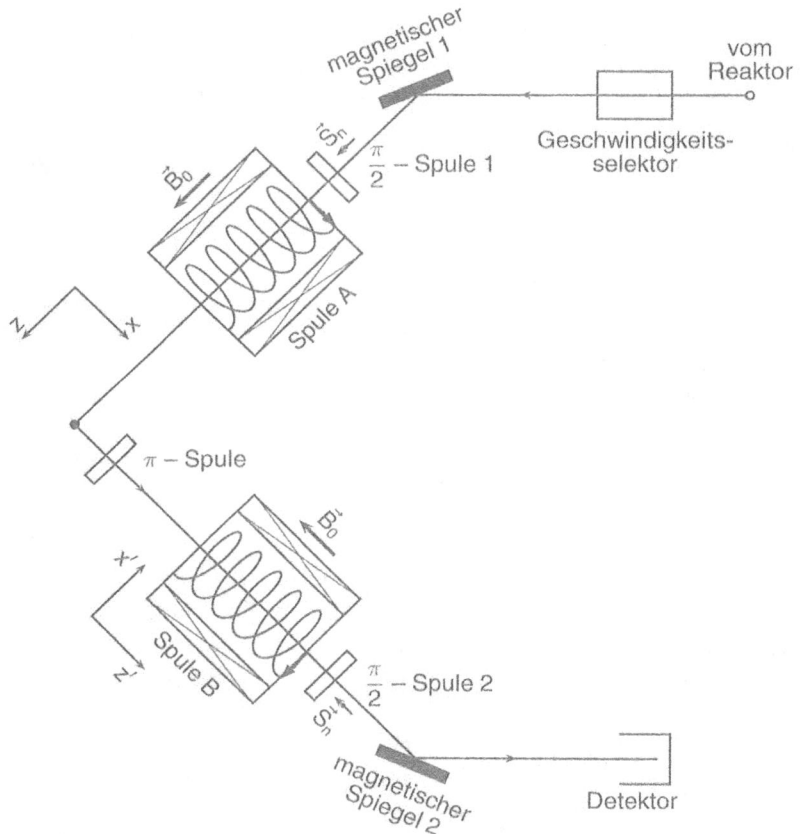

Bild 8.7: Prinzipieller Aufbau eines Neutronenspin-Echo-Spektrometers.

Der Neutronenspin wird in (B) gerade soviel zurückgedreht, wie er in (A) vorgedreht wurde. $\pi/2$-Spule 2 und magnetischer Spiegel 2 wirken als Polarisationsanalysator. Der Detektor spricht also nur an, wenn sich im Streuprozeß außer der Flugrichtung nichts geändert hat. Erleidet aber das Neutron bei der Streuung einen Energieverlust (oder Energiegewinn), so sind die Spinpräzessionen in (A) und (B) nicht mehr identisch, und die Neutronen können den Analysator nicht passieren. Durch Neueinstellung des Feldes (B) kann die Resonanzbedingung (Spindrehung in (A) = Spindrehung in (B)) wieder hergestellt werden. Durch Variieren der Drehzahl des Geschwindigkeitsselektors und durch Änderung des Streuwinkels (der den Impulsübertrag bei Streuung festlegt), kann man so den Energieübertrag der Neutronen an die Probe und gegebenenfalls auch einen Spin-Flip als Funktion der Neutronenenergie und des Impulsübertrages ausmessen. Die einfachsten Anregungen im Festkörper sind Schwingungsanregungen der Atome um ihre Gleichgewichtslage (Phononenanregungen). Darauf wird in der Festkörperphysik dann genauer eingegangen.

8.5 Kernmagnetische Resonanz (NMR)

Bei dieser Methode werden Übergänge erzwungen zwischen zwei Zuständen mit unterschiedlichem m_i aber festem m_j in der Gegenwart eines starken Feldes (Bild 8.3 rechts). Dies erfolgt durch Einstrahlung von elektromagnetischen Wellen mit einer Frequenz, die der Energiedifferenz der Kern-Zeeman-Zustände entspricht. Die prinzipiellen Komponenten eines NMR-Spektrometers zeigt Bild 8.8. Das vom Elektromagneten (es kann auch eine supraleitenden Spule sein) erzeugte statische Feld B_0 bewirkt die Zeeman-Aufspaltung in Hülle und Kern. Wir betrachten die Kernzustände m_i, im Falle des Wasserstoffs die Zustände $m_i = +1/2$ und $m_i = -1/2$, die um den Energiebetrag $E_m = E(+1/2) - E(-1/2)$ voneinander getrennt sind. Die Hochfrequenz-(HF)-Spule erzeugt das resonante magnetische Wechselfeld, das den Übergang $-1/2 \rightarrow +1/2$ erzwingt.

Kern-Zeeman-Zustände

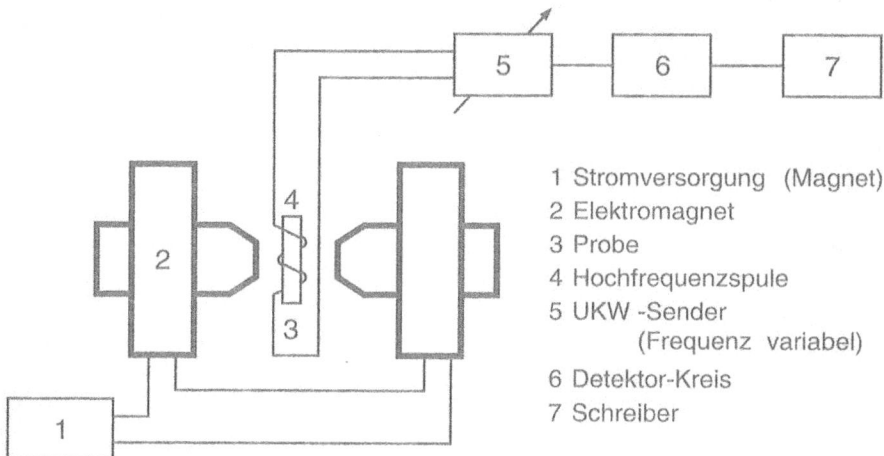

1 Stromversorgung (Magnet)
2 Elektromagnet
3 Probe
4 Hochfrequenzspule
5 UKW -Sender
   (Frequenz variabel)
6 Detektor-Kreis
7 Schreiber

Bild 8.8: Prinzipieller Aufbau eines NMR-Spektrometers.

Bemerkung:

Die Bedingung für die Absorption von Dipolstrahlung verlangt, daß das HF-Feld senkrecht zu $\vec{B}_0$ steht. Dies ist leicht einzusehen. Ein von $+z$ nach $-z$ schwingender Dipol strahlt nicht in z-Richtung ab, wohl aber stark in x- und y-Richtung. Entsprechend muß beim zeitumgekehrten Vorgang der Absorption das Strahlungsfeld senkrecht zur Vorzugsachse (der z-Richtung) stehen.

Wir erwarten aber, daß genauso wie der Übergang $-1/2 \rightarrow +1/2$ auch der Übergang $+1/2 \rightarrow -1/2$ erzwungen wird, der Emission bedeutet. Damit wäre der Netto-Effekt Null. Das ist aber nicht ganz richtig. Im thermischen Gleichgewicht ist der „untere" Zustand $(-1/2)$ etwas stärker besetzt als der *Boltzmannfaktor* „obere" $(+1/2)$. Es gilt bekanntlich:

$$\frac{N_-}{N_+} \propto \exp\left(\frac{E_\mathrm{m}}{k_\mathrm{B}T}\right), \tag{8.1}$$

wobei E_m die Zeeman-Aufspaltung ($\approx 2 \cdot 10^{-8}\,\mathrm{eV}$ bei $B_0 = 1\,\mathrm{T}$) für das Proton und $k_\mathrm{B}T$ die thermische Energie ($\approx 2 \cdot 10^{-2}\,\mathrm{eV}$ bei $300\,\mathrm{K}$) sind. Der Besetzungsunterschied ist also sehr klein ($\approx 10^{-6}$). Da aber die Zahl der Atome sehr groß ist ($\approx 10^{23}\,\mathrm{cm}^{-3}$), ist doch ein merklicher Überschuß an Kernen mit der Orientierung $m_i = -1/2$ und entsprechender Ausrichtung des magnetischen Moments enthalten. Da die Absorptionswahrscheinlichkeit proportional zur Besetzungszahl ist, werden etwas mehr Übergänge von unten nach oben als von oben nach unten induziert, und es existiert eine Netto-Absorption der HF-Strahlung. Die entsprechende Energie muß vom Sender aufgebracht werden. Dies ist meßbar und liefert das NMR-Signal. Man nimmt also die HF-Absorption als Funktion der Senderfrequenz bei festgehaltenem B_0 oder aber bei fester Senderfrequenz als Funktion von B_0 auf. Wenn die Resonanzbedingung

$$\omega_0 = \frac{E_\mathrm{m}}{\hbar} = \frac{g_I \mu_\mathrm{K}}{\hbar} B_0$$

erfüllt ist, wird die Absorption maximal. Nun würde aber bei Netto-Absorption rasch die Gleichbesetzung der Zustände m_i erzielt, und dann würde das Absorptionssignal wieder verschwinden. Es muß also einen Mechanismus geben, der das thermische Gleichgewicht, welches (8.1) zugrunde liegt, stets aufrecht erhält. Er hat seine Ursache in der Temperaturbewegung der Atome, an der der Kern, da im Atom starr gebunden, uneingeschränkt teilnimmt. Es wird somit dauernd Energie mit dem Wärmereservoir, d.h. mit der gesamten Probematerie, ausgetauscht. In einem Festkörper sind die *Spin-Gitter-Relaxation* Wärmebewegungen Schwingungen der Atome um ihre mittlere Gitterlage. Diesen Austauschvorgang bezeichnet man als *Spin-Gitter-Relaxation*, und seine Existenz ist entscheidend für das Auftreten des NMR-Signals. Der vom Sender, bei Resonanz gelieferte Energieübertrag, fließt also letztlich in das thermische Bad (Gitterschwingungen) und die durch (8.1) gegebene ungleiche Besetzung von „unteren" und „oberen" Zustand wird aufrecht erhalten. Dazu müssen bestimmte Bedingungen hinsichtlich Senderleistung und Geschwindigkeit der Feldänderung (bzw. Frequenzänderung) erfüllt sein. Das hier geschilderte Verfahren ist als CW (constant wave) NMR bekannt. Es ist heute weitgehend durch gepulste NMR verdrängt, die meßtechnisch Vorteile bietet und auf die wir weiter unten kurz eingehen.

Bei der NMR benützt man Magnetfelder von etwa 1 T. Die Resonanzfrequenz liegt dann typischerweise um 50 MHz, also im UKW-Bereich. In Bild 8.9 ist das NMR-Spektrum des Wasserstoffs in Äthylalkohol (CH_3–CH_2–OH) zu sehen.

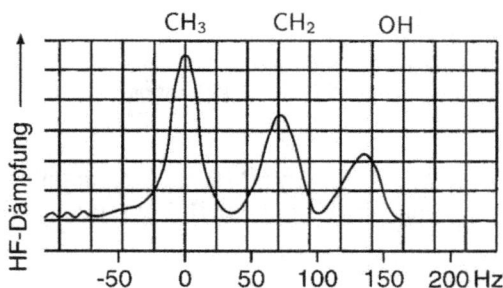

Bild 8.9: NMR-Spektrum (Wasserstoff-Resonanz) von Äthylalkohol (CH_3–CH_2–OH). Das Magnetfeld beträgt 0,94 T, die Sendefrequenz liegt bei 40 MHz. Auf der Abzisse ist die relative Frequenzverschiebung der Resonanzen angegeben.
(Nach: J.T. Arnold, *Phys. Rev.* **102** 136 (1956).)

Bemerkung:

An sich würde man für ein festes äußeres Magnetfeld nur die Existenz einer einzigen Resonanzfrequenz erwarten. Die den Wasserstoff umgebenden, von den Liganden herrührenden, Elektronen schirmen jedoch das äußere Magnetfeld geringfügig ab. Die Elektronenverteilung um die Wasserstoffatome ist leicht verschieden innerhalb der CH_3-, der CH_2- und der OH-Gruppe des Alkohols. Dies führt zu den drei getrennten Resonanzen des Wasserstoff-NMR-Spektrums von Bild 8.9[5]. Man spricht vom chemischer Verschiebung der Resonanz, und die NMR-Spektroskopie besitzt daher eine spezielle Bedeutung in der chemischen Analyse. Daneben werden Wasserstoff-NMR-Messungen auch zur Präzisionsbestimmung von Magnetfeldern ($\Delta B/B \leq 10^{-7}$) gerne benutzt, da das magnetische Moment des Protons sehr genau bekannt ist.

NMR-Frequenzverschiebung

---

[5] Bei höherer Auflösung zeigen die Signale der CH_3- und der CH_2-Gruppe noch weitere Struktur.

Natürlich können andere Kerne als Wasserstoff in der NMR-Spektroskopie benutzt werden, solange sie im Grundzustand einen Drehimpuls[6] besitzen.

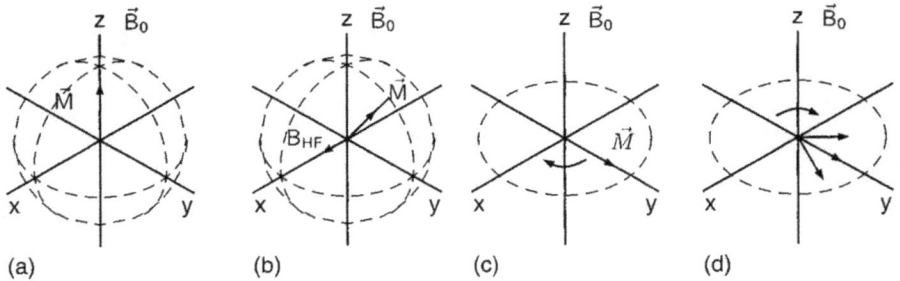

Bild 8.10: Gepulste NMR:
a) Durch B_0 wird das Kernspinsystem in $+z$-Richtung magnetisiert.
b) B_{HF} des 90° Pulses dreht $\vec{M}$ aus der z- in die y-Richtung.
c) $\vec{M}$ rotiert durch die Einwirkung von B_0 in der x, y-Ebene.
d) Nach einigen Umläufen ist die Magnetisierung als Folge der inhomogenen Verbreiterung aufgefächert. Gleichzeitig schwächt T_2 und T_1 Relaxation die y-Komponente der Magnetisierung.

Gepulste NMR

Wir wenden uns noch der gepulsten NMR zu. Man definiert die Kernmagnetisierung (analog zur Magnetisierung der Hülle) durch

$$M_K = \mu_K (N_{unten} - N_{oben}),$$

wenn N die Besetzungszahlen der beiden Zeeman-Zustände sind (wir nehmen weiter $i = 1/2$ als Beispiel an). Der Vektor der Magnetisierung $\vec{M}_K$ steht parallel zu $\vec{B}_0$, zeigt also in z-Richtung. Wir legen nun an die HF-Spule, deren Achse in x-Richtung liegt, kurzzeitig ein HF-Signal B_{HF} mit der Resonanzfrequenz ω_0 an. Sofort beginnt $\vec{M}$ in der y, z-Ebene zu präzedieren. Nach der Zeit t ist der Winkel zur z-Achse

$$\Theta = \frac{g_I \cdot \mu_K}{\hbar} \cdot B_{HF}. \tag{8.2}$$

90°-Puls

Durch geeignete Wahl von B_{HF} und t (wobei t im Bereich von 10^{-7} s liegt) kann $\Theta = 90°$ erzielt werden (90°-Puls). Nun steht $\vec{M}$ senkrecht zu B_0. $\vec{M}$ rotiert unter dem Einfluß von B_0 in der x, y-Ebene um die z-Achse. Dies ist in Bild 8.10 gezeigt. Wir schalten die HF-Spule als Aufnahmespule um und erhalten eine oszillierende Spannung als Induktionssignal von $\vec{M}$. Bild 8.11

---

[6] Eine etwas ausführliche Behandlung der NMR, die die Bewegungsgleichungen der magnetischen Momente (Blochsche Gleichungen) ableitet, findet sich in C. Kittel, *Festkörperphysik*, 12. Auflage, Kap.16, R. Oldenbourg Verlag 1999. Dort sind auch die wichtigsten NMR Kerne aufgelistet.

zeigt ein Beispiel. Man erkennt, daß das Signal gedämpft ist. Dies hat verschiedene Ursachen. Einmal existiert stets eine gewisse Feldinhomogenität, d.h. die verschiedenen Spins in der Probe rotieren nicht exakt mit der selben Frequenz. Einige Spins rotieren also etwas schneller und einige etwas langsamer, als es dem mittleren Feld entspricht. Es kommt zur Phaseninkohärenz, die Magnetisierung fächert auf (inhomogene Verbreiterung). Weiter bewirkt die Wechselwirkung zwischen Spins einen Verlust an Magnetisierung in der x, y-Ebene. Dies ist die *Spin-Spin-Relaxation* oder *transversale Relaxation* mit der charakteristischen Zeit T_2 (Spin-Spin-Relaxationszeit). Schließlich existiert noch die Spin-Gitter-Relaxation (longitudinale Relaxation) mit T_1 als charakteristische Zeit. Sie versucht das thermische Gleichgewicht herzustellen, also die Spins wieder in $+z$ Richtung zu drehen. Das Signal von Bild 8.11 wird als freier Induktionszerfall bezeichnet (FID = Free Induction Decay).

Spin-Spin-Relaxation

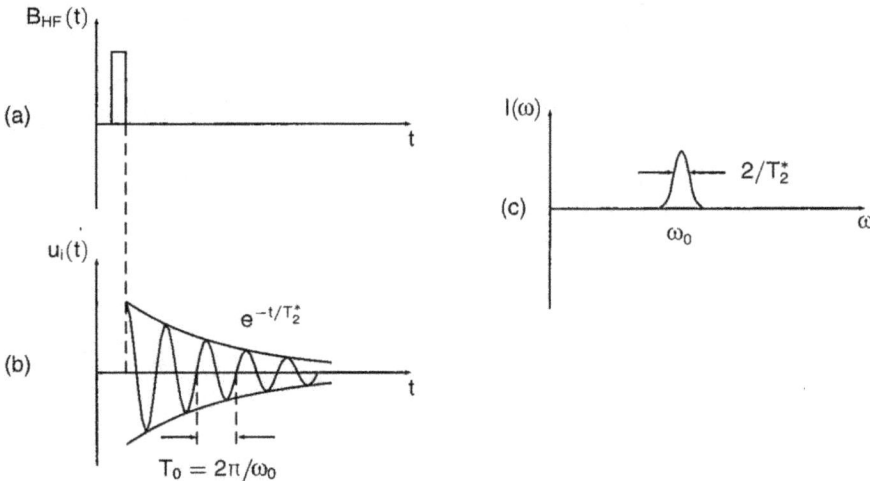

Bild 8.11: Kerninduktion
a) 90° Puls; b) FID-Signal; c) Fourier transformiertes FID-Signal.
Bild b) ist nicht maßstabsgerecht, da in der Regel $T_0 \ll T_2^*$ ist. Man kann aber ein Signal wie das gezeigte erhalten, wenn man die Aufnahmespule mit einer Frequenz startet, die nur wenig verschieden von ω_0 ist. Dann erscheint als Meßsignal das Schwebungssignal. Die Abklingzeit ist mit T_2^* bezeichnet, da sie die inhomogene Verbreiterung mit einschließt (siehe Text).

Durch Fouriertransformation erhält man das Frequenzspektrum, das dem NMR-Signal des CW-Verfahrens entspricht (siehe Bild 8.11c). Fouriertransformationen lassen sich nahezu in Echtzeit selbst an kleinen Prozeßrechnern durchführen.

Der Vorteil des FID-Verfahrens ist, daß durch das breite Frequenzspektrum des HF-Pulses viele mögliche Eigenfrequenzen gleichzeitig angeregt werden

können, was Meßzeit spart. Außerdem erlaubt das Pulsverfahren viele zeit-
korrelierte Wiederholungen der Messung, deren FID-Signal dann in einem
digitalen Signalmittler (digital signal averager) verarbeitet werden, was das
Signal-zu-Rausch-Verhältnis gewaltig verbessert.

Bemerkung:

Spin-Echo-
Verfahren
Die inhomogene Verbreiterung ist ein störender Effekt. Man möchte T_2 rein messen,
da man so Aufschluß über die Kopplung im Spinsystem erhält, was wiederum
Schlüsse auf Molekülbindungen usw. zuläßt. Das erlaubt das *Spin-Echo-Verfahren*.
Man geht zunächst vor wie beim FID, läßt also $\vec{M}$ in der x, y-Ebene rotieren.
Nach einer kurzen Zeit τ liefert die HF-Spule einen zweiten Puls, der die doppelte
zeitliche Länge als der 90° Puls hat. Dieser dreht die Magnetisierung um 180°. Sie
liegt weiter in der x, y-Ebene. Aber die vorlaufenden Spins, die sich zunächst immer
mehr von der mittleren Magnetisierung entfernt haben, laufen nun, da sie immer
noch die größeren Rotationsfrequenzen besitzen, auf die mittlere Magnetisierung
zu. Entsprechendes gilt für die kleineren Rotationsfrequenzen. Dies bedeutet, daß
die aufgefächerte Magnetisierung wieder zusammen läuft und im Induktionssignal
der Einfluß der inhomogenen Verbreiterung aufgehoben wird. Letztlich bewirkt der
180°-Puls einfach eine Zeitumkehr in der Bewegung des Magnetisierungsvektors.
Der 180°-Puls wird wiederholt zu den Zeiten τ, 3τ, 5τ ... angelegt, das Echosignal
wird zu den Zeiten 2τ, 4τ, 6τ ... aufgenommen. Das Prinzip eines Spin-Echo-
Signals und der Pulssequenz zeigt Bild 8.12. Die Dämpfung ist nur durch T_2 und T_1
gegeben. In der Regel ist aber $T_1 < T_2$.

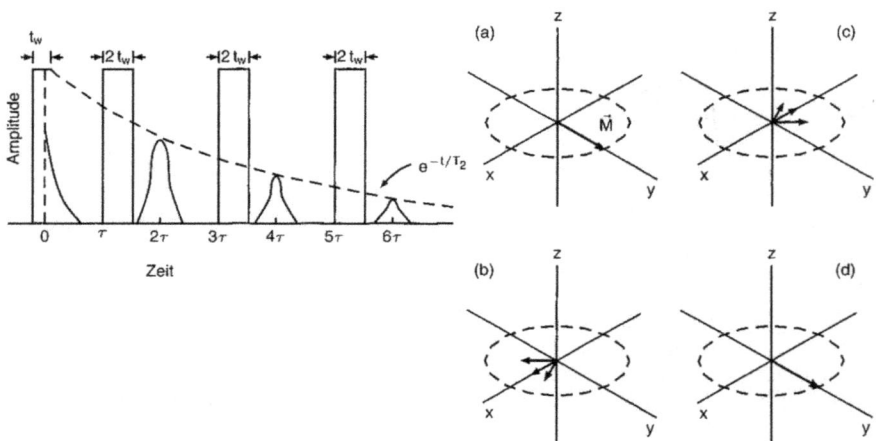

Bild 8.12: Spin-Echo-NMR. Links: Pulssequenz und Spin-Echo-Signale; t_w ist die Breite des 90°-Pulses. Rechts: Fokussierende Wirkung des 180°-Pulses; (a) $\vec{M}$ nach erfolgtem
90°-Puls; (b) Auffächerung der Magnetisierung zur Zeit τ. (c) 180°-Puls flippt die Magnetisierung; (d) Refokussierung der Magnetisierung zur Zeit 2τ.

Man kann auch T_1 unabhängig messen. Dazu legt man statt dem 90° Puls anfänglich
einen 180° Puls an. $\vec{M}$ zeigt jetzt in $-z$-Richtung. Durch eine Aufnehmerspule ent-

lang der z-Achse wird über Induktion die Wiederherstellung der Magnetisierung in $+z$-Richtung verfolgt. Man erhält eine exponentiell mit T_1 ansteigende Spannung.

NMR spielt heutzutage nicht nur in der Chemie (wie schon anhand von Bild 8.9 erwähnt), sondern auch in der Festkörperphysik eine große Rolle und hat wesentlich zum Verständnis der Struktur- und Bindungsverhältnisse in Molekülen, auch in Biomolekülen beigetragen. In magnetisch geordneten Substanzen (Ferromagnete oder Antiferromagnete) kann NMR im Nullfeld durchgeführt werden, da das in einem Magneten herrschende innere Feld (Austauschfeld) die Rolle von B_0 übernimmt. Man spricht von FMR (ferromagnetic resonance) oder AFR (antiferromagnetic resonance).

Schließlich ist in neuester Zeit ortsauflösende NMR zur Sichtbarma-chung von Bildern des Körperinneren, speziell für medizinische Zwecke, entwickelt worden (MRI = Magnetic Resonance Imaging, Kernspin-Tomographie).

Kernspin-Tomographie

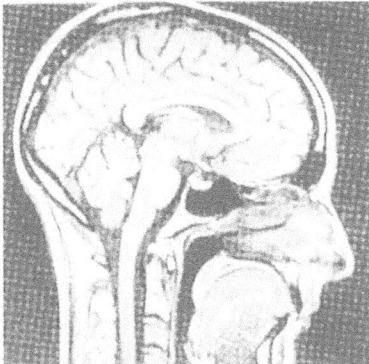

Bild 8.13: NMR Tomogramm eines menschlichen Gehirns.

Die grundlegenden Ideen sind dabei folgende. Prinzipiell läßt sich mit NMR die Verteilung von Protonen messen, und die sind im menschlichen (oder tierischen) Körper reichlich vorhanden. Zur Konstruktion eines Bildes sind zwei Informationen entscheidend. Einmal die Ortsinformation, zum ande-ren der Kontrast. Diese beiden Größen müssen dem NMR-Signal (meist ein FID-Signal) aufgeprägt werden. Die Resonanzfrequenz ist dem Feld propor-tional ($\omega_0 = g_I \mu_K B_0 / \hbar$). Wir können das Feld örtlich variieren und dann trägt ω_0 die Ortsinformation. Wir überlagern also dem Feld B_0 ein Gradi-entenfeld. Man variiert das Gradientenfeld mit der Zeit und rekonstruiert dann mit einem Prozeßrechner die zwei- oder dreidimensionale Ortsin-formation (Computer-Tomographie). Den Kontrast liefert die Abklingzeit (Dämpfung) des FID-Signals. Protonen in unterschiedlicher Umgebung be-sitzen unterschiedliche Relaxationszeiten T_2 und T_1. Speziell Tumorgewebe unterscheidet sich in dieser Hinsicht vom normalen Gewebe. Ein NMR Tomogram zeigt Bild 8.13. Neueste Geräte liefern getrennte T_1 und T_2 Bilder. Der Vorteil von MRI ist, daß sie im Gegensatz zur Röntgentechnik auf „weiches" Gewebe speziell anspricht, und daß der menschliche Körper nicht ionisierender Strahlung ausgesetzt ist, um das Bild zu erhalten. Röntgen- und NMR-Tomographie haben unterschiedliche Einsatzgebiete und stellen einen der größten Fortschritte in der medizinischen Diagnostik dar.

9 Röntgenstrahlung

9.1 Die Natur der Röntgenstrahlen

Unter Röntgenstrahlung versteht man kurzwellige elektromagnetische Strahlung, die sich an das Gebiet der Ultraviolettstrahlung anschließt. Der typische Wellenlängenbereich liegt zwischen 10 und 0,1 Å was in etwa Frequenzen zwischen 10^{17} und 10^{21} Hz und Photonenenergien zwischen 1 und 100 keV entspricht. Noch kurzwelligere (höher energetische) elektromagnetische Strahlung wird als γ-Strahlung bezeichnet; sie wird im Allgemeinen im Atomkern erzeugt (siehe Abschnitt 18.6). Die Grenzen zwischen harter UV- und weicher Röntgenstrahlung einerseits und harter Röntgenstrahlung und weicher γ-Strahlung andererseits sind fließend. Obige Zahlen sollen nur als Richtwerte dienen. Im englischen werden Röntgenstrahlen als „X-rays" bezeichnet, deshalb verwenden wir auch hier „X" als Kennzeichnungssymbol[1].

9.2 Röntgenoptik

Als elektromagnetische Strahlung unterliegen natürlich auch die Röntgenstrahlen den Gesetzen der Optik. Allerdings sind dabei einige Besonderheiten zu beachten. Wie in Physik III besprochen, zeigt die Frequenzabhängigkeit des Brechungsindexes ein resonanzartiges Verhalten. Die höchste Resonanzfrequenz, die erzwungenen Schwingungen der im Atom gebunden Elektronen entspricht, liegt im UV-Bereich. Röntgenstrahlen sind hochfrequenter als UV-Licht und, wie man aus Bild 9.1 erkennt, liegt der *Realteil des Brechungsindexes* n_R praktisch bei 1, nähert sich dieser Grenze aber von der negativen Seite. Für Röntgenstrahlen gilt daher

$$(n_R)_X = 1 - a \quad \text{mit} \quad a \approx 10^{-5} - 10^{-6}. \tag{9.1}$$

---

[1] Dies entspricht übrigens der originalen Namensgebung von RÖNTGEN, der von „X-Strahlen" sprach. Zunächst war die Natur dieser Strahlung unbekannt.

Für den Imaginärteil n_I gilt in erster Näherung

$$(n_I)_X \approx 0. \tag{9.2}$$

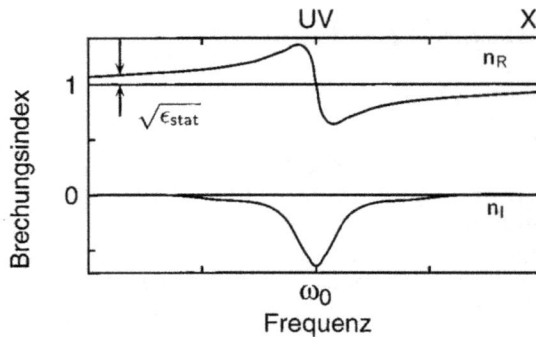

Bild 9.1: Schematische Darstellung der Frequenzabhängigkeit des Brechungsindexes (n_R=Realteil, n_I=Imaginärteil). Die Eigenfrequenz ω_0 liegt für die meisten Materialen im UV-Bereich.

Keine Linsenoptik für Röntgenstrahlen

Aus dem Ergebnis $(n_R)_X \approx 1$ folgt, daß es keine Linsenoptik für Röntgenstrahlen geben kann, und $(n_I)_X \approx 0$ besagt, daß auch die üblichen optischen Spiegelsysteme nicht gebaut werden können, da selbst Metalle praktisch transparent für Röntgenstrahlen sind. Auf die Röntgenabsorption gehen wir weiter unten noch kurz ein. Ausnützen läßt sich jedoch die Tatsache, daß der Brechungsindex $(n_R)_X$ etwas kleiner als 1 ist. Vakuum, für das definitionsgemäß immer $n_R = 1$ gilt (und Luft ist optisch praktisch Vakuum), ist demnach das optisch dichtere Medium gegenüber kondensierter Materie. Somit erfolgt Totalreflexion bei sehr streifendem Einfall von Röntgenstrahlen auf eine Materieoberfläche. Der kritische Winkel[2] liegt wegen des kleinen Werts von a im mrad Bereich. Dennoch läßt sich unter Ausnutzung der Totalreflexion eine Spiegelteleskop für Röntgenstrahlung erstellen. Ein Beispiel, das *Wolters Teleskop*, zeigt Bild 9.2.

Totalreflexion von Röntgenstrahlen

Bemerkung:

Teleskop für Röntgenstrahlung

Ein *Wolters Teleskop* ist auf einem Satelliten (ROSAT) montiert und hat ganz wesentliche Erkenntnisse über kosmische Röntgenstrahlung gebracht. Eine typische mit diesem Teleskop erhaltende Aufnahme zeigt Bild 9.3. Röntgenstrahlen werden speziell von den überlebenden Gaswolken um eine Supernova abgestrahlt. Das Auflösungsvermögen des Wolters Teleskops entspricht dem eines guten optischen Spiegelteleskopes. Man kann also gut feststellen, ob astronomische Röntgenquellen mit sichtbaren Objektiven verknüpft sind.

---

[2] Wir verstehen darunter den *Glanzwinkel* ($90° -$ Einfallswinkel). In der Lichtoptik wird i.a. der Einfallswinkel = Winkel mit Flächennormale angegeben.

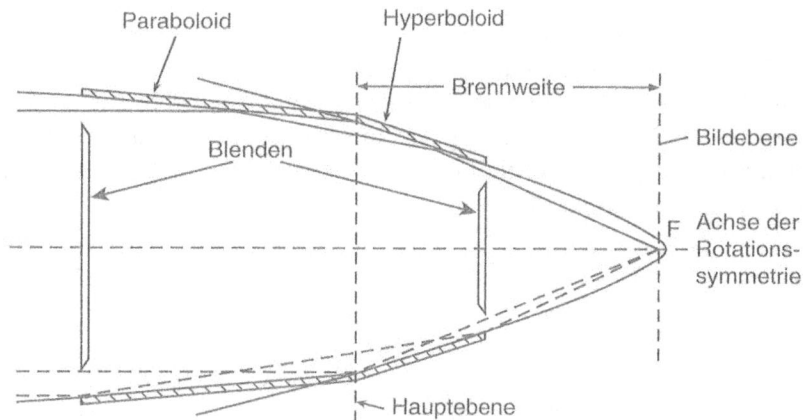

Bild 9.2: Prinzip eines Spiegelteleskops (*Wolters Teleskop*) für Röntgenstrahlung. Die Röntgenstrahlen werden streifend erst an einem Paraboloidspiegel und anschließend an einem konfokalen Hyperboloidspiegel reflektiert und in der Bildebene (Detektorposition) fokussiert. In der oberen Hälfte ist der Gang eines Mittelstrahls, in der unteren der von Extremalstrahlen gezeichnet. In der praktischen Ausführung werden mehrere solche Teleskope konzentrisch ineinander geschachtelt, um die Lichtstärke zu erhöhen.

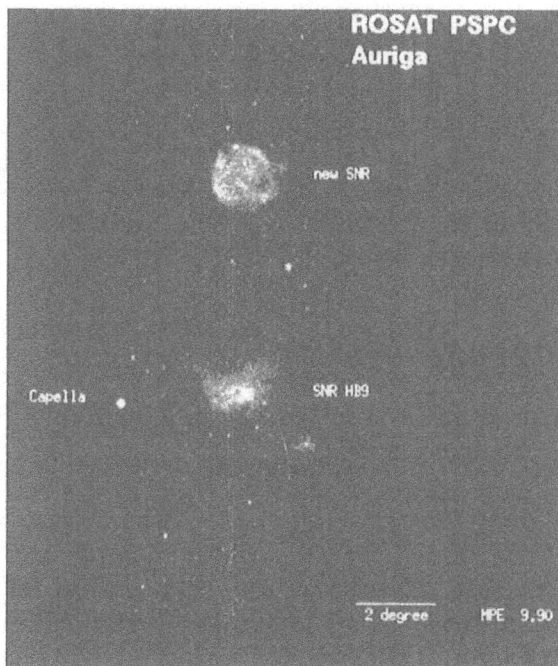

Bild 9.3: Eine von ROSAT neu entdeckte Supernovaexplosionswolke (SNR) zusammen mit Capella (Röntgenstern) und den Überresten der Supernova HB9. Die kleinen hellen Punkte stellen den allgemeinen Röntgenuntergrund dar, wie er speziell von der Sonne erzeugt wird. Die Winkelgröße ist rechts unten angegeben. (Max Planck Institut für Extraterrestische Physik, Garching).

Braggreflexion Neben der Totalreflexion existiert auch die Braggreflexion (siehe Physik III) an Einkristallen. Für optische Systeme ist sie wenig geeignet, da der Reflexionswinkel (Glanzwinkel) stark wellenlängenabhängig ist. Man benutzt aber in modernen Braggspektrometern gebogene Einkristalle, um die Röntgenstrahlung gleichzeitig zu monochromatisieren und zu fokussieren. Ein Beispiel zeigt Bild 9.4.

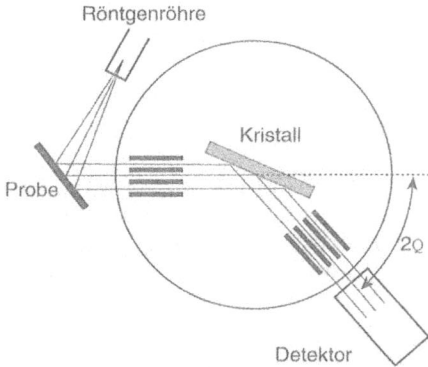

Bild 9.4: Kristallspektrometer für Röntgenstrahlung.

Bemerkung:

Technisch hergestellte Strichgitter haben eine Gitterkonstante, die sehr groß gegen die Wellenlänge von Röntgenstrahlung ist. Man kann jedoch auch hier durch streifenden Einfall die Gitterkonstante effektiv verkürzen und Interferenz am linearen Gitter erreichen (siehe Physik III). Auf diese Weise wurden die Wellenlängen von Röntgenstrahlen zuerst bestimmt.

9.3 Röntgenabsorption

Absorptionsgesetz Für Röntgenstrahlen gilt, wie für jede elektromagnetische Strahlung, das exponentielle Absorptionsgesetz:

$$\boxed{I(x) = I_0 \exp\left(-\mu x\right)} \tag{9.3}$$

wobei I_0 die einfallende Intensität ($I(x = 0)$) und μ der (lineare) Absorptionskoeffizient ist. Wegen $n_{\mathrm{I}} \approx 0$ ist aber der Absorptionsmechanismus ein anderer als bei optischer Strahlung.

Die Wechselwirkung von Röntgenquanten mit Materie ist primär der atomare Photoeffekt (siehe Physik III).

Ein Photon überträgt dabei seine gesamte Energie $\hbar\omega$ auf ein im Atom mit der Bindungsenergie E_B gebundenes Elektron. Das Elektron verläßt dann mit der kinetischen Energie

$$E_{kin}^e = \hbar\omega - E_B \tag{9.4}$$

das Atom. Offenbar muß sein $\hbar\omega > E_B$. Die Bindung der Atomelektronen erfolgt in Schalen (K, L, M...) mit jeweils unterschiedlichem Wert von E_B. Sobald $\hbar\omega$ den Wert von E_B für eine bestimmte Schale überschreitet, stehen mehr Elektronen für den Photoprozeß zur Verfügung, und μ steigt schlagartig an. Diese Kantenstruktur des Röntgenabsorptionskoeffizienten *Absorptionskanten* wurde in Physik III bereits besprochen. Zu beachten ist, daß es Unterschalen für $n \geq 2$ (also L, N, M,... Schalen) gibt (z.B. $2s_{1/2}, 2p_{1/2}, 2p_{3/2}$). Dies führt zu einer Feinstruktur der L-, M-, N-Absorptionskanten. Diese Feinstruktur *Feinstruktur für* wird in Abschnitt 9.9 genauer besprochen. Der Vollständigkeit halber zeigen $n \geq 2$ wir in Bild 9.5 noch ein anderes Beispiel der Röntgenabsorptionskanten.

Neben der Photoabsorption tritt auch Comptonstreuung auf. Wir werden generell den Durchgang energiereicher elektromagnetischer Strahlung durch Materie in Abschnitt 19.2 genauer behandeln.

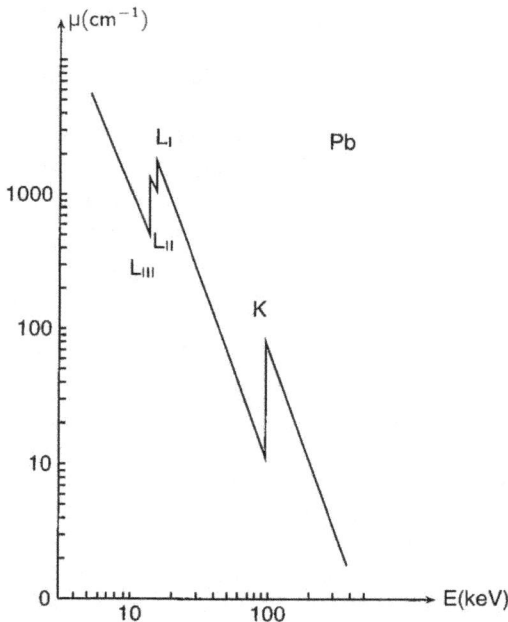

Bild 9.5: Photoabsorptionskoeffizient von Blei im Röntgenbereich. Im Gegensatz zu dem in Physik III gezeigten Bild wurde hier eine doppelt logarithmische Auftragung benutzt, die den linearen Absorptionskoeffizient als Funktion der Photonenenergie zeigt.

9.4 Nachweis von Röntgenstrahlung

Hauptsächlich über den atomaren Photoeffekt erzeugen Röntgenquanten freie Elektronen, wenn sie Materie durchlaufen. Diese ionisierende Wirkung kann zum Nachweis der Röntgenstrahlung ausgenutzt werden. Man benutzt Zählrohre oder Festkörperzähler, die wir in Kap. 20 besprechen werden. Ebenso werden photographische Schichten durch Röntgenstrahlen geschwärzt. Dies ist in der Medizin das am weitesten verbreitete Verfahren der bildlichen Darstellung des Körperinneren. Ursprünglich wurden zur direkten Beobachtung Fluoreszenzschirme benutzt. Dort entsteht durch den Ionisationsprozeß sichtbares Licht an den Stellen wo Röntgenquanten auftreffen. Die ionisierende Wirkung tritt natürlich auch in dem von den Röntgenstrahlen durchdrungenen Körpergewebe auf und bewirkt Zellschädigungen. Die Röntgenexposition von Körperteilen muß deshalb so gering wie möglich gehalten werden. Dies gilt natürlich inbesondere auch für das Bedienungspersonal und erfordert gut abgeschirmte Geräte. Auf einige Grundbegriffe des Strahlenschutzes gehen wir in Abschnitt 19.7 ein. Durch den Einsatz moderner Techniken wie Bildwandler, hochempfindliche Photoschichten etc. hat sich die Strahlenbelastung für den Patienten sehr verringert.

Bemerkung:

Die medizinische Bedeutung von Röntgenbildern wurde von W. RÖNTGEN sofort erkannt. Eine normale Röntgenaufnahme ist ein Schattenriß, also keine echte optische Abbildung. Es fehlt die Tiefeninformation; entlang der „Sichtlinie" des Röntgenstrahls wird lediglich die mittlere integrale Absorption als Graustufe wiedergegeben. Weiches Körpergewebe absorbiert schwach, Knochen sehr viel stärker. Für den Fall von Knochenverletzungen ist dies in der Regel ausreichend. Gewisse *Kontrastmittel* Organe lassen sich durch *Kontrastmittel* herausheben. Dazu verwendet man schwere Elemente wie Jod oder Barium, die an Substanzen gebunden werden, die das betreffende Organ bevorzugt aufnimmt. Aber auch dann fehlt eine echte dreidimensionale Information. Diese läßt sich zumindest zum Teil erhalten, wenn Aufnahmen unter verschiedenen Blickwinkeln gemacht werden. Diese Technik läßt sich ausbauen, indem die Röntgenquelle zusammen mit einer Detektoranordnung um das Objekt (Patient) gedreht wird. Man erhält so die Information über eine große Anzahl von unterschiedlich orientierten Sichtlinien, die digital in einem Prozeßrechner *Tomographie* zu einem 3D-Bild zusammengesetzt wird (Röntgentomographie, speziell Rotationstomographie). Moderne Geräte, wie sie Bild 9.6 schematisch zeigt, besitzen empfindliche Vieldetektoranordnungen und erlauben kurze Aufnahmezeiten. Dies verringert die Strahlungsbelastung des Patienten. Tomographische Verfahren waren bereits im Zusammenhang mit NMR erwähnt worden. Dort kann man das Gradientenfeld (das die Ortsinformation trägt) durch entsprechende Spulenanordnungen rotieren lassen.

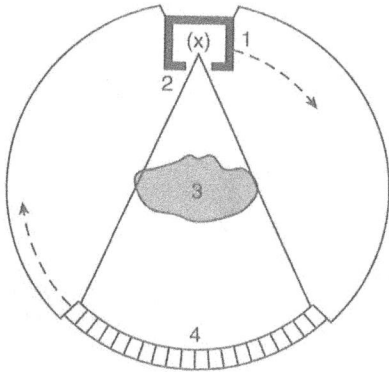

Bild 9.6: Prinzip eines Röntgentomographen. Röntgenröhre (1) mit Kollimator (2) und Vieldetektorsystem (4) sind miteinander verbunden und rotieren um den zu untersuchenden Körper (3). Zusätzlich kann, falls erforderlich, der Patiententisch senkrecht zur Bildebene bewegt werden.

9.5 Röntgenröhren

Das originale (von W. RÖNTGEN benutzte) Verfahren Röntgenstrahlung zu erzeugen, ist der Beschuß von Materie mit schnellen Elektronen ($E_{kin} \approx 10 \ldots 100 \, \text{keV}$). Dies geschieht am besten mit Röntgenröhren, deren prinzipieller Aufbau in Bild 9.7 gezeigt ist.

Bemerkung:

Von der Glühkathode K werden Elektronen emittiert und mittels eines elektrisch geladenen Metallzylinders (Wehneltzylinder) zu einen Strahl fokussiert. Der Elektronenstrahl durchläuft das Spannungsgefälle zur Anode A und wird entsprechend beschleunigt. Beim Auftreffen der schnellen Elektronen auf das Anodenmaterial werden Röntgenstrahlen emittiert. Die Anode besteht aus Metallen wie Cu, Mo, W etc. Um einen fokussierten Elektronenstrahl zu erzeugen, muß die mittlere freie Weglänge der Elektronen im Mittel mindestens dem Abstand K-A entsprechen. Das System befindet sich also in einem Hochvakuumgefäß (meist aus Glas).

Nur ein geringer Anteil (Prozentbereich) der kinetischen Energie der Elektronen wird in Röntgenstrahlungsenergie umgesetzt. Der Rest heizt die Anode auf, die somit entsprechend gekühlt werden muß. Übliche Kühlverfahren sind ebenfalls in Bild 9.7 skizziert. Hochleistungsröhren arbeiten mit Elektronenströmen von ca. 500 mA bei 100 kV Anodenspannung, was einer Leistung von 50 kW entspricht. In solchen Fällen verwendet man Drehanoden, d.h. die Anode ist eine rotierende Scheibe. Damit verteilt sich die Wärmebelastung auf eine größere Anodenfläche. Zwangskühlung (nicht eingezeichnet in Bild 9.7d) ist aber meist dennoch erforderlich.

Röntgenröhren werden nach wie vor viel im Labor speziell zur Charakterisierung der Kristallstruktur von Materialien (Braggreflexion), speziell als Qualitätskontrolle des Herstellungsprozesses, und insbesondere in der Medizin zur Diagnose (Röntgenaufnahme, Röntgentomographie), aber auch zur Therapie (Strahlungstherapie von bösartigen Geschwüren) eingesetzt.

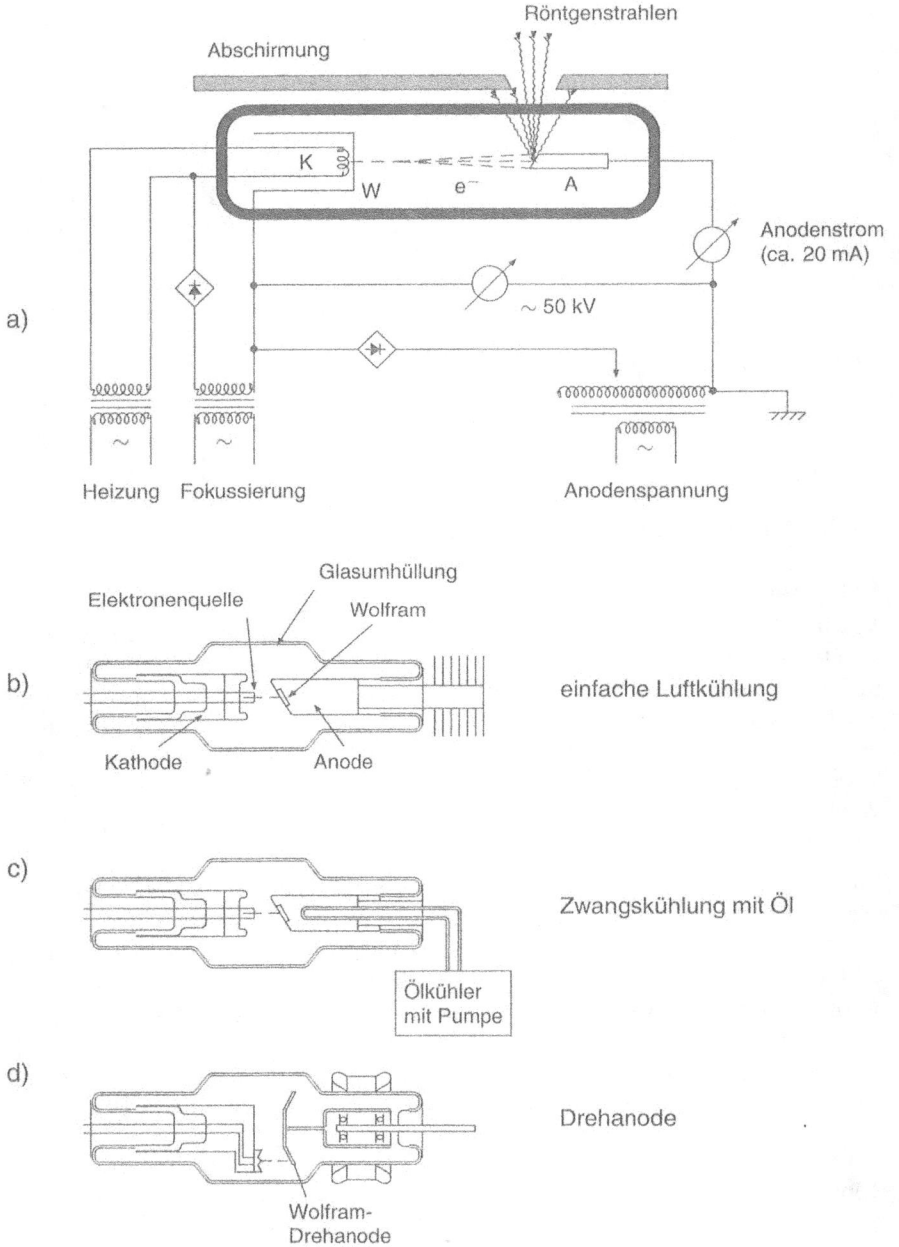

a)

Röntgenstrahlen

Abschirmung

K
W   e⁻   A

Anodenstrom
(ca. 20 mA)

$\sim$ 50 kV

Heizung   Fokussierung   Anodenspannung

b)

Glasumhüllung
Elektronenquelle   Wolfram

einfache Luftkühlung

Kathode   Anode

c)

Zwangskühlung mit Öl

Ölkühler
mit Pumpe

d)

Drehanode

Wolfram-
Drehanode

Bild 9.7: Röntgenapparaturen a) Schematische Darstellung. Die Anode ist geerdet, um die Kühlung zu erleichtern. b) bis d) Verschiedene Ausführung der Kühlung einer Röntgenröhre.

Das von einer Röntgenröhre typischerweise emittierte Spektrum von Röntgenstrahlung zeigt Bild 9.8. Es kann z.B. mit einem Kristallspektrometer, wie es Bild 9.4 zeigt, aufgenommen werden.

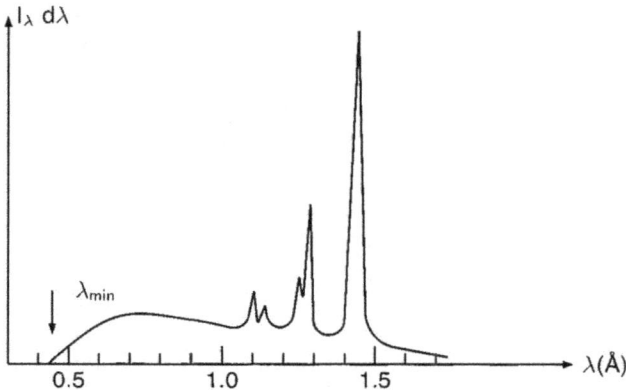

Bild 9.8: Spektrale Verteilung der Röntgenstrahlung einer Röntgenröhre mit Wolfram-Anode. Das kontinuierliche Bremsspektrum ist von den charakteristischen Röntgenlinien überlagert. (Siehe auch Bild 9.9).

Es besteht aus zwei Anteilen:

1. Einem kontinuierlichen Spektrum, das als *Bremsspektrum* bezeichnet wird.

2. Einem Linienspektrum, das charakteristisch für das Element ist, aus dem die Anode gefertigt ist. Man spricht deshalb vom *charakteristischen Spektrum*.

Das charakteristische Spektrum tritt, wie wir bereits in Abschnitt 5.5 erwähnten, als Folge des Abtrennens eines Elektrons aus dem Atom durch Stoß mit dem einlaufenden schnellen Elektron auf (Erzeugung eines Lochzustandes). Es handelt sich um ein wasserstoffähnliches Spektrum, das wir in den Abschnitten 9.8 und 9.9 genau behandeln werden. Wir diskutieren hier zunächst das Bremsspektrum.

Beim Durchlaufen des Coulomb-Feldes der positiv geladenen Atomkerne des Anodenmaterials ändern die eintreffenden schnellen Elektronen ihre Geschwindigkeit. Nach den Gesetzen der klassischen Elektrodynamik strahlt ein geladenes Teilchen, wenn es (positiv oder negativ) beschleunigt wird[3].

---

[3] Auch bei der elementaren Strahlungsquelle, dem schwingenden Dipol, unterliegt ja die Ladung einer Wechselbeschleunigung. Für Einzelheiten siehe J.D. Jackson, *Elektrodynamik*, 2. Auflage, de Gruyter (1983).

Die abgestrahlte Leistung wird der kinetischen Energie der Teilchen entnommen. Man spricht deshalb von *Bremsstrahlung*. Die Elektronen durchlaufen dabei keine quantisierten, gebundenen Zustände, weshalb das Bremsstrahlungsspektrum *kontinuierlich* und nicht diskret ist. Die *maximale Frequenz* (ν_{max}), bzw. die *minimale Wellenlänge* (λ_{min}), die die Bremsstrahlung erreichen kann, ist gegeben, wenn das einfallende Elektron seine gesamte kinetische Energie (E_{kin}) in einem einzigen atomaren Bremsvorgang verliert. Das Bremsspektrum muß also bei der Wellenlänge λ_{min} abbrechen. Falls U die Beschleunigungsspannung in der Röntgenröhre ist, gilt:

Grenzfrequenz, Grenzwellenlänge

$$E_{kin} = e \cdot U = h \cdot \nu_{max} = \frac{h \cdot c}{\lambda_{min}}, \qquad (9.5)$$

woraus folgt:

$$\boxed{\lambda_{min} = \frac{hc}{e} \cdot \frac{1}{U}} \qquad \textbf{Gesetz von Duane und Hunt} \qquad (9.6)$$

Einsetzen von e, h und c ergibt:

$$\lambda_{min}[\text{nm}] \approx 1240 \, \frac{1}{U \, [\text{Volt}]}.$$

Die Abstrahlung im Bereich nahe λ_{min} erfolgt also in einem einzigen Prozeß. Er kann somit durch einen mit der Frequenz ν_{max} schwingenden Dipol dargestellt werden.

Die Bremsstrahlung ist nahe der Grenzwellenlänge polarisiert.

Der Abbruch des Röntgenspektrums bei λ_{min} ist in Bild 9.8 deutlich zu sehen. Noch klarer kommt er jedoch zum Ausdruck, wenn man anstelle von $I_\lambda(\lambda)$ die Intensität pro Frequenzintervall $\Delta\nu$ als Funktion der Frequenz ν aufträgt, also $I_\nu(\nu)$. Bild 9.9 zeigt diese Art der Auftragung des Röntgenspektrums für das kontinuierliche Spektrum alleine. Man erhält Geraden, die bei ν_{max} die Abszisse schneiden:

Bremsspektrum

$$I_\nu(\nu) = \text{const} \cdot (\nu_{max} - \nu). \qquad (9.7)$$

Die Konstante ist im wesentlichen proportional zur Kernladungszahl Z des Anodenmaterials. Der unterschiedliche Verlauf von $I_\nu(\nu)$ und $I_\lambda(\lambda)$ wird verständlich, wenn man berücksichtigt, daß beim Umrechnen nicht nur λ durch c/ν ersetzt wird, sondern auch $d\lambda = -(c/\nu^2)\,d\nu$ gesetzt werden muß.

Aus (9.7) ergibt sich dann für $I_\lambda(\lambda)$:

$$I_\lambda(\lambda) = \text{const} \cdot \frac{c^2}{\lambda^2} \left(\frac{1}{\lambda_{\min}} - \frac{1}{\lambda} \right) . \tag{9.8}$$

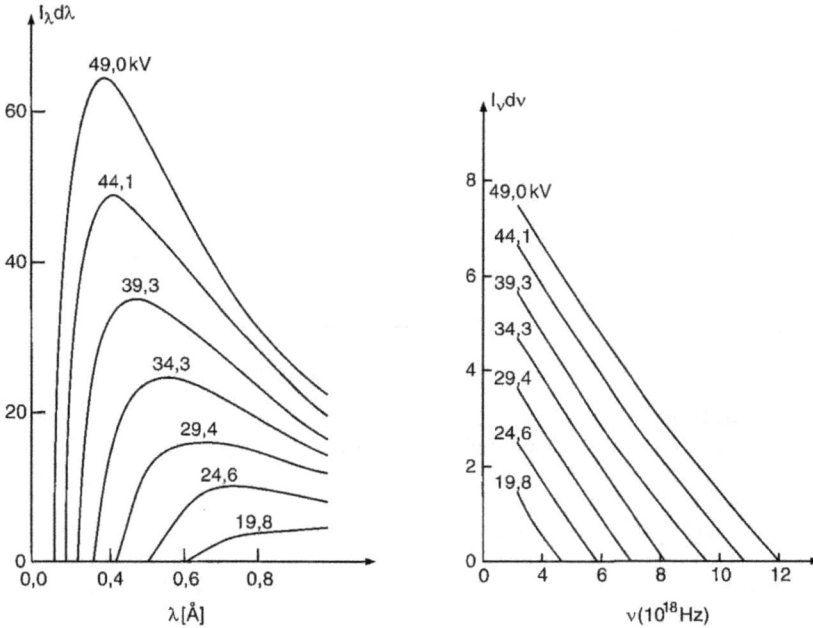

Bild 9.9: Vergleich der Form der Bremsspektren $I_\nu(\nu)\mathrm{d}\nu$ für verschiedene Beschleunigungsspannungen. Die Steigung von $I_\nu(\nu)$ ist unabhängig von der Spannung und nimmt mit steigenden Z des Anodenmaterials zu.

9.6 Synchrotronstrahlung

Jede Art von Beschleunigung eines geladenen Teilchens führt zur Abstrahlung elektromagnetischer Energie. Dies gilt somit auch für reine Radialbeschleunigung. Ein Strahl von Elektronen, der durch die von einem homogenen Magnetfeld erzeugten Lorentzkraft in eine Kreisbahn gekrümmt wird, ist demnach eine Quelle von Bremsstrahlung, die in diesem Fall als Synchrotronstrahlung[4] bezeichnet wird. Das emittierte Spektrum ist auch hier kontinuierlich. Bild 9.10 zeigt ein Beispiel. Für die minimale Wellenlänge (maximale Energie) gilt auch hier das Gesetz von Duane und Hunt.

---

[4] Ein Synchrotron ist ein Kreisbeschleuniger für geladene Teilchen. Speziell bei der Beschleunigung von Elektronen im Synchrotron wurde diese Strahlungsform gefunden.

Wellenlänge (Å)

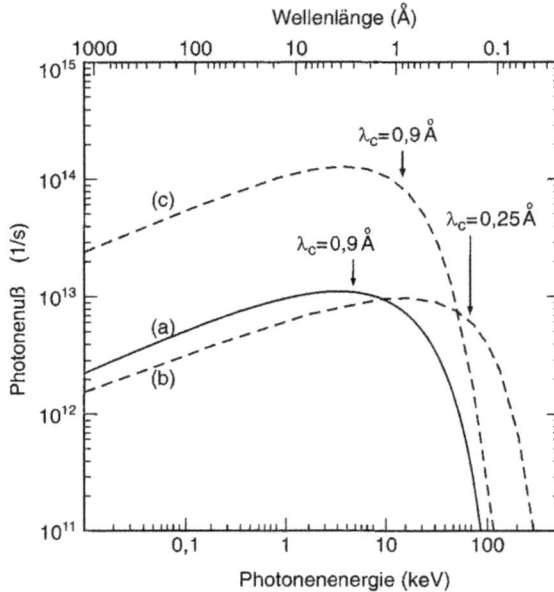

Bild 9.10: Spektrale Verteilung der Synchrotronstrahlung.
a) an einem Ablenkmagnet, b) für einen Wellenlängenschieber („wavelength shifter"),
c) für einen Vielpolwiggler.
Die Ordinate (Fluß) ist in den Einheiten
    [Photonen/s]/([mrad(horizontal)]·0,1 % des Energieintervalls])
gegeben.
Die Daten sind charakteristisch für die Europäische Synchrotronquelle ESRF in Grenoble/Frankreich (siehe Tabelle 9.1).

Kritische
Wellenlänge bei
Synchrotronstrah-
lung

Ein weiterer typischer Spektralparameter ist die kritische Wellenlänge

$$\lambda_c = \frac{4}{3} \pi \frac{R}{\gamma^2}, \tag{9.9}$$

wobei R der Krümmungsradius und $\gamma = E/m_0 c^2$ das Verhältnis von kinetischer Energie zur Ruheenergie der Teilchen (Elektronen) ist[5].

Für die insgesamt abgestrahlte Leistung ergibt sich:

$$P_{\text{Synch}} \propto \frac{I \cdot \gamma^4}{R^2}, \tag{9.10}$$

wenn I die Stromstärke des Teilchenstrahls ist. Die Strahlungsleistung nimmt also rasch mit der kinetischen Energie der Teilchen (E^4) und mit kleiner werdendem Krümmungsradius ($1/R^2$) zu. Da die Energieabhängigkeit

---

[5] Das Maximum des spektralen Strahlungsflusses liegt etwa bei $\lambda_{\max} \approx 1,5 \cdot \lambda_c$ (siehe Bild 9.10).

dominiert, ist es günstig, hohe Teilchenenergien zu wählen, selbst wenn
dies bei den maximal zur Verfügung stehenden Magnetfeldern ($\approx$ 2 T) zu
größeren Radien führt. Alle geladenen Teilchen auf gekrümmten Bahnen *Synchrotronlicht-*
senden Synchrotronstrahlung aus. Wie man jedoch aus (9.10) ersieht, ist bei *quellen sind*
gegebener Teilchenenergie eine kleine Ruhemasse von Vorteil. Daher wer- *Elektronenbe-*
den als Synchrotronlichtquellen stets Elektronen[6] benutzt. *schleuniger*

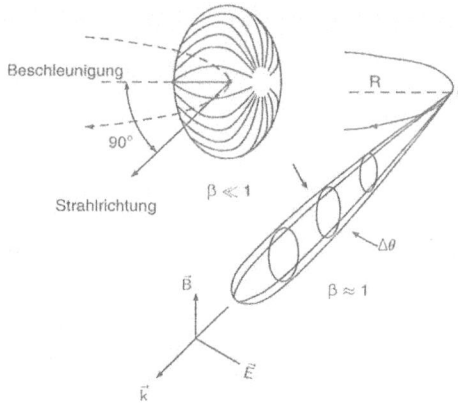

Bild 9.11: Abstrahlungscharakteristik der Synchrotronstrahlung. Im nicht-relativistischen
Grenzfall ($\beta \ll 1$) ergibt sich die typische Dipolcharakteristik. Im relativistischen Fall
($\beta \approx 1$) ist der Strahl sehr eng nach vorne gebündelt. Die Abstrahlung erfolgt immer
senkrecht zur Beschleunigung, also tangential zur Kreisbahn.

Im Ruhesystem des Elektrons erfolgt die Abstrahlung senkrecht zur Beschleunigung mit der für Dipolstrahlung typischen Winkelverteilung (eine
Kreisbewegung kann in harmonische Schwingungen zerlegt werden). Für
langsame Elektronen ($\beta = v/c \ll 1$) auf einer Kreisbahn ist der Unterschied
der Abstrahlungscharakteristik zwischen dem Ruhe- und dem Laborsystem
unbedeutend (siehe Bild 9.11, links). Jedoch ist die Strahlungsleistung (9.10)
sehr gering. Im relativistischen Fall ($\beta \approx 1$), der in Praxis stets gegeben
ist, muß in das Laborsystem lorentztransformiert werden. Dies führt zu ei- *Relativistische*
nem sehr engen, tangentialen Strahlenbündel in Vorwärtsrichtung (Bild 9.11, *Elektronen*
rechts), dessen Öffnungswinkel $\Delta\Theta \approx 2\sqrt{1-\beta^2}$ ist, also im mrad Bereich
liegt. Da die Bahnebene der Elektronen im Raum festliegt, ist die Synchrotronstrahlung polarisiert - und zwar rein linear in der Bahnebene. Außerhalb
der Bahnebene finden sich zirkular polarisierte Anteile (elliptische Polarisation). Die enge Strahlbündelung, der weite Spektralbereich, der sich über

---

[6] Man kann natürlich ebenso Positronen benutzen. Dies hat gewisse praktische Vorteile und
wird in der neuen Synchrotronquelle am Argonne National Laboratory bei Chicago in den
USA realisiert.

die Wahl von λ_c einstellen läßt, und der hohe Polarisationsgrad machen Synchrotronstrahlung zur idealen Lichtquelle vom UV bis zum Röntgenbereich.

Bemerkung:

Im interstellaren Raum befinden sich extrem hochenergetische Elektronen. Wie schon erwähnt, können speziell in der Nähe von *Neutronensternen* sehr hohe Magnetfelder auftreten, die diese Elektronen auf Kreisbahnen und somit zur Abstrahlung von Synchrotronstrahlung zwingen. Zwar ist die spektrale Verteilung von Synchrotronstrahlung nicht sehr verschieden von der eines heißen Körpers (Planck-Strahlung), aber der hohe Polarisationsgrad ist ein eindeutiges Charakteristikum.

9.7   Synchrotronlichtquellen

Wie erwähnt ist die Synchrotronstrahlung ein wichtiger Bestandteil der modernen Forschungslandschaft. Während ursprünglich Elektronenbeschleuniger (z.B. DESY in Hamburg) parasitär als Synchrotronlichtquellen benutzt wurden, werden heutzutage dedizierte Anlagen speziell gebaut. Man benutzt nicht den Teilchenbeschleuniger selbst als Strahlungsquelle, sondern injiziert die hochenergetischen Elektronen in einen *Speicherring*. Dies ist ein rennbahnähnliches Hochvakuumrohr mit den entsprechenden Ablenk- und Fokussiermagneten, in dem die Teilchen dann umlaufen. Es existiert nur eine Hochfrequenzbeschleunigungsstrecke, die den Strahlungsverlust pro Umlauf wieder ausgleicht. In einem solchen Ring können Elektronen für viele Stunden gespeichert werden. Das Prinzip zeigt Bild 9.12.

Speicherring

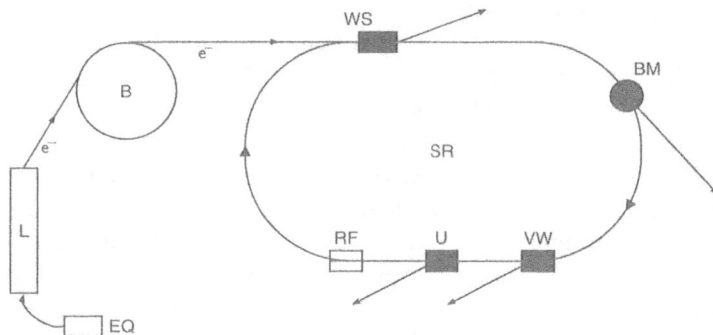

Bild 9.12: Prinzip einer modernen Synchrotonlichtquelle.
EQ = Elektronenquelle, L = Linearbeschleuniger für die Anfangsbeschleunigung, B= „Booster" = Synchrotron für die Beschleunigung auf die Endenergie (typischerweise einige GeV), SR= Speicherring, RF= Hochfrequenzstrecke. Die Synchrotronstrahlung wird in Ablenkmagneten (BM), in Wellenlängenschiebern (WS), in Vielpolwigglern (VW) oder Undulatoren (U) erzeugt. Es ist jeweils nur ein Beispiel gezeigt. Eine moderne Quelle hat typischerweise 30-40 Strahlrohre.

Durch die entsprechende Auslegung des Speicherrings kann der Spektralbereich mit maximalen Fluß gewählt werden. Man unterscheidet speziell
UV- und Röntgen-Quellen. Die Parameter einiger typischer Synchrotronlichtquellen sind in Tab. 9.1 aufgelistet.

Tabelle 9.1: Parameter einiger Synchrotronlichtquellen. Die Srahlungscharakteristiken
beziehen sich auf die an Ablenkungsmagneten erzeugte Synchrotronstrahlung. Der Photo-
nenfluß ist in den selben Einheiten wie in Bild 9.10 angegeben.

Lichtquelle	Ort	I	E	R	λ_c	Fluß
		[mA]	[GeV]	[m]	[Å]	bei λ_c
ESRF	Grenoble(F)	100	5	20,00	0,9	$8 \cdot 10^{12}$
NSLS	Brookhaven(USA)	300	2,5	6,83	2,4	$1 \cdot 10^{13}$
Photon Factory	Tsukuba (Japan)	150	2,5	8,66	3,0	$3 \cdot 10^{12}$
ADONE	Frascati (I)	100	1,5	5,00	8,0	$5 \cdot 10^{10}$

Ablenkmagnete sind nicht die einzige Möglichkeit Synchrotronstrahlung
an einem Speicherring zu erzeugen. Man kennt auch sogenannte „inserti-
on devices", die in die linearen Abschnitte des Rings eingeschoben werden. *insertion devices*
Das einfachste Gerät ist ein *Wellenlängenschieber*, wie ihn Bild 9.13 zeigt.
Er besteht aus drei Dipolmagneten, zwei mit Feld „auf" am Rande und
einen mit „ab" in der Mitte. Dieser besitzt die doppelte Feldstärke verglichen mit den Randmagneten. Durch die Feldanordnung erleidet der
Elektronenstrahl einen „Schlenker" und liefert insbesondere am zentralen
Umkehrpunkt intensive Synchrotronstrahlung. Wie aus Bild 9.10 ersichtlich,
ist der hauptsächliche Effekt die Verschiebung von λ_c zu kürzeren Wellenlängen (höhere Photonenenergie).

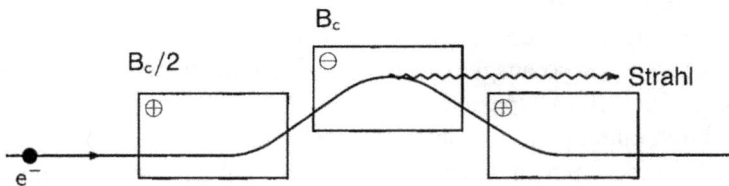

Bild 9.13: Prinzip eines Wellenlängenschiebers oder Dreipol-Wigglers (Aufsicht, die Ablenkung erfolgt in der Horizontalebene).

Vielpolwiggler und *Undulatoren* bestehen aus einer größeren Zahl von jeweils entgegengesetzt gepolten Dipolmagneten. Der Elektronenstrahl wird
auf eine sinusförmig modulierte Bahn gezwungen. Nahe den Umkehrpunkten wird die Synchrotronstrahlung in einem Konus mit dem Öffnungswinkel
$1/\gamma$ abgestrahlt (Bild 9.14).

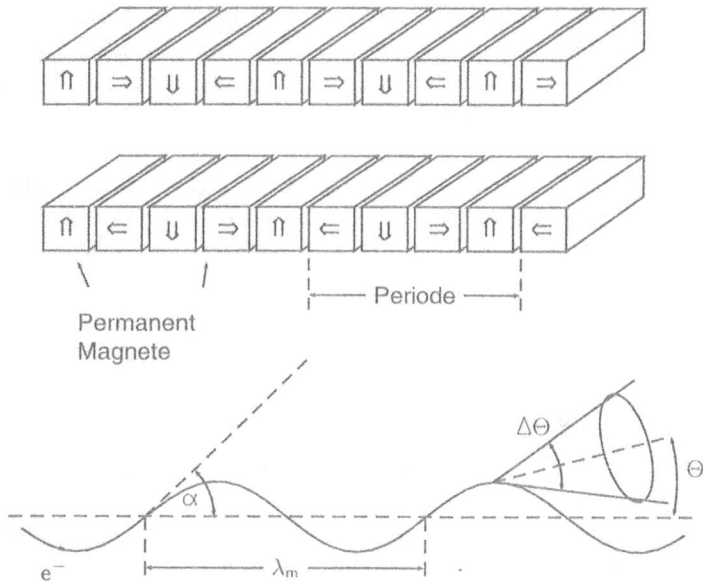

Bild 9.14: Vielpolwiggler bzw. Undulator:

a) Aufbauprinzip mit Hilfe von Permanentmagneten. Die Pfeile geben die Magnetisierungsrichtung an.

b) Elektronenbahn und Abstrahlung. Θ ist die Beobachtungsrichtung, α der maximale Ablenkwinkel und λ_m die Periodenlänge des Magnetfeldes.

Bei einem Vielpolwiggler überlagern sich die Strahlungen von den verschiedenen Emissionspunkten inkohärent. Das Ergebnis ist, daß wiederum ein kontinuierliches Spektrum ausgesendet wird. Falls das Feld der Wiggler-Dipole dasselbe wie das des Ablenkungsmagneten ist, wird λ_c nicht geändert. Jedoch kann die Intensität der Strahlung entsprechend der Zahl der Pole gesteigert werden (siehe Bild 9.10c). Bei einem Undulator sind die Geräteparameter so ausgelegt, daß sich die einzelnen Strahlen kohärent überlagern. Dies führt, speziell wenn der Raumwinkel der Strahlungsakzeptanz durch eine kleine Lochblende (d.h. unter kleinerem Beobachtungswinkel Θ) stark eingeengt wird, zu einem nahezu monochromatischen Synchrotronstrahlungsspektrum. Ein Beispiel zeigt Bild 9.15. Es treten neben der Grundfrequenz noch höhere harmonische auf. Durch Veränderung der Parameter läßt sich ein Undulator über einen gewissen Frequenzbereich abstimmen.

Bemerkung:

Pulsstruktur der Strahlung

Die Elektronen im Speicherring sind örtlich entlang der Bahn nicht kontinuierlich verteilt, sondern laufen in Paketen gebündelt um. Die emittierte Synchrotronstrahlung hat deshalb eine pulsartige Zeitstruktur. Typisch sind Pulsbreiten zwischen 0,1

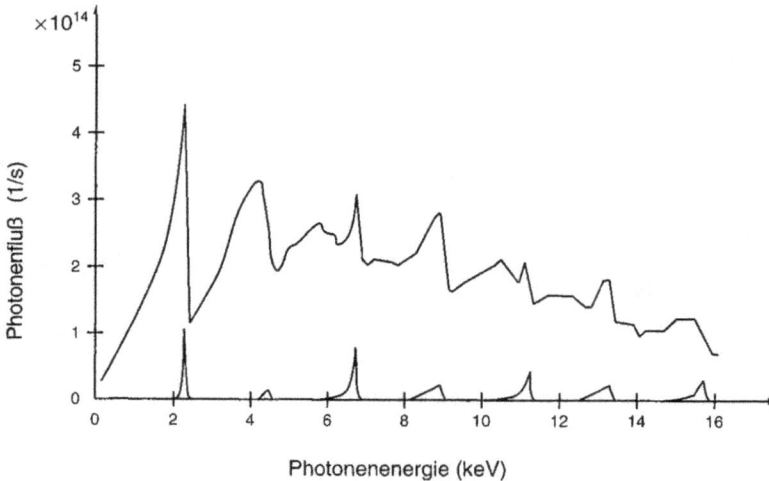

Bild 9.15: Spektrum eines Undulators an der ESRF.
Obere Kurve: Spektrale Verteilung wenn der volle Abstrahlwinkel akzeptiert wird.
Untere Kurve: Spektrale Verteilung eines durch eine zentral in Beobachtungsrichtung in 30 m
Abstand angeordnetes 1 × 1 mm Lochblende (Pinhole) ausgeblendeten engen Strahls.

und 1 ns sowie Wiederholfrequenzen zwischen 10 und 100 ns, je nachdem wie viele
Pakete im Ring gleichzeitig gespeichert sind. Diese Zeitstruktur kann für manche
Anwendungen nützlich sein, verlangt aber Strahlungsdetektoren mit dementspre-
chendem zeitlichen Auflösungsvermögen.

Neben der breiten wissenschaftlichen Anwendung ist Synchrotronstrahlung
auch technisch von Bedeutung. Die Bauelementstruktur auf Mikrochips *Anwendung:*
wird meist durch ein Photoätzverfahren (*Lithographie*) erstellt. Die Mi- *Mikroelektronik*
niaturisierung kann um so weiter vorangetrieben werden, je kürzer die
Lichtwellenlänge des lithographischen Verfahrens ist. Deshalb ist UV-Licht
klarerweise von Vorteil, und es werden daher speziell für den UV-Bereich
Kompaktsynchrotrone als Lichtquellen entwickelt.

9.8 Charakteristische Röntgenstrahlung

Den grundlegenden Mechanismus, der zur Aussendung der charakteristischen Strahlung führt, hatten wir bereits mehrfach erwähnt. Schnelle
Elektronen (oder andere Teilchen wie z.B. Protonen) regen durch Stoß ein
Hüllenelektron bis in das Grenzkontinuum hinein an. Zurück bleibt ein einfach ionisiertes Atom. Dies ist aber nicht der normale Ionisationszustand,
denn es fehlt nicht das äußerste Elektron, sondern ein Elektron in einer
inneren Schale. In dieser anderweitig voll besetzten Schale existiert ein
Lochzustand, der allerdings unstabil ist. In sehr kurzer Zeit ($\approx 10^{-13}$ s) wird

Lochzustand mit
sehr kurzer
Lebensdauer
↝ breite
Röntgenlinie

das Loch durch ein Elektron aus einer höheren besetzten Schale aufgefüllt. Dabei strahlt das Elektron die Energiedifferenz ab. Die Lochlebensdauer ist sehr viel kürzer als diejenige eines angeregten Zustandes eines Leuchtelektrons. Daher sind Röntgenlinien viel breiter als optische Linien. Nun existiert allerdings ein Loch in der höheren Schale, und das Spiel wiederholt sich. Wir können die Situation so ansehen, daß das Loch die verschiedenen Schalenzustände des Atoms durchläuft. Der Lochzustand ist ein Einteilchenzustand, und wir können die Situation grafisch in einem wasserstoffartigem Termschema darstellen. Um die Analogie zu Einteilchen-Elektronenzuständen zu gewähren, soll weiter ein „Abwärtspfeil" Emission und ein „Aufwärtspfeil" Absorption bedeuten. Dann müssen wir die Sequenz der Schalenzustände umdrehen, wie dies Bild 9.16 illustriert.

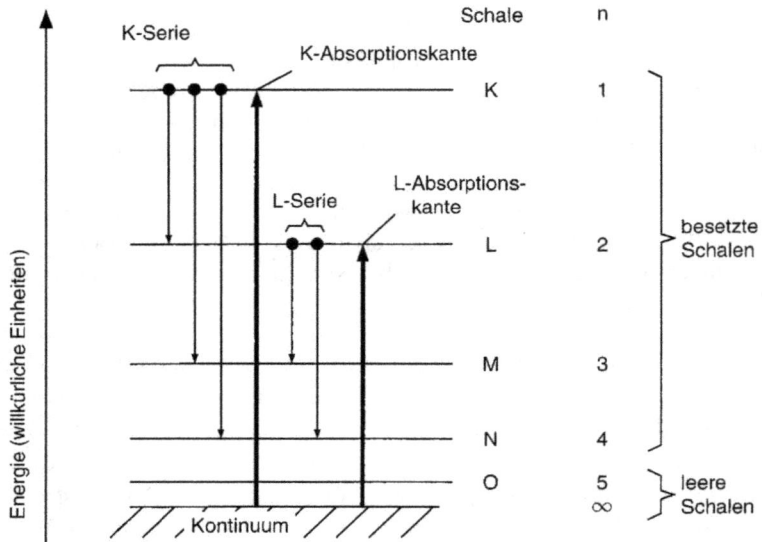

Bild 9.16: Termschema der Übergänge eines Elektronenloches in der K- bzw. L-Schale zur Erklärung der charakteristischen Röntgenstrahlung. Es ist angenommen, daß alle Schalen bis zur O-Schale besetzt sind. Die Schalenanordnung ist umgekehrt wie bei den Termschemen der optischen Spektren gezeichnet, um den Lochübergang zu verdeutlichen. Die Absorptionskanten bedeuten einen Elektronenübergang vom gebundenen Zustand an die Grenze des Kontinuums. Im Lochbild springt das Loch von der Kontinuumsgrenze in den gebundenen Zustand. Dies ist hier gezeichnet.

Bemerkung:

Offenkundig kann es charakteristische Röntgenstrahlung für Wasserstoff gar nicht geben. Und selbst bei Helium wird durch das Herauslösen eines $1s_{1/2}$-Elektrons nur das normale He^+-Ion erzeugt. Eine höhere Schale, aus der der Lochzustand aufgefüllt werden könnte, gibt es nicht.

Gemäß dem Termschema 9.16 muß analog zum Wasserstoff für die Frequenz *Analogie zum* der Röntgenlinien gelten: *Wasserstoff*

$$\nu_X = \frac{E_R}{\hbar} Z_{eff}^2 \left(\frac{1}{n_i^2} - \frac{1}{n_f^2} \right)$$ (9.11)

Dabei ist Z_{eff} die effektive Kernladung, die das Loch in Gegenwart der restlichen Elektronen sieht. Aus (9.11) folgt, daß die charakteristischen Röntgenstrahlen analog zum Wasserstoff Spektralserien bildet, die man als K, L, M, ... Serien bezeichnet. Ein Beispiel zeigt Bild 9.17. Aus diesem Grund hatten wir die charakteristische Röntgenstrahlung bereits in Abschnitt 9.5 unter wasserstoffähnlichen Spektren erwähnt.

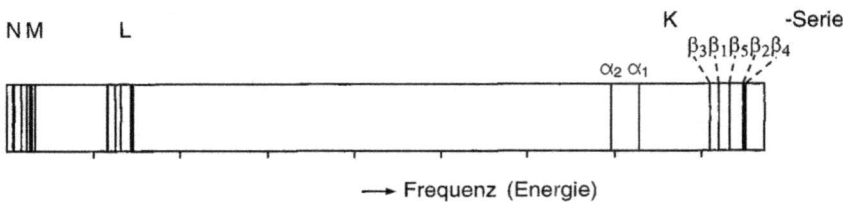

Bild 9.17: Serienstruktur der charakteristischen Röntgenstrahlen (wasserstoffähnliche Spektren).

Die einzelnen Linien einer Serie werden mit steigender Frequenz durch laufende griechische Buchstaben als Index bezeichnet. Für die K-Serie ist das:

K_α Lochübergang K → L
K_β Lochübergang K → M   u.s.w.

Aus (9.11) und Bild 9.16 ist weiterhin sofort verständlich, daß die Lichtfrequenzen (Photonenenergien) der charakteristischen Strahlung höher liegen als die des optischen Lichtes. Die Energieabstände zwischen inneren (besetzten) Schalen sind viel größer als die zwischen äußeren (unbesetzten) Schalen. Dieser Unterschied ist besonders markant bei schweren Atomen, für sehr leichte Atome ist er nicht mehr so ausgeprägt. Die charakteristische Strahlung liegt dann im UV.

Die in (9.11) auftretende effektive Kernladung Z_{eff} nähert man mit einer *Abschirmkonstante* σ:

$$Z_{eff} = Z - \sigma.$$ (9.12)

In erster Näherung ist σ gleich der Zahl der Elektronen, die auf tieferen Schalen als der Lochzustand und in der Schale des Loches selbst liegen. Diese Annahme wäre genau richtig gemäß der klassischen Elektrodynamik, wenn die Elektronen streng auf Bohrschen Bahnen lokalisiert wären.

Wie man sofort einsieht, folgt für die K_α-Linien[7] $\sigma = 1$ (die K-Schale hat nur 2 Elektronen), und es muß sein

$$\boxed{\sqrt{\nu_{K_\alpha}} = \kappa\,(Z - 1)}$$ **Moseleysches Gesetz**　　　　(9.13)

Dabei ist $\kappa^2 = 0{,}248 \cdot 10^{16}$ Hz die *Moseley-Konstante*. Bild 9.18 zeigt das sogenannte *Moseley-Diagramm*.

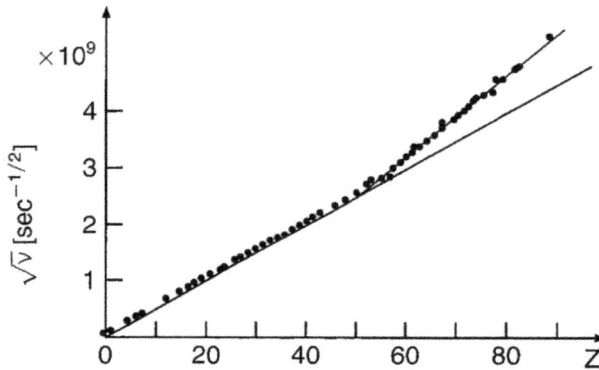

Bild 9.18: Moseley Diagramm der K_α-Linien verschiedener Elemente. Entsprechende Diagramme können auch für die Absorptionskantenlagen erstellt werden.

Das Moseleysche Gesetz ist einigermaßen streng erfüllt für $10 \le Z \le 30$. Bei schweren Kernen treten Abweichungen auf (siehe Bild 9.18), die man durch eine leichte Abhängigkeit von σ mit Z korrigieren kann.

Bemerkung:

MOSELEY fand sein Gesetz bereits rein empirisch zu einer Zeit (1913), als noch kein Bild für die Strahlungsemission existierte. Es bildete daher später den Schlüssel zum Verständnis der charakteristischen Schalen. Ebenso war die Bezeichnung der Serien K, L, M zunächst nur formal eingeführt worden. Die Schalenbezeichnungen haben sich daraus später abgeleitet.

Der Energiesatz verlangt, daß bei der Locherzeugung für das stoßende Teilchen gilt: $E_{kin} \ge |E_{K,L,M..}|$, entsprechend der Schale aus welcher das

---

[7]　Wie im folgenden Kapitel besprochen wird, besitzen die Röntgenlinien eine Feinstruktur. Die K_α-Linie besteht aus dem Dublett K_{α_1} und K_{α_2}. Für das Moseley Gesetz ist dann der Mittelwert der Frequenzen zu nehmen.

Elektron entfernt wird. Es muß aber auch noch der Impulssatz erfüllt sein. Dies ist nur möglich, wenn der Kern einen Teil des Impulses aufnimmt. Dies ist für die kernnahen Schalen am wahrscheinlichsten. Deshalb sind die K- und L-Linien besonders intensiv.

Im Termschema 9.16 sind auch die Absorptionskanten eingezeichnet. Man sieht, daß für ein gegebenes Z stets sein muß *Absorptionskanten*

$$\boxed{E_K^{abs} > E_K^{emis}}$$ (9.14)

und ebenso für die L,M,N...Zustände. Für Photonenenergien dicht unterhalb der Kante ist die Absorption relativ klein (siehe Bild 9.5). Dort liegen aber gerade die Emissionslinien desselben Materials. Ein Element ist also für seine eigene charakteristische Strahlung durchsichtig.

9.9 Die Feinstruktur der Röntgenlinien

Nur in grober Näherung ist die Schalenenergie durch n allein gegeben. Das Termschema (Bild 9.16) ist grob vereinfacht. Genauer gesehen gilt für die Energien der Elektronen im Atom:

$$E = E(n, l, j).$$

Die Aufhebung der Entartung der Termenergien mit l und j führte zu der Unterscheidung der Unterschalen L_I bis L_{III} und M_I bis M_V, usw, wie in Tabelle 9.2 aufgelistet.

Tabelle 9.2: Elektronenzustände der ersten drei Atomschalen.

\multicolumn{4}{Quantenzahlen}				Elektronen-zahl	Schale	
n	l	j	m_j			
1	0	1/2	$\pm 1/2$	2	K	
2	0	1/2	$\pm 1/2$	2	L_I	
	1	1/2	$\pm 1/2$	2	L_{II}	L
		3/2	$\pm 1/2, \pm 3/2$	4	L_{III}	
				8		
3	0	1/2	$\pm 1/2$	2	M_I	
	1	1/2	$\pm 1/2$	2	M_{II}	
		3/2	$\pm 1/2, \pm 3/2$	4	M_{III}	M
	2	3/2	$\pm 1/2, \pm 3/2$	4	M_{IV}	
		5/2	$\pm 1/2, \pm 3/2, \pm 5/2$	6	M_V	
				18		

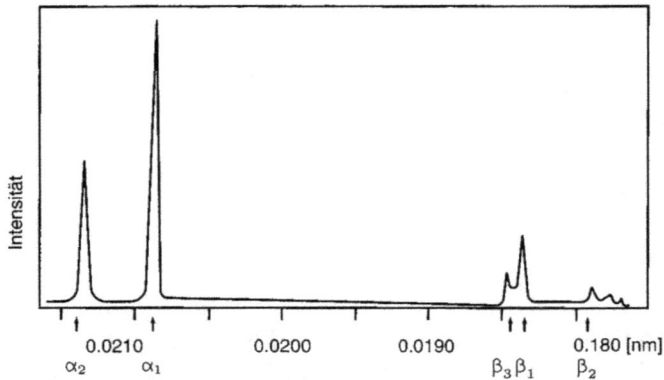

Bild 9.19: Feinstruktur der K-Serie von Wolfram.

Diese Unterstruktur[8] der Hauptschalen ist die Ursache der *Feinstruktur* des charakteristischen Röntgenspektrums. Zum Beispiel kann ein Loch in der K-Schale durch ein Elektron aus einer der verschiedenen L-Unterschalen gefüllt werden. Die Übergangsenergie ist dabei leicht unterschiedlich. Ein Beispiel für die *Feinstrukturaufspaltung* ist in Bild 9.19 gezeigt.

Aufgrund der Auswahlregeln für Dipolstrahlung ($\Delta l = 1$) für das Leuchtelektron (bzw. den Lochzustand) ist ein Übergang von der K- in die L_I-Schale nicht möglich. Die K_{α_1}-Linie entspricht dem Übergang von der L_{III}-Schale zur K-Schale, die K_{α_2}-Linie dem Übergang von der L_{II}-Schale zur K-Schale. Auf die entsprechende Feinstruktur der Absorptionskanten wurde schon hingewiesen. Sie ist in Bild 9.5 sichtbar.

In Bild 9.20 ist das Termschema von Bild 9.16 bezüglich der Unterstruktur der gefüllten Elektronenschalen erweitert. Die sehr komplexe Feinstruktur der Röntgenstrahlen wird daraus verständlich. Eine Analyse des charakteristischen Röntgenspektrums bietet daher die Möglichkeit, die Zustände der inneren Schalen von Vielelektronenatomen präzise zu untersuchen. Röntgenstrahlen liefern naturgemäß wenig Information über die chemische Bindung des strahlenden Atoms, denn an der Bindung sind nur die Elektronen der nicht gefüllten Schalen (Valenzelektronen) beteiligt.

9.10 Der Auger-Effekt

Statt die beim Lochübergang freiwerdende Energie als Röntgenlicht abzustrahlen, kann diese Energie auch direkt auf eines der Elektronen im oberen Zustand übertragen werden. Sie ist stets größer als dessen Bindungsenergie und genügt daher, das Elektron abzutrennen, d.h. in einen Zustand des

---

[8] Im Zusammenhang mit den Hundschen Regeln waren die Unterschalen gemäß den Quantenzahlen n, l, s definiert worden. Dies sollte nicht verwechselt werden.

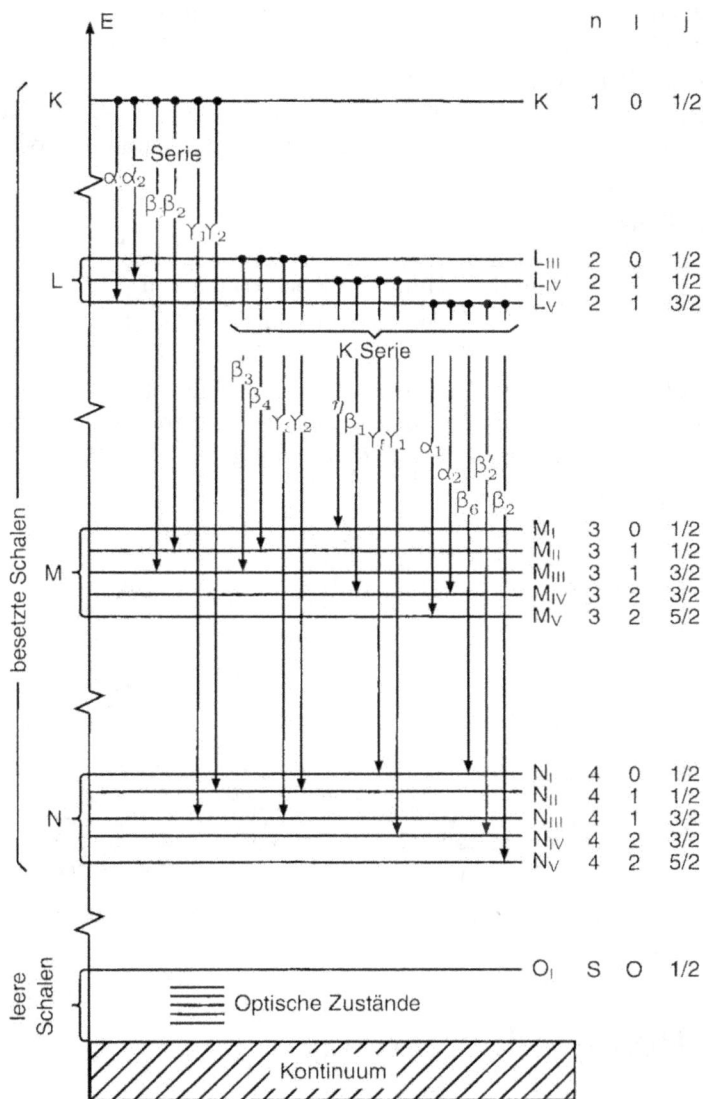

Bild 9.20: Termschema für Lochübergänge aus der K- und L-Schale in Cadmium zur Erklärung der Feinstruktur der K- und L-Röntgenserie. Alle Schalen unterhalb der O_I-Schale sind gefüllt. In der O_I-Schale sitzt das $5s$-Leuchtelektron des Cd.

Kontinuums zu heben. Man nennt dieses Phänomen den *Auger-Effekt*. Wird z.B. ein Lochzustand in der K-Schale erzeugt, so kann dieses gefüllt werden, indem ein Elektron der L-Schale in die K-Schale übergeht. Die dabei freiwerdende Energie wird entweder als Photon mit $\nu_{K_\alpha} = (E_K - E_L)/h$ emittiert oder dazu benutzt, ein Elektron aus der L-Schale herauszuschlagen. Dieses besitzt dann die kinetische Energie $E_{kin} = E_K - 2E_L$ und wird als *Auger-Elektron* bezeichnet. Es existieren nun zwei Lochzustände in der L-Schale, die wiederum durch Emission von Röntgenstrahlung oder Auger-Elektronen gefüllt werden.

Fluoreszenzaus-
beute

Das Verhältnis

$$w = \frac{n_R = \text{Zahl der emittierten Röntgenquanten}}{n_0 = \text{Zahl der erzeugten Lochzustände}} \qquad (9.15)$$

bezeichnet man als die *Fluoreszenzausbeute*. Sie ist eine Funktion von Z und den Schalen, zwischen denen die Röntgenemission stattfindet. Die Fluoreszenzausbeute für die K- und L-Strahlung ist in Bild 9.21 als Funktion von Z dargestellt.

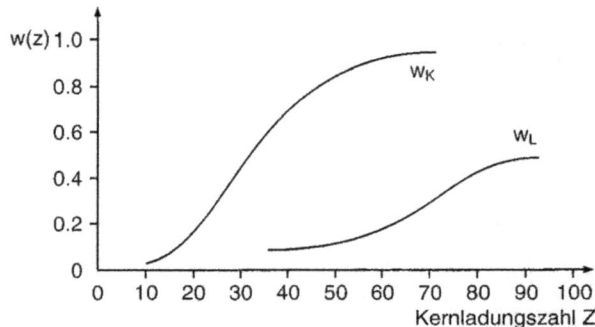

Bild 9.21: Fluoreszenzausbeute w der K- und L-Strahlung in Abhängigkeit der Kernladungszahl Z.

9.11 Röntgenfluoreszenz

$E^{abs} > E^{emis}$,
deshalb keine Re-
sonanzfluoreszenz

Die Absorption von Röntgenlicht erfolgt, wie in Abschnitt 9.3 besprochen, hauptsächlich über den atomaren Photoeffekt. Es werden also Elektronen aus Atomzuständen ausgelöst, und es bleiben Lochzustände zurück. Deren Füllung führt zur Emission der charakteristischen Röntgenstrahlung des Absorbermaterials. Den Vorgang bezeichnet man als *Röntgenfluoreszenz*. Wegen der Bedingung (9.14) ist Resonanzfluoreszenz nicht möglich. Bild 9.22 zeigt eine Apparatur zur Röntgenfluoreszenzanalyse. Weißes Röntgenlicht

wird zur Anregung eingestrahlt, und die Fluoreszenzstrahlung mit einem energieproportionalen Detektor analysiert. Moderne *Festkörperzähler*
(Si-Dioden), wie sie in Kap. 20 kurz beschrieben werden, besitzen eine
genügend gute Energieauflösung, um die K-Linien benachbarter Elemente
aufzulösen. Die Information über die Photonenenergie ist in der Spannungshöhe der Zählpulse kodiert. In einem *Vielkanalanalysator* werden die
Zählpulse nach ihrer Spannungshöhe sortiert und gespeichert. So liefert das
Gerät direkt das Fluoreszenzspektrum (Bild 9.23).

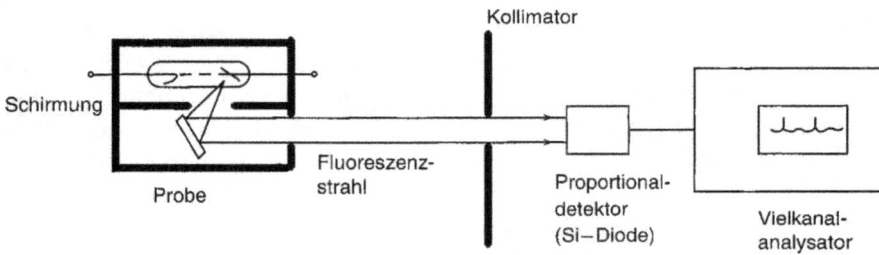

Bild 9.22: Einfache Apparatur zur Aufnahme eines Röntgenfluoreszenzspektrum.

Die Röntgenfluoreszenz ist eine viel benützte Methode zur *zerstörungsfreien*   *Materialanalyse*
Materialanalyse. Allerdings werden nur die verschiedenen chemischen Ele-   *mit*
mente aufgezeigt, die in der Probe enthalten sind, nicht jedoch ihre chemi-   *Röntgenfluoreszenz*
sche Verbindung.

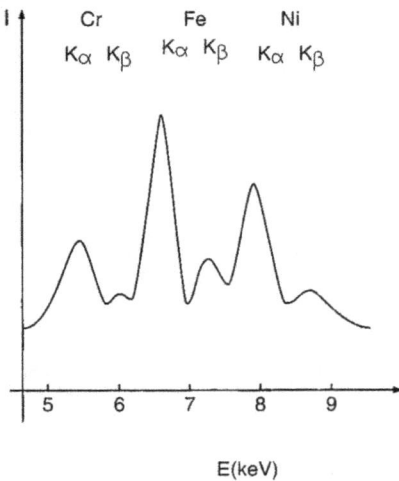

Bild 9.23: Röntgenfluoreszenzspektrum eines
Chrom-Nickel-Stahls.

9.12 Monochromatisierung von Röntgenstrahlen

Wie beschrieben senden Röntgenröhren eine Kombination von monochromatischer und kontinuierlicher Strahlung aus (siehe Bild 9.8). Für manche Anwendungen wird jedoch *monochromatisches* Röntgenlicht benötigt[9]. Die *Monochromatisierung* erfolgt in der Regel nach zwei Methoden. Einmal *Braggreflexion* kann unter Ausnutzung des Braggschen Gesetzes ein Einkristall so justiert werden, daß (bei gegebenen Netzebenenabstand d, Reflexordnung n, sowie Braggwinkel Θ) nur Strahlung einer gewünschten Wellenlänge λ auf die Probe fällt. Ein Spektrometer, wie es Bild 9.4 zeigt, kann hierfür Verwendung finden. Dieses Verfahren hat den Vorteil sehr geringer *Frequenzbreite* (Linienbreite), aber den Nachteil eines hohen Intensitätsverlustes. Eine einfachere *Filter* Methode besteht in der Verwendung von passenden *Filtern*. Bringt man, wie in Bild 9.24 gezeigt, eine Zirkonfolie in den von einer Röntgenröhre mit Molybdänanode ausgesandten Röntgenstrahl, so wird die K_β-Linie im Vergleich zur K_α-Linie stark geschwächt. Ebenso wird der Bremsstrahlungsuntergrund stark reduziert.

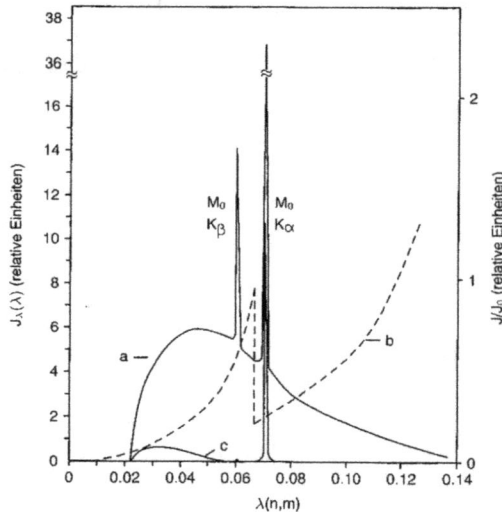

Bild 9.24: Monochromatisierung von Röntgenstrahlen durch Filter.
a) Emissionsspektrum einer Röntgenröhre mit Mo-Anode (Ordinate links);
b) Absorptionsspektrum eines Zr-Filters (Ordinate rechts);
c) Spektrum a) nach Transmission durch eine 7,8 g/m^2 dicke Zr-Folie (Ordinate links).

---

[9] z.B. Laue Diagramme, siehe C. Kittel, *Festkörperphysik*, 12. Auflage, Kapitel 2, R. Oldenbourg Verlag 1999.

10 Moleküle

Moleküle sind Atomverbände, wobei zwischen den Atomen genügend starke Bindungskräfte herrschen, um das Molekül nach außen als eine Einheit wirken zu lassen. Andererseits muß die Bindung der Atome zum Molekül schwächer sein, als die Bindungskraft innerhalb des Atoms. Im Prinzip kann die Zahl der Atome in einem Molekül sehr hoch sein. In sogenannten Makromolekülen und in biologischen Molekülen können durchaus 10000 Atome verbunden sein (siehe Physik I). Wir beschäftigen uns hier nur mit einfachen Molekülen, speziell mit zweiatomigen Molekülen, um die Grundzüge der Moleküleigenschaften kennen zu lernen. Entscheidend ist, daß die Moleküleigenschaften keineswegs einfach die Summe der Eigenschaften der im Molekül enthaltenen Atome ist. Durch die Bindung zum Molekül entsteht zum Teil eine völlig neuartige, spezifische Elektronenstruktur. Unsere bisherige Behandlung des Verhaltens der Atome beschränkte sich auf freie Atome, auf die höchstens von außen angelegte Felder wirken, die aber sonst in sich völlig abgeschlossen sind. In dem selben Sinne diskutieren wir im Folgenden freie Moleküle. Es ist auch möglich, daß die Moleküle untereinander Bindungen eingehen und z.B. Molekülkristalle bilden. Ein Molekül ist nicht nur durch die rein zahlenmäßige Zusammensetzung der atomaren Bestandteile charakterisiert, sondern ebenso durch die räumliche Anordnung der Atome. Z.B. hat das Wassermolekül die Zusammensetzung H_2O, was bedeutet, daß es zwei Wasserstoff- und ein Sauerstoffatom enthält. Denkbar wäre, solange man nichts über die Bindungskräfte weiß, eine Anordnung H-H-O oder H-O-H. Letzteres Bild kommt der Wahrheit schon nahe, aber die aus Symmetriegründen vermutete lineare Anordnung der Atome ist nicht richtig. In Wirklichkeit sieht das Wassermolekül so aus, wie in Bild 10.1 gezeigt.

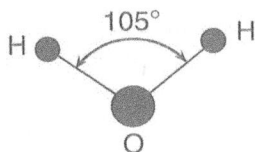

Bild 10.1: Das Wassermolekül.

Die Ursache ist, daß hier kovalente Bindung (siehe Abschnitt 10.3) vorliegt, die in der Regel zu charakteristischen Bindungswinkeln führt. Dies ist in Abschnitt 10.5 genauer erläutert. Die Abstände der Atome im Molekül sind typischerweise etwa 1–4 Å. Diese Information läßt sich aus Elektronenbeugung, Neutronenbeugung oder aus den noch zu besprechenden spektroskopischen Daten gewinnen.

Für die Molekülbindung sind stets elektrische Kräfte verantwortlich. Magnetische Wechselwirkungen sind vernachlässigbar. Das grundlegende Prinzip ist, durch Elektronentransfer eine stabile gemeinschaftliche Elektronenkonfiguration, also im Idealfall eine Edelgaskonfiguration, zu erreichen.

10.1 Das Molekülpotential

Überlagerung abstoßender und anziehender Kräfte

Die Atome eines Moleküls befinden sich (im Zeitmittel) in wohldefinierten Abständen voneinander. Wir betrachten das Potential zwischen zwei benachbarten Atomen als Funktion des Atomabstandes r, was wir als das Molekülpotential $U_m(r)$ bezeichnen. Die Existenz eines Gleichgewichtsabstandes r_0 bedeutet, daß dort das Potential ein Minimum aufweisen muß. Dies wiederum verlangt, daß sowohl abstoßende Kräfte, die für $r < r_0$ und anziehende Kräfte, die für $r > r_0$ dominieren, wirksam sind. Die abstoßenden Kräfte kommen dadurch zustande, daß sich für $r < r_0$ die inneren Elektronenschalen, also die abgeschlossenen Schalen, der Atome zu durchdringen beginnen. Dies verletzt aber das Pauli-Verbot, denn alle zulässigen Elektronenzustände sind ja in jedem Atom für sich bereits besetzt. Die abstoßende Kraft wird also für $r < r_0$ sehr rasch ansteigen, während sie für $r > r_0$ praktisch verschwindet. Die Natur der anziehenden Kraft werden wir in den nächsten Abschnitten diskutieren. Sie sind in jedem Fall viel langreichweitiger. Für eine Coulomb-Kraft wäre $U(r) \propto 1/r$. Die Überlagerung der beiden Kraftpotentiale liefert U_m, das in der Tat dann das gewünschte Minimum aufweist (Bild 10.2).

Dissoziationsenergie

Um die beiden Atome zu trennen, muß die Energie D aufgebracht werden, die man als die *Dissoziationsenergie* des Moleküls bezeichnet. Sie ist experimentell zu bestimmen. Da das Molekülpotential, wie wir noch ausführlicher besprechen, um r_0 als Parabelpotential genähert werden kann, führen die Atome um r_0 harmonische Schwingungen aus. Aus der Quantisierung des Oszillators folgt, daß der niedrigste Zustand $E_0 = 1/2\,\hbar\omega_0$ ist, wobei ω_0 die Eigenfrequenz darstellt. Dies bedeutet, daß das Atom im Grundzustand nicht die Energie $E = -D$ sondern $E = -D + E_0$ besitzt, so daß die gemessene Dissoziationsenergie um die Nullpunktsschwingungsenergie gegenüber D von Bild 10.2 verringert ist.

Ohne spezifisch auf die physikalische Natur des Moleküls einzugehen, benutzt man gerne zur Beschreibung des Molekülpotentials das sogenannte *Morsepotential*.

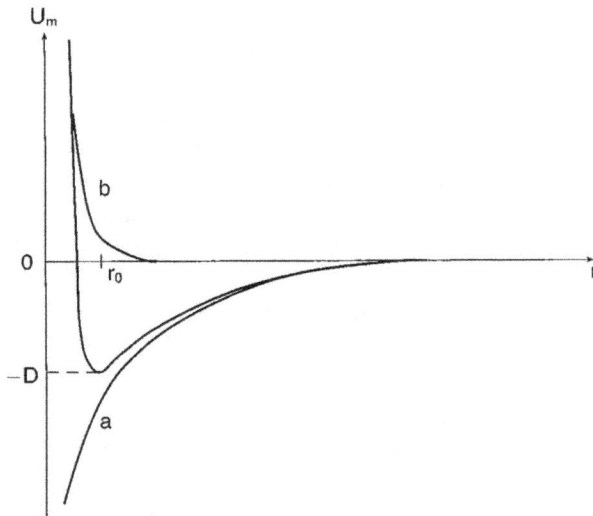

Bild 10.2: Molekülpotential, zusammengesetzt aus einem anziehendem Potential a und einem abstoßendem Potential b. D ist in etwa die Dissoziationsenergie (siehe Text).

$$\boxed{U_{\mathrm{m}}(r) = D \left[1 - \exp\left(-a(r - r_0)\right)^2\right]}$$ **Morsepotential**   (10.1)

Gegenüber Bild 10.2 ist in (10.1) der Energienullpunkt in das Potentialminimum ($r = r_0$) gelegt, d.h. die Energieskala ist um $-D$ verschoben. Das Morsepotential geht, wie gefordert, für $r \gg r_0$ gegen $U_{\mathrm{m}}(\infty) = D$. Für kleine r nimmt es große positive Werte an, falls der Parameter $a \ll 1/r_0$ ist. Dennoch beschreibt es den Verlauf für $r \to 0$ nicht richtig, da es endlich bleibt für $r = 0$. Der Bereich $r \ll r_0$ ist aber in der Regel nicht von Interesse, und das Morsepotential wird vielfach verwendet, da es eine geschlossene analytische Funktion ist. Es gibt aber auch andere Parametrisierungen des Molekülpotentials.

10.2 Die ionische Bindung

Wir betrachten zweiatomige Moleküle. Wie schon erwähnt, ist das Ziel, im Molekülverbund möglichst Edelgaskonfigurationen zu realisieren. Das grundlegende Beispiel, wie dies durch einen vollen Transfer eines Elektrons erreicht wird, bilden die Alkalihalogenide, etwa KCl (Kaliumchlorid). *Alkalihalogenide* Im freien Kaliumatom ist die Elektronenkonfiguration (Ar)$1s$; im freien Chloratom dagegen (Ne)$3s^2 3p^5$. Das Kaliumatom hat also ein zusätzliches *Ionische Bindung:* Elektron zur Argon-Edelgasschale, dem Chloratom fehlt ein Elektron zur *Transfer von* Argon-Edelgasschale (Ne)$3s^2 3p^6$. Durch Austausch eines Elektrons zwi- *Elektronen* schen dem Kalium und dem Chloratom kann erreicht werden, daß sowohl das K^+-Ion wie auch das Cl^--Ion Edelgaskonfiguration besitzen. Dazu muß zunächst die Ionisationsarbeit E_{Ion} des Kaliumatoms aufgebracht werden, die verhältnismäßig klein ist – sie beträgt $E_{Ion} = 4{,}34\,\text{eV}$. Auf den ersten Blick würde man vermuten, daß ein Elektron an das neutrale Chloratom nicht gebunden werden kann, da alle positiven Ladungen des Kerns abgesättigt sind. Jedoch senkt die Bildung der Edelgasfiguration $3s^2 3p^6$ die Gesamt-energie des Ions mehr ab, als die Coulomb-Abstoßung des überschüssigen Elektrons sie erhöht. Diese Energiedifferenz bezeichnet man als die *Elektro-*

Elektronenaffinität   *nenaffinität* F. Ist sie positiv (im vorliegendem Fall ist $F = +3{,}61\,\text{eV}$), so ist das negative Ion stabil. Die Situation veranschaulicht Bild 10.3.

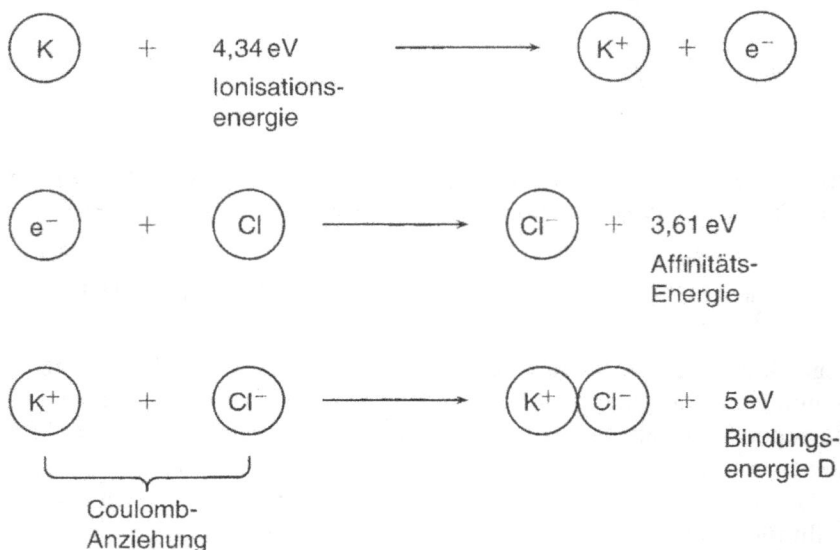

Bild 10.3: Elektronentransfer in der ionischen Bindung.

Zwischen den beiden Ionen (K^+ und Cl^-) besteht eine Coulomb-Anziehung, die versuchen wird, den Abstand r zwischen den Atomkernen der beiden Ionen zu verringern. Daraus resultiert das anziehende Potential. Das Pauli-Verbot als Ursache des abstoßenden Potentials hatten wir schon erwähnt. Die resultierende Potentialkurve hat ein Minimum mit $D = 5\,\text{eV}$. Die Energie D muß aufgebracht werden, um das KCL Molekül in die Ionen K^+ und Cl^- zu zerlegen. Für die Dissoziation in die Atome K und Cl muß gelten:

$$D_{\text{atom}} = F - I + D.$$

Im vorliegenden Fall also $D_{\text{atom}} = 4{,}4\,\text{eV}$. Das Potential des KCl-Moleküls zeigt Bild 10.4.

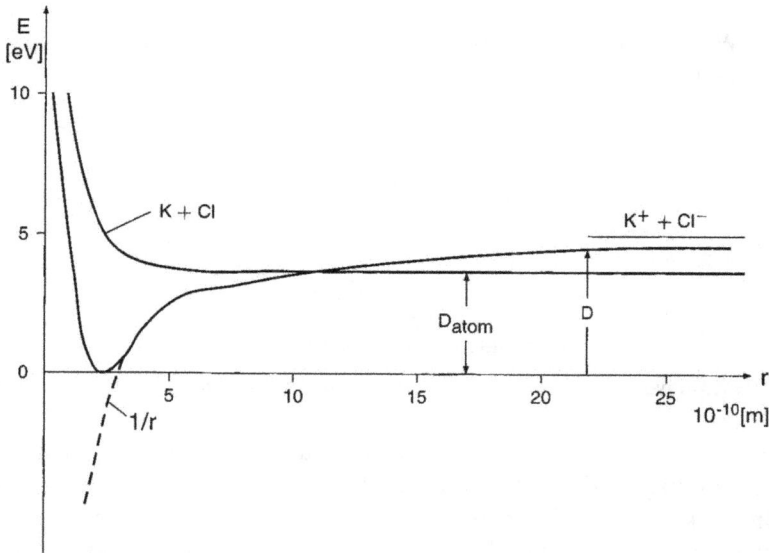

Bild 10.4: Potentialverlauf des KCl-Moleküls. Ebenso gezeigt ist das Potential zwischen dem K- und Cl-Atomen. Es zeigt kein Minimum, nur die Abstoßung bei kleinen Abständen auf Grund des Pauli-Verbots. Die gestrichelte Kurve ist das Coulomb-Potential zwischen K^+ und Cl^-.

Moleküle können auch aus höher geladenen Ionen aufgebaut werden, etwa LaF_3 aus La^{3+} und $3\,F^-$. Das entscheidende an der ionischen Bindung ist, daß die anziehende Kraft die Coulomb-Kraft zwischen den Ionen ist, die Kugelsymmetrie hat. Die Bindung ist nicht gerichtet und die räumliche Anordnung der Atome ist im wesentlichen durch geometrische Bedingungen gegeben (bei zweiatomigen Molekülen ist dies natürlich ohne Relevanz). Die ionischen Ladungen werden durch „echten" Transfer von Elektronen zwischen den Atomen erzeugt.

Die ionische Bindung ist nicht gerichtet

10.3 Die kovalente Bindung

Das Grundprinzip ist hier, daß nicht durch einen tatsächlichen Transfer von Elektronen Edelgaskonfigurationen in den Hüllen der Bindungspartner erzeugt werden, sondern durch gemeinsamen Besitz von Valenzelektronen. Eine ionische Bindung scheidet sicher dann aus, wenn wir Moleküle aus zwei (oder mehreren) gleichartigen Atomen betrachten. Das einfachste Beispiel ist das H_2-Molekül. Der Transfer eines Elektrons zum anderen Wasserstoff macht keinen Sinn. Man spricht deshalb auch von homöopolarer Bindung. Die kovalente Bindung ist ein rein quantenmechanischer Effekt, der durch die Ununterscheidbarkeit (Austauschsymmetrie) und Delokalisierung von Quantenteilchen, hier den Elektronen der Atomhüllen, zustande

Kovalente Bindung: quantenmechanischer Effekt

kommt. Wir wollen die Situation am Beispiel des Wasserstoffmoleküls etwas genauer diskutieren.

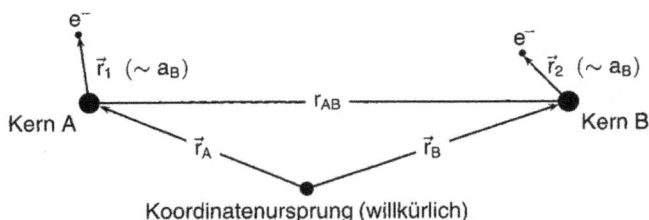

Bild 10.5: Zwei weit voneinander entfernte Wasserstoffatome, d.h. $r_{AB} \gg a_B$.

Es seien zwei Wasserstoffatome A und B mit den Koordinaten r_A und r_B und dem gegenseitigen Abstand r_{AB} (Bild 10.5) gegeben. Jedes Wasserstoffatom hat ein Elektron im $1s$ Grundzustand. Die beiden Kerne seien zunächst weit voneinander entfernt (d.h. $r_{AB} \gg a_B$). Man kann dann feststellen, daß sich Elektron 1 am Kern A und Elektron 2 am Kern B befindet. Jede Wechselwirkung der beiden Elektronen untereinander ist vernachlässigt, und die Zentralfelder der beiden Kerne sind jeweils ungestört. In diesem Fall ist die potentielle Energie des Gesamtsystems gleich der Summe der potentiellen Energien der beiden Wasserstoffatome.

$$U_m = U_A(r_1) + U_B(r_2) \quad \text{für } r_{AB} \gg a_B, \tag{10.2}$$

wobei r_1 und r_2 die Ortskoordinaten von Elektron 1 und Elektron 2 sind. Hierfür liefert die zeitunabhängige Schrödingergleichung für das Gesamtsystem die Lösungsfunktion:

$$\Psi_{12} = \Psi_A(r_1)\Psi_B(r_2). \tag{10.3}$$

Bringt man die beiden Kerne A und B nahe zusammen, so daß $r_{AB} \approx a_B$, dann läßt sich nicht mehr unterscheiden, welches Elektron bei welchem Kern ist. Neben Ψ_{12} muß nun ebenfalls

$$\Psi_{21} = \Psi_A(r_2)\Psi_B(r_1) \tag{10.4}$$

erlaubt sein. In beiden Fällen ist $E = E_A + E_B$, da wir keine Wechselwirkung zwischen den Elektronen eingeführt haben.

Austauschsymme-
trie

Das Austauschverhalten zweier identischer Teilchen verlangt

$$\Psi_{12} = +\Psi_{21} \quad \text{symmetrischer Austausch}$$
$$\text{oder} \quad \Psi_{12} = -\Psi_{21} \quad \text{antimetrischer Austausch.}$$

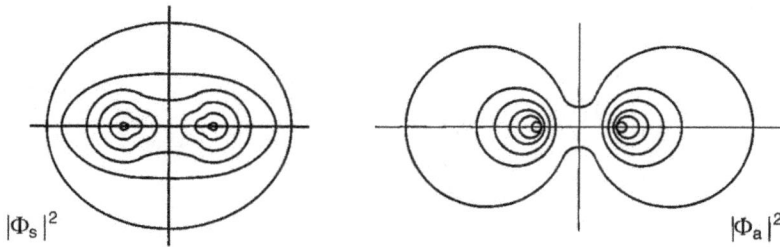

$|\Phi_s|^2$ $|\Phi_a|^2$

Bild 10.6: Linien konstanter Elektronendichte des Wasserstoffmoleküls in einer durch die beiden Wasserstoffkerne verlaufenden Ebene. Der Abstand der beiden Atomkerne beträgt $r_0 = 0{,}074$ nm.

Wie wir in Abschnitt 1.7 bereits diskutiert haben, erfüllt die Linearkombination der Wellenfunktionen Ψ_{12} und Ψ_{21} die Austauschbedingung. Für die beiden möglichen Fälle gilt (Heitler-London-Wellenfunktionen): *Heitler-London-Wellenfunktion*

symmetrische Wellenfunktion
$$\Phi_s = N_s\left(\Psi_A(r_1)\Psi_B(r_2) + \Psi_A(r_2)\Psi_B(r_1)\right)$$
antimetrische Wellenfunktion
$$\Phi_a = N_a\left(\Psi_A(r_1)\Psi_B(r_2) - \Psi_A(r_2)\Psi_B(r_1)\right)$$

(10.5)

N_s und N_a sind Normierungskonstanten. Im folgenden sollen die den Gesamtzustand des Moleküls beschreibenden Wellenfunktionen mit Φ bezeichnet werden. Ψ ist die Bezeichnung für atomare Wellenfunktionen. Die Elektronendichten $|\Phi_s|^2$ und $|\Phi_a|^2$ des Wasserstoffmoleküls sind in Bild 10.6 dargestellt.

Die beiden Elektronen des Wasserstoffmoleküls befinden sich in Zuständen, die nur dem Molekül als Ganzes zugeordnet werden können (Molekülorbitale) und nicht mehr den einzelnen atomaren Bausteinen. Aus Bild 10.6 ist ersichtlich, daß $|\Phi_s|^2$ eine hohe Elektronendichte zwischen den beiden Atomen besitzt und daher vermutlich bindend wirkt, da sie die Coulomb-Abstoßung der beiden Kerne vermindert. Das führt aber zu einer Schwierigkeit. Aus Abschnitt 1.7 wissen wir, daß für Fermionen, also speziell für Elektronen, nur Wellenfunktionen mit antimetrischem Austauschverhalten zulässig sind, also sollte Φ_s nicht erlaubt sein. Den Ausweg aus dem Dilemma hatten wir ebenfalls schon angedeutet. In der Schrödingergleichung ist der Spin nicht enthalten, und wir müssen die Ortswellenfunktion Ψ mit einer Spinfunktion χ ergänzen: *Spinfunktion*

$$\varphi = \Psi \cdot \chi.$$

(10.6)

Molekülorbital

Für ein Elektron hat X zwei Eigenwerte, nämlich

$$S_z = +1/2\,\hbar\,, \text{ den wir mit } \alpha \text{ bezeichnen}$$
$$\text{und } S_z = -1/2\,\hbar\,, \text{ den wir mit } \beta \text{ bezeichnen.} \tag{10.7}$$

Für die zwei Elektronen des H_2-Moleküls ergeben sich dann drei symmetrische Spinfunktionen

$$X_s = \begin{cases} \alpha(1)\alpha(2) \\ \beta(1)\beta(2) \\ \frac{1}{\sqrt{2}}(\alpha(1)\beta(2) + \alpha(2)\beta(1)) \end{cases} \tag{10.8}$$

und eine antimetrische Spinfunktion

$$X_a = \alpha(1)\beta(2) - \alpha(2)\beta(1). \tag{10.9}$$

X_s repräsentiert den Triplett-Zustand, $(S = 1)$ den wir mit $\uparrow\uparrow$ kennzeichnen wollen und X_a den Singulettzustand $(S = 0)$, der durch $\uparrow\downarrow$ symbolisiert wird.

Die Gesamtwellen-funktion muß antimetrisch sein

Um eine zulässige antimetrische Gesamtwellenfunktion zu erhalten, sind erlaubt:

$$\Phi^{\uparrow\uparrow} = \Phi_a X_s \quad \text{und} \quad \Phi^{\uparrow\downarrow} = \Phi_s X_a. \tag{10.10}$$

Die Lösung der Schrödingergleichung, d.h. die explizite Form von $\Phi^{\uparrow\uparrow}$ und $\Phi^{\uparrow\downarrow}$, für das H_2-Molekül wurde von HEITLER und LONDON in Störungsrechnung vorgenommen. Sie liefert für die potentielle Energie des

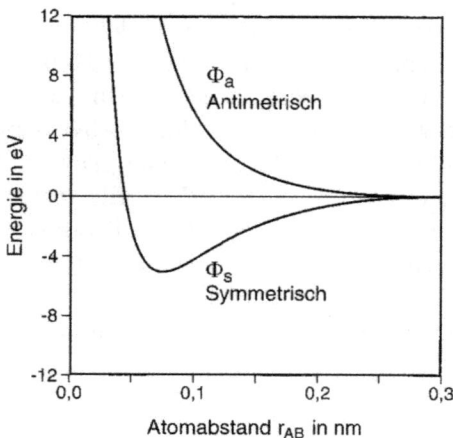

Bild 10.7: Verlauf der potentiellen Energie des Wasserstoffmoleküls H_2 als Funktion des Abstandes der Atomkerne.

H$_2$-Moleküls als Funktion des Abstandes r_{AB} zwischen den beiden Wasserstoffkernen den in Bild 10.7 dargestellten Verlauf. Der Nullpunkt der Energieskala ist die Summe der Energien zweier unabhängiger Wasserstoffatome, also der Fall $r_{AB} \gg a_B$. Für den symmetrischen Zustand $\Phi^{\uparrow\downarrow}$ existiert ein Minimum der potentiellen Energie, welches etwa $-4{,}5$ eV beträgt und die Dissoziationsenergie (bis auf die Korrektur der Nullpunktschwingung) dargestellt. Diese Potentialkurve ist dem Morsepotential (10.1) sehr ähnlich. Die antimetrische Funktion $\Phi^{\uparrow\uparrow}$ liefert eine monoton anwachsende Potentialkurve. Eine chemische Bindung der beiden Wasserstoffatome tritt in diesem Fall also nicht ein. Man bezeichnet deshalb $\Phi^{\uparrow\downarrow}$ als die *bindende Wellenfunktion* und $\Phi^{\uparrow\uparrow}$ als die *antibindende Wellenfunktion*. Es ist somit nötig, daß die beiden Elektronen ihre Spins antiparallel stellen (d.h., daß die den Singulett-Zustand bilden), um die Bindung zum H$_2$-Molekül zu ermöglichen. Dies entspricht dem intuitiv zu erwartendem Ergebnis: wenn sich die beiden Elektronen häufig nahe zueinander aufhalten, wie dies Bild 10.6 für die Ortsfunktion $|\Phi_s|^2$ des bindenden Zustandes vor Augen führt, dann verlangt das Pauli-Verbot die Antiparallelstellung der Spins (wie im He-Atom). Schließlich weisen wir noch darauf hin, daß auch bei der kovalenten Bindung die Kräfte elektrischen Ursprungs sind. Die kovalente Bindung ist nicht auf eine andersartige Kraftform zurückzuführen. Sie resultiert aus der Coulomb-Kraft für die elektronische Ladungsverteilung, die sich aus dem bindenden Molekülorbital ergibt.

Bindende und antibindende Wellenfunktion

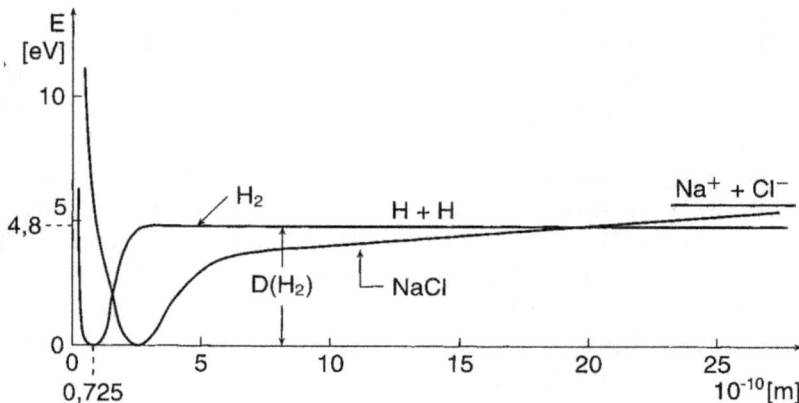

Bild 10.8: Vergleich der Potentialkurven für das ionische NaCl Molekül und das kovalente H$_2$ Molekül.

Einen Vergleich zwischen den Potentialkurven für kovalente Bindung (Beispiel H$_2$) und ionische Bindung (Beispiel NaCl) zeigt Bild 10.8. In beiden Fällen liegt die Bindungsenergie bei etwa 5 eV. Im Allgemeinen ist bei kovalenter Bindung der Potentialverlauf für $r > r_0$ viel steiler. Dies zeigt, daß die bindenden Kräfte in diesem Fall kurzreichweitiger sind. Eine realistischere Rechnung muß natürlich noch die Coulomb-Wechselwirkung zwischen den beiden Elektronen berücksichtigen. Das ändert aber nichts grundsätzliches am Ergebnis im Falle des H_2-Moleküls. Ein Vergleich der Termschemen für He und Ca (Bilder 7.6 und 7.7) zeigt, daß im Zweielektronenatom die Aufspaltung der Terme mit konstantem n, aber verschiedenem l, die auf die Elektron-Elektron-Wechselwirkung zurückzuführen ist, im Falle des He noch klein ist. Im allgemeinen kann die Coulomb-Energie der Elektronen bei Molekülen aus schweren Atomen jedoch dazu führen, daß die antimetrische Ortsfunktion bindend ist. In diesem Fall ist dann die symmetrische Spinfunktion zu benutzen.

Bemerkung:

Das Ergebnis, daß bei deutlichem Überlapp der Wellenfunktionen der äußeren Elektronen benachbarter Atome das Austauschverhalten zu einer eindeutigen Stellung der Spins führt, hat wichtige Konsequenzen im Magnetismus. Wie gesagt, im allgemeinen Fall muß nicht die Antiparallelstellung resultieren wie beim H_2-Molekül. Es können auch bindende Zustände mit Parallelstellung auftreten. Diese sogenannte Austauschwechselwirkung ist verantwortlich für den Ferromagnetismus bzw. Antiferromagnetismus (Heisenberg-Modell).

Im H_2-Molekül haben wir die Überlagerung von s Elektronen diskutiert, deren Wellenfunktionen Kugelsymmetrie besitzen. In anderen kovalenten Bindungen können p (oder auch d) Elektronen mitwirken. Diese besitzen aber deutliche Anisotropie gegenüber einer Vorzugsrichtung (z-Achse) wie sie z.B. durch die Verbindungsachse der Atome gegeben ist. Dann erfolgt starke Bindung nur unter bestimmten Bindungswinkeln (dies ist, wie gesagt, nicht relevant für zweiatomige Moleküle). Die kovalente Bindung kann gerichtet sein und so die sterische Anordnung der Atome im Molekül erzwingen (mehr Details in Abschnitt 10.5). Im Falle der ionischen Bindung dagegen sind geometrische Bedingungen maßgebend, wie etwa die Packung von Ionen mit unterschiedlichen Ionenradien. Schließlich sei noch erwähnt, daß keine der beiden Bindungstypen (ionisch und kovalent) in der Natur rein vorkommt, sondern daß im Allgemeinen eine Bindungsmischung vorherrscht. Schließlich existiert in Molekülen noch ein dritter sehr schwacher Bindungstyp. Wir diskutieren den Fall nur kurz.

Die kovalente Bindung kann gerichtet sein

10.4 Van der Waals-Bindung

Viel schwächer als ionische und kovalente Bindung

Sie beruht auf der anziehenden Wechselwirkung elektrischer Dipole. Da das Potential eines Dipols mit r^{-3} verläuft (siehe Physik II), geht die bindende Wechselwirkung mit r^{-6}. Sie nimmt also sehr rasch ab, wenn man sie mit der Coulomb-Wechselwirkung oder dem kovalenten Potentialverlauf vergleicht. Falls diese Bindungstypen vorhanden sind, ist van der Waals-Bindung vernachlässigbar. Sowohl kovalente wie ionische Bindung scheiden aber aus, wenn die Atome schon Edelgasschalen besitzen. Dort kann weder Elektronentransfer stattfinden, noch können gemeinsame Elektronenorbitale existieren. Die van der Waals-Bindung ist demnach bei Edelgasatomen vorherrschend. Allerdings besitzen diese zunächst kein Dipolmoment. Ein solches kann aber in der Nachbarschaft eines anderen Atoms durch dessen Ladungsverteilung induziert werden. Also ist auch hier die Ladungsverschiebung der eigentliche Grund für die Bindung.

Eine andere Möglichkeit bei der van der Waals-Bindung auftritt, ist die Anlagerung eines fest gebundenen Moleküls an einen anderen Atomverband. Dies tritt häufig bei der Anlagerung von Wasser auf. H_2O hat ein großes permanentes Dipolmoment (siehe Physik II).

10.5 Das LCAO-Verfahren

Bei der kovalenten Molekülbindung von Vielelektronenatomen tragen nur die Elektronen außerhalb geschlossener Schalen, die sogenannten *Valenzelektronen* bei. Diese Elektronen bewegen sich dann auf Molekülorbitalen. Dort sind die *Valenzelektronen* aller beteiligten Atome gleichberechtigt und ununterscheidbar. Die inneren Elektronen (gewöhnlich als *Rumpfelektronen* bezeichnet) besetzen nach wie vor die praktisch ungestörten Atomorbitale und sind eindeutig lokalisierbar bezüglich ihres zugehörigen Atomkerns.

Berechnung von Molekülorbitalen (kovalente Bindung)

Schon beim Wasserstoffmolekül, wo jedes der beiden Atome nur ein Elektron besitzt, das dann notwendigerweise das Valenzelektron ist, hatten wir die Molekülwellenfunktion durch Linearkombination der Atomwellenfunktion gebildet. Dieses Verfahren zur Berechnung der Molekülorbitale wird allgemein benutzt und als LCAO (Linear Combination of Atomic Orbitals) bezeichnet. Wir beschränken uns auf die Ortsfunktion. Der Ansatz ist:

$$\boxed{\Phi_i = c_{1,i}\Psi_1 + c_{2,i}\Psi_2 + \cdots + c_{N,i}\Psi_N} \qquad (10.11)$$

Φ_i ist die Wellenfunktion, die ein Molekülorbital beschreibt, das von einem oder auch mehreren Elektronen (Valenzelektronen der an der Bindung beteiligten Atome) besetzt sein kann. Interessiert man sich für den Gesamtzustand des Moleküls, so ist es notwendig zu wissen, welche Molekülorbitale von wievielen Elektronen besetzt sind. Die Wellenfunktion Φ ergibt sich dann als Produkt der mit Elektronen besetzten Molekülorbitale Φ_i, deren Anzahl

m sein soll.

$$\Phi = \prod_{i=1}^{m} \Phi_i. \tag{10.12}$$

Da das Molekül nicht notwendigerweise aus identischen Atomen (wie etwa H_2 oder O_2) aufgebaut ist, müssen bei der Berechnung eines Molekülorbitals Φ_i die einzelnen Atomorbitale Ψ_k ($k = 1, 2, \ldots N$) mittels der Koeffizienten c_{ki} gewichtet werden.

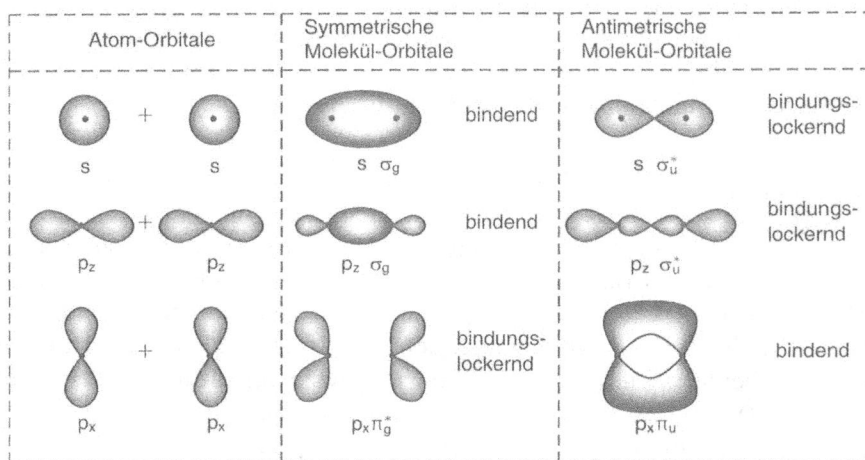

Bild 10.9: Aufenthaltswahrscheinlichkeitsdichten von Elektronen in s und p Atomorbitalen und den daraus entstehenden symmetrischen und antimetrischen (bezüglich der Ortsfunktion) Molekülzuständen. (Nach A. Beiser, *Atome, Moleküle, Festkörper*, Vieweg, Braunschweig 1969).

In Bild 10.9 zeigen wir die Kombination einfacher (wasserstoffartiger) Wellenfunktionen zu Molekülorbitalen. Bei der Bindung entsteht in jedem Fall eine Vorzugsachse (z-Achse), nämlich die Verbindungsachse zwischen den Molekülen. Daher ist die Entartung der winkelabhängigen Funktion aufgehoben. Für die p Elektronen ergibt sich dann bereits für die atomaren Zustände entweder eine keulenförmige Aufenthaltsdichte entlang der z-Achse oder senkrecht dazu. Wir bezeichnen dies als p_z oder p_x (bzw. p_y) Elektronen.

Bezeichnung der Molekülorbitale

In Bild 10.9 sind auch die Bezeichnungen für Molekülorbitale kurz angegeben. Die griechischen Buchstaben σ, π, ... geben die Drehimpulskomponente entlang der Verbindungsachse an, wie in Kapitel 11 genauer besprochen wird. Das symmetrische Orbital wird mit g (gerade), das antimetrische mit u (ungerade) bezeichnet. Ein $\star$ deutet an, daß das Orbital antibindend ist. Man erkennt, daß nicht notwendigerweise das gerade Orbital das bindende ist. Bindend bedeutet stets Erhöhung der Elektronendichte zwischen den Atomen (siehe auch Bild 10.6). Vorangestellt ist die atomare Konfiguration der Elektronen, die das Orbital besetzen. Das bindende Orbital des Wasserstoffes ist demnach $1s\sigma_g$, das antibindende $1s\sigma_u^\star$. Man erkennt, daß σ Orbitale Rotationssymmetrie um die Verbindungsachse besitzen, was bedeutet, daß die gebundenen Atome diesbezüglich beweglich sind. Da die p_z Orbitale rotationssymmetrisch zur z-Achse sind, bilden sie eine σ-Bindung.

Ein illustratives Beispiel für das bereits erwähnte Entstehen bestimmter Bindungswinkel in mehr als zweiatomigen Molekülen aufgrund der Aufhebung der Entartung der winkelabhängigen Funktion von Atomorbitalen durch die Molekülbindung, ist das dreiatomige Wassermolekül H_2O (Bild 10.1). Sauerstoff besitzt die Konfiguration $1s^2\,2s^2\,2p^4$. Die vier äußeren p Elektronen sind nach den Besetzungsregeln als ↑↓↑↑ angeordnet (siehe Abschnitt 6.7). Das bedeutet, daß das $2p_x$ Orbital voll besetzt ist, aber die $2p_y$ und $2p_z$ Orbitale sind nur halb besetzt und können daher mit den $1s$ Orbitalen des Wasserstoffs mischen. Der Winkel zwischen p_y und p_z ist 90°. Der tatsächliche Bindungswinkel 104,5°. Dies erklärt sich durch die Abstoßung der beiden H Atome. Sie besitzen ja nicht mehr die volle $1s$ Elektronenladung und zeigen somit eine effektive positive Ladung. Entscheidend ist, daß im Gegensatz zur ionischen Bindung definierte Bindungswinkel auftreten.

Definierte Bindungswinkel bei kovalenter Bindung

10.6 Hybridisierung

Im bisher besprochenen LCAO-Verfahren wurden (wasserstoffähnliche) Einelektronenatomzustände zu Molekülorbitalen gemäß (10.11) gemischt. Es kann jedoch in manchen Fällen energetisch günstiger sein, *zunächst gewisse Atomorbitale zu mischen* und dann diese gemischten Atomorbitale zur Molekülbindung zu verwenden. Die Mischung von Atomorbitalen bezeichnet man als *Hybridisierung*. Sie kommt im freien Atom nicht vor. Sie tritt erst auf, wenn das elektrische Feld der Molekülbindung zusätzlich vorhanden ist. Hybridisierung ist speziell dann leicht möglich, wenn der energetische Unterschied zwischen den beteiligten Einelektronenorbitalen im Molekülfeld klein wird.

Modell: Mischung der Atomorbitale eines Atoms vor der Bindung

Als Beispiel diene das Kohlenstoffatom, das die Konfiguration $1s^2\,2s^2\,2p^2$ besitzt. Zur Bindung stehen danach die zwei p Elektronen zur Verfügung, und zwar jeweils eins in einem p_x und p_y Orbital. Nehmen wir an, Kohlenstoff bindet vier Wasserstoffatome; es entsteht das Molekül CH_4 (Methan). Seine Bindungsstruktur ist ein regelmäßiger Tetraeder. Um dies zu erklären,

Hybrid-Orbitale

müssen wir annehmen, daß auch die $2s$ Elektronen an der Bindung beteiligt sind. Dann erzeugt eine Linearkombination der Atomorbitale die entsprechenden hybridisierten Molekülorbitale. Im CH_4 liefert der Kohlenstoff vier gleichwertige Hybrid-Orbitale, die die Kombination von $(1/4)\,s$ und $(3/4)\,p$ Zustand darstellen. Man bezeichnet sie als sp^3 Hybrid-Orbital. Räumlich konzentriert sich ein sp^3 Hybrid-Orbital in einer Richtung (siehe Bild 10.10).

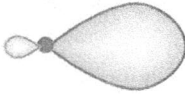

Bild 10.10: sp^3 Hybrid-Orbital
(Nach A. Beiser, *Atome, Moleküle, Festkörper*, Vieweg, Braunschweig 1969).

Die Kombination der vier sp^3 Orbitale liefert die in Bild 10.11 dargestellte Struktur des Methan Moleküls. Der Winkel zwischen den Orbitalen des zentralen Kohlenstoffes ist der Tetraederwinkel von $\Theta = 109,47°$.

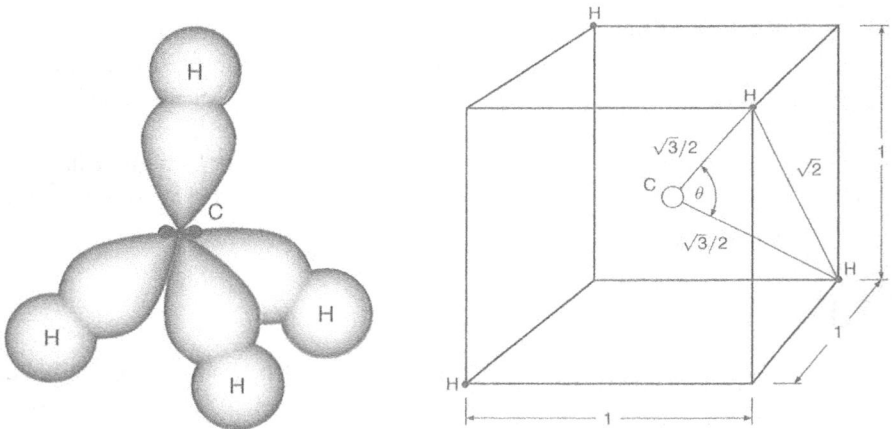

Bild 10.11: Bindung im CH_4 Molekül mit Hilfe der sp^3 Orbitale des zentralen Kohlenstoffs und die daraus resultierende Tetraederstruktur (Nach A.Beiser, *Atome, Moleküle, Festkörper*, Vieweg, Braunschweig 1969).

Bemerkung:

Die sp^3 Hybridisierung spielt auch in der Festkörperphysik eine fundamentale Rolle. Die in der Halbleitertechnologie dominierenden Elemente Si und Ge haben dieselbe Valenzelektronenkonfiguration wie Kohlenstoff. In den elementaren Kristallen sind die Si bzw. Ge Atome durch sp^3 Hybridisierung tetraedrisch gebunden (Diamantstruktur).

Es treten auch andere Hybridisierungen zwischen s und p Elektronen auf. Die sp^2 Hybridisierung liefert eine ebene trigonale Bindungsstruktur, die

sp Hybridisierung dagegen eine lineare Bindung. Natürlich können auch d Elektronen an einer Hybridisierung teilnehmen. Wir verweisen auf die Lehrbücher der Molekularchemie.

Bemerkung:

Die starke Neigung des Kohlenstoffs zu Hybridisierung ist ein wesentlicher Punkt der speziellen Chemie des Kohlenstoffs (organische Chemie), die eine der entscheidenden Grundlagen unseres Lebens darstellt. Schon in elementarer Form kommt Kohlenstoff in verschiedenen Modifikationen vor. Die gewöhnlichste Form, Graphit, ist eine planare, hexagonale Schichtstruktur, auf die wir hier nicht weiter eingehen. Diamant wird durch die sp^3 Hybridisierung gebildet. Eine erst in letzter Zeit (1985) entdeckte ungewöhnliche Form des Kohlenstoffs sind die *Fullerene*, wie *Fullerene* das in Bild 10.12 gezeigte C_{60}. Dieses Molekül enthält, wie die Bezeichnung andeutet, 60 Kohlenstoffatome in 32 Ringen, nämlich 12 Fünfecken und 20 Sechsecken. Es bildet die Form eines Fußballs mit einem Durchmesser von ≈ 1 Å. Die Bindung basiert auf sp^2 Hybridisierung. Fullerene finden sich z.B. in Ruß und werden allgemein durch Verdampfen von Graphit in inerter Atmosphäre (z.B. He) gebildet. Sie finden sich auch im Weltraum. An das C_{60} Fulleren können Alkaliatome (A) gebunden werden, was zu Molekülen des Typs $A_x C_{60}$ ($x = 1, 3, 4, 6$) führt. Besonders interessant sind die Verbindungen mit $x = 3$, die metallischen Charakter besitzen und vergleichsweise hohe Sprungtemperaturen für Supraleitung zeigen (z.B. $Rb_3 C_{60}$ mit $T_c = 29,41$ K). Das bekannteste Fulleren neben C_{60} ist C_{70}, das nicht mehr kugelförmig ist, sondern entlang einer Vorzugsachse eine Elongation zeigt. Die Forschung ist hier noch voll im Fluß.

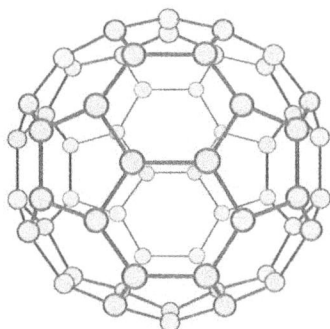

Bild 10.12: Struktur des C_{60} Fulleren.
(Nach H.W. Kroto et.al., *Nature* **318** (1985) 162)

11 Spektren der Moleküle

Wie wir im Folgenden sehen werden, gibt es für Moleküle drei verschiedene Anregungsformen. Diese sind in der Reihenfolge abnehmender Anregungsenergien:

1. Elektronenanregungen eines Leuchtelektrons im Molekülorbital. Dies entspricht den optischen Übergängen im Atom.

2. Schwingungsanregungen der Atome des Moleküls um ihre Gleichgewichtslage.

3. Rotationsanregungen des gesamten Moleküls.

Alle drei Anregungsformen können gleichzeitig auftreten. Sie führen zu den Bandenspektren der Moleküle[1]. Wir diskutieren wieder hauptsächlich den Fall zweiatomiger Moleküle.

11.1 Die elektronischen Zustände und ihre Anregungen

Die auf Molekülorbitalen befindlichen Valenzelektronen werden analog zu den Atomelektronen durch vier Quantenzahlen charakterisiert. Zunächst gibt die Hauptquantenzahl n die Nummer der Elektronenschale (üblicherweise auf das Zentralatom bezogen, etwa auf den Kohlenstoff bei CH_4) an, in der sich das Molekülelektron befindet. In dieser Schale besitzt das Molekülelektron einen Bahndrehimpuls[2]. Wie erwähnt, existiert schon im freien Molekül eine Vorzugsachse, nämlich die Verbindungsachse zwischen den Atomen. Im zweiatomigen Molekül ist die Situation einfach, bei größeren Molekülen können mehrere Achsen existieren. Im einfachsten Fall ist bezüglich der Molekülachse (z-Achse) die Symmetrie der Elektronenhülle näherungsweise zylinderförmig.

Das freie Molekül hat im Gegensatz zum freien Atom eine ausgezeichnete Achse

---

[1] Für eine ausführlichere Diskussion der Molekülspektren siehe: Banwell/McCash, *Grundlagen der Molekülspektroskopie*, R. Oldenbourg Verlag (1999).

[2] Im Gegensatz zu der von uns in der Atomphysik benutzten Nomenklatur bezeichnen wir hier den Drehimpuls eines Elektrons mit l bzw. s und Gesamtdrehimpulse mit L bzw. S. Dies führt nicht zu Verwirrungen, da im Molekül die atomaren Quantenzahlen l und s nicht von Bedeutung sind.

Die Folge einer ausgeprägten Quantisierungsachse ist, daß nur die z-Komponente l_z des Bahndrehimpulses definiert ist. Den Betrag der Projektion von l auf die z-Achse bezeichnen wir mit

$$\lambda = |l_z|, \tag{11.1}$$

wobei, wie immer, gilt $l_z = m_l \hbar$ und $m_l = 0, \pm 1, \pm 2, \ldots \pm l$. Wegen der Betragsbildung ist λ, außer für $\lambda = 0$, zweifach ($\pm$) entartet. Es ist wichtig zu sehen, daß hier der maßgebende Drehimpuls gemäß (11.1) einen ganzzahligen Betrag hat, während im Atom dies nie möglich ist. Den Betrag von λ bezeichnen wir wieder mit Buchstabensymbolik, wobei für $\lambda = 0, 1, 2, 3 \ldots$ die griechischen Buchstaben $\sigma, \pi, \delta, \varphi \ldots$ benutzt werden, um sie von den atomaren Drehimpulsen zu unterscheiden. Davon hatten wir bereits im vorangegangenen Abschnitt Gebrauch gemacht.

Kopplung der Drehimpulse

Ein Molekülorbital kann natürlich mit mehr als einem Elektron besetzt sein. Dann koppeln ihre Bahndrehimpulse zum Gesamtbahndrehimpuls L. Auch hier ist nur die z-Komponente von Bedeutung, deren Betrag wir mit $\Lambda = |L_z|$ bezeichnen. Die erlaubten Werte $\Lambda = 0, \pm 1, \pm 2, \pm 3 \ldots m_L$ charakterisieren wir durch große griechische Buchstaben $\Sigma, \Pi, \Delta, \Phi \ldots$. Für das Spinmoment gilt analoges. Auch hier ist nur die z-Komponente definiert, also S_z, die mit Σ bezeichnet wird[3]. Es ist dann einfach den Gesamtdrehimpuls der Elektronen in Molekülorbitalen zu bilden, da $\vec{\Lambda}$ und $\vec{\Sigma}$ definitionsgemäß parallel (in z-Richtung) stehen:

$$\Omega = \Lambda + \Sigma. \tag{11.2}$$

Also liegt auch $\vec{\Omega}$ in Richtung der Molekülachse. Im Sinne des Vektorgerüstmodells präzedieren L und S um die Molekülachse. Die stationären Drehimpulse sind dann eben Λ und Σ, wie in Bild 11.1 gezeigt.

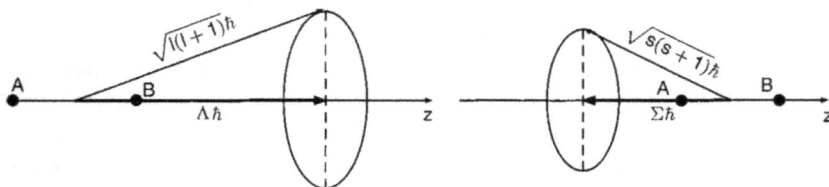

Bild 11.1: Bildung des Bahndrehimpulses und Spindrehimpulses im Molekül im Vektorgerüstmodell. L ist der Betrag des Gesamtbahndrehimpulses, S der des Gesamtspins, der von den Atomen gelieferten Elektronen im Molekülorbital. Es ist (ohne Beschränkung der Allgemeinheit) angenommen, daß $\vec{\Lambda}$ in $+z$-Richtung und $\vec{\Sigma}$ in $-z$-Richtung zeigen, wobei z die Verbindungsachse ist (Beispiel eines zweiatomigen Moleküls).

---

[3] Die Doppelbedeutung von Σ entspricht der Doppelbedeutung von S in der Atomphysik.

Auf die Kopplungsregeln für L und S wollen wir hier nicht eingehen. Selbst in zweiatomigen Molekülen kann dies rasch kompliziert werden, wenn zwei verschiedene Atome beteiligt sind[4]. Wie beim Vielelektronenatom kann man die elektronischen Zustände des Moleküls durch entsprechende spektroskopische Symbole bezeichnen. So ergibt sich z.B. für $\Lambda = 2$ und für $\Sigma = 3/2$ der Molekülterm: $^4\Delta$, wobei auch hier wieder griechische Buchstaben entsprechend benutzt werden. Den Betrag des Spins kennzeichnen wir wieder durch die Multiplizität. Wie im Atom kann es vorkommen, daß die Multiplizität nicht voll entwickelt ist. Im Gegensatz zum spektroskopischen Symbol in der Atomphysik haben wir hier auf die Kennzeichnung von Ω (als nachgestellter unterer Index) verzichtet. Der Grund ist, daß Ω nicht wirklich den Gesamtdrehimpuls des Moleküls repräsentiert, da das Molekül auch noch als Ganzes rotieren kann (siehe Abschnitt 11.3), wobei allerdings bei zweiatomigen Molekülen die Rotation um die Symmetrieachse ausgeschlossen ist. Somit ist Ω im Allgemeinen keine gute Quantenzahl. Um den Zustand eines Elektrons im Molekülorbital genau zu definieren, müssen wir, wie im Atom, zusätzlich zum spektroskopischen Symbol noch die Konfiguration angeben.

Spektroskopische Symbole

Man gibt zuerst die atomare Konfiguration (woher das Elektron stammt) an und dann das Molekülsymbol für λ. Dies wird in der Regel dem spektroskopischen Symbol des Molekülorbitals nachgestellt. Weiter existiert, wie wir beim H_2 Molekül gezeigt haben, und wie es auch Bild 10.9 demonstriert, jeweils ein symmetrisches und antimetrisches Molekülorbital. Wie schon erwähnt, unterscheiden wir diese mit dem nachgestellten unteren Index g oder u. Die Elektronen im gebundenen Grundzustand des H_2 Moleküls sind demnach gekennzeichnet durch:

Grundzustand des H_2 Moleküls

$$^1\Sigma_g\,1s\,\sigma. \tag{11.3}$$

Der nichtbindende Zustand trägt die Elektronen $^3\Sigma\,2p\,\sigma$ (siehe zum Vergleich das Termschema für He, Bild 7.6).

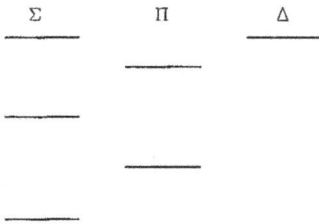

Bild 11.2: Termschema nur für elektronische Anregungen des Moleküls (stark vereinfacht).

---

[4] Eine etwas ausführlichere Diskussion findet sich in K. Bethge und G. Gruber, *Physik der Atome und Moleküle*, Kap.13.5., VCH Verlag, Weinheim (1990).

Ganz entsprechend zum Vielelektronenatom kann man das am schwächsten
gebundene Molekülelektron als Leuchtelektron anregen, welches dann die
molekulare Termfolge durchläuft. Solche Termschemen der Elektronenzustände einfacher Moleküle erinnern stark an die Termschemen der Vielelektronenatome. Analog zu den S, P, D ... Termfolgen der Atome findet
man hier Σ, Π, Δ.... Termfolgen, wie dies in Bild 11.2 schematisch angedeutet ist.

Auswahlregeln

Für die optischen Übergänge zwischen den Elektronentermen gelten die
von den Atomen her bekannten Auswahlregeln hier nicht so streng, da in
den verschiedenen Molekülen oft recht unterschiedliche Kopplungstypen
vorliegen. Auf weitere Einzelheiten gehen wir nicht ein.

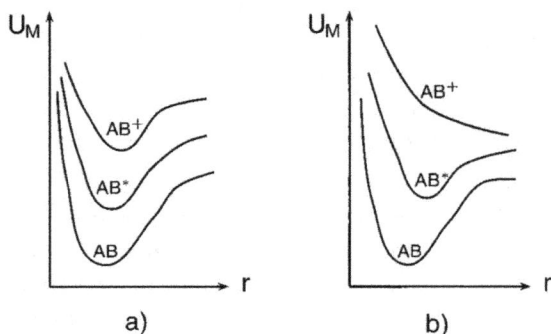

Bild 11.3: Potentialkurven eines Moleküls bei elektronischer Anregung. AB=Molekül im
Grundzustand; AB*=Molekül mit Leuchtelektron im angeregten Zustand. AB$^+$=Molekülion
(Leuchtelektron im Kontinuum);
a) Potentialkurven bei schwacher Bindungsbeteiligung des Leuchtelektrons;
b) Potentialkurven bei starker Bindungsbeteiligung des Leuchtelektrons.

Das Molekülpotential wird sich im Allgemeinen bei Elektronenanregung
verändern. Es kommt darauf an, ob das Leuchtelektron stark oder schwach an
der Bindung beteiligt ist. Bei schwacher Bindungsbeteiligung (Kurvenschar
a) in Bild 11.3) wird sich die Potentialkurve im wesentlichen um die
Anregungsenergie parallel verschieben. Die Parameter D, a und r_0 in der
Morsefunktion ändern sich nur wenig. Das Leuchtelektron kann in manchen
Fällen sogar ganz vom Molekül entfernt werden, ohne daß ein instabiler
Zustand entsteht (stabiles Molekülion).

Bei starker Bindungsbeteiligung des Leuchtelektrons (Kurvenschar b in
Bild 11.3) verringert sich die Potentialtiefe bei Anregung, und der Gleichgewichtsabstand nimmt zu. Das Molekülion ist instabil, d.h. bei Ionisation
dissoziiert das Molekül.

11.2 Schwingungsanregungen

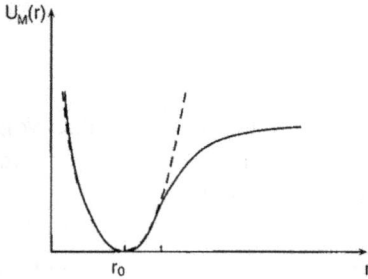

Bild 11.4: Näherung des Molekülpotentials (Morsepotential) durch ein Parabelpotential (harmonische Näherung).

Wie erwähnt, kann das Molekülpotential um r_0 als Parabelpotential genähert werden (Bild 11.4). Man kann sich also das zweiatomige Molekül als zwei, durch eine Feder verbundene, Massen vorstellen, wie in Bild 11.5 dargestellt.

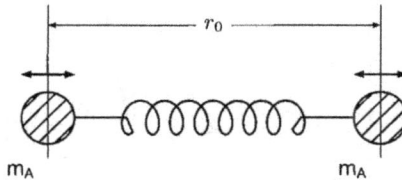

Bild 11.5: Mechanisches Modell eines zweiatomigen Moleküls (Schwingungsanregung).

Die beiden Atome führen um ihre Gleichgewichtslage harmonische Schwingungen aus. An sich handelt es sich hierbei wieder um ein Zweikörperproblem. Es läßt sich jedoch leicht durch Einführung von Schwerpunktskoordinaten und der reduzierten Masse

$$m' = \frac{m_A m_B}{m_A + m_B} \tag{11.4}$$

auf ein Einkörperproblem zurückführen. (Das mechanische Analogon ist eine Masse m', die an einer starren Wand mit einer Feder mit der Federkonstanten C befestigt ist). Das schwingende Molekül ist ein quantenmechanischer harmonischer Oszillator. Ein solches System kann bekanntlich (siehe Physik III) die folgenden Energiezustände besitzen:

Harmonischer Oszillator

$$\boxed{E_v(\omega_0) = \hbar\omega_0 \left(v + \frac{1}{2} \right)}$$

Energie des harmonischen Oszillators $\tag{11.5}$

Hierbei ist v die Schwingungsquantenzahl, die die Werte $v = 0, 1, 2, 3 \ldots$ annehmen kann. Die Eigenfrequenz ω_0 ist wie beim klassischen Oszillator unabhängig von der Energie (Schwingungsamplitude), d.h. unabhängig von der Schwingungsquantenzahl:

$$\omega_0 = \sqrt{\frac{C}{m'}} \tag{11.6}$$

mit C als Kraftkonstante.

Äquidistante Terme beim harmonischen Oszillator

Das Energieschema des harmonischen Oszillators ist also eine Folge von äquidistanten Termen (Bild 11.6). Es ist zu beobachten, daß für $v = 0$, dem Oszillatorgrundzustand, die Energie E_0 nicht Null, sondern

$$E_0 = \frac{1}{2}\,\hbar\omega \tag{11.7}$$

ist. Diese *Nullpunktsenergie* kann dem Oszillator niemals entzogen werden. Sie ist ein Ausdruck der Heisenbergschen Unschärfe.

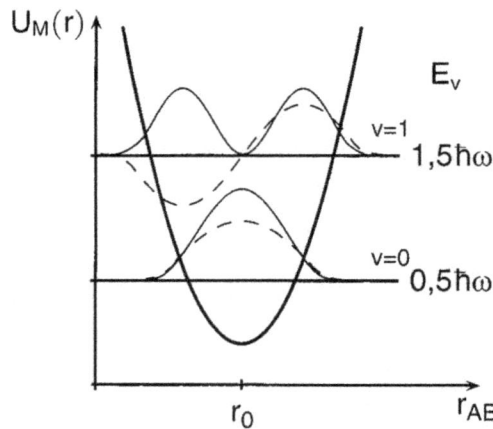

Bild 11.6: Potentialkurve $U_M(r)$ (Parabel), Energieterme E_v (waagrechte Linien), Eigenfunktionen $\psi_v(r - r_0)$ (gestrichelte Kurven) und Aufenthaltswahrscheinlichkeitsdichte $|\psi_v(r - r_0)|^2$ eines quantenmechanischen harmonischen Oszillators für kleine Anregungsenergien.

In einem klassischen Oszillator befindet sich das Teilchen den größten Teil der Zeit an den Umkehrpunkten. Für den Quantenoszillator ist dies nur für große Werte von v näherungsweise richtig (Bild 11.7). Bei kleinen Werten, speziell bei $v = 0$, ergibt sich eine zur klassischen Erwartung konträre Situation. Das Teilchen befindet sich vorzugsweise in der Mitte des Potentialtopfes (Bild 11.6). Das Erreichen des klassischen Zustandes für $v \to \infty$ ist ein illustratives Beispiel für das Korrespondenzprinzip von Bohr.

Dichte der Aufenthaltswahrscheinlichkeit

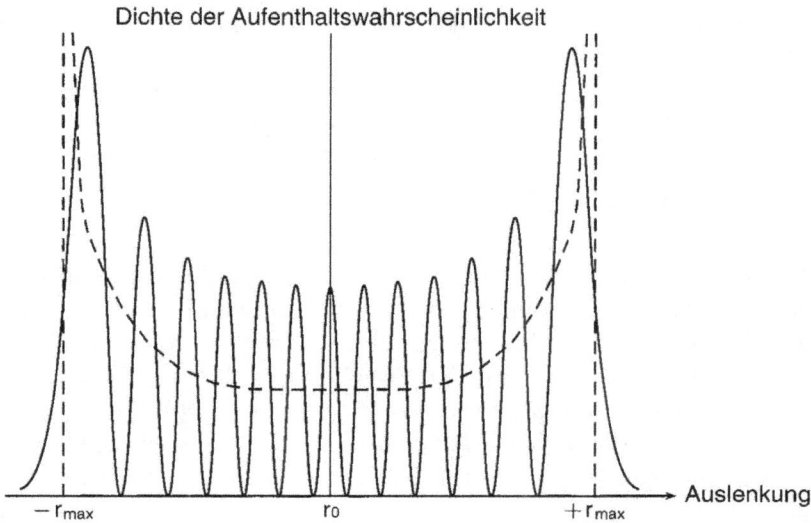

Bild 11.7: Dichte der Aufenthaltswahrscheinlichkeit $\Psi_v^* \Psi_v$ eines harmonischen Oszillators für $v = 13$ (durchgezogene Linie). Die gestrichelte Kurve zeigt die entsprechende Kurve für einen klassischen Oszillator mit der selben Energie.

Bild 11.6 zeigt auch den Verlauf der Eigenfunktionen $\psi_v(r - r_0)$. Auf ihre explizite Form gehen wir hier nicht ein[5]. Wichtig ist, daß sich immer gerade und ungerade Funktionen mit wachsendem v abwechseln. Dies erlaubt Dipolübergänge zwischen benachbarten Zuständen. Es gilt also die Auswahlregel:

Auswahlregel (harmonischer Oszillator)

$$\Delta v = \pm 1. \tag{11.8}$$

Photonen treten also nur mit der Energie

$$E_{\text{photon}} = \hbar \cdot \omega_0 \tag{11.9}$$

auf. Wir finden nur Strahlung mit der Oszillatoreigenfrequenz. Typische Frequenzen für Schwingungen eines zweiatomigen Moleküls liegen bei 10^{14} Hz, was einer Energie von etwa 0,4 eV und einer Wellenlänge von 3 μm entspricht. Die Strahlung liegt im Infraroten. Die Schwingungsenergie von 0,4 eV ist gut das 10-fache der thermischen Energie bei 300 K (25 meV). Unter Normalbedingungen ist also nur der Schwingungsgrundzustand besetzt.

Nur Strahlung einer Frequenz

Nur bei kleinen Auslenkungen ist das Parabelpotential eine gute Näherung für das Molekülpotential. Die harmonische Lösung kann also nur für kleine Quantenzahlen v richtig sein. Bei hohen Anregungen ist das Potential

---

[5] Sie finden sich z.B. in F. Schwabl, *Quantenmechanik*, 4. Auflage, Abschnitt 3.1, Springer-Verlag. Sie werden mit Hilfe der Hermiteschen Polynome dargestellt.

Anharmonischer Oszillator bei hohen Anregungen

nicht mehr symmetrisch und man spricht vom anharmonischen Oszillator. Man muß in der Darstellung des Potentials zusätzlich zum Parabelterm $M(r - r_0)^2$ noch Terme höherer Ordnung benutzen, speziell den kubischen Term. Entsprechend kann man dann die Energieeigenwerte in einer Potenzdarstellung entwickeln:

$$E_{osz} = \sigma_1 \hbar\omega_0 \left(v + \frac{1}{2}\right) - \sigma_2 \hbar\omega_0 \left(v + \frac{1}{2}\right)^2 + \sigma_3 \hbar\omega_0 \left(v + \frac{1}{2}\right)^3 + \cdots,$$

Mehr als eine Frequenz im anharmonischen Fall

wobei $\sigma_1 \gg \sigma_2 \gg \sigma_3 \ldots$ ist. Damit ist die Termfolge des anharmonischen Oszillators nicht mehr äquidistant. Vielmehr nimmt der Termabstand mit steigender Quantenzahl v ab und konvergiert gegen das Kontinuum für $U_m = D$. Gleichzeitig erhöht sich der Gleichgewichtsabstand, die Atome streben der Trennung (Dissoziation) zu. Die Situation ist in Bild 11.8 dargestellt. Die wichtigste Folge der Anharmonizität ist, daß wegen des Verlustes der Äquidistanz der Schwingungsniveaus mehr als nur eine Frequenz (die Eigenfrequenz) abgestrahlt wird. Die Eigenfrequenz ist die obere Grenze der Schwingungsspektrallinien.

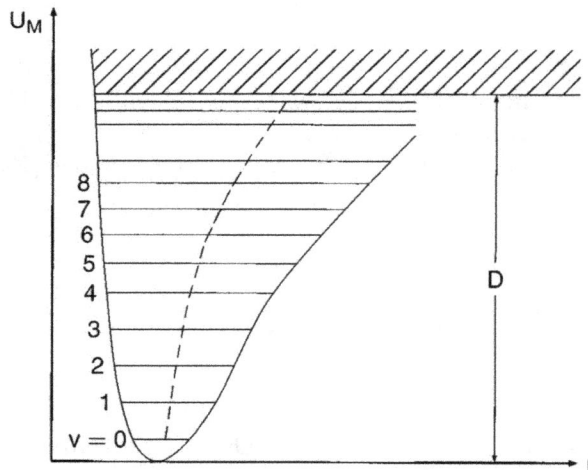

Bild 11.8: Termfolge der Schwingungsanregung eines Moleküls unter Berücksichtigung der Anharmonizität des Molekülpotentials. Die gestrichelte Linie gibt die Verschiebung der Gleichgewichtslage an. D ist die Dissoziationsenergie.

Bemerkung:

Die Diskussion beschränkte sich auf die einfachste Schwingungsform, wie sie in zweiatomigen Molekülen zu finden ist. Speziell in vielatomigen Molekülen treten leicht sehr komplizierte Schwingungsarten auf. Man kann diese Schwingungen auf eine kleine Zahl sogenannter *Normalschwingungen* die Kerne stets geradlinig und in Phase schwingen. Die Zahl der Normalschwingungen ergibt die Zahl der Schwingungsfreiheitsgrade in der Behandlung der spezifischen Wärme (siehe Physik I).

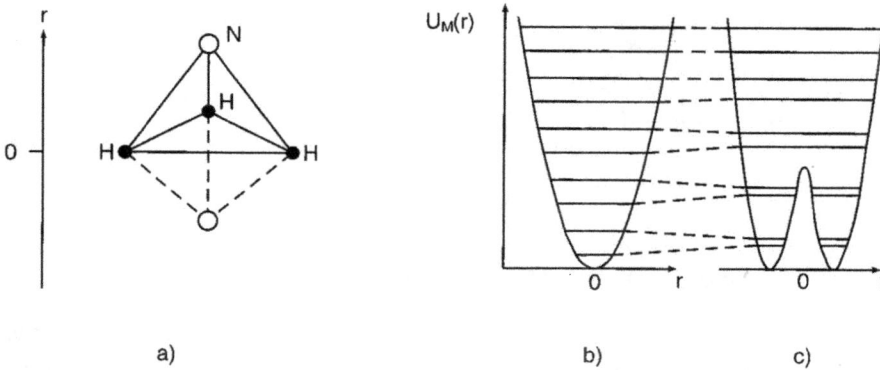

a)   b)   c)

Bild 11.9: a) NH_3 Molekül mit den zwei möglichen Positionen des N-Atoms. b) Potentialkurve und Schwingungszustände des harmonischen Oszillators ohne und c) mit zentraler Barriere.

Wir wollen noch zwei spezielle Schwingungsformen erwähnen. Zum einen die Inversionsschwingung, wie sie vor allem im Anmoniak-Molekül (NH_3) auftritt, zum anderen Torsionsschwingungen. Das NH_3-Molekül besitzt eine verzerrte Tetraederstruktur. Das N-Atom befindet sich entweder oberhalb oder unterhalb der von den 3 H-Atomen gebildeten Ebene (Bild 11.9a). Zwischen diesen beiden Anordnungen besteht eine Potentialbarriere, so daß das Bindungspotential des Stickstoffs ein doppeltes Minimum besitzt (Bild 11.9c). Wenn das Gesamtpotential durch eine Barriere in der Mitte gestört ist, so nähern sich die harmonischen Schwingungszustände jeweils paarweise (Bild 11.9b,c). Das Stickstoffatom muß nicht über die Barriere hinweg, um von einem Minimum zum anderen zu gelangen. Als Quantenteilchen kann das Stickstoffatom durch die Barriere tunneln. Man spricht auch von *Tunnelschwingung*. Ihre Frequenz liegt bei ca. 24 GHz.

Bemerkung:

Diese Inversionsschwingung ist die Grundlage des Ammoniak-MASER (Microwave Amplification by Stimulated Emission of Radiation). Dabei handelt es sich um einen Mikrowellenverstärker, der wie der LASER mit Besetzungsinversion und induzierter Emission in einem Resonator arbeitet. Die Frequenzgenauigkeit beträgt $\Delta\nu/\nu \approx 10^{-12}$.

Inversionschwingung

Bei Torsionsschwingungen führen zwei Atomgruppen im Molekül gegeneinander Drehschwingungen um ihre Verbindungsachse aus. Ein Beispiel ist Äthan (C_2H_6), wie es Bild 11.10 zeigt. Für große Energien gehen die

Torsionsschwingung

Torsionsschwingungen in freie Rotation der beiden Gruppen über. Dieser Übergang erfolgt oft bei einer wohldefinierten kritischen Temperatur und kann als Phasenübergang angesehen werden. Die Schwingungszustände nähern sich den Rotationszuständen, wie wir sie im nächsten Abschnitt besprechen.

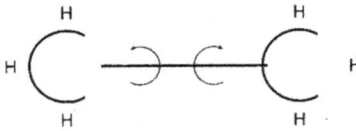

Bild 11.10: Torsionsschwingung im Äthan Molekül.

11.3 Rotationsanregungen

Es sei wieder ein einfaches zweiatomiges Molekül betrachtet, wie es etwa Bild 11.11 zeigt. Ein solches Molekül kann z.B. um die gezeichnete Achse durch seinen Schwerpunkt eine Rotationsbewegung ausführen. Dabei besitzt es das Trägheitsmoment

$$\boxed{I = m' \cdot r_0^2} \tag{11.10}$$

wenn m' wieder die reduzierte Masse ist.

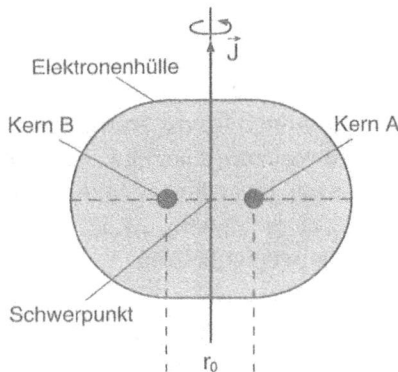

Bild 11.11: Zweiatomiges Molekül als Rotator.

Für den Betrag des Drehimpulses eines quantenmechanischen Rotators gilt:

$$|\vec{J}| = I \cdot \omega = \hbar \cdot \sqrt{j(j+1)}, \tag{11.11}$$

wobei j die Drehimpulsquantenzahl ist:

$$j = 0, 1, 2, \ldots. \tag{11.12}$$

Hierbei darf j nicht mit der Quantenzahl des Gesamtdrehimpulses eines Vielelektronenatoms verwechselt werden! Die Rotationsenergie kann die Werte annehmen:

$$E_j = \frac{1}{2} I \omega^2 = \frac{(I\omega)^2}{2I} = \frac{\hbar^2}{2I} j(j+1) \tag{11.13}$$

oder mit $B = \hbar^2/2I$

$$\boxed{E_j = B \cdot j(j+1)} \qquad \textbf{Energiewerte des Rotators} \tag{11.14}$$

Explizit ergibt sich dann die Termfolge

$$\boxed{E_j/B = 0,\ 2,\ 6,\ 12,\ 20,\ \ldots} \tag{11.15}$$

und das Energieschema besteht aus Niveaus mit zunehmendem Abstand wie es Bild 11.12 zeigt.

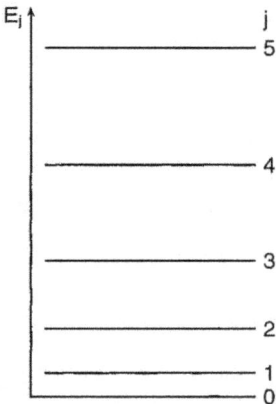

Bild 11.12: Termschema eines (starren) Rotators.

Für elektrische Dipolübergänge zwischen diesen Rotationszuständen gilt die Auswahlregel:

Auswahlregel für Rotationsanregungen

$$\Delta j = \pm 1, \tag{11.16}$$

woraus folgt, daß die ausgesandten Photonen die Energie

$$E_{\text{photon}} = \hbar\omega = j(j+1)\frac{\hbar^2}{I} \quad \text{mit } j = 0, 1, 2 \ldots \tag{11.17}$$

besitzen. Im Gegensatz zur Schwingungsanregung des harmonischen Oszillators wird also nicht eine einzige Frequenz ω_0 ausgesendet, sondern eine

Typische
Termfolge bei
Rotations-
anregungen:
$\omega_1 : \omega_2 : \omega_3.. =$
$1 : 2 : 3..$

Sequenz von Spektrallinien, die im Frequenzverhältnis 1 : 2 : 3 : 4.... stehen. Diese Termfolge ist typisch für Rotationsanregungen und findet sich in verschiedenen Gebieten der Physik (z.B. der Kernphysik) wieder. Die Rotationsanregungen der Moleküle liegen typisch im Bereich von meV, die Wellenlängen in der Größenordnung cm, also etwa im Mikrowellenbereich. Die Rotationsenergien E_j sind klein gegen die thermische Energie bei Raumtemperatur. Das bedeutet, daß sich Moleküle unter Normalbedingungen in einem hochangeregten Rotationszustand ($j \geq 10$) befinden.

Wie schon in Physik I anläßlich der thermischen Freiheitsgrade erwähnt wurde, ist bei zweiatomigen Molekülen eine Rotation um die Verbindungsachse A-B quantenmechanisch nicht zulässig, d.h. die Erwartungswerte der Rotationsenergie verschwinden. Es existiert also nur Rotationsanregung um die beiden zur Verbindungsachse senkrechten Richtungen.

Zentrifugale
Dehnung

Bei hohen Rotationanregungen können die Zentrifugalkräfte die Elektronenhülle senkrecht zu $\vec{J}$ dehnen und somit das Trägheitsmoment I verändern. Die Energieterme von Bild 11.12 waren diejenigen eines starren Rotators. Für den elastischen Rotator liegen die Energiewerte etwas niedriger, wobei mit zunehmenden j die Absenkung gegenüber den starren Rotatorzuständen größer wird. Näherungsweise gilt:

$$E_j = B \cdot j(j+1) - D_e \left[j(j+1) \right]^2 , \tag{11.18}$$

wobei D_e die Dehnungskonstante ist. Die Termfolge $E_j \cdot 2I/\hbar^2 = 0, 2, 6, 12, \ldots$ ist nicht mehr exakt erfüllt. In Molekülen ist dieser Effekt sehr klein, da $D_e \approx 10^{-4} \cdot B$. In Kernen kann er sehr deutlich werden (siehe Abschnitt 17.4).

11.4 Kombinierte Molekülanregungen

Es existieren somit drei verschiedene Anregungsformen für das Molekül, die Rotationsanregungen (Mikrowellen), Schwingungsanregungen (Infrarot) und Elektronenanregungen (sichtbares Licht). Es ist durchaus möglich, daß diese verschiedenen Anregungen gemeinsam auftreten. Einige wichtige Fälle seien kurz diskutiert.

Rotations-Schwingungsanregung

Starrer Rotator

In der Näherung des starren Rotators bleibt das Molekülpotential bei Rotationsanregungen konstant, und man kann die Schwingungs- und Rotationszustände ohne gegenseitige Wechselwirkung betrachten:

$$E = E_v + E_j = \left(v + \frac{1}{2} \right) \cdot \hbar\omega_0 + j\,(j+1) \cdot \frac{\hbar^2}{2I}. \tag{11.19}$$

Wegen $E_v \gg E_j$ ist dies eine gute Näherung. Die Rotationszustände bauen sich auf den verschiedenen Schwingungszuständen auf, wie das im Termschema Bild 11.13 angedeutet ist.

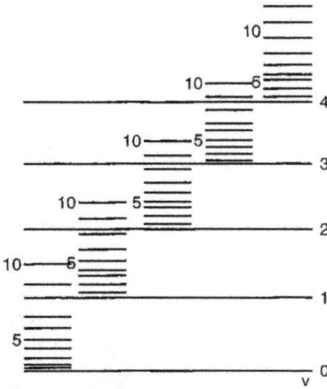

Bild 11.13: Auf Schwingungstermen aufgebaute Rotationsterme.

Aus diesem Schema greifen wir für eine genauere Diskussion als Beispiel die beiden untersten Schwingungszustände mit ihren Rotationstermen heraus (Bild 11.14). Die Pfeile repräsentieren die erlaubten Dipolübergänge in Absorption, wobei die Auswahlregel $\Delta j = \pm 1$ berücksichtigt wurde. Für die Rotationsanregung zwischen j_2 und j_1 läßt sich schreiben:

$$\Delta E_j = \frac{\hbar^2}{2I} \cdot [j_2 (j_2 + 1) - j_1 (j_1 + 1)], \tag{11.20}$$

und wegen $j_2 - j_1 = +1$ kann man setzen:

$$\Delta E_j = \frac{\hbar^2}{I} \cdot j_>, \tag{11.21}$$

wobei $j_>$ der größere Wert von j_1, j_2 ist. Für die Schwingungsanregung gilt:

$$\Delta E_v = \hbar \omega_0 = \hbar \cdot \sqrt{\frac{C}{m'}}, \tag{11.22}$$

solange die harmonische Näherung richtig ist.

Der gesamte Energieunterschied zwischen Rotations-Schwingungsniveaus ist dann:

$$\Delta E = \hbar \sqrt{\frac{C}{m'}} \pm \frac{\hbar^2}{I} j_>, \tag{11.23}$$

mit $j_> = 1, 2, 3 \ldots$.

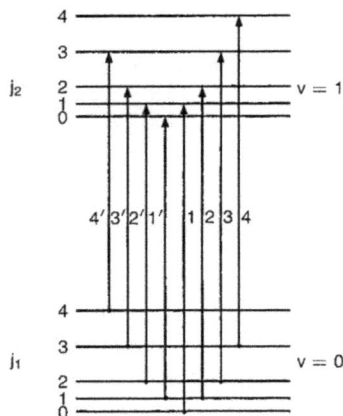

Bild 11.14: Termschema der Rotations-Schwingungsanregung für die zwei niedrigsten Schwingungszustände eines Moleküls.

In einer Messung findet man also eine Struktur von energetischen äquidistanten Rotationslinien über der Schwingungsanregung im Infraroten. Bild 11.15 zeigt das Absorptionsspektrum von HCl-Dampf im infraroten Spektralbereich.

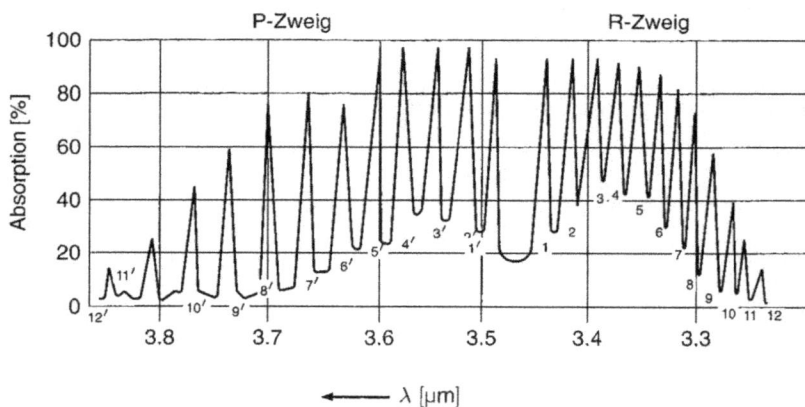

Bild 11.15: Absorption von HCl Dampf im infraroten Spektralbereich. Zu beachten ist, daß die horizontale Achse linear in λ geteilt ist.

Die Schwingungs-Rotationsübergänge sind gut zu beobachten, da das HCl-Molekül ein großes Dipolmoment besitzt. In das Termschema (Bild 11.14) und in das Absorptionsspektrum (Bild 11.15) sind als laufende Quantenzahlen $j_>$ eingezeichnet, und zwar gestrichen, falls $j(v = 0) > j(v = 1)$ ist und ungestrichen im umgekehrten Fall. Es entstehen dadurch zwei Sequenzen von Rotationstermen, die als R- und P-Zweig bezeichnet werden. Es ist *R- und P-Zweig* zu beachten, daß in Bild 11.15 das Spektrum über λ aufgetragen ist. Damit geht die Äquidistanz der Spektrallinien, die in ω besteht, natürlich verloren.

Zwischen dem R- und P-Zweig existiert eine charakteristische Lücke, die davon herrührt, daß $j_> = 0$ (d.h. $0 \to 0$ Übergänge) nicht erlaubt ist.

Gemeinsame Anregung von Elektronensprung und Schwingung

Auch für deren Fall gilt $E_{\text{Elek}} \gg E_{\text{osz}}$, und die Schwingungsterme bauen sich auf den elektronischen Termen auf (Bild 11.16). Im Gegensatz zur Schwingungs-Rotationsanregungen kann hier eine Änderung des Molekülpotentials durch die Elektronenanregung erfolgen. Dies bedeutet, daß im Allgemeinen die Rotationsterme von den Charakteristika der Elektronenanregung beeinflußt werden.

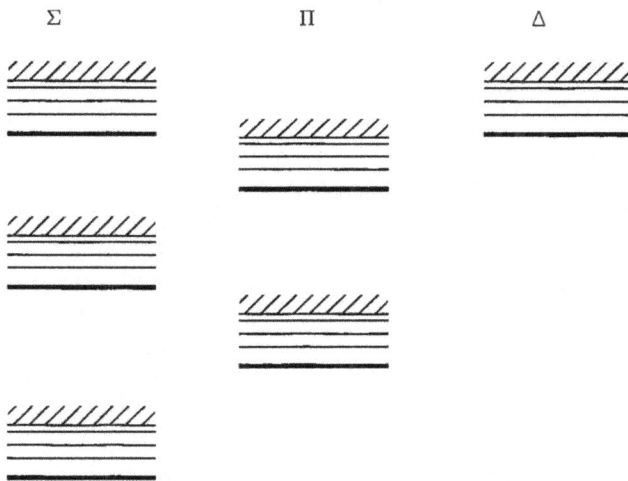

Bild 11.16: Stark vereinfachtes Termschema eines Moleküls mit Elektronenanregung und Schwingungsanregung (vergleiche mit Bild 11.13).

Zunächst ist zu beachten, daß Umordnungsprozesse in der Elektronenhülle sehr schnell ($\approx 10^{-15}$ s) gegenüber der Bewegung der Kerne (Schwingungsperiode $\approx 10^{-13}$ s) ablaufen. Die beiden Vorgänge dürfen demnach getrennt betrachtet werden. Dies ist die Born-Oppenheimer-Näherung, die generell in Prozessen zwischen Atomen (z.B. bei atomaren Stößen) nützlich ist. Sie erlaubt z.B. die Separierung der Eigenfunktion für die Kerne und die Elektronen. *Born-Oppenheimer-Näherung*

In der hier zu diskutierenden Situation führt die Born-Oppenheimer-Näherung zum *Franck-Condon-Prinzip*. Da der Elektronensprung rasch erfolgt, bleibt der momentane Kernabstand r_{AB} während des Übergangs konstant. Somit müssen die Pfeile zwischen den Potentialkurven, die einen elektronischen Übergang symbolisieren, senkrecht verlaufen wie dies Bild 11.17 zeigt.

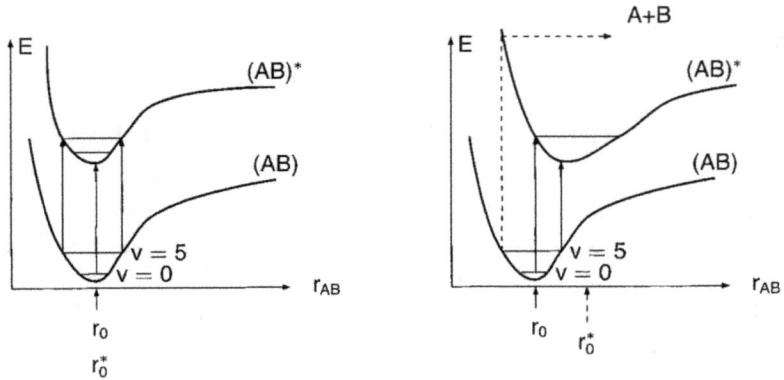

Bild 11.17: Gemeinsame Anregung von Elektronensprung und Molekülschwingung nach dem Franck-Condon-Prinzip. Links ist der Fall eines schwach bindenden, rechts der Fall eines stark bindenden Leuchtelektrons dargestellt (gestrichelte Linie = Moleküldissoziation).

In den Bildern 11.6 und 11.7 war die Dichte der Aufenthaltswahrscheinlichkeit $| \psi_v |^2$ für einige Schwingungszustände v aufgezeichnet. Für $v = 0$ hat die Wahrscheinlichkeitsdichte bei r_0 ihr Maximum; für $v \gg 0$ dagegen liegt sie nahe an den Umkehrpunkten. Entsprechend werden die Elektronenübergänge bei Schwingungsgrundzuständen hauptsächlich von der Mittellage aus erfolgen, bei angeregten Schwingungszuständen von den Extremlagen. In Bild 11.17 sind gemeinsame Elektronen-Schwingungsübergänge für die zwei Fälle von Potentialkurven, die in Bild 11.3 diskutiert worden waren, eingezeichnet. Daraus entnehmen wir:

Für den Fall eines schwach bindenden Leuchtelektrones sind reine Elektronensprünge oder Elektronensprünge mit kleiner Schwingungsanregung wahrscheinlich. Im Falle der starken Bindungsbeteiligung des Leuchtelektrons sind kombinierte Elektronensprung-Schwingungsanregung wahrscheinlich. Dies ist die Aussage des Franck-Condon-Prinzips.

Beim kombinierten Elektronensprung-Schwingungsanregungen können starke Unterschiede im Schwingungszustand auftreten. Sogar Moleküldissoziation (gestrichelte Kurve) ist möglich. Betrachtet man das in Bild 11.16 gezeigte Termschema, so versteht man, daß bei gemeinsamer Elektronen-Schwingungsanregung und unter Berücksichtigung der Anharmonizität (siehe Bild 11.8) Serien von rasch konvergierenden, eng gepackten Linienspektren auftreten. Man bezeichnet diese als *Banden*. Ein Beispiel hatten wir in Bild 2.2 gezeigt.

Banden

Elektronen-, Schwingungs- und Rotationsanregungen

Es kann natürlich genauso vorkommen, daß zusätzlich zu den Elektronen-sprung-Schwingungsanregungen noch Rotationanregungen stattfinden. Wie gesagt, diese sind von den Schwingungsanregungen völlig unabhängig und bringen einfach eine weitere Feinstruktur in das gerade diskutierte Linien-spektrum der Moleküle ein. Die Bandenstruktur erscheint noch diffuser.

Bemerkung:

Wenn Rotationsübergänge zusammen mit elektronischer Anregung stattfinden, so ist die Auswahlregel $\Delta j = \pm 1$ nicht mehr streng gültig. Falls einer der beteiligten elektronischen Zustände $\Lambda \neq 0$ besitzt (also kein Σ Zustand ist), dann können auch Übergänge mit $\Delta j = 0$ auftreten und ebenso Schwingungsübergänge mit $\Delta v = 0$. Wir haben dann zusätzlich zum P-Zweig ($j_2 - j_1 = -1$) und R-Zweig ($j_2 - j_1 + 1$) (siehe Bild 11.15) noch den Q-Zweig ($j_2 = j_1$). Damit verschwindet die charakteristische Lücke zwischen P- und R-Zweig. Für die Wellenzahlen $\bar{\nu} = 1/\lambda$ (cm^{-1}) der Rotationslinien einer Bande gilt allgemein

Auswahlregeln

Q-Zweig

$$\bar{\nu} = \bar{\nu}_0(v', v'') + \bar{B}_{v'} \cdot j'(j' + 1) - \bar{B}_{v''} \cdot j''(j'' + 1), \qquad (11.24)$$

wobei die beteiligten Schwingungszustände durch ihre Quantenzahlen v' und v'', die Rotationszustände durch j' und j'' festgelegt sind. Der einfach gestrichene Term ist der untere Zustand. Die Rotationskoeffizenten $\bar{B}$ beziehen sich auf Wellenzahlen und unterscheiden sich durch entsprechende Konstanten von den auf die Energie bezogenen Koeffizienten B. Der Ausdruck (11.24) liefert Parabeln falls man $\bar{\nu}$ als Funktion von j'' aufträgt. Die Form der Parabeln unterscheiden sich für die drei Zweige, da gilt:

P-Zweig $\quad j'' = j' - 1$

Q-Zweig $\quad j'' = j'$

R-Zweig $\quad j'' = j' + 1$.

Eine derartige graphische Darstellung ($\bar{\nu} = f(j'')$) bezeichnet man als FORTAT-Diagramm. Es erlaubt die Trennung der Rotationslinien der einzelnen Zweige, die im beobachteten Bandenspektrum völlig durcheinander liegen können. Bild 11.18 zeigt ein FORTAT-Diagramm für den Fall, daß $\bar{B}_{v''} < \bar{B}_{v'}$ ist. Darunter finden sich die Linienlagen des Bandenspektrums.

FORTAT-Diagramm

11.5 Raman-Streuung

Dies ist ein sehr beliebtes Verfahren, um Schwingungsanregungen in Molekülen (und auch in Festkörpern, dann spricht man von Brillouin-Streuung) mit sichtbarem Licht zu vermessen. Wie bereits in Physik III anläßlich der Behandlung der Lichtstreuung dargelegt wurde, handelt es

Inelastische Streuung von Photonen

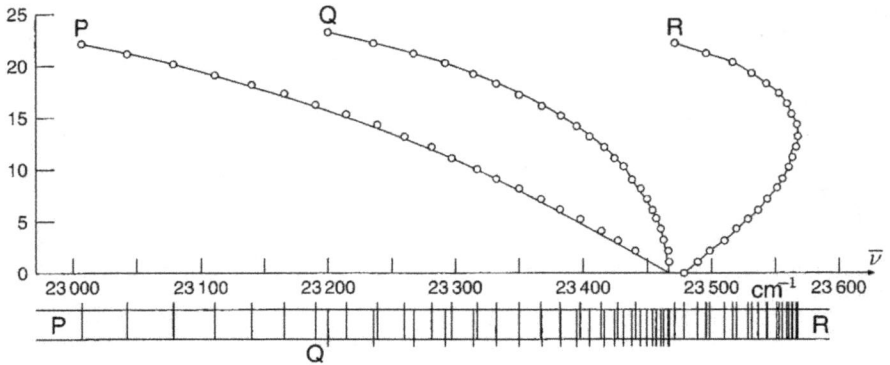

Bild 11.18: FORTAT-Diagramm und Linien des Bandenspektrum für den $^1\Sigma_g \rightarrow ^1\Pi, v'' = v' = 0$ Übergang in Aluminiumhydrid (AlH) mit $r_0'' = 1,6459$ Å, $r_0' = 1,6466$ Å. Bildquelle: K.H. Hellwege, *Einführung in die Physik der Moleküle*, Springer, Heidelberg (1974).

sich bei der Raman-Streuung um eine inelastische Streuung von Photonen an Molekülen. Im Streuprozeß kann sich der Schwingungszustand des Moleküls ändern. Wird eine Schwingung angeregt, so hat das gestreute Licht die Energie $E_{\text{gestr}} = \hbar\omega_0 - E_{\text{osz}}$, wird eine Schwingung abgeregt, so gilt $E_{\text{gestr}} = \hbar\omega_0 + E_{\text{osz}}$, wobei $\hbar\omega_0$ die Energie der einfallenden Photonen ist und E_{osz} die Energie der Schwingungsanregung im Molekül. Im ersten

Stokes- und Anti-Stokes-Linien Fall bezeichnet man die inelastischen Linien als *Stokes-*, im zweiten als *Anti-Stokes-Linien*. Die inelastische Streuintensität ist etwa 10^3 mal kleiner als die elastische Linie $E_{\text{gestr}}^{\text{el}} = \hbar\omega_0$ und deshalb müssen Vorkehrungen getroffen werden, damit die Raman-Linien nicht von der elastischen Linie völlig übertönt werden. Innerhalb der (inelastischen) Raman-Linien sind die Stokes-Linien in der Regel intensiver als die Antistokes-Linien. Bild 11.19 zeigt ein Beispiel eines Raman-Spektrums.

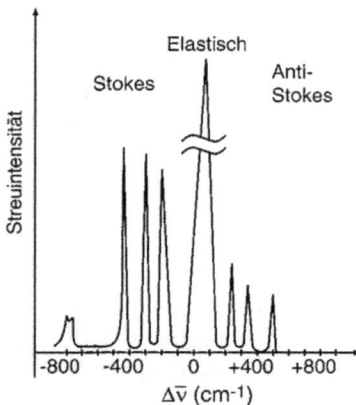

Bild 11.19: Raman-Spektrum von CCl_4.

In Bild 11.20 ist schematisch die klassische Versuchsanordnung gezeigt, mit der das Streulicht von freien Molekülen untersucht werden kann. Das eingestrahlte Licht ist monochromatisch und im sichtbaren Bereich. Es wird mit einer Quecksilberdampflampe und einem entsprechenden Filtersatz erzeugt. Das elastische Streulicht wird durch ein Quecksilberdampffilter stark abgeschwächt. Dabei wird das Phänomen der Resonanzabsorption ausgenutzt, die definitionsgemäß nur für die elastische Linie möglich ist.

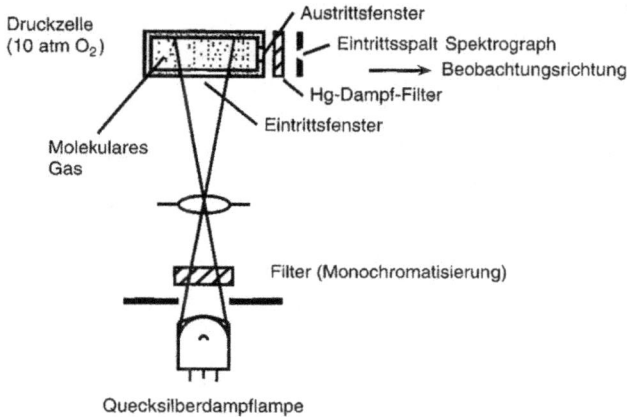

Bild 11.20: Versuchsanordnung zur Messung der Raman-Streuung.

In modernen Anordnungen ist die Primärlichtquelle ein LASER, der hohe Intensität mit bester Monochromatie verbindet und daher kleine Frequenzverschiebungen meßbar macht.

Nicht alle Moleküle besitzen ramanaktive Schwingungszustände. Dies läßt sich in einem klassischen Bild verständlich machen. Zunächst wechselwirkt die Lichtwelle nicht direkt mit den Schwingungszuständen, sondern nur mit den Elektronen des Moleküls. Der Grund ist, daß die Lichtfrequenz viel größer als die Schwingungsfrequenz ist ($\omega_0 \gg \omega_{osz}$). Wie in Physik II im Falle der Rayleigh-Streuung an Atomen diskutiert, induziert das elektrische Feld der Lichtwelle

$$\vec{E}(t) = \vec{E}_0 \cdot \sin(\omega_0 t) \tag{11.25}$$

ein mit gleicher Frequenz oszillierendes Dipolmoment des Moleküls

$$\vec{P} = \vec{P}_0 \cdot \sin(\omega_0 t). \tag{11.26}$$

Dabei ist $\vec{P}_0$ gegeben durch die Polarisierbarkeit α des Moleküls

$$\vec{P}_0 = \alpha \vec{E}_0. \tag{11.27}$$

Im Allgemeinen ist die Ladungsverteilung der Elektronenhülle nicht sphärisch, und wir müssen α als Tensor α_{ij} ausdrücken. Wir wollen das aber nicht weiter verfolgen. Entscheidend ist, daß die Polarisierbarkeit vom Abstand r der Atome des Moleküls abhängt. Dies läßt sich durch eine Taylorentwicklung darstellen:

$$\alpha(r) = \alpha(r_0) + \frac{d\alpha}{dr}(r - r_0) + \cdots. \tag{11.28}$$

Bei der Rayleigh-Streuung war angenommen worden, daß sich das Streuatom statisch verhält. Dann tritt natürlich nur das erste Glied der Reihe in Erscheinung. Im Falle der Raman-Streuung schwingt jedoch das Molekül, d.h. der Atomabstand ist zeitabhängig.

$$r(t) = r_0 + a \sin\left(\omega_{\text{osz}} \cdot t\right), \tag{11.29}$$

wobei a ein Maß für die Schwingungsamplitude ist. Zusammen mit (11.28) und (11.29) ergibt sich dann für das Dipolmoment[6]

$$P(t) = \left[\alpha(r_0) + \frac{d\alpha}{dr} a \sin\left(\omega_{\text{osz}} t + \phi\right)\right] E_0 \sin(\omega_0 t), \tag{11.30}$$

wobei wir ϕ eingeführt haben, da die Lichtwelle i.A. nicht gleichphasig mit der Schwingung ist. Umformung (trigonometrische Berechnungen) liefert:

$$P(t) = \alpha(r_0) E_0 \sin(\omega_0 t) + \frac{d\alpha}{dr} E_0 a \left[\sin\left\{(\omega_0 + \omega_{\text{osz}})t + \phi\right\} + \sin\left\{(\omega_0 - \omega_{\text{osz}})t - \phi\right\}\right]. \tag{11.31}$$

Dieser Ausdruck enthält die elastische sowie die Stokes- und die Anti-Stokes-Linie. Entscheidend ist, daß die Polarisierbarkeit sich mit dem Abstand der Atome im Molekül ändern muß, damit Raman-Streuung auftritt. Die Raman-Streuung ist inelastisch, jedoch kohärent.

Nicht nur Schwingungsanregungen können eine Änderung der Polarisierbarkeit bewirken, auch Molekülrotationen zeigen unter Umständen einen ent-

---

[6] In realen Fällen kann die Frequenz des durch die Schwingung erzeugten Dipolmomentes etwas unterschiedlich von der mechanischen Schwingungsfequenz ω_{osz} sein. Wir wollen dies jedoch vernachlässigen.

sprechenden Effekt. Der Raman-Effekt kann also sowohl im Schwingungs-
als auch im Rotationsspektrum auftreten. Dabei sind die Auswahlregeln

$$\Delta v = \pm 1; \qquad \Delta j = 0, \pm 2. \tag{11.32}$$

Die quantenmechanische Beschreibung des Raman-Effektes ist nicht so einfach. Wir deuten hier nur das grundsätzliche Vorgehen an. Man zerlegt den
Vorgang in zwei Stufen, die Absorption der einfallenden Lichtwelle und
die Aussendung der Stokes- bzw. Anti-Stokes- sowie der elastischen Linie. Wir gehen von dem kombinierten Schwingungs-Rotationstermschema
(Bild 11.14) aus. Durch Absorption geht ein Schwingungs-Rotations-
Zustand in einen als virtuell bezeichneten Zwischenzustand Z über. Dieser
ist kein Eigenzustand des Moleküls, sondern ein Zustand, der dem Molekül
plus Strahlungsfeld gemeinsam zuzuordnen ist[7]. Der Zwischenzustand lebt
sehr kurz, ist daher energetisch sehr breit, und die Anregungsbedingung
läßt sich über einen weiten Frequenzbereich erfüllen. Der Zwischenzustand
zerfällt entweder in den Ausgangszustand (elastische Linie) oder, unter Beachtung der Raman-Auswahlregeln, in einen anderen Endzustand. Dies ist
in Bild 11.21 veranschaulicht.

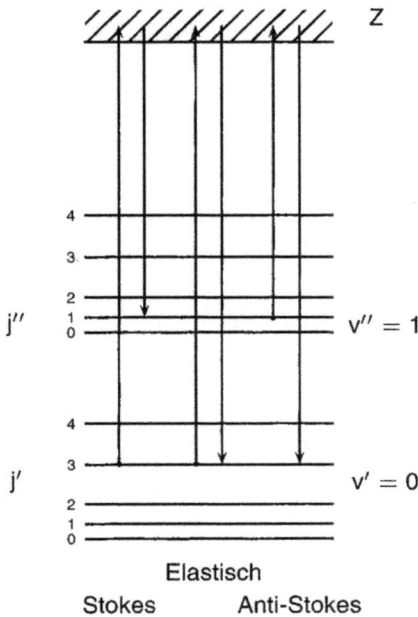

Bild 11.21: Quantenmechanisches Bild der Raman-Streuung.

---

[7] Wir hatten ja schon erwähnt, daß die Lichtwelle nicht direkt an den Schwingungszustand
ankoppelt.

Damit sei die Behandlung der Physik der Moleküle abgeschlossen, in der wir allerdings nur die wichtigsten Gesichtspunkte darstellen konnten.

B WÄRMESTATISTIK

12 Grundlagen

12.1 Einleitung

Die wesentlichen Gesichtpunkte der Wärmephysik wurden bereits in Physik I vorgestellt. Schon dort hatten wir darauf hingewiesen, daß man das thermische Verhalten der Materie zunächst makroskopisch durch phänomenologische Verknüpfungsgleichungen (*Thermodynamik*) beschreiben kann, daß man aber andererseits die wichtigsten Aussagen der Thermodynamik mikroskopisch über die atomare Struktur der Materie begründen muß (*statistische Wärme*). Wir hatten hierzu einige fundamentale Beispiele vorgestellt, wie etwa den Gasdruck oder die innere Energie eines idealen Gases, die sich mit der Annahme einer regellosen Bewegung der Gasteilchen herleiten lassen. Die Realität dieser „Wärmebewegung" der Teilchen ließ sich über die *Brownsche Bewegung* eindrucksvoll demonstrieren.

Mikroskopische Betrachtung

Die große Zahl von Teilchen in einem makroskopischen Stück Materie erlaubt uns, nur Aussagen über Mittelwerte der Teilchenparameter zu machen, und dies ist auch ausreichend. Im Folgenden wollen wir zunächst die Mittelwertbildung etwas genauer untersuchen. Dies führt uns zur statistischen Begründung einer der wichtigsten Größen der thermischen Physik, der *Entropie*. Die thermodynamische Formulierung der Entropie wird meist als etwas künstlich und nicht ganz zufriedenstellend angesehen. Sie gibt nur schwer einen Einblick in die fundamentale Tatsache, daß alle Systeme sich gemäß den Entropiebedingungen entwickeln, wenn sie sich selbst überlassen bleiben. Die statistische Formulierung der Entropie macht dies durchsichtiger. Schließlich werden wir diskutieren, wie sich das statistische Verhalten der Teilchen ändert, wenn wir ihre Quantennatur berücksichtigen. Es wird sich zeigen, daß wir dabei zwischen *Bosonen* (ganzzahliger Spin) und *Fermionen* (halbzahliger Spin) zu unterscheiden haben, da das nur für Fermionen gültige *Pauli-Verbot* einen entscheidenden Einfluß hat. Zunächst wollen wir uns einige der wichtigsten Grundlagen der Thermodynamik zurück in Erinnerung rufen.

Statistische Methoden wegen großer Teilchenzahl

Berücksichtigung der Quantennatur

12.2 Thermodynamische Grundlagen

Dies ist eine kurze Wiederholung von hier benötigten Grundlagen, die im Teil B von Physik I behandelt wurden.

Zustandsgrößen, Zustandsgleichung

1. Der Zustand, in dem Materie vorliegt, wird makroskopisch eindeutig durch einen entsprechenden Satz von sogenannten *Zustandsgrößen* beschrieben

    Die wichtigsten Zustandsgrößen sind: Druck P, Temperatur T, Volumen V, Entropie S, innere Energie U.

    Diese Größen sind in der Regel nicht voneinander unabhängig. Das Verhalten der Materie bei Änderung der Zustandsgrößen beschreibt die *Zustandsgleichung*.

Ideales Gas

2. Das Modellsystem, das wir hauptsächlich zur Behandlung der Grundzüge des thermischen Verhalten der Materie benutzen, ist das *ideale Gas*. Es erfüllt streng die Zustandsgleichung

$$\boxed{P \cdot V = n \cdot R \cdot T}$$

(12.1)

Dabei sind:

n = Molzahl,

R = Gaskonstante = $N_L \cdot k_B$ = 8,31 J/(mol K),

N_L = Loschmidtzahl = $6,02 \cdot 10^{23}$ mol^{-1},

k_B = Boltzmannkonstante = $1,38 \cdot 10^{-23}$ J/K = $8,6 \cdot 10^{-5}$ eV/K.

Physikalisch bedeutet die Näherung, daß wir es im System mit Teilchen ohne Eigenvolumen und ohne *innere* Freiheitsgrade der Energie (einatomiges ideales Gas) zu tun haben. Zwischen den Teilchen wirken keinerlei Kräfte. Sie führen elastische Stöße untereinander und mit den Gefäßwänden aus.

Abgeschlossenes System und Gleichgewichtszustand

3. Ein *abgeschlossenes System*, ist ein System, das mit keinem anderen in Wechselwirkung steht. Ein solches System läuft bei Vorgabe der Zustandsgrößen in den *Gleichgewichtszustand* ein, der dadurch gekennzeichnet ist, daß die Zustandgrößen stationär sind, d.h. sich zeitlich nicht ändern. Die Zeit, die ein System benötigt, um in den Gleichgewichtszustand einzulaufen, ist die *Relaxationszeit*. Sie kann sehr unterschiedlich sein.

    Die Gesetze der thermischen Physik beziehen sich fast immer auf Systeme im Gleichgewichtszustand.

4. Die *Temperatur* (Kelvinskala) ist thermodynamisch über den Wirkungsgrad eines *Carnot-Prozesses* definiert, der zwischen einem Bad mit T und einem Bad mit $T = 273,16$ K (Tripelpunkt des Wassers) abläuft: *Definition der Temperatur*

$$T = \frac{273,16}{1 - \eta^C}$$ (12.2)

Der Wirkungsgrad des Carnot-Prozesses ist

$$\eta^C = 1 - \frac{T_K}{T_W},$$ (12.3)

wobei T_K die Temperatur des kalten und T_W die des warmen Bades ist.

5. Der 1. Hauptsatz lautet: *Hauptsätze*

$$\Delta U = \Delta Q - \Delta W$$ (12.4)

wobei:

ΔQ = zu- oder abgeführte Wärmemenge,
ΔW = vom System geleistete oder am System geleistete Arbeit,
ΔU = Änderung der inneren Energie.

Dies ist einfach der Energiesatz auf thermische Verhältnisse angewendet.

6. Der 2. Hauptsatz besagt:

In einem abgeschlossenen System laufen nur Prozesse mit

$$\Delta S \geq 0$$ (12.5)

ab. S ist die *Entropie*. Prozesse mit $\Delta S = 0$ sind *reversibel*, solche *Entropie* mit $\Delta S > 0$ *irreversibel*. Für einen infinitesimalen Schritt ist die Entropieänderung definiert als $dS = dQ/T$.

7. Der 3. Hauptsatz der Thermodynamik lautet:

$$S(T) \to 0 \quad \text{für} \quad T \to 0$$ (12.6)

Die Entropie eines thermodynamischen Systems im Gleichgewichtszustand strebt dem Grenzwert Null zu, wenn seine Temperatur gegen Null geht.

8. Für experimentelle Untersuchungen ist die wichtigste thermodynamische Größe die *spezifische Wärme*. Sie wird am besten auf das Mol *Spezifische Wärme*

bezogen (*Molwärme*). Sie verbindet die Temperaturerhöhung ΔT mit der Zufuhr einer Wärmemenge ΔQ:

$$C = \frac{\Delta Q}{\Delta T} \quad \left[\frac{\mathrm{J}}{\mathrm{mol\,K}}\right].$$

(12.7)

Dabei ist zu unterscheiden, ob ΔQ bei konstantem Volumen (C_V) oder bei konstantem Druck (C_P) zugeführt wird. Im ersten Fall bestimmt C_V die Änderung der inneren Energie des Systems mit der Temperatur

$$C_V = \left(\frac{\partial U}{\partial T}\right)_V.$$

(12.8)

Im zweiten Fall kommt noch die Ausdehnungsarbeit hinzu

$$C_P = \left(\frac{\partial U}{\partial T}\right)_P + P\left(\frac{\partial V}{\partial T}\right)_P.$$

(12.9)

Auch ist $(\partial U/\partial T)_V \neq (\partial U/\partial T)_P$, wenn die innere Energie nicht nur von T abhängt. Beim idealen Gas ist $U = U(T)$ allein, da das System nur kinetische Energie besitzt und somit

$$C_P = C_V + P\frac{\mathrm{d}V}{\mathrm{d}T},$$

(12.10)

wobei $\mathrm{d}V/\mathrm{d}T$ durch die Zustandsgleichung gegeben ist.

12.3 Das statistische Modell

Wir fassen die Bausteinteilchen des thermodynamischen Systems als klassische Teilchen auf. Der Zustand des Systems ist vollständig bestimmt, wenn wir für jedes der N Teilchen zu jedem Zeitpunkt seine Orts- und Impulskoordinaten kennen, was im Prinzip ja möglich ist:

Ortskoordinaten $x_{i,n}(t)$ $i = 1, 2, 3$ $n = 1, 2, 3, \ldots N$

Impulskoordinaten $p_{i,n}(t)$

Für 10^{23} Teilchen können nur Mittelwerte betrachtet werden

Dies ist zumindest richtig für das einatomige ideale Gas, denn in diesem Fall ist, wie gesagt, der gesamte Energieinhalt durch die kinetische Energie der Teilchen gegeben. Bei N Teilchen im System sind dies $6N$ Koordinaten, die wir kennen müßten. Das ist aber unmöglich, da N eine sehr große Zahl ist, typischerweise etwa 10^{23}. Statt die zeitliche Entwicklung der $6N$ Koordinaten zu beschreiben, genügt es, Aussagen über die Mittelwerte der

Koordinaten im System zu machen und die Änderung dieser Mittelwerte zu verfolgen. Diese verknüpfen wir dann mit den thermodynamischen Zustandsgrößen. Ein einfaches Beispiel ist die innere Energie des idealen Gases. Es gilt, wie wir in Physik I bereits diskutiert haben:

$$U = \sum_{n=1}^{N} U_n = N \cdot \bar{u} = \frac{1}{2} N \cdot \overline{mv^2}. \tag{12.11}$$

Dabei haben wir einfach angenommen, daß die Teilchen statt ihrer individuellen Energie $U_n = 1/2 \cdot mv_n^2$ alle dieselbe Energie besitzen, nämlich $\bar{u} = 1/2 \overline{mv^2}$. Diese stellt den Mittelwert der Energien U_n über das gesamte System dar. Wenn wir also U bestimmen wollen, müssen wir in der Lage sein, eine Aussage über $\bar{u}$ bzw. $\overline{v^2}$ unter den gegeben Bedingungen zu machen.

Wir beginnen die diesbezüglichen Ausführungen mit einer Diskussion über die prinzipiellen Eigenschaften der Mittelwerte. Wir weisen aber nochmal darauf hin, daß – im Falle klassischer Teilchen, und dies ist in vielen Fällen eine brauchbare Näherung – die Mittelwertbildung in der Wärmestatistik eine (zwar in der Praxis unumgängliche) Bequemlichkeit darstellt, jedoch nicht, wie die Bildung von Erwartungswerten für beobachtbare Eigenschaften von Quantenteilchen physikalisch zwingend vorgeschrieben ist. Die entscheidenden Züge der Wärmestatistik wurden von BOLTZMANN und MAXWELL vor der Geburt der Quantenphysik entwickelt.

Nicht verwechseln: klassische Mittelwerte – quantenmechanische Erwartungswerte

12.4 Mittelwerte und Wahrscheinlichkeiten

Man unterscheidet in der statistischen Wärmephysik zwei Arten von Mittelwerten:

Das Scharmittel

Das Scharmittel ist der Mittelwert einer physikalischen Größe zu einer festgehaltenen Zeit $t = t_0$ für ein System von N Teilchen. Ein Beispiel ist der Scharmittelwert der Impulsbeträge $p(n, t)$ aller Atome eines Gases zur Zeit $t = t_0$:

$$\langle p(t_0) \rangle_N = \frac{1}{N} \sum_{n=1}^{N} p(n, t_0). \tag{12.12}$$

Um einen gut definierten Mittelwert zu erhalten, muß N eine große Zahl sein.

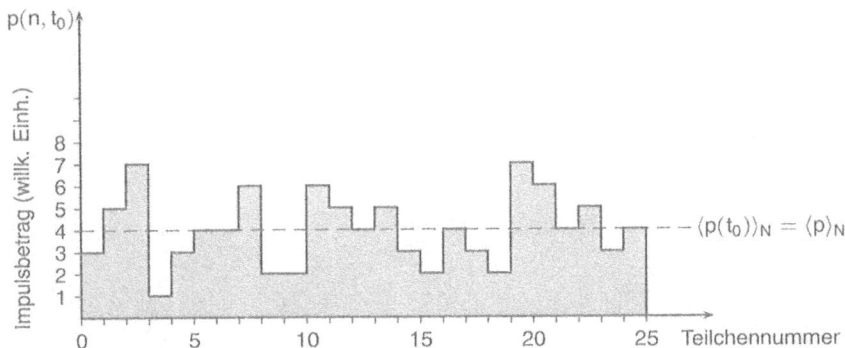

Bild 12.1: Bildung des Scharmittels des Impulsbetrages der verschiedenen Teilchen $p(n, t)$ zur Zeit $t = t_0$. Die Größe des Impulsbetrages wurde jeweils auf die nächste ganze Zahl aufgerundet.

Das Zeitmittel

Das Zeitmittel dagegen ist der Mittelwert einer physikalischen Größe für ein bestimmtes Teilchen n_0 über einen langen Zeitraum τ hinweg. Für das obige Beispiel der Impulsbeträge ergibt sich:

$$\langle p(n_0) \rangle_\tau = \frac{1}{\tau} \sum_{t_l=0}^{\tau} p(n_0, t_l) \cdot (t_{l+1} - t_l). \tag{12.13}$$

Die t_l sind diskrete Zeitmarken, an denen sich der Impuls der Teilchen diskontinuierlich ändert. In einem idealen Gas ist dies der Fall, wenn das Teilchen einen Stoßprozeß erleidet. Im gesamten Zeitintervall $0 \leq t \leq \tau$ sollen sehr viele der Zeitmarken t_l enthalten sein.

Zur Veranschaulichung der Bildung der beiden Mittelwerte ist in Bild 12.1 auf der x-Achse in äquidistanten Abständen die Teilchennummer des jeweils betrachteten Teilchens aufgetragen und auf der y-Achse dessen Impulsbetrag (Bildung des Scharmittels); dagegen wurden in Bild 12.2 auf der x-Achse die verschiedenen Zeitmarken, an denen sich der Impulsbetrag eines bestimmten Teilchens diskontinuierlich ändert, aufgetragen und auf der y-Achse der jeweils zugehörige Impulswert (Zeitmittel).

In der statistischen Wärme gilt nun für ein System im thermischen Gleichgewicht

$$\boxed{\text{Zeitmittel} = \text{Scharmittel}}$$

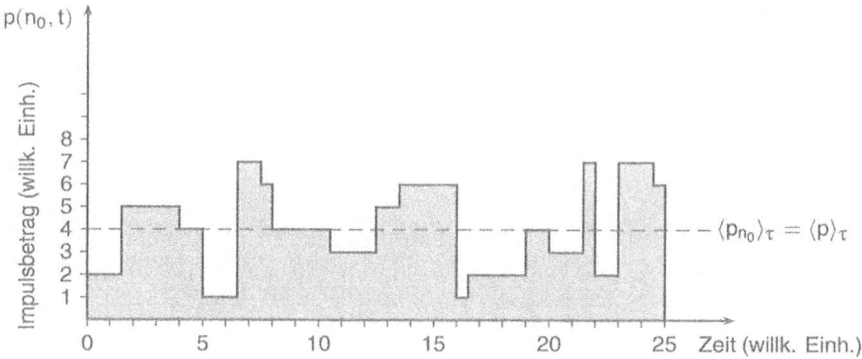

Bild 12.2: Bildung des Zeitmittels des Impulsbetrages $p(n, t)$ für das Teilchen $n = n_0$. Die Größe des Impulsbetrages wurde jeweils auf die nächste ganze Zahl aufgerundet.

Bezeichnen wir mit $\bar{p}$ allgemein den statistischen Mittelwert der Größe p, so gilt also:

$$\langle p(t_0) \rangle_N = \langle p(n_0) \rangle_\tau = \bar{p}, \tag{12.14}$$

Dies sind zwar erforderliche Definitionen, aber sie helfen uns zu ihrer Berechnung in der Praxis nicht weiter, da das Problem ja ist, daß wir die Koordinaten der Teilchen im einzelnen nicht kennen. Es ist zweckmäßiger, die Mittelwerte $\bar{p}$ über Wahrscheinlichkeiten W_k zu berechnen. Dabei ist W_k definiert als die Wahrscheinlichkeit einen Wert p_k im Teilchensystem zu finden. Dies bedeutet, daß der Mittelwert $\bar{p}$ gegeben ist durch:

Berechnung der Mittelwerte über Wahrscheinlichkeiten

$$\bar{p} = \frac{\sum_{k=1}^{M} w_k p_k}{\sum_{k=1}^{M} w_k} \tag{12.15}$$

M ist die Zahl der möglichen Werte von p, also:

$$p_k = p_1, p_2, p_3, \ldots, p_M. \tag{12.16}$$

Normalerweise sind Wahrscheinlichkeiten normiert, d.h. wir wählen w_k so, daß

Normierung

$$\sum_{k=1}^{M} w_k = 1 \tag{12.17}$$

Mit dieser Normierung vereinfacht sich (12.15) zu:

$$\bar{p} = \sum_{k=1}^{M} w_k p_k. \tag{12.18}$$

Wir können uns den (wirklich zentralen) Begriff der Wahrscheinlichkeit w_k auch noch folgendermaßen klar machen: Es werden Z Versuche unternommen, den Wert p zu bestimmen (etwa durch Messung). Dabei treffen wir einen bestimmten Wert p_k mit der Häufigkeit L_k an. Dann ist

$$\boxed{w_k = \lim_{Z \to \infty} \frac{L_k}{Z}} \tag{12.19}$$

denn die Zahl der Versuche muß natürlich sehr groß sein. Wir erkennen hier übrigens gleich ein Problem, das uns noch beschäftigen wird: Wir benötigen einen Satz von diskreten Werten p_k (dies wäre bei Quantensystemen der Fall). Entweder ist das System so gebaut, daß nur diskrete Werte p_k auftreten, oder aber wir müssen Bereiche definieren, innerhalb derer wir alle Werte p_k als gleich ansehen wollen. Dies könnte etwa durch die Genauigkeit unserer Meßanordnung gegeben sein.

Beispiel zur Berechnung

Der Vorteil, der sich aus der Wahrscheinlichkeitsdefinition von Mittelwerten ergibt ist, daß wir oftmals über die Wahrscheinlichkeit w_k eine allgemeine Aussage machen können. Hierzu ein triviales Beispiel, der Spielwürfel. Es sei p_k die geworfene Augenzahl, d.h. $p_k = 1, 2, 3, 4, 5, 6$. Wenn alles mit rechten Dingen zugeht, wissen wir, daß $w_k = 1/6$ unabhängig von k. Somit erhalten wir sofort:

$$\bar{p} = \sum_{k=1}^{6} w_k p_k = \frac{1 + 2 + 3 + 4 + 5 + 6}{6} = \frac{7}{2}. \tag{12.20}$$

Experiment

Um diesen Wert tatsächlich im Experiment zu verifizieren, müssen wir entweder einen Würfel sehr oft werfen (Zeitmittel) oder eine große Zahl identischer Würfel einmal werfen (Scharmittel). In einem System realer Würfel wird es schwierig sein, wirklich identische Exemplare zu haben, aber bei Atomen ist dies kein Problem. Entscheidend ist, daß die Ereignisse (hier die geworfene Augenzahl) völlig zufällig auftreten, d.h. daß sie zueinander völlig unkorreliert sind. Wenn etwa $p_k = 6$ erschienen ist, so ist die Wahrscheinlichkeit, daß im nächsten Wurf $p_k = 6$ erscheint unverändert $w_k = 1/6$. Das Nichterkennen versteckter Korrelationen wirkt sich meist katastrophal auf statistische Aussagen aus. Ebenso, wenn die Zahl der Versuche zu gering ist. Das Unwahrscheinliche ist doch möglich.

Korrelationen

Wir bringen noch zwei weitere wichtige statistische Größen in Erinnerung (sie sollten aus der Fehlerrechnung bekannt sein):

Mittelwert der Abweichung

$$\overline{p - \bar{p}} = \sum_k w_k(p_k - \bar{p}) = \sum_k w_k p_k - \bar{p} \sum w_k = \bar{p} - \bar{p} = 0. \qquad (12.21)$$

Der *Mittelwert der Abweichungen* verschwindet, weil positive und negative Abweichungen sich aufheben. Dies ist ein guter Test für korrekte Mittelwerte.

Schwankung

Darunter versteht man die Wurzel aus der mittleren quadratischen Abweichung. Sie verschwindet nicht, da die quadratische Abweichung stets positiv ist:

$$\Delta p = \sqrt{\overline{(p - \bar{p})^2}}. \qquad (12.22)$$

Es folgt:

$$(\Delta p)^2 = \sum w_k (p_k - \bar{p})^2$$
$$= \sum w_k p_k^2 - 2\bar{p} \sum_k w_k p_k + \bar{p}^2 \sum w_k = \overline{p^2} - \bar{p}^2. \qquad (12.23)$$

Aus der Überlegung $(\Delta p)^2 > 0$ folgt eine wichtige Aussage der Statistik:

$$\boxed{\overline{p^2} \geq \bar{p}^2} \qquad (12.24)$$

Für das Würfelbeispiel ergibt sich

$$\overline{p^2} = \sum_{k=1}^{6} w_k p_k = \frac{91}{6} \approx 15 \quad \text{und}$$

$$\Delta p = \sqrt{\overline{p^2} - \bar{p}^2} = \sqrt{\frac{91}{6} - \frac{7}{2}} = \sqrt{\frac{35}{12}} \approx 1{,}7.$$

Kehren wir zurück zum Schar- bzw. Zeitmittel des Teilchensystems. Für das Scharmittel ist:

$$w_k = \frac{L_k}{N} \quad \text{mit } N = \sum_{k=1}^{M} L_k. \qquad (12.25)$$

Für das Zeitmittel gilt entsprechend

$$w_k = \frac{t_k}{\tau} \qquad \tau \text{ sehr groß,} \tag{12.26}$$

wobei t_k die Verweilzeit (innerhalb der Gesamtzeit τ) der physikalischen Größe p eines Teilchens der Schar auf dem Wert p_k bedeutet.

Die Wahrscheinlichkeiten w_k der Werte p_k stellt man gerne in einem Histogramm dar. Dies sei für das Beispiel aus Bild 12.1 explizit ausgeführt. Es ist dort $M = 7$, $N = 25$ und $\bar{p} = 4$. Es läßt sich folgende Wertetabelle aufstellen:

p_k	1	2	3	4	5	6	7
L_k	1	4	5	6	4	3	2
w_k	0,04	0,16	0,2	0,24	0,16	0,12	0,08

Daraus leitet sich das Histogramm der Wahrscheinlichkeiten $w_k(p_k)$ ab, welches Bild 12.3 zeigt.

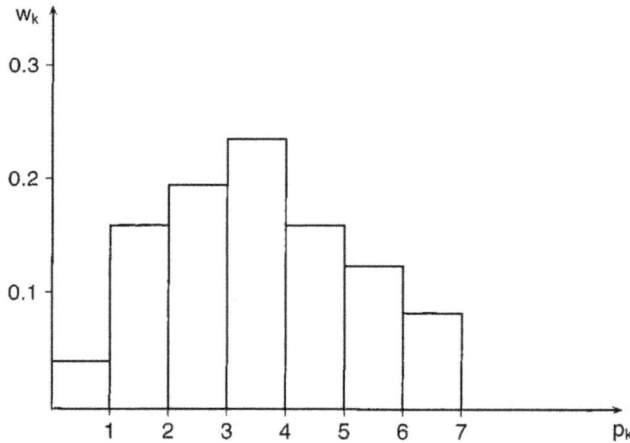

Bild 12.3: Wahrscheinlichkeitshistogramm für den Impulsbetrag p_k des Systems aus Bild 12.1.

Ist die Zahl M sehr groß, so kann man die möglichen Werte der Impulsbeträge p_i der N Teilchen als kontinuierlich verteilt annehmen. Um eine *Differentielle Wahrscheinlichkeit* Diskretisierung der Werte p_k zu erreichen, definiert man die differentielle Wahrscheinlichkeit $dw(p)$, die angibt, wie wahrscheinlich es ist, die Größe p im Intervall von p bis $p + dp$ in der Teilchenmenge zu finden.

Verteilungsfunktion Man bildet daraus die *Wahrscheinlichkeitsdichte*:

$$\frac{dw(p)}{dp} = f(p). \tag{12.27}$$

Die Funktion $f(p)$ wird auch *Verteilungsfunktion* genannt.

Bemerkung:

Zur Erinnerung: $\psi\psi^\star$ ist z.B. eine Wahrscheinlichkeitsdichte. Also ist $\psi\psi^\star$ die Verteilungsfunktion des örtlichen Aufenthaltes des durch ψ beschriebenen Teilchens.

Üblicherweise normieren wir die Verteilungsfunktion

$$\int_{-\infty}^{+\infty} f(p)\,\mathrm{d}p = 1 \qquad (12.28)$$

und dann wird:

$$\boxed{\overline{p} = \int_{-\infty}^{+\infty} p \cdot f(p)\,\mathrm{d}p} \qquad (12.29)$$

Bemerkung:

Hier ist die Analogie zum Erwartungswert in der Quantenphysik deutlich zu sehen. Der Erwartungswert des Ortes eines Teilchens ist:

$$\langle x \rangle = \int_{-\infty}^{+\infty} x\,\psi\psi^\star\,\mathrm{d}x\,\mathrm{d}y\,\mathrm{d}z.$$

Eine in der Statistik häufig auftretende Verteilungsfunktion ist die *Normalverteilung*

Normalverteilung (kann fast immer verwendet werden)

$$\boxed{f_{\mathrm{N}}(p) = \frac{1}{\sqrt{2\pi\sigma^2}} \exp\left(-\frac{(p-\overline{p})^2}{2\sigma^2}\right)} \qquad (12.30)$$

Sie ist eine Gaußfunktion, wie in Bild 12.4 gezeigt.

Die Normalverteilung ist symmetrisch zum Mittelwert $\overline{p}$.

Wegen ihrer Form wird sie auch Glockenkurve genannt. Die Größe σ ist die Standardabweichung. Sie entspricht Δp gemäß (12.22). Bei korrekter Normalisierung

Standardabweichung

$$\int_{-\infty}^{+\infty} f_{\mathrm{N}}(p)\,\mathrm{d}p = 1, \qquad (12.31)$$

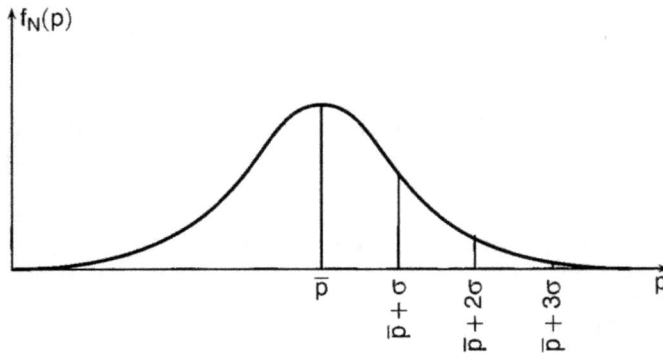

Bild 12.4: Die Normalverteilung.

die den Vorfaktor in (12.30) liefert, umfaßt der Bereich von $\bar{p} - \sigma$ bis $\bar{p} + \sigma$ ungefähr 2/3 aller Werte von p:

$$\int_{\bar{p}-\sigma}^{\bar{p}+\sigma} f_N(p)\,\mathrm{d}p = 0{,}68. \tag{12.32}$$

Aus

$$\int_{\bar{p}-3\sigma}^{\bar{p}+3\sigma} f_N(p)\,\mathrm{d}p = 0{,}97 \tag{12.33}$$

folgt, daß praktisch alle Werte von p im Bereich von $\pm 3\sigma$ um $\bar{p}$ liegen. Dies ist eine sehr wichtige Aussage, denn sie grenzt den zu betrachtenden Bereich gut ein. Es ist fast immer möglich, statistische Prozesse mit der Normalverteilung zu nähern[1].

---

[1] Ausführliche Diskussionen, speziell der Zufallsbewegung („random walk") finden sich in F. Reif, *Physikalische Statistik und Physik der Wärme*, de Gruyter (1987) und T. Fliessbach, *Statistische Physik*, Spektrum Akademischer Verlag (1995).

13 Phasenraum und Verteilungen

13.1 Mikro- und Makrozustände

Wir betrachten ein ideales Gas, welches ein abgeschlossenes System darstelle. Seinen *Makrozustand* kann man durch Angabe der Zustandsgrößen (z.B.: V, T, P) festlegen. Das System läßt sich aber auch beschreiben, indem man die $6N$ Orts- und Impulskoordinaten aller im System vorhandenen Teilchen zu jedem Zeitpunkt angibt. Dies definiert den *Mikrozustand* des Systems.

Zu einen Makrozustand gehören viele Mikrozustände

Wenn sich das System im Gleichgewichtszustand befindet, dann ändert sich sein Makrozustand zeitlich nicht mehr. Trotzdem wird, infolge der statistischen Teilchenbewegung, der Mikrozustand sich dauernd ändern. Dabei ist lediglich nötig, daß bei der statistischen Teilchenbewegung bestimmte Randbedingungen eingehalten werden, damit ein Makrozustand erhalten bleibt. Solche sind beispielsweise:

1. die Zahl N der Teilchen ist konstant,
2. die innere Energie $U = (1/2m) \cdot \sum_{n=1}^{N} p_n^2$ bleibt konstant und
3. alle x_n, y_n, z_n (mit $n = 1, 2, ...N$) liegen innerhalb von V.

Für reale Systeme ist N eine sehr große Zahl ($N \to \infty$). Dann gehören offenbar sehr viele Mikrozustände zu einem einzigen Makrozustand. Das Grundpostulat der statistischen Physik lautet [1]:

Das Grundpostulat!

Alle zu einem bestimmten Makrozustand gehörenden Mikrozustände kommen mit gleicher Wahrscheinlichkeit vor.

Mit anderen Worten:

Keiner der vielen möglichen Mikrozustände eines festgehaltenen Makrozustandes ist bevorzugt oder irgendwie ausgezeichnet.

---

[1] Wie gezeigt wird, geht dieses Postulat wesentlich in die Berechnung bestimmter thermodynamischer Größen (etwa der Entropie) ein. Die Richtigkeit des Postulats kann nur dadurch bewiesen werden, daß durch die daraus abgeleiteten Größen das makroskopische System korrekt beschrieben wird.

13.2 Der Phasenraum

Um die Mikrozustände übersichtlicher und einfacher behandeln zu können, führt man den *Phasenraum* ein. Darunter versteht man für ein freies Teilchen (Massenpunkt) allgemein einen 6-dimensionalen Raum mit den Koordinatenachsen x, y, z, p_x, p_y, p_z, also einen kombinierten Orts- und Impulsraum.

N Teilchen = N Punkte im Phasenraum

Zu einem beliebigen, aber festen Zeitpunkt ist jedes der N Teilchen eines Systems durch einen Punkt im Phasenraum dargestellt. Es existieren somit N Punkte im Phasenraum, die innerhalb eines Phasenvolumens (d.h. Volumens des Phasenraumes) liegen, das durch die Randbedingungen des Makrozustandes, wie im letzten Abschnitt diskutiert, begrenzt wird. Jedes Punktmuster im Phasenvolumen stellt einen Mikrozustand dar. Da sich der Mikrozustand dauernd ändert, ändert sich auch die Lage der N Punkte innerhalb des zulässigen Volumens im Phasenraum ständig.

Zur einfacheren Darstellung des 6-dimensionalen Phasenraumes benutzt man die Vektorkoordinaten $\vec{r}$ und $\vec{p}$ und reduziert so den Phasenraum effektiv auf zwei Dimensionen (siehe Bild 13.1). Um Wahrscheinlichkeitsaussagen machen zu können, müssen wir den Phasenraum diskretisieren. Dazu

Einteilung in Zellen

teilt man den kontinuierlichen Phasenraum in M^d (d = Dimension, im vorliegenden Fall $d = 6$) Zellen ein, indem man jede Koordinatenachse x, y, z, p_x, p_y, p_z in M gleiche Teile teilt. Damit man aus dieser Einteilung einen Vorteil ziehen kann, ist sie so zu wählen, daß sich in jeder Zelle im Mittel mehrere Teilchen befinden. Dies bedeutet:

$$1 \ll M^d \ll N. \tag{13.1}$$

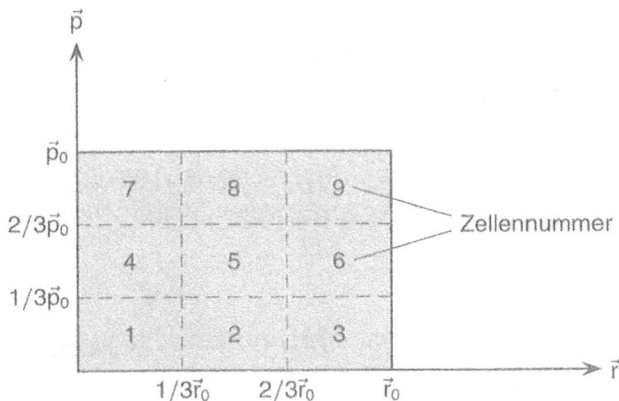

Bild 13.1: Einteilung des Phasenraumes in Zellen. Die Phasenraumgrenzen sind durch die Vektorkoordinaten $\vec{r}_0$ und $\vec{p}_0$, die durch die Randbedingungen des Makrozustandes gegeben sind, festgelegt.

Die so entstandenen *Phasenraumzellen* seien durch den laufenden Zellenindex a gekennzeichnet. Im Beispiel des Bildes 13.1 läuft a von 1 bis 9. Jede Zelle ist gekennzeichnet durch ihre Koordinaten $\vec{r}_a, \vec{p}_a$. Die Teilchen seien im folgenden nur noch durch die Koordinaten der Zelle $(\vec{r}_a, \vec{p}_a)$, in der sie sich befinden, und nicht durch ihre genauen eigenen Koordinaten $(\vec{r}_n, \vec{p}_n)$, gekennzeichnet.

So haben etwa im Beispiel des Bildes 13.1 alle Teilchen mit

$$\frac{1}{3}\vec{r}_0 < \vec{r}_n < \frac{2}{3}\vec{r}_0; \quad \frac{2}{3}\vec{p}_0 < \vec{p}_n < \vec{p}_0$$

die Koordinaten $\vec{r}_8$ und $\vec{p}_8$.

13.3 Verteilungen

Jedem Mikrozustand entspricht eine bestimmte *Verteilung* der N Teilchen des Systems auf die Zellen des Phasenraumes. Für eine Verteilung ist demnach *die Zahl der Teilchen, die sich in den verschiedenen Zellen befinden,* maßgebend. Auf diese Weise ist die Besetzungszahl L_a der Phasenraumzelle a definiert. Man kann diese Besetzungszahl auf die lokale *Teilchendichte D im Phasenraum* zurückführen, welche gegeben ist durch:

$$D(x_a, y_a, z_a, p_{x,a}, p_{y,a}, p_{z,a}) = \frac{L_a}{\Gamma_a}, \qquad (13.2)$$

Die Phasenraumdichte bestimmt die Verteilung

wobei Γ_a das *Phasenraumvolumen* der Zelle a ist. Wir benutzen die durch (13.2) festgelegte *Phasenraumdichte* $D(\vec{r}_a, \vec{p}_a)$ mit $a = 1, 2, 3, \dots$ zur *Charakterisierung einer Verteilung*.

Die Zahl der möglichen Mikrozustände ist sehr viel größer als die Zahl der Verteilungen. So ändert sich etwa durch das Vertauschen zweier Teilchen aus verschiedenen Zahlen zwar der Mikrozustand (die Teilchenkoordinaten sind verschieden), nicht aber die Verteilung (denn die Besetzungszahlen der beiden beteiligten Zahlen bleiben unverändert). Dies soll an einem Beispiel klargemacht werden, das Tabelle 13.1 zeigt. Gegeben sei ein System von $N = 24$ Teilchen. Es handele sich um klassische Teilchen, die man numerieren kann. Sie werden, wie in Tabelle 13.1 aufgelistet, auf die Zellen des in Bild 13.1 gezeigten Phasenraumes verteilt. Vertauscht man nun etwa Teilchen 6 mit 18, so hat sich der Mikrozustand geändert. Die Verteilung ist jedoch die gleiche geblieben. Dagegen hat natürlich die Vertauschung zweier Teilchen innerhalb einer Zelle, z.B. 21 mit 17, überhaupt keinen Einfluß, da wir die Teilchenkoordinaten innerhalb einer Zelle als identisch ansehen.

Tabelle 13.1: Beispiele einer Verteilung von 24 Teilchen auf neun Phasenraumzellen.

Zellenindex	a	1	2	3	4	5	6	7	8	9
Teilchen Nr.	n	3	18	9	2	1	4	10	12	23
		6		8	15	13	5		7	11
		16		21	22	19			24	
		20		17						
				14						
Besetzungszahl	L_a	4	1	5	3	3	2	1	3	2

Zu einer Verteilung gehört eine große Zahl von Mikrozuständen.

Wir wollen die Anzahl von Mikrozuständen einer Verteilung nun bestimmen. Dazu müssen wir die Zahl der Vertauschungsmöglichkeiten der Teilchen zwischen den Phasenraumzellen berechnen. Es gibt M^6 Zellen mit den Besetzungszahlen $L_a(a = 1, 2 \ldots M^6)$. Aus der Wahrscheinlichkeitsrechnung folgt für die Zahl der Vertauschungsmöglichkeiten:

$$\boxed{W = \frac{N!}{\prod_{a=1}^{M^6} L_a!}}$$ **Zahl der Mikrozustände**   (13.3)
einer Verteilung

Für das *zweidimensionale* Beispiel von Tabelle 13.1 ergibt sich nach (13.3)

$$W = \frac{24!}{4! \cdot 1! \cdot 5! \cdot 3! \cdot 3! \cdot 2! \cdot 1! \cdot 3! \cdot 2!} \approx 2{,}5 \cdot 10^{17},$$

also bereits eine sehr große Zahl.

Man erkennt aber auch, daß die absolute Größe von W von der Wahl der Zellengröße Γ_a abhängen wird, denn letztere ist eine der Bestimmungsgrößen der Besetzungszahlen L_a.

Wir zeigen in Bild 13.2 den Verlauf der Phasenraumdichte $D(a)$, der der in Tabelle 13.1 aufgeführten Verteilung entspricht. Es kommt gar nicht darauf an, welches Teilchen in welcher Zelle sitzt. Unser Beispiel hat nur 9 Zellen, deswegen ist es sinnvoll, $D(a)$ als *Histogramm* zu zeichnen. Normalerweise ist die Zahl der Zellen groß (M^6), und $D(a)$ geht in eine kontinuierliche Funktion über.

In dem behandelten Fall (ideales, einatomiges Gas) ist der Phasenraum das Produkt aus Orts- und Impulsraum. Daher kann die Phasenraumdichte ebenso als Produkt einer Dichte im Ortsraum und einer Dichte im Impulsraum geschrieben werden

$$D(\vec{r}_a, \vec{p}_a) = \rho(\vec{r}_a) \cdot \tilde{\rho}(\vec{p}_a).$$

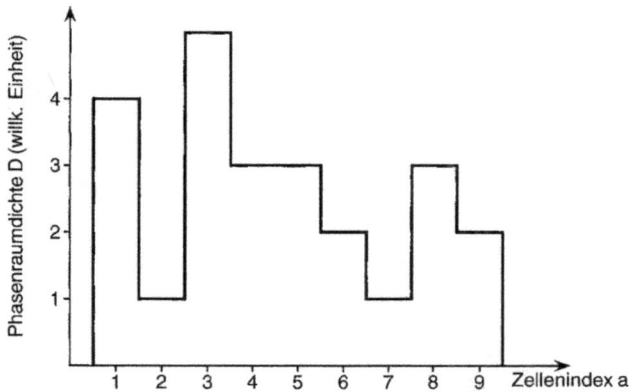

Bild 13.2: Phasenraumdichte der Verteilung von Tabelle 13.1.

$D(\vec{r}_a, \vec{p}_a)$ ist eine Verteilungsfunktion im Sinne von (12.27). Ihre Kenntnis wird benötigt, will man Aussagen über die Mittelwerte physikalischer Größen des Systems machen. Ein Beispiel ist die *innere Energie*. Es wird daher nötig sein, eine möglichst allgemeine Formulierung für die Form dieser Verteilungsfunktion zu finden. Dies wird im nächsten Abschnitt durchgeführt.

Zurückkehrend zu der Diskussion über Verteilungen, verteilen wir nun die N Teilchen auf die Phasenraumzellen neu, so daß sich die Besetzungszahlen L_a ändern. Dadurch wird eine neue Verteilung geschaffen. Solange man aber dafür sorgt, daß sich alle Teilchen innerhalb des durch die Randbedingungen begrenzten Phasenvolumens befinden, wird dadurch der Makrozustand nicht geändert.

Zu einem Makrozustand gibt es eine Vielzahl von möglichen Verteilungen.

Dies gilt insbesondere, wenn N groß ist (das ist der Fall) und M nicht zu klein gewählt wird (und das ist ja der Sinn der Phasenraumzellen). Wir beschreiben die möglichen Verteilungen eines Makrozustandes durch ihre Phasenraumdichten $D_m(\vec{r}_a, \vec{p}_a)$, wobei angenommen ist, daß b Verteilungen zu dem Makrozustand gehören, also $m = 1, 2, 3, \ldots b$. Zu jeder Verteilung D_m gehören W_m Mikrozustände gemäß (13.3). In Bild 13.3 führen wir den Zusammenhang zwischen *Makrozustand*, *Verteilung* und *Mikrozustand* noch einmal vor Augen.

Das Grundpostulat der statistischen Physik war, daß alle erlaubten Mikrozustände mit gleicher Wahrscheinlichkeit anzutreffen sind. Daraus folgt unmittelbar, daß eine bestimmte Verteilung D_m um so eher anzutreffen ist, je größer die Zahl W_m ihrer Mikrozustände ist.

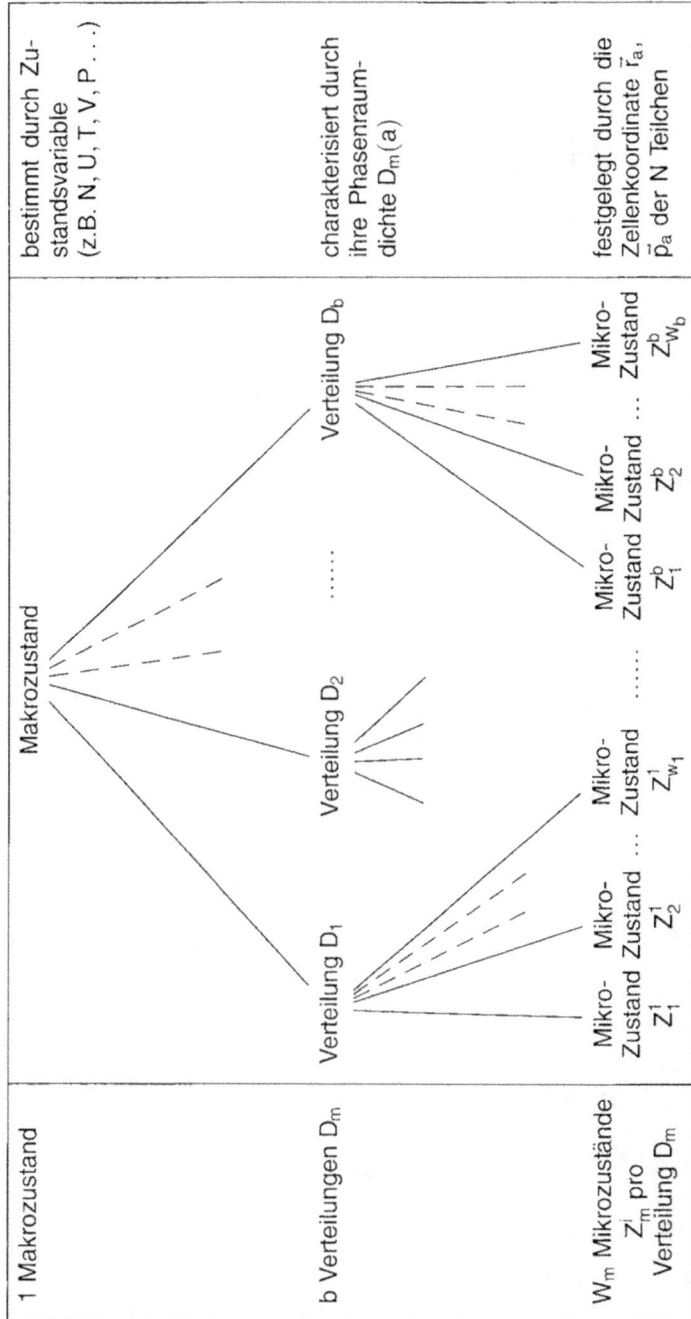

Bild 13.3: Zusammenhang zwischen Makrozustand, Verteilung und Mikrozustand.

Die Wahrscheinlichkeit für die Besetzung einer Verteilung bei gegebenen Makrozustand ist proportional zu der Zahl der zu dieser Verteilung gehörenden Mikrozustände.

Leider ist W_m nicht im mathematischen Sinne die Wahrscheinlichkeit für die Verteilung D_m, da sie nicht auf die Zahl der möglichen Fälle normiert ist. Für $m = 3$ wäre die „echte" Wahrscheinlichkeit

$$w_3 = \frac{W_3}{\sum_{m=1}^{3n} W_m}. \tag{13.4}$$

Da man aber die Summe im Nenner nicht ohne weiteres kennt, benutzt die statistische Physik stets W_m und bezeichnet dies nicht ganz glücklich als die Wahrscheinlichkeit der Verteilung D_m.

13.4 Gleichgewichtsverteilung und Boltzmannfaktor

Nun ist es aber nicht so einfach, die verschiedenen Verteilungen D_m bzw. ihre Wahrscheinlichkeiten W_m selbst bei festem Makrozustand anzugeben. Dazu müßte man die Teilchendichte im Phasenraum für alle Zellen a kennen, was in der Regel nicht möglich ist. Hier helfen uns zwei von BOLTZMANN aufgestellte generelle Aussagen weiter, die wir im Rahmen dieses Buches nicht weiter begründen[2].

1. Unter den b Verteilungen eines Makrozustandes gibt es eine Verteilung D_G für die die Wahrscheinlichkeit W_G die größte im Vergleich zu allen anderen möglichen Verteilungen ist. Also:

Gleichgewichtsverteilung

$$W_G > W_m \quad \text{für} \quad m = 1, 2, 3, \ldots G-1, G+1, \ldots b. \tag{13.5}$$

Diese Verteilung ist die *Gleichgewichtsverteilung* und nach den vorangegangen Überlegungen schließen wir, daß der fest vorgegebene Makrozustand die Gleichgewichtsverteilung anstreben wird.

Die Gleichgewichtsverteilung eines Makrozustandes ist diejenige mögliche Verteilung, für die die Wahrscheinlichkeit W maximal ist. Das abgeschlossene System wird bei festem Makrozustand die Gleichgewichtsverteilung anstreben.

---

[2] Einzelheiten finden sich in Lehrbüchern der theoretischen Physik.

Boltzmannfaktor

2. Im Falle der Gleichgewichtsverteilung gilt für die zugeordnete Phasenraumdichte D_G

$$D_G(a) = C \cdot \exp \frac{-E_a}{k_B T} \qquad (13.6)$$

wenn E_a die Gesamtenergie eines Teilchens in der Phasenraumzelle mit Index a ist.

Die Dichte der Teilchen an den verschiedenen Orten des Phasenraumes hängt für die Gleichgewichtsverteilung allein von der Energie E ab, die das Teilchen an dem betreffenden Ort des Phasenraumes besitzt. Sie ist proportional zu $\exp(-E/k_B T)$.

Die Größe $\exp(-E/k_B T)$ bezeichnet man als den *Boltzmannfaktor*.

Damit haben wir ganz allgemeine Aussagen über die Phasendichte D und die Wahrscheinlichkeit der zugeordneten Verteilung, also der Gleichgewichtsverteilung, erhalten. Wir wissen, daß ein abgeschlossenes System diese Gleichgewichtsverteilung anstreben wird.

Wir hatten in Physik I den Boltzmannfaktor bereits locker eingeführt. Im folgenden ergaben sich eine ganze Reihe von Beispielen, in denen der Boltzmannfaktor die entscheidende Rolle spielt. Man muß sich aber immer klar machen, daß seine Anwendung voraussetzt, daß der Gleichgewichtszustand erreicht ist. Im mikroskopischen Sinn heißt das, daß das System die Gleichgewichtsverteilung eingenommen hat.

Wir können (13.6) auch umschreiben als:

$$D_G = C \cdot f_{MB}, \qquad (13.7)$$

Klassische Teilchen: Maxwell-Boltzmann-Verteilung

wobei f_{MB} die Maxwell-Boltzmann-Verteilungsfunktion ist:

$$f_{MB} = \frac{1}{\exp(E/k_B T)} \qquad (13.8)$$

Sie gilt für klassische Teilchen. Wir werden später die Änderungen diskutieren, die für Quantenteilchen anzubringen sind. Sind die entsprechenden Korrekturen an der Verteilungsfunktion angebracht gilt allgemein

$$D_G = C \cdot f \qquad (13.9)$$

Wir zeigen zum Schluß noch einfache Anwendungsbeispiele der durch die Boltzmann-Verteilung festgelegten Phasenraumdichte. Zunächst wollen wir die Konstante C bestimmen.

Die Teilchendichte des idealen Gases

Für das kräftefreie ideale Gas ist die einzige Form der Energie die kinetische Energie

$$E = \frac{1}{2m} \left(p_x^2 + p_y^2 + p_z^2 \right)$$

der Teilchen, d.h. die Energie hängt allein von den Impulskoordinaten ab:

$$D_G(x_a, y_a, z_a, p_{x,a}, p_{y,a}, p_{z,a}) = C \cdot \exp \left[-\frac{p_{x,a}^2 + p_{y,a}^2 + p_{z,a}^2}{2mk_BT} \right] . \quad (13.10)$$

Die Konstante C ergibt sich aus der Normierung. Die Phasenraumdichte ist das Produkt aus Orts- und Impulsdichte. Da nur die Impulskoordinaten in der Energie enthalten sind, muß gelten:

$$\int_{\text{Vol}} \rho(x, y, z)\, \mathrm{d}x\, \mathrm{d}y\, \mathrm{d}z \cdot \int_{-\infty}^{\infty} \exp \left[\beta \left(p_x^2 + p_y^2 + p_z^2 \right) \right]\, \mathrm{d}p_x\, \mathrm{d}p_y\, \mathrm{d}p_z = 1$$

mit $\beta = 1/(2\,mk_BT)$. Die Ortsdichte ist für das kräftefreie Gas über das gesamte Gasvolumen V konstant. Das erste Integral liefert also einfach N/V, wobei N die Gesamtzahl der Teilchen ist. Für das zweite Integral gilt $\int \exp(-\beta p^2)\, \mathrm{d}p = \sqrt{\pi/\beta}$. Somit folgt aus (13.10):

$$C = \frac{N}{V} \left(\frac{1}{2\pi m \cdot k_BT} \right)^{3/2} \quad (13.11)$$

Die barometrische Höhenformel

Die Teilchen unterliegen dem Gravitationspotential $\Phi = g \cdot z$ mit $g = $ Erdbeschleunigung. Dann gilt für die Energie der Teilchen:

$$E = m \cdot g \cdot z \quad (13.12)$$

und somit

$$D_G = \text{const} \cdot \exp \left(-\frac{m \cdot g \cdot z}{k_BT} \right) . \quad (13.13)$$

Die Energieabhängigkeit ist nur für eine Ortskoordinate gegeben. Es folgt dann mit $\rho(z = 0) = N/V$ direkt:

$$\rho(z) = \frac{N}{V} \exp\left(-\frac{m \cdot g \cdot z}{k_{\mathrm{B}}T}\right), \tag{13.14}$$

was wir schon in Physik I direkt abgeleitet hatten.

Wir werden weiter unten noch eine weitere direkte Anwendung von (13.6) kennenlernen, die Maxwellsche Geschwindigkeitsverteilung.

14 Entropie und thermisches Gleichgewicht

14.1 Statistische Begründung der Entropie

Im letzten Abschnitt war postuliert worden, daß es bei festgehaltenem Makrozustand eine ausgezeichnete Verteilung gibt, die Gleichgewichtsverteilung D_G, deren Wahrscheinlichkeit W_G maximal ist. Wenn wir für alle zulässigen Verteilungen D_m eines Makrozustandes ihre Wahrscheinlichkeiten W_m als Funktion des Verteilungsindex m auftragen, so erhalten wir die in Bild 14.1 gezeigte Darstellung.

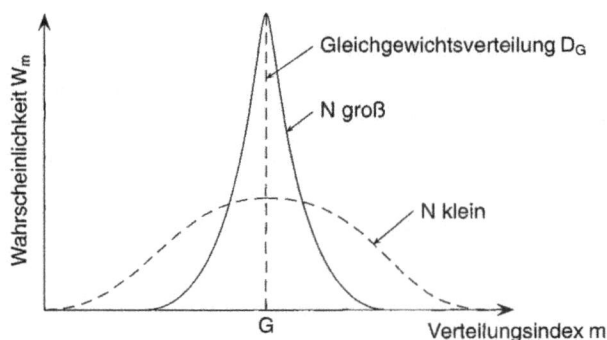

Bild 14.1: Wahrscheinlichkeiten der verschiedenen möglichen Verteilungen in einem System bei festgehaltenem Makrozustand für ein System mit vielen Teilchen (N groß) und ein System mit wenigen Teilchen (N klein).

Dabei stellt sich heraus (was wir nicht ableiten):

Je größer die Zahl N der Teilchen, um so ausgeprägter ist das Maximum von W_G.

Bild 14.1 wird der wahren Situation für thermodynamische Systeme mit $N \approx 10^{20}$ nicht gerecht. Die Abhängigkeit $W_m(m)$ entwickelt sich dann praktisch zu einer δ-Funktion bei $m = G$. Für das Verhältnis von W_G zu der Wahrscheinlichkeit irgend einer anderen Verteilung gilt in etwa $W_G/W_{m \neq G} \propto N$. Dies bedeutet, daß die Wahrscheinlichkeit in einem abge-

schlossenen System eine andere Verteilung als die Gleichgewichtsverteilung
zu finden äußerst gering ist. Man erkennt weiter, daß das System, falls es sich
zunächst in einem Zustand befindet, der nicht durch die Gleichgewichtsverteilung beschrieben wird, von selbst in den Gleichgewichtszustand einlaufen
und dann dort verbleiben wird! Bild 14.2 veranschaulicht die Situation.

Der spontane Übergang eines Nichtgleichgewichtzustandes in den
Gleichgewichtszustand ist irreversibel.

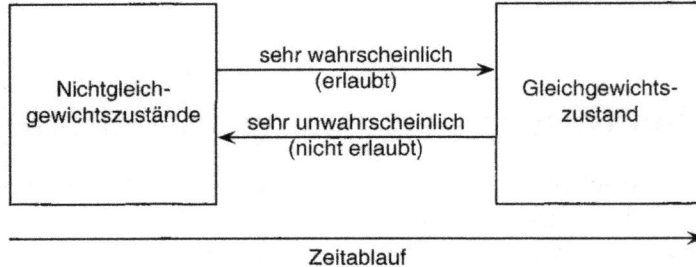

Bild 14.2: Zum Begriff der irreversiblen Übergänge.

Eine reversible Zustandsänderung läßt sich offenbar nur erreichen, wenn
wir den Gleichgewichtszustand praktisch nicht verlassen. Dies begründet
unsere frühere Aussage, daß reversible Zustandsänderungen infinitesimal
kleine Schritte bei der Variation der Zustandsvariablen erfordern. Allerdings,
alle diese Aussagen gelten nur, wenn wir es mit Systemen, die eine große
Teilchenzahl enthalten, zu tun haben. Bei kleinem N ist $W_G \approx W_{m \neq G}$, d.h.
die Gleichgewichtsverteilung ist nicht mehr besonders ausgezeichnet und
verliert damit ihre Bedeutung. Bild 14.1 macht dies deutlich.

In der Thermodynamik (Physik I) war formuliert worden, daß irreversible
Vorgänge diejenigen sind, bei denen eine Zunahme der Entropie ($\Delta S > 0$)
erfolgt, und daß Vorgänge bei denen die Entropie abnimmt ($\Delta S < 0$) spontan nicht stattfinden. Also ist aus dem oben gesagten sofort ersichtlich, daß
der Zusammenhang $S \propto W$ bestehen muß. BOLTZMANN zeigte, daß die
thermodynamische Entropiedefinition mit der statistischen Wahrscheinlichkeit durch die Beziehung

$$\boxed{S = k_B \cdot \ln W}$$ **statistische Definition der Entropie**   (14.1)

verknüpft ist[1].

---

[1] Dieses Resultat war der größte Triumph der statistischen Mechanik. Die Formel findet
sich auf BOLTZMANNs Grabstein in Wien und stellt auch die originale Definition der
Boltzmannkonstante k_B dar.

Bemerkung:

Die Dimension von k_B ist JK^{-1}. Da W dimensionslos ist, folgt, daß auch S die Dimension JK^{-1} hat, was mit der thermodynamischen Definition $dS = dQ/T$ verträglich ist. Wir zeigen weiter unten die Identität der thermodynamischen und statistischen Definition der Entropie für das ideale Gas. Der allgemeine Beweis findet sich in theoretischen Lehrbüchern[2]. Die Größenordnung von W ist $N!$, also eine unbequem große Zahl. Dies wird schon günstiger durch die Benutzung von $\ln W \approx N$. Da $k_B \approx 10^{-23} \, JK^{-1}$, gelangt S tatsächlich in den Bereich von $1 \, JK^{-1}$. Wir sehen aber hier noch einmal, daß die Entropie beliebig klein wird und damit ihren Sinn verliert, wenn N klein ist.

Aufgrund der Definition (14.1) läßt sich aussagen:

Jedes abgeschlossene System geht spontan und irreversibel in den Zustand maximaler Entropie über.

Dies ist bekanntlich eine der möglichen Formulierungen des 2. Hauptsatzes. Nun darf man aber nicht schließen, daß wir damit den 2. Hauptsatz bewiesen hätten. Das Problem ist nur verlagert, denn alle vorgenommen statistischen Überlegungen gingen von dem nicht beweisbaren Grundpostulat aus, daß alle Mikrozustände mit gleicher Wahrscheinlichkeit durchlaufen werden. Die Gleichgewichtsverteilung hat die weitaus größte Zahl von Mikrozuständen (denn das ist die Definition von W) und wird deshalb spontan erreicht und nicht wieder verlassen. Der Zustand maximaler Entropie ist der statistisch mit Abstand wahrscheinlichste Zustand. Im laxen Sprachgebrauch findet man auch gern die Formulierung: maximale Entropie ist maximale Unordnung und meint damit die komplett zufällige Verteilung der Teilchenkoordinaten.

Der statistisch wahrscheinlichste Zustand hat die maximale Entropie

Noch einige wichtige Eigenschaften der Entropie:

1. Da eine Gesamtwahrscheinlichkeit stets das Produkt aus Einzelwahrscheinlichkeiten ist, ersieht man aus (14.1), daß ein System aus K verschiedenen abgeschlossenen Einzelsystem die Gesamtentropie

Entropien sind additiv

$$\boxed{S = \sum_{\nu=1}^{K} S_\nu} \tag{14.2}$$

besitzt. Entropien sind additiv.

2. In die Berechnung von W geht das Volumen Γ der Phasenraumzellen ein, daß aber willkürlich gewählt wurde. Damit ist W nur bis auf einen

---

[2] z.B. W. Brenig, *Statistische Theorie der Wärme*, Kap.I.8 bis I.11, Springer, Berlin 1996

Entropiekonstante

Faktor und somit S nur bis auf eine Konstante bestimmt, wir schreiben

$$\boxed{S = k_B \ln W + S_0}$$ (14.3)

wobei S_0 die Entropiekonstante ist. Dies entspricht ebenfalls dem thermodynamischen Ergebnis und verlangt nach dem 3. Hauptsatz.

Molentropie eines
idealen Gases

Zum Abschluß berechnen wir noch die Molentropie eines idealen Gases und zeigen, daß das Ergebnis der thermodynamischen Definition entspricht.

Die Zahl der Teilchen ist gleich der Loschmidtschen Zahl $N \approx 6 \cdot 10^{23}$. Nach (13.3) ist:

$$W = \frac{N!}{\prod_a L_a!}.$$ (14.4)

Die L_a erhält man gemäß (13.2) als das Produkt aus Phasenraumdichte und Zellenvolumen:

$$L_a = D_G(E_a) \cdot \Gamma_a.$$ (14.5)

Unter Verwendung der Näherung: $\ln(N!) = N \cdot \ln N$, die für große N gut erfüllt ist, ergibt sich für:

$$\ln W = \ln(N!) - \sum_a \ln(L_a!) = N \cdot \ln N - \sum_a L_a \cdot \ln L_a.$$ (14.6)

Darin wird (14.5) eingesetzt:

$$\ln W = N \cdot \ln N - \sum_a D_G(E_a) \cdot \Gamma_a \cdot \ln(D_G(E_a) \cdot \Gamma_a).$$ (14.7)

Mit Hilfe der Gleichungen (13.10) und (13.11) können wir nun $\ln D_G(E_a)$ einsetzen. Dies gibt:

$$\ln W = N \cdot \ln N - \sum_a D_G(E_a) \cdot \Gamma_a \cdot$$
$$\left[\ln N - \ln V - \frac{3}{2}\ln(2\pi m k_B) - \frac{3}{2}\ln T - \frac{E_a}{k_B T} + \ln \Gamma_a\right].$$ (14.8)

Die Gesamtzahl der Teilchen ist N, also:

$$\sum_a D_G(E_a) \cdot \Gamma_a = N.$$ (14.9)

Die innere Energie des Gases sei U. Das bedeutet:

$$\sum_a D_G(E_a) \cdot E_a \cdot \Gamma_a = U. \qquad (14.10)$$

Schließlich wählt man die Phasenraumzellen so, daß alle Zellen das gleiche Volumen haben, d.h.:

$$\Gamma_a = \text{const} = \Gamma \text{ für } a = 1, 2 \dots \qquad (14.11)$$

Mit (14.9), (14.10) und (14.11) wird aus (14.8):

$$\ln W = N \cdot \ln V + \frac{3}{2} N \cdot \ln T + \frac{U}{k_B T} + N \cdot \ln \left[\frac{(2\pi m k_B)^{2/3}}{\Gamma} \right]. \qquad (14.12)$$

Nun ist definitionsgemäß für 1 Mol eines idealen Gases $k_B \cdot N = R$. Die innere Energie pro Mol eines idealen Gases ist: $U = (3/2)RT$. Dies ergibt, wenn (14.1) in (14.12) eingesetzt wird, die Entropie pro Mol:

$$S = R \cdot \ln V + \frac{3}{2} \cdot R \cdot \ln T + \frac{3}{2} \cdot R + R \cdot \ln \left[\frac{(2\pi m k_B)^{2/3}}{\Gamma} \right]. \qquad (14.13)$$

Die letzten beiden Terme hängen von den Zustandsvariablen V und T nicht mehr ab. Sie werden als Entropiekonstante aufgefaßt, die hier nicht weiter interessiert[3]. Die spezifische Wärme bei konstanten Volumen für ein Mol eines idealen Gases ist:

$$C_V = \frac{3}{2} R. \qquad (14.14)$$

Also läßt sich (14.13) umschreiben:

$$\boxed{S = R \cdot \ln V + C_V \cdot \ln T + S_0} \qquad \textbf{Molentropie eines} \atop \textbf{idealen Gases} \qquad (14.15)$$

Wir wollen nun noch die Äquivalenz zur thermodynamischen Definition

$$dS = \frac{dQ}{T} \quad \text{(reversibel)} \qquad (14.16)$$

---

[3] Es fällt aber auf, daß die Entropiekonstante, wie für ein klassisches System gefordert wird, von der Wahl des Zellenvolumens abhängt.

zeigen. Dazu differenzieren wir zunächst (14.15)

$$\mathrm{d}S = R \cdot \frac{\mathrm{d}V}{V} + C_V \frac{\mathrm{d}T}{T} \tag{14.17}$$

und setzen mit Hilfe der Zustandsgleichung $V = R \cdot T/P$ ein:

$$\mathrm{d}S = \frac{P \cdot \mathrm{d}V}{T} + C_V \frac{\mathrm{d}T}{T} = \frac{P \cdot \mathrm{d}V + C_V \mathrm{d}T}{T}. \tag{14.18}$$

Andererseits gilt für reversible Prozesse nach dem 1. Hauptsatz

$$\mathrm{d}Q = \mathrm{d}U + P\,\mathrm{d}V. \tag{14.19}$$

Für ein ideales Gas ist:

$$\mathrm{d}U = C_V\,\mathrm{d}T, \tag{14.20}$$

und damit wird aus (14.19):

$$\mathrm{d}Q = C_V\,\mathrm{d}T + P\,\mathrm{d}V. \tag{14.21}$$

Dieser Ausdruck beschreibt, daß die Wärmemenge $\mathrm{d}Q$ entweder die innere Energie (d.h. die Temperatur) oder unter Arbeitsleistung gegen den äußeren Druck das Volumen vergrößert. In welchem Verhältnis $\mathrm{d}Q$ auf die beiden Vorgänge aufgeteilt wird, hängt von dem Weg ab, der bei der durch die Zuführung von $\mathrm{d}Q$ eingeleiteten Zustandsänderung beschrieben wird (z.B. isochor, oder isotherm, etc.). In jedem Fall ergibt das Einsetzen von (14.21) in (14.18) $\mathrm{d}S = \mathrm{d}Q/T$, also die thermodynamische Forderung (14.16). Somit ist die Äquivalenz der beiden Entropiedefinitionen für das ideale Gas gezeigt.

14.2 Der Zeitpfeil

In Bild 14.2 wurde die Tatsache illustriert, daß in einem thermodynamischen System die spontane Entwicklung der Entropie nur in Richtung auf den Gleichgewichtszustand laufen kann. Dies legt die zeitliche Entwicklung fest, wie dies durch den Zeitpfeil unten im Bild angedeutet ist. Hierzu noch ein paar allgemeine Überlegungen. In physikalischen Einzelprozessen ist das *Prinzip der Zeitumkehr* erfüllt. Sowohl die Bewegungsgleichung von Newton wie auch die Schrödingergleichung legen keine bestimmte Richtung der Zeit fest. Wir machen uns das am Beispiel des zentralen Stoßes zweier gleicher Kugeln klar, wie in Bild 14.3 (links) dargestellt. Der zeitumgekehrte

Zeitumkehr in Einzelprozessen

Prozeß ist vom Originalprozeß prinzipiell nicht unterscheidbar. (Stellen sie sich vor, sie nehmen den Stoßprozeß photographisch auf und lassen den Film dann „rückwärts" laufen. Ohne zusätzliche Information können sie nicht entscheiden, ob der „Vorwärtslauf" oder der „Rückwärtslauf" das originale Ereignis war.)

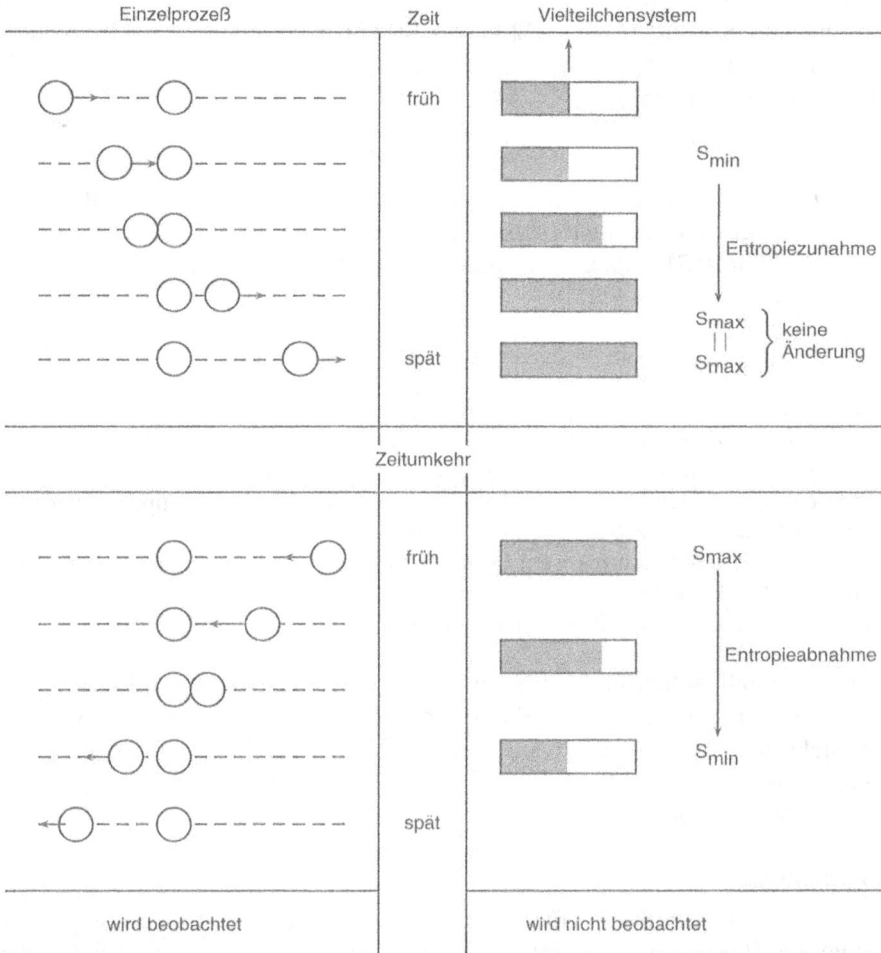

Bild 14.3: Beispiele für den Ablauf physikalischer Prozesse für geringe und große Teilchenzahl. Nur im Vielteilchensystem ist der Zeitpfeil eindeutig definiert.

Anders in einem System aus vielen Teilchen, das eine eindeutige Definition der Entropie erlaubt. Ein solches System bewegt sich stets in Richtung zunehmender Entropie, solange der Gleichgewichtszustand (maximale Entropie) nicht erreicht ist. Auch hierzu zeigen wir in Bild 14.3 (rechts) ein

Zeitpfeil bei Systemen aus sehr vielen Teilchen

einfaches Beispiel, die Expansion eines Gases ins Vakuum. Nach Entfernen der Trennwand ist ein extrem unwahrscheinlicher Zustand (minimale Entropie) geschaffen. Die Gasteilchen werden ins Vakuum einlaufen. Schließlich ist der Zustand maximaler Entropie erreicht, die Teilchen sind gleichmäßig, aber rein statistisch (d.h. ohne übergeordnetes Ordnungsprinzip) im Gesamtvolumen verteilt. Dieser Zustand bleibt bestehen. Den zeitumgekehrten Prozeß, nämlich daß sich alle Teilchen spontan in einen Teil des Volumens zurückziehen, werden wir nicht beobachten. Bis der Gleichgewichtszustand (maximale Entropie) erreicht ist, läßt sich die Richtung zeitlicher Entwicklung eindeutig ablesen.

Es gilt also:

> In einem abgeschlossenen Vielteilchensystem, das sich nicht im Gleichgewichtszustand befindet, ist die Richtung des Zeitablaufes (der Zeitpfeil) eindeutig festgelegt. Spätere Zeiten bedeuten größere Entropie.

Bemerkung:

Zur Erinnerung: Wir können den Anfangszustand (alle Gasteilchen in der linken Hälfte) natürlich wieder erreichen, indem wir einen Kolben von rechts nach links bewegen. Dazu müssen wir aber Kompressionsarbeit leisten, die wir irgendeinem anderen System gemäß dem 1. Hauptsatz entziehen. Der 2. Hauptsatz verlangt dann, daß dieser Prozeß nur abläuft, wenn die Gesamtentropie, die die Summe der Entropien des komprimierten Systems und des komprimierenden Systems ist, zunimmt. Nur beide Systeme zusammen bilden ja ein abgeschlossenes System. Und hier ließe sich der Zeitpfeil wieder feststellen.

Unser Weltall ist thermodynamisch nicht im Gleichgewicht, wir können also frühere und spätere Zeiten erkennen. Falls aber das Weltall den Gleichgewichtszustand erreicht, wäre seine Entropie maximal und Zeitabläufe würden ihren Sinn verlieren. Dies ist unter dem Schlagwort *Wärmetod der Welt* populär geworden.

Bemerkung:

In diesem Zusammenhang erhebt sich aber eine andere interessante Frage: Die gängigste Theorie der Evolution des Weltalls geht vom expandierenden All, das mit dem Urknall begonnen hat, aus. Die allgemeine Relativität erlaubt das sogenannte *geschlossene All*. In diesem Fall wird das Weltall sich nur bis zu einem Grenzwert expandieren und dann wieder komprimieren. Ob das Weltall „offen" (nur Expansion) oder „geschlossen" ist, wird durch die Gesamtmasse im All bestimmt. Diese kennen wir nicht so genau. Das hängt eng zusammen mit der Frage nach der Existenz von *dunkler Materie*, d.h. Materie, die durch elektromagnetische Strahlung nicht zu detektieren ist. Eine Möglichkeit ist die große Anzahl von Neutrinos im All. Bisher ist nicht bekannt, ob diese eine Ruhemasse besitzen. Gegenwärtige Abschätzungen bringen uns in den Bereich des Grenzwertes, beide Lösungen scheinen möglich. Wenn das Weltall komprimiert, bedeutet das Zeitumkehr gegenüber dem gegenwärtigen Standpunkt? Muß dann der 2. Hauptsatz lauten, daß ein abgeschlossenes System den Zustand minimaler Entropie (vom heutigen Standpunkt aus) zustrebt? Einen eindeutigen Zeitpfeil müssen wir ja auch dann fordern, da sich das Weltall ändert. Dies sind physikalisch-philosophische Fragen, die wir nicht weiter verfolgen, aber kurz anschneiden wollten[4].

14.3 Spin-Entropie und adiabatische Entmagnetisierung

Wir hatten bisher als Koordinaten, die den Phasenraum aufspannen, nur die Orts- und Impulskoordinaten betrachtet. Dies ist für das ideale Gas auch angebracht. Im realen System können aber auch ganz andere „Koordinaten" eine Rolle spielen, und der Phasenraum nimmt dann eine andere Gestalt an. Ein Beispiel sind Substanzen, in denen die Atome ein magnetisches Moment tragen, d.h. deren Gesamtdrehimpuls $\vec{J} \neq 0$ ist, also *Paramagnete*. Das System der magnetischen Momente (man spricht allgemein von einem *Spinsystem*, gleichgültig ob $\vec{S}$ allein oder $\vec{J} = \vec{L} + \vec{S}$ die Ursache des Moments ist) bildet ein thermodynamisches Teilsystem, dessen Entropie bei der Berechnung der Gesamtentropie zu berücksichtigen ist. Dies gilt speziell in Gegenwart magnetischer Felder.

Paramagnet

Betrachten wir einen einfachen Fall. Die Momente seien reine Spinmomente mit der zugehörigen Spinquantenzahl $s = 1/2$. Dann sind nur zwei Einstellungen des Momentes im Feld möglich, entweder in Feldrichtung (+) oder gegen Feldrichtung (−). Der Zustand maximaler Spinentropie ist $N_+ = N_- = N/2$ bei N Teilchen im System. Dies ist der Gleichgewichtszustand, der sich für einen freien Paramagneten (d.h. einem Paramagneten, bei dem wir keine Wechselwirkung zwischen den Momenten zulassen, was eine Idealisierung darstellt) in Abwesenheit eines Feldes einstellt. Die Substanz zeigt dann keine Magnetisierung. Ist dagegen $N_+ > N_-$ (oder umgekehrt), so liegt Erniedrigung der Spinentropie vor. Dies kann aber nur durch Arbeitsleistung, die ein angelegtes Feld aufzubringen hat, erreicht werden. Minimale Entropie liegt vor, wenn $N_+ = N$ und $N_- = 0$ (für ein positives magnetisches Moment) erreicht ist. Dies ist die *Sättigungsmagnetisierung* eines Paramagneten im starken äußeren Feld.

Gleichgewichtszustand des Spinsystems

Die Entropieänderung eines Paramagneten mit angelegtem Feld kann zur Kühlung bei sehr tiefen Temperaturen ausgenutzt werden. Das Verfahren der

---

[4] Im Literaturverzeichnis sind einige Fachbücher angegeben.

Verfahren der
adiabatischen
Entmagnetisierung

adiabatischen Entmagnetisierung sei qualitativ kurz erläutert. Bild 14.4 zeigt
die prinzipielle Temperaturabhängigkeit der Spinentropie eines paramagnetischen Salzes für verschiedene angelegte Felder $\vec{B}_a$. Entsprechend den oben
gemachten Überlegungen wird die Entropie im Feld grundsätzlich niedriger
sein, als diejenige ohne Feld. Der 3. Hauptsatz verlangt, daß in allen Fällen
die Entropie für $T \rightarrow 0$ verschwindet. Wir nehmen an, daß wir uns bereits
bei so tiefen Temperaturen befinden, daß nur noch das Spinsystem Freiheitsgrade der Entropie besitzt. Die Substanz sei anfänglich feldfrei am Punkt
1 von Bild 14.4 und habe die Entropie S_i. Nun legt man isotherm, d.h. bei
bestehender thermischer Ankopplung an ein Bad mit der Temperatur T_i, ein
Magnetfeld $\vec{B}_a$ an und erreicht so Punkt 2 im S-T-Diagramm, wobei die
Entropie nun $S_f < S_i$ ist. Jetzt wird das paramagnetische Salz vom Bad getrennt. Dies verlangt einen Wärmeschalter. Er kann etwa durch Abpumpen
eines Gasvolumens, das den Wärmeaustausch Salz-Bad bewirkt, realisiert
werden oder durch Öffnen einer mechanischen Verbindung.

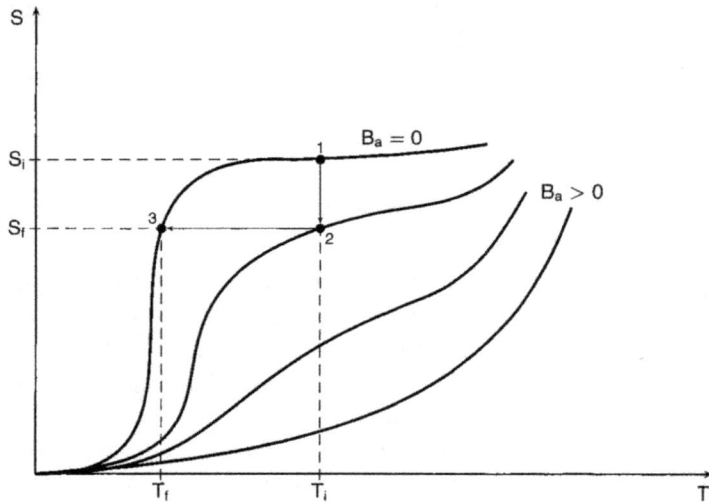

Bild 14.4: Entropie des Spinsystems eines paramagnetischen Salzes bei tiefen Temperaturen
für verschiedene angelegte Magnetfelder $\vec{B}_a$ (Schematisch). Die Entropie nimmt mit steigenden Feld ab.

Supraleitender
Wärmeschalter

Bemerkung:

Heutzutage werden gerne supraleitende Wärmeschalter benutzt. Im normalleitenden
Zustand ist die Wärmeleitung gut, im supraleitenden Zustand nahezu Null. Es muß
also T_i niedriger als die supraleitende kritische Temperatur des Schaltermaterials
sein. Man wählt einen Supraleiter 1. Art, dann genügt bereits ein schwaches Magnetfeld, um die Supraleitung zu unterdrücken. Die supraleitende Drahtverbindung

zwischen Bad und Salz ist von einer kleinen Spule umgeben. Deren Magnetfeld schaltet den Wärmeschalter.

Das Feld wird langsam (reversible Prozeßführung) abgeschaltet. Da kein Wärmeaustausch mit der Umgebung stattfindet, handelt es sich um einen adiabatischen Vorgang bei dem definitionsgemäß $\Delta S = 0$ ist. Das System bewegt sich horizontal im S-T-Diagramm und erreicht Punkt 3 auf der $S(T)$-Kurve für $\vec{B}_a = 0$ mit $T_f < T_i$. Es wurde also Kühlung erreicht. Ein in der Praxis gerne verwendetes paramagnetisches Salz ist Cer-Magnesium-Nitrat ($2Ce(NO_3)_2 \cdot 3Mg(NO_3)_2 \cdot 24H_2O$), mit dem sich ausgehend von ca. 300 mK Temperaturen von einigen mK erzielen lassen.

Bemerkung:

Die Wahl eines Salzes mit so komplizierter Formel begründet sich wie folgt. Das magnetische Moment sitzt am Cer. Die anderen Konstituenten tragen keine Momente. Dies bedeutet, daß die paramagnetischen Momente sehr weit voneinander getrennt sind, also nur schwach (über Dipol-Dipol- Wechselwirkung) miteinander verkoppelt sind. Sinkt nämlich die thermische Energie $k_B T$ unter die Kopplungsenergie der Momente, so richten sich die Momente spontan (im Falle der Dipol-Dipol-Wechselwirkung antiparallel) aus. Dabei sinkt die reine Spinentropie ab (es muß also woanders Entropieerhöhung eingetreten sein), und das magnetische Kühlverfahren ist nicht mehr realisierbar. Für das genannte Salz liegt die Ordnungstemperatur etwa um ein mK.

Die zu kühlende Probensubstanz ist thermisch leitend (z.B. durch Kupferdrähte) mit der magnetischen Salzpille verbunden. Letztere ist thermisch isoliert (z.B. an Nylonfäden), in einem Vakuumgefäß innerhalb eines ^{4}He-Kryostaten aufgehängt. Das Vakuumgefäß befindet sich außerdem in der Bohrung einer supraleitenden Magnetspule. Oberhalb des Vakuumgefäßes mit der Salzpille befindet sich ein ^{3}He-Bad unter vermindertem Druck, das eine Temperatur von etwa 0,3 K besitzt. Der Wärmekontakt zwischen dem ^{3}He-Bad und der Salzpille wird mittels des erwähnten Wärmeschalters realisiert. Die Kühlleistung einer solchen adiabatisch entmagnetisierten Salzpille ist gering und wird daher nur zur Abkühlung von Probensubstanzen geringer Masse verwendet. Nachteilig ist außerdem, daß mit dieser Methode kein geschlossener Kühlkreislauf möglich ist. Das langsame Abschalten des Feldes hat offenbar auch einen technischen Aspekt. Würde man das Feld schnell ändern, so entstünden Wirbelströme in den Kupferdrähten, die den Wärmekontakt zwischen Salz und Probe bewerkstelligen. Aufheizung wäre die Folge.

Der Entmagnetisierungskryostat ist gegenüber dem ^{3}He/^{4}He Entmischer, der kontinuierlich arbeitet, in den Hintergrund geraten. Bei richtiger Wahl des Salzes erlaubt er aber tiefere Endtemperaturen. Man kann insbesondere die magnetischen Momente von Kernen zur adiabatischen Entmagnetisierung benutzen. Da die Momente drei Größenordnungen kleiner sind, ist auch ihre Kopplung viel schwächer. Endtemperaturen im nK Bereich sind erreicht worden. Als Substanz wird gerne Cu benutzt. Kleine Momente bedeuten aber auch geringe Kühlleistung. Man muß von mK aus starten. In diesem Zusammenhang werfen sich eine Reihe von Problemen auf, auf die wir hier nicht eingehen können. Wir erwähnen, daß zunächst nur das Spinsystem gekühlt wird. Die Frage des Wärmeübertrags zum gesamten Teilchensystem ist prekär (Kernspin-Gitter Relaxation, siehe auch Kap. 8). Ebenso die Frage, wie man derartig tiefe Temperaturen verläßlich bestimmen kann.

14.4 Die Maxwellsche Geschwindigkeitverteilung

Wir haben stets von der Prämisse Gebrauch gemacht, daß die Teilchen des idealen Gases eine rein statistische Verteilung von Geschwindigkeiten besitzen, aber die entsprechende Verteilungsfunktion explizit nicht angegeben. In Physik I hatten wir aus ganz allgemeinen Überlegungen die mittlere kinetische Energie abgeleitet. Gebrauch gemacht wurde hauptsächlich von der Forderung, daß die Geschwindigkeiten isotrop verteilt sein müssen, wenn auf das Gas keine äußeren Kräfte einwirken. Da kinetische Energie der einzig mögliche Energieinhalt des (einatomigen) idealen Gases ist, fanden wir pro Teilchen

$$\bar{u} = \frac{1}{2}m\bar{v}^2 = \frac{3}{2}k_{\mathrm{B}}T. \tag{14.22}$$

Damit können wir natürlich das mittlere Geschwindigkeitsquadrat berechnen, kennen aber nicht die Verteilung der Geschwindigkeiten im Einzelnen. Das wollen wir nun nachholen. Gemäß den Überlegungen von Abschnitt 12.4 können wir schreiben:

$$\bar{u} = \frac{m}{2} \int v^2 f(\vec{v}) \, \mathrm{d}^3 v, \tag{14.23}$$

wenn $f(\vec{v})$ die Verteilungsfunktion der (vektoriellen) Geschwindigkeiten ist und $\mathrm{d}^3 v = \mathrm{d}v_x \cdot \mathrm{d}v_y \cdot \mathrm{d}v_z$. Es ist sinnvoll, die Situation im Geschwindigkeitsraum zu betrachten, der durch v_x, v_y, v_z aufgespannt wird. Dieser Raum muß isotrop sein, was bedeutet, daß sich alle Teilchen mit der Geschwindigkeit $|\vec{v}| = v$ auf einer Kugeloberfläche vom Radius v um den Ursprung befinden (Bild 14.5). Die Gesamtzahl der Teilchen sei N. Der Bruchteil der Teilchen mit *Geschwindigkeitsvektoren* zwischen $\vec{v}$ und $\vec{v} + \mathrm{d}\vec{v}$ ist definiert durch

$$\mathrm{d}n(\vec{v}) = N f(\vec{v}) \, \mathrm{d}^3 v. \tag{14.24}$$

Andererseits ersehen wir aus Bild 14.5, daß der Bruchteil der Teilchen mit *Geschwindigkeitsbeträgen* zwischen v und $v + \mathrm{d}v$ gegeben ist durch das

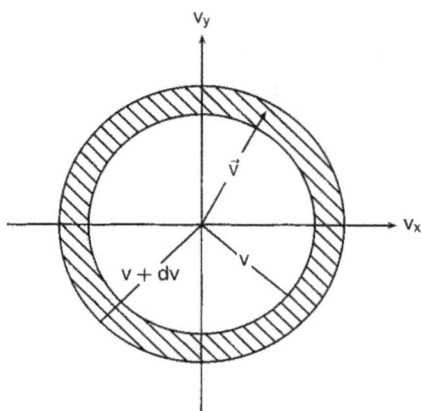

Bild 14.5: Ein Schnitt durch den Geschwindigkeitsraum in der v_x, v_y-Ebene. Das schraffiert gezeichnete Volumen enthält alle Teilchen, deren Geschwindigkeiten in einem Bereich $v < |\vec{v}| < v + \mathrm{d}v$ liegen.

Volumen V' der Kugelschale mit innerem und äußerem Radius v und $v + \mathrm{d}v$. Somit folgt aus (14.24):

$$\mathrm{d}n(v) = N \int_{V'} f(\vec{v}) \mathrm{d}^3 v = N \cdot 4\pi v^2 f(v) \mathrm{d}v. \tag{14.25}$$

Es genügt die *Verteilungsfunktion der Geschwindigkeitsbeträge* zu kennen. Diese können wir aber mit unserer Kenntnis der Phasenraumdichte des Gleichgewichtszustandes (wie üblich diskutieren wir nur Systeme im thermischen Gleichgewicht) sofort angeben. Analog zu (14.25) ergibt sich aus der Isotropie der Geschwindigkeiten, daß die Teilchen mit Geschwindigkeiten zwischen v und $v + \mathrm{d}v$ im *Impulsraum* in dem Kugelschalenvolumen $4\pi(mv)^2 \mathrm{d}(mv)$ liegen. Im Phasenraumvolumen $\mathrm{d}\Gamma = 4\pi(mv)^2 \mathrm{d}(mv) \mathrm{d}x \mathrm{d}y \mathrm{d}z$ ist die Zahl der Teilchen dann:

$$\mathrm{d}n(x, y, z, mv) = \\ D_{\mathrm{G}}(x, y, z, mv) \cdot 4\pi \cdot m^2 v^2 \mathrm{d}(mv) \mathrm{d}x \mathrm{d}y \mathrm{d}z. \tag{14.26}$$

Die Dichte im Ortsraum allein ist N/V, somit:

$$\mathrm{d}n(mv) = D_{\mathrm{G}}(mv) \cdot N \cdot 4\pi \cdot m^2 v^2 \mathrm{d}(mv). \tag{14.27}$$

Nun drücken wir D_{G} mittels des Boltzmannfaktors aus und benutzen noch die Normalisierungskonstante der Impulsraumdichte entsprechend der Ableitung von (13.11). Dies liefert

$$\boxed{\frac{\mathrm{d}n(v)}{\mathrm{d}v} = 4\pi v^2 N \left(\frac{m}{2\pi k_{\mathrm{B}} T}\right)^{3/2} \exp\left(-\frac{mv^2}{2 k_{\mathrm{B}} T}\right)} \tag{14.28}$$

Das ist die *Maxwellsche Geschwindigkeitsverteilung*. Sie gibt die Zahl der Teilchen mit Geschwindigkeits**beträgen** im Intervall dv um v an. Die Verteilungsfunktion (14.28) ist in Bild 14.6 dargestellt. Sie ist wegen des Vorfaktors, der v^2 enthält, keine Normalverteilung, sondern zeigt einen ausgeprägten asymmetrischen Verlauf mit einem langen Schwanz hin zu hohen Geschwindigkeiten.

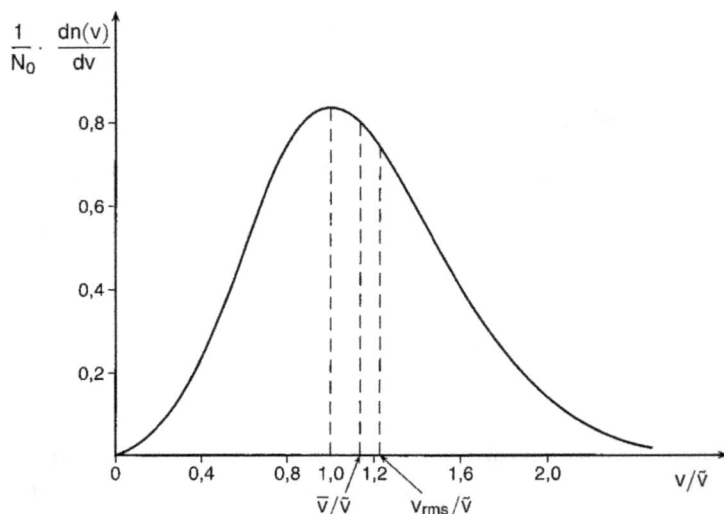

Bild 14.6: Maxwellsche Geschwindigkeitsverteilung als Funktion der Geschwindigkeit in Einheiten der wahrscheinlichsten Geschwindigkeit $\tilde{v}$ (14.32). Eingezeichnet sind ebenfalls die mittlere Geschwindigkeit $\bar{v}$ (14.34) und die Wurzel aus dem mittleren Geschwindigkeitsquadrat v_{rms} (=„root mean square") (14.36).

Bemerkung:

Die Maxwellsche Geschwindigkeitsverteilung läßt sich experimentell überprüfen. Dazu bestimmt man die Anzahl der Teilchen d$n(v)$ pro Geschwindigkeitsintervall dv, die aus einer kleinen Austrittsöffnung eines Atomstrahlofens in das Vakuum strömen. Die Öffnung muß notwendigerweise klein sein, damit die ausströmenden Teilchen den Gleichgewichtszustand innerhalb des Ofenvolumens nicht stören. Das Prinzip der Meßanordnung zeigt Bild 14.7. Die Arbeitsweise des Atomstrahlofens wurde bereits anläßlich der Rabi-Methode (Abschnitt 8.3) beschrieben. Aus der Öffnung des Ofens treten diejenigen Teilchen im Zeitintervall dt aus, die innerhalb des Volumens

$$\mathrm{d}V = A \cdot v \cdot \Omega \cdot \mathrm{d}t \tag{14.29}$$

liegen. Dabei ist Ω der Raumwinkel des ausgeblendeten Strahles. Der Strahl soll eng entlang der Achse der Apparatur kollimiert sein. Die Querschnittsfläche der

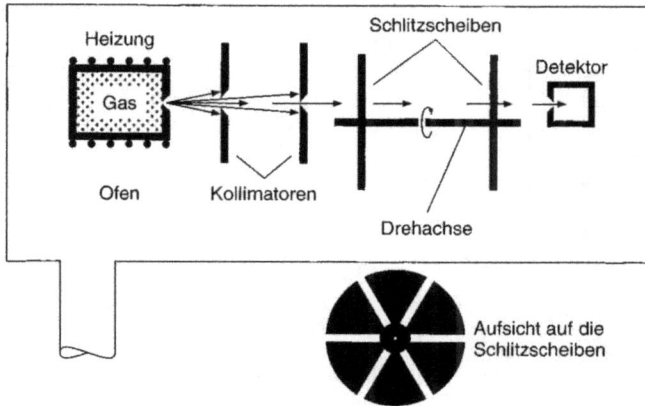

Bild 14.7: Einfacher mechanischer Geschwindigkeitsselektor zur Messung der Geschwindigkeitsverteilung von Gasmolekülen.

Austrittsöffnung ist A. Der Atomstrahl durchläuft dann einen mechanischen Geschwindigkeitsselektor in axialer Richtung. In seiner einfachsten Form besteht dieser aus zwei gleichartigen Scheiben mit radialen Schlitzen an der Peripherie, die fest auf eine gemeinsame Drehachse montiert sind. Bei fester Drehfrequenz können Teilchen, die durch einen Schlitz der ersten Scheibe gelangt sind, den Detektor nur dann erreichen, wenn ihre Geschwindigkeit gerade so groß ist, daß ihre Laufzeit zwischen den beiden Scheiben gleich der Zeit ist, die der nächste Schlitz[5] der zweiten Scheibe benötigt, um in die Position zu gelangen, die den Weg zum Detektor freigibt. Eine Messung der Zählrate (Teilchen/Zeiteinheit) im Detektor als Funktion der Drehfrequenz gibt daher ein direktes Abbild der Geschwindigkeitsverteilung der den Ofen verlassenden Teilchen. Eine solche Meßkurve zeigt Bild 14.8.

Für die vom Detektor nachgewiesene Zählrate gilt unter Benutzung von (14.29) und nach Umrechnung der Drehfrequenz in Teilchengeschwindigkeiten (Apparatekonstante D):

$$\mathrm{d}Z(v) = D \cdot N \cdot A \cdot \Omega \cdot v \cdot 4\pi v^2 \cdot f(v)\,\mathrm{d}v. \tag{14.30}$$

An die Datenpunkte von Bild 14.8 läßt sich die eingezeichnete Kurve anpassen, die einer Verteilungsfunktion $f(v)$ der Form

$$f(v) = C \cdot \exp\left(-\frac{m \cdot v^2}{2k_\mathrm{B}T}\right) \tag{14.31}$$

entspricht. Das ist die Maxwellsche Geschwindigkeitsverteilung.

---

[5] Oder einer der nächsten Schlitze; dieser Einfluß sei aber der Einfachheit halber hier vernachlässigt; er kann durch die Verwendung einer größeren Zahl von Scheiben unterdrückt werden.

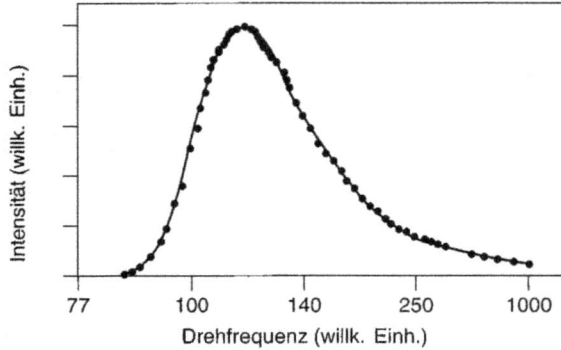

Bild 14.8: Experimentell bestimmte Geschwindigkeitsverteilung von Kalium-Dampf bei 430 K. Die ausgezogene Kurve ist, wie im Text besprochen, an die Datenpunkte angepaßt und stellt die Maxwellsche Geschwindigkeitsverteilung dar. (Nach Marcus und McFee, siehe C. Kittel und H. Krömer, *Physik der Wärme*, Oldenbourg, München 1999).

Mittels der Verteilungsfunktion (14.28) lassen sich folgende wichtige Größen definieren.

1. Die *wahrscheinlichste Geschwindigkeit* $\tilde{v}$ der Teilchen. Sie ist gleich der Lage des Maximums von $\mathrm{d}n(v)/\mathrm{d}v$. Die Rechnung ergibt:

$$\tilde{v} = \sqrt{\frac{2k_\mathrm{B} \cdot T}{m}} \qquad (14.32)$$

2. Die *mittlere Geschwindigkeit* $\bar{v}$ der Teilchen ist:

$$\bar{v} = \frac{1}{N} \int_0^\infty v \, \mathrm{d}n(v). \qquad (14.33)$$

Setzt man (14.28) ein, so erhält man nach längerer Rechnung[6]:

$$\bar{v} = \sqrt{\frac{8k_\mathrm{B}T}{\pi m}} \approx 1{,}13 \cdot \tilde{v} \qquad (14.34)$$

3. Für die Berechnung der mittleren kinetischen Energie der Teilchen wird das *mittlere Geschwindigkeitsquadrat* benötigt.

$$\overline{v^2} = \frac{1}{N} \int_0^\infty v^2 \, \mathrm{d}n(v) = \frac{3 \cdot k_\mathrm{B} \cdot T}{m} \qquad (14.35)$$

---

[6] F. Reif, *Physikalische Statistik und Physik der Wärme*, de Gruyter (1987).

Dies ist unser früheres Ergebnis. Die einfachen Überlegungen waren also richtig. In der Literatur wird gerne die Wurzel $\sqrt{\overline{v^2}} = v_{\mathrm{rms}}$ (engl.„root mean square") angegeben:

$$\boxed{v_{\mathrm{rms}} = \sqrt{\frac{3}{2}\frac{k_{\mathrm{B}}T}{m}} \approx 1{,}22 \cdot \tilde{v}} \qquad (14.36)$$

Wichtig ist, sich klar zu machen, daß die Geschwindigkeitsbeträge nicht um v_{rms} als maximal auftretenden Wert verteilt sind, und daß die Verteilung asymmetrisch ist, wodurch die wahrscheinlichste Geschwindigkeit $\tilde{v}$ kleiner als die mittlere Geschwindigkeit $\bar{v}$ und die rms-Geschwindigkeit ist. In Tabelle 14.1 sind die rms-Geschwindigkeiten der Teilchen (Atome oder Moleküle) einiger Gase für $T = 300$ K aufgelistet. Wie man sieht, liegt für Luft die Teilchengeschwindigkeit bei ca. 500 m/s, was grob der Schallgeschwindigkeit entspricht. Wir hatten schon erwähnt, daß dieser Zusammenhang eine brauchbare Abschätzung liefert.

Tabelle 14.1: Wurzel des mittleren Geschwindigkeitsquadrates für Gasteilchen bei 273 K.

Gas	v_{rms} in m/s
H_2	1840
He	1310
H_2O	620
Ne	580
N_2	490
O_2	460
Ar	430
Kr	286
Xe	227
Hg	185
freies Elektronengas[a]	110.000

[a] Die Leitungselektronen in einem Metall lassen sich als ideales Gas nähern. Allerdings muß beachtet werden, daß Quanteneigenschaften eine dominierende Rolle spielen.

Die Verteilung der Geschwindigkeitsbeträge ist, wie gesagt, keine Normalverteilung. Berechnet man aber die Verteilung einer bestimmten Geschwindigkeitskomponente v_i, so findet man eine um $v_i = 0$ zentrierte Normalverteilung (Bild 14.9):

Verteilung einer Geschwindigkeitskomponente

$$\frac{\mathrm{d}n(v_i)}{\mathrm{d}v_i} = N\left(\frac{m}{2\pi k_{\mathrm{B}}T}\right)^{1/2} \exp\left(-\frac{mv_i^2}{2k_{\mathrm{B}}T}\right) \quad \text{mit } i = x, y, z. \qquad (14.37)$$

Es ist klar, daß aufgrund der Isotropie des Geschwindigkeitsraumes $dn(v_i)$ eine symmetrische Funktion sein muß. Der Mittelwert muß $v_i = 0$ sein, denn sonst würde sich das Gas makroskopisch bewegen. Wir hatten aber den kräftefreien Fall vorausgesetzt. Die Standardabweichung der Verteilung der Geschwindigkeitskomponenten ist

$$\sigma = 2\sqrt{\frac{k_B T}{m}}. \tag{14.38}$$

Die Halbwertsbreite ist dann $\Delta = 1{,}175 \cdot \sigma$.

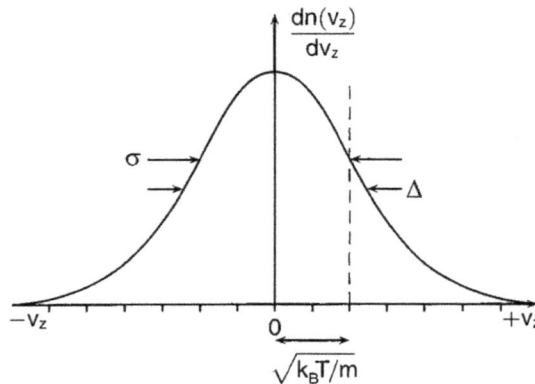

Bild 14.9: Verteilungsfunktion $dn(v_z)/dv_z$ von Gasteilchen bezüglich ihrer Geschwindigkeitskomponente v_z. Die Geschwindigkeiten sind in Einheiten von $(k_B T/m)^{1/2}$ angegeben. Für v_x und v_y gilt dieselbe Verteilung.

In Abschnitt 3.5 wurde erwähnt, daß die gaußförmige Verteilung der Geschwindigkeitskomponenten über den Dopplereffekt die reale Breite der Spektrallinien bestimmt (Dopplerverbreiterung).

Die beiden Verteilungsfunktionen, Verteilung der Geschwindigkeitsbeträge gemäß Bild 14.6 und der Geschwindigkeitskomponenten gemäß Bild 14.9, sind typisch für alle rein statistisch verteilten Vektorgrößen. Sie finden sich daher in einer Reihe von anderen Gebieten der Physik wieder.

Bemerkung:

Wir kommen noch einmal auf die Maxwellsche Geschwindigkeitsverteilung (Verteilung der Geschwindigkeitsbeträge) zurück. Aufgrund der langen Schwänze der Verteilung, gibt es immer einzelne Teilchen, die eine Potentialbarriere $U_b \gg (1/2)m\bar{v^2}$ überwinden können (ohne Tunneleffekt!). Ein Beispiel ist die in Physik I bereits erwähnte *Richardson-Gleichung*, die die Emission von Elektronen aus einer Metalloberfläche beschreibt. Die Ladungselektronen werden (wie schon in Tabelle 14.1) als freies Elektronengas aufgefaßt. Die Potentialbarriere ist die

Richardson-Gleichung

Austrittsarbeit. Für die Stromdichte der emittierten Elektronen läßt sich aus der Maxwellverteilung das Resultat ableiten[7]

$$j = \frac{4\pi e m}{h^3} k_B^2 T^2 \exp\left(-\frac{W}{k_B T}\right).$$ (14.39)

Dabei ist W eine mit der Austrittsarbeit verknüpfte Materialkonstante. Die Richardson-Gleichung (14.39) ist nicht direkt die Maxwellverteilung, denn die Potentialbarriere schneidet ja die langsamen Elektronen ab. Charakteristisch ist das Auftreten des Exponentialfaktors, der die Form des Boltzmannfaktors hat, was nach dem gesagten auch sofort verständlich ist. Wichtig ist, daß die emittierten Elektronen (*Glühemission*) nicht monochromatisch sind. Ihr Spektrum zeigt Bild 14.10. Analoges gilt für den Dampfdruck (siehe Physik I), der exponentiell von der Temperatur abhängt. Die Barriere ist die Oberflächenenergie E_{fl} der Flüssigkeit, die von einzelnen Teilchen selbst bei $k_B T < E_{fl}$ überwunden werden kann.

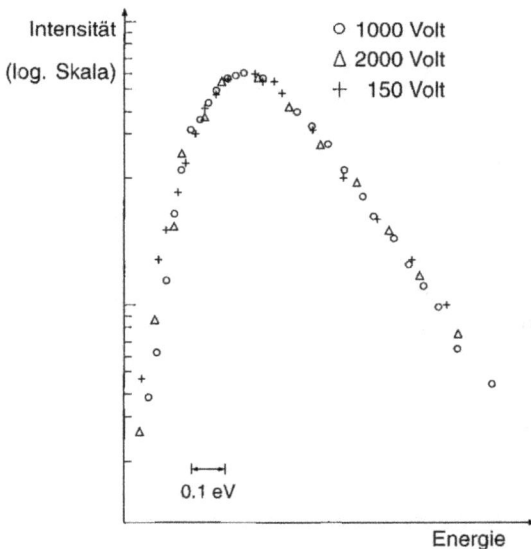

Bild 14.10: Energieverteilung der von einem einkristallinen (111-Richtung) Wolframdraht bei 2000 K thermisch emittierten Elektronen. Die Messung erfolgte bei Anodenspannungen von 150, 1000 und 2000 Volt. Die Intensitätsskala ist logarithmisch!
Nach: W.B. Nottingham in *Handbuch der Physik*, Bd XXI, S. Flügge (Hrsg.), Heidelberg, Springer 1956.

---

[7] Einzelheiten siehe z.B. R. Becker, *Theorie der Wärme*, §53,2, Springer, Heidelberg 1955.

14.5 Thermischer Ausgleich (Thermalisierung)

Zwei thermodynamische Systeme befinden sich getrennt jeweils im Gleichgewichtszustand. Wir vereinigen die beiden Systeme, dann wird sich nach
der Relaxationszeit τ_R der Gleichgewichtszustand des Gesamtsystems einstellen. Es soll nun die mittlere Energie $\bar{u}$ pro Teilchen, die sich nach
Kombination der beiden Systeme einstellt, berechnet werden. Der Energie-
austausch zwischen den Teilchen soll allein durch elastische Stöße erfolgen
(ideales Gas). Die Geschwindigkeiten zweier unterschiedlicher Teilchen i
und k im Schwerpunktsystem sind:

$$(\vec{v}_i)_s = \vec{v}_i - \vec{v}_s \quad \text{und} \quad (\vec{v}_k)_s = \vec{v}_k - \vec{v}_s, \tag{14.40}$$
$$\text{wobei} \quad \vec{v}_s = (m_i \vec{v}_i + m_k \vec{v}_k)/(m_i + m_k).$$

$\vec{v}_s$ ist die Geschwindigkeit des Schwerpunktes der beiden Teilchen. Für den
elastischen Stoß gilt:

$$\vec{v}_s{}' = \vec{v}_s; \quad \left| (\vec{v}_i)'_s \right| = \left| (\vec{v}_i)_s \right|; \quad \left| (\vec{v}_k)'_s \right| = \left| (\vec{v}_k)_s \right|. \tag{14.41}$$

Die gestrichenen Größen gelten nach dem Stoß. Die Änderung der kinetischen Energie vom Teilchen i durch den Stoß ist:

$$\delta u_i = u'_i - u_i = m_i \vec{v}_s \left((\vec{v}_i)'_s - (\vec{v}_i)_s \right). \tag{14.42}$$

Da für das gesamte System im Gleichgewichtszustand $\delta U = 0$, muß dann
auch δu_i für ein Teilchen im zeitlichen Mittel Null sein ($\langle \delta u_i \rangle = 0$). Dann
folgt aus (14.42):

$$\langle (\vec{v}_i)'_s \cdot \vec{v}_s \rangle = \langle (\vec{v}_i)_s \cdot \vec{v}_s \rangle = 0. \tag{14.43}$$

Umschreiben von (14.43) ins Laborsystem ergibt:

$$\left\langle \frac{m_k}{m_i + m_k} \cdot (\vec{v}_i - \vec{v}_k) \cdot \frac{m_i \cdot \vec{v}_i + m_k \cdot \vec{v}_k}{m_i + m_k} \right\rangle = 0$$

oder

$$\langle (\vec{v}_i - \vec{v}_k)(m_i \vec{v}_i + m_k \vec{v}_k) \rangle = 0$$

oder

$$\langle m_i \vec{v}_i^2 - m_k \vec{v}_k^2 + (m_k - m_i)(\vec{v}_i \vec{v}_k) \rangle = 0$$

$$\langle m_i \vec{v}_i^2 - m_k \vec{v}_k^2 \rangle + (m_k - m_i)\langle \vec{v}_i \vec{v}_k \rangle = 0. \tag{14.44}$$

Das System ist völlig isotrop, d.h. keine Richtung im Raum ist ausgezeichnet. Also sind v_i und v_k völlig unabhängig voneinander gleichmäßig über alle Raumrichtungen verteilt. Aus diesem Grund muß sein:

$$\langle \vec{v}_i \vec{v}_k \rangle = v_i v_k \langle \cos(\vec{v}_i, \vec{v}_k) \rangle = 0. \tag{14.45}$$

Dies eingesetzt in (14.44) ergibt:

$$\langle m_i v_i^2 \rangle = \langle m_k v_k^2 \rangle \tag{14.46}$$

oder

$$\overline{u}_i = \overline{u}_k = \overline{u}. \tag{14.47}$$

Es ist leicht einzusehen, daß dann auch die Bedingung $\langle (\vec{v}_i)'_s \cdot \vec{v}_s \rangle = 0$ erfüllt ist. Der Gleichgewichtszustand hat sich eingestellt, wenn die mittlere Energie pro Teilchen für beliebige Teilchen i und k denselben Wert erreicht hat. Im Mittel wird dann bei den Stößen keine Energie übertragen. Es ist wichtig festzuhalten:

Im Gleichgewichtszustand besitzt die mittlere kinetische Energie, und nicht etwa die mittlere Geschwindigkeit für verschiedene Teilchensorten eines Systems, denselben Wert.

So besitzen z.B. in Luft, bei festgehaltener Temperatur, die Stickstoff- und Sauerstoffmoleküle nicht genau dieselbe mittlere Geschwindigkeit, da ihre Massen leicht unterschiedlich sind. Es ist (14.46) anzuwenden (siehe auch Tabelle 14.1).

Die anfänglich gemachte Bedingung, daß die beiden Systeme schon vor der Vereinigung für sich im Gleichgewicht stehen, ist nicht von Bedeutung. Wichtig ist nur, daß das vereinigte System den Gleichgewichtszustand erreicht hat. Häufig kommt es vor, daß ein System zunächst nicht im Gleichgewicht ist und dann an ein Gleichgewichtssystem mit sehr großer Wärmekapazität (auch thermisches Bad genannt) angekoppelt wird. Die beiden Systeme erreichen dann den Gleichgewichtszustandes des Bades, da die Ankopplung eine vernachlässigbare Störung darstellt. Man spricht von der *Thermalisierung* des an das Bad gekoppelten Systems.   *Thermisches Bad*

Hierzu ein wichtiges Beispiel: *Die Moderation von Spaltungsneutronen.* Bei der durch Einfang eines Neutrons ausgelösten Spaltung des $^{235}_{92}$U Kernes (siehe Abschnitt 18.9) werden im Mittel 2,5 neue Neutronen erzeugt. Diese besitzen (kinetische) Energien im MeV Bereich, wie in Bild 14.11 gezeigt. In einem kontinuierlich betriebenen Kernreaktor (sei es als Forschungsreaktor oder Kraftwerksreaktor) wird eines dieser Spaltneutronen benötigt,   *Moderation von Spaltneutronen* um erneut die Kernspaltung von ^{235}U auszulösen. Die Wahrscheinlichkeit der neutroneninduzierten Spaltung von ^{235}U steigt rasch an mit sinkender Neutronenenergie. Es ist daher nötig, die Spaltneutronen abzubremsen. Dies geschieht, indem man sie in ein auf Zimmertemperatur befindliches Medium, den Moderator, einlaufen läßt, das den Reaktorkern mit den ^{235}U enthaltenden Brennstäben umgibt. Bild 14.12 zeigt schematisch den Aufbau des Reaktors. Im Moderator werden die Neutronen durch elastische Stöße mit den Atomen des Moderators nach dem gerade diskutierten Prinzip thermalisiert. Die Neutronen erreichen so eine mittlere kinetische Energie gleich der thermischen Energie (üblicherweise bei $T \approx 300$ K). Das Spektrum dieser thermischen Neutronen ist ebenfalls in Bild 14.11 gezeigt. Es ist (bis auf kleine Abweichungen, die wir hier vernachlässigen) die Maxwell-Verteilung für ein ideales Gas aus Neutronen.

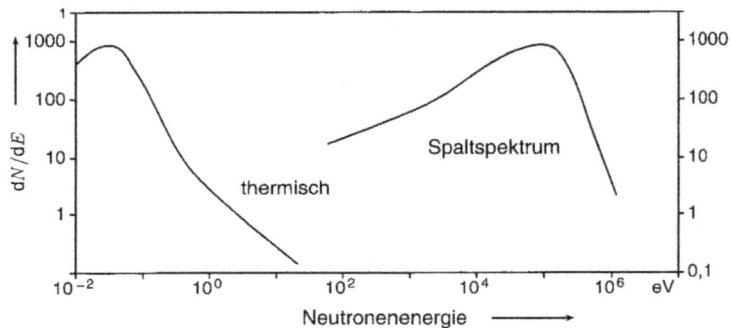

Bild 14.11: Spektrum der Spaltneutronen und thermisches Spektrum moderierter Neutronen.

Bemerkung:

Man möchte natürlich den Moderationsprozeß möglichst schnell durchführen. Dies bedeutet, daß pro Stoß ein möglichst großer Energiebetrag übertragen werden soll. Die günstigste Bedingung ist bekanntlich, daß die Massen der beiden stoßenden Teilchen gleich sind, was bedeutet, daß Wasserstoff der beste Moderator ist. Wasserstoffgas besitzt eine zu geringe Dichte. Die nächstgünstige Lösung wäre Wasser (H_2O). Normaler Wasserstoff hat aber generell den Nachteil, daß er ebenfalls Neutronen einfangen kann und schweren Wasserstoff bildet ($^1_1H + ^1_0n = ^2_1D$). Es ist daher vorteilhaft (aber teurer), zur Moderation D_2O zu verwenden, wenngleich auch der Energieübertrag pro Stoß etwas ungünstiger wird. Eine andere Möglichkeit ist reiner Kohlenstoff (Graphit). Der erste von FERMI gebaute Reaktor besaß einen Graphitmoderator. Die Abbremsung der Neutronen auf thermische Energien, um die Spaltung aufrecht zu erhalten, ist nicht der einzige Gesichtspunkt für Moderation. Wie Bild 14.12 andeutet, werden in Forschungsreaktoren die moderierten Neutronen aus dem Reaktor für Forschungszwecke über Strahlrohre abgezogen.

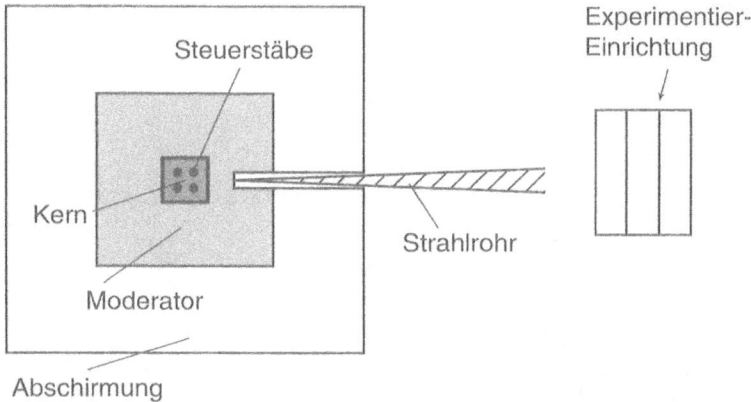

Bild 14.12: Schema eines Forschungsreaktors.

Thermische Neutronen besitzen im Mittel eine de Broglie-Wellenlänge von etwa 2 Å. Sie eignen sich also gut für Untersuchungen von Kristallstrukturen etc. Da das Neutron ein magnetisches Moment besitzt (obwohl es elektrisch neutral ist, siehe Abschnitt 16.1), eignet sich die elastische Neutronenstreuung besonders gut zur Untersuchung magnetischer Strukturen[8]. Zur Anwendung kommt die Bragg-Reflexion. Die thermischen Neutronen besitzen ein breit verteiltes Spektrum (Bild 14.11). Für Bragg-Reflexion benötigt man jedoch monochromatische Neutronen. Die Monochromatisierung erfolgt entweder durch vorangegangene Bragg-Reflexion an einem bekannten Kristall oder aber durch einen mechanischen Geschwindigkeitsselektor gemäß dem in Bild 14.7 gezeigten Prinzip (siehe auch Abschnitt 8.4). Mit thermisch moderierten Neutronen läßt sich so der Wellenlängenbereich von 1–2 Å überstreichen. Für die Untersuchung von Makromolekülen benötigt man entsprechend größere Wellenlängen. Man muß dann einen Moderator bei tiefen Temperaturen (etwa flüssiges Deuterium, ca. 10 K) benutzen (kalte Quelle). Andere Anwendungen verlangen energiereichere Neutronen. Dann ist ein heißer Moderator, z.B. Graphit bei 2000 K angezeigt (heiße Quelle). In Bild 14.13 zeigen wir die Strahlrohranordnung eines modernen Forschungsreaktor mit thermischen Moderator (D_2O), kalter Quelle und heißer Quelle. Es ist auch möglich Neutronen zu einer getrennten und daher sehr untergrundfreien Halle mit sogenannten Neutronenleiter zu transportieren. Ausgenutzt wird analog zum Lichtleiter die Totalreflexion. Wie Röntgenstrahlen besitzen auch Neutronen im Wellenbild einen Brechungsindex etwas kleiner als eins. Man kann Spiegel entsprechend dem Wolters Teleskop bauen.

---

[8] Einzelheiten finden sich in Lehrbüchern der Festkörperphysik.

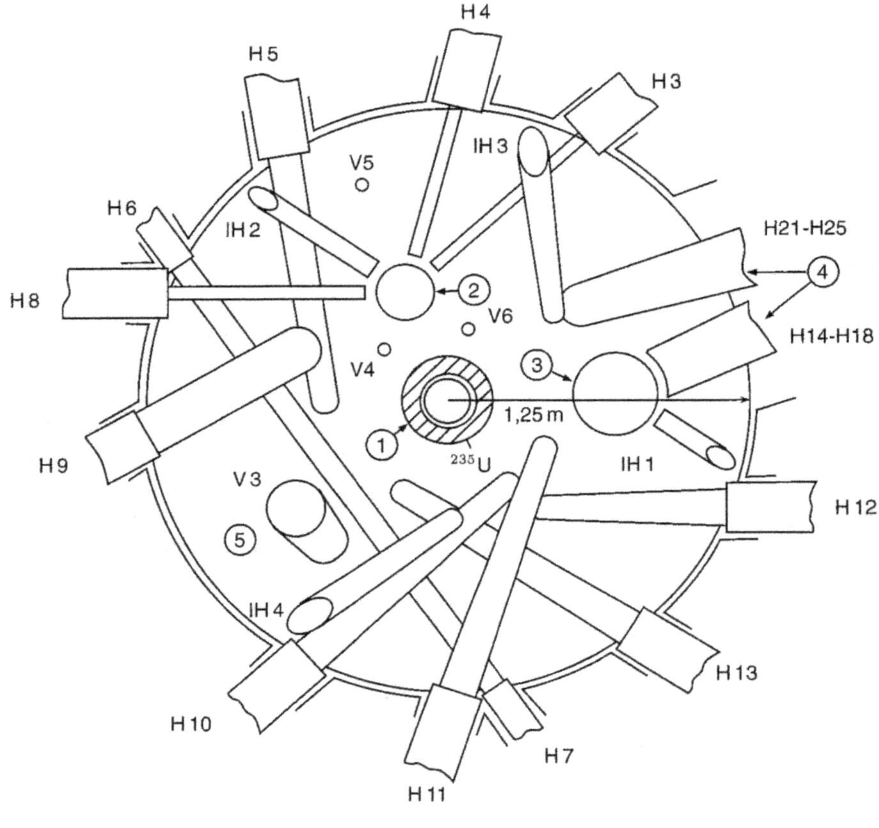

Bild 14.13: Horizontalschnitt durch Reaktor mit Kern und Moderator.
1) Brennelement, 2) heiße Quelle, 3) kalte Quelle, 4) Anschluß Neutronenleiter, 5) D$_2$O Tank;
H= horizontale Strahlrohre, V= vertikale Strahlrohre, IH= geneigte Strahlrohre. Der gezeigte
Reaktor ist der Europäische Hochflußreaktor in Grenoble, Frankreich (ILL).

15 Quantenstatistik

15.1 Grundlagen

Wir wollen uns nun ansehen, in wie weit der Formalismus der statistischen Wärmephysik abgeändert werden muß, wenn wir statt bisher klassischen Teilchen (eigentlich harte Kugeln) nun Quantenteilchen betrachten, was in der Realität ja gegeben ist.

Der Mikrozustand eines Quantensystems läßt sich besser beschreiben, indem man (statt der $6N$ Orts- und Impulskoordinaten des klassischen Systems) den Satz der Werte der zulässigen Quantenzahlen für jedes Teilchen angibt.

Quantenzahlen beschreiben den Mikrozustand

Nehmen wir an, es gäbe R Quantenzahlen, dann ist der Zustand eines jeden Teilchens durch den Wertesatz

$$g_1, g_2 \cdots g_R$$

seiner Quantenzahlen bestimmt, und die Kenntnis des Mikrozustandes verlangt hier die Kenntnis der Zahlen:

$$g_{11} \cdots g_{R1}, g_{12} \cdots g_{R2}, \ldots, g_{1N} \cdots g_{RN}.$$

Der durch $g_1 \ldots g_R$ aufgespannte Phasenraum ist automatisch in Zellen eingeteilt, da die Koordinatenwerte (Quantenzahlen) diskontinuierlich sind. Somit ist das Zellenvolumen Γ im Phasenraum festgelegt und damit auch die Werte von W und S. Selbst bei kontinuierlichen (oder quasi-kontinuierlichen) Quantenzahlen (freie Teilchen) gilt ja immer die Heisenbergunschärfe $\Delta x_i \cdot \Delta p_i \approx \hbar$. Es ist dann sinnvoll das Phasenraumvolumen auf $\hbar^3$ festzulegen. Somit:

Das Phasenraum-volumen eines Zelle ist $\hbar^3$

Für Quantenteilchen kann die Entropiekonstante bestimmt werden.

Das Grundpostulat (siehe S. 245) muß sinngemäß nun lauten:

Grundpostulat der Quantenstatistik

Ein abgeschlossenes System von Quantenteilchen nimmt jeden seiner möglichen Quantenzustände mit gleicher Wahrscheinlichkeit ein.

Damit können wir nun wie vorher vorgehen, um die Verteilungen $D_m(a)$ und ihre Wahrscheinlichkeiten W_m zu berechnen. Dabei müssen allerdings zwei spezielle Quanteneigenschaften berücksichtigt werden:

Ununterscheidbarkeit

1. Die Teilchen sind ununterscheidbar. Im Gegensatz zum klassischen System ändert der Austausch zweier Teilchen zwischen zwei verschiedenen Zellen den Mikrozustand nicht.

Pauli-Verbot für Fermionen

2. Für Fermionen (aber nicht Bosonen) muß das Pauli-Verbot beachtet werden. Das bedeutet, jede Phasenraumzelle darf nur mit einem einzigen Fermion besetzt werden. Andernfalls gäbe es zwei Teilchen mit exakt gleichen Satz von Quantenzahlen $g_1, ...g_R$, was verboten ist.

Es wird sich also nicht nur wegen der Ununterscheidbarkeit die Verteilungsfunktion zwischen klassischen Teilchen und Quantenteilchen ändern, sondern wir müssen zusätzlich noch zwischen Bosonen und Fermionen unterscheiden, da nur bei den letzteren das Pauli-Verbot zum Tragen kommt.

15.2 Verteilungsfunktionen

Auf eine Ableitung der Verteilungsfunktionen sei hier verzichtet. Es soll genügen, das Endergebnis anzugeben und die Unterschiede zum klassischen Verhalten aufzudecken. Zunächst einmal sei daran erinnert, daß ganz allgemein die Teilchendichte im Phasenraum für die Gleichgewichtsverteilung gegeben ist durch:

$$D_G = C \cdot f(E, T), \tag{15.1}$$

wobei C die Normierungskonstante und f die entsprechende Verteilungsfunktion ist. Für das ideale Gas ist C in (13.11) angegeben. Die Verteilungsfunktion selbst ist wiederum nur von der gesamten Energie E des Teilchens in einer Phasenraumzelle (der für das klassische System benutzte Index a für die Phasenraumzellen sei hier fallengelassen) und von der Temperatur abhängig.

Klassische Teilchen

Es muß die schon früher behandelte *Maxwell-Boltzmann-Verteilung* benutzt werden:

$$\boxed{f_{\text{MB}}(E, T) = \frac{1}{\exp((E - \mu)/k_\text{B}T)}}$$ **Verteilungsfunktion von Maxwell-Boltzmann** $\tag{15.2}$

Der Unterschied zu der in (13.8) gegebenen Definition von f_{MB} besteht in der Einführung der Konstante μ, die als *chemisches Potential* bezeichnet wird. Für das ideale Gas ist das chemische Potential gleich Null.

Bemerkung:

Das chemische Potential ist eine charakteristische Stoffkonstante der Thermodynamik, die für jeden Stoff in jeder Zustandsform eindeutig definiert ist. Z.B. beschreibt das chemische Potential den Beitrag zur inneren Energie eines realen Systems, der von der spezifischen Teilchenart, aus denen das System aufgebaut ist, abhängt. In realen Gasen ist im Gegensatz zum idealen Gas die innere Energie nicht allein eine Funktion der Temperatur. Sie ändert sich, wenn im Gleichgewichtszustand Teilchen der Sorte 1 durch Teilchen der Sorte 2 ersetzt werden, in jeder anderen Hinsicht das System aber als abgeschlossen angesehen werden kann. Dieser Beitrag zur inneren Energie bei einem System aus zwei verschiedenen Teilchen ist gegeben durch die Forderung, daß im Gleichgewicht das chemische Potential in System überall gleich groß sein muß:

Chemisches Potential

$$\Delta U = \mu_1 \cdot \Delta N_1 + \mu_2 \cdot \Delta N_2. \tag{15.3}$$

Für das ideale Gas ist dann μ per definitionem Null.

Bosonen

Es muß die *Bose-Einstein Verteilung* benutzt werden. Sie lautet:

$$\boxed{f_{BE}(E,T) = \frac{1}{\exp((E-\mu)/k_B T) - 1}} \quad \textbf{Verteilungsfunktion von Bose-Einstein} \tag{15.4}$$

Für Quantenteilchen ist μ nicht beliebig wählbar. Für Bosonen ist

$$\boxed{\mu \leq 0} \quad \textbf{chemisches Potential für Bosonen} \tag{15.5}$$

Die wichtigsten Teilchen, die der Bose-Einstein-Statistik unterliegen, sind die *Photonen*. Für sie gilt:

$$\boxed{\mu = 0} \quad \textbf{chemisches Potential des Photons} \tag{15.6}$$

Fermionen

Es muß die *Fermi-Dirac-Verteilung* benutzt werden. Sie lautet:

$$\boxed{f_{FD}(E,T) = \frac{1}{\exp((E-\mu)/k_B T) + 1}} \quad \textbf{Verteilungsfunktion von Fermi-Dirac} \tag{15.7}$$

Für das chemische Potential gilt hier:

$\boxed{\mu > 0}$ **chemisches Potential für Fermionen**   (15.8)

Die wichtigsten Teilchen, auf die die Fermi-Dirac-Statistik anzuwenden ist, sind Elektronen.

Bild 15.1 zeigt die grafische Darstellung der drei Verteilungsfunktionen.

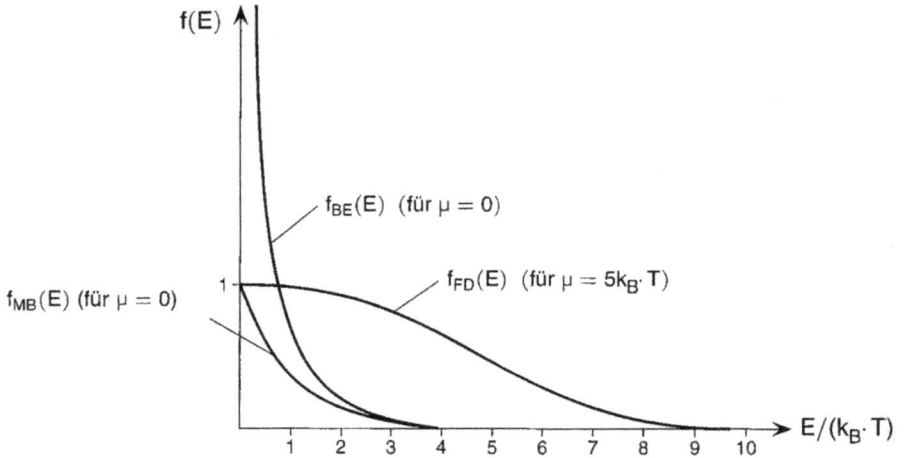

Bild 15.1: Die Maxwell-Boltzmann (f_{MB}), die Bose-Einstein (f_{BE}) und die Fermi-Dirac (f_{FD}) Verteilungsfunktionen in Abhängigkeit von der Energie bei $T \approx 2300\,\text{K}$ (d.h. $k_B T \approx 0,2\,\text{eV}$). Für f_{BE} und f_{MB} ist $\mu = 0$ gesetzt, für f_{FD} wurde $\mu = 5 \cdot k_B T$ gewählt.

15.3 Zustandsdichte

Unabhängig davon, welche Verteilung angewendet wird, gilt für die Zahl der Teilchen pro Energieintervall

$$\frac{\mathrm{d}n}{\mathrm{d}E} = \mathcal{D}(E) \cdot f(E, T). \tag{15.9}$$

Dabei gibt $\mathcal{D}(E)$ die Zahl der möglichen (also im System vorhandenen) Energiezustände an[1]. Man bezeichnet dies auch als die *Zustandsdichte* (density of states). Dabei muß $\mathcal{D}(E)$ so normiert sein, daß

$$\int_0^\infty \mathcal{D}(E) f(E, T)\,\mathrm{d}E = N. \tag{15.10}$$

---

[1] Wir benutzen $\mathcal{D}$, um Verwechslungen mit der Phasenraumdichte D auszuschließen.

N ist die Gesamtzahl der Teilchen im System ist. Die Verteilungsfunktion gibt also an, welcher Bruchteil der möglichen Zustände bei gegebener Temperatur tatsächlich besetzt ist.

Wir betrachten kurz den Fall des idealen Gases. Zunächst beachten wir, daß sich die Verteilungsfunktionen $f(E,T)$ auf den Phasenraum beziehen. Für die klassischen Teilchen des idealen Gases ist f_{MB} maßgebend, und der Phasenraum ist der Orts-Impulsraum. Wir müssen also erst auf den Energieraum (wie seinerzeit bei der Maxwell-Verteilung auf den Geschwindigkeitsraum) transformieren. Mit $E = E_{kin} = p^2/(2m)$ ergibt sich:

$$dn(E,T) = dn(p,T) = N \frac{f_{MB}\, d^3p}{\int_0^\infty f_{MB}\, d^3p}. \tag{15.11}$$

Das Integral im Nenner ist die Normierung. Wir setzen einfach $C_0 = 1/\int_0^\infty f_{MB} d^3p$. Wie man durch Differentiation leicht verifiziert ist

$$dE = d\left(\frac{p^2}{2m}\right) = \frac{p}{m}dp = \sqrt{\frac{2E}{m}}\, dp. \tag{15.12}$$

Aus der Isotropie des Impulsraums folgt:

$$d^3p = 4\pi p^2\, dp. \tag{15.13}$$

Dies in (15.11) eingesetzt liefert:

$$dn(E,T) = C_0 N \cdot f_{MB} \cdot 4\pi \cdot 2mE \sqrt{\frac{m}{2E}}\, dE, \tag{15.14}$$

$$\frac{dn(E,T)}{dE} = \text{const} \cdot f_{MB} \cdot \sqrt{E}. \tag{15.15}$$

Vergleich mit (15.9) liefert das wichtige Ergebnis:

Zustandsdichte des idealen Gases

$$\boxed{\mathcal{D}(E) \propto \sqrt{E}} \tag{15.16}$$

für die Zustandsdichte des idealen Gases. Allgemein erhält man $\mathcal{D}(E)$ als die Ableitung des Phasenvolumens nach der Energie. Implizit ist dieser Schritt in (15.12) durchgeführt.

Bei gut getrennten diskreten Energieeigenwerten, wie sie in Quantensystemen oft zu finden sind, läßt sich die Situation vereinfachen. Wir fragen dann

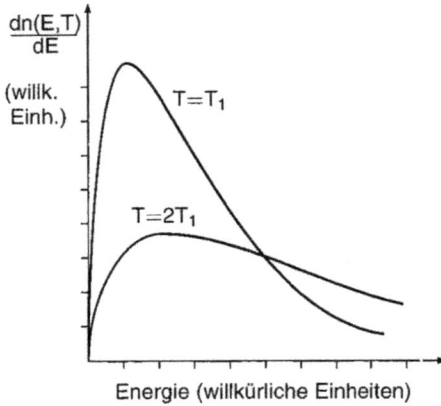

Bild 15.2: Anzahl der Teilchen $dn(E, T)$ pro Energieintervall dE als Funktion der Energie E bei zwei verschiedenen Temperaturen T ($T \neq 0$ K) für ein ideales Gas aus klassischen Teilchen (Maxwell-Boltzmann-Verteilung).

nur nach der Zahl der Teilchen $n(E_i)$, die den Energieeigenwert E_i besitzen. Dies führt auf:

$$n(E_i, T) = N \frac{f(E_i, T)}{\sum_i f(E_i, T)}, \qquad (15.17)$$

wobei f die entsprechende Verteilungsfunktion ist.

Im allgemeinen werden $n(E_i, T)$ und $\Delta n(E, T)/\Delta E$ keine ganzen Zahlen sein. Man muß sich erinnern, daß dies streng genommen mittlere Besetzungszahlen sind. Um ein Beispiel zu nennen, die Angabe $n(E_i) = 3{,}5$, bedeutet, daß bei N Atomen der Zustand E_i für $N/2$ Atome mit 3 Elektronen und für $N/2$ Atome mit 4 Elektronen besetzt ist (Scharmittel). Oder wenn ein einzelnes Atom betrachtet wird, daß sich zur einen Hälfte der Zeit 3 Elektronen in E_i befinden, zur anderen Hälfte 4 Elektronen (Zeitmittel).

15.4 Beispiele für Anwendung der Verteilungsfunktionen

Maxwell-Boltzmann-Verteilung

Die Hauptanwendung ist die Berechnung der Eigenschaften des klassischen idealen Gases. Schon besprochene Beispiele waren die barometrische Höhenformel und die Geschwindigkeitsverteilung. Aber auch bei der Diskussion des NMR-Verfahrens hatten wir die relative Besetzung zweier Energiezustände E_1, E_2 durch

$$\frac{n(E_2)}{n(E_1)} = \exp\left(-\frac{E_2 - E_1}{k_B T}\right) \qquad (15.18)$$

ausgedrückt, was aus (15.17) folgt, wenn wir f_{MB} benutzen. Dabei handelte es sich aber um Protonen (oder andere Atomkerne), also sicher nicht um klassische Teilchen. Hätten wir nicht f_{BE} oder f_{FD} benutzen müssen, je nachdem ob der Kern ganz- oder halbzahligen Spin besitzt? Zunächst sehen wir sofort, daß

$$f_{MB} \approx f_{BE} \approx f_{FD} \qquad (15.19)$$

ist, falls

$$\exp\left(\frac{E - \mu}{k_B T}\right) \gg 1 \qquad (15.20)$$

ist. In diesem Fall sind nur wenige Teilchen bei festem $k_B T$ in einem höheren Energiezustand, und begrenzende Bedingungen wie das Pauli-Verbot kommen nicht zum Tragen. In den erwähnten Fällen war in der Tat stets $N_{\text{angeregt}} \ll N_{\text{Grund}}$. *Die Maxwell-Boltzmann-Verteilung ist auf verdünnte Quantensysteme anwendbar*

Der klassische Grenzfall ist generell gültig für sehr *verdünnte Quantensysteme*. In einem solchen Fall sind nur wenige Phasenraumzellen besetzt und diese fast ausnahmslos nur mit einem Teilchen. Bei der Berechnung von W über die Vertauschungsmöglichkeiten spielt dann die Ununterscheidbarkeit und das Pauli-Verbot keine Rolle. Letzteres da wir sowieso nur 1 Teilchen/Zelle haben, ersteres da Vertauschung fast stets bedeutet, daß das Teilchen in eine vorher nicht besetzte Zelle gelangen. Die Bedingung für diese Näherung ist $\mathcal{D}_G(E = 0) \ll 1/\hbar^3$. Wir sehen also, daß unter bestimmten Voraussetzungen die Maxwell-Boltzmann-Verteilung durchaus auf Quantensysteme anwendbar ist. Dies macht sie nach wie vor zur wichtigsten Verteilungsfunktion.

Fermi-Dirac-Verteilung (Freies Elektronengas)

Das einfachste System ist stets das ideale Gas. Gibt es das ideale Fermi-Gas? Das bekannteste Fermion ist das Elektron. In der Tat lassen sich die Leitungselektronen eines einfachen Metalls in guter Näherung als ein ideales Fermi-Gas beschrieben. Das Modell des „freien Elektronengases" wird in den Lehrbüchern der Festkörperphysik ausführlich behandelt. Wir wollen hier nur zeigen, welche grundlegenden Folgen sich für die Besetzung der Energiezustände aus der Tatsache ergeben, daß wir f_{FD} anwenden müssen. *Fermi-Gas*

Natrium-Metall (Na) ist ein gutes Beispiel. Wie wir wissen, besitzt Na ein Elektron außerhalb der Edelgasschale, welches leicht abgegeben werden kann. Die so gelieferten Elektronen sind im Na-Kristall frei beweglich, können aber den Kristall selbst nicht verlassen, da an den Kristallgrenzen die Potentialschwelle der Austrittsarbeit steht. Wir haben es also mit Elektronen in einem Potentialkasten zu tun. Aus Physik III sind uns die Energieeigenwerte der Teilchen bekannt: $E_n = \text{const} \cdot n^2/a^2$, wenn a die Kastenlänge (eindimensionaler Fall) ist. Da der Kasten makroskopische Dimensionen hat, gilt $a \rightarrow \infty$, und die Energiewerte liegen sehr eng. Sie bilden ein Quasikontinuum. Wir vernachlässigen Kräfte zwischen den Elektronen und ebenso zwischen den Elektronen und den Na$^+$ Ionenrümpfen. Dies ist die

Freies
Elektronengas

Näherung eines *freien* Elektronengases. Die Energiezustände des Quasikontinuums seien E_i. Da wir Fermionen mit $s = 1/2$ haben, kann jeder Zustand E_i nur mit zwei Leitungselektronen (Spinentartung) besetzt werden. Andererseits haben wir größenordnungsmäßig $N \approx 10^{20}$ Elektronen im Kasten. Dies hat zur Folge, daß bei $T = 0$ K gilt:

$$n(E_i, 0) = \begin{cases} 2 \text{ für } i \leq N/2 \\ 0 \text{ für } i > N/2. \end{cases} \tag{15.21}$$

In einem Fermigas aus N Teilchen mit m-facher Spinentartung sind bei $T = 0$ K die ersten N/m Zustände alle besetzt. Darüber sind alle Zustände unbesetzt. Die Energie des letzten besetzten Zustandes bezeichnet man als die Fermienergie E_F.

Die Besetzungszahl $n(E_i)$ zeigt bei $T = 0$ einen rechteckigen Verlauf mit E_F als Abbruchkante (Fermikante).

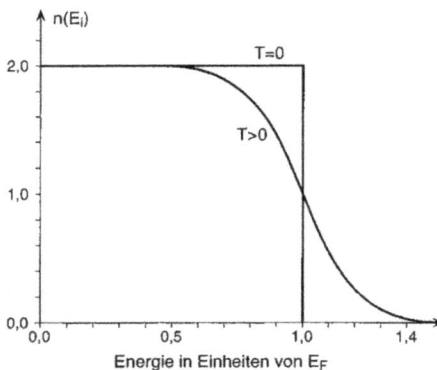

Bild 15.3: Besetzungszahl $n(E_i)$ als Funktion der Energiewerte E_i (in Einheiten der Fermienergie E_F) für ein freies Elektronengas bei $T = 0$ K und $0 \ll k_B T \ll E_F$ (Fermi-Dirac-Verteilungsfunktion für ein System mit zweifach entarteten Energiewerten). Die Energiewerte E_i liegen so dicht, daß sie ein Quasikontinuum bilden, und die Verteilungsfunktion einen stetigen Verlauf zeigt.

Ein Vergleich mit (15.17) zeigt für $f = f_{FD}$ und im Grenzübergang $T \rightarrow 0$ K, daß für das freie Elektronengas sein muß:

$$\mu = E_F. \tag{15.22}$$

Da immer $N > 0$, ist auch $\mu = E_F > 0$ wie gefordert.

Für die Berechnung der Zahl der Elektronen pro Energieintervall gilt:

$$\frac{n(E)}{\mathrm{d}E} = \mathcal{D}(E) \cdot f_{\mathrm{FD}}(E), \tag{15.23}$$

wobei wir das Ergebnis des idealen Gases $\mathcal{D}(E) = \mathrm{const} \cdot \sqrt{E}$ benutzen. Dies ist in Bild 15.4 gezeigt. Es ist wichtig, sich den Unterschied zwischen Bild 15.3 und Bild 15.4 klar zu machen. Im ersten Fall ist nur angegeben, welche der möglichen Energiezustände besetzt sind. Im zweiten Fall ist mit berücksichtig, wieviele solche Energiezustände pro Einheitsenergieinterval existieren.

Aus der Bedingung

$$\int_0^{E_{\mathrm{F}}} \mathcal{D}(E) \cdot f_{\mathrm{FD}}(E, 0)\, \mathrm{d}E = N \tag{15.24}$$

läßt sich E_{F} berechnen. Wir geben nur das Resultat an:

$$E_{\mathrm{F}} = \frac{\hbar^2}{2m_{\mathrm{e}}} \left[3\pi^2 \frac{N}{V} \right]^{2/3}. \tag{15.25}$$

Einsetzen typischer Zahlenwerte liefert Werte von E_{F} um einige eV und für die sogenannte *Fermitemperatur* $T_{\mathrm{F}} = E_{\mathrm{F}}/k_{\mathrm{B}}$ um $5 \cdot 10^4$ K. Tabelle 15.1 gibt einige charakteristische Zahlen. Es ist also stets

$$T_{\mathrm{F}} \gg T_{\mathrm{normal}}(300\,\mathrm{K}) \tag{15.26}$$

Was passiert nun für $T > 0$?

Wir können sicher die Bedingung $T_{\mathrm{F}} \gg T_{\mathrm{Umgebung}}$ nicht verlassen. (Bei $T_{\mathrm{Umgebung}} = T_{\mathrm{F}}$ hätten wir längst kein Metall mehr, sondern ein Plasma).

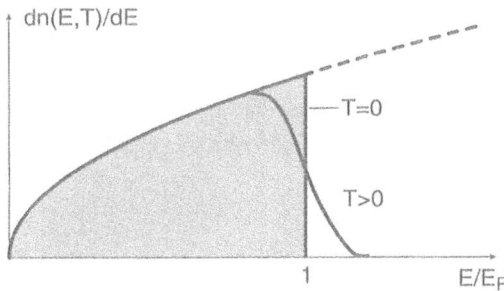

Bild 15.4: Anzahl der Teilchen $\mathrm{d}n(E, T)$ pro Energieintervall $\mathrm{d}E$ als Funktion der reduzierten Energie E/E_{F} für ein freies Elektronengas bei $T = 0$ K und $T > 0$ K, wobei $k_{\mathrm{B}}T \ll E_{\mathrm{F}}$.

Tabelle 15.1: Fermienergien und Fermitemperaturen einiger Metalle.

Metall	Fermienergie E_F [eV]	Fermitemperatur E_F/k_B [K]
Na	3,1	37000
K	2,1	24000
Cs	1,5	18000
Cu	7,0	82000
Au	5,5	64000

Dies bedeutet, daß nur im Bereich nahe T_F Elektronen angeregt werden, denn nur dort gibt es freie Zustände, die mit $E + \Delta E = E + k_B T$ erreicht werden können. Dies ist in Bild 15.5 veranschaulicht. Die Folge ist, daß der ursprünglich abrupte Abfall von $f_{FD}(E)$ bei $E = E_F$ (Fermikante) nun kontinuierlicher über einen Bereich $E_F \pm k_B T$ erfolgt („Aufweichen" der Fermikante für $T > 0$). Für nicht zu große Temperaturen gilt $E_F =$ const $\cdot (T)$, d.h. $f_{FD}(E)$ schneidet E_F bei $f_{FD}(E) = 1/2$. Eine derartige Verteilung ist in Bild 15.3 ebenfalls eingezeichnet und auch in Bild 15.4 berücksichtigt. Dieses Verhalten der Energieverteilung von Elektronen hat viele grundlegende Phänomene der Metallphysik zur Folge.

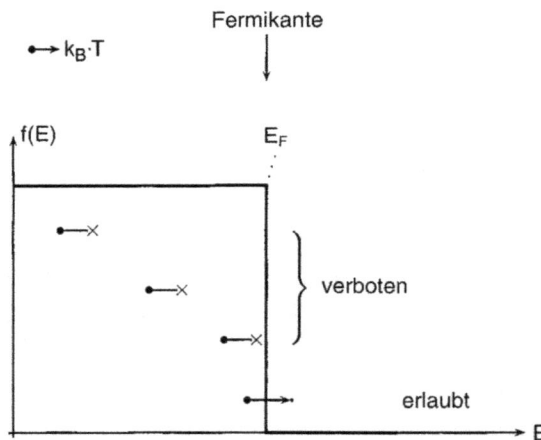

Bild 15.5: Verdeutlichung, daß bei einem Fermi-Gas für $T < T_F$ nur Teilchen aus dem Bereich $T_F - k_B T$ in den Bereich $T_F + k_B T$ gelangen können.

Bemerkung:

Als Beispiel wollen wir kurz die spezifische Wärme betrachten. Für Festkörper gilt für $T \geq 300\,K$ *die Regel von Dulong-Petit*:

Dulong-Petit-Regel

$$C_V = 3R \quad \text{(pro mol)}. \tag{15.27}$$

Dies folgt aus dem Gleichverteilungssatz (siehe Physik I). Wären die Leitungs-elektronen (LE) ein klassisches ideales (einatomiges) Gas (IG), dann müßte sein $C_{LE} = C_{IG} = 3/2R$ (pro mol) und es wäre: $C_{Metall} = 3R + 3/2R = 9/2R$, was aber nicht stimmt. Es gilt auch für Metalle das Gesetz von Dulong und Petit. Der Grund hierfür liegt in der Fermi-Statistik. Wir können nur einen kleinen Bruchteil, etwa T/T_F der Elektronen, nämlich die nahe der Fermikante, thermisch anregen. Somit

$$C_{LE} \approx R(T/T_F) \approx 0{,}01 \cdot R \quad \text{bei } T = 300\,\text{K}. \tag{15.28}$$

Man erkennt, daß die spezifische Wärme der Leitungselektronen linear mit T geht, aber extrem klein ist. Dies ist ein Beispiel dafür, daß die Quantenstatistik entscheidende Folgen auch in einer normalen Umgebung hat.

Bose-Einstein Verteilung (Photonengas)

Wir fragen nach dem idealen Bosonengas. Dies läßt sich in der Tat mit Photonen in einem auf die Temperatur T erhitzten Hohlraum realisieren. Die Berechnung eines freien Gases ist automatisch gegeben, denn zwischen Photonen wirken keine Kräfte. Wir erinnern uns, daß eine kleine Öffnung in einem solchen Hohlraum als *schwarzer Strahler* dient. Ist die Öffnung *Schwarzer Strahler* beliebig klein, so daß der Energieverlust durch entweichende Photonen vernachlässigbar ist, dann herrscht im Innern des Hohlraums thermisches Gleichgewicht. Nach dem Kirchhoffschen Satz emittiert jeder Wandteil soviele Photonen wie er gerade absorbiert. Als ideales Gas muß die PVT-Zustandsgleichung

$$\frac{PV}{T} = \text{const.} \tag{15.29}$$

erfüllt sein. Im Hohlraum sind T und V vorgegeben. Was ist P? Dies muß offenbar der *Strahlungsdruck* sein. Für das ideale Gas galt $P = 1/3\,Nm\overline{v^2} = 1/3\,\rho\overline{v^2}$, wenn ρ die Teilchendichte ist. Die Photonen besitzen Lichtgeschwindigkeit, also $P = 1/3\rho c^2$, wobei ρ die Photonendichte ist. Nach Einstein gilt für die Masse-Energie-Beziehung

$$U = \rho c^2. \tag{15.30}$$

Wir haben in der Tat ein ideales Photonengas. Nach unseren Überlegungen muß andererseits für die Gesamtenergie des Photonengases gelten

$$U(\nu, T) = \int_0^\infty \mathcal{D}(\nu) f_{BE}(E, T) E(\nu) \, d\nu, \tag{15.31}$$

also ist $dU/d\nu$ die Energiedichte pro Frequenzintervall, und $\mathcal{D}(\nu)$ sind die möglichen Energiezustände der Photonen im Hohlraum[2]. Es gilt $E = h\nu$, da es sich ja um (elektromagnetische) Schwingungszustände handelt. Wir haben dabei die Nullpunktenergie vernachlässigt. Für die Dichte der Photonenzustände ergibt sich

$$\frac{\mathcal{D}(\nu)}{d\nu} = \text{const} \cdot \nu^2. \tag{15.32}$$

Bemerkung:

Wir deuten die Herleitung kurz an. Der Hohlraum sei ein Würfel mit Kantenlänge L. Für die möglichen Schwingungsmoden (wir rechnen klassisch mit elektromagnetischen Wellen) gelten die Bedingungen ($i = x, y, z$):

$$n_i = \frac{\lambda_i}{2} = n_i \frac{\pi}{k_i} = L \qquad n_i = 0, 1, 2, 3, \dots \tag{15.33}$$

da nur solche stehende Wellen existieren können, für die die Kantenlänge ein Vielfaches der halben Wellenlänge ist. Die k_i sind die Komponente der möglichen Wellenvektoren $\vec{k}$ mit Betragsquadrat

$$k^2 = \left(\frac{\pi}{L}\right)^2 \sum n_i^2. \tag{15.34}$$

Dies bedeutet, daß für die Schwingungmoden erfüllt sein muß

$$k = n \frac{\pi}{L} \quad \text{mit } n = \sqrt{n_x^2 + n_y^2 + n_z^2}. \tag{15.35}$$

Dies entspricht weitgehend den Überlegungen, die wir für die Teilchenzustände im Potentialtopf gemacht haben. Wir benutzen wieder einen speziellen Phasenraum, diesmal den Raum, der durch die Zahlen n_x, n_y, n_z aufgespannt wird. (Beachten Sie übrigens, daß wegen (15.35) n selbst keine ganze Zahl ist (aber n_i)). Der Phasenraum ist isotrop, und wir können (analog zum Geschwindigkeitsraum) setzen

$$\frac{\mathcal{D}(n)}{dn} = \frac{1}{8} 4\pi n^2. \tag{15.36}$$

Der Faktor $1/8$ kommt zustande, da wir nur positive Werte für n_x, n_y, n_z zulassen dürfen, was das Volumen auf den ersten Oktanten der Kugelschale beschränkt.

Nun gilt $k = \omega/c$ und somit $n = (L/\pi)k = (2L/C)\nu$. Wir beachten weiter, daß wir für den Wellenvektor zwei Polarisationsrichtungen berücksichtigen müssen (es

---

[2] Wir benutzen hier ν statt ω um konsistent mit der Diskussion in Physik III zu sein.

können nur transversale elektromagnetische Wellen existieren), und daß $L^3 = V$ das Volumen des Hohlraumes ist. Alles eingesetzt liefert schließlich

$$\frac{\mathcal{D}(\nu)}{\mathrm{d}\nu} = 8\pi V \frac{\nu^2}{c_0^3} = \text{const} \cdot \nu^2, \tag{15.37}$$

wie schon angegeben.

Wir setzen (15.32) in (15.31) ein mit $E = h\nu$ und

$$f_{\mathrm{BE}} = \frac{1}{\exp\left(h\nu/k_{\mathrm{B}}T\right) - 1}, \tag{15.38}$$

da für Photonen $\mu = 0$ ist. Wir bilden die spektrale Strahlungsdichte

$$\rho_{\mathrm{p}} = \frac{1}{V}\frac{\mathrm{d}U}{\mathrm{d}\nu}, \tag{15.39}$$

und erhalten

$$\rho_{\mathrm{p}}(\nu, T) = 8\pi h \cdot \frac{\nu^3}{c^3} \cdot \frac{1}{\exp((h\nu/k_{\mathrm{B}}T) - 1)} \left[\frac{\mathrm{J}}{\mathrm{m}^3\,\mathrm{Hz}}\right]. \tag{15.40}$$

Dies ist die bekannte *Plancksche Strahlungsformel*. Sie wurde in Physik III bereits ausführlich diskutiert.

Bose-Einstein Kondensation

Der grundsätzliche Unterschied zwischen den Verteilungsfunktionen für Fermionen und Bosonen besteht in den Besetzungszahlen der erlaubten Energiezustände speziell für den Grenzfall $T \to 0\,\mathrm{K}$. Es ist bei N Teilchen

$$n(E, 0) = \begin{cases} \text{Fermionen:} \approx N \text{ Zustände sind besetzt} \\ \text{Bosonen:} \quad \text{Nur der unterste Zustand ist besetzt} \end{cases}$$

Für Bosonen ist es prinzipiell erlaubt, daß alle N Teilchen sich im niedrigsten Energiezustand befinden.

Anläßlich seiner Untersuchungen zum statistischen Verhalten von Bosonen machte EINSTEIN 1924 folgende Vorhersage:

Ein Gas aus nicht-wechselwirkenden Bosonen entwickelt unterhalb einer kritischen Temperatur (T_c^B) eine makroskopische Besetzung des niedrigsten quantenmechanischen Zustandes.

Das ist als *Bose-Einstein-Kondensation* (BEC) bekannt geworden. Ein nicht-wechselwirkendes Bosonengas hat als thermischen Energieinhalt nur kinetische Energie, die ja an sich nicht quantisiert ist. Der niedrigste Energiezustand wäre dann $v = 0$, allerdings ist für Quantenteilchen die Ortsunschärfe zu berücksichtigen, die dann immer noch eine gewisse Nullpunktverteilung von v bedingt. Als Maß für die Ortsunschärfe benutzt man die thermische Wellenlänge:

$$\lambda_{th} = \frac{2\pi\hbar}{\sqrt{2\pi m k_B T}},\qquad(15.41)$$

die aus der de Broglie-Beziehung für die thermische Geschwindigkeitsverteilung folgt. Es ist leicht einzusehen, daß zumindest qualitativ die Bedingung für das Eintreten der BEC sein muß

$$\lambda_{th} \geq \bar{d}\qquad(15.42)$$

ist, wenn $\bar{d}$ den mittleren Abstand zwischen den Bosonen darstellt. Auf die exakte Behandlung der BEC gehen wir nicht ein[3]. Die mehr präzise Bedingung für BEC ist, daß für die Phasenraumdichte gelten muß

$$D = \frac{N}{V}\lambda_{th}^3 > 2{,}612.\qquad(15.43)$$

Nun ist es aber schwierig, ein Gas aus nicht-wechselwirkenden bosonischen Teilchen herzustellen. Erst kürzlich ist es zwei Forschergruppen gelungen, die reine BEC für hochverdünnte Systeme (ca. $10^{14}\,\mathrm{cm}^{-3}$) von ^{87}Rb bzw. ^{23}Na Atomen zu beobachten. Obwohl unterschiedlich im Detail, gingen die beiden Gruppen ähnlich vor. Beide Alkali-Atome besitzen ganzzahligen atomaren Gesamtdrehimpuls $\vec{F} = \vec{I} + \vec{J}$. Zunächst werden die Atome (Gasdruck $\approx 10^{-11}$ mbar) optisch gekühlt[4]. Dies geschieht folgendermaßen: Ein Laserstrahl wird auf eine Frequenz leicht unterhalb der Resonanzlinie der Na- (bzw. Rb-) Atome (Kap. 8) abgestimmt. Für Atome, die mit höherer Geschwindigkeit auf die Lichtquelle zufliegen, ist die Absorptionsfrequenz so dopplerverschoben, daß Resonanzabsorption möglich ist. Dabei wird der Photonenimpuls auf das absorbierende Atom übertragen. Dieser ist dem Teilchenimpuls entgegengerichtet. Die schnellen Teilchen werden langsamer, das System kühlt ab. Durch Nachfahren der Laserfrequenz hin zur Absorptionsfrequenz für ruhende Teilchen wird das System auf ca. $200\,\mu$K abgekühlt. Durch optisches Pumpen werden die Atome in den $F = 2, m_F = 2$ Zustand gebracht. Die Atome sind dabei durch ein Magnetfeld eingesperrt. Etwa 10^9 Atome werden nun in eine Paul-Falle[5], wie sie Bild 15.6 zeigt,

Laserkühlung

---

[3] Sie findet sich z.B. in T. Fliessbach, *Statistische Physik*, Kap. 31, Spektrum Akademischer Verlag (1995).

[4] S. CHU, C. COHEN-TANNOUDJI, W.D. PHILLIPS, Nobelpreis 1997.

[5] WOLFGANG PAUL, Nobelpreis 1989.

überführt. Auch hier ist das begrenzende Potential magnetisch. Jedoch fällt
es im Zentrum des Feldes sehr rasch auf Null ab. Der dort herrschende hohe Feldgradient würde in einlaufenden Teilchen einen Spinflip verursachen.
Dies kehrt die Potentialwirkung um, die Teilchen würden aus der Falle gestoßen. Dies vermeidet der „optische Pfropfen". Ein zentraler Laserstrahl
von etwa einem μm Durchmesser (deutlich gegenüber der Resonanzfrequenz
verstimmt) erzeugt eine zentrale Potentialspitze wodurch zwei Potentialminima gebildet werden, die sich zum Festhalten der Teilchen eignen. Durch
die μm-Dimensionen der Falle steigt die Teilchendichte in den Bereich von
$10^{13} - 10^{14} \text{cm}^{-3}$. Die Phasenraumdichte ist aber noch weit unterhalb des
kritischen Wertes, das System muß weiter gekühlt werden. Dazu dient die
„HF-induzierte Verdampfung". Am oberen Rand des magnetischen Potentials (Bild 15.6) wird Radiofrequenz (bei Rb etwa 5 MHz) eingestrahlt.

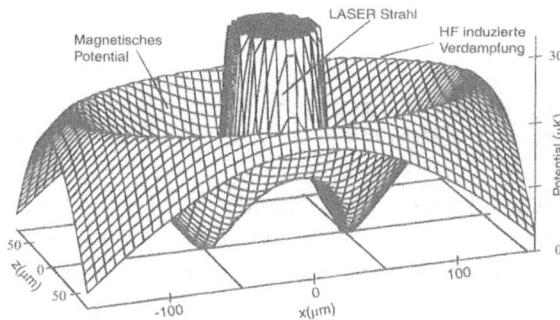

Bild 15.6: Potentialverlauf in der magnetischen Paul-Falle. Die Potentialspitze im Zentrum
wird durch einen Laserstrahl erzeugt („optischer Pfropfen"). Es existieren zwei voneinander
unabhängige Potentialminima, in denen die Teilchen gefangen werden.

Diese bewirkt einen Spinflip in den Atomen, und die Teilchen werden dadurch – wie schon gesagt – aus der Falle gestoßen. Sie „verdampfen"; die
Verdampfungskälte kühlt das System weiter ab. Durch Nachfahren der HF
werden die Atome unter 200 nK gekühlt. Bei $\approx$ 180 nK bildet sich der Bose-
Einstein-Zustand aus. Die Teilchendichte (optisch gemessen über die Stärke
der Resonanzabsorption) nimmt für kleine Teilchengeschwindigkeiten um
$v = 0$ plötzlich stark zu (Bild 15.7). Die Teilchengeschwindigkeiten werden durch Laufzeitmessungen bestimmt, indem das Potential der Paul-Falle
plötzlich abgeschaltet wird. Die Teilchen führen dann eine freie Fallbewe-
gung durch, deren Messung die Anfangswerte v_x und v_z liefert.

Die plötzliche Verdichtung der Zustände bei $v = 0$ ist charakteristisch für
einen Phasenübergang. Er liegt bei etwa 180 nK. Es ist also gelungen, für die
Alkaliatome, die mit $F = 2$ Bosonen sind, als extrem verdünntes Gas die
reine BEC zu erzielen. Wir haben dieses Experiment etwas ausführlicher

beschrieben (ohne dabei auf die vielfältigen technischen Probleme einzugehen), weil es ein besonders schönes Beispiel des Zusammenspiels
verschiedener Phänomene darstellt, die wir in diesem Grundkurs diskutiert
haben.

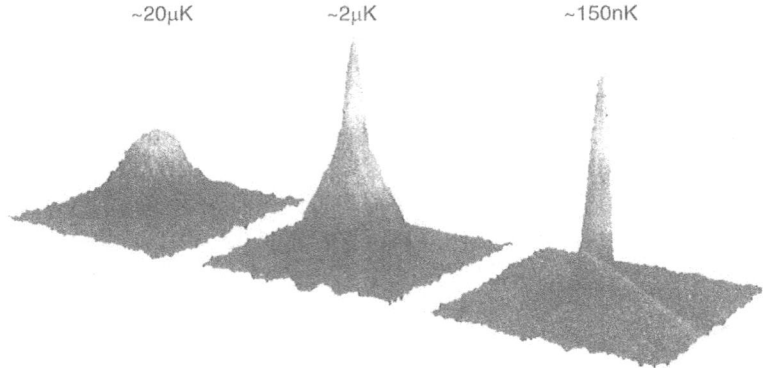

Bild 15.7: Geschwindigkeitsverteilung der Na-Atome in der Paul Falle. Nach oben ist die
Teilchendichte aufgetragen, in der Ebene die Geschwindigkeitskomponenten v_x und v_z.

Supraleitung

BEC steckt auch hinter dem λ-Übergang in ^{4}He zum suprafüssigen Zustand (siehe Physik I). Aber die Situation ist viel komplizierter, da es sich
um eine stark wechselwirkende Bose-Flüssigkeit handelt. Auch der supraleitende Übergang, der in vielen Metallen beobachtet wird, ist mit der BEC
eng verknüpft. Da es sich bei den Leitungselektronen aber um Fermionen handelt, muß erst ein bosonisches System geschaffen werden. Dies
geschieht durch Kopplung zweier Elektronen mit antiparalleler Spinorientierung (sog. Cooper-Paare mit $S = 0$). Allerdings handelt es sich nicht
einfach um eine Bindung benachbarter Elektronen. Einzelheiten werden in
der Festkörperphysik besprochen.

C GRUNDZÜGE DER PHYSIK DER KERNE UND TEILCHEN

16 Grundlagen

Wir wollen zum Abschluß noch einige grundsätzliche Eigenschaften des Atomkerns und der Teilchen, die ihn aufbauen, diskutieren. Dies wird nur ein grober, einführender Überblick – genauere Einzelheiten werden in den entsprechenden Kursvorlesungen in den kommenden Semestern präsentiert werden.

Zu Beginn wiederholen und ergänzen wir grundlegende Begriffe des Aufbaus der Kerne, die zum Teil schon früher, speziell in Physik III, vorgestellt worden waren.

16.1 Nukleonen

Die Kerne sind aus *Protonen* und *Neutronen* aufgebaut. Diese beiden Teilchen bezeichnen wir als *Nukleonen*. Die Nukleonen sind keine Fundamentalteilchen, sie sind aus drei *Quarks* zusammengesetzt. Wir kommen darauf in Abschnitt 22.2 zurück. Zunächst aber betrachten wir die Nukleonen als die Bausteine des Kerns, ohne uns um ihre Unterstruktur zu kümmern. Das Proton und das Neutron haben fast die gleiche Masse:

Nukleonen sind keine Fundamentalteilchen

$$m_{\mathrm{p}} \approx 938{,}3\,\mathrm{MeV} \approx 1{,}0073\,\mathrm{u}$$
$$m_{\mathrm{n}} \approx 939{,}6\,\mathrm{MeV} \approx 1{,}0087\,\mathrm{u},$$

Die Ruheenergie der Nukleonen beträgt etwa 1 GeV

wobei u die *atomare Masseneinheit* (u$\approx 931{,}5\,\mathrm{MeV} \approx 1{,}6606 \cdot 10^{-27}\,\mathrm{kg}$) ist. Als grobe Richtlinie kann man sich merken, daß die Nukleonenruheenergie etwa 1 GeV ist.

Protonen tragen eine elektrische Einheitsladung $+e$, Neutronen sind nach außen elektrisch neutral. Allerdings sind die drei Quarks, die das Neutron aufbauen, geladen, jedoch verschwindet ihre Ladungssumme. Beide Nukleonen haben die Spinquantenzahl $s = 1/2$ und besitzen ein magnetisches Moment. Beim Neutron kommt dies durch den Aufbau aus geladenen Quarks zustande. Da die Nukleonen keine Fundamentalteilchen (wie etwa das Elektron) sind, ist ihr magnetisches Moment nicht das entsprechende

Auch das Neutron besitzt einen Spin

Dirac-Moment. Man findet

$$\mu_{\mathrm{p}} = +2{,}7928\mu_{\mathrm{K}} \qquad \mu_{\mathrm{N}} = -1{,}9182\mu_{\mathrm{K}}, \tag{16.1}$$

wobei μ_{K} das Kernmagneton $(3{,}1525\,\mathrm{eV/T})$ ist.

In leichten Kernen ist $Z \approx N$, wenn Z die Protonenzahl (die das chemische Verhalten festlegt, da sie die Zahl der Hüllenelektronen bestimmt) und N die Neutronenzahl ist. Man definiert die *Massenzahl* $A = N + Z$ und benutzt zur Kennzeichnung der Kerne die Nomenklatur

$$\boxed{{}^{A}_{Z}\mathrm{X}_{N}} \tag{16.2}$$

wobei X das chemische Symbol ist. N wird oft weggelassen, da es durch A und Z ja festliegt. Natürlich ist durch das chemische Symbol X auch Z schon festgelegt. Die Kurzschreibweise ist deshalb ${}^{A}\mathrm{X}$.

Neutronenüber-
schuß bei schweren
Kernen

Bei schweren Kernen wird $N > Z$. In ${}^{238}\mathrm{U}$ ist $Z = 92$ und $N = 146$, also $N/Z \approx 1{,}6$. Dieser Neutronenüberschuß ist für die Kernbindung entscheidend.

16.2 Isotope, Radioaktivität, Kernreaktionen

Gleiches Z:
Isotope;
Gleiches A:
Isobare;
Gleiches N:
Isotone

Es existieren in der Regel für ein vorgegebenes Z verschiedene Kerne mit leicht unterschiedlicher Neutronenzahl. Dies sind die bereits diskutierten *Isotope* eines Elements. Kerne mit konstantem A bezeichnet man als *Isobare*, mit konstanten N als *Isotone* (siehe auch Bild 17.4). Meist sind nur wenige Isotope eines Elements stabil (manchmal nur ein einziges oder sogar keines). Die übrigen Isotope zerfallen radioaktiv, wobei sie in einen anderen Kern mit unterschiedlichen Werten von Z, N, A unter Aussendung von Strahlung übergehen. Die Radioaktivität wurde vor etwa 100 Jahren von P. und M. Curie sowie A.H. Becquerel in schweren Kernen wie Uran und Radium entdeckt. Bei den ersten Untersuchungen stellte sich heraus, daß die aus den Kernen austretende radioaktive Strahlung aus drei Komponenten besteht, die in einem Magnetfeld unterschiedlich abgelenkt werden (Bild 16.1). Sie wurden als α-, β- und γ-Strahlung bezeichnet. Auf die Einzelheiten des Kernzerfalls gehen wir später (Kap. 18) ein.

Künstliche
Radioaktivität

Gewisse radioaktive Isotope kommen in der Natur vor. Der Grund ist, daß sie entweder sehr langsam zerfallen und daher überlebt haben, oder aber, weil sie in einer Folgereihe von Zerfällen langlebiger Isotope immer neu erzeugt werden. Auch dies werden wir später genauer behandeln. Die meisten der uns bekannten radioaktiven Isotope werden künstlich über Kernreaktionen erzeugt. Dies bedeutet den Beschuß eines Targetkerns mit Nukleonen

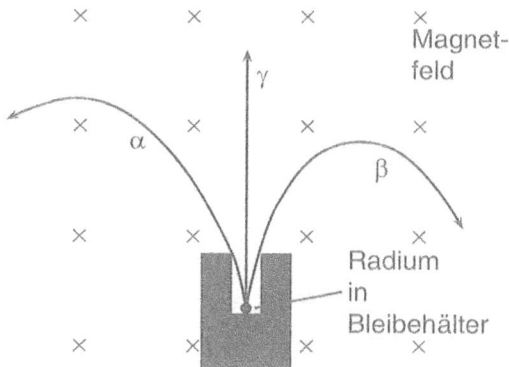

Bild 16.1: Analyse der radioaktiven Strahlung von Radium in einem (senkrecht zur Zeichenebene liegenden) Magnetfeld. Die Bezeichnungen α, β, γ Strahlung sind einfache Numerierungen, die sich jedoch bis heute erhalten haben.

oder leichten Kernen mit so hoher Energie, daß die Coulomb-Barriere überwunden wird und das Geschoßteilchen in den Targetkern eindringt. Die Folge ist eine Umgruppierung der Nukleonen in den Stoßpartnern. Ein Beispiel ist etwa der Beschuß von ^{56}Fe (stabiles Isotop) mit Deuteronen. Dabei kann das Proton des Deuterons im Targetkern stecken bleiben, wodurch sich ^{57}Co (radioaktives Isotop) bildet. Das Neutron verläßt den Targetkern wieder. Ausführlich läßt sich die Reaktion darstellen durch:

$$\,^{56}_{26}\text{Fe} + \,^{2}_{1}\text{d} \longrightarrow \,^{57}_{27}\text{Co} + \,^{1}_{0}\text{n},$$

was man meist verkürzt schreibt

$$^{56}\text{Fe}\,(\text{d, n})\,^{57}\text{Co}$$

und entsprechend als d,n-Reaktion bezeichnet. Es sei betont, daß dies nur ein mögliches Beispiel ist. Es gibt eine große Anzahl von unterschiedlichen Kernreaktionen, etwa $(\alpha,2n)$, (d,p), (p,α), (n,γ),.... Auch können mehrere Reaktionen gleichzeitig auftreten, etwa (α,n) und $(\alpha,2n)$. Die Wahrscheinlichkeit für eine bestimmte Kernreaktion wird durch ihren *Wirkungsquerschnitt* σ (siehe Physik I) beschrieben. Im Prinzip ist der Wirkungsquerschnitt die summarische effektive Fläche, die die Targetkerne dem einfallenden Strahl entgegenstellen. Sie entspricht nicht der geometrischen Fläche des Kerns, sondern ist einfach eine geometrische Darstellung der Reaktionwahrscheinlichkeit. Die Einheit für Wirkungsquerschnitte ist das „barn" $= 10^{-24}\,\text{cm}^2$. Wirkungsquerschnitte für Kernreaktionen sind stark von der Geschoßenergie abhängig und zeigen oft resonantes Verhalten. Auf nähere Einzelheiten gehen wir hier nicht ein.

Wirkungsquerschnitte werden in „barn" angegeben

16.3 Kernradien, Kernladungsverteilung

Wie in Physik III beschrieben, läßt sich aus der elastischen Streuung von Kernen aneinander (Rutherford-Streuung) Information über die räumliche Ausdehnung der Kerne gewinnen. Man beschreibt dies mittels eines Kernradius R für den in guter Näherung gilt:

$$\boxed{R = r_0 \cdot A^{1/3}} \tag{16.3}$$

wobei $r_0 = 1{,}4\,\text{fm}$ der Nukleonenradius ist. Es ist:

$$1\,\text{fm} = 1\,\text{Femtometer} = 1\,\text{Fermi} = 10^{-15}\,\text{m}.$$

$r_0 \ll a_B$

Wir weisen nochmal darauf hin, daß r_0 mehr als 3 Größenordnungen kleiner als der Bohrsche Radius $a_B = 5 \cdot 10^{-11}\,\text{m}$ ist. Der Ausdruck (16.3) impliziert, daß die Nukleonen im Kern dicht gepackt sind.

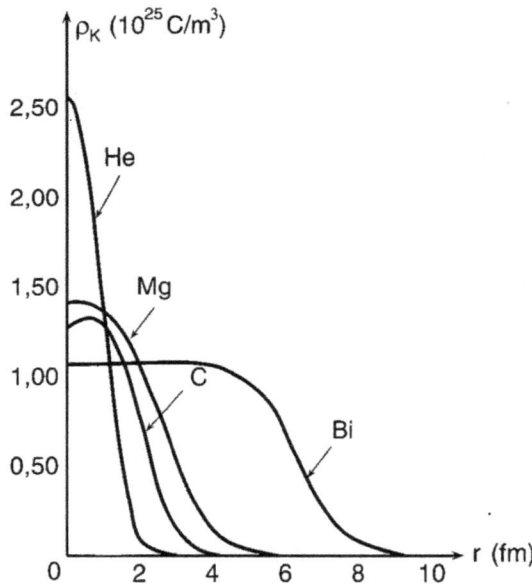

Bild 16.2: Radiale elektrische Ladungsverteilung einiger Kerne.

Wir hatten bei den Atomen gesehen (z.B. Bild 6.2), daß die elektronische Ladungsverteilung im Ortsraum bei einer bestimmten Entfernung vom Atomzentrum relativ rasch absinkt, so daß das Konzept eines Atomradius durchaus sinnvoll ist. Es war sogar möglich, Radien für die einzelnen Schalen der Hülle anzugeben. Wie gut ist ein solches Konzept für den Kern? In

Bild 16.2 ist die protonische Ladungsverteilung einiger Kerne als Funktion des Abstands vom Kernmittelpunkt gezeigt. Solche Daten erhält man aus Streuexperimenten mit schnellen Elektronen oder auch aus der energetischen Lage der Myonenorbitale in myonischen Atomen (siehe Abschnitt 5.4).

Wie zu erwarten, bricht auch im Kern die Ladungsverteilung nicht scharf bei einem bestimmten Radius ab. Die in Bild 16.2 gezeigten Ladungsverteilungen lassen sich in guter Näherung durch die sog. zweiparametrige Fermi-Verteilung darstellen:

Zweiparametrige
Fermi-Verteilung

$$\rho(r) = \frac{\rho(0)}{1 + \exp[(r - R)/b]}. \tag{16.4}$$

R ist der Ladungsradius, der als $\rho(R) = \rho(0)/2$ definiert ist. Die Messungen zeigen, daß in dem Ausdruck $R = r_0 A^{1/3}$ eine schwache Abhängigkeit von r_0 mit A besteht ($1{,}0 \leq r_0 \leq 1{,}4$). Die Größe b ist ein Maß für die Randzone des Kerns. Man bezeichnet den Bereich zwischen $0{,}9 \cdot \rho(0)$ und $0{,}1 \cdot \rho(0)$ als *Kernoberfläche*. Ihre Breite ist etwa $4{,}4 \cdot b = 2{,}4$ fm und nahezu unabhängig *Kernoberfläche* von A. Bild 16.3 veranschaulicht die Situation[1].

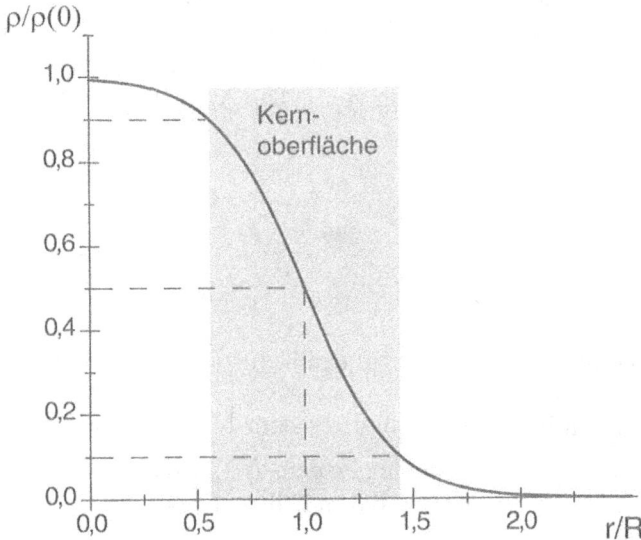

Bild 16.3: Zwei-Parameter Fermi Verteilung von $\rho(r)$.

---

[1] Wie wir sehen werden, kann man auch für die Nukleonenanordnung im Kern eine Schalenstruktur definieren. Sie ist allein für die energetische Lage der Nukleonen ein nützliches Konzept, jedoch in der örtlichen Verteilung der Ladungsdichte (im Gegensatz zum Atom) nicht sichtbar.

Prinzipiell impliziert das Konzept des Kernradius eine kugelsymmetrische Ladungsverteilung. Wie wir sehen werden, ist das nicht immer gegeben. Da wir aber stets über alle Richtungen mitteln, macht sich eine Kerndeformation nur in einer leichten Zunahme der Breite der Kernoberfläche bemerkbar.

Bemerkung:

Die Ladungsverteilung muß nicht notwendigerweise die Massenverteilung des Kerns darstellen. In anderen Worten, es ist nicht sicher, daß die örtliche Dichteverteilung der Neutronen gleich der der Protonen ist, die ja die Ladungsverteilung liefert. Es gibt Anzeichen dafür, daß speziell in manchen leichten Kernen ein *Neutronenhalo* existiert, d.h. daß die Neutronen zu größeren Radien hin verteilt sind als die Protonen.

16.4 Spin und Parität

Beide Nukleonen besitzen einen Spin ($s = 1/2$). Weiter werden wir sehen, daß die im Kern gebundenen Nukleonen auch Bahndrehimpulse besitzen können. Diese koppeln zum Gesamtdrehimpuls $\vec{I}$ des Kerns, den wir schon anläßlich der Hyperfeinaufspaltung (Abschnitt 7.8) besprochen haben. Aus *Kernspinquantenzahl I* historischen Gründen bezeichnet man $\vec{I}$ als *Kernspin.*Weiterhin benutzt man I zur Kennzeichnung der Kernspinquantenzahl (und nicht i, wie wir das der besseren Übersichtlichkeit halber bisher getan haben). Also steht im Folgenden I nicht für den Betrag von $\vec{I}$. Die Aussage $I = 2$ bedeutet somit:

$$|\vec{I}| = \sqrt{2 \cdot 3}\,\hbar = \sqrt{6}\,\hbar \quad \text{und} \quad I_z = \begin{Bmatrix} +2 \\ +1 \\ 0 \\ -1 \\ -2 \end{Bmatrix}\hbar \quad (16.5)$$

Kernspin im Grundzustand

Es gelten die folgenden Regeln für den Kernspin im Grundzustand:

1. Alle Kerne mit geradem Z und geradem N (gg-Kerne) haben $I = 0$.

2. Kerne mit geradem Z und ungeradem N (gu-Kerne) oder ungeradem Z und geradem N (ug-Kerne) haben halbzahliges I.

3. Kerne mit ungeradem Z und N (uu-Kerne) haben ganzzahliges I.

Parität π (Symmetrie der Wellenfuntion)

Neben dem Spin dient die *Parität* π zur Kennzeichnung eines Kernzustandes. Die Parität π kann die Werte ± 1 annehmen und gibt die Symmetrie der Wellenfunktion des betreffenden Kernzustandes bezüglich des Kernmittelpunktes an. Wie schon früher für atomare elektronische Zustände diskutiert (Abschnitt 3.3), gibt es symmetrische ($\pi = +1$) und antimetrische ($\pi = -1$)

Wellenfunktionen. Die Parität geht z.B. in die Übergangswahrscheinlichkeit für elektromagnetische Übergänge zwischen Kernzuständen ein, wie dies ja auch für Hüllenzustände der Fall war. Als Nomenklatur benutzt man I^π, wobei für π nur $+$ oder $-$ angegeben wird.

Ein Beispiel benachbarter Kerngrundzustände zeigt Bild 16.4.

1^+	$\frac{1}{2}^-$	0^+	$\frac{5}{2}^+$	0^+	$\frac{1}{2}^+$
$^{14}_{7}$N	$^{15}_{7}$N	$^{16}_{8}$O	$^{17}_{8}$O	$^{18}_{8}$O	$^{19}_{9}$F
(uu)	(ug)	(gg)	(gu)	(gg)	(ug)

Bild 16.4: Einige benachbarte Kerngrundzustände.

16.5 Kernkräfte

Die Bindung der Nukleonen im Kern kann, im Gegensatz zur Atomhülle, nicht über die elektromagnetische Kraft erfolgen, da es ja nur positiv geladene oder neutrale Nukleonen gibt. Zuständig ist hier die sogenannte *starke Kraft* (siehe auch Physik I). Es ist klar, daß die starke Kraft, zumindest auf kurze Entfernung, stärker als die elektrische Kraft sein muß, sonst würde die Coulomb-Abstoßung der Protonen die Bindung im Kern nicht möglich machen. Streng genommen wirkt die starke Kraft zwischen den *Quarks* durch Austausch von *Gluonen*. Darauf kommen wir in Abschnitt 22.3 kurz zurück. Hier gehen wir auf die genaue physikalische Natur der Kraft zwischen Nukleonen nicht ein, sondern betrachten nur ihre wichtigsten Eigenschaften:

Die starke Kraft ist eine der vier fundamentalen Arten der Wechselwirkung von Materie

Quarks und Gluonen

1. Sehr kurze effektive Reichweite, typischerweise etwa 2 fm.
2. Wirkt stets anziehend.
3. Unabhängig von der elektrischen Ladung.

Die Bindungskraft wirkt hauptsächlich zwischen Paaren von Nukleonen (Paarkraft), d.h. in einem Kern wechselwirken nicht alle Nukleonen miteinander. Wäre dies nicht der Fall, so müßte die Bindungsenergie pro Nukleon proportional zu A und nicht (siehe Physik III) weitgehend unabhängig von A sein. Offensichtlich ist die Bindung zwischen Nukleonenpaaren unabhängig von der Natur des Nukleons. Bindungen zwischen Protonen, zwischen Neutronen und zwischen Proton und Neutron sind gleich. Daher hilft es durch den Einbau von Neutronen im Kern, die abstoßende Wirkung der protonischen Ladungen zu überwinden.

Bindungskraft im Kern

Bemerkung:

Weiterhin existiert im Kern noch die schwache Kraft. Sie ist extrem kurzreichweitig und ist verantwortlich für den β-Zerfall instabiler Kerne (siehe Abschnitt 18.4).

Die quantenmechanische Behandlung der Wechselwirkung zwischen zwei Teilchen benutzt für die Übermittlung der Kraftwirkung das Modell des Austausches eines Kopplungsteilchens. Für die Bindungskraft zwischen den Nukleonen entwickelte H. YUKAWA das Bild des Pionenaustausches. Das Nukleon emittiert für kurze Zeit ein Pion, das dann wieder re-absorbiert wird. In anderen Worten, das Nukleon ist von einem Pionenfeld umgeben. Sind zwei Nukleonen dicht benachbart, so überlappen sich ihre Pionenfelder, und das Pion kann von einem Nukleon zum anderen ausgetauscht werden. Dadurch entsteht eine anziehende Kraftwirkung. In Bild 16.5 ist dies schematisch dargestellt. Ein grobes Analogon ist die kovalente Bindung des H_2^+-Moleküls. Das Elektron befindet sich auf einem Molekülorbital und kann zeitweilig jeweils einem der Wasserstoffatome zugeordnet werden. Der Pferdefuß dieser Analogie ist, daß das Elektron ein permanenter Baustein des Wasserstoffatoms ist, während das Pion kein Baustein der Nukleonen ist. Es kann daher nur kurzzeitig existieren, sonst wäre die Erhaltung der Masse (Energieerhaltung) nicht erfüllt. Für kurze Zeiten ist jedoch die Heisenbergunschärfe der Energie so groß, daß der Energiesatz nicht verletzt wird. Aus der Reichweite der Kraft zwischen Nukleonen konnte YUKAWA die Masse des Pions richtig zu etwa $140\,\mathrm{MeV}/c^2$ (also etwa das 300fache von m_e und rund $1/7$ von m_p) abschätzen. Obwohl, wie gesagt, die Nukleonenbindung in Wirklichkeit durch den Austausch von Gluonen zwischen Quarks zustande kommt, ist das Pionmodell der Nukleonenkräfte sehr nützlich in der Erklärung vieler Kerneigenschaften.

Pionen als Vermittler der Kraft zwischen Nukleonen

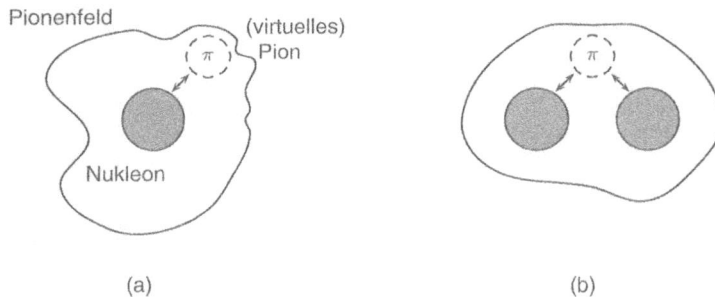

Bild 16.5: Zur Nukleon-Nukleon Bindung über Pionenaustausch.
a) Einzelnes Nukleon mit seinem Pionenfeld. b) Pionenaustausch zwischen zwei Nukleonen.

17 Kernbau und Kernmodelle

17.1 Das Tröpfchenmodell und die Bindungsenergie der Nukleonen

Die Bindungsenergie B des Atomkerns, d.h. die Energie, die nötig ist, den Kern in Z Protonen und N Neutronen zu zerlegen ist:

$$B(Z, A) = [Z \cdot m_\mathrm{H} + (A - Z) \cdot m_\mathrm{N} - m_\mathrm{K}(Z, N)] \cdot c^2 \qquad (17.1)$$

Dabei ist m_K die Masse des betreffenden Kerns, m_H die Masse des neutralen Wasserstoffatoms (da Massen auf Atome bezogen werden) und m_N die Masse des Neutrons. Dieser Ausdruck war bereits in Physik III vorgestellt worden. Dort wurde statt $m_\mathrm{K}(Z, N)$ die Masse M_A des neutralen Atomes benutzt, was bedeutet, daß wir in (17.1) die atomare Bindungsenergie vernachlässigt haben. Dies ist vom Standpunkt der Kernbildung eine sehr gute Näherung. Die daraus folgende Abhängigkeit der Bindungungsenergie pro Nukleon (B/A) als Funktion von A zeigen wir der Vollständigkeit halber noch einmal in Bild 17.1.

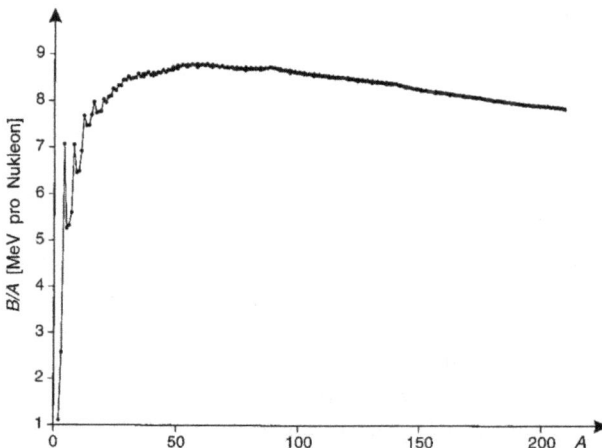

Bild 17.1: Bindungsenergie pro Nukleon in Kernen.

Die Proportionalität des Kernradius zu $A^{1/3}$ bedeutet, daß die Dichte der Kernmaterie konstant und unabhängig von A ist:

Konstante Dichte der Kernmaterie

$$\rho_{\text{Kern}} = \rho_{\text{Nukleon}} \approx 10^5 \text{ g/cm}^3.$$

Zusammen mit der aus Bild 17.1 ersichtlichen Tatsache, daß $B \propto A$ (bzw. $B/A \approx$ const) ist, entspricht dies dem Verhalten einer inkompressiblen Flüssigkeit. Es liegt daher nahe, den Kern wie ein Flüssigkeitströpfchen zu behandeln. Daraus folgen zunächst zwei Energieterme für die Bindungsenergie:

1. *Kondensationsenergie*: Das ist die Energie, die frei wird, wenn sich die Nukleonen zum Kern vereinigen. Dies entspricht der Kondensation von Gasmolekülen zu einer Flüssigkeit, und die Energie muß proportional zur Teilchenzahl sein. Also

$$\boxed{B_{\text{k}} = a_{\text{k}} A} \tag{17.2}$$

Man bezeichnet dies auch oft als die *Volumenenergie*.

2. *Oberflächenenergie*: Wie in einer Flüssigkeit haben Teilchen an der Oberfläche weniger Bindungspartner als Teilchen im Inneren. Ihre Bindungsenergie ist also abgesenkt. Die Kernoberfläche ist $4\pi R^2 = 4\pi r_0 A^{2/3}$. Also

$$\boxed{B_{\text{o}} = -a_{\text{o}} A^{2/3}} \tag{17.3}$$

Weiter ist noch zu berücksichtigen:

3. *Coulomb-Energie*: Zwischen den Protonen im Kern herrscht elektrostatische Abstoßung. Wir nähern dies durch die Coulomb-Energie einer homogen mit $q = Ze$ geladenen Kugel: $E_{\text{c}} = (3/5)(q^2/R)$. Für den Kern folgt dann:

$$\boxed{B_{\text{c}} = -a_{\text{c}} Z^2 A^{1/3}} \tag{17.4}$$

4. *Asymmetrieenergie*: Wie schon der letzte Term gezeigt hat, hängt die Bindungsenergie nicht allein von A, sondern auch von Z ab. Kerne, deren Neutronenzahl von der symmetrischen Konfiguration $Z = N$ abweicht, besitzen eine niedrigere Bindungsenergie. Wir benötigen also einen Term, der mit dem Neutronenüberschuß $A/2 - Z$ geht und für $2Z = A$ verschwindet. Die einfachste Form, die dies beschreibt und

berücksichtigt, daß die Kernkraft von der Ladung nicht abhängt, ist:

$$B_a = -a_a \frac{Z - A/2}{A}$$ (17.5)

5. *Paarungsenergie*: Sie ist im Tröpfchenmodell nicht enthalten und eine für Kernmaterie charakteristische Korrektur. Sie beschreibt die Tatsache, daß gg-Kerne eine besonders hohe, uu-Kerne eine besonders niedrige und ug- oder gu-Kerne eine dazwischen liegende Bindungsenergie haben. Wir setzen an

$$B_p \begin{Bmatrix} +\delta \text{ für gg} \\ 0 \text{ für ug, gu} \\ -\delta \text{ für uu} \end{Bmatrix} \text{Kerne}$$ (17.6)

mit $\delta \approx a_p A^{-1/2}$.

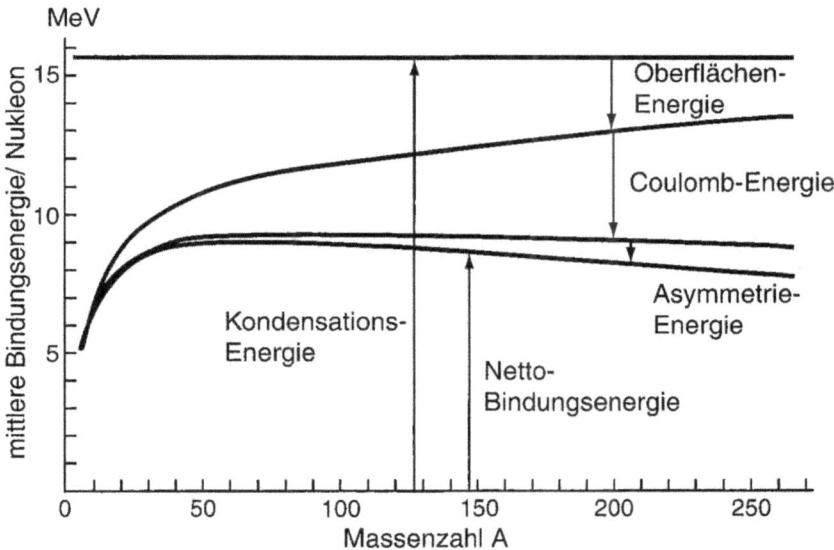

Bild 17.2: Die verschiedenen Beiträge (außer der Paarungsenergie) der Bethe-Weizsäcker-Formel zur mittleren Bindungsenergie pro Nukleon.

Die gesamte Bindungsenergie ist somit

$$B = B_k + B_o + B_c + B_a + B_p$$ (17.7)

Dabei sind B_o, B_c, B_a negativ, B_k positiv und B_p positiv, negativ oder Null. Die Anpassung von B an die gemessenen Bindungsenergien der Kerne liefert

$$\left. \begin{array}{rcl} a_k & = & 15{,}85 \\ a_o & = & 18{,}34 \\ a_c & = & 0{,}71 \\ a_a & = & 92{,}86 \\ a_p & = & 15{,}85 \end{array} \right\} \text{ MeV.}$$

Die daraus folgenden Beiträge zu B/A (außer B_p) sind in Bild 17.2 als Funktion von A gezeichnet. Die Summe der Terme zeigt (abgesehen von den Spitzen bei sehr leichten Kernen) den in Bild 17.1 gezeigten Verlauf. *Stabilste Kerne um* Man bezeichnet (17.7) als die *Bethe-Weizsäcker-Formel*. Es war bereits *A = 56 (Fe)* darauf hingewiesen worden, daß die stabilsten Kerne bei $A = 56$ (Eisen) liegen. Unterhalb dieses Bereiches läßt sich Energiegewinn durch Kernverschmelzung (Fusion), oberhalb durch Kernspaltung (Fission) erreichen. Darauf kommen wir in Kap. 18 zurück.

Unter Verwendung von (17.1) erhalten wir für die Abhängigkeit der Kernmasse von A und Z:

$$m_K(Z, A) = Z \cdot m_H + (A - Z) \cdot m_N - \frac{1}{c^2} \cdot B(Z, A). \qquad (17.8)$$

Der Verlauf von m_K für festgehaltenes A (*Isobaren*) zeigt Bild 17.3. Für ungerades A erhalten wir eine Parabel, für gerades A zwei Parabeln, die um die doppelte Paarungsenergie gegeneinander verschoben sind. Minimale Masse bedeutet maximale Bindung, also stabilster Kern.

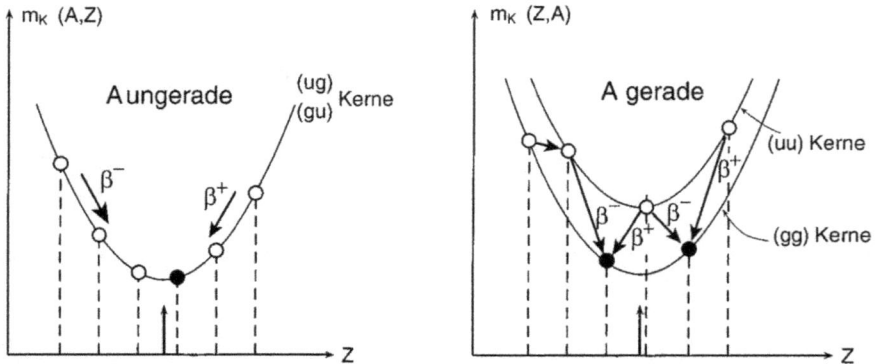

Bild 17.3: Variation mit Z der Masse von Kernen mit festem A (links: ungerades A, rechts: gerades A). Stabile Kerne sind durch gefüllte Kreise gekennzeichnet. Der Pfeil gibt die Minimalenergie nach (17.9) an.

Bild 17.3 macht verständlich, warum bei ungeraden A stets nur *ein* stabiles Isobar existiert, bei geradem A jedoch mehrere existieren können. Wie wir in Abschnitt 18.4 besprechen, bleibt beim β-Zerfall A erhalten, und Z ändert sich um ± 1. Dies sind die eingezeichneten Pfeile, die natürlich zu einem niedriger liegenden Isobar führen müssen, da sonst der spontane β-Zerfall energetisch nicht möglich ist. Die Minimalisierungsbedingung

Nur ein stabiles Isotop bei geradem A

Stabiles Tal

$$\left|\frac{\partial m_{\mathrm{K}}}{\partial Z}\right|_{A=\mathrm{const}} = 0 \qquad (17.9)$$

liefert die Talsohle maximaler Bindung. Sie ist in Bild 17.3 als Pfeil markiert. Um sie gruppiert sich die Folge stabiler Kerne, die in Bild 17.4 in der Z, N-Ebene aufgetragen sind. Ein entsprechendes Schema aller bekannten Kerne, auch der instabilen künstlich erzeugten, liefert die sogenannte *Nuklidkarte*. Einen Ausschnitt daraus präsentiert Bild 17.16.

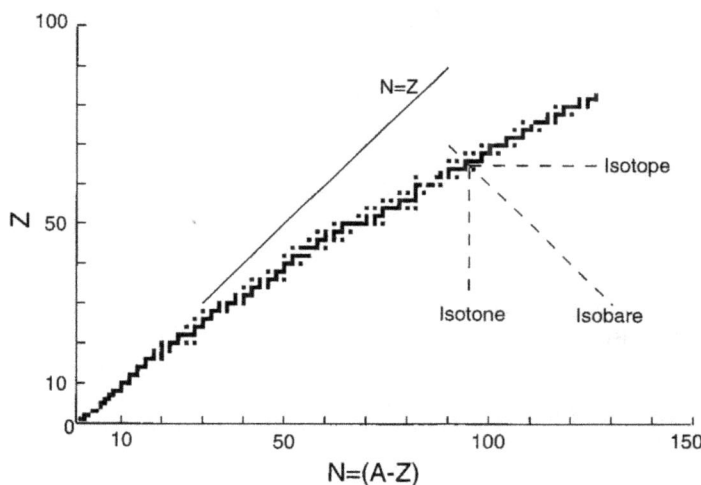

Bild 17.4: Lage der stabilen Kerne in der Z, N-Ebene. Der Neutronenüberschuß bei großem A ist deutlich sichtbar. Kerne mit $Z > 82$ sind instabil gegen α-Zerfall.

17.2 Das Fermi-Gas-Modell

Wir behandeln jetzt die Nukleonen wie die Leitungselektronen als ideales Fermi-Gas. Dies bedeutet, daß wir das Kernpotential als Kastenpotential nähern und dann die sich daraus ergebenen Energiezustände mit den Nukleonen paarweise (Spin „auf", Spin „ab") besetzen. Gegenüber dem elektronischen Fermi-Gas bestehen jedoch zwei wichtige Unterschiede:

Kastenpotential

1. Protonen und Neutronen sind nicht die selben Teilchen, also gilt das Pauli-Verbot für jeden Nukleonentyp getrennt.

2. Die Protonen tragen elektrische Ladung, sind aber im Kern sehr eng gepackt, so daß wir ihre Coulomb-Abstoßung untereinander nicht vernachlässigen dürfen. Die Potentialkastentiefe ist gegenüber den Neutronen um die Coulomb-Energie verringert und zeigt für $r > R$ den Coulomb-Wall.

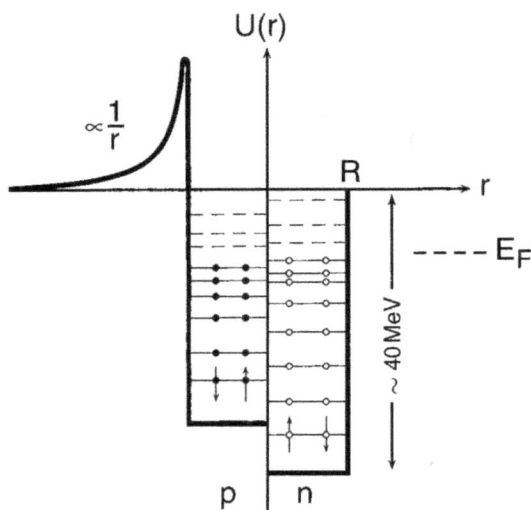

Bild 17.5: Potentialverlauf und Fermi-Gas-Zustände für Protonen (p) und Neutronen (n) (schematisch). R ist der Kernradius.

Es ist daher angebracht, den Potentialverlauf und die Beziehung der Eigenzustände getrennt für Protonen und Neutronen zu zeichnen, wie dies Bild 17.5 zeigt. Aus der Bedingung $\int_0^{E_F} D(E) f(E) \, dE = A$ läßt sich, wie früher, die Fermienergie im Grundzustand ($T = 0\,\mathrm{K}$) berechnen. Für $D(E)$ benutzen wir auch hier die Zustandsdichte des idealen Gases ($D(E) \propto \sqrt{E}$). Man erhält:

$$E_F = \frac{1}{2m} \sqrt[3]{9\pi^4} \hbar^2 \left(\frac{A}{V_K}\right)^{2/3}, \tag{17.10}$$

otentialtiefe

wenn $V_K = (4/3)\pi r_0^3 A$ das Kernvolumen ist. Einsetzen der Werte gibt $E_F \approx 30\,\mathrm{MeV}$. Dies ist ein Minimalwert für die Tiefe des Potentials $-U_K(0)$. Zählen wir dazu die „Austrittsarbeit" eines Nukleons von $\approx 8\,\mathrm{MeV}$, so ergibt sich $-U_K(0) \approx 40\,\mathrm{MeV}$. Wenn wir die sinnvolle Annahme machen, daß Protonen- und Neutronenzustände bis zur selben Grenze ($E \approx E_F$) gefüllt sind, so wird aus Bild 17.5 verständlich, warum Kerne zu einem Neutronenüberschuß neigen. Eine generelle Eigenschaft des Fermi-Gases ist, daß Anregungen mit Energien $E < E_F$ nur für die wenigen Teilchen dicht an der Fermikante möglich sind. Dies bedeutet, daß sich die Nukleonen weitgehend unabhängig voneinander bewegen, da ein Impulsübertrag beim Stoß nicht erfolgen kann. Weiterhin besitzen selbst im Grundzustand die Nukleonen kinetische Energie (und entsprechenden Impuls) bis zu E_F. Dies muß bei Kernreaktionen beachtet werden. Selbst für ein ruhendes Target aus Kernen im Grundzustand ist $E_{kin}^{Nukleon} \neq 0$ bzw. $p^{Nukleon} \neq 0$.

Bemerkung:

Das Fermi-Gas-Modell macht auch die Asymmetrieenergie der Bethe-Weizäcker-Formel verständlich. Wir skizzieren hier nur den Weg. Die Gesamtenergie eines Fermi-Gases ist $E_{tot} = \int_0^{E_F} E \cdot D(E) \cdot f(E)\, dE$. Wir berechnen E_{tot} getrennt für Neutronen und Protonen, einmal für den symmetrischen Fall ($N = Z = A/2$) und einmal für Neutronenüberschuß ($N = A - Z$). Die Differenz der Energie liefert das in (17.5) benutzte Ergebnis:

$$\Delta E \propto (Z - A/2)/A.$$

17.3 Das Schalenmodell

Die Erfahrung zeigt, daß Kerne, für die entweder Z oder N die Werte   *Magische Zahlen*

$$2,\ 8,\ 20,\ 28,\ 50,\ 82,\ 126$$

annimmt, besonders stabil sind. Man spricht von den *magischen Zahlen*. So treten bei magischem Z bzw. magischem N eine besonders große Zahl von stabilen Isotopen auf (Bild 17.16). In Bild 17.6 ist die Häufigkeitsverteilung der Elemente in unserer Galaxis aufgetragen. Auch hier zeigt sich, daß im Bereich von magischem Z die Häufigkeit größer als in der Nachbarschaft ist. Weiterhin haben magische Kerne sehr hohe Anregungsenergien. Wir zeigen dies in Bild 17.7 für $N = 28$. Extremfälle sind doppelt magische Kerne, wo also N und Z magisch sind. Das deutlichste Beispiel ist $^4_2$He.

Die Existenz magischer Zahlen legt den Verdacht nahe, daß auch die Nukleonen energetisch in Schalen, wie die Elektronen in der Hülle, angeordnet sind. Magische Zahlen entsprächen dann den Edelgaskonfigurationen. Dies bedeutet aber wiederum, daß wir die Nukleonen im Kern in Orbitale binden müssen, die durch Haupt- und Nebenquantenzahlen (Drehimpuls-quantenzahlen) gekennzeichnet sind. Um dies quantentheoretisch begründen   *Die Analogie zur Edelgaskonfiguration bei Atomen führt zum Schalenmodell*

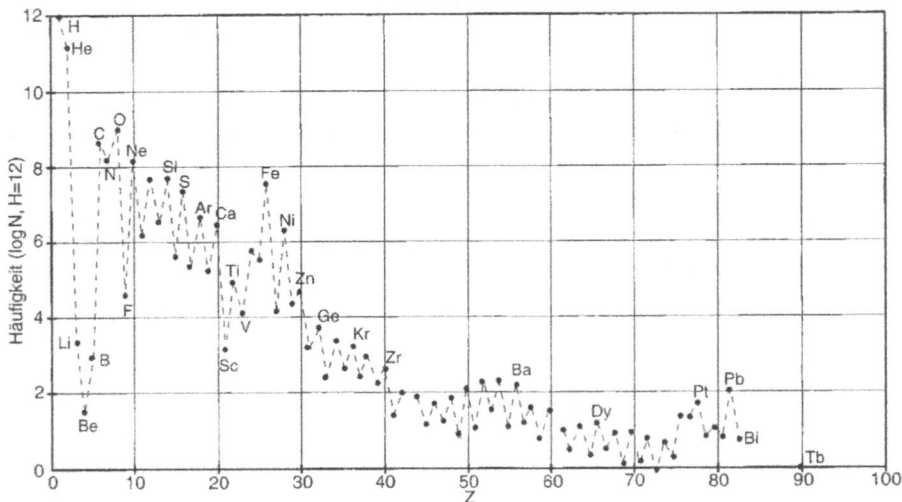

Bild 17.6: Häufigkeitsverteilung der Elemente in unserer Galaxie, wie sie z.B. durch Analyse von Meteoren und Spektralanalyse des Sternenlichtes erhalten wird. Die logarithmische Intensitätsskala ist auf die Wasserstoffhäufigkeit = $\log 12$ normiert. Man erkennt gut, daß die Elemente nahe magischer Zahlen, also bei $Z = 8, 20, 28$, im Bereich um $Z = 50$ und $Z = 82$ besonders häufig auftreten. (Nach R. Diehl, MPI für Astrophysik, München).

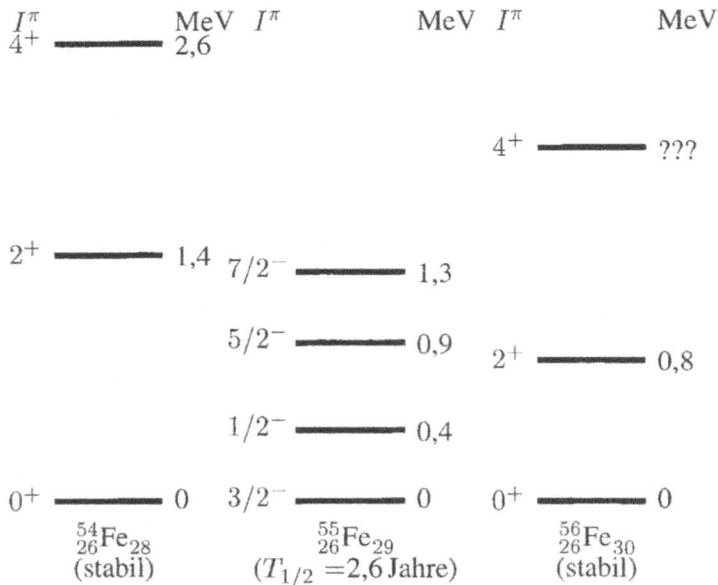

Bild 17.7: Anregung für Kerne nahe der magischen Neutronenzahl $N = 28$. Die Anregungsenergie ist am größten für den magischen Kern ^{54}Fe. Man erkennt auch die niedrigere Stabilität des ug-Kernes ^{55}Fe gegenüber den gg-Kernen ^{54}Fe und ^{56}Fe.

zu können, brauchen wir ein Modell des Potentials, in dem sich die Nukleonen in Einteilchenzuständen aufhalten können. Ein Zentralpotential, wie das Coulomb-Potential in der Atomhülle, scheidet aus. Für das Fermi-Gas-Modell hatten wir ein Kastenpotential benutzt. Das ist aber doch eine grobe Näherung. Ein anderes einfaches Potential wäre das Oszillatorpotential (Parabelpotential), was ja auch einen recht steil abfallenden Potentialtopf liefert. Sicher ist aber das wahre Kernpotential im Zentrum viel flacher als das Parabelpotential. Man wählt eine Zwischenlösung, das *Wood-Saxon-Potential*

Modell-Potential: Wood-Saxon

$$U_K(r) = -U_0 \left[1 + \exp \left(\frac{r - R}{a} \right) \right]^{-1}, \qquad (17.11)$$

wie es durch die radiale Ladungsdichte nahegelegt wird. Hier ist a wieder ein Maß für die Randunschärfe des Kerns (Bild 17.8).

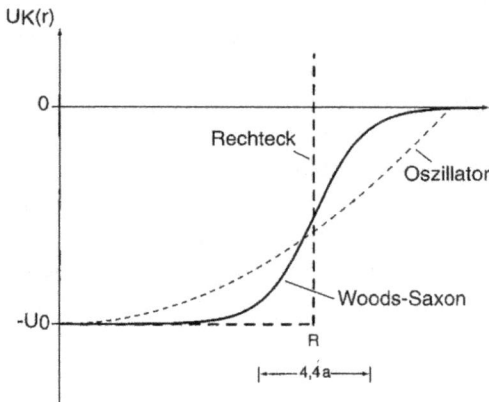

Bild 17.8: Drei häufig gebrauchte Potentialformen. Die Größen R und a beziehen sich auf das Wood-Saxon-Potential (17.11).

Nachteilig ist, daß sich für das Wood-Saxon-Potential, im Gegensatz zum Kasten oder der Parabel, die Schrödingergleichung nicht in geschlossener Form lösen läßt. Um einen ersten Überblick zu erlangen, interpolieren wir zwischen den Eigenwerten des Potentialkastens und des harmonischen Oszillators, wie dies Bild 17.10a zeigt[1]. Zwar haben wir kein Zentralpotential benutzt, aber doch ein Potential mit sphärischer Symmetrie, was bedeutet, daß die Eigenfunktion aus einem Radialterm $R(r)$ und einem winkelabhängigen Term $Y(\Theta, \Phi)$ besteht. Letzterer liefert die Drehimpulsquantenzahlen, wofür wir wieder die Buchstabensymbole $s, p, d, \ldots$

---

[1] Es ist natürlich möglich, numerische Lösungen nach dem Schema des Hartree-Fock Verfahren zu erzeugen.

benutzen. Die Hauptquantenzahl n hat hier nur die Bedeutung einer radialen Knotenzahl (die Zahl der Nulldurchgänge von $R(r)$ ist $n - 1$). Die Bedingung $l < n$, die für das Coulomb-Potential galt, ist hier nicht wirksam. Es gibt daher $1p, 1d, 1f...$ Zustände. Über n erhalten wir sofort eine Aussage zur Parität der Zustände und über l Information zum Kernspin (= Kerndrehimpuls!). Dabei spielt die schon erwähnte Paarwechselwirkung eine entscheidende Rolle. Die Protonen und die Neutronen tendieren in einer Schale zur paarweisen Kopplung, so daß der Gesamtspin jedes Paares Null wird. Im Gegensatz zur Hülle, wo in der $n = 2$ Schale der Einbau als ↑↑↑↓↓↓ erfolgte, wird hier stets ↑↓ ↑↓ ↑↓ eingebaut. Die Zahl der Nukleonen (Protonen und Neutronen getrennt), die gemäß dem Pauli-Prinzip auf einem Orbital untergebracht werden können, ist wegen der Spinentartung das Doppelte der Multiplizität des Bahndrehimpulses, also $2(2(l + 1))$. Sie ist in Klammern hinter dem Orbitalsymbol in Bild 17.10a angegeben. Dies liefert aber noch nicht die magischen Zahlen (außer den ersten beiden Werten). Die entscheidende Überlegung ist, daß für die Nukleonen die Spin-Bahn-Kopplung für jedes Nukleon sehr groß ist und vergleichbar mit der Wechselwirkung mit dem Kernpotential wird. Sie überwiegt auch die Paarungsenergie. Gemäß dem in Abschnitt 6.5 gezeigten Schema führt dies zur jj-Kopplung. Die daraus resultierende Folge der Orbitalterme zeigt Bild 17.10b. Die Zahl der Nukleonen, die ein Orbital aufnehmen kann, ist nun $2j + 1$. Dies zusammen mit der Verschiebung der Terme durch die Spin-Bahn-Kopplungsenergie liefert die magischen Zahlen. Im Bild 17.9 zeigen wir noch die Besetzung der Orbitale für den Fall des $_8^{16}$O Kerns, einem doppelt magischen Kern.

Einbau der Nukleonen

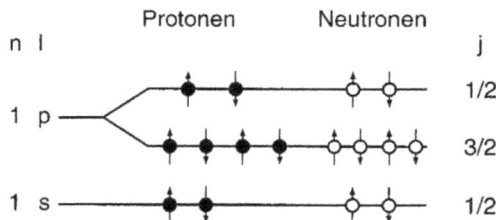

Bild 17.9: Besetzung der Orbitale in doppelt magischen Kern $_8^{16}$O.

Bemerkung:

Die Extrapolation des Schemas von Bild 17.10b sagt einen Schalenabschluß bei $Z = 114$ und $N = 184$ voraus. Dies könnte bedeuten, daß das Element $^{298}114$ relativ stabil ist (*Superheavies*). Der gegenwärtige Rekord liegt bei dem Kern $^{277}112$, von dem einzelne Exemplare durch Beschuß von Blei mit einem hochenergetischen Zn-Strahl erzeugt wurden. Er besitzt $t_{1/2} \approx 280\,\mu$s gegenüber α-Zerfall. Die Jagd nach den Superheavies geht weiter.

(b)

(2j+1)   ∑(2j+1)   Magische Zahlen

		(2j+1)	∑(2j+1)
4 s	4 s$_{1/2}$ — 3 d$_{3/2}$	16	184
		4	168
3 d		2	164
2 g	1 i$_{11/2}$ — 2 g$_{7/2}$	8	162
		12	154
	3 d$_{5/2}$	6	142
	2 g$_{9/2}$	10	136
1 i			
	1 i$_{13/2}$	14	126	(126)
3 p	2 f$_{5/2}$ — 3 p$_{1/2}$	2	112
		6	110
	3 p$_{3/2}$	4	104
2 f	2 f$_{7/2}$	8	100
	1 h$_{9/2}$	10	92
1 h			
	1 h$_{11/2}$	12	82	(82)
3 s	3 s$_{1/2}$	2	70
	2 d$_{3/2}$	4	68
2 d	2 d$_{5/2}$	6	64
	1 g$_{7/2}$	8	58
1 g	1 g$_{9/2}$	10	50	(50)
2 p	2 p$_{1/2}$	2	40
	1 f$_{5/2}$	6	38
1 f	2 p$_{3/2}$	4	32
	1 f$_{7/2}$	8	28	(28)
2 s	1 d$_{3/2}$ — 2 s$_{1/2}$	4	20	(20)
		2	16
1 d	1 d$_{5/2}$	6	14
1 p	1 p$_{1/2}$	2	8	(8)
	1 p$_{3/2}$	4	6
1 s	1 s$_{1/2}$	2	2	(2)

ohne   mit
jj-Kopplung

(a)

Oszillator-Potential	Woods-Saxon-Potential	Rechteck-Potential
6 ℏω	1 i (26)	[138]
	3 p (6)	[132]
	2 f (14)	[106]
5	1 h (22)	
	3 s (2)	[92]
	2 d (10)	
4		[68]
	1 g (18)	
	2 p (6)	[58]
3		[40]
	1 f (14)	
		[34]
2	2 s (2)	[20]
	1 d (10)	[18]
1	1 p (6)	[8]
	1 s (2)	[2]
0 ℏω		

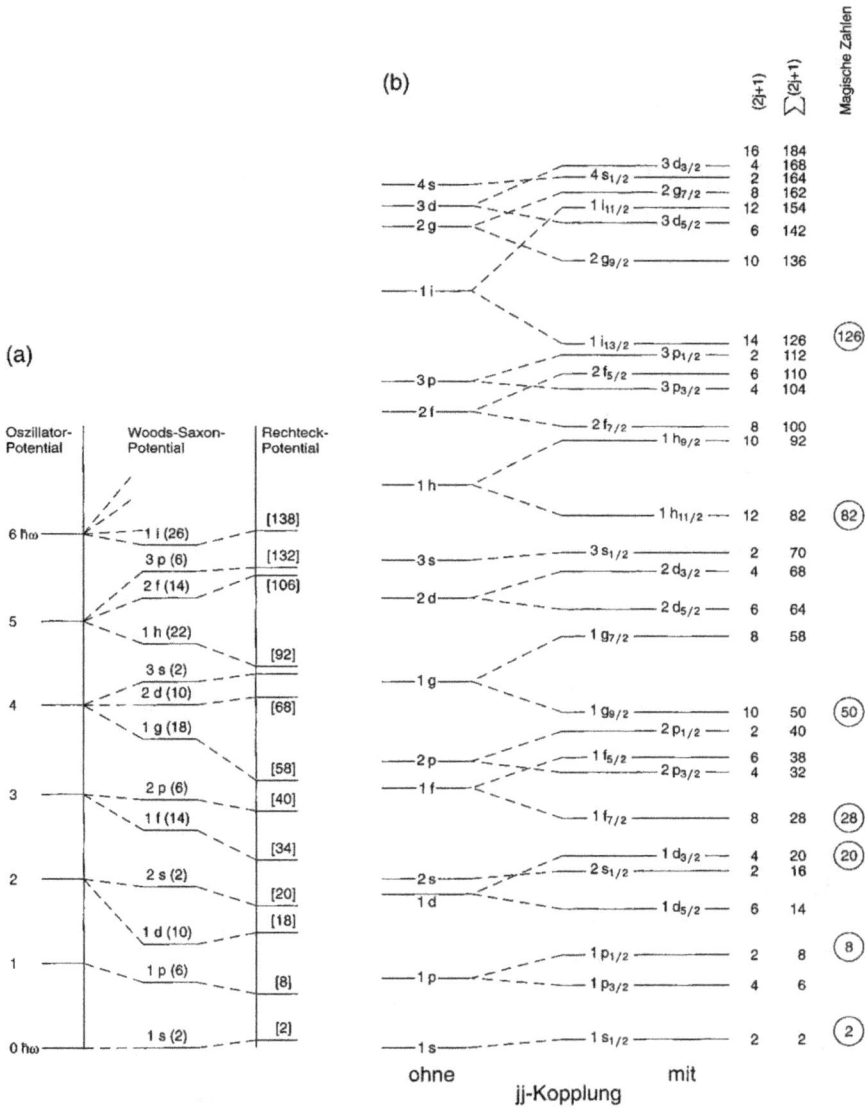

Bild 17.10: a) Interpolation der Energieeigenwerte zwischen Parabel- und Rechteck-Potential. Die Zahlen in runden Klammern geben die Besetzung der einzelnen Orbitale, die Zahlen in eckigen Klammern die Gesamtbesetzung.
b) Energiezustände mit starker jj-Kopplung. Bei den magischen Zahlen treten größere Energielücken auf.

Das Schalenmodell erlaubt natürlich Aussagen über die Einteilchen-Anregungsenergien, d.h. die Termfolge, die das Leuchtnukleon durchläuft. In der Tat paßt man über die gemessenen Anregungsenergien die Parameter des Potentials (17.11) an.

Alle (gg)-Kerne haben im Grundzustand $I = 0$ und damit auch $\mu_I = 0$ aufgrund der Nukleonenpaarung. In (gu)- und (ug)-Kernen muß dann μ_I dem Drehimpuls des ungepaarten Nukleons entstammen. Da wir starke Spin-Bahn-Kopplung für jedes Nukleon haben und nur das ungepaarte Nukleon zu berücksichtigen brauchen, sind nur die Werte $I = l \pm 1/2$ möglich. Der Wert von l ist durch das Nukleonenorbital festgelegt und eine Meßgröße.

In jj-Kopplung lautet der Landé-Faktor

$$g_I = \frac{g_l\left\{j(j+1) + l(l+1) - s(s+1)\right\} + g_s\left\{j(j+1) - s(s+1) - l(l+1)\right\}}{2(j+1)}$$

$$(17.12)$$

Schmidt-Linien geben die magnetischen Momente wieder, die sich aus den ungepaarten Nukleonen ergeben

Für Kerne ist $j = I$ und, da wir einzelne, ungepaarte Nukleonen beobachten, $s = 1/2$. Definitionsgemäß ist $g_l = 1$ und für g_s setzen wir den g-Faktor des freien Protons ($g_p = +5,58$) bzw. des freien Neutrons ($g_n = -3,82$) ein, denn in diesen beiden Fällen muß es sich um reine Spinmomente handeln. Damit ergeben sich Linien für $\mu_I = g_I I$ als Funktion von I, die als *Schmidt-Linien* bekannt sind. Das Beispiel für ein ungepaartes Proton zeigt Bild 17.11. Zu beachten ist, daß jeder Wert von I zweimal erzeugt wird. Etwa $I = 1/2$ durch $l + 1/2$ mit $l = 0$ und durch $l - 1/2$ mit $l = 1$, d.h. je nachdem ob Spin und Bahn „parallel" oder „antiparallel" stehen. Die gemessenen Momente stabiler Kerne liegen zwar nicht auf einer der beiden Schmidt-Linien, jedoch fast ausnahmslos zwischen den Linien. Das verwendete Kopplungsschema ist also zu sehr vereinfacht, hat aber doch eine gewisse grundlegende Gültigkeit. Für Kerne mit ungepaarten Neutronen ergibt sich das völlig analoge Verhalten, auch hier liegen die gemessenen Werte zwischen den mit g_n erzeugten Schmidt-Linien.

17.4 Kollektives Modell

Verknüpfung von Tröpfchen- und Schalenmodell

Das Tröpfchenmodell nahm eine kontinuierliche Verteilung der Kernmaterie mit konstanter Dichte an, die Kernteilchen werden kollektiv behandelt. Im Gegensatz hierzu geht das Schalenmodell von der Bewegung einzelner Nukleonen auf Orbitalen eines kugelsymmetrischen Potentials aus. Beide Modelle können durchaus gewisse Eigenschaften der Kerne erklären. Das kollektive Modell versucht die beiden extremen Vorstellungen zu verknüpfen, indem es die abgeschlossenen Schalen als einen

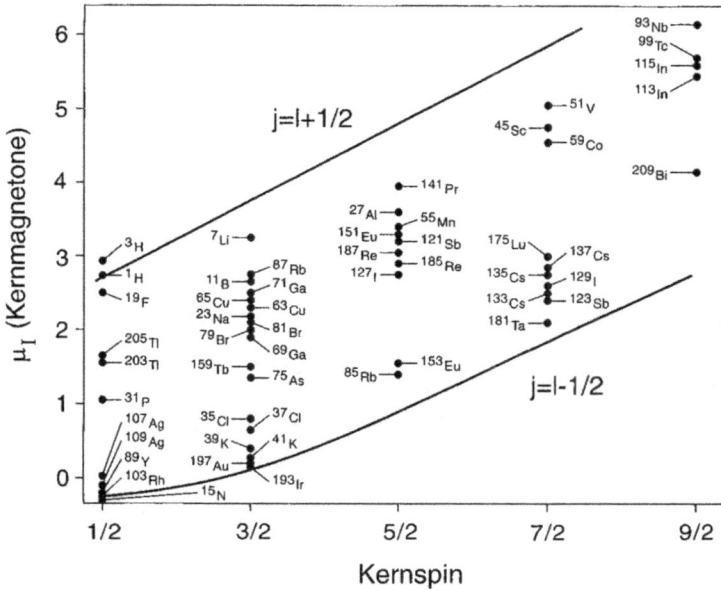

Bild 17.11: Schmidt-Linien für Kerne mit ungepaarten Protonen.

kollektiven Kernrumpf betrachtet und die Nukleonenzustände in den ungefüllten Schalen als Einteilchenzustände. Als erstes fragen wir, ob es Anregungen des Kernrumpfes bei abgeschlossenen Schalen gibt. In diesem Fall ist der Kern kugelsymmetrisch, und die einzigen quantenphysikalisch erlaubten Anregungen sind Schwingungsanregungen[2]. Grundsätzlich sind zwei Schwingungsformen möglich. Einmal eine *Kompressionsschwingung* (Bild 17.12a), die man auch als *Monopolschwingung* bezeichnet, da die Kugelgestalt des Kerns erhalten bleibt. Die rücktreibende Kraft wird vom Kompressionsmodul erzeugt. Zum anderen *Deformationsschwingungen*, die in ihrer einfachsten Form *Quadrupolschwingungen* sind (Bild 17.12b). Die rücktreibende Kraft liefert die Oberflächenenergie. Da Kernmaterie nahezu inkompressibel ist, müßten Monopolschwingungen bei sehr hohen Energien liegen. Sie wurden bisher nicht nachgewiesen. Quadrupolschwingungen liegen typischerweise im Bereich von 0,5-1 MeV und sind die charakteristischen niederenergetischen Anregungen in magischen gg-Kernen.

Schwingungsformen des Kernrumpfes

Betrachten wir nun einzelne Nukleonen außerhalb der abgeschlossenen Schale. Ein Blick auf Bild 17.10b lehrt uns, daß sich das zusätzliche Nukleon in einem Orbital mit hohen Bahndrehimpuls befindet[3]. Das äußere Nukleon

---

[2] Die Erwartungswerte der Rotationsenergie bei Bewegung um eine Rotations-Symmetrieachse verschwinden. Dies wurde bereits bei den Molekülen diskutiert.

[3] Dies ist wiederum ein anderes Verhalten als in der Atomhülle, wo auf eine Edelgasschale stets ein $ns_{1/2}$ Zustand folgt.

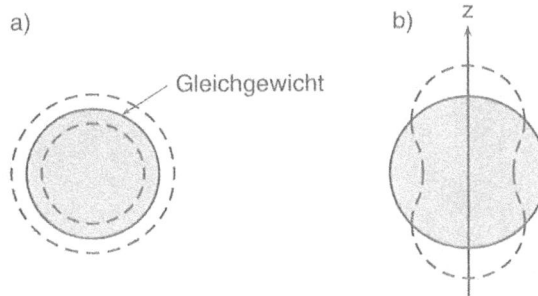

Bild 17.12: (a) Monopol-Schwingung, (b) Quadrupol-Schwingung, $l = 2$, $m = 0$.

Quadrupolmomente werden in barn angegeben)

wird sich also auf einer Bahn bewegen, die stark von der Kugelsymmetrie abweicht. Die Abweichung der Ladungsverteilung von der Kugelgestalt (Monopolmoment) wird durch das Quadrupolmoment

$$Q = \frac{1}{e} \int_{V_K} \left(3z^2 - r^2\right) \rho(\vec{r}) \, \mathrm{d}V \qquad (17.13)$$

beschrieben, wobei $\rho(\vec{r})$ die Ladungsdichte und V_K das Kernvolumen ist. Q hat die Dimension einer Fläche und wird (wie Wirkungsquerschnitte) in barn ($10^{-24}\,\mathrm{cm}^2$) angegeben. Das einfachste Modell für einen Kern mit deformierter Ladungsverteilung ist ein homogen mit $Z \cdot e$ geladenes Rotationsellipsoid mit den Halbachsen a und b. Dies liefert

$$Q = \frac{2}{5} Z \left(b^2 - a^2\right). \qquad (17.14)$$

Falls die Abweichung von der Kugelgestalt nicht zu groß ist, kann man nähern: $R \approx (a + b)/2$ und $\Delta R = b - a$. Dies ergibt mit $\delta = \Delta R/R$:

$$Q = \frac{4}{5} Z R^2 \delta. \qquad (17.15)$$

Man unterscheidet zigarrenförmige Deformation ($\delta > 0$, *prolater Kern*) und linsenförmige Deformation ($\delta < 0$, *oblater Kern*), wie in Bild 17.13 illustriert. In Bild 17.14 sind die gemessenen Kernquadrupolmomente für Kerne mit ungeradem A gezeichnet. Man erkennt deutlich wie $|Q|$ gegen Null in der Nähe des Schalenabschlusses geht.

Die zum Teil sehr großen Quadrupolmomente jenseits der geschlossenen Schalen lassen sich nicht einfach durch die Ladungsverteilung des Nukleonen in offenen Schalen erklären. Man muß annehmen, daß auch der abgeschlossene Rumpf deformiert wird.

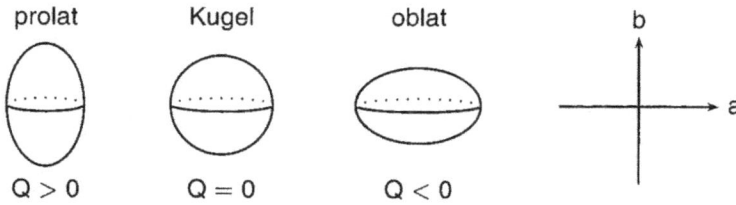

Bild 17.13: Quadrupoldeformationen.

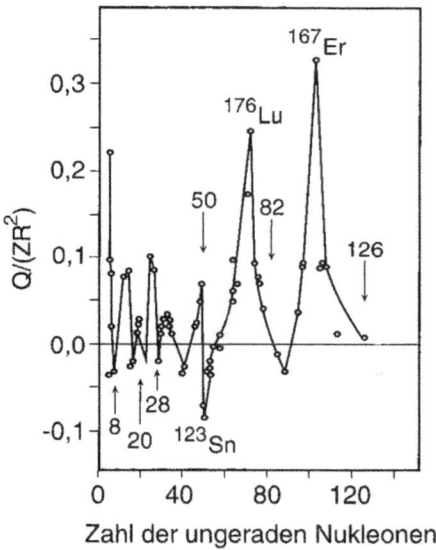

Bild 17.14: Experimentell bestimmte Kernquadrupolmomente von Kernen mit ungepaarten Nukleonen. Zusätzlich sind die magischen Zahlen eingezeichnet. Die Schalenstruktur der Kerne zeigt sich deutlich.

Bemerkung:

Dies ist prinzipiell verständlich. Ein einzelnes Nukleon jenseits der Schale muß ja z.B. immer noch die Paarungskraft spüren. Sie ist zwar kleiner als die Wechselwirkung mit dem Kernpotential (eine sogenannte Restwechselwirkung), aber nicht vernachlässigbar, und sie wird deshalb die äußeren Nukleonen des Rumpfes polarisieren, d.h. ihre Ladungsverteilung deformieren.

Die Nukleonen in einer offenen Schale sehen also kein kugelförmiges, sondern ein deformiertes Kernpotential. Dies ändert die Energie der Orbitale. *Deformiertes* Auf Einzelheiten gehen wir nicht ein[4]. Wichtig ist speziell, daß bei Qua- *Kernpotential* drupoldeformation des Kerns nun auch Rotationsanregungen (aber nicht um die Symmetrieachse des Rotationsellipsoids!) möglich sind. Wie im Falle der Molekülspektren haben wir somit Rotationsschwingungs- und Einteilchenanregungen. Allerdings ist die Hierarchie der Anregungsenergien im

---

[4] Das Termschema der Einteilchenzustände als Funktion des Deformationsparameters bezeichnet man das Nilson-Diagramm. Nähere Einzelheiten finden sich in T. Mayer–Kuckuk, *Physik der Atomkerne*, Kap. 6.3, Teubner Stuttgart (1970)

Kern nicht so eindeutig wie bei den Molekülen. Aus Bild 17.14 ersehen wir, daß große Kern-Quadrupolmomente speziell im Bereich der seltenen Erden (Lu, Er) auftreten. Dort erwarten wir (und finden auch) ausgeprägte Rotationsanregungen. Die Situation ist besonders einfach für gg-Kerne, wo sich das Rotationsspektrum auf den Grundzustand mit $I = 0$ aufbaut und zu der Spinsequenz $I = 0^+, 2^+, 4^+, 6^+, \ldots$ führt, mit den Anregungsenergien $E_{\text{rot}} = (\hbar^2/2J)I(I + 1)$ wobei J das Trägheitsmoment ist. Dies führt zur Niveausequenz für E_I

$$E_0 : E_2 : E_4 : E_6 : E_8 \ldots = 0 : 1 : 3 : 6 : 10 : 15 : \ldots \qquad (17.16)$$

Bild 17.15 zeigt Kernzustände für die Isobare mit $A = 170$. Speziell in ^{170}Hf ist die Rotationsserie gut zu erkennen.

Bemerkung:

Die Kernrotationszustände folgen nicht genau der Energiesequenz des starren Rotators. Zwei Effekte sind dafür verantwortlich. Einmal die zentrifugale Dehnung, die wir schon bei den Molekülen besprochen haben. Zum anderen kann die Kernmaterie als Flüssigkeit betrachtet werden. Dann rotieren verschiedene Flüssigkeitsschalen verschieden schnell (Erinnerung an das bekannte Experiment, durch Rotation festzustellen, ob ein Ei roh oder gekocht ist); es bilden sich Wirbel aus.

Schließlich sei noch erwähnt, daß die Rotation eines geladenen Ellipsoids natürlich ein magnetisches Dipolmoment erzeugt. Dies kann leicht berechnet werden, solange wir die Kernmaterie als starr und homogen betrachten. Die Situation ist wieder sehr einfach für gg-Kerne, da der Grundzustand ($I = 0$) kein Moment besitzt und in den angeregten Zuständen das reine Rotationsmoment existiert $\mu_I = g_R I$. Da nur die Protonen beitragen und da für reine Rotation eines geladenen starren Körpers $g = 1$ ist, ergibt sich $g_R = Z/A$. Dies ist zum Teil recht gut erfüllt.

Rotationsmoment

Wir haben immer nur elektrische Monopol- oder Quadrupolmomente erwähnt, nie aber z.B. ein elektrisches Dipolmoment. Dies hat eine grundsätzliche Ursache. Aus Symmetrieeigenschaften der Wellenfunktionen von Kernzuständen folgt, wenn wir mit l die Multipolordnung bezeichnen ($l = 0$, Monopol; $l = 1$, Dipol; usw.):

Kein statisches elektrisches Dipolmoment bei Kernen

1. Alle ungeraden elektrischen Multipole verschwinden, also insbesondere $l = 1$, das elektrische Dipolmoment.

2. Alle geraden magnetischen Multipole verschwinden, also natürlich $l = 0$, das Monopolmoment, aber auch $l = 2$, das Quadrupolmoment.

3. Für einen Zustand mit Gesamtdrehimpuls I verschwindet der Erwartungswert für Momente mit $l > 2I$. Daraus folgt, daß für $I = 0$ nur das elektrische Monopolmoment existiert, für $I = 1/2$ kein elektrisches Quadrupolmoment, aber ein magnetisches Dipolmoment.

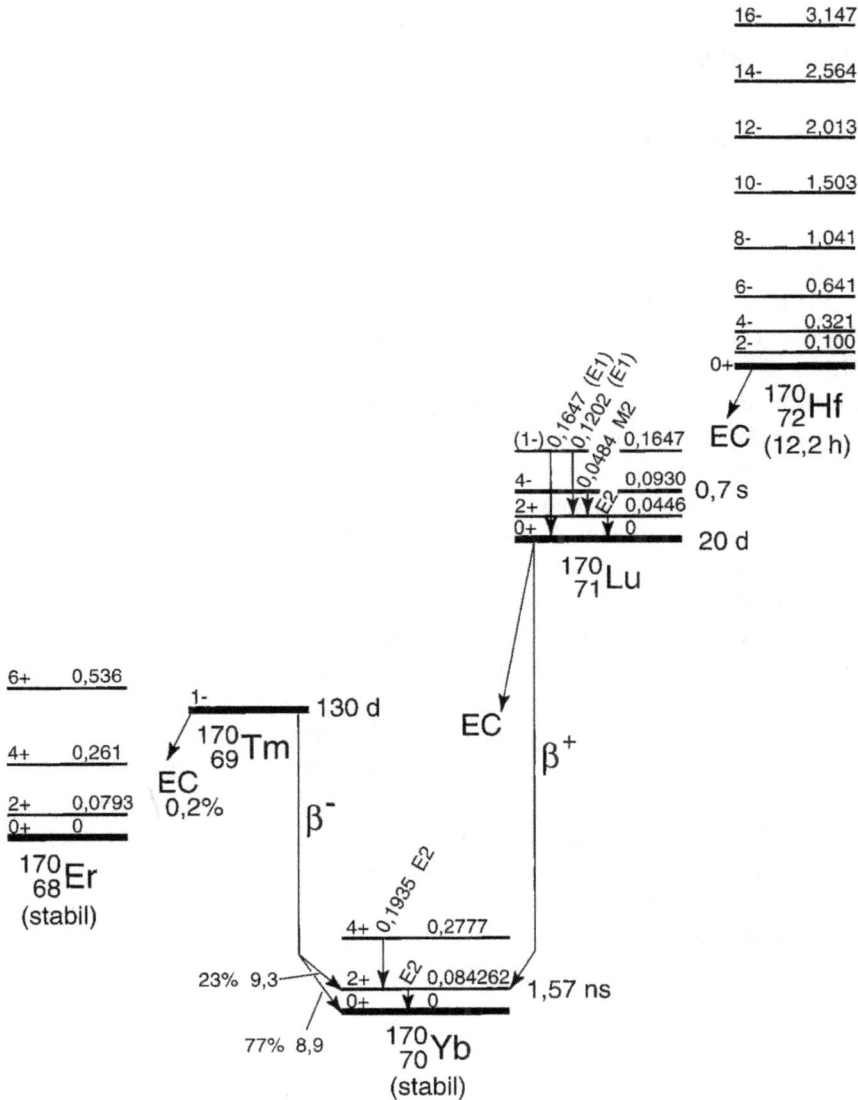

Bild 17.15: Kernzustände der Isobaren $A = 170$. Bei den gg-Kernen sind die Rotationsanregungen gut zu erkennen, speziell in $^{170}_{72}$Hf. In $^{170}_{71}$Lu schließt sich an den ersten Rotationszustand eine Einteilchenanregung (4^-) an, denn Paritätswechsel ist in kolletiven Anregungen nicht erlaubt. Die Zeiten sind Halbwertszeiten. Bei den Gamma-Übergängen sind die Multipolaritäten (M1, E2,...) angegeben. EC steht für Elektroneneinfang (siehe Abschnitt 18.4). (Nach: C.M. Lederer, I.M. Hollander und I. Perlmann, *Table of Isotopes*, 6th ed., John Wiley, New York 1967).

Es sei betont, daß diese Aussagen auf statische Multipolmomente beschränkt sind. Dynamische (d.h. schwingende) elektrische Dipolmomente können durchaus existieren, sonst gäbe es ja keine elektromagnetische Dipol-Strahlung vom Kern (siehe Diskussion der γ - Strahlung).

17.5 Ausblick

Wir haben vier verschiedene Kernmodelle besprochen, die alle wichtige Aussagen über den Kernbau machen können, aber nicht universell anwendbar sind. Das liegt natürlich an den Näherungen, die in jedem der Modelle stecken. Die wichtigsten Gesichtspunkte der vier Modelle sind in Tabelle 17.1 zusammengefaßt. Der Kernbau ist offenbar um vieles komplexer als der Bau der Atomhülle, wo wir alle wichtigen Eigenschaften zusammenhängend erklären konnten, wenn wir nur die Grundprinzipien der Quantenphysik beachten. Die Hauptursachen der Komplexität des Kernbaus sind zum Ersten, daß kein einfaches Zentralpotential vorliegt, das die Hauptwechselwirkung darstellt und alle Teilchen gleichmäßig erfaßt. Zum Zweiten sind die Bausteinteilchen (Nukleonen) nicht fundamental, weisen also in sich Struktur auf. Bei den Elektronen in der Hülle ist dies ja anders. Eine Struktur der Nukleonen wäre ohne tiefere Folgen, wenn die Bindung der Quarks mit einer viel größeren Kraft als die der Nukleonen erfolgen würde und wenn der Quarkabstand im Nukleon klein gegen den Nukleonenabstand im Kern wäre. Beides ist aber nicht der Fall. Die Bindung des Quarks ist genau dieselbe Kraft, die zwischen den Nukleonen herrscht, nämlich die durch die Gluonen vermittelte starke Kraft. Die Aufteilung der Kernmaterie in Einzelnukleonen ist daher etwas künstlich. In der modernen Kernphysik wird daher versucht, mit der Quarkstruktur der Kernmaterie zu arbeiten. Hier ist noch vieles im Fluß, und dies wird den Schwerpunkt der höheren Kursvorlesung „Kernphysik" bilden[5]. Dennoch, die hier verwendeten Modelle sind sehr nützlich, und speziell für die Beschreibung niederenergetischer Kernzustände erfolgreich.

---

[5] siehe auch: Povh et al., *Teilchen und Kerne*, 2. Auflage und Frauenfelder/Henley, *Teilchen und Kerne*, 4. Auflage, R. Oldenbourg Verlag 1999.

Tabelle 17.1: Übersicht der Kernmodelle.

Modell	Annahmen	Theorie	Beschriebene Kerneigenschaften
Tröpfchenmodell	Die Kernmaterie ist von konstanter Dichte und inkompressibel.	Klassische Flüssigkeit (Kondensation, Oberfläche) plus Asymmetrie und Paarungsenergie.	Mittlere Bindungsenergie pro Nukleon, Bethe-Weizsäcker-Formel, stabiles Tal in der N, Z Nuklidebene.
Fermi-Gas-Modell	Die Nukleonen verhalten sich wie die Teilchen eines idealen Fermi-Gases im Kastenpotential.	Fermi-Quantenstatistik des idealen Gases im Kasten.	Potentialtiefe, separate Protonen- und Neutronenzustände, Fermi-Impuls, Asymmetrieenergie.
Schalenmodell	Nukleonenorbitale im Woods-Saxon-Potential, starke Spin-Bahn-Kopplung, jj-Kopplungsschema.	Schrödinger Ansatz für das Kernpotential, Haupt- und Drehimpulsquantenzahlen.	Magische Zahlen, Schmidt-Linien, magnetische Momente, Spin und Parität der Nukleonenzustände, Einteilchenanregungen, Paarungsenergie.
Kollektives Modell	Deformierte Kerne, abgeschlossene Schalen; kollektiver Rumpf, offene Schale; Einteilchenzustände.	Schrödinger Ansatz für die Einteilchenbewegung im deformierten Potential, kollektive Anregungen des Rumpfes.	Schwingungsspektren und Rotationsspektren, Einteilchenzustände offener Schalen, elektrische Quadrupolmomente, magnetische Momente.

Achsenlegende (oben links):

Z (senkrechte Achse), N (waagerechte Achse); Isotone, Isotope, Isobare.

Oberer Block (Z = 21 … 26)

Z / Element	N=17	N=18	N=19	N=20	N=21	N=22	N=23
26 — Fe 55,845 σ 2,56				Fe 46 −20 ms β+ βp3,44	Fe 47 −27 ms β+ βp	Fe 48 51 ms β+ βp 0,93	Fe 49 75 ms + p1,92
25 — Mn 54,93805 σ 13,3					Mn 46 41 ms β+ βp 4,26; 2,94; 3,48	Mn 47	Mn 48 158 ms β+ γ 752; 1106; 3676... βp
24 — Cr 51,9961 σ 3,1			Cr 43 21 ms β+ βp 1,78... β2p βα ?	Cr 44 53 ms β+ βp 0,93	Cr 45 50 ms β+ βp 2,05	Cr 46 0,26 s β+	Cr 47 472 ms β+6,4... γ 87
23 — V 50,9415 σ 5,0				V 43 >800 ms β+ βp	V 44 150ms 104ms β+ γ1083;1371;1561;2834 ‖ γ1083;1448 βα 2,78	V 45 547 ms β+6,1... γ 40	V 46 422,6 ms β+6,0... γ (2611)
22 — Ti 47,867 σ 6,1	Ti 39 26 ms β+ β2p 2,48; 4,75 βα ?	Ti 40 56 ms β+ βp 2,24; 3,84; 1,84; 2,56	Ti 41 80 ms β+ βp 4,73; 3,08; 1,00...	Ti 42 0,20 s β+5,4; 6,0... γ 611... g	Ti 43 509 ms β+5,8... γ 2288; 845... g	Ti 44 47,3 a ε γ 78; 68...	Ti 45 3,08 h β+1,0... γ (720)
21 — Sc 44,955910 σ 27,2			Sc 40 183 ms β+5,7; 9,6... γ 3737; 755... βp 3,31; 3,75... βα 3,31; 3,75...	Sc 41 596 ms β+5,5... γ (2575; 2959)	Sc 42 61 s ‖ 0,68 s β+2,8 γ438;1525;1227 β+5,4... γ(1525)	Sc 43 3,89 h β+1,2... γ 373...	Sc 44 2,44 d ‖ 3,92 h γ271 ε γ(1002; 1261; 1157) β+1,5... γ1157

Unterer Block (Z = 14 … 20)

Z	N=15	N=16	N=17	N=18	N=19	N=20	N=21	N=22	N=23
20 Ca	Ca 35 50 ms β+ β2p 4,09; 3,29 γ 810*	Ca 36 102 ms β+ βp 2550... γ 1619; 1113; 1184*	Ca 37 181 ms β+ βp 3,10; 0,87; 3,17 γ 3239; 2750; 1970*...	Ca 38 439 ms β+ 5,6 γ 1568... m	Ca 39 860 ms β+5,5 γ (2522)	Ca 40 96,941 σ 0,41 σn,α0,0025	Ca 41 1,03·10⁵ a ε no γ	Ca 42 0,647 σ 0,65	Ca 43 0,135 σ 6
19 K		K 35 190 ms β+ γ 2983; 2590. βp 1,425; 1,705; 1,555...	K 36 342 ms β+ 9,9.. γ 1970; 2433;... βp 0,970; 0,693. βα 2,015; 2,725..	K 37 1,22 s β+5,1...	K 38 924,6ms ‖ 7,6m β+5,0... ‖ β+2,7 γ2168	K 39 93,2581 σ 2,1 σn,α0,0043	K 40 0,0117 1,28·10⁹ a β−1,3; ε; β+.. γ1461; σn,α 44 ε30; σn,...	K 41 6,7302 σ 1,46	K 42 12,36 h β−3,5... γ 1625...
18 Ar	Ar 33 174,1 s β+ 9,8; 10,6.. γ 810; 1542; 2231*... βp 3,17...	Ar 34 844 ms β+5,0... γ 666; 3129...; g	Ar 35 1,78 s β+4,9... γ 1219; (1763)..	Ar 36 0,337 σ 5,6 σn,α 0,0055	Ar 37 35,0 d ε no γ σn,p 69 σn,α 1970	Ar 38 0,063 σ 0,8	Ar 39 269 d β−0,6 no γ σ 600	Ar 40 99,600 σ 0,64	Ar 41 1,83 h β−1,2; 2,5... γ 1294... σ 0,5
17 Cl	Cl 32 291 ms β+ 9,5; 11,7.. γ 2231; 4770... βα 2,20; 1,67.. βp 0,991; 0,762;	Cl 33 2,51 s β+ 4,5... γ (841; 1966; 2867...)	Cl 34 32,0m 1,53s β+2,5; 2127; 1176; 3303.. β+4,5 γ146 noγ	Cl 35 75,77 σ 43,7 σn,p 0,4 σn,α 0,00008	Cl 36 3,0·10⁵ a β−0,7 εβ+... no γ σ<10	Cl 37 24,23 σ 0,42	Cl 38 37,18 m β−4,9... γ 2168; 1642..	Cl 39 56 m β−1,9; 3,4.. γ 1267; 250; 1517...	Cl 40 1,35 m β−3,2; 7,5.. γ 1461; 2840; 2622....
16 S	S 31 2,58 s β+4,4... γ 1266...	S 32 95,02 σ 0,55 σn,α 0,007	S 33 0,75 σ 0,46 σn,α 0,190 σn,p 0,002	S 34 4,21 σ 0,29	S 35 87,5 d β−0,2 no γ	S 36 0,02 σ 0,23	S 37 5,0 m β−1,8; 4,9 γ 3103...	S 38 2,83 h β−1,0; 2,9... γ 1942; 1746..	S 39 11,5 s β− γ 130; 1697; 397...
15 P	P 30 2,50 m β+3,2... γ (2235...)	P 31 100 σ 0,16	P 32 14,26 d β−1,7 no γ	P 33 25,34 d β−0,2 no γ	P 34 12,4 s β−5,4... γ 2127...	P 35 47,4 s β−2,3... γ 1572...	P 36 5,6 s β− γ3291; 903; 1638; 2540...	P 37 2,31 s β− γ646; 1583; 2254...	P 38 0,64 s β− γ1292; 2224; 3516...
14 Si	Si 29 4,67 σ 0,13	Si 30 3,10 σ 0,108	Si 31 2,62 h β−1,5... γ (1266) σ 0,3	Si 32 172 a β−0,2 no γ	Si 33 6,18 s β−3,9; 5,8.. γ 1848...	Si 34 2,77 s β−3,1 γ 4101; 2386; 3860; 241...	Si 35 0,78 s β− γ1179; 429; 1608	Si 36 0,45 s β− γ175; 250; 878; 425...	Si 37

Bild 17.16: Ausschnitt aus der Nuklidkarte um $Z, N = 20$. In beiden Fällen ist die Zahl der stabilen Isotope am größten. Derselbe Effekt ist für $N = 28$ sichtbar. ^{48}Ca ist ein doppelt magischer Kern.

Fe 50 150 ms β+ γ 651 g	**Fe 51** 305 ms β+7,0... γ 237...	**Fe 52** 45,9s | 8,27h β+4,4 γ 929, 870; 622; β+0,8 2038... γ 169 g | m	**Fe 53** 2,5 m | 8,51m γ 701; 1328; β+2,8.. 1011; γ 378; 2340 (1620... g | m	**Fe 54** 5,8 σ 2,7	**Fe 55** 2,73 a ε no γ σ 13	**Fe 56** 91,72 σ 2,6	**Fe 57** 2,2 σ 2,5	**Fe 58** 0,28 σ 1,3
Mn 49 382 ms β+6,7... γ 272; 2505...	**Mn 50** 1,75m | 283ms β+3,5; 3,7... 1098; β+6,6 783; β+(3626) 1443 (2844)	**Mn 51** 46,2 m β+2,2... γ (749...)	**Mn 52** 21 m | 5,6 d β+0,6 β+2,6 γ 1434; γ 1437; 936; f; 378 744...	**Mn 53** 3,7·10⁶a no γ σ 70	**Mn 54** 312,2 d ε γ 835	**Mn 55** 100 σ 13,3	**Mn 56** 2,58 h β-2,9... γ 847; 1811; 2113...	**Mn 57** 1,5 m β-2,6... γ 14; 122; 692...
Cr 48 21,6 h ε γ 308;112	**Cr 49** 42 m β+1,4;1,5... γ 91;153;62...	**Cr 50** 4,345 σ 16	**Cr 51** 27,70 d ε γ 320 σ 0,8	**Cr 52** 83,789 σ 0,36	**Cr 53** 9,501 σ 0,36	**Cr 54** 2,365	**Cr 55** 3,50 m β-2,6 γ (1528...)	**Cr 56** 5,9 m β-1,5 γ 83; 26
V 47 32,6 m β+1,9... γ (1794...)	**V 48** 15,97 d β+0,7 γ 984; 1312; 944...	**V 49** 330 d ε no γ	**V 50** 0,250 1,4·10¹⁷a ε; β γ 1554; 783 σ 40	**V 51** 99,750 σ 4,9	**V 52** 3,75 m β-2,5... γ 1434...	**V 53** 1,6 m β-2,5... γ 1006; 1289; 2259...	**V 54** 49,8 s β-3,0; 5,2... γ 835; 989; 2259...	**V 55** 6,5 s β-5,4... γ 518; 881...
Ti 46 8,0 σ 0,6	**Ti 47** 7,3 σ 1,6	**Ti 48** 73,8 σ 7,9	**Ti 49** 5,5 σ 1,9	**Ti 50** 5,4 σ 0,179	**Ti 51** 5,8 m β-2,1... γ 320; 928...	**Ti 52** 1,7 m β-1,8 γ 124; 17	**Ti 53** 32,7 s β-3,1; 4,8... γ 128; 228; 1676, 101...	**Ti 54**
Sc 45 100 σ 12+15	**Sc 46** 18,7 s | 83,82d β-0,8 γ 889; 1121 σ 8,0 l/ 142	**Sc 47** 3,35 d β-0,4; 0,6 γ 159	**Sc 48** 43,67 h β-0,7... γ 984; 1312; 1038...	**Sc 49** 57,2 m β-2,0 γ (1762;1623)	**Sc 50** 1,7 m β-3,7; 4,2... γ 1554; 1121; 524...	**Sc 51** 12,4 s β-4,3; 5,0... γ 1437; 2144; 1568...	**Sc 52** 8,2 s β-7,0... γ 1050; 1268; 1032; 1215...	**Sc 53**
Ca 44 2,086 σ 0,8	**Ca 45** 163 d β-0,3... γ(12); e- σ ~15	**Ca 46** 0,004 σ 0,72	**Ca 47** 4,54 d β-0,7;2,0... γ 1297; 808; 489...	**Ca 48** 0,187 σ 1,1	**Ca 49** 8,72 m β-2,2; 2,9... γ 3084; 4072...	**Ca 50** 13,9 s β-3,1 γ 257; 1519; 72; 1591	**Ca 51** 10,0 s β- γ 862; 1394; 1168; 1480...	**Ca 52** 4,6 s β-4,1 γ 675; 961; 1636; 2070...
K 43 22,2 h β-0,8; 1,8... γ 373; 618...	**K 44** 22,2 m β-5,7... γ 1157;2151...	**K 45** 17,8 m β-2,3; 4,2... γ 174; 1706...	**K 46** 115 s β-6,4... γ 1347;3700...	**K 47** 17,5 s β-4,1... γ 2013; 586; 565	**K 48** 6,8 s β-5,3; 8,4... γ 3832;780... βn 0,23...	**K 49** 1,26 s β-4,0; 10,5... n 0,44... γ 4772;4030...	**K 50** 472 ms β-5,3; 14,0... βn 2,48; 2,83...	**K 51** 365 ms β-12,6... βn 2,21; 0,86... γ 1027*;2999*; 3462...
Ar 42 33 a β-~0,6 no γ	**Ar 43** 5,37 m β- γ 975; 738; 1440...	**Ar 44** 11,87 m β- γ 183; 1703; 1886...	**Ar 45** 21,5 s β-3,2; 5,8... γ 1020; 3707; 61...	**Ar 46** 7,8 s β- γ 1944...	**Ar 47** ~700 ms β-	**Ar 48** ? β- βn	**Ar 49** ? β- βn	**Ar 50** ? β- βn
Cl 41 38,4 s β-3,8... γ 167;515...	**Cl 42** 6,9 s β- γ 1207...	**Cl 43** 3,3 s β- γ	**Cl 44** 434 ms β-	**Cl 45** 400 ms β- βn	**Cl 46** 223 ms β- βn	**Cl 47** ? β- βn	**Cl 48** ? β- βn	**Cl 49**
S 40 8,8 s β- γ 212; 432; 889;678	**S 41**	**S 42** 560 ms β-	**S 43** 230 ms β- βn	**S 44** 123 ms β- βn	**S 45** 82 ms β- βn	**S 46**	**S 47**	**S 48**
P 39 ~160 ms β- βn	**P 40** 260 ms β- βn	**P 41** 120 ms β- βn	**P 42** 110 ms β- βn	**P 43** 33 ms β- βn	**P 44**	**P 45**	**P 46**	32
Si 38	**Si 39**	**Si 40**	**Si 41**	**Si 42**		30		

18 Kernzerfälle und Kernstrahlung

18.1 Überblick

Wir hatten erwähnt (Bild 16.1), daß die radioaktive Strahlung eines Kerns in drei Komponenten (α, β, γ) zerlegt werden kann. Genauere Untersuchungen zeigen:

α- und β-Strahlen sind Teilchenstrahlen,

γ-Strahlung ist elektromagnetische Strahlung.

Im einzelnen ergibt sich:

1. *α-Strahlen* sind zweifach positiv geladene $_2^4$He-Kerne, also ein Verbund aus zwei Protonen und zwei Neutronen. α-Strahlen sind monoenergetisch mit typischerweise $E_{kin}^\alpha \approx 5\,\text{MeV}$.

2. *β-Strahlen* sind Elektronen oder Positronen. Das Energiespektrum (kinetische Energie) der β-Teilchen ist kontinuierlich mit einer wahrscheinlichen Energie, die kleiner als die maximale Energie ist. Die maximale Energie liegt typischerweise um 1 MeV.

3. *γ-Strahlen* sind sehr energiereiche elektromagnetische Strahlen. Sie sind monochromatisch mit typischen Photonenenergien zwischen $\approx 0{,}1$ und $\approx 2\,\text{MeV}$.

Zusätzlich kann in extremen Fällen (speziell bei künstlich erzeugten Radioisotopen) weit ab vom stabilen Tal noch die *Emission von Protonen* (extrem neutronenarme Isotope) oder *Emission von Neutronen* (extrem protonenarme Isotope) auftreten. Die Energiedifferenz (*Massendefekt*) zum Folgekern muß dann von der Größenordnung der Bindungsenergie eines Nukleons ($\approx 8\,\text{MeV}$) sein. Bei sehr schweren Kernen (^{238}U) gibt es auch noch die *spontane Spaltung*, d.h. der Kern zerbricht spontan in zwei kleinere Bruchstücke. Wir erinnern, daß dies nach der Bethe-Weizsäcker-Formel für schwere Kerne mit Energiegewinn verbunden ist. Technisch wichtig ist allerdings nur die *neutroneninduzierte Spaltung*.

Zunächst wollen wir uns aber mit spontanen Kernzerfällen beschäftigen.

18.2 Das Zerfallsgesetz

Der Kernzerfall ist ein statistischer Prozeß

Der spontane radioaktive Zerfall ist ein rein statistischer Vorgang, was bedeutet, daß der Einzelprozeß eines Kernzerfalls zu einem nicht genau definierbaren Zeitpunkt erfolgt. Es ist nur möglich, eine Zerfallswahrscheinlichkeit anzugeben und, daraus abgeleitet, eine mittlere Lebensdauer des Kerns. Die Situation ist analog zu der spontanen Emission von Licht in Atomen, die wir in Abschnitt 3.2 besprochen haben.

Bemerkung:

Das dem radioaktiven Zerfall aufgeprägte statistische Verhalten ist die Ursache für die statistische Streuung der Rate in einem Zählexperiment. Bekanntlich ist, wenn N die Zahl der nachgewiesenen Teilchen darstellt, der Wert von N nur bis auf $\pm\sqrt{N}$ (Standardabweichung) bestimmt.

Die *Zerfallswahrscheinlichkeit* ist dieselbe für jeden Kern eines Ensembles von gleichartigen Kernen.

Die Zerfallswahrscheinlichkeit ist insbesondere unabhängig vom Alter des Kerns (der bereits verstrichenen Zeit) und unabhängig von der Zahl der Kerne im Ensemble.

Aktivität

Da, wie wir gesehen haben, Bindungsenergien von Nukleonen im Bereich von 10 MeV liegen, ist die Zerfallswahrscheinlichkeit auch durch äußere Einflüsse (Druck, Temperatur) nicht veränderbar. Die Bedingung der Konstanz der Zerfallswahrscheinlichkeit hat die Folge, daß die Zahl der Zerfälle pro Zeiteinheit (Aktivität A) proportional ist zur Zahl der in jedem Zeitpunkt vorhandenen Kerne:

$$\boxed{A = -\frac{dN}{dt} = \lambda N(t)} \qquad (18.1)$$

Die Proportionalitätskonstante λ bezeichnet man als die *Zerfallkonstante*. Integration von (18.1) liefert sofort das Zerfallsgesetz

$$\boxed{\begin{aligned} N(t) &= N(0) \cdot \exp\left(-\lambda t\right) \\ A(t) &= A_0 \cdot \exp\left(-\lambda t\right) \end{aligned}} \qquad (18.2)$$

Der Kehrwert der Zerfallkonstante stellt die *mittlere Lebensdauer* (des radioaktiven Kerns) dar:

$$\boxed{\tau = \frac{1}{\lambda}} \tag{18.3}$$

In der Regel benutzt man aber in der Praxis die sogenannte *Halbwertszeit* $t_{1/2}$. Das ist die Zeit, in der die Hälfte der ursprünglich (also zur Zeit $t = 0$) vorhandenen Kerne zerfallen ist. Es folgt sofort:

$$\boxed{t_{1/2} = \ln 2 \cdot \tau \approx 0{,}693 \cdot \tau} \tag{18.4}$$

und das Zerfallgesetz läßt sich schreiben:

$$A(t) = A_0 \exp\left(-\frac{t}{\tau}\right) = A_0 \exp\left(-\frac{\ln 2 \cdot t}{t_{1/2}}\right). \tag{18.5}$$

Die Halbwertzeit bzw. die mittlere Lebensdauer bzw. die Zerfallkonstante läßt sich aus der Messung der Aktivität, d.h. der Zahl der Zerfälle pro Zeiteinheit bestimmen (Bild 18.1).

1 Bq ist ein Zerfall pro Sekunde

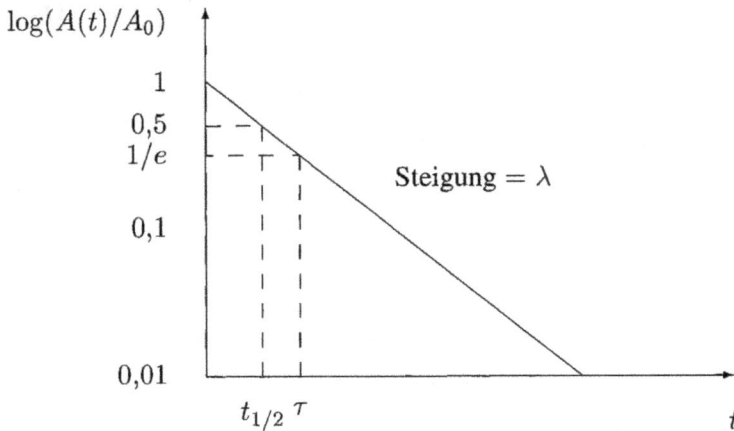

Bild 18.1: Zum radioaktiven Zerfall.

Die Einheit der Aktivität (im SI-System) ist s^{-1}, was als 1 Bq (Becquerel) bezeichnet wird[1].

---

[1] Dies ist im praktischen Sinne keine glückliche Einheit, da selbst schwach radioaktive Stoffe Aktivitäten im Bereich von kBq liefern. Früher wurde als Einheit

$$1\,\text{Curie} = 3{,}7 \cdot 10^{10}\,\text{Bq}$$

verwendet. 1 Curie ist die Aktivität von 1 g Radium.

Von Interesse ist oft die Erzeugung einer Aktivität innerhalb einer Zerfallsreihe. Wir beobachten den einfachen Fall eines einzigen radioaktiven Folgeprodukts, also eine Zerfallsreihe der Art:

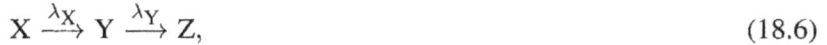

$$X \xrightarrow{\lambda_X} Y \xrightarrow{\lambda_Y} Z, \qquad (18.6)$$

wobei wir annehmen, daß Z stabil ist und X und Y verschiedene Zerfallkonstanten haben (was sicher der Fall sein wird). Man bezeichnet X als den *Mutterkern*, Y als den *Tochterkern*. Zum Zeitpunkt $t = 0$ seien keine Kerne Y vorhanden, als $A_Y(0) = 0$. Zu einem späteren Zeitpunkt werden einmal Kerne Y durch den Zerfall von X gebildet, dabei nimmt A_X ab, und A_Y zu, aber die gebildeten Kerne Y zerfallen auch wieder. Somit:

$$\frac{dN_Y}{dt} = A_X(0) \cdot \lambda_X \cdot \exp(-\lambda_X t) - N_Y \cdot \lambda_Y. \qquad (18.7)$$

Der erste Term ist die Bildungsrate, der zweite Term die Zerfallrate.

Tochteraktivität Die *Tochteraktivität* $A_Y(t)$ ist gegeben durch $N_Y \lambda_Y$ und *nicht* durch dN_Y/dt. Man erhält:

$$A_Y(t) = (N_X \lambda_X) \frac{\lambda_Y}{\lambda_X - \lambda_Y} \{1 - \exp[-(\lambda_Y - \lambda_X) t]\}. \qquad (18.8)$$

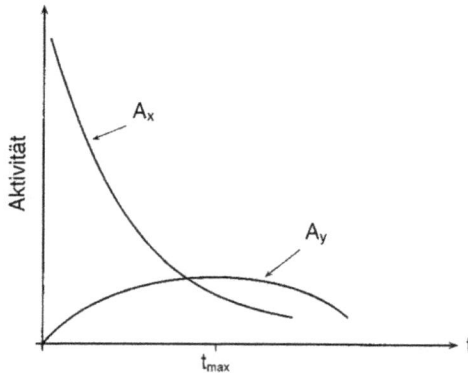

Bild 18.2: Bildung einer Tochteraktivität. Zum Zeitpunkt t_{max} erreicht die Tochteraktivität ein Maximum.

Die Situation ist in Bild 18.2 dargestellt. Die Tochteraktivität nimmt erst zu, erreicht bei $t = t_{max}$ ein Maximum, wenn Bildungs- und Zerfallrate sich die Waage halten ($N_X \lambda_X = N_Y \lambda_Y$), und klingt dann wieder ab, weil die

Fütterungsrate der zerfallenen Kerne X geringer wird. Einsetzen liefert:

$$t_{\max} = \frac{\tau_X \tau_Y}{\tau_X - \tau_Y} \ln\left(\frac{\tau_X}{\tau_Y}\right). \tag{18.9}$$

Interessant ist der Grenzfall $\lambda_X \gg \lambda_Y$. Dann ist die Bildungsrate von Y *Grenzfall* nahezu konstant, und die Tochteraktivität steigt bis zum Grenzwert $N_Y \lambda_Y = \lambda_X \gg \lambda_Y$ $N_X \lambda_X$ an (Bild 18.3), bei dem beide Aktivitäten im Gleichgewicht sind (radioaktives Gleichgewicht). In der Näherung $\lambda_X = $ const verharrt sie dort.

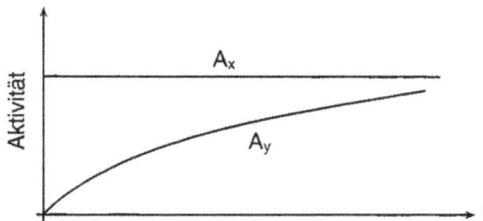

Bild 18.3: Bildung der Tochteraktivität aus einem langlebigen Mutterkern.

Dieser Fall ist insbesondere realisiert, wenn die Erzeugung von Y nicht über einen vorangegangenen Zerfall, sondern durch eine Kernreaktion er- *Künstliche* folgt (*Bestrahlung*). Solange die Reaktionsrate konstant ist, steigt zunächst *Radioaktivität –* die Zahl der „aktivierten" Kerne an und erreicht dann den Gleichgewichtszu- *Bestrahlung* stand (Sättigungsaktivität $A_Y(\infty)$). Es ist wenig sinnvoll, länger als etwa die mittlere Lebensdauer τ_Y des aktivierten Kerns zu bestrahlen. Man erreicht dann $A_Y(\tau_Y) = A_Y(\infty)(1 - e)$.

Bei nicht zu langlebigen Isotopen (τ im Bereich von Stunden bis Tagen) legt allein die Reaktionsrate (Wirkungsquerschnitt [cm^2] mal Geschoßteil-chenfluß [cm^{-2}s^{-1}]) die erreichbare Aktivität fest. In praktischen Fällen entscheidend ist oft die *spezifische Aktivität* [A/kg]. Eine hohe spezifische Aktivität verlangt somit einen hohen Bestrahlungsteilchenfluß.

18.3 Der Alpha-Zerfall

Hauptsächlich die schweren Kerne, speziell Elemente jenseits der $Z = 82$ Schale (Pb), sind instabil gegen α-Zerfall. Im α-Zerfall ändert sich Z um 2 und A um 4 Einheiten, z.B.

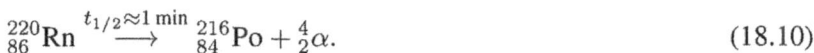

$$^{220}_{86}\text{Rn} \xrightarrow{t_{1/2} \approx 1\,\text{min}} {}^{216}_{84}\text{Po} + {}^{4}_{2}\alpha. \tag{18.10}$$

Dies ist einer der Zerfälle in der natürlichen Zerfallsreihe von $^{232}_{90}\text{Th}$ zu $^{208}_{82}\text{Pb}$, einem doppelt magischen Kern (siehe auch Bild 18.5). Die α-Teilchen sind monoenergetisch d.h. sie haben eine wohldefinierte kinetische Energie; im vorliegenden Fall $E_\alpha = 6,29\,\text{MeV}$. Dies ist deutlich niedriger als die Coulomb-Barriere für α-Teilchen in diesem Bereich, die bei $E_C \approx 30\,\text{MeV}$ liegt. Dies bedeutet, daß die Emission von α-Teilchen durch einen Tunnelprozeß erfolgt, wie dies in Physik III bereits besprochen wurde und in Bild 18.4 noch einmal veranschaulicht ist.

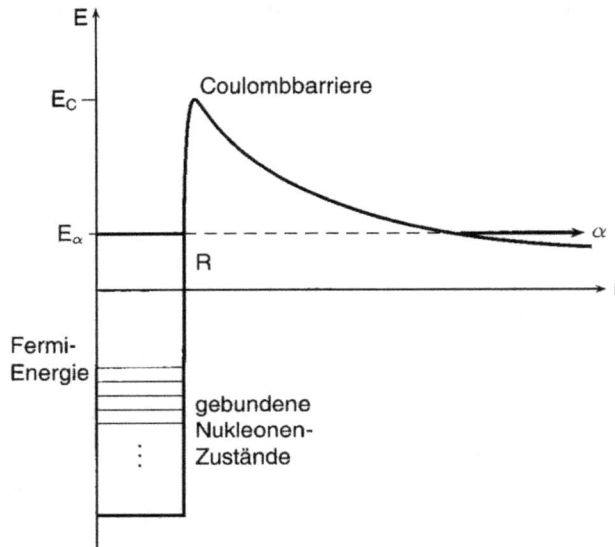

Bild 18.4: Tunneleffekt beim α-Zerfall.

Die Berechnung des Tunneleffektes kann insbesondere die *Regel von Geiger und Nuttall* erklären

$$\boxed{\ln t_{1/2} = \frac{a}{\sqrt{E_\alpha}} + b} \qquad \textbf{Geiger – Nuttall – Regel} \qquad (18.11)$$

Die Konstanten a und b hängen leicht von Z ab. Die Beziehung (18.11) gilt über mehr als 20 Größenordnungen (!), wie die Beispiele in Bild 18.5 zeigen.

Es gibt vier natürliche Zerfallsreihen, die als $A = 4n$, $4n+1$, $4n+2$, $4n+3$ bezeichnet werden. In Bild 18.6 zeigen wir die Isotopenfolge für die $A = 4n$ Reihe. Die anderen Reihen gehen:

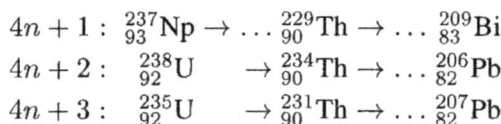

$$4n + 1 : \quad {}^{237}_{93}\text{Np} \rightarrow \ldots {}^{229}_{90}\text{Th} \rightarrow \ldots {}^{209}_{83}\text{Bi}$$
$$4n + 2 : \quad {}^{238}_{92}\text{U} \quad \rightarrow {}^{234}_{90}\text{Th} \rightarrow \ldots {}^{206}_{82}\text{Pb}$$
$$4n + 3 : \quad {}^{235}_{92}\text{U} \quad \rightarrow {}^{231}_{90}\text{Th} \rightarrow \ldots {}^{207}_{82}\text{Pb}$$

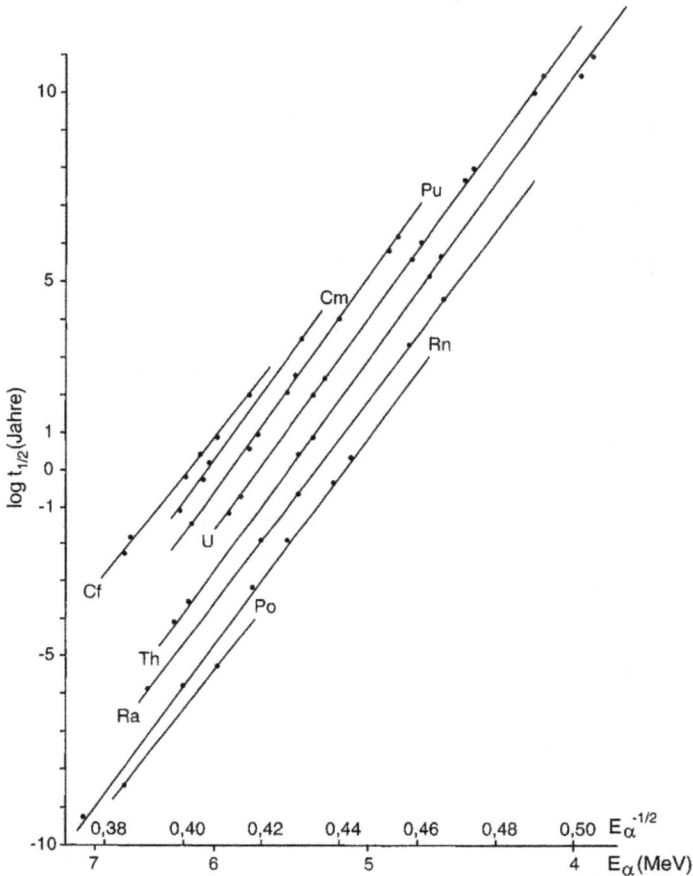

Bild 18.5: Geiger-Nuttall-Regel für α instabile (gg)-Kerne der schweren Elemente. Entsprechende Kurven existieren für (ug)- und (gu)-Kerne.

Die längste Lebensdauer hat jeweils der Startkern. Bei der $4n+1$-Reihe liegt sie nur bei $\approx 10^6$ Jahren (^{237}Np), sonst bei 10^9 bis 10^{10} Jahren (^{238}U, ^{235}U, ^{232}Th). Deshalb kommt auf der Erde die $4n + 1$ Reihe in der Natur nicht mehr vor.

Wie man aus Bild 18.6 ersieht, treten in den Zerfallsreihen neben α-Zerfällen auch β-Zerfälle auf. Dies ist sofort verständlich. Durch α-Zerfall bleibt das Verhältnis Z/N weitgehend erhalten. Um von $_{90}$Th zu $_{82}$Pb zu kommen, wären 4 konsekutive α-Zerfälle nötig. Sie würden A von 232 auf 216 ändern. In anderen Worten: $^{232}_{90}$Th müßte in $^{216}_{82}$Pb zerfallen. Dies ist aber gegenüber dem stabilen Tal viel zu neutronenreich. Die Neutronenzahl muß gegenüber der Protonenzahl verringert werden, dies ermöglicht der β-Zerfall, wie wir im folgenden Abschnitt zeigen.

						Ra 228 MnTh 5,7 a	$\xleftarrow{\alpha}$ β^-	Th 232 Th $\sim 10^{10}$ a
								Ac 228 MnTh 6,13 a $\searrow \beta^-$
	Pb 212 ThB 10,6 h $\searrow \beta^-$	$\xleftarrow{\alpha}$	Po 216 ThA 0,15 s	$\xleftarrow{\alpha}$	Rn 220 ThA 55,6 s	$\xleftarrow{\alpha}$	Ra 224 ThX 3,64 d	$\xleftarrow{\alpha}$ Th 228 RaTh 1,9 a
Tl 208 ThC 3,1 m $\searrow \beta^-$	$\xleftarrow[36,2\%]{\alpha}$ Bi 212 ThC 60,6 m $\searrow \beta^-$							
	Pb 208 ThD stabil	$\xleftarrow{\alpha}$	Po 212 ThC 0,3 μs					

Bild 18.6: Isotopenfolge für die natürliche Zerfallsreihe $A = 4n$ (Thorium). Die gesperrt gedruckten Namen sind historische Bezeichnungen der radioaktiven Zerfallsprodukte.

18.4 Der Beta-Zerfall

Zerfall des freien Neutrons

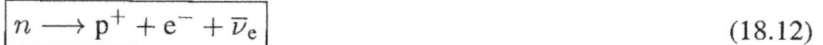

Der grundlegende β-Zerfall (genauer der β^--Zerfall, wie wir weiter unten diskutieren) ist der Zerfall des freien Neutrons in ein Proton:

$$n \longrightarrow p^+ + e^- + \bar{\nu}_e \tag{18.12}$$

Elektronen ($L = 1$) und Antineutrinos ($L = -1$) sind Leptonen

Die Bezeichnung $\bar{\nu}_e$ symbolisiert das Elektron-Antineutrino (siehe Abschnitt 22.2). Daß gerade dieses Teilchen hier auftritt, ist eine Folge der Erhaltung der Leptonenzahl (Abschnitt 22.4). Die Halbwertzeit des Neutrons ist ≈ 11 min. Der Zerfall (18.12) ist möglich, da $m_n > m_p + m_e$ ist. Die Massendifferenz ($Q_\beta \approx 0,78$ MeV) steht als Zerfallsenergie zur Verfügung.

Das Neutrino haben wir hier mit Ruhemasse Null angesetzt (siehe dazu ebenfalls Abschnitt 22.2), es ist dann ein rein relativistisches Teilchen, das sich stets mit Lichtgeschwindigkeit bewegt. Die Zerfallsenergie muß sich in den Endteilchen wiederfinden. Schon in früheren Experimenten zum β-Zerfall zeigte sich, daß das einzige Teilchen, das als Zerfallsprodukt in Erscheinung trat (das Elektron), eine kontinuierliche Verteilung seiner kinetischen Energie besitzt. Ein Beispiel eines solchen β-Spektrums ist in Bild 18.7 zu sehen. Die zunächst diskutierte Vermutung, daß der Energiesatz nur im Mittel gültig sei, schied aus, als gezeigt wurde, daß Q_β nicht mit der mittleren Energie, sondern mit der Endenergie E_{max} der Elektronen identisch ist. PAULI

PAULIs Neutrino Hypothese

forderte dann die Beteiligung eines ungeladenen masselosen Teilchens, das sich infolge dieser Eigenschaften nicht nachweisen ließ. Dies ist das (Anti-) Neutrino in der Reaktionsgleichung. Als relativistisches Teilchen besitzt das

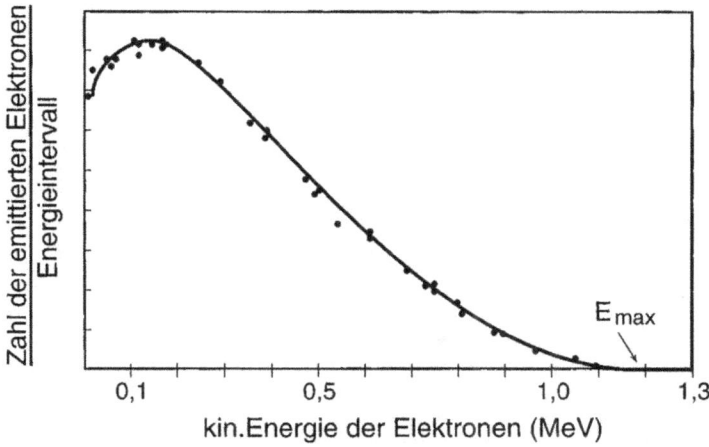

Bild 18.7: β-Spektrum des Zerfalls von $^{210}_{83}$Bi.

Neutrino aber Impuls. In Nebelkammeraufnahmen konnte in der Tat nachgewiesen werden, daß der Rückstoßimpuls des Protons nicht entgegengesetzt gleich dem des Elektrons ist (Bild 18.8). Ein drittes (nicht nachweisbares Teilchen) ist also im Spiel.

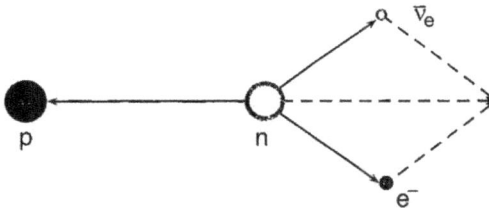

Bild 18.8: Impulse beim β-Zerfall.

Im Bild der Fundamentalteilchen sind Proton und Neutron aus Quarks zusammengesetzt (siehe Tabelle 22.3):

$$p = (uud) \quad und \quad n = (udd).$$

Der β-Zerfall (18.12) ist aus dieser Sicht die Umwandlung eines d-Quarks in ein u-Quark, was durch die *schwache Wechselwirkung* bewirkt wird. Auf weitere Einzelheiten der mikroskopischen Vorgänge beim β-Zerfall gehen wir hier nicht ein.

Reaktion (18.12) beschreibt den Zerfall des freien Neutrons. Gebundene Neutronen im Kern sind an sich stabil. Wie wir aber schon in Bild 17.3 gesehen haben, bauen Kerne, die sich auf der neutronenreichen Seite der stabilen Talsohle befinden, ihren Neutronenüberschuß durch β^--Zerfall ab.

Durch Umwandlung eines Neutrons in ein Proton wird N erniedrigt und Z erhöht. Allgemein gilt also für den β^--Zerfall:

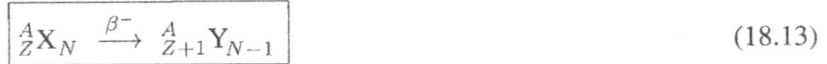

$$\boxed{{}^A_Z X_N \xrightarrow{\beta^-} {}^A_{Z+1} Y_{N-1}}$$ (18.13)

Ein Beispiel:

$${}^{210}_{83}\text{Bi} \longrightarrow {}^{210}_{84}\text{Po} + e^- + \overline{\nu_e}.$$ (18.14)

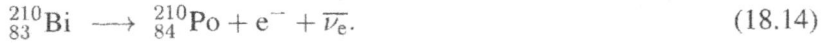

Dieser Zerfall, dessen β-Spektrum im Bild 18.7 gezeigt wurde, kommt in der natürlichen Zerfallsreihe des ${}^{238}\text{U}$ vor (Reihe $4n + 2$).

Kein β^+-Zerfall des freien Protons

Bei der zu (18.12) analogen Umwandlung eines Protons in ein Neutron entsteht ein Positron, man spricht deshalb vom β^+-Zerfall:

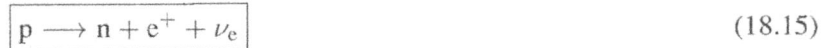

$$\boxed{p \longrightarrow n + e^+ + \nu_e}$$ (18.15)

Für das freie Proton ist der β^+-Zerfall nicht möglich, da $m_p < m_n$ ist.

Bemerkung:
Durch Einfang eines Elektron-Antineutrinos kann die entsprechende Reaktion aber induziert werden (*inverser β-Zerfall*)

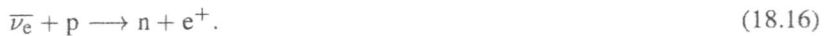

$$\overline{\nu_e} + p \longrightarrow n + e^+.$$ (18.16)

Über den Nachweis der Reaktionsprodukte n, e^+ bietet der inverse β-Zerfall die Möglichkeit, Elektronen-Antineutrinos zu detektieren. Dies gilt insbesondere für Messungen des von der Sonne kommenden Neutrinoflusses (F. REINES – Nobelpreis 1995), der Aufschluß über die in Sternen ablaufenden Fusionsprozesse gibt. Die Situation ist im Einzelnen noch ungeklärt, da der Neutrinofluß kleiner ist, als die theoretischen, an sich gut fundierten, Modelle vorhersagen.

β^+-Zerfall bei Protonenüberschuß

Der β^+-Zerfall kann jedoch in den Kernen auftreten, die einen Protonenüberschuß abbauen müssen, um die stabile Talsohle zu erreichen (siehe Bild 17.3). In diesem Fall ist die Reaktion:

$${}^A_Z X_N \longrightarrow {}^A_{Z-1} Y_{N+1} + e^+ + \nu_e.$$ (18.17)

Das Energiespektrum der Positronen ist ähnlich dem der Elektronen beim β^--Zerfall, aber die Energiebilanz ist anders. Das Positron ist ein Teilchen der Antimaterie und daher in der normalen Kernmaterie nicht enthalten. Formal können wir uns den Zerfall so vorstellen: Im Kern wird ein e^+, e^--Paar erzeugt, das Elektron dient zur Umwandlung p→n und das Positron

wird emittiert, womit die Ladungserhaltung in (18.15) gewährleistet ist. Die
Folge ist, daß $Q_{\beta+} > 2m_e/c^2 \approx 1\,\text{MeV}$ sein muß, und daß im β^+-Spektrum
$E_{\text{max}} \approx Q_{\beta+} - 1\,\text{MeV}$ ist. Der Schluß liegt nahe, daß protonenreiche Kerne
mit weniger als 1 MeV Abstand von der stabilen Talsohle nicht zerfallen
können. Für nackte Kerne (d.h. Z-fach positiv geladene Ionen) ist dies auch
richtig. Für Kerne, die mit einer Elektronhülle umgeben sind, gibt es eine
konkurrierende Zerfallsart, den *Elektroneneinfang* (EC = electron capture).

Zur Erzeugung eines e^+, e^--Paares sind $2 \cdot 0{,}511\,keV$ nötig

Beim EC-Zerfall wird ein Hüllenelektron eingefangen und damit die Umwandlung $p \to n$ erzielt. Zurück bleibt ein positives Ion mit $Z - 1$ und
$N + 1$, d.h.:

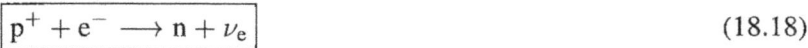

EC-Zerfall= Einfang eines Hüllenelektrons

$$\boxed{\text{p}^+ + \text{e}^- \longrightarrow \text{n} + \nu_\text{e}} \qquad (18.18)$$

Das Neutrino kann wieder durch seinen Rückstoß nachgewiesen werden. Für
die kinetische Energie des Neutrinos folgt

$$E_\nu = Q_{\beta+} + m_e c^2 - E_\text{B}, \qquad (18.19)$$

wenn E_B die Bindungsenergie des Elektrons ist. Für EC-Zerfälle gilt somit
die Bedingung $Q_{\beta+} > E_\text{B}$. Jedoch ist E_B sehr klein gegen Kernenergien,
und daher ist das keine ernste Beschränkung. EC-Zerfall tritt für sich allein
für $Q_{\beta+} < 1\,\text{MeV}$ auf. Bei $Q_{\beta+} > 1\,\text{MeV}$ konkurrieren oft β^+-Zerfälle
und EC-Zerfall miteinander und beide Zerfallstypen existieren gleichzeitig.
Eingefangen werden meist K-Elektronen, da ihre Aufenthaltswahrscheinlichkeit im Kern am größten ist. Das entstehende Loch in der Elektronenhülle
führt zur Emission von charakteristischer Röntgenstrahlung (vorzugsweise
K_α-Strahlung). Dies ist die Signatur des EC-Zerfalls. (Statt charakteristischer Röntgenstrahlen können auch Augerelektronen emittiert werden, siehe
Abschnitt 9.10). Aus Bild 17.3 ist weiter ersichtlich, daß wir für gerade
(uu)-Kerne sowohl durch β^+- wie auch β^--Zerfall einen stabilen (gg)-Kern
erreichen können. Der β^+-Zerfall kann, wie gesagt, mit EC-Zerfall gemischt
sein, so daß manche Kerne alle drei Typen des β-Zerfalls (β^-, β^+, EC) zusammen zeigen.

18.5 Die Paritätsverletzung

Zerfallprozesse, wie der β-Zerfall, die durch die schwache Wechselwirkung hervorgerufen werden, sind durch Nichterhaltung der Parität
gekennzeichnet. Dies kann darauf zurückgeführt werden, daß Neutrinos stets
linkshändige und Antineutrinos stets rechtshändige *Helizität* besitzen. Diese
Aussage bedeutet, daß der Spin (genauer seine z-Komponente S_z) des Neutrinos (Neutrinos haben Spin 1/2) stets entgegengesetzt, bei Antineutrinos

Eindeutige Helizität des Neutrinos

stets parallel zur Bewegungsrichtung (linearer Impuls $\vec{p}$) steht. Dies ist in Bild 18.9 veranschaulicht.

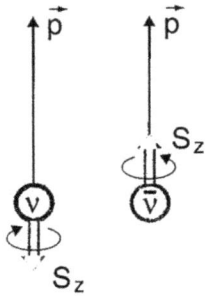

Bild 18.9: Linkshändige (ν) und rechtshändige ($\bar{\nu}$) Helizität der Neutrinos.

Der Spin ist ein Drehimpulsvektor, und beim Neutrino erzeugt eine Linksdrehung die Richtung des linearen Impulses $\vec{p}$, im Antineutrino dagegen eine Rechtsdrehung. Daher spricht man von Helizität. Wie gesagt, die Helizität des Neutrinos ist eindeutig, d.h. für ein Neutrino kann niemals S_z in Richtung von $\vec{p}$ zeigen, für ein Antineutrino niemals entgegen $\vec{p}$. So ist z.B. die Reflexion eines Neutrinos (bei der der Impuls um 180° gedreht wird) ohne gleichzeitigen Spinflip nicht möglich (Bild 18.10).

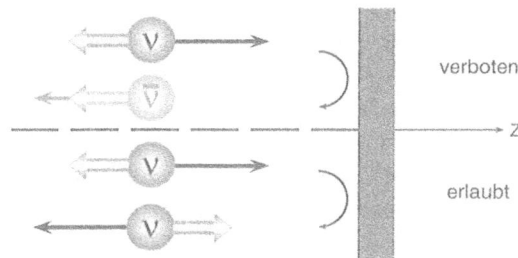

Bild 18.10: Reflexion eines Neutrinos.

Pionenzerfall

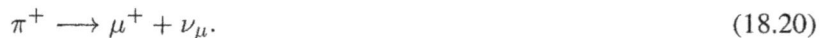

Wir wollen uns zunächst an einem einfachen Teilchenzerfall, der durch schwache Wechselwirkung vermittelt wird, ansehen, welche Konsequenzen aus der eindeutigen Helizität des Neutrinos folgen. Das Beispiel ist der Zerfall des positiven Pions in ein (Anti-)Myon:

$$\pi^+ \longrightarrow \mu^+ + \nu_\mu. \qquad (18.20)$$

Das π^+ sei in Ruhe. Dann verlangt die Impulserhaltung, daß μ^+ und ν_e entgegengesetzt gleichen Impuls besitzen. Das Pion hat Spin 0, die beiden Leptonen (μ^+, ν_μ) Spin 1/2. Also verlangt die Drehimpulserhaltung, daß die Spins von μ^+ und ν_μ entgegengesetzt gerichtet sind. (Für $S = 1/2$ gibt es ja nur zwei Einstellmöglichkeiten $S_z = \pm 1/2$). Nun legt die linkshändige Helizität des Neutrinos die Richtung des Spins für das Myon eindeutig fest. Man spricht in einem solchen Fall von *Spinpolarisation*. Die emittierten Myonen sind 100% spinpolarisiert, und zwar zeigt $(S_z)_\mu$ immer entgegen der Flugrichtung (Bild 18.11). Das läßt sich experimentell leicht nachweisen und wurde voll bestätigt.

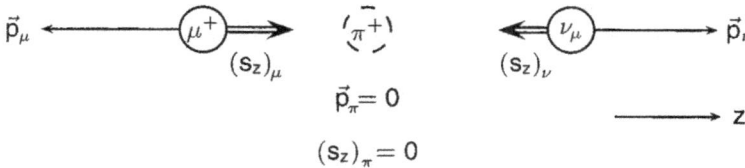

Bild 18.11: Impuls- und Drehimpulserhaltung beim Pionenzerfall. Wegen der eindeutigen Linkshelizität des Neutrinos ist die Situation $\vec{S}_\mu \parallel \vec{p}_\mu$ verboten.

Bemerkung:

Beim β-Zerfall ist die Situation etwas komplizierter, da der Endzustand von drei Teilchen gebildet wird, dem Tochterkern, dem Elektron und dem Antineutrino. Die Theorie sagt voraus, daß die Emission der Elektronen vorzugsweise (aber nicht ausschließlich) in Richtung des Kernspins des Mutterkerns erfolgt, und daß linkshändige Elektronen dominieren. Speziell die erste Aussage wurde in einem berühmten Experiment von C.S. Wu am β^--Zerfall von ^{60}Co nachgewiesen (siehe auch Bild 18.12):

Experiment von C.S. Wu

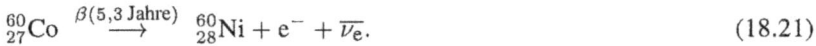

$$^{60}_{27}\text{Co} \xrightarrow{\beta(5,3\,\text{Jahre})} {}^{60}_{28}\text{Ni} + e^- + \overline{\nu_e}. \tag{18.21}$$

Dazu muß man polarisierte ^{60}Co Kerne erzeugen, d.h. Kerne mit eindeutiger Orientierung von I_z.

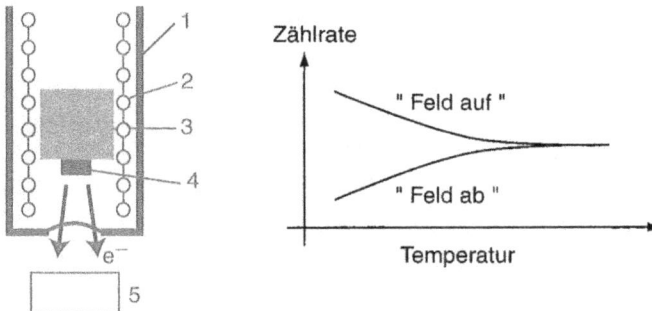

Bild 18.12: Schema des Nachweises der Paritätsverletzung beim β-Zerfall von ^{60}Co durch C.S. Wu et al. Links: Apparatur; 1 = Kryostat, 2 = Feldspule, 3 = Tiefsttemperaturstufe (mK), 4 = ^{60}Co-Quelle, 5 = Elektronendetektor. Rechts: Typische Meßkurve (Erklärung im Text).

Für ^{60}Co ist $I = 5$, und der Kern besitzt ein relativ großes magnetisches Moment von $\mu_I = 3{,}75\mu_K$. In einem starken angelegten Magnetfeld $\vec{B}_0$ erleidet der $I = 5$ Grundzustand eine Zeemanaufspaltung in 11 magnetischen Zustände $m_I = -5, -4, \ldots 0, \ldots + 5$. Wenn die Kerne soweit abgekühlt werden (was wegen der radioaktiven Aufheizung nicht trivial ist), daß $\mu_I \cdot B_0 \gg k_B T$ ist, dann ist praktisch nur noch der Zustand mit $I_z = -5\hbar$ besetzt, d.h. die Spins der Kerne sind gegen die Feldrichtung ausgerichtet.

In Bild 18.12 ist links das Schema der Meßapparatur und rechts ein typisches Meßresultat gezeigt. Zunächst zeige $\vec{B}_0$ in Richtung zum Detektor (Kurve „Feld ab"). Bei Erreichen von Temperaturen, die niedrig genug sind, um die ^{60}Co Kerne zu polarisieren, zeigt I_z gegen den Detektor, d.h. die e^--Teilchen werden vorzugsweise nach „oben" emittiert, die Zählrate im Detektor sinkt ab. Wenn das Experiment mit „Feld auf" wiederholt wird, ist die Situation umgekehrt und die Zählrate nimmt zu.

Ein entsprechendes Verhalten wird beim Zerfall des Myons beobachtet, z.B. für das positive Myon:

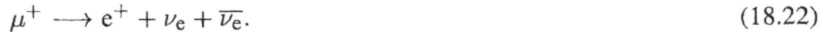

$$\mu^+ \longrightarrow e^+ + \nu_e + \overline{\nu_e}. \tag{18.22}$$

Man findet, daß das Positron vorzugsweise in Richtung des Myonenspins ausgesendet wird. Da bei der Produktion des μ^+ (siehe Bild 18.11) polarisierte Myonen entstehen, ist hier die Asymmetrie viel leichter nachzuweisen als mit dem β-Zerfall eines Kerns. Extrem tiefe Temperaturen werden nicht benötigt.

18.6 Gamma-Übergänge

Angeregter Kern

Durch Aussendung eines Photons ändert ein Kern weder Z noch A, d.h. der γ-Übergang baut nur Anregungsenergie eines Kerns ab und bringt den Kern in seinen Grundzustand. Dies kann natürlich über mehrere Stufen erfolgen. Somit entspricht die Aussendung von γ-Strahlen von Kernen der Aussendung von Licht aus der Atomhülle. Ein noch treffenderer Vergleich sind Molekülanregungen, denn in den Kernen existieren, wie besprochen, ebenfalls kollektive Anregungen (Schwingungen, Rotationen). Derartige Anregungen in Atomen und Molekülen können durch Temperaturerhöhungen oder elektrische Entladungen bewerkstelligt werden. Im Prinzip bedeutet dies einfach Energieübertragung im Bereich um 1 eV. Für Kerne muß die Anregungsenergie eher in der Gegend von MeV liegen, sie kann also durch Temperaturerhöhung etc. in der Regel (abgesehen von astronomischen Objekten) nicht erreicht werden. Man benötigt Kernreaktionen, zu denen die radioaktiven α- und β-Zerfälle zu zählen sind. Wir hatten bisher stillschweigend angenommen, daß z.B. ein β-Zerfall, wie ihn etwa (18.14) beschreibt, stets zum Grundzustand des Tochterkerns führt. Das ist meist nicht der Fall, d.h. es werden angeregte Zustände des Tochterkerns erreicht. Einige Beispiele zeigen die Bilder 18.13 und 18.14.

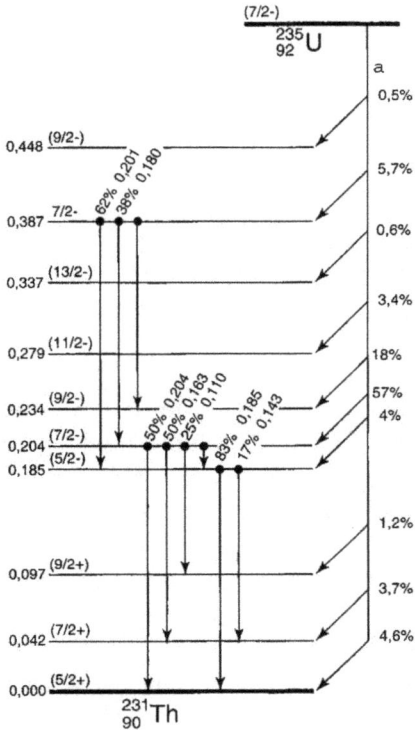

Bild 18.13: Beispiel für einen Kernzerfälle in angeregte Zustände des Tochterkerns. α-Zerfall von ^{235}U in ^{231}Th. Die angeregten Zustände zerfallen durch γ-Emission (senkrechte Pfeile). Die schräg gestellten Zahlen sind die γ-Energien (in MeV) und die relative Intensität, wenn verschiedene γ-Übergänge möglich sind. Für die angeregten Zustände sind Spin, Parität und die Energie (in MeV) angegeben. Zahlen in Klammern bedeuten, daß die Zuordnung nicht eindeutig ist. γ-Übergänge sind nur eingezeichnet, wenn sie experimentell beobachtet wurden. Wenn ein angeregter Zustand keinen Abregungspfeil hat, bedeutet dies nicht, daß er stabil ist. Vergleiche dazu auch Bild 18.14. (Nach Lederer, *Table of Isotops*).

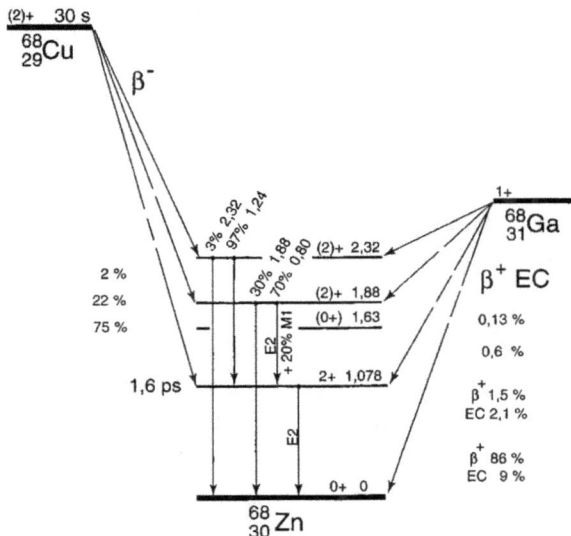

Bild 18.14: β^--Zerfall von ^{68}Cu in ^{68}Zn und β^+ (gemischt mit EC) -Zerfall von ^{68}Ga in ^{68}Zn. Zur Erklärung siehe Text zu Bild 18.13. An den Pfeilen ist die Multipolarität der γ-Strahlung angegeben. Sie kann gemischt sein. Für den 2^+ Zustand in ^{68}Zn ist auch die gemessene mittlere Lebensdauer angegeben. (Nach Lederer *Table of Isotops*).

Tabelle 18.1: Multipolordnungen bei γ-Übergängen. Die Angaben in Klammern bedeuten Strahlung mit stark verminderter Intensität.

Spinänderung $|\Delta I|$		0 kein $0 \to 0$	1	2	3	4	5
Paritätsänderung	ja	E1 (M2)	E1 (M2)	M2 E3	E3 (M4)	M4 E5	E5 (M6)
	nein	M1 E2	M1 E2	E2 (M3)	M3 E4	E4 (M5)	M5 E6

In Atomen und Molekülen beobachten wir fast ausnahmslos elektrische Dipolstrahlung. In Kernen können die verschiedenen Multipolstrahlungen auftreten, also z.B. elektrische (E1) und magnetische (M1) Dipolstrahlung, elektrische (E2) und magnetische (M2) Quadrupolstrahlung usw.. Hierfür *Auswahlregeln* gelten entsprechende Auswahlregeln, die wir ohne Begründung in Tabelle 18.1 zusammenfassen. Die Regeln für die Spinänderung ΔI folgen aus der Drehimpulserhaltung.

$I_i = I_f = 0$ ist als γ-Übergang niemals erlaubt (siehe Abschnitt 18.7). Man sieht weiter, daß elektrische und magnetische Multipolstrahlung der selben Multipolordnung (z.B. E1 und M1) zusammen niemals auftreten kann (*Paritätsregel*). Es kann aber die nächst höhere Multipolarität beigemischt sein, also etwa E1+M2 oder M1+E2 usw. Gemischt multipolare γ-Übergänge sind nicht ungewöhnlich. Unter den erlaubten Übergängen hat die Strahlung mit der niedrigsten Multipolarität die größte Übergangswahrscheinlichkeit.

18.7 Innere Konversion

Es entsteht ein Loch in der Hülle

Kerne können ihre Anregungsenergie auch direkt auf ein Hüllenelektron übertragen, daß dann mit der kinetischen Energie

$$E_e = E_\gamma - E_B \tag{18.23}$$

emittiert wird. E_B ist die Bindungsenergie des Elektrons. Sie hängt natürlich von der Schale bzw. Unterschale (K, L_I, L_{II}, L_{III}) ab, aus der das Elektron stammt. Man spricht von K; L_I;... Konversion. Der *totale Konversionskoeffizient* ist definiert als

$$\boxed{\alpha_t = N_e/N_\gamma} \tag{18.24}$$

also die Zahl der (aus allen Schalen) emittierten Elektronen zur Zahl der emittierten γ-Quanten pro Zeiteinheit.

Die Konversionskoeffizienten der (Unter-) Schalen addieren sich

$$\alpha_t = \alpha_K + \alpha_{L_I} + \ldots \tag{18.25}$$

Die innere Konversion ist eine Zerfallsalternative zur γ-Emission. Folglich ist die totale Zerfallskonstante eines angeregten Zustandes

$$\boxed{\lambda = \lambda_\gamma + \lambda_e = \lambda_\gamma \left(1 + \alpha_t\right)} \tag{18.26}$$

Der Konversionskoeffizient hängt von der Energie des γ-Übergangs (größer für niedere Energien) und von seiner Multipolordnung ab. Er steigt mit Z rasch an, da die Aufenthaltswahrscheinlichkeit der Elektronen im Kernbereich größer wird. Zumindest bei hohem Z ist α_t für magnetische Übergänge deutlich größer als für elektrische Multipolstrahlung. Das Verhältnis der Konversionskoeffizenten der L-Unterschalen hängt ebenfalls stark von der Multipolordnung ab, dies ist durch die Drehimpulserhaltung bedingt. Es gibt keine prinzipielle Beschränkung für α_t. Werte von 1000 sind in schweren Kernen durchaus möglich, was bedeutet das Photonen praktisch kaum ausgesendet werden. Für $I_i = I_f = 0$ ist, wie erwähnt, die Emission von Photonen strikt verboten. Solche Übergänge sind vollständig konvertiert.

Durch die Emission des Elektrons entsteht in der Hülle ein Loch, was zur Aussendung von *charakteristischer Röntgenstrahlung* oder *Auger-Elektronen* Anlaß gibt. Das Elektronenspektrum von Kernzerfällen kann also recht komplex sein, speziell wenn der dem γ-Übergang vorausgehende Zerfall ein EC-Zerfall ist.

18.8 Kernresonanzfluoreszenz (Mössbauer-Effekt)

In Abschnitt 8.1 war die Resonanzfluoreszenz optischer Übergänge am Beispiel der Na-D Linien beschrieben worden. Prinzipiell sollte Resonanzfloureszenz ebenso bei Kern-γ-Strahlung auftreten, wenn das Photon bei einem direkten Übergang von einem angeregten Kernzustand in den Grundzustand emittiert wird. Wir erkennen sofort, daß nunmehr Quelle und Absorber nicht nur aus den selben Atomen, sondern aus den selben Isotopen bestehen müssen. Wie in Abschnitt 8.1 ausgeführt, ist die Voraussetzung für die Erfüllung der Resonanzbedingung $E_{\text{Emission}} = E_{\text{Absorption}}$, daß die Rückstoßenergieverschiebungen kleiner als die effektive Linienbreite sind. In Abschnitt 3.5 hatten wir gezeigt, daß dies für optische Übergänge ($\Delta E = 1 \ldots 10\,\text{eV}$) durchaus zutrifft. Nicht so bei Kernübergängen. Selbst wenn wir

Probleme mit der Rückstoßenergie bei γ-Strahlung

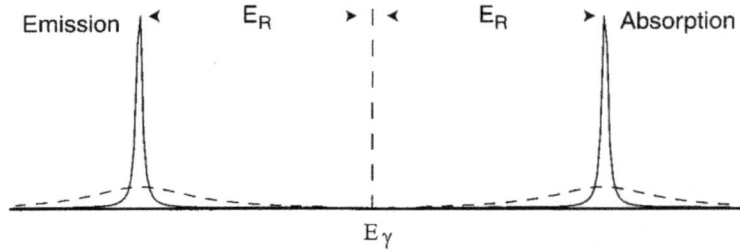

Bild 18.15: Schematische Darstellung der Verschiebung von Emissions- und Absorptionsenergie eines γ-Photons durch Rückstoß. Die Rückstoßenergie fehlt dem emittierten Photon
und muß bei Absorption zusätzlich aufgebracht werden, um Energie- und Impulssatz zu
erfüllen.
Durchgezogene Linie = natürliche Linienbreite, gestrichelte Linie = Dopplerverbreiterung.

1 amu=
1,66053·10⁻²⁷ kg

eine sehr niedrige Übergangsenergie annehmen (z.B. $E_\gamma = 10\,\text{keV}$) und
einen Kern mit ca. 50 amu, so ergibt sich für die Rückstoßenergie

$$E_\text{R} = \frac{(\hbar\omega)^2}{2Mc^2} \tag{18.27}$$

$\hbar =$
6,5822·10⁻¹⁶ eV·s

ein Wert von $E_\text{R} \approx 2 \cdot 10^{-3}\,\text{eV}$. Niederenergetische Kernzustände sind vergleichsweise langlebig. Bei $\tau_\gamma = 10^{-9}\,\text{s}$ liefert die Heisenbergunschärfe
für die natürliche Linienbreite $\Gamma = \hbar/\tau \approx 10^{-6}\,\text{eV}$. Somit ist die
Rückstoßenergie E_R um Größenordnungen verschieden von der natürlichen
Linienbreite Γ. Selbst wenn wir annehmen, daß die Emissionslinie und die
Absorptionsenergie durch die Temperaturbewegung der Atome, von denen
der Kern ein fest gebundener Teil ist, dopplerverbreitert sind, ist die Situation nicht gelöst. Nach der relativistischen Dopplerformel ist $\Delta E_\text{D} = E \cdot \sigma/c$,
wenn $\sigma = 2\sqrt{k_\text{B}T/M}$ die Breite der Maxwellverteilung einer Geschwindigkeitskomponente ist. Für $T = 300\,\text{K}$ und $M = 50\,\text{amu}$ (wie vorher) ist
$\Delta E_\text{D} \approx 10^{-4}\,\text{eV}$, also immer noch viel kleiner als E_R. Die Resonanzbedingung ist immer noch ernsthaft verletzt, d.h. Emissions- und Absorptionslinie
überlappen nicht (auch nicht teilweise). Dies ist in Bild 18.15 illustriert.

Es funktioniert in
Kristallen

Es gelang R. MÖSSBAUER (Nobelpreis 1961) nachzuweisen, daß unter bestimmten Bedingungen die durch den Rückstoß bedingten Energieverluste
ausgeschaltet werden können (Mössbauer-Effekt). Damit wird Resonanzfluoreszenz (bzw. Resonanzabsorption) beobachtbar. Es müssen in diesem
Fall die Kerne zu Atomen gehören, die in Kristalle eingebaut sind. Wie
insbesondere in Physik I erwähnt, liegt in diesem Fall die thermische Energie als Schwingungsenergie der Atome (und der Kern trägt ja praktisch
die ganze Atommasse) um ihren Gitterpunkt vor. Diese Schwingungen
(Gitterschwingungen) sind quantisiert (im Gegensatz zur Translationsbe-
wegung freier Atome). Die Schwingungsquanten werden als Phononen

bezeichnet. Rückstoßenergieverschiebung bedeutet, daß bei der Emission bzw. Absorption des γ-Photons ein Phonon erzeugt bzw. vernichtet werden muß. Die Situation ist analog zum Fall der Stokes- bzw. Antistokes-Linien des Raman-Effektes (siehe Abschnitt 11.5). Für die Erzeugung oder Vernichtung von Phononen liefert die Quantenmechanik bestimmte Wahrscheinlichkeiten, auf die wir nicht eingehen[2]. Sie schließen den Fall, daß *kein Phonon* erzeugt oder vernichtet wird, mit ein. Die „Null-Phononen" Emission bzw. Absorption bewirkt, daß die Emissionsenergie bzw. Absorptionsenergie exakt bei E_γ liegt, und daß in beiden Fällen die natürliche Linienbreite auftritt[3]. Jeder Energieverlust muß ja als Phonon in das thermische Bad (Phononenensemble) übertragen werden und bedeutet so eine Änderung des Schwingungszustandes, der aber gerade nicht auftritt. Also gibt es auch keine Dopplerverbreiterung. Die Wahrscheinlichkeit für Null-Phononen Übergänge wird groß, wenn die γ-Energie niedrig ($< 100\,\text{keV}$), die Temperatur des Festkörpers niedrig und die Bindung im Kristall sehr stark ist. Das Paradebeispiel ist der 14,4 keV γ-Übergang[4] in ^{57}Fe. Schon bei Zimmertemperatur ist die Wahrscheinlichkeit für Null-Phononen Übergänge („rückstoßfreier" Anteil[5], Lamb-Mössbauer-Faktor) in Fe-Metall um die 70%.

Der Lamb-Mössbauer Faktor gibt den rückstoßfreien Anteil an

Bemerkung:

Im einfachsten Fall (harmonische Näherung und kubischer einatomiger Kristall) ergibt sich für den Lamb-Mössbauer-Faktor:

$$ f = \exp\left\{ -k^2 \cdot \frac{3\hbar^2}{4Mk_B\Theta} \left[1 + 4\left(\frac{T}{\Theta}\right)^2 \int_0^{\Theta/T} \frac{y}{\exp(y)-1}\,dy \right] \right\}. $$

Dabei ist k die Wellenzahl der resonanten γ-Strahlung und Θ die sogenannte *Debye-Temperatur*, ein Maß für die Bindungssteifigkeit im Festkörper ($k_B\Theta = E_{\text{ph}}$ ist die charakteristische Phononenenergie im Kristall). Für elementare Metalle ist $\Theta \approx 200\,\text{K}$. Es ist stets $f < 1$ aufgrund der Nullpunktschwingungen, die auch für $T \to 0$ erhalten bleiben.

---

[2] Einzelheiten finden sich in H.J. Lipkin, *Ann. Phys.* **9**, 332 (1960) und *Ann. Phys.* **18**, 182 (1962).

[3] Es muß sich streng genommen nicht um kristalline Festkörper handeln. Auch in amorphen Materialien sind die Atome an feste Plätze gebunden, nur sind diese nicht regelmäßig angeordnet. In Flüssigkeiten und Gasen dagegen sind die Atome beweglich und erleiden stets Rückstoßenergieverluste.

[4] Leider ist ^{57}Fe ein Eisenisotop, das nur zu etwa 2% in natürlichem Eisen enthalten ist, das im Übrigen aus ^{56}Fe besteht.

[5] Die Bezeichnung „rückstoßfrei" ist anschaulich, aber physikalisch nicht glücklich. Der Impulssatz muß natürlich in jedem Fall erfüllt sein. Dies hat zur Folge, daß, falls keine Phononen angeregt werden, der Kristall als ganzes den Rückstoßimpuls aufnimmt. Dies bedeutet, daß in (18.27) $M \to \infty$ und somit $E_R \to 0$ geht.

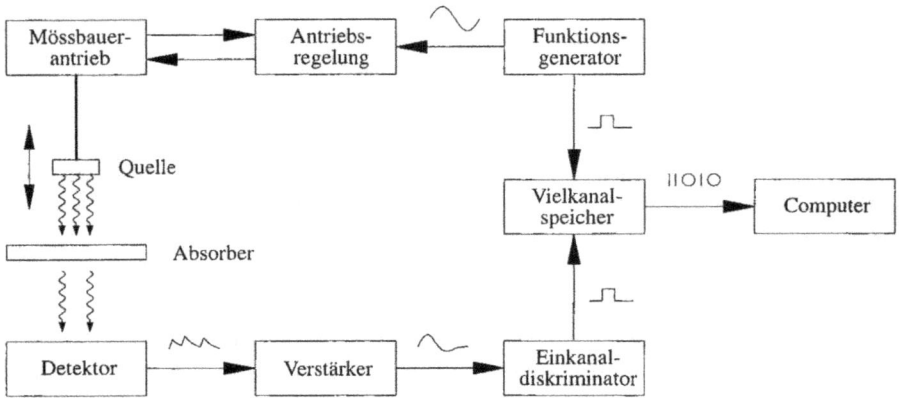

Bild 18.16: Prinzip eines Mössbauerspektrometers. Der Geschwindigkeitsantrieb dient zur Erzeugung der Dopplergeschwindigkeit entsprechend der Steuerspannung des Funktionsgenerators. Die Quelle ist z.B. ^{57}Co in einen diamagnetischen Metall wie Rh. Der Absorber ist z.B. rostfreier Stahl oder Fe Metall. Mit Hilfe eines Einkanaldiskriminators erfolgt die Selektion der Strahlungsenergie. Der Vielkanalspeicher registriert die Zählrate für die verschiedenen Dopplergeschwindigkeiten. Die Kanalfortschaltimpulse werden vom Funktionsgenerator erzeugt. Die Weiterverarbeitung (Auswertung) der Daten erfolgt mit Hilfe eines Computers. Bildquelle: G. Grosse, *Doktorarbeit, TU München, 1998*.

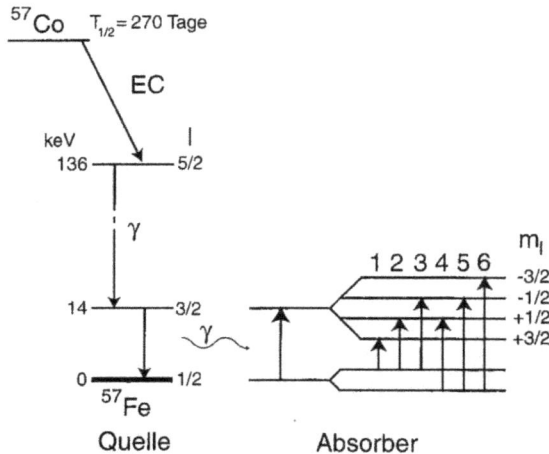

Bild 18.17: Termschema; links Quelle, rechts Absorber, hier zuerst für diamagnetischen rostfreien Stahl, dann für ferromagnetisches Eisen. Die Kernzustände zeigen Zeemanaufspaltung. Die magnetischen Momente des Grundzustands und angeregten Zustandes haben entgegengesetzte Vorzeichen. Die erlaubten Übergänge sind als Pfeile eingezeichnet.

Kern-Resonanzabsorption ist leicht nachzuweisen. Wie in Abschnitt 8.1 am optischen Beispiel demonstriert, ist hierfür ein Mechanismus nötig, der auf Wunsch die Resonanzbedingung zerstört. Im erwähnten Fall hatten wir die Zeemanaufspaltung der Absorptionslinien dazu benutzt.

Dies ist auch für Kerne möglich. Hier gibt es aber eine elegantere Methode. Wir bewegen die Quelle mit der Geschwindigkeit v gegenüber dem Absorber, so daß die dadurch erzeugte Dopplerverschiebung größer als die natürliche Linienbreite Γ ist[6]. Es gilt dann $v > c \cdot \Gamma / E_\gamma$. Mit $E_\gamma = 10\,\text{keV}$ und $\Gamma = 10^{-6}\,\text{eV}$ ergibt sich $v \approx 10^{-2}\,\text{m/s}$. Das sind minimale Geschwindigkeiten, die leicht zu erzeugen sind.

Experiment

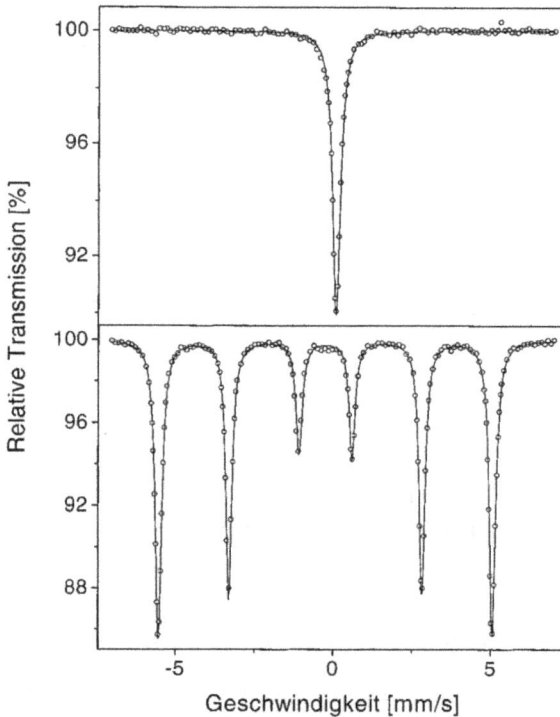

Bild 18.18: Mössbauerspektroskopie.
Oben: Geschwindigkeitsspektrum für diamagnetische Quellen (^{57}Fe in Rh) und Absorber (rostfreier Stahl). Unten: Geschwindigkeitsspektrum für ferromagnetisches Fe als Absorber. Aus der Zeemanaufspaltung resultiert ein Hyperfeinfeld von 29,5 T am Kernort.

---

[6] Beachten Sie, daß es sich hier um eine gemeinsame Bewegung aller Atome handelt. In diesem Fall ist ein Energieübertrag ins thermische Bad nicht gegeben und Dopplerverschiebung tritt auf.

Bemerkung:

Die Bedeutung des Mössbauereffekts liegt weniger in der Kern- als in der Festkörperphysik. Falls am Kernort magnetische Felder herrschen (speziell die von der eigenen Atomhülle erzeugten Hyperfeinfelder – siehe Abschnitt 7.9), dann erleidet der γ-Übergang (ebenso wie ein optischer Übergang) Zeemanaufspaltung (siehe Bild 18.17). Diese – und andere Energieverschiebungen durch innere Felder – lassen sich über den Mössbauer-Effekt quantitativ nachweisen, indem man mit einer Folge von Dopplergeschwindigkeiten die Struktur der Resonanzlinie ausfährt. Dazu benutzt man meist eine Quelle, deren chemische Form derart ist, daß kein Hyperfeinfeld am Ort der radioaktiven Kerne wirkt. Mit der Wahrscheinlichkeit f sendet diese Quelle also die resonante Strahlung als eine Linie mit natürlicher Breite aus. Im Absorber läßt man z.B. Zeemannaufspaltung zu. Auf diese Weise gewinnt man direkt Information über die Energiezustände äußerer Elektronen, d.h. der Elektronen, die an der Bindung beteiligt sind, wie auch schon in Abschnitt 8.2 vermerkt. Für Einzelheiten verweisen wir auf die Speziallitteratur[7]. Die Situation illustrieren die Bilder 18.17 und 18.18.

18.9 Kernspaltung

Prinzipiell können Kerne jenseits von Eisen in zwei Bruchstücke spalten und dabei Energie freisetzen. Formal läßt sich dieser Prozeß beschreiben durch:

$$\boxed{{}^{A}_{Z}M_N \longrightarrow {}^{A_1}_{Z_1} X_{N_1} + {}^{A_2}_{Z_2} Y_{N_2} + Q_{Sp}}$$ (18.28)

mit $A = A_1 + A_2$, $Z = Z_1 + Z_2$ und $N = N_1 + N_2$ und M als Ausgangskern (Spaltkern).

Die freiwerdende Energie Q_{Sp} erscheint primär als kinetische Energie der Spaltprodukte X, Y (genau besprechen wir die Situation weiter unten), und es muß sein:

$$E_X + E_Y = E_B(Z, A) - E_B(Z_1, A_1) - E_B(Z_2, A_2),$$ (18.29)

wenn E_B die Bindungsenergien der entsprechenden Kerne sind. Nehmen wir an, M spaltet in zwei gleiche Bruchstücke, dann kann Spaltung stattfinden wenn:

$$Q_{Sp} = |E_B(A, Z)| - 2|E_B(A/2, Z/2)| > 0.$$ (18.30)

[7] H. Wegener, *Der Mößbauereffekt und seine Anwendungen in Physik und Chemie*, B.I. Taschenbuch 212a, 1966, G. Schatz, A. Weidinger, *Nukleare Festkörperphysik*, Teubner, Stuttgart.

Wir drücken E_B durch die *Bethe-Weizsäcker-Formel* aus und nehmen an, daß das Gesamtvolumen erhalten bleibt. Somit sind Oberflächen- und Coulomb-Energie entscheidend:

$$Q_{Sp} = a_O A^{2/3} \left(1 - 2^{1/3}\right) + a_C Z^2 A^{-1/3} \left(1 - 2^{-2/3}\right). \quad (18.31)$$

Einsetzen für a_O und a_C zeigt, daß für $A \geq 90$ *spontane Spaltung* prinzipiell möglich ist.

Spontane Spaltung

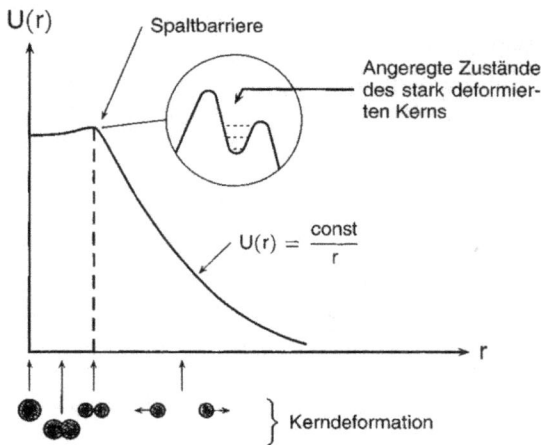

Bild 18.19: Potentialverlauf bei der Kernspaltung.

Vereinfacht läuft der Spaltungsprozeß etwa so ab: Zunächst verformt sich der Kern länglich, wobei Arbeit gegen die Oberflächenspannung zu leisten ist. Die Coulomb-Energie nimmt ab, weil sich die Protonen voneinander entfernen. Schließlich schnürt sich der Kern ein, und die elektrische Abstoßung treibt die beiden Teilstücke auseinander. Bild 18.19 zeigt den Verlauf des Potentials im Spaltkern. U_B ist die *Spaltbarriere*, die überwunden werden muß. An dieser Stelle hat gerade die Einschnürung eingesetzt. In der Regel wird auch bei spontaner Spaltung die Barriere etwas durchtunnelt. Wegen der großen Masse der Spaltprodukte ist die Tunnelwahrscheinlichkeit aber klein. Spontane Spaltung steht somit in Konkurrenz zum α-Zerfall, der auch als extrem asymmetrische Spaltung aufgefaßt werden kann.

Das geschilderte Szenario ist stark vereinfacht. Es finden auch innere Anregungen statt. Sie führen zu der in Bild 18.19 zusätzlich angedeuteten charakteristischen „Doppelhöcker"-Struktur der Spaltbarriere. Generell ist schon die Verwendung eines einzigen Parameters (Relativabstand der Bruchstücke) zur Beschreibung des Spaltvorgangs eine grobe Näherung. In der Tat findet man spontane Spaltung (SF = spontaneous fission) in einigen

Uranisotopen sowie in Transuranen. Für ^{238}U ist z.B. $\lambda_{\text{SF}} \approx 10^{-6}\lambda_\alpha$, also sehr schwach.

Neutronen-
induzierte
Spaltung

Von größerer praktischer Bedeutung ist jedoch die *neutroneninduzierte Spaltung*. Die Spaltbarriere für $Z = 92$ (Uran) liegt bei $U_{\text{SB}} \approx 6\,\text{MeV}$, also grob gesehen bei der Bindungsenergie eines Nukleons. Wenn man diese Energie von außen zuführt, so gelangt der Kern in einen angeregten Zustand oberhalb der Barriere und führt dann Spaltung aus. Die einfachste Art dies zu erreichen ist das Einbringen eines langsamen Neutrons in einen Urankern. Es existiert keine Coulomb-Barriere. Das Neutron kann bei beliebig niedriger kinetischer Energie in den Targetkern eindringen. Bei niederen Energien ist die de Broglie-Wellenlänge des Neutrons sehr groß gegen die Kerndimension, und die beim Einfang des Neutrons frei werdende Bindungsenergie überträgt sich somit auf den Kern als Ganzes und nicht so sehr auf ein einzelnes Nukleon. Im Falle des Urans also

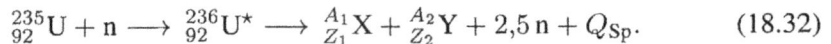

$$^{235}_{92}\text{U} + \text{n} \longrightarrow {}^{236}_{92}\text{U}^\star \longrightarrow {}^{A_1}_{Z_1}\text{X} + {}^{A_2}_{Z_2}\text{Y} + 2{,}5\,\text{n} + Q_{\text{Sp}}. \tag{18.32}$$

Man nennt den zunächst gebildeten hochangeregten $^{236}_{92}\text{U}^\star$ Zustand den *Compoundkern*. Dieser spaltet dann mit hoher Wahrscheinlichkeit. Der Neutronenüberschuß im Spaltkern ist so groß, daß selbst bei der Bildung von sehr neutronenreichen Spaltprodukten (X und Y) nicht alle Neutronen „gebraucht" werden. Es werden direkt im Spaltprozeß neben den Spaltprodukten

Prompte Neutronen

einige Neutronen freigesetzt. Die Zahl 2,5 in (18.32) ist natürlich ein Mittelwert. Im Einzelprozeß ist nur die Emission einer ganzen Zahl von Neutronen möglich. Diese Neutronen werden als *prompte Neutronen* bezeichnet. Die Wahrscheinlichkeit, daß Neutroneneinfang zur Spaltung führt, nimmt mit $1/\sqrt{E}$ zu, wenn E die Neutronenenergie ist. Der Prozeß (18.32) bezieht sich auf das vergleichsweise seltene Uranisotop ^{235}U (natürliche Häufigkeit $\approx 0{,}7\%$). Für das hauptsächlich vorhandene Isotop ^{238}U (99,2%) ist die Wahrscheinlichkeit für induzierte Spaltung durch thermische Neutronen vernachlässigbar klein. Die Ursache ist, daß aufgrund des Unterschiedes in der Asymmetrie-Energie bei Einfang in ^{235}U etwa 1,8 MeV mehr Energie frei wird und somit die Spaltbarriere leichter überschritten wird. In ^{238}U herrscht

Neutroneneinfang
in ^{238}U

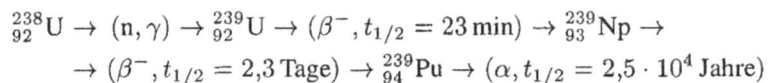

Neutroneneinfang vor, was zur Zerfallskette

$$^{238}_{92}\text{U} \rightarrow (\text{n}, \gamma) \rightarrow {}^{239}_{92}\text{U} \rightarrow (\beta^-, t_{1/2} = 23\,\text{min}) \rightarrow {}^{239}_{93}\text{Np} \rightarrow$$

$$\rightarrow (\beta^-, t_{1/2} = 2{,}3\,\text{Tage}) \rightarrow {}^{239}_{94}\text{Pu} \rightarrow (\alpha, t_{1/2} = 2{,}5 \cdot 10^4\,\text{Jahre})$$

führt. Das langlebige Isotop ^{239}Pu ist wie ^{235}U leicht thermisch spaltbar.

Bemerkung:

Ein weiterer günstiger Kern für induzierte Spaltung mit thermischen Neutronen ist ^{233}U. Wegen seiner relativ kurzen Halbwertszeit von $\approx 10^5$ Jahren (verglichen mit ca. 10^9 Jahre für ^{235}U und ^{238}U), kommt es in der Natur nicht mehr vor. Es kann aber durch Neutroneneinfang gemäß

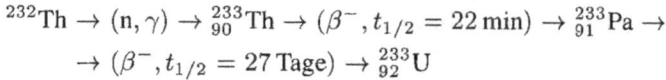

$$^{232}\text{Th} \to (\text{n}, \gamma) \to {}^{233}_{90}\text{Th} \to (\beta^-, t_{1/2} = 22\,\text{min}) \to {}^{233}_{91}\text{Pa} \to$$
$$\to (\beta^-, t_{1/2} = 27\,\text{Tage}) \to {}^{233}_{92}\text{U}$$

erzeugt werden (Brutreaktoren). ${}^{232}_{90}$Th hat eine Halbwertszeit von 10^{10} Jahre und   *Brutreaktor*
ist das einzige in der Natur vorkommende Thorium-Isotop.

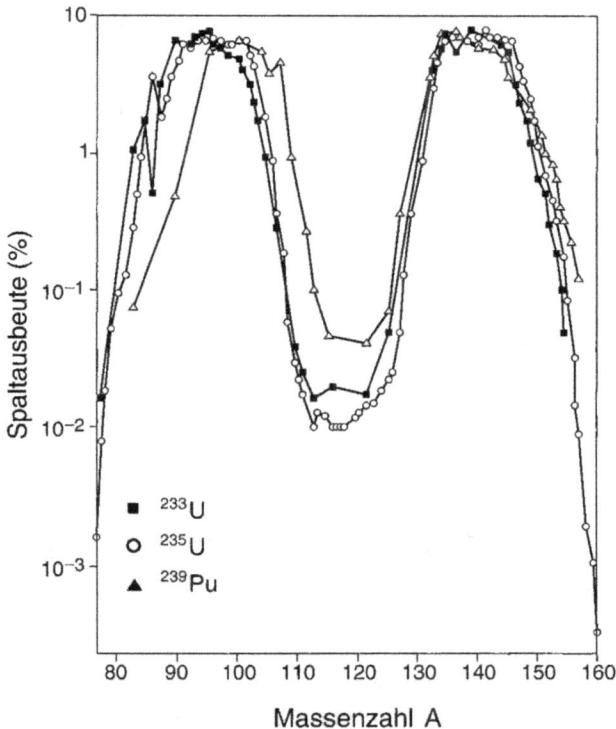

Bild 18.20: Anteil der Spaltprodukte verschiedener Massenzahlen für mit thermischen Neutronen induzierte Spaltung in drei typischen Spaltisotopen.

Bei der neutroneninduzierten Spaltung sind die Massen der Spaltprodukte nicht symmetrisch um $A/2$ verteilt. Man spricht von *asymmetrischer Spaltung* (siehe Bild 18.20). Trotz der Emission von prompten Neutronen, besitzen die zunächst gebildeten hochangeregten Spaltkerne immer noch einen extremen Neutronenüberschuß. Dieser wird zum Teil durch direkte Neutronenemission (falls die Anregungsenergie im Bereich der Bindungsenergie pro Nukleon liegt, also bei $\approx 8\,\text{MeV}$) abgebaut (*verzögerte*

Neutronen), größtenteils aber durch mehrere konsekutive β^--Zerfälle. Daher sind die Spaltprodukte zunächst extrem radioaktiv und setzen zusätzlich (leicht verzögert) Energie frei. Insgesamt verteilt sich die totale Spaltungsenergie wie folgt (^{235}U-Spaltung):

kinetische Energie der Spaltprodukte	167	±	5	MeV
kinetische Energie von Spaltneutronen	5	±	0,2	MeV
prompte γ-Strahlung	8	±	1,5	MeV
verzögerte γ-Strahlung (Spaltprodukte)	6	±	1	MeV
β-Strahlung der Spaltprodukte	6	±	1	MeV
Elektron-Antineutrinos ($\bar{\nu}_e$) vom β^-Zerfall	12	±	2,5	MeV
Totale Spaltungsenergie	204	±	6	MeV

Die von den Neutrinos getragene Energie geht verloren, sie wird nicht in der umgebenden Materie deponiert.

18.10 Kernspaltungsreaktoren

Kernspaltungsreaktoren werden unter zwei Gesichtspunkten betrieben. Einmal um die Wärmetönung Q_{Sp} des Spaltprozesses technisch zu nutzen (Leistungsreaktoren zur Dampferzeugung, um über Dampfturbinen elektrische Energie zu gewinnen), zum anderen um Strahlen speziell thermischer Neutronen für Forschungszwecke (insbesondere Materialuntersuchungen mittels Neutronenstreuung) zur Verfügung zu stellen. Die Anforderung an die beiden Reaktortypen sind ganz verschieden. Bei Leistungsreaktoren ist eine hohe thermische Gesamtleistung gefragt, typischerweise im Bereich von mehreren GW. Die *Leistungsdichte* wird gering gehalten, um die erzeugte Wärme leichter an die Dampfgeneratoren abführen zu können. In Forschungsreaktoren ist eine möglichst hohe Leistungsdichte gefragt (die Grenze setzt die Kühlung), um hohe Neutronenflüsse (Neutronen/(cm^{2}s)) zu den Experimentiereinrichtungen abführen zu können. Die Gesamtleistung ist aber um Größenordnungen kleiner (10-50 MW). Leistungsreaktoren können somit mit schwach mit ^{235}U angereicherten Brennelementen (oder sogar mit Natururan) betrieben werden. Das Brennelement eines Forschungsreaktors verlangt höher angereichertes ^{235}U.

Hohe thermische Leistung, aber geringe Leistungsdichte bei Leistungsreaktoren

Geringe thermische Leistung, aber hohe Leistungsdichte bei Forschungsreaktoren

In beiden Reaktortypen wird die durch thermische Neutronen induzierte Spaltung kontinuierlich aufrecht erhalten. Dazu muß mindestens eines der 2,5 zunächst hochenergetischen Spaltneutronen thermische Energie erreichen und in einen ^{235}U Kern eindringen. Die Thermalisierung (Moderation) der Spaltneutronen wurde bereits in Abschnitt 14.5 behandelt. Neutronenverluste entstehen, wenn statt elastischer Stöße im Moderater eine (n,γ) Kernreaktion stattfindet (speziell mit normalen Wasser als Moderator). Weitere Verluste an Neutronen sind von der Geometrie der Brennelemente abhängig, d.h. man muß möglichst vermeiden, daß thermische Neutronen den Reaktorkernbereich verlassen, ohne eine neue Spaltung zu induzieren. Bei Forschungsreaktoren ist natürlich das Abziehen von Neutronen in Strahlrohren ein Selbstzweck.

Man definiert einen Multiplikationsfaktor

$$k = \frac{\text{Anzahl der Neutronen der } (n+1)\text{-ten Generation}}{\text{Anzahl der Neutronen in der } n\text{-ten Generation}}. \qquad (18.33)$$

Unter einer Generation versteht man den Zyklus, daß ein durch den Spaltungsprozeß erzeugtes Neutron moderiert und dem Uranelement erneut zugeführt wird. Dort löst es eine neue Spaltung aus. Die dabei entstehenden Neutronen sind die der nächsten Generation. Für den kontinuierlichen Betrieb ist $k = 1$ Bedingung. Man legt den Reaktor so aus, daß k etwas größer als 1 ist ($\approx 1{,}01$) und fängt die Überschußneutronen mit einem stark neutronenabsorbierenden Material (Regelstab) ab. Die mittlere Lebensdauer der Neutronen pro Generation liegt bei 1 ms. Mit $k = 1{,}01$ würde in ca. 0,05 s der Neutronenfluß auf das Doppelte ansteigen, wenn alle Spaltneutronen prompt erzeugt würden. Die verzögerten Neutronen verlängern diese Zeit um gut eine Größenordnung, so daß mechanische Regelung (Einfahren bzw. Ausrücken der Regelstäbe) möglich ist. Den Aufbau des Reaktorkerns eines Forschungsreaktors hatten wir bereits in Bild 14.12 vorgestellt. Wir zeigen in Bild 18.21 das Schema eines Kernkraftwerkes.

Bemerkung:

Einen Kernreaktor mit extrem hoher Sicherheit zu betreiben, ist technisch kein ernstes Problem (man sollte die Situation nicht an einer bekannten Fehlkonstruktion – Tschernobyl – beurteilen). Ernster im Zusammenhang mit der Kernenergienutzung ist die Frage der Aufarbeitung und Endlagerung (oder Vernichtung) der radioaktiven Spaltprodukte. Es gibt technische Lösungen, aber weitere Forschungsarbeit ist von Nutzen und Nöten.

Zum Abschluß noch einige Bemerkungen zur waffenmäßigen Anwendung. In diesem Fall wird angestrebt, die Spaltreaktion unkontrolliert in sehr kurzer Zeit rasch ansteigen zu lassen, um große Energiemengen explosionsartig freizusetzen. Dies bedeutet einen Multiplikationsfaktor deutlich größer als eins und eine Generationszeit im Bereich von ns. Also muß $k > 1$ erstens allein mit den prompten Neutronen erzielt werden, und zweitens bleibt keine Zeit diese auf thermische Energien zu moderieren (Schnellspaltung). Der Wirkungsquerschnitt für schnelle Spaltung ist um gute zwei Größenordnungen kleiner als der für thermische. Die Mindestmasse, die man bei idealer Geometrie (Kugel) benötigt, um $k = 1$ (ohne Moderation) zu er-

Kernwaffen

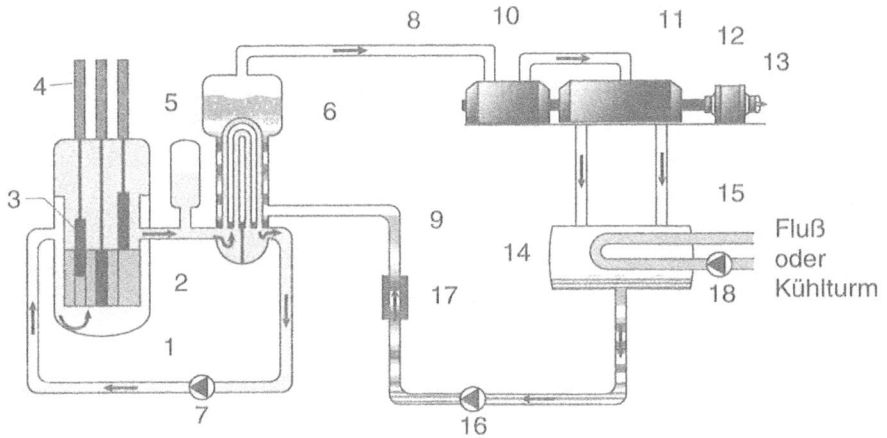

Bild 18.21: Schema eines Druckwasser Kernkraftwerkes.

1	Reaktordruckgefäß	10	Hochdruckteil der Turbine
2	Uranbrennelemente	11	Niederdruckteil der Turbine
3	Regelstäbe	12	Generator
4	Regelstabantrieb	13	Erregermaschine
5	Druckhalter	14	Kondensator
6	Wärmetauscher (Dampferzeuger)	15	Kühlwasser
7	Kühlmittelpumpe	16	Speisewasserpumpe
8	Frischdampf	17	Vorwärmeanlage
9	Speisewasser	18	Kühlwasserpumpe

reichen, bezeichnet man als *kritische Masse*. Sie liegt für ^{235}U Metall um 15 kg bei normaler Dichte ($\approx 19\,\mathrm{g/cm^3}$). Wir erkennen sofort, daß der Kern eines Reaktors hinsichtlich einer Kernexplosion weit unterkritisch ist. Schon ein geringer Moderatorverlust bringt die Spaltreaktion dort zum Stillstand.

Bemerkung:

Für die Zündung einer Uranbombe schießt man zwei unterkritische Massen zu einer kritischen Konfiguration zusammen. Um möglichst viel der vorhandenen Uranmenge zu spalten (Energieauslösung), muß die kritische Masse wenigstens über ms zusammengehalten werden. Dies erfolgt durch die Massenträgheit, was sich verbessern läßt mit einem Mantel aus schwerem Material, den man um die Uranmasse anbringt. Zum Zündzeitpunkt müssen auch Neutronen mit Sicherheit vorhanden sein. Hierzu kann z.B. die ^{9}Be(α,n)^{12}C Reaktion benutzt werden. Die α-Teilchen stammen von ^{210}Po, das bei Zündung mit Be Pulver vermischt wird.

^{239}Pu besitzt einen größeren Wirkungsquerschnitt für schnelle Spaltung und erzeugt mehr prompte Neutronen. Die kritische Masse ist etwa um die Hälfte kleiner, die Generationszeit deutlich kürzer. Dies verlangt eine extrem rasche Überführung einer unterkritischen Masse in den kritischen Bereich, was nur durch plötzliche Kompression (Erhöhung der Dichte) mittels Schockwellen, die von konventionellen

Sprengsätzen ausgelöst werden, möglich ist. Insgesamt erfordert der Bau einer Kernwaffe zum Glück deutlich mehr technischen Aufwand, als es die Presse gemeinhin darstellt.

18.11 Kernfusionsreaktoren

Die Verschmelzung (Fusion) zweier leichter Kerne ist die andere Möglichkeit zur Gewinnung von Kernenergie. Fusionsprozesse finden im Inneren von leuchtenden Sternen statt. Die erste Prozeßstufe ist dort die Verschmelzung von vier Wasserstoffatomen zu Helium. Diese Reaktion läßt sich aber unter irdischen Bedingungen nicht durchführen. Für die technische Energiegewinnung kommen zwei Reaktionen (T,D) und (D,D) in Frage, die in Tabelle 18.2 aufgelistet sind. Die weitere erwähnte Reaktion (B,p) ist attraktiver, weil keine Neutronen entstehen. Eine technische Realisation liegt hier aber (wenn überhaupt möglich) in ferner Zukunft.

Tabelle 18.2: Günstige Fusionsreaktionen. Die Zündtemperaturen sind in MeV angegeben (1 MeV ≈ 1,16 · 10^{10} K).

Reaktion	Energietönung	Zündtemperatur	
$^2_1$D $+ ^3_1$T $\rightarrow ^4_2$He $+ ^1_0$n	17,6 MeV	10 MeV	
$^2_1$D $+ ^2_1$D $\rightarrow ^3_2$He $+ ^1_0$n	3,2 MeV	50 MeV	a
$^2_1$D $+ ^2_1$D $\rightarrow ^3_1$T $+ ^1_1$p	4,0 MeV	50 MeV	a
^{11}B $+ ^1_1$p $\rightarrow 3(^4_2$He$)$	8,7 MeV	300 MeV	b

a beide Zweige etwa gleich wahrscheinlich
b neutronenfrei

Die Schwierigkeit verglichen mit der Kernspaltung liegt darin, daß die Reaktion nicht durch ein neutrales Teilchen (Neutron) ausgelöst wird, sondern daß die Kerne gegen ihre Coulomb-Abstoßung auf den Abstand der Kernradien gebracht werden müssen (bei Wasserstoff $E_{coul} \approx 1$ MeV). Man könnte einen entsprechend energiereichen Teilchenstrahl auf ein Target schießen. Das wird, wie wir gesehen haben, auch zur Produktion überschwerer Kerne benutzt, aber für die praktische Energiegewinnung ist die totale Energiebilanz nicht positiv. Der gangbare Weg ist das Fusionsgemisch (z.B. T und D) auf so hohe Temperaturen zu bringen, daß die thermische Translationsenergie in den gewünschten Bereich gelangt.

Bei den geforderten Temperaturen befinden sich die Teilchen im Plasmazustand. Dies bedeutet, daß nicht nur alle zwischenatomaren Bindungen aufgebrochen sind (dann hätten wir ein Gas), sondern auch interatomare.

Plasmazustand

Mit anderen Worten, die Atome sind je nach Temperaturbereich teilweise oder vollständig ionisiert[8]. (Bei Wasserstoffatomen ist diese Unterscheidung natürlich hinfällig). Wegen der großen Zahl freier Elektronen, ist ein Plasma elektrisch leitend. Man kann den Plasmazustand als den vierten Aggregatzustand der Materie auffassen. In der Tat liegt der überwiegende Teil der Materie im Weltall als Plasma vor, nämlich in den Sternen[9].

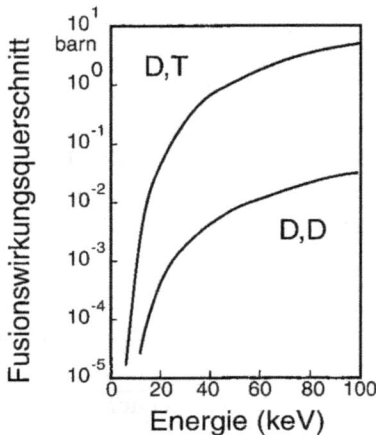

Bild 18.22: Wirkungsquerschnitt für Kernfusion als Funktion der Relativenergie der Deuteronen. Für die (D,D) Reaktion ist die Summe beider Zweige angegeben.

In Tabelle 18.2 ist die sogenannte Zündtemperatur angegeben. Bei dieser Temperatur „brennt" das Plasma selbständig, d.h. die Kernfusion liefert mehr Energie als abgestrahlt wird (hauptsächlich Bremsstrahlung). Für das Ingangsetzen eines Fusionsreaktors genügen zum Glück wesentlich niedere Temperaturen. Bild 18.22 zeigt den Verlauf des Fusionswirkungsquerschnittes für die (T,D) und die (D,D) Reaktion als Funktion der Relativenergie der Deuteronen. Schon bei $E_D \approx 20\,\text{keV}$ ist zumindest für die (D,T) Reaktion eine ausreichende Reaktionswahrscheinlichkeit gegeben. Geholfen hat hier die Tatsache, daß die Deuteronen, so wie die He-Kerne beim α-Zerfall, den Coulomb-Wall durchtunneln können. Aber selbst eine Temperatur von 20 keV ist für das Plasma nicht nötig. Die Teilchen besitzen eine Maxwellsche Geschwindigkeitsverteilung[10]. Wie wir gesehen haben, gibt es dabei immer Teilchen deren Energie deutlich über der wahrscheinlichsten Energie liegt.

---

[8] Die Physik des Plasmas ist ein wichtiges Teilgebiet der modernen Physik, nicht nur im Hinblick auf die kontrollierte Kernfusion.

[9] Bei extremen Temperaturen, wie sie im Inneren von Sternen herrschen, sind auch die Kerne „ionisiert", d.h. es werden freie Neutronen und Protonen abgetrennt (nukleares Plasma).

[10] Die Zahl der elastischen Stöße der Teilchen am Coulomb-Wall ist sehr groß gegen die Zahl der Fusionsstöße, so daß wir mit dem statistischen Verhalten der Teilchen im thermischen Gleichgewicht rechnen können.

Ein praktischer Fusionsreaktor muß das *Lawson-Kriterium* erfüllen, das für die (D,T) Reaktion bei einer Temperatur von $10\,\text{keV}$ ($\approx 10^8\,\text{K}$)[11] lautet:

$$n \cdot \tau > 10^{14}\,\text{s} \cdot \text{cm}^{-3}. \tag{18.34}$$

Bei höheren Temperaturen verringert sich $n \cdot \tau$. Hier ist n die Teilchendichte (cm^{-3}) und τ die Einschlußzeit (s), d.h. die Zeit in der das Plasma bei der vorgesehenen Temperatur gehalten werden kann. Für die (D,D) Reaktion ist der Lawson-Wert etwa 100mal größer, man strebt daher zunächst einen (D,T) Reaktor an. Es ist klar, daß bei den genannten Temperaturen ein Einschluß in materielle Gefäße nicht in Frage kommt. In der Tat bedeutet jede Wandberührung des Plasmas sofortige Abkühlung. Das Lawson-Kriterium läßt zwei Extremfälle zu. Bei normaler Plasmadichte ($10^{14} \dots 10^{15}\,\text{cm}^3$) benötigt man Einschlußzeiten um $0{,}1$ s. Diese Bedingungen lassen sich mit magnetischem Einschluß erzielen. Oder aber man zielt auf eine extreme Verdichtung des Plasmas ($\approx 10^{25}\,\text{cm}^{-3}$), dann genügt $\tau \leq 10^{-10}$ s. Solche Werte hofft man über den Trägheitseinschluß zu erreichen.

Wie Tabelle 18.2 zeigt, entsteht bei der (D,T) Reaktion ein Neutron. Dieses trägt etwa $14\,\text{MeV}$ der Energietönung, ist also ein sehr schnelles Neutron. Es ist die charakteristische Signatur dieses Fusionsprozesses: die Gegenwart von $14\,\text{MeV}$ Neutronen zeigt das Vorhandensein der Fusionsreaktion. Der Hauptnachteil des (D,T) Prozesses ist, daß Tritium in der Natur nicht vorkommt ($t_{1/2} \approx 12$ Jahre gegenüber β^--Zerfall). Gegenwärtig fällt Tritium über Neutroneneinfang bei schwerwassermoderierten Reaktoren an. Man könnte jedoch die $14\,\text{MeV}$ Neutronen ausnützen um Tritium über

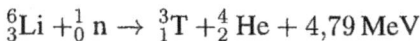

$$_{3}^{6}\text{Li} + {_{0}^{1}}\text{n} \rightarrow {_{1}^{3}}\text{T} + {_{2}^{4}}\text{He} + 4{,}79\,\text{MeV}$$

und

$$_{3}^{7}\text{Li} + {_{0}^{1}}\text{n} \rightarrow {_{1}^{3}}\text{T} + {_{0}^{1}}\text{n} + {_{2}^{4}}\text{He} - 2{,}47\,\text{MeV}$$

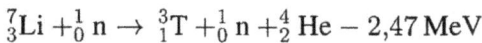

zu brüten. Natürliches Lithium enthält hauptsächlich ^{7}Li, das Isotop ^{6}Li kommt nur mit $7{,}5\%$ vor. Bei einem Brutmantel um das Plasmagefäß aus natürlichen Li tritt also vorzugsweise die zweite Reaktion auf, die jedoch etwas an Energie kostet. Die $14\,\text{MeV}$ Neutronen stellen in anderer Hinsicht ein Problem dar. Sie erzeugen Strahlenschäden in den strukturellen Materialien eines Fusionsreaktors. Dies ist eines der noch ungelösten Probleme einer solchen Maschine. Es wird vermutlich noch bis Mitte des nächsten Jahrhunderts dauern, bis Fusionsenergie technisch zur Verfügung steht.

---

[11] Die Oberflächentemperatur der Sonne ist nur etwa $6 \cdot 10^3$ K (!).

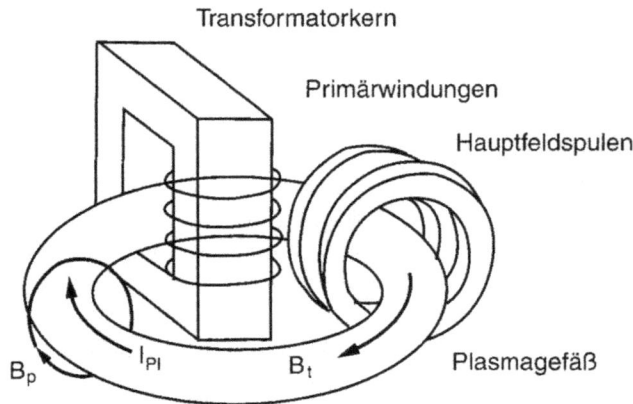

Bild 18.23: Prinzipieller Aufbau eines Tokamaks. Von den Hauptfeldspulen sind nur zwei gezeichnet. Es ist eine große Zahl rings um das Plasmagefäß angeordnet.

Bemerkung:

Magnetischer Einschluß ist im Augenblick am weitesten fortgeschritten. Die hier vielversprechendste Konfiguration ist der *Tokamak*[12], dessen prinzipielle Anordnung Bild 18.23 zeigt. Das Plasma in einem torusartigen Gefäß bildet die Sekundärwindung eines zentralen Transformators. Durch Induktion wird der Plasmastrom I_{Pl} erregt, der das poloidale Magnetfeld B_p aufbaut. Gleichzeitig heizen die Ohmschen Verluste das Plasma. Die Hauptfeldspulen, die äquidistant ringförmig um den Plasmaschlauch angeordnet sind, erzeugen das toroidale Feld B_t, das parallel zu I_{Pl} steht. Die Überlagerung von B_p und B_t erzeugt entlang des Plasmas ein schraubenförmig gewundenes Feld, das den Einschluß bewirkt. Die Feldverdrillung nimmt mit sinkendem Abstand vom Zentrum des Plasmasschlauches zu, wie dies Bild 18.24 demonstriert. Mit Tokamaks konnte das Lawson-Kriterium in etwa erreicht werden. Probleme stellen magnetohydrodynamische Instabilitäten dar, die das Plasma auseinandertreiben und abkühlen. In jedem Fall ist der Tokamak eine gepulste Maschine (Rate $\leq 1\,\mathrm{Hz}$).

Die grundlegende Idee beim Trägheitseinschluß ist ein kleines Kügelchen des Fusionsgemisches (etwa 0,1 mm Radius) durch Bestrahlung mit hochintensivem Laserlicht rasch (in $\approx 10^{-10}\,\mathrm{s}$) aufzuheizen. Die Heizung setzt an der Oberfläche ein, und das abströmende Plasma bildet eine Schockwelle, die die Plasmakugel um mindestens das 10^3fache der Festkörperdichte komprimieren muß (d.h. Reduktion des Radius um den Faktor 10). Gleichzeitig muß das Plasma auf $\approx 30\,\mathrm{keV}$ aufgeheizt werden. Die Einschlußzeit von $10^{-9}\ldots 10^{-10}\,\mathrm{s}$ wird durch die Massenträgheit des Plasmas gewährleistet. Um die erforderliche Kompression zu bewerkstelligen, muß das Laserlicht allseitig einfallen, was entweder eine entsprechende Batterie von Lasern oder ein Spiegelsystem erforderlich macht. Dies ist eines der vielen noch ungelösten Probleme. Um eine positive Energiebilanz zu erreichen, müssen die Laser

---

[12] Das Wort ist ein Akronym aus dem Russischen und steht für „Torodiale Kammer mit magnetischer Spule" und geht auf einen Vorschlag von SACHAROV zurück.

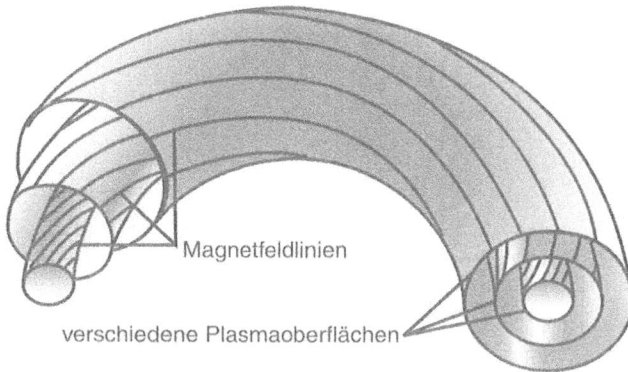

Bild 18.24: Magnetfeld im Plasmabereich eines Tokamaks.

extrem effektiv arbeiten. Auch dies ist noch nicht erzielt. Die Repetitionsrate läge im Bereich von 100 Hz.

Leider ist bei der Kernfusion nur der unkontrollierte Reaktionsablauf (H-Bombe) bisher technisch realisierbar. In diesem Fall wird als Zündung eine Kernspaltungsexplosion benutzt, die die erforderliche Plasmatemperatur erzeugt. Die Schwierigkeit ist, den Feuerball lange genug am Ausbreiten (und damit abkühlen) zu hindern, so daß die Fusion in Gang kommt.

19 Wechselwirkung von Strahlung mit Materie

19.1 Durchgang geladener Teilchen durch Materie

Ein geladenes Teilchen verliert beim Durchlaufen von Materie rasch seine kinetische Energie, wird also abgebremst. Der Energieverlust erfolgt im wesentlichen durch Ionisationsprozesse, d.h., längs der Teilchenbahn werden Atome in positive Ionen und freie Elektronen aufgebrochen. Den mittleren Energieverlust pro Wegeinheit (*spezifischer Energieverlust*) für Teilchen mit der Ladung $z \cdot e$, Ruhemasse m_0 und der Geschwindigkeit v läßt sich durch:

Energieverlust durch Ionisationsprozesse

$$\boxed{-\frac{\mathrm{d}E}{\mathrm{d}x} = \frac{4\pi z^2 e^4}{m_0 v^2} N \cdot B(Z)} \quad \textbf{Bethe-Bloch-Gleichung} \qquad (19.1)$$

beschreiben. Hierbei ist N die Anzahl der Atome pro Volumeneinheit der bremsenden Materie und $B(Z)$ das sogenannte *Bremsvermögen* ihrer Atome, das von deren Ordnungszahl Z abhängt und mit der Teilchenenergie (bzw. -geschwindigkeit) nur schwach veränderlich ist:

$$B(Z) = Z \cdot \left[\ln\left(\frac{2m_0 v^2}{K \cdot Z}\right) - \ln(1 - \beta^2) - \beta^2 \right], \qquad (19.2)$$

wobei $\beta = v/c$. Die Größe K ist eine experimentell zu bestimmende Materialkonstante. Sie liegt für leichte Elemente bei 15 und sinkt auf etwa 9 für schwere Elemente. Bei nichtrelativistischen Teilchen, d.h. bei niederen Geschwindigkeiten ($v \ll c$), findet man:

$$\frac{\mathrm{d}E}{\mathrm{d}x} = \text{const} \cdot \frac{1}{v^2}. \qquad (19.3)$$

Teilchen mit größerer Ladung (z.B. α-Teilchen mit $z = 2$) und Teilchen mit größerer Ruhemasse verlieren schneller ihre Energie, und Materie aus schweren Elementen bremst besser. Die Bilder 19.1a und 19.1b geben eine Übersicht. Von Bedeutung ist auch, daß bei höheren Energien der spezifische Energieverlust weitgehend unabhängig von der Energie und nur schwach abhängig von der Teilchenart ist. Gemäß (19.3) nimmt die Bremsung pro Wegeinheit und damit die Anzahl der erzeugten Ionenpaare/cm^3 gegen Ende des Teilchenweges rasch zu. Dies ist richtig, solange die Teilchenenergie nicht so niedrig wird, daß Ionisationsanregungen der Materie energetisch nicht mehr möglich sind. Die spezifische Ionisation sinkt deshalb ganz am Ende des Weges wieder ab. Den Verlauf der Ionisation längs des Bremswe-

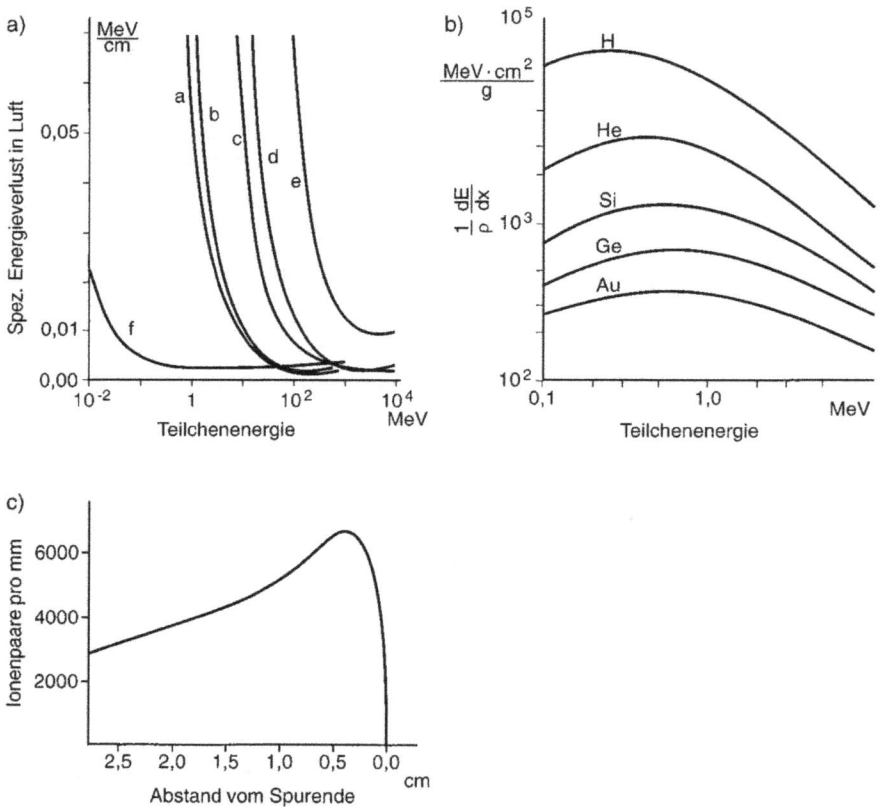

Bild 19.1: Abbremsung von Teilchen in Materie:
a) Energieverlust pro Wegeinheit für verschiedene Teilchenarten als Funktion ihrer Energie: a Myonen, b Mesonen, c Protonen, d Deuteronen, e α-Teilchen, f Elektronen.
b) Spezifischer Energieverlust von α-Teilchen als Funktion ihrer Energie in verschiedenen Elementen. (Zu beachten ist die Division durch die Dichte ρ (g/cm^3) in der Ordinate, wobei H ($Z = 1$, $\rho = 0,9 \cdot 10^{-4}$), He ($Z = 2$, $\rho = 1,8 \cdot 10^{-4}$), Si ($Z = 14$, $\rho = 2,34$), Ge ($Z = 32$, $\rho = 5,46$), Au ($Z = 79$, $\rho = 19,25$).
c) Erzeugte Ionenpaare pro Wegeinheit für ein α-Teilchen längs seiner Bahn in Luft (Braggkurve).

ges gibt die sogenannte *Braggkurve* in Bild 19.1c wieder. Die Fläche unter der Braggkurve ist der total erzeugten Ionenladung und damit der Energie des eingelaufenen Teilchen proportional. Wie man aus der Braggkurve ersieht, kann man gut eine effektive Reichweite für die Teilchen definieren. Sie wird oft als ein approximatives Maß für die Anfangsenergie des Teilchens benutzt. Die totale Bremszeit ist sehr kurz. Sie liegt typischerweise unter 10^{-12} s.

19.2 Wechselwirkung von Gammastrahlen mit Materie

Elektromagnetische Strahlung wird als ein Strom von Photonen, jedes mit der Energie

$$E = h\nu = hc/\lambda, \tag{19.4}$$

aufgefaßt. Die Gammastrahlungsintensität I kann dann als Anzahl von Photonen pro cm^2 und s ausgedrückt werden. Im Gegensatz zur Optik charakterisiert die Kernphysik elektromagnetische Strahlung ausschließlich über die Photonenenergie in keV bzw. MeV. Der hier interessierende Energiebereich erstreckt sich von einigen keV (charakteristische Röntgenstrahlung) bis zu einigen MeV (typische Kern-Gammastrahlung). Die Intensität I eines Gammastrahles wird beim Durchlaufen von Materie geschwächt. Nehmen wir einen Parallelstrahl an, der sich in x-Richtung durch einheitliche Materie ausbreitet, so gilt:

$$\boxed{I(x) = I_0 \cdot \exp\left(-\mu x\right)} \tag{19.5}$$

Man nennt μ den *linearen Absorptionskoeffizienten* (cm^{-1}), x ist die durchlaufene Strecke (cm) und I_0 die einfallende Intensität bei $x = 0$. Für praktische Zwecke ist es günstiger, die durchlaufene Schichtdicke in Form einer *Flächendichte* $d = x \cdot \rho$ in den Einheiten g/cm^2 anzugeben, wobei ρ die Massendichte (g/cm^3) ist. Man schreibt dann $I_0 \exp(-\mu^\star d)$, wobei $\mu^\star = \mu/\rho$ der *Massenabsorptionskoeffizient* (cm^2/g) ist.

Flächendichte [g/cm²]

Die Absorption von Gammastrahlung beim Durchgang durch Materie hat ebenfalls die Bildung von Ionenpaaren zur Folge. Diese Ionisierung der Materie ist es ja gerade, die die Schädigung von Gewebe etwa durch Röntgenstrahlung bewirkt, und die z.B. in der Strahlenmedizin gezielt eingesetzt wird. Wir wollen als erstes die physikalischen Prozesse der Absorption von Photonen diskutieren und uns dabei klar machen, wieso hierbei als Sekundärprodukte energiereiche geladenen Teilchen (Elektronen) entstehen.

Auch bei Gammastrahlung Ionisierung der Materie

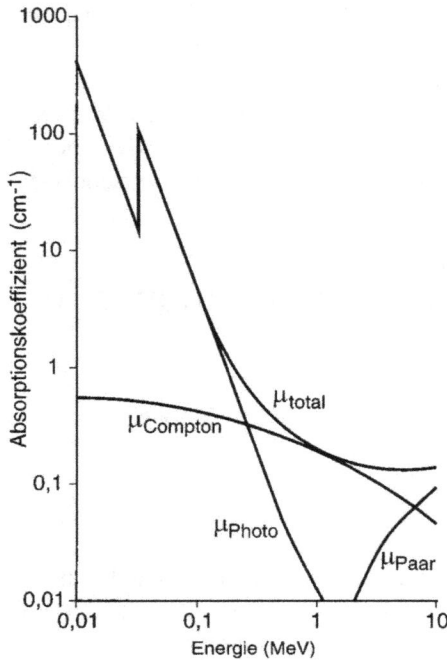

Bild 19.2: Energieabhängigkeit des totalen Absorptionskoeffizienten von NaJ für Gammastrahlung. Eingezeichnet sind ebenfalls die partiellen Koeffizienten für Photoabsorption, für Compton-Streuung und für Paarerzeugung. Bei ca. 30 keV tritt die K-Kante von Jod in Erscheinung. NaJ ist ein Szintillationsmaterial für die Spektroskopie von γ-Strahlung (siehe Seite 376).

In dem erwähnten Bereich von Photonenenergien sind drei Wechselwirkungsprozesse von Bedeutung: der Photoeffekt, der Comptoneffekt und die Paarbildung. Diese drei Prozesse laufen unabhängig von einander ab, was bedeutet, daß wir schreiben dürfen:

$$\mu_{total} = \mu_{Photo} + \mu_{Compton} + \mu_{Paar} \qquad (19.6)$$

Jeder Prozeß hat seine eigene Energieabhängigkeit, und deshalb dominieren je nach Photonenenergie verschiedene Absorptionsmechanismen, wie dies Bild 19.2 als Beispiel zeigt.

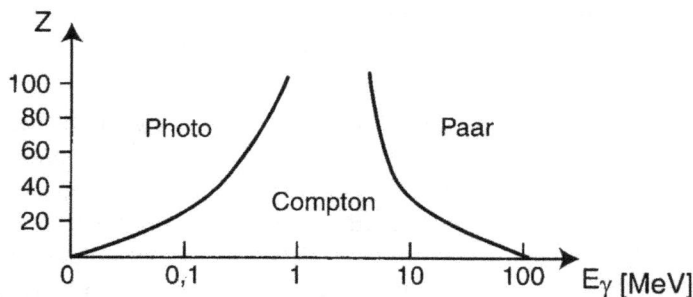

Bild 19.3: Bereiche in denen jeweils einer der Absorptionsprozesse für Photonen dominiert.

Bild 19.3 zeigt in einem (Z_{Absorber}, E_γ)-Diagramm Linien für μ_{Compton} = μ_{Photo} und μ_{Compton} = μ_{Paar}. Der Bereich wird in drei Teilgebiete aufgeteilt. Ganz links dominiert der Photoeffekt, in der Mitte der Comptoneffekt und rechts die Paarbildung. Bei Materie mit niederem Z dominiert der Comptoneffekt generell.

19.3 Der Photoeffekt

Das Gammaquant wechselwirkt mit einem gebundenen Elektron der Atomhülle und löst dieses aus dem Atomverband. Das so erzeugte freie Elektron hat die kinetische Energie

$$E_e = E_\gamma - E_B, \tag{19.7}$$

wobei E_B die Bindungsenergie des Elektrons im Atom ist. Da beim Photoprozeß Impuls auf den Kern übertragen werden muß, ist es am wahrscheinlichsten, daß ein K-Elektron ausgelöst wird. Der Absorptionskoeffizient μ_{Photo} nimmt rasch mit der Energie der Photonen ab (etwa mit E^{-3}) und sehr stark mit der Ordnungszahl der absorbierenden Atome (etwa mit Z^5) zu.

In etwa:
$\mu_{Photo} \propto E^{-3} \cdot Z^5$

19.4 Der Comptoneffekt

Das Photon wechselwirkt mit einem freien Elektron, was als ruhend angenommen wird ($E_e = 0$). Die Erfüllung des (relativistischen) Energie- und Impulssatzes verlangt, daß das Photon nur einen Teil seiner Energie auf das Elektron übertragen kann. Es wird um den Winkel Φ aus seiner Ausbreitungsrichtung abgelenkt und verliert die Energie $\Delta E = h(\nu - \nu')$ (Bild 19.4a). Für die Energie des Elektrons nach dem Photonenstoß läßt sich ableiten:

$$\boxed{E_e = E_\gamma \left[\frac{a(1 - \cos\Phi)}{1 + a(1 - \cos\Phi)} \right].} \tag{19.8}$$

Dabei ist $a = E\gamma/m_e c^2 = h\nu/m_e c^2$.

Da beliebige Streuwinkel auftreten können, sind die erzeugten *Compton-Elektronen* nicht monochromatisch, sondern in ihrer kinetischen Energie über einen bestimmten Energiebereich verteilt (Bild 19.4b). Charakteristisch ist die Lücke in den Elektronenenergien zwischen E_γ und $(E_e)_{\text{max}}$. Dabei entspricht $(E_e)_{\text{max}}$ einer Streuung des Photons um 180°

In etwa:
$\mu_{Compton} \propto Z$; kaum energieabhängig

a)   b) $\uparrow$ N(E)dE

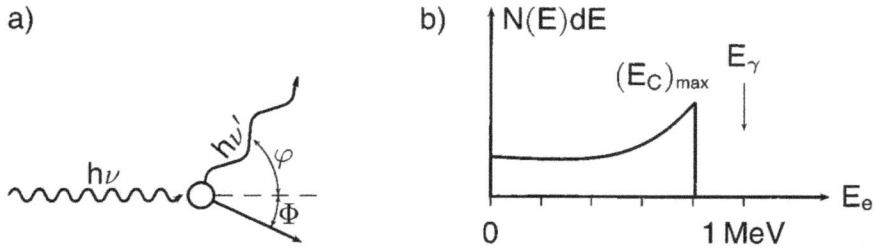

Bild 19.4: Comptoneffekt
a) Geometrie des Compton Streuprozesses: $h\nu$ einfallendes Photon; $h\nu'$ gestreutes Photon; e Compton-Elektron; φ, Φ Streuwinkel.
b) Energieverteilung der Compton-Elektronen für ein einfallendes Photon mit 1 MeV Primärenergie.

(Rückwärtsstreuung). Den scharfen Abbruch von $N(E)$ bei $(E_e)_{max}$ bezeichnet man als die *Compton-Kante*. Wie Bild 19.2 zeigt, ist die Compton-Absorption nur schwach energieabhängig bei niederen Photonenenergien und sinkt bei hohen Energien rasch ab. Die Absorptionswahrscheinlichkeit geht grob gesehen mit Z.

19.5 Die Paarbildung

Übersteigt die Photonenenergie die doppelte Ruheenergie (Ruhemasse) des Elektrons ($E_\gamma > 1,02$ MeV) so kann sich im Coulomb-Feld eines Atomkerns das Photon in ein Elektron-Positron-Paar umwandeln. Die Bildung eines einzelnen Elektrons verbietet die Ladungserhaltung. Ein Atomkern wird wiederum als Impulspartner benötigt. Positron und Elektron erhalten etwa dieselbe kinetische Energie. Bei Vernachlässigung der Rückstoßenergie des Kerns finden wir also ein Elektron-Positron-Paar, wobei jedes Teilchen die Energie:

$$E_e = \frac{E_\gamma - 2m_e c^2}{2} = \frac{E_\gamma - 1,02\,\text{MeV}}{2} \tag{19.9}$$

Oberhalb der
Schwelle in etwa:
$\mu_{Paar} \propto Z^2$

hat. Im Bild 19.2 erkennen wir, daß der Absorptionskoeffizient μ_{Paar} oberhalb der Schwelle von 1,02 MeV rasch ansteigt und von etwa 5 MeV an dominiert. Die Z-Abhängigkeit oberhalb der Schwelle folgt grob einem Z^2 Gesetz.

Abschließend weisen wir noch auf einen grundsätzlichen Unterschied beim Durchgang von geladenen Teilchen und Photonen durch Materie hin. Bei geladenen Teilchen führen viele Einzelprozesse zu einer Verringerung der kinetischen Energie. Schließlich erreicht das Teilchen thermische Energie, bleibt aber immer erhalten. Wir können nicht ein einfaches Absorptionsgesetz wie (19.5) aufstellen. Photonen können nicht abgebremst werden, sie haben immer Vakuumlichtgeschwindigkeit. Ein Energieverlust wie beim Comptoneffekt ändert die Frequenz des Photons. Wir betrachten es damit als nicht mehr zum Ensemble der einfallenden Photonen gehörig. In den beiden anderen Absorptionsprozessen verschwindet das Photon ganz. Wir haben also den Fall, daß ein Einzelprozeß das Teilchen aus dem Strahl entfernt (katastrophaler Wechselwirkungsprozeß). Die Wahrscheinlichkeit hierfür ist von der Zahl der Photonen im Strahl unabhängig, was zu (19.5) führt.

19.6 Wechselwirkung von Neutronen

Da Neutronen ungeladen sind, erzeugen sie primär beim Durchlaufen von Materie keine Ionisation. Sie können aber mit Atomkernen stoßen und auf diese einen beträchtlichen Impuls übertragen. Dies gilt speziell für leichte Kerne und ganz besonders für Protonen. Die geladenen Rückstoßkerne werden von der umgebenden Materie abgebremst, wobei, gemäß der Diskussion in Abschnitt 19.1, Ionenladung gebildet wird. Dieser Mechanismus ist für schnelle ($\geq$MeV) Neutronen wichtig. Für niederenergetische, speziell thermische Neutronen sind Kernreaktionen wie der Neutroneneinfang (n,γ) von Bedeutung. Insbesondere die dabei erzeugte γ-Strahlung verursacht Ionisation. Aber es können auch Teilchenreaktionen wie (n,α) oder (n,p) auftreten, wobei die Sekundärprodukte kinetische Energie besitzen und über Ionsationsprozesse abgebremst werden. Insgesamt wirken auch Neutronenstrahlen, wenn auch nicht primär, so doch über sekundäre Reaktionsprozesse, ionisierend auf die durchlaufende Materie. Die Stärke der Ionsation hängt stark von der Art des Materials und der Neutronenenergie ab und kann nicht in allgemeiner Form angegeben werden.

Stoßprozesse und Kernreaktionen; Sekundärionisation

19.7 Strahlenschutz

Wir haben gesehen, daß Kernstrahlung, gleich welcher Art (mit der Ausnahme von Neutrinos), in der von ihr durchlaufenen Materie Energie deponiert. Dies gilt für lebendes Gewebe unter Bestrahlung genau so. Die Folge ist einmal sehr starke lokale Erwärmung (man spricht ja auch von *Strahlenverbrennung*), zum anderen die direkte Auslösung chemischer Reaktionen als Folge der Ionisation. In beiden Fällen resultiert eine starke Gewebeschädigung, also das Absterben von Zellen im Durchgangsbereich der Strahlung. Die entstehenden Zerfallsprodukte abgestorbener Zellen können weiterhin im Körper als chemisches Gift wirken. Es ist deshalb klar, daß beim Umgang mit radioaktiven Stoffen oder beim Aufenthalt in einem Strahlungsbereich strenge Vorsichtsmaßregeln eingehalten werden müssen. Dazu ist es als erstes erforderlich, sich entsprechende Maßgrößen zu schaffen, um eine objektive Beurteilung des Gefährdungsgrades zu ermöglichen. Man darf jedoch nie vergessen, daß der Mensch in der Natur schon dauernd radioaktiver Strahlung ausgesetzt ist. Dies ist einmal die kosmische Höhenstrahlung, die insbesondere in Hochgebirgslagen nicht unerheblich ist. Noch stärker ist die natürliche Strahlenbelastung auf einem Langstreckenflug. Aber auch der Erdboden enthält natürliche radioaktive Isotope. Dies gilt in besonderem Maße für vulkanisches Gestein (z.B. Granit) und keineswegs nur für Uranerzlager. Diese Strahlungsbelastung kann lokal sehr unterschiedlich sein. Hauswände strahlen ebenfalls, und in zu gut isolierten Häusern steigt der Gehalt von Radon, das als α- radioaktives Gas eingeatmet wird. Dies unterläuft das Ideal perfekter Wärmeisolierung.

Gray (Energie/Masse)

Wir diskutieren kurz die wichtigsten Begriffe des Strahlenschutzes: Entscheidend ist die durch die Strahlung deponierte Energie dE pro Masseneinheit, die sogenannte *Strahlendosis*:

$$D_E = \frac{\mathrm{d}E}{\mathrm{d}M}. \tag{19.10}$$

Die S.I. Einheit ist 1 J/kg = 1 Gray (1 Gy).

Die Strahlendosis ist die von 1 kg Materie absorbierte Strahlungsenergie.

1 Gy=100 rad; rad (alte Einheit)

Die früher benutzte Einheit ist das *rad* (radiation absorbed dose), wobei 1 Gy=100 rad.

Die für den Strahlenschutz zentrale Größe ist die *Äquivalentdosis*, die die spezifische biologische Wirksamkeit einzelner Strahlenarten (und der Strahlungsenergie) berücksichtigt. Bei der biologischen Schädigung ist ja z.B. mitentscheidend, wie lokal die Energie deponiert wird.

Die Äquivalentdosis ist gleich der Strahlendosis D_E multipliziert mit der biologischen Wirksamkeit q:

$$D_A = D_E \cdot q. \tag{19.11}$$

Sievert (biologisch gewichtet)

Die Dimension von D_A ist die selbe wie die von D_E, nämlich J/kg. Man benutzt aber eine andere Einheit:

$$1 \,\text{Sievert} = 1 \,\text{Sv} = 1 \,\text{J/kg}. \tag{19.12}$$

1 Sv=100 rem; rem (alte Einheit)

Für $q = 1$ ist 1 Gy=1 Sv. Die früher benutzte Einheit war das *rem* (Röntgen equivalent man). Es ist 1 Sv=100 rem. Eine Übersicht über typische Werte von q gibt Tabelle 19.1. Auffallend ist die starke Schädigung durch schnelle Neutronen, was an der Wirksamkeit der Rückstoßprotonen liegt.

Tabelle 19.1: Die biologische Wirksamkeit von Strahlung.

elektromagnetische Strahlung (0,1 ... 3 MeV)	$q \approx 1$
niederenergetische β-Stahlung ($E < 30$ keV)	$q \approx 2$
hochenergetische β-Strahlung ($E > 30$ keV)	$q \approx 1$
thermische Neutronen	$q \approx 3$
schnelle Neutronen	$q \approx 20$
α-Teilchen, Protonen	$q \approx 10$

Für manche Zwecke benötigt man noch die *Ionendosis* D_J. Das ist die in 1 kg Luft erzeugte Ladung eines Vorzeichens. Die Einheit ist Coulomb/kg. Viel benutzt wird noch das *Röntgen*. Das ist die Strahlungsmenge, die in Luft $2,58 \cdot 10^4$ C/kg Ionenladung erzeugt.

Röntgen
(Ladung/Masse)

Es ist praktisch unmöglich, eine präzise untere Grenze für die gesundheitsschädigende Strahlungsmenge infolge der natürlichen Strahlungsbelastung anzugeben. Der Körper verfügt über einen Reparaturmechanismus, der leichte Zellschädigungen rasch wieder rückgängig macht. Wo genau die Grenze liegt, bei der dieser Mechanismus überfordert wird, ist schwer zu sagen. Man ist auf Extrapolation von höheren Strahlendosen her, wo die Schädigung eindeutig ist, angewiesen. Aber Extrapolationen sind natürlich immer ein Streitfall. Die natürliche Strahlungsbelastung liegt, je nach lokalen Bedingungen, zwischen 0,2 und 2 μSv/h.

Tabelle 19.2: Strahlenschäden bei kurzfristiger Ganzkörperbestrahlung.

Empfangene Dosis	Erscheinungen
$\leq 0,5$ Sv	keine auffälligen Erscheinungen
0,5 ... 1 Sv	keine schweren Schäden, aber Blutbildänderungen
1 ... 2 Sv	Strahlenkrankheit setzt ein (Erbrechen, verminderte Leistungsfähigkeit, etc.)
2 ... 4 Sv	Ernste Blutschäden, schwere Strahlenkrankheit
4 Sv	50% Sterblichkeit innerhalb 30 Tagen
6 Sv	100% Sterblichkeit (95% innerhalb 14 Tagen)

Für die berufliche Praxis sollte der Wert von

$$1 \text{ mSv/Woche} \qquad (\approx 6 \, \mu\text{Sv/h})$$

nicht überschritten werden. Insgesamt gelten 2 Sv als Grenze für die totale Strahlenbelastung bis zum Alter von 60 Jahren, was etwa das 20-fache der natürlichen Strahlungsbelastung ist. Die Folgen kurzfristiger

Ganzkörperbestrahlung (z.B. Strahlenunfälle) sind in Tab. 19.2 zusammengefaßt.

Die Strahlungsüberwachung erfolgt mit tragbaren Kernstrahlungsdetektoren oder Fotoplaketten (Schwärzung durch Strahlung). Man spricht von *Dosimetern*.

20 Kernstrahlungsdetektoren

Die Ionisation, die von Kernstrahlung beim Durchlaufen von Materie erzeugt wird, setzt man mit einem Kernstrahlungsdetektor in einen elektrischen Puls um. Das Auftreten dieses Pulses ist der Nachweis, daß ein Teilchen in das sensitive Volumen des Detektors eingetreten ist. Es ist wichtig, daß dieses Teilchensignal sich deutlich von allen möglichen elektrischen Störpulsen abhebt. Im Falle sehr schwacher Ionisation kann diese Diskriminierung zwischen Meß- und Untergrundsignalen problematisch sein. Jeder Detektor hat eine gewisse Nachweiswahrscheinlichkeit. Nicht jedes Teilchen, welches das Detektorvolumen durchläuft, wird notwendigerweise registriert. Man ist natürlich bestrebt, die Nachweiswahrscheinlichkeit so groß wie möglich zu machen.

Nachweis durch elektrische Pulse

Neben dem reinen Strahlungsnachweis interessiert meist auch eine Bestimmung der Strahlungsenergie (kinetische Teilchen- oder Photonen-Energie). Man legt deshalb den Detektor als *Proportionalzähler* aus, was bedeutet, daß die Spannungshöhe des von ihm gelieferten elektrischen Pulses der im Detektor vom Teilchen deponierten Energie proportional ist. Bild 20.1 zeigt einen typischen Proportionalpuls.

Energiebestimmung

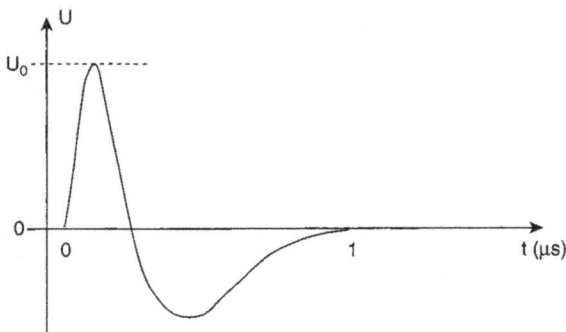

Bild 20.1: Bipolarer elektrischer Detektorpuls. U_0 ist der von dem Kernstrahlungsteilchen im Detektorvolumen deponierten Energie proportional.

Oft ist auch die Kenntnis von Zeitkorrelationen zwischen verschiedenen einlaufenden Teilchen von Bedeutung. Man möchte daher erreichen, daß der

Zeitkorrelation

Detektor einen zeitlich möglichst scharf definierten Zählpuls abgibt, damit die nachfolgende elektronische Schaltung den Zeitpunkt des Eintreffens des Teilchens im Detektor mit hoher Genauigkeit bestimmen kann.

Es gibt keinen Detektor, der alle Aufgaben zugleich mit hoher Genauigkeit erfüllt. Insbesondere sind die Forderungen nach guter Energie- und Zeitauflösung widersprüchlich. Es gilt oft, einen brauchbaren Kompromiß zu schließen oder mit einer Kombination von Detektoren zu arbeiten.

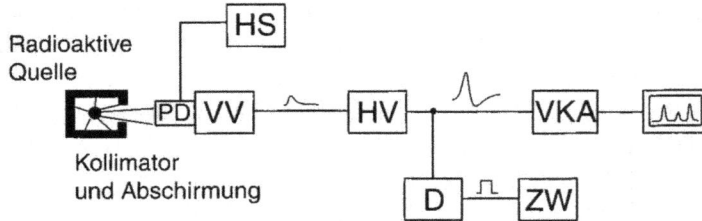

Bild 20.2: Typische Kernstrahlungsmeßanordnung zur Bestimmung der Strahlungsintensität (Teilchen/Zeiteinheit) und des Energiespektrums der nachgewiesenen Teilchen. Zur Erklärung siehe Text.

Auf die elektronischen Schaltungen zur Pulsverarbeitung gehen wir nicht ein. Bild 20.2 zeigt eine typische Anordnung zur Messung des Energiespektrums einer Kernstrahlung. PD ist der Proportionaldetektor, der vom Hochspannungsgerät HV versorgt wird. Direkt an den Detektor schließt sich ein Vorverstärker (VV) an, um das Signal deutlich über das Spannungsrauschen der Kabelverbindung zum Hauptverstärker (HV) zu heben. Alle Verstärker müssen strikt linear arbeiten. Hinter HV verzweigt sich die Kette. Einmal unterdrückt ein Diskriminator (D) niedrige Spannungspulse, die dem Rauschen zugeordnet werden, und gibt die Pulse, die die Diskriminatorschwelle spannungsmäßig überschritten haben, auf ein Zählwerk (ZW). Damit wird die Zählrate (Pulse/Zeiteinheit) als Zusatzinformation bestimmt. Die Hauptkette führt von HV zum sogenannten *Vielkanalanalysator* (VKA). Dort wird durch entsprechende Schaltkreise der Bereich der interessierenden Pulshöhen U_0 in (typischerweise) 1024 einander anschließende Teilbereiche, die als Kanäle bezeichnet werden, eingeteilt. Die Elektronik prüft nun, welchen Kanal die Pulshöhe des eingetroffenen Pulses zuzuordnen ist und schreibt dann ein Zählereignis in diesen Kanal. So entsteht nach entsprechender Meßzeit (d.h. nach entsprechender Zahl registrierter Pulse) ein *Histogramm*: Zählrate/Kanal gegen Kanalnummer, was, nach entsprechender Kalibrierung, direkt das Energiespektrum $dN/dE = f(E)$ darstellt (dE ist die Kanalbreite, E die Kanalnummer). Dieses Histogramm wird auf ein entsprechendes Ausgabegerät gegeben (Video, Drucker). Das Spektrum einer typischen α-Strahlungsquelle zeigt Bild 20.3.

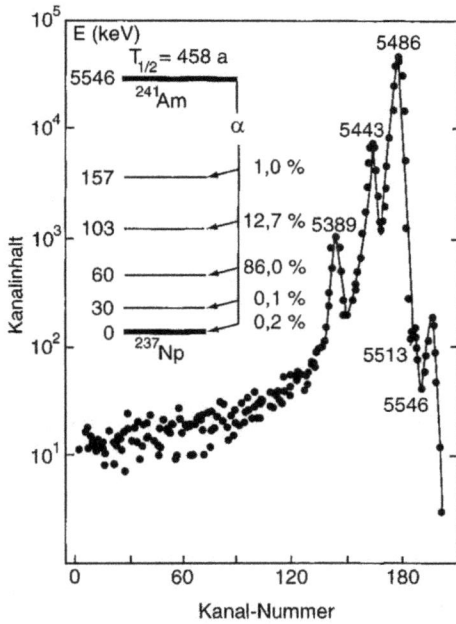

Bild 20.3: Energiespektrum der α-Teilchen und Zerfallschema von ^{241}Am (Americium, ein Transuran-Element). Die Energie von 5,546 MeV haben α-Teilchen, die direkt zum Grundzustand von ^{237}Np gehen. Als Proportionaldetektor diente eine Halbleiterdiode.

Wir wollen nun kurz einige Gesichtspunkte der wichtigsten Strahlungsdetektoren diskutieren.

20.1 Gas-Proportionalzähler

Prinzipiell ist dies ein edelgasgefüllter (Ar, Kr oder Xe) Zylinderkondensator. Seine positive Elektrode ist ein dünner, zentrisch gespannter Draht (Durchmesser 0,1 mm). Die Kathode ist z.B. ein dünnes Aluminiumrohr. Die Teilchen treten durch ein sehr dünnes Kunststoffenster ein. Bild 20.4 zeigt die Anordnung.

Energieauflösung; speziell für niederenergetische Strahlung

Die eintretende Strahlung erzeugt im Mittel pro 30 eV ein Ionenpaar. Die schweren positiven Ionen bewegen sich vergleichsweise langsam auf die Kathode zu. Das dadurch von ihnen erzeugte elektrische Signal ist schwach und wird durch entsprechende Wahl der Zeitkonstanten in den nachfolgenden elektronischen Kreisen unterdrückt. Gemessen wird das Signal, das die Elektronen erzeugen, die sich im elektrischen Feld des Zählrohrs rasch auf den Zähldraht zubewegen. Für die elektrische Feldstärke des Zylinderkondensators gilt:

$$\mathcal{E}(r) = \frac{U_{\text{HV}}}{r \cdot \ln(a/k)}, \tag{20.1}$$

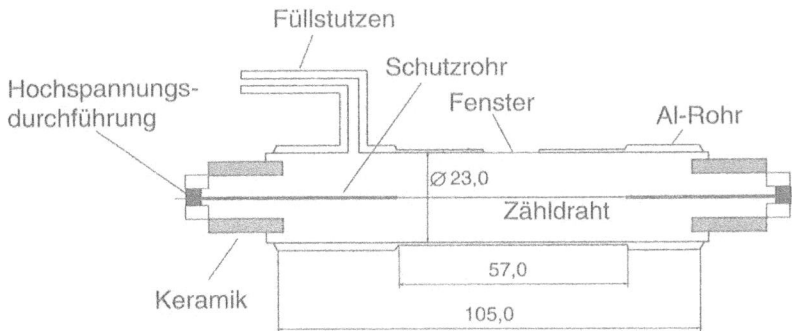

Bild 20.4: Aufbau eines Proportionalzählrohres. Die Maße sind in mm angegeben.

wobei a der Zähldrahtradius (Anodenradius) und k der Zählrohrradius (Kathodenradius) ist.

Die Feldstärke wird also dicht am Zähldraht sehr groß. Bei entsprechender Wahl von U_{HV} werden die Elektronen in der Nähe des Zähldrahtes auf über 30 eV kinetische Energie beschleunigt und können daher neue Ionisationen auslösen. Dadurch steigt die Zahl der Elektronen, die auf den Zähldraht treffen, lawinenartig an. Man bezeichnet dies als *Gasverstärkung*. Die Hochspannung darf andererseits nicht so hoch sein, daß es am Draht zu einer elektrischen Entladung kommt. Man wählt U_{HV} so, daß die Gasverstärkung groß ($\approx 10^3 - 10^4$) ist, daß jedoch die Zahl der sekundär produzierten Elektronen proportional zur Primärionisation durch die Kernstrahlung ist. Das Proportionalzählrohr kann deshalb auch zur Energiespektroskopie eingesetzt werden. Die Gasverstärkung hängt empfindlich von der Zählrohrspannung ab, die daher sehr gut konstant gehalten werden muß. Das Bremsvermögen bzw. der Absorptionskoeffizient ist für Gase wegen der geringen Dichte klein. Zählrohre werden daher primär für niederenergetische Strahlung eingesetzt. Allerdings kommt das Prinzip auch in den modernen *Spurdetektoren* (siehe weiter unten) zum Einsatz.

20.2 Geiger-Müller-Zählrohr

Keine Energieauflösung

Die Hochspannung am Zählrohr wird so weit erhöht, daß es zur Gasentladung kommt, wenn ein Teilchen eine Primärionisation ausgelöst hat. Dadurch wird der elektrische Puls sehr groß und die nachfolgenden Schaltkreise können sehr einfach gehalten werden. Auch die Empfindlichkeit auf die angelegte Hochspannung ist gering. Die Energieproportionalität ist jedoch verloren gegangen. Geiger-Müller-Zählrohre werden vor allem in tragbaren Strahlungsmeßgeräten eingesetzt.

20.3 Halbleiterdetektoren

Der große Vorteil ist die höhere Dichte des Mediums (Germanium oder Silizium) verglichen mit einem Zählgas. Das Verständnis der physikalischen Prozesse in einem Halbleiter setzt Kentnisse der Elektronenstruktur im Festkörper voraus, die erst in den folgenden Semestern dargelegt werden. Die Grundidee ist folgende: Man geht von einer *Halbleiterdiode* aus (d.h. einer Kombination von p- und n-dotiertem Si oder Ge), deren Eigenschaft darin besteht, den elektrischen Strom nur in einer Richtung (für eine bestimmte Polarität der angelegten Spannung) zu leiten. Die Diode ist in Sperrichtung geschaltet, d.h. es fließt zunächst kein Strom. Durch Kernstrahlung im Detektorvolumen ausgelöste Elektronen bewirken aber eine Stromleitung in der ursprünglichen Sperrichtung. Es entsteht also ein Stromimpuls, der dann weiter verarbeitet werden kann. Im Grunde handelt es sich um die gleichen Prozesse, die man für photovoltaische Anlagen zur Elektrizitätsgewinnung aus Sonnenlicht verwendet. Nur wird eine Optimierung hin zu hohen Photonenenergien angestrebt. Neben der höheren Dichte ist ein weiterer Vorteil des Halbleiterzählers, daß viel weniger Energie (nur ca. 1 eV) benötigt wird, um ein freies Elektron zu erzeugen. Die Zahl der ausgelösten Elektronen pro Strahlungsteilchen und Energiebereich ist also um mindestens eine Größenordnung höher. Die Proportionalität zwischen der Zahl der ausgelösten Elektronen und der deponierten Energie ist erhalten. Halbleiterdetektoren eignen sich sehr gut zur Energiebestimmung der Kernstrahlung. Für geladene Teilchen (speziell α-Teilchen) genügen dünne Halbleiterschichten, um das Teilchen voll abzubremsen.

Hohe Energieauflösung

Das in Bild 20.3 gezeigte Spektrum der α-Teilchen von ^{237}Np ist mit einem Halbleiterdetektor aufgenommen. Für die Messung mit γ-Strahlung macht sich die niedere Ordnungszahl Z von Si oder Ge nachteilig bemerkbar. Der Absorptionskoeffizient $\mu^\star$ ist klein. Man braucht hier mehrere cm dicke Halbleiterschichten, was technisch aufwendig ist. Ein von einem Halbleiterdetektor geliefertes Spektrum der γ-Strahlung von ^{60}Co zeigt Bild 20.5. Wie aus dem im Insert gezeigten Zerfallschema zu entnehmen ist, werden zwei γ-Strahlen mit 1,33 MeV und 1,17 MeV Photonenenergie ausgesendet. Die zwei scharfen Linien ganz rechts im Spektrum werden durch Photoelektronen erzeugt, die ja praktisch die volle γ-Energie besitzen und Pulse mit der dazu proportionalen Spannungshöhe erzeugen. Weiter links schließen sich die kontinuierlich verteilten Compton-Elektronen an mit der charakteristischen Compton-Lücke und der Compton-Kante (Abschnitt 19.4). Die Paarerzeugung ist noch vernachlässigbar klein.

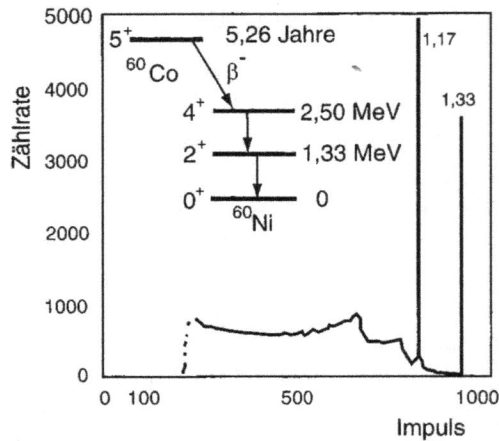

Bild 20.5: Gammaspektrum von ^{60}Co aufgenommen mit einer Ge-Diode (Erklärung im Text). Bei niederen Energien würde das Rauschsignal überwiegen. Die Pulsverarbeitung ist dort unterdrückt. Das Insert zeigt das Zerfallschema von ^{60}Co (vereinfacht).

20.4 Szintillationszähler

Gute Zeitauflösung

Dies ist nach wie vor der am weitesten verbreitete Kernstrahlungsdetektor. Auch hier verlangt die detaillierte Erklärung des Nachweisvorganges tiefere Kenntnisse der Festkörperphysik. Den prinzipiellen Aufbau des Szintillationszähler zeigt Bild 20.6. Im Szintillatormaterial lösen die in der Primärionisation erzeugten Elektronen Lichtblitze aus, wenn sie wieder in die Elektronenstruktur der Szintillatorsubstanz zurück eingefangen werden. Im Grunde genommen handelt es sich um ähnliche Materialien wie in einer Fernsehbildröhre oder einem Röntgenschirm. Auch dort lösen auf den Bildschirm auftreffende Elektronen bzw. Photonen Lichtblitze aus. Das vom Szintillator erzeugte Licht, das der Primärionisation proportional ist (und daher die Energieinformation trägt), wird auf die Photokathode eines *Photovervielfachers* (*Photomultiplier*) geleitet. Dieses Gerät wurde bereits in Physik III beschrieben. Die Sekundärelektronenvervielfachung an den Dynoden liefert einen deutlichen Stromimpuls an der Anode, der dann weiter verarbeitet wird. Der Hauptvorteil des Szintilliationszählers ist sein einfacher und sehr stabiler Aufbau und die sehr starke innere Verstärkung des Vervielfachers ($\approx 10^9$) und die zeitlich schnelle Pulserzeugung.

Die Wahl des Szintillationsmaterials hängt davon ab, was für Strahlung nachgewiesen oder spektrometriert werden soll. Für β-Strahlung werden Szintillatoren aus Plastik benutzt. Sie liefern Pulse von sehr kleiner Zeitdauer ($\approx 10^{-9}$ s). Für γ-Strahlung eignen sie sich weniger, da das niedere Z für geringe Absorption sorgt. Hier benutzt man gerne NaJ, denn Jod mit $Z = 53$ absorbiert kräftig γ-Strahlung (siehe Bild 19.2). Mit Tl dotiert hat NaJ

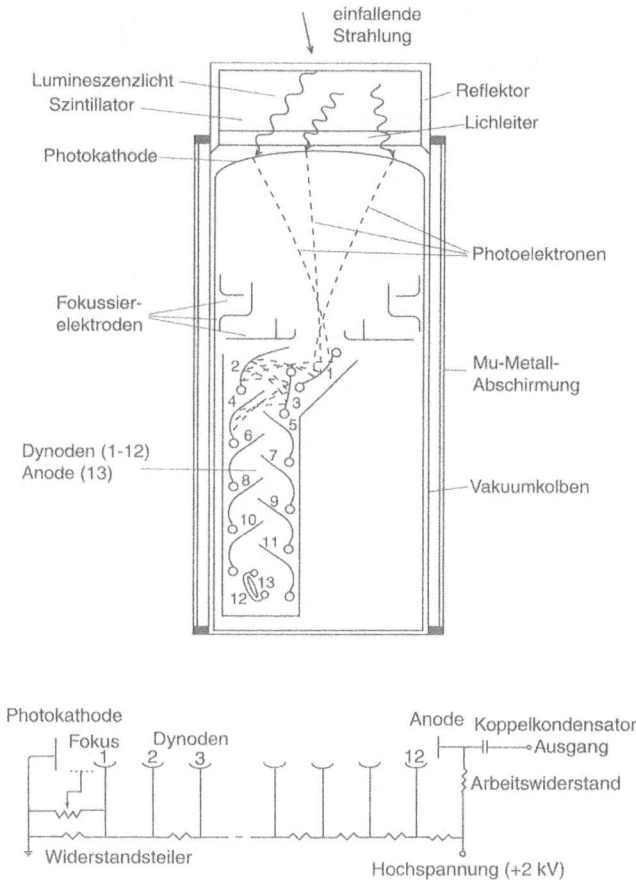

Bild 20.6: Aufbau eines Szintillationszähler mit Schaltung für Spannungsversorgung.

eine sehr gute Lichtausbeute pro Ionenpaar. Den Beitrag von Na kann man vernachlässigen. Szintillationsspektren von γ-Strahlen unter ≈ 1 MeV sehen ähnlich aus wie das mit einem Halbleiterdetektor aufgenommene Spektrum von Bild 20.5. Allerdings ist die Photolinie viel breiter und die Trennung von der Compton-Kante nicht so scharf. NaJ(Tl) Szintillationszähler haben eine schlechtere Energieauflösung als Ge-Dioden, aber eine deutlich bessere Nachweiswahrscheinlichkeit für hochenergetische Photonen.

Bemerkung:

In Bild 20.7a ist das Szintillationsspektrum eines γ-Strahls von 4,43 MeV Energie gezeigt. Wie man aus Bild 19.2 ersieht, überwiegt bei dieser Energie die Paarproduktion gegenüber dem Photoeffekt. Das aufgenommene Spektrum zeigt drei Linien. Sie kommen folgendermaßen zustande. Die Primärionisation wird durch Abbremsen des e^- und e^+, die im Paarbildungsprozeß erzeugt werden, gebildet.

Sie deponieren die Energie $E_\gamma - 2m_e c^2 = (E_\gamma - 1,02)$ MeV. Nun zerstrahlt aber praktisch sofort nach Abbremsung das e^+ mit einem e^- des Szintillatormaterials in zwei γ-Strahlen (Impulserhaltung – siehe Physik III) von je 0,511 MeV. Jetzt kommt es darauf an, was das Schicksal dieser beiden Photonen ist. Verlassen sie den Szintillator ohne Wechselwirkung, so ist die im Szintillator deponierte Energie $(E_\gamma - 1,02)$ MeV, und die Spektrallinie erscheint um ≈ 1 MeV nach unten ver-

escape peak

schoben (*double escape peak*, DE). Erleidet eines der Photonen Photoabsorption, so werden 0,511 keV zurück gewonnen (dies geschieht so rasch, daß der Szintillator alle Prozesse einfach aufsummiert), und es erscheint eine weitere Linie bei $(E_\gamma - 0,511)$ MeV (*single escape peak*, SE). Schließlich können auch beide 0,511 MeV Photonen photoabsorbiert werden, dann ist die deponierte Energie E_γ (*full energy peak*, FE).

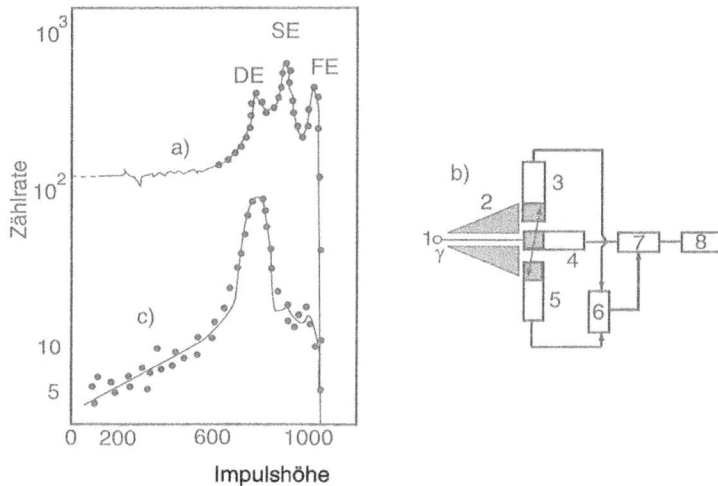

Bild 20.7: Photonennachweis durch Paarerzeugung
a) Szintillationsspektrum eines 4,43 MeV-Gammastrahls. FE „full energy peak", SE „single escape peak", DE „double escape peak" (Erklärung im Text).
b) Drei-Kristall-Paarspektrometer: 1 einfallender γ-Strahl 2 Bleiblende, 4 zentraler Zähler, 3,5 Koinzidenzzähler (alle Zähler sind NaJ(TI)-Szintillationsdetektoren), 6 Koinzidenzstufe, 7 lineares Gatter, 8 Impulshöhenanalysator.
c) Spektrum von a) mit b) aufgenommen. Es wird nur der „double escape peak" registriert.

Man kann den zentralen Szintillationzähler mit anderen Zählern umgeben und nur solche Ereignisse registrieren, bei denen die zwei 0,511 MeV Photonen in den umgebenden Detektoren zeitlich zusammen mit der DE Linie des zentralen Detektors nachgewiesen werden (eine sogenannte *Koinzidenzschaltung*). Damit hat man dann die SE und FE Linien unterdrückt, was die Spektrometrie erleichtert, wenn mehr als nur ein γ-Strahl auf den Detektor fällt (Bild 20.7b,c).

20.5 Čerenkovzähler

Hier wird ebenfalls ein Lichtsignal zur Anzeige des Teilchendurchgangs benutzt, welches in einem oder mehreren Photomultipliern verarbeitet wird. Es werden jedoch keine lumineszierenden Materialien benutzt, und die Primärursache des Lichtblitzes ist nicht die vom Teilchen erzeugte Ionisation. Als Detektormaterial wird optisches Glas mit einem hohen Brechungsindex n benutzt. Sehr energiereiche Teilchen (Elektronen mit einigen MeV oder Protonen mit einigen GeV) bewegen sich praktisch mit Vakuumlichtgeschwindigkeit c. In den Gläsern mit hohem Brechungsindex bewegen sich die Teilchen also mit Überlichtgeschwindigkeit bezogen auf das Medium. (Die Grenzgeschwindigkeit der Relativitätstheorie ist die

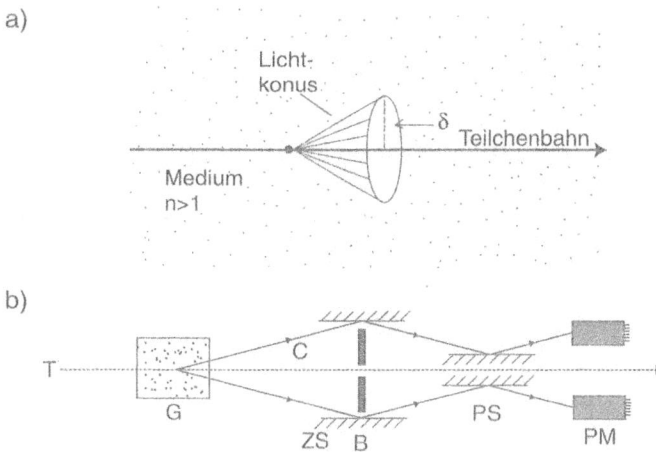

Bild 20.8: Čerenkov-Zähler
a) abgestrahlter Lichtkonus,
b) einfacher Schwellendetektor. ZS Zylinderspiegel, B Ringblende, G Glaskörper, C Čerenkov-Licht, PS Planspiegel, PM Photovervielfacher (in Koinzidenz geschaltet), T Teilchenstrahl.

Vakuumlichtgeschwindigkeit!) Ähnlich wie ein Körper, der sich durch ein Medium (z.B. Luft) mit Überschallgeschwindigkeit bewegt und dabei kegelförmig Schallwellen abstrahlt (Überschall-Kanal), strahlt das geladene Teilchen bei Überlichtgeschwindigkeit kegelförmig elektromagnetische Strahlung ab (Bild 20.8a), die als Čerenkov-Licht bezeichnet wird. Das Licht liegt hauptsächlich im blauen Bereich. Für den Öffnungswinkel des konischen Strahlungsbündels gilt:

$$\cos \vartheta = \frac{1}{\beta \cdot n} \quad \text{mit} \quad \beta = \frac{v}{c}. \tag{20.2}$$

Er ist also mit der Teilchengeschwindigkeit verknüpft. Man kann deshalb leicht einen Schwellendetektor bauen, der erst ab einer bestimmten Geschwindigkeit (Winkel ϑ) anspricht. So ein System zeigt Bild 20.8b. Der Energieverlust des Teilchens beim Durchgang durch den Zähler ist vernachlässigbar. Da die Lichterzeugung prompt ist, wird die Zeitstruktur des Zählimpulses allein durch den Photovervielfacher bestimmt. Sie ist in jedem Fall sehr schnell. Čerenkov-Zähler sprechen nicht auf Photonen an.

20.6 Andere Nachweisverfahren

Die Aufzeichnung von radioaktiven Teilchen mittels photographischer Schichten geht in die Anfänge der Physik der Radioaktivität (BECQUEREL) zurück. Die Wirkung ionisierender Strahlung auf die Silberbromidkörner der Photoemulsion ist die gleiche wie die von Licht: Die Körner werden entwickelbar. Mit einer entsprechend dicken Photoschicht läßt sich, wenn auch mühsam, die Bahn eines Teilchen und der von ihm erzeugten Sekundärprodukte (Kernreaktionen!) nachweisen. In dieser Hinsicht entspricht sie den weiter unten zu behandelnden Spurdetektoren. Die wichtigsten Erkenntnisse über kosmische Strahlung wurden mit Photoplatten und Ballonflügen gewonnen. Man kann aber auch einfach die generelle Schwärzung der Schicht durch den kumulativen Effekt vieler Wechselwirkungen mit einzelnen Teilchen messen. Die Schwärzung ist ein Maß für die totale Dosis (d.h. für die in der Schicht erzeugte Ionisierung) über den gesamten Belichtungszeitraum.

Bemerkung:

Photofilme eignen sich deshalb vorzüglich als *Dosimeter* zur Strahlenschutzüberwachung (Plaketten). In ähnlicher Weise arbeiten Thermolumineszenz-Dosimeter. Die energiereiche Strahlung erzeugt in gewissen Isolatoren (z.B. CaF_2:Mn) Elektron-Löcher-Paare, die sofort an Fremdatomen (etwa Mn) oder Gitterfehlstellen eingefangen und so gespeichert werden. Nach Bestrahlung werden die Kristalle aufgeheizt. Die thermische Energie setzt die Elektronen und Löcher frei, die sofort rekombinieren. Dabei wird Licht ausgesendet, das in einem Photodetektorsystem registiert wird. Die gesamte freigesetzte Lichtmenge ist wieder ein Maß für die empfangene Strahlendosis.

Statt mit Photoemulsionen kann man Teilchenbahnen auch mit sogenannten „Track-Etch"-Detektoren permanent aufzeichen. Dies sind meist Kunststoffscheiben. Das einlaufende energiereiche Teilchen bricht längs seines Weges Molekülbindungen auf. Bei Normaltemperatur heilen diese Schäden nicht aus. Die gebrochenen Bindungen werden von einem geeigneten Lösungsmittel stark angegriffen. Die Spur kann herausgeätzt und unter dem Mikroskop betrachtet werden.

20.7 Spurdetektoren

Speziell in der Teilchenphysik will man die Spur des Teilchens durch das Detektormedium abbilden. Wenn der Detektor in einem Magnetfeld angebracht ist, kann aus der Bahnkrümmung (zusammen mit dem Bremsvermögen) das Teilchen identifiziert werden. Die oben geschilderten Verfahren haben den Nachteil, daß die Information erst langwierig herausgearbeitet werden muß. Die traditionellen direkten Spurdetektoren waren zunächst die *Nebelkammer* und später die *Blasenkammer*. In der ersteren wird übersättigter Wasserdampf erzeugt. Die entlang der Teilchenspur erzeugten Ionenpaare dienen als Kondensationskeime. Der Teilchenweg erscheint als Nebelspur und kann fotographiert werden. Bei der Blasenkammer wird eine überhitzte Flüssigkeit gebildet (meist flüssiger Wasserstoff leicht oberhalb der Siedetemperatur). Hier bilden sich dann kleine Gasblasen entlang der Teilchenspur. Die Übersättigung bzw. Überhitzung wird in der Regel durch eine plötzliche Druckminderung bewirkt, kurz bevor das Teilchen in die Kammer eintritt.

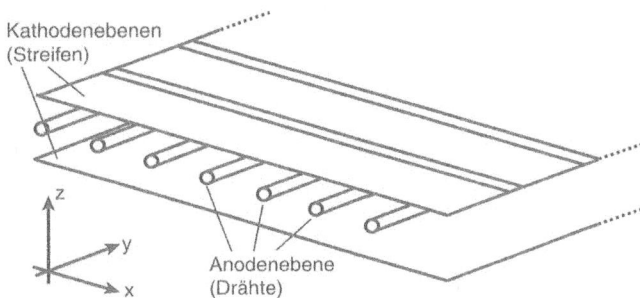

Bild 20.9: Element einer Vieldrahtproportionalkammer. Eine große Zahl solcher Elemente werden zu einem Vieldrahtspurdetektor zusammen gebaut (siehe Bild 20.10).

Heutzutage stehen *Vieldraht-Proportionalkammern* im Vordergrund. Eine solche Kammer besteht aus vielen Anodendrähten, die jeweils zwischen zwei Kathodenplatten gespannt sind (siehe Bild 20.9). Jeder Draht wirkt als ein unabhängiger Zähler und liefert somit die Ortsinformation für die zum Draht senkrechte Koordinate (x in Bild 20.9). Die Ortsinformation längs des Drahtes (y in Bild 20.9) wird erhalten durch Unterteilung der Kathodenplatten in Streifen senkrecht zur Drahtrichtung. Die dritte Ortskoordinate wird erhalten durch Stapeln vieler Elemente wie sie Bild 20.9 zeigt (siehe auch Bild 20.10). Alle Zähldrähte und Kathodenstreifen müssen getrennt ausgelesen werden. Die Kammern werden heute meist zylindrisch ausgeführt und um den Targetpunkt am Strahlrohr angeordnet (Bild 20.10). Bei derartigen Spurdetektoren (es gibt eine Reihe von Variationen, speziell sogenannte *Driftkammern*; das Prinzip ist jedoch ähnlich) erfolgt die Auslesung digital und die Spurenrekonstruktion erzeugt ein angeschlossener Rechner. Fotografieren der Spur entfällt.

Bemerkung:

Die in Bild 20.10 gezeigten Proportionalkammern wurden im UA1 Detektor des CERN benutzt, der zum Nachweis der intermediären Bosonen (Z und W$^{\pm}$) der schwachen Wechselwirkung diente. Die Teilchen werden durch Proton (p), Antiproton $\bar{p}$ Kollisionen im axialen Zentralbereich des Detektors erzeugt. Bild 20.11 zeigt eine Spurenrekonstruktion der in einem p,$\bar{p}$ Stoß bei 540 GeV erzeugten Teilchen. Die Vielfalt ist verwirrend und bedarf sorgfältiger Analyse.

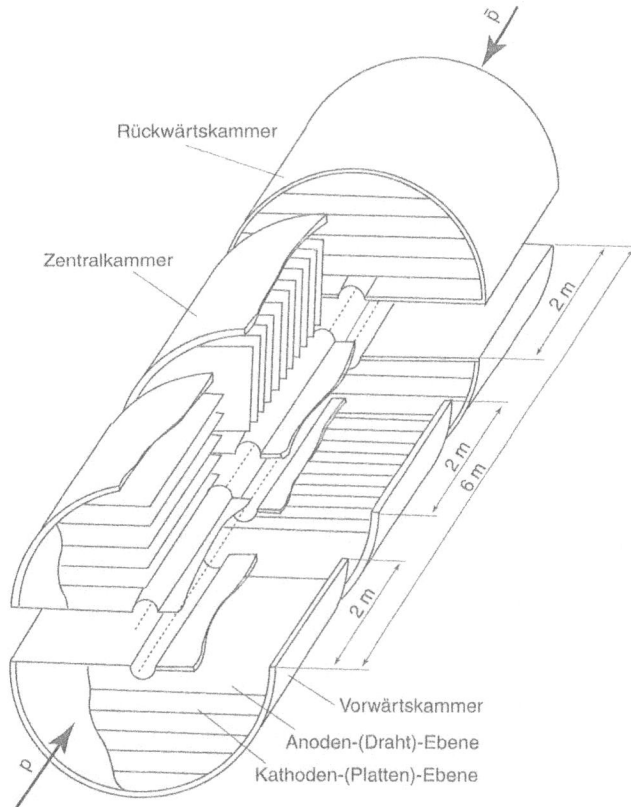

Bild 20.10: Vieldrahtkammern des UA1 Detektor am CERN. Jeder der sechs halbzylindrischen Detektoren enthält rund 1000 Drähte. Die Anodenplatten sind ca. 20 cm auseinander. Entlang der Zylinderachse ist ein magnetisches Feld angebracht. Die Zylinderachse wird durch das Strahlrohr gebildet. Die p und $\bar{p}$ Strahlen laufen in entgegengesetzter Richtung um und überkreuzen sich in der Detektormitte (Kollisionspunkt).
Bildquelle: P. Wattkins, *Story of the W and Z*, Cambridge University Press.

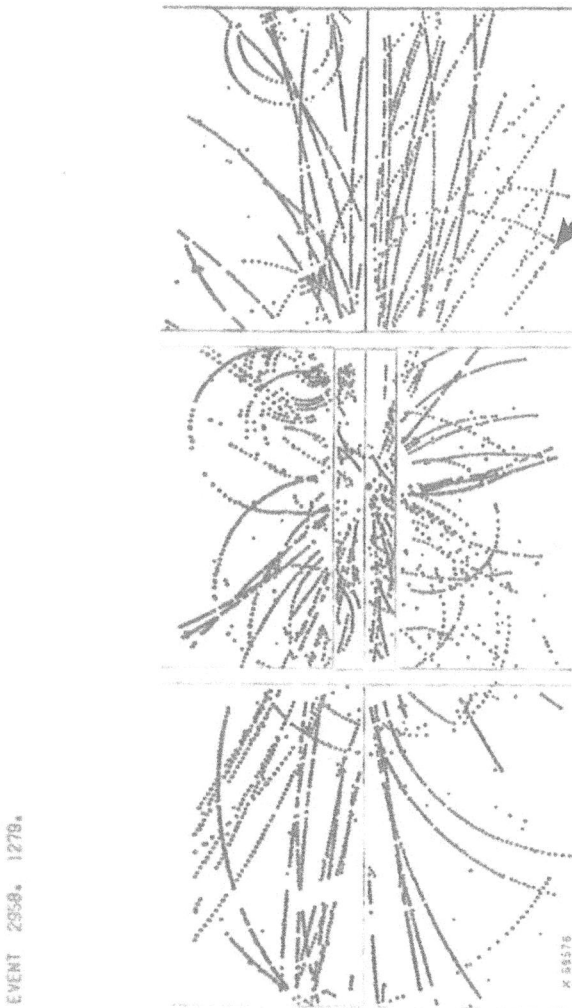

Bild 20.11: Spuren der in einem p,p̄ Stoß bei 540 GeV erzeugten geladenen Teilchen aufgenommen vom UA1 Detektor. In dieser Darstellung kommt das 270 MeV Antiproton von unten und das 270 MeV Proton von oben. Die gerade Spur, die mit einem Pfeil gekennzeichnet ist, ist die Spur eines extrem hochenergetischen Positrons (42 GeV), das beim Zerfall des W^+ Bosons ($W^+ \rightarrow e^+ + \nu_e$) entsteht. Alle anderen Teilchen sind Fragmente des energiereichen Zusammenstoßes. Siehe dazu auch: P. Wattkins, *Story of the W and Z*, Cambridge University Press. Bildquelle: CERN Bildarchiv (www.cern.ch).

21 Teilchenbeschleuniger

21.1 Einleitung und Grundlagen

LORD RUTHERFORD (1871-1937), der Pionier der Kernphysik, benutzte die α-Strahlung des Zerfalls schwerer Kerne (z.B. Radium), um erste *Historisches* Kernreaktionen zu studieren. Neben der Entdeckung des zentralen massiven, positiv geladenen Atomkerns gelang ihm so auch die erste künstliche Kernumwandlung durch Beobachtung der Reaktion $^{14}_{7}N(\alpha,p)^{17}_{8}O$. Bald wurde jedoch klar, daß der Energiebereich ($\approx$ 5 MeV), der mit natürlicher α-Strahlung zur Verfügung stand, nicht ausreichte, um die Kernstruktur wirklich zu ergründen (die Bindungsenergie pro Nukleon liegt bekanntlich bei $\approx$ 8 MeV). Dies führte in den 30er Jahren zu der Entwicklung von Teilchenbeschleunigern. Zunächst war die erreichbare Energie kaum höher als die der natürlichen Strahlung, aber die Strahlintensitäten waren viele Größenordnungen besser und der Strahl gut kollimiert. Dennoch spielten natürliche Strahlungsquellen bis in die 50er Jahre eine Pionierrolle. Mittels der kosmischen Höhenstrahlung standen Energien jenseits von GeV (der Ruheenergie der Nukleonen) zur Verfügung, und ein erster Blick in die Welt der Elementarteilchen war so möglich. Die Beschleuniger holten dann schnell auf. Heutzutage erreicht man in etwa 1 TeV (10^{12} eV), und in vorhersehbarer Zukunft wird die Grenze von einigen 10 TeV kaum zu überschreiten sein. Die Maschinen werden zu aufwendig und zu teuer. Extrem hohe Energien stehen uns damit nur in der kosmischen Strahlung, am Besten in guter Entfernung von der Erde, zur Verfügung, aber eben mit minimaler Intensität. Man könnte spekulieren, daß der nächste große Schritt nur durch die Weltraumtechnologie möglich sein wird. Auch Beschleuniger im Weltraum sind eine Möglichkeit. Das Vakuum steht kostenlos zur Verfügung. Abwesenheit von Gravitation (oder sehr kleine Gravitation wie etwa auf dem Mond) erlauben extreme Leichtbauweise. Wir können die Entwicklung nur abwarten.

Obwohl wir Kernreaktionen in diesem Buch nicht im einzelnen behandeln, erscheint es doch sinnvoll, das vorangegangene Kapitel über Teilchendetektoren mit einer kurzen Übersicht über Teilchenbeschleuniger zu ergänzen, so daß dem Leser das elementare Rüstzeug der modernen Kern- und Teilchenphysik in seinen wesentlichen Zügen bekannt ist.

Zur Beschleunigung geladener Teilchen, in den meisten Fällen handelt es sich um Protonen oder Elektronen, kann nur die elektrische Coulomb-Kraft genutzt werden. Beim Durchlaufen der Spannungsdifferenz V nimmt ein einfach geladenes Teilchen die Energie $e \cdot V$ auf. Die magnetische Lorentzkraft steht senkrecht zum Teilchenimpuls und erzeugt somit reine Normalbeschleunigung. Sie wird in bestimmten Beschleunigertypen (Kreisbeschleuniger) dazu verwendet, die Teilchen auf geschlossene Umlaufbahnen zu zwingen, um zu erreichen, daß die (elektrische) Beschleunigungsstrecke mehrfach durchlaufen wird. Die maximale nutzbare Spannung entlang einer Beschleunigungsstrecke ist durch deren Durchschlagfestigkeit begrenzt.

Bemerkung:

Hohe Endenergien sind aber nur ein Gesichtspunkt der Beschleunigertechnologie. Wichtig ist oft auch eine hohe Strahlstärke. Da vorzugsweise einfach geladene Teilchen beschleunigt werden, gibt man die Strahlstärke in elektrischen Einheiten, d.h. als Stromstärke an. Stromstärken von Beschleunigern variieren stark, je nach Energiebereich und Aufgabenstellung. In den modernen *Mesonenfabriken*[1] werden Strahlstärken um 0,2 bis 2 mA erreicht[2] bei Teilchenenergien zwischen 0,5 und 1 GeV. Die offenkundliche Begrenzung ist die zur Verfügung stehende Leistung der Beschleunigungsstrecke. Bei 1 mA und 1 GeV ist die totale im Strahl stehende Leistung immerhin 1 MW. Eine weitere wichtige Größe ist die Teilchenstromdichte. Man möchte den Strahl eng fokussieren. Hier ist die Begrenzung die Coulomb-Abstoßung der Teilchen untereinander (Raumladungseffekte), die den Strahl auffächert. Strahlquerschnitte liegen im mm Bereich oder sogar darunter.

Schießt man einen Teilchenstrahl zum Studium von Stoßreaktionen auf stationäre Kerne (in einem entsprechenden Stück Materie, das als *Target* (engl. Ziel) bezeichnet wird), so steht naturgemäß nicht die volle Strahlenergie als übertragbare Energie zur Verfügung. Es ist erforderlich, die *Lorentztransformation* vom bewegten System des Teilchens in das Laborsystem des Targets durchzuführen (siehe Physik II). Die zur Verfügung stehende Stoßenergie steigt dann nur noch mit der Wurzel der Teilchenenergie. Günstiger ist es, Teilchen aus zwei energiereichen Strahlen miteinander kollidieren zu lassen (*collider rings*). In der Hochenergiephysik verwendet man vorzugsweise die Kollision von Teilchen und Antiteilchen (Elektron-Positron, Proton-Antiproton). Dann steht zweimal die Teilchenenergie im Stoß zur Verfügung. Der Nachteil ist die geringe Ereignisrate. Ein Stück Materie be-

---

[1] Die gegenwärtig in Betrieb befindlichen Mesonenfabriken erzeugen primär Pionen in hoher Intensität. Man könnte auch bei entsprechender Erhöhung der Energie K-Mesonen oder B-Mesonen Fabriken bauen. Derartige Projekte wurden zwar diskutiert, aber bisher nicht realisiert.

[2] 1 A entspricht $6,25 \cdot 10^{18}$ (einfach geladenen) Teilchen/s.

sitzt eine um vieles größere Teilchendichte als ein Strahl. Dies wird jedoch durch die modernen Detektoren (wie in Bild 20.10 gezeigt) wieder wettgemacht. Tatsächlich sind die Ereignisraten in Collider-Experimenten etwa an der Grenze, was ein Detektor noch verarbeiten kann. Bei Collider-Ringen ist eine extreme Strahlfokussierung von größter Bedeutung. Man erreicht Werte von weniger als $10 \, \mu$m Strahlquerschnitt. Dafür ist erforderlich, daß die Teilchen eine sehr geringe transversale Impulskomponente aufweisen. Dies ist nur bei extrem hohen Energien oder wenn der Strahl gut „gekühlt" wurde (siehe Abschnitt 21.10) realisierbar.

Bemerkung:

Die moderne Kernphysik (als Kontrast zur Teilchenphysik) interessiert sich besonders für „Schwerionenstöße", d.h. man schießt einen Strahl schwerer Kerne (bis zum Uran) auf ein Target, in der Regel ebenfalls aus schweren Kernen. Ein Beispiel (aus vielen) ist die erwähnte Erzeugung superschwerer Kerne. Seit neuestem sind auch Collider-Experimente mit Schwerionenstrahlen möglich. Die typischen Energien liegen im Bereich von mehreren GeV pro Nukleon.

Die Höchstenergiebeschleuniger dienen der Erweiterung unseres Verständnisses der fundamentalen Teilchen und Wechselwirkungen. Mittelenergiebeschleuniger helfen uns, die Kernmaterie besser zu verstehen. Sie sind auch wichtig für Tests von Erhaltungssätzen, deren allgemeine Gültigkeit nicht offenkundig ist. Jedoch hat diese Beschleunigerklasse, ebenso wie die Niederenergiebeschleuniger, inzwischen anderweitige wichtige Aufgaben erhalten. Auf Elektronen-Speicherringe im GeV Bereich zur Erzeugung von *Synchrotronstrahlung* hatten wir schon hingewiesen (siehe Abschnitt 9.6). Hochstrom-Protonen-Beschleuniger mit Endenergien um 1 GeV werden für *Spallationsneutronenquellen* benötigt. Zyklotrone im 10-20 MeV Gebiet sind wichtig zur Erzeugung radioaktiver Isotope in der Strahlentherapie und Strahlendiagnose – ein sich immer noch rasch ausweitendes Gebiet der modernen Medizin. Niederenergiebeschleuniger sind weiterhin von zunehmender Bedeutung in der Materialphysik. Ihre Teilchenstrahlen ermöglichen neuartige Methoden der Materialanalyse, so etwa mittels *Rutherford-Streuung* (RBA = Rutherford Backscattering Analysis) oder mittels der Erzeugung charakteristischer Röntgenstrahlung bei Protonenbeschuß (PIXE = Proton Induced X-ray Emission). Protonen sind viel durchdringender als Elektronen.

Einsatzgebiete der Teilchenbeschleuniger

Schließlich sei noch die Anwendung von Teilchenstrahlung zur Dotierung von Halbleitern erwähnt. Auf diese Weise lassen sich sehr gezielte Dotierungsschichten erreichen (siehe auch vorangegangenes Kapitel). Auch die neu entwickelten Methoden der „Nuklearen Festkörperphysik" wie etwa *gestörte Winkelverteilung der Strahlung angeregter Kerne* oder die *Myonen*

Spin Rotation/Relaxation liefern wichtige Beiträge zum Verständnis der mikroskopischen Eigenschaften von Festkörpern. So gibt es für viele Typen von Teilchenbeschleunigern auch außerhalb der eigentlichen Kern- und Teilchenphysik wichtige Aufgaben in den unterschiedlichsten Disziplinen der Physik, Chemie, Materialwissenschaften und Medizin.

21.2 Ionenquellen

Erzeugung der Teilchen

Zunächst muß das geladene Teilchen geschaffen und in den Beschleuniger eingespeist werden. Im Falle des Protons sind das einfach H^+ Ionen, die sich in einer elektrischen Gasentladung leicht erzeugen lassen. Auch schwere Ionen (He^+ usw.) lassen sich auf diese Weise erzeugen, allerdings ist der technische Aufwand dann oft schon beträchtlich. Die Konstruktion guter Ionenquellen ist eine Kunst für sich, auf Einzelheiten gehen wir nicht ein. Freie Elektronen lassen sich mit Glühemission erzeugen, aber auch in Gasentladungen fallen neben positiven Ionen natürlich ebenso Elektronen an. Schwieriger ist die Herstellung der Antiteilchen für Collider-Experimente. Antimaterie steht uns ja nicht zur Verfügung. Positronen erzeugt man über die Paarbildung (siehe Physik III). Dazu benötigt man zunächst hochenergetische γ-Strahlung (d.h. deutlich oberhalb der Schwellenenergie von $\approx$ 1 MeV). Diese erhält man als Bremsstrahlung schneller Elektronen. Man zweigt einen Teil der beschleunigten Elektronen ab und schießt sie auf ein Wolfram-Target. Man kann dasselbe Target dann auch gleich zur Paarerzeugung benutzen, da ein hohes Z günstig ist (siehe Abschnitt 19.2). Antiprotonen werden in Protonen-Protonen-Stößen, etwa im 10 GeV Bereich, erzeugt. Auch hier wird ein Teil des beschleunigten Protonenstrahls hierzu benutzt.

Bemerkung:

Die in einer Ionenquelle erzeugten Teilchen werden durch ein Potentialgefälle von mehreren keV vorbeschleunigt und in die Maschine eingefädelt. Generell hat ein Beschleuniger nur einen begrenzten Energiehub, der bei Hochenergiebeschleunigern rasch abnimmt. Man benutzt daher mehrere Beschleuniger in Kaskade. Als erstes einen Potentialbeschleuniger oder einen LINAC (siehe die folgenden Abschnitte). Diese bezeichnet man als *Injektoren*. Dann folgt ein Kreisbeschleuniger, meist ein Synchrotron, *Booster* genannt. Die Kombination Injektoren-Booster kann die unterschiedlichsten Konfigurationen besitzen.

21.3 Potentialbeschleuniger

Sie bestehen im Prinzip aus einer evakuierten Röhre aus isolierendem Material (Keramik). Die Ionenquelle sitzt an einem Ende der Röhre, die auf

der Hochspannung V liegt. Das andere Ende der Röhre liegt auf dem Null-
potential. Einfach geladene Teilchen gewinnen $e \cdot V$ beim Durchlauf und
treten am geerdeten Ende als energiereicher Strahl aus. Für das Potential
entlang der Röhre gilt $\phi = V/a$, wenn a der Abstand von der Ionenquelle ist. Es verläuft also nicht linear. Das hat Nachteile, weil die Feldstärke
$\vec{E} = -\vec{\nabla}\phi$ dann sehr unterschiedlich ist, was Probleme mit der Durchschlagfestigkeit nach sich zieht. Man unterteilt die Beschleunigungsröhre in
Sektoren, jeweils mit metallischen Elektroden (kurze Hohlzylinder) und legt
eine hochohmige Widerstandskette (das kann z.B. auch der Kriechstrom entlang einer Röhre sein) parallel zu den Elektroden (der Strom über die Kette
muß groß gegen den Teilchenstrom sein!). Dadurch wird ein linearer Poten-
tialabfall genähert. Auch Strahlfokussierung kann so erreicht werden, da die
Elektroden als elektrostatische Linsen wirken (siehe Physik III).

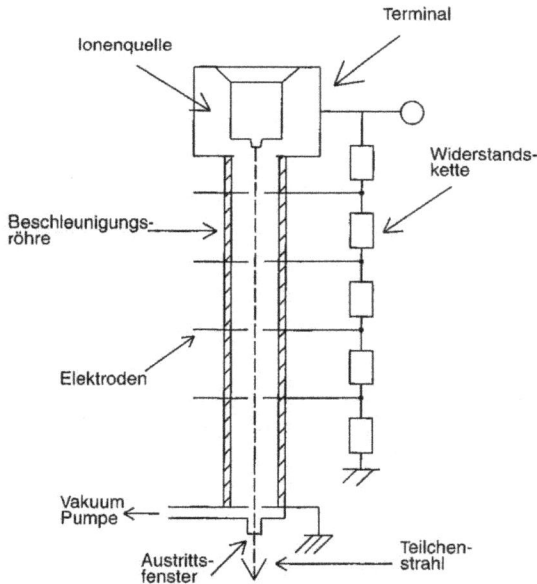

Bild 21.1: Prinzip eines Potentialbeschleunigers.

Die Versorgung der Hochspannungsseite (Terminal) mit Spannung erfolgt in
der Regel über zwei Verfahren:

1. *Kaskadengenerator (Spannungsverdoppler).* Sie waren die ersten brauchbaren Kernbeschleuniger und werden nach ihren Erfindern *Cockcroft-
   Walton-Beschleuniger* genannt. Die Terminalspannung liegt meist bei   *Cockcroft-Walton*
   700 kV–1 MV. Sie werden heutzutage viel als Injektoren benutzt.
   Die Kaskadenschaltung zeigt Bild 21.2. Im Prinzip werden (durch

entsprechende Gleichrichter) Kondensatoren parallel geladen und in Serie entladen. Ein Vorteil ist auch, daß man die Teilspannungen am Kaskadengenerator abnehmen kann, die Widerstandskette zur Potential-linearisierung ist nicht erforderlich.

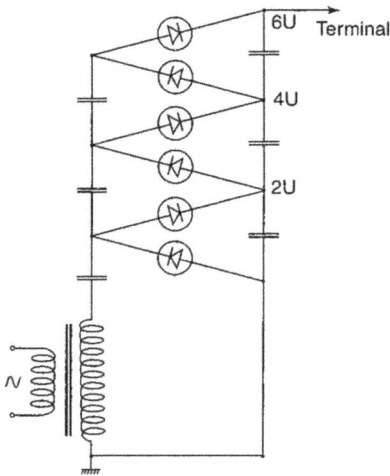

Bild 21.2: Kaskadengenerator.

Van de Graaff

2. **Van de Graaff-Generatoren.** Es wird die elektrostatische Ladungstren-nung ausgenutzt. Wie schon in Physik II besprochen, wird Ladung auf ein laufendes Band aus isolierendem Material über Metall-Kämme (vom Spannungsgerät mit einigen zehn kV versorgt) aufgesprüht. Am Termi-nal wird die Ladung über metallische Schleifer abgenommen. Typische Terminalspannungen sind 2–5 MV. Terminal und Beschleunigungsrohr befinden sich meist in einem Drucktank, der mit inertem, trockenem Gas (≈ 15 atm SF_6) gefüllt ist, was die elektrische Durchschlagfestigkeit erhöht.

Tandem Van de Graaff

Man kann mit einem Trick (*Tandem Van de Graaff*) die Endenergie der Teilchen auf ein Mehrfaches der Terminalspannung bringen. Man legt die Ionenquelle auf Erdpotential, benötigt jetzt aber negative Ionen. Die meisten Ionenquellen erzeugen direkt keine negativen Ionen, sondern positive. Man läßt diese Ionen dann langsam durch ein Gasvolumen (Alkali-Metalldampf, wie etwa Cd-Dampf bei sehr niederem Druck) laufen. Dabei werden an das positive Ion zwei Elektronen angelagert (electron-adding-canal), und es entstehen negative Ionen.

Bemerkung:

Nicht einfach ist die Erzeugung von α-Strahlen, denn He^- ist nicht stabil. Es hat eine Lebensdauer von $\tau \approx 18\,\mu$s, die aber ausreicht, um die Ionen durch die Beschleunigungsstrecke laufen zu lassen.

Die negativen Ionen laufen durch die Beschleunigungsröhre zum positiv geladenen Terminal. Dort durchqueren sie (jetzt mit hoher Energie) wieder ein Gasvolumen oder eine dünne Kohlenstoffolie. Dabei werden den negativen Ionen alle Elektronen entrissen (*stripping*). Es entsteht ein Ion mit der Ladung $+Z$, das nun den Potentialberg vom Terminal zur Erde herabläuft. Im Fall von Protonen ist die erzielte Endenergie $2e \cdot V$, wenn V die Terminalspannung ist. Aber für Sauerstoff ($Z = 8$) erzielt man schon $9e \cdot V$. Das Prinzip ist in Bild 21.3 dargestellt. Terminalspannungen von 12-18 MV sind mit modernen Geräten möglich.

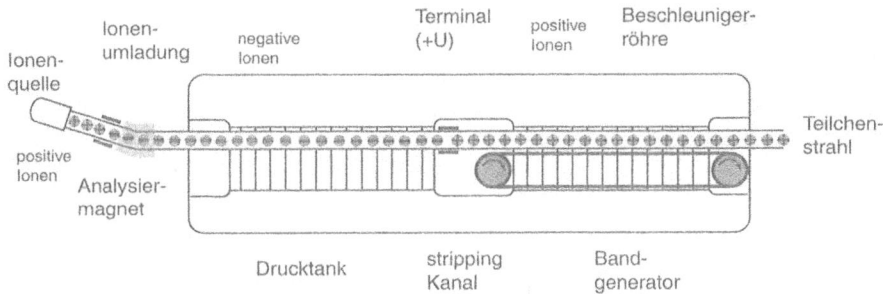

Bild 21.3: Prinzip des Tandem Van de Graaff Beschleunigers.

Bemerkung:

Van de Graaff Generatoren haben den Vorteil, einen kontinuierlichen Strahl von Teilchen mit sehr genau definierter Energie zu liefern. Es können hohe Strahlintensitäten erzeugt werden, und die Beschleunigung von schweren Teilchen ist unkritisch. Sie spielen bei den erwähnten nuklearen Methoden der Materialanalyse und nuklearen Festkörperphysik eine wichtige Rolle.

21.4 Linear-Beschleuniger (LINAC)

Eines der Hauptprobleme des Van de Graaff-Beschleunigers ist, die hohe Potentialdifferenz entlang der Beschleunigungsröhre kontinuierlich aufrecht zu erhalten, ohne daß Durchschläge stattfinden. Es erscheint daher wünschenswerter, das Teilchen wiederholt eine Reihe von Beschleunigungsstrecken mit deutlich niedrigerer Potentialdifferenz ($\approx 100\,\text{kV}$) durchlaufen zu lassen, die alle von der selben Spannungsquelle gespeist werden. Den prinzipiellen Aufbau zeigt Bild 21.4a. Die Elektroden (Hohlzylinder) liegen an einer hochfrequenten (HF) Wechselspannung. Das Teilchen (z.B. p^+) wird eingeschossen, wenn alle Elektroden gerade am Nulldurchgang der Wechselspannung liegen. Das Teilchen durchläuft Elektrode 1, die als Hohlzylinder im Inneren natürlich potentialfrei ist (Faraday-Käfig).

Wenn es den Raum zwischen den Elektroden 1 und 2 erreicht, liegt 1
auf negativer und 2 auf positiver Scheitelspannung. Das Teilchen wird
beschleunigt. Während es Elektrode 2 durchquert, ist eine weitere Halbpe-
riode der Wechselspannung verstrichen, und nun liegt 2 auf negativer und
3 auf positiver Scheitelspannung. Beschleunigung erfolgt erneut, usw. Eine derartige Konfiguration bezeichnet man als *Driftröhren-Beschleuniger*.

Driftröhren
Die Länge der Röhren muß entsprechend dem (relativistischen) Geschwin-
digkeitszuwachs zunehmen. Bei höheren Energien, speziell wenn praktisch
Lichtgeschwindigkeit erreicht ist, legt man die Beschleunigungsstrecken als
Mikrowellenresonatoren aus (Bild 21.4b), in denen sich stehende Wellen
ausbilden (*Alvarez-Beschleuniger*).

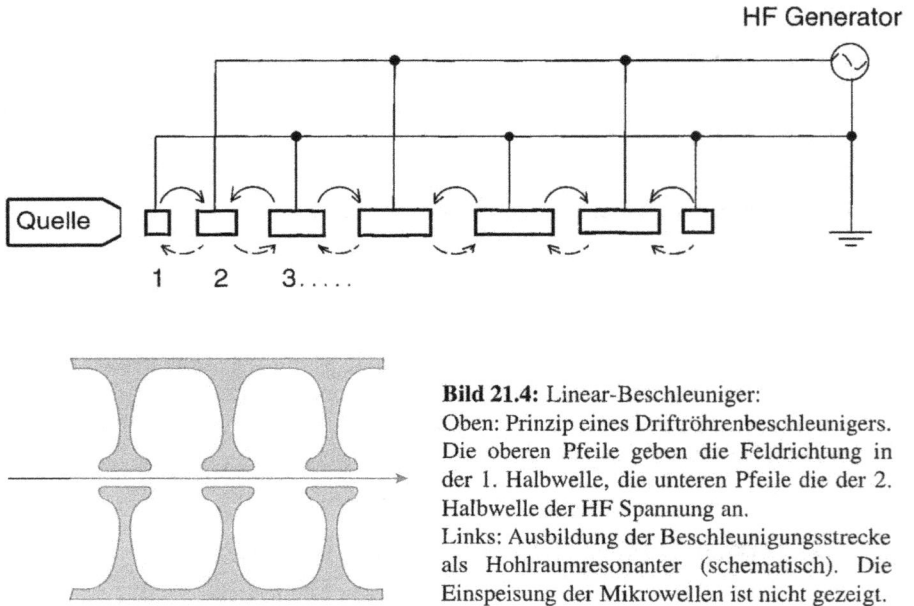

Bild 21.4: Linear-Beschleuniger:
Oben: Prinzip eines Driftröhrenbeschleunigers.
Die oberen Pfeile geben die Feldrichtung in
der 1. Halbwelle, die unteren Pfeile die der 2.
Halbwelle der HF Spannung an.
Links: Ausbildung der Beschleunigungsstrecke
als Hohlraumresonanter (schematisch). Die
Einspeisung der Mikrowellen ist nicht gezeigt.

Gepulster Betrieb
Die Beschleunigungsstrecken wirken auch hier als elektrostatische Linsen,
magnetische Fokussierung ist nicht nötig. LINACs liefern keinen kontinuierlichen Strahl, sondern Teilchenpakete im Takt der Hochfrequenz. Typische
Taktverhältnisse liegen um 1:10. Protonen LINACs erreichen normalerweise $\approx$ 1 GeV. Sie können hohe Strahlströme tragen und sind daher als
Beschleuniger für Synchrotronlichtquellen und Spallationsneutronenquellen
gut geeignet.

Runzelröhren
Elektronen besitzen bereits beim Einschuß in den LINAC ($\approx$ 1 MeV)
Lichtgeschwindigkeit. Dann ist es günstiger, den Resonator so zu gestalten
(*Runzelröhren*), daß sich eine laufende elektromagnetische Welle in ihm

ausbildet. Die Elektronen reiten (wie ein Surfer) auf dem ansteigenden Teil der Welle und werden auf diese Weise konstant beschleunigt.

Bemerkung:

Der größte Elektronen-LINAC steht in Stanford (SLAC = Stanford Linear Accelerator). Seine Endenergie ist ≈ 22 GeV (mit einer Energieunschärfe von nur 0,2%!). Die Länge ist über 3 km (2 miles), er arbeitet mit 2,8 GHz und besitzt 245 Klystrone (die synchronisiert sein müssen). Die mittlere HF-Leistung liegt bei 4 MW, die Spitzenleistung bei 4 GW. Die Repetitionsrate ist $360\,\mathrm{s}^{-1}$, und jeder Puls enthält $\approx 10^{12}\mathrm{e}^-$. Man kann damit natürlich auch Positronen beschleunigen und einen „Collider Ring" füttern.

In neueren Entwicklungen von LINACs werden die Resonatoren aus supraleitendem Metall (Niob) ausgeführt[3]. Damit steigt ihre Güte enorm an, und die nötige elektrische Leistung verringert sich. Allerdings muß die ganze Beschleunigerstruktur in einem Kryostaten untergebracht werden, um bei ca. 5 K betrieben zu werden.

21.5 Zyklotron

Das Prinzip des Zyklotrons wurde bereits in Physik II erwähnt. In einem konstanten homogenen Magnetfeld läuft ein gleichmäßig beschleunigtes geladenes Teilchen vom Zentrum aus auf einer Spiralbahn. Dabei ist seine Umlauffrequenz (*Zyklotronfrequenz*) konstant:

$$\boxed{\nu = \frac{e \cdot B}{2\pi m},} \tag{21.1}$$

also von der Geschwindigkeit unabhängig. In der Standardausführung eines Zyklotrons (Bild 21.5) befindet sich zwischen den Polschuhen eines großen Elektromagneten eine Vakuumkammer mit zwei D-förmigen Elektroden („Dees" genannt), an denen die HF-Spannung anliegt. Die Ionenquelle befindet sich im Zentrum. Am Rande der „Dees" wird der Strahl durch einen elektrostatischen Deflektor ausgelenkt. Das Beschleunigungsprinzip ist analog zu den Driftröhren des LINAC: Teilchen, die synchron zur HF-Spannung gerade so umlaufen, daß sie sich zum Zeitpunkt des Spannungsscheiteln zwischen den „Dees" aufhalten, werden zweimal pro Umlauf beschleunigt. Das Zyklotron liefert einen quasi-kontinuierlichen Strahl, der mit der Zyklotronfrequenz (10-50 MHz) moduliert ist.

Quasi-kontinuierlicher Strahl

---

[3] Es eignen sich hierfür nur Supraleiter der 1. Art, die vergleichsweise niedere Sprungtemperaturen besitzen. In Supraleitern der 2. Art treten, infolge des Haftens von Flußlinien an Fehlstellen, für Wechselströme deutliche Verluste auf.

Im Zyklotron muß das Magnetfeld nicht nur die Teilchenbahn festlegen, sondern es muß auch fokussierende Eigenschaften besitzen, denn elektrostatische Strahlfokussierung ist hier praktisch nicht vorhanden. Durch Störung, speziell Stößen mit Restgasatomen, können die Teilchen sowohl den Sollradius als auch die Mittelebene verlassen. Es müssen rücktreibende Kräfte wirken, die die Sollbedingungen wieder herstellen. Ein radial leicht abnehmendes Feld mit schwach gekrümmten Feldlinien, wie dies Bild 21.5 zeigt, erzeugt die nötigen Kraftkomponenten. Dieser Feldverlauf läßt sich über das Randfeld der Polschuhe einstellen.

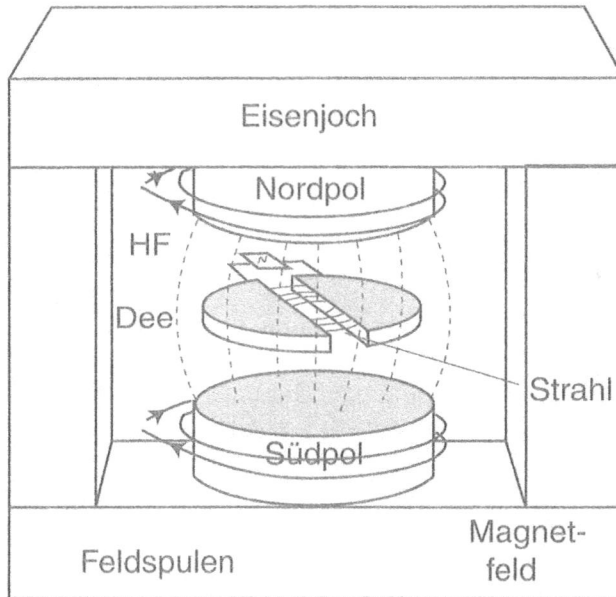

Bild 21.5: Standardzyklotron (Prinzip). Die Vakuumkammer, die die „Dees" einschließt ist nicht gezeigt. Die Randfeldkrümmung (entscheidend für die Fokussierung) ist übertrieben dargestellt.

Bemerkung:

Genauer betrachtet führt das Teilchen Schwingungen in radialer und axialer Richtung um die Sollbahn aus, die man als *Betatronschwingungen* bezeichnet[4]. Diese Schwingungen müssen gedämpft sein, wenn die Bahn stabil bleiben soll. Dazu müssen bestimmte Bedingungen bezüglich der radialen und axialen Feldänderung eingehalten werden.

---

[4] Das Betatron war ein wenig erfolgreiches Beschleunigerkonzept, das das Induktionsgesetz ausnutzt. Die Teilchenbahn bildet sozusagen die Sekundärwicklung eines Transformators.

Neben der Stabilisierung der Bahn muß auch die Umlaufphase der Teilchen stabilisiert werden, damit sie synchron mit der HF die Beschleunigungsstrecke durchlaufen. *Phasenstabilisierung* kann erreicht werden, indem man die Synchronteilchen (also die Teilchen mit idealer Phase) phasenmäßig so legt, daß sie kurz vor der Scheitelspannung, also noch im ansteigenden Spannungsverlauf, die Beschleunigungsstrecke durchlaufen. Schnellere Teilchen treffen früher ein und werden weniger, langsame Teilchen kommen später und werden stärker beschleunigt. Die Phase der Teilchen führt somit Schwingungen um die Synchronphase aus, und es gibt einen bestimmten Bereich um die Synchronphase, in der diese Schwingungen gedämpft sind. Phasenstabilisierung ist bei allen Beschleunigertypen außer den reinen Potentialbeschleunigern nötig, insbesonders auch für LINACs.

Phasenstabilisierung

Die zur *Bahnstabilisierung* nötige radiale Feldabnahme verletzt die Zyklotronbedingung und ist deshalb nur über einen begrenzten Energiebereich einzuschalten. Dies setzt zum einen eine Grenze für die erreichbare Endenergie. Die andere Begrenzung liegt in der relativistischen Massenzunahme. Die Zyklotronfrequenz ist von der Geschwindigkeit nur dann unabhängig, wenn die Teilchenmasse konstant ist, die relativistische Massenzunahme also vernachlässigt werden kann. Eine Phasendifferenz von $\pi/2$ zwischen Umlauf und Oszillatorfrequenz, die die absolute Grenze darstellt, wird bei $E \approx 0,15 \, m_0 c^2$ erreicht. Elektronen lassen sich gar nicht beschleunigen, für Protonen liegt die vernünftige Endenergie um 15 MeV. Eine radiale Zunahme des Feldes entsprechend $B = B_0/\sqrt{1 - (v^2/c^2)}$ scheidet aus, da dies der Fokussierung entgegenwirkt.

Bahnstabilisierung

Das Standardzyklotron dient heute hauptsächlich zur Herstellung von Radioisotopen, speziell in medizinischen Anwendungen, d.h. für die Strahlentherapie oder für moderne diagnostische Techniken wie etwa PET (Positron Emissions Tomographie).

Erzeugung von Radioisotopen

Bemerkung:

Statt einer radialen Magnetfeldzunahme ließe sich die Beschleunigungsbedingung auch erfüllen, wenn man die HF-Frequenz der Massenzunahme entsprechend absenkt (*Synchro-Zyklotron*). Man gibt damit aber eine wesentliche Eigenschaft des Zyklotrons, nämlich den quasikontinuierlichen Strahl, auf. Es kann jeweils nur ein Teilchenpaket im Zyklotron umlaufen, Synchro-Zyklotrone sind heutzutage ohne Bedeutung, spielten aber historisch gesehen eine wichtige Rolle für die Erschließung des Mittelenergiebereiches.

21.6 Starke Fokussierung

Das Prinzip der starken Fokussierung ist aus der geometrischen Optik bekannt. Die Kombination einer dünnen sammelnden mit einer dünnen zerstreuenden Linse gleicher Brennweite f wirkt fokussierend. Die totale

Brennweite mit $d < f$ als Linsenabstand ist $f_{st} = f^2/d$. Entsprechendes gilt auch für elektrische und magnetische Linsen. Die starke Fokussierung läßt sich in der Strahloptik gut durch sogenannte „alternierende Gradienten (AG)" des Führungsfeldes erreichen.

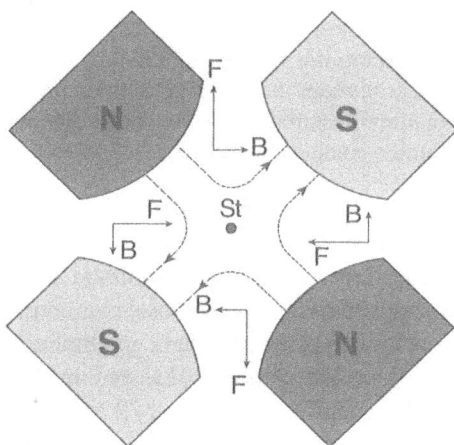

Bild 21.6: Prinzip eines Quadrupolmagneten. In der Mitte (Soll-Linie des Strahls, SL) ist das Feld null. Die Kraftvektoren $\vec{F}$ (wie gezeichnet) beziehen sich auf ein positiv geladenes Teilchen, das auf den Betrachter zuläuft.

Das bekannteste Beispiel sind *magnetische Quadrupollinsen*. Die grundsätzliche Anordnung zeigt Bild 21.6. In der Mitte ist das Feld null, nach außen wächst es in allen Richtungen an. Für positive Teilchen, die auf den Betrachter zulaufen, ist die Lorentzkraft entlang der Horizontalebene zur Symmetrieachse gerichtet (fokussierende Wirkung). Entlang der Vertikalebene weist sie von der Symmetrieachse weg (zerstreuende Wirkung). Eine Kombination zweier Quadrupolmagnete, wobei die Pole des zweiten Magneten um $90°$ gegenüber dem ersten verdreht sind, erzeugt in beiden Ebenen starke Fokussierung. Es gibt durchaus andere Verfahren, stark fokussierende Feldgradienten zu erzeugen. Ein weiteres lernen wir im nächsten Abschnitt kennen.

21.7 Sektorzyklotron

Energien bis 1 GeV

Die starke Fokussierung über Wechselgradienten (AG = alternating gradient) des Magnetfelds erlaubt Zyklotronkonstruktionen bis zu einer (Protonen-)Endenergie zwischen 0,5 und 1 GeV. Ein Beispiel (Sektorzyklotron) zeigt Bild 21.7. Der zentrale Magnet ist in acht leicht gekrümmte Segmente geteilt. Die radialen Ränder der Sektormagnete erzeugen starke (abwechselnd fokussierende und defokussierende) Feldgradienten. Damit kann die destabilisierende Wirkung der radialen Zunahme des mittleren Feldes zur Einhaltung der Synchronbedingung kompensiert werden. Die vorliegende

Konstruktion hat zusätzlich den Vorteil, daß die Beschleunigungsstrecken im Zwischenraum der Sektormagnete als Resonanzkörper eingebaut sind. Das Sektorzyklotron bewahrt die zwei wesentlichen Vorteile des Zyklotrons: Konstante HF und ein quasi-kontinuierlicher Strahl. Es läßt sich nicht nur ein einziges Teilchenpaket, sondern mehrere Pakete pro Bahnumlauf beschleunigen. Die gezeigte Maschine dient zur Erzeugung von Pionen- und Myonen-Strahlen für Kern- und Festkörperphysikalische Untersuchungen, für die medizinische Behandlung von Karzinomen am Auge und – seit neuestem – auch zur Erzeugung von Spallationsneutronen, die hier – im Gegensatz zu anderen derartigen Quellen – nicht gepulst sind, also Reaktorneutronen vergleichbar sind. Die Neutronenintensität ist allerdings deutlich niedriger als bei modernen Hochflußreaktoren.

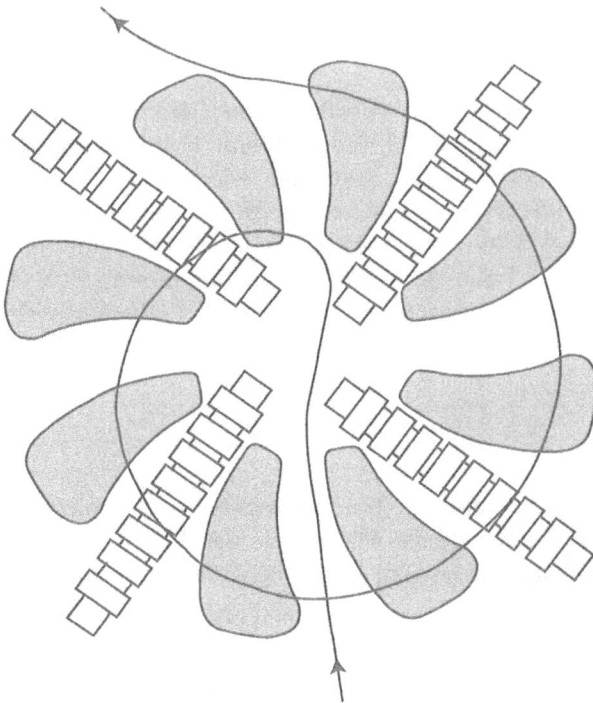

Bild 21.7: Schematische Darstellung des Sektorzyklotrons des Paul Scherrer Instituts (PSI) nahe Zürich (Schweiz). Die grauen Flächen sind die Sektormagnete. Es existieren vier Beschleunigungsstrecken (Hohlraumresonatoren) zwischen den Magneten. Sie arbeiten mit 50 MHz. Die dosenförmige Vakuumkammer, die den Bereich der Teilchenbahnen umfaßt, ist nicht gezeigt. Die Teilchen werden in der Mitte des Zyklotrons eingeschossen und verlassen das Zyklotron am Rande. Die dunkle Linie soll dies veranschaulichen, ist aber keine echte Bahn. Sie illustriert lediglich die Zunahme des Bahnradius mit der Energie. In Wirklichkeit werden mehrere hundert Umläufe zur Beschleunigung auf die Endenergie von $\approx 600\,\text{MeV}$ benötigt. Dieser Beschleuniger hält den Rekord an Strahlstärke. Sie liegt bei über 1 mA.

Bemerkung:

Bei kleineren Maschinen ist es möglich, den einheitlichen Zentralmagneten beizubehalten. Die Polschuhe werden dann in tortenstückförmige Sektoren geteilt (eventuell auch gekrümmt) mit abwechselnd kleinen und großen Polschuhabstand. Die Polschuhkanten erzeugen so die nötigen Wechselgradienten (AVF = azimutal variables Feld).

21.8 Synchrotron

Energien > 1 GeV

Die Endenergie beim Sektorzyklotron ist weitgehend durch die Größe der Magnete und durch den maximal möglichen radialen Feldanstieg beschränkt. Energien jenseits von etwa 1 GeV lassen sich nur erreichen, wenn man Teilchen auf einer einzigen (nahezu kreisförmigen) geschlossenen Bahn wiederholt durch die selben HF-Beschleunigungsstrecken (Hohlraumresonatoren) laufen läßt.

Am günstigsten ist es, die verschiedenen Funktionen zu trennen. Man benutzt separat aufgestellte Führungs- und Fokussiermagnete sowie Beschleunigungsstrecken. Diese Elemente wiederholen sich in großer Zahl entlang der Teilchenbahn, die in einer Vakuumkammer mit ellipsenförmigen Querschnitt liegt. Das Prinzip zeigt Bild 21.8. Die Führungsmagnete sind Dipolmagnete, die Fokussiermagnete Quadrupollinsen. Es werden teilweise auch höhere Multipolmagnete eingesetzt, um Fokussierungsfehler auszugleichen. Der Krümmungsradius der Bahn durch ein Dipolfeld ist

$$\boxed{r_{\mathrm{B}} = \frac{p}{e \cdot B}}$$

(21.2)

wenn p der (relativistische) Teilchenimpuls ist. Da dieser mit der Teilchenenergie ansteigt, muß das Magnetfeld der Ablenkmagnete während des Beschleunigungszyklus entsprechend hochgefahren werden.

Bei Protonenstrahlen steigt zunächst auch noch die Geschwindigkeit an, bis $v \approx c$ erreicht ist. Dadurch nimmt die Umlauffrequenz zunächst zu, was eine entsprechende Steigerung der HF in den Beschleunigungsstrecken erfordert. Bei Elektronenstrahlen ist $v \approx c$ bereits bei Injektion, und ν_{HF} kann konstant gehalten werden (nicht aber die Magnetfelder).

Gepulster Betrieb

Endenergien liegen etwa bei 1 TeV, der Energiegewinn pro Umlauf bei 1 MeV. Es müssen also $\approx 10^6$ Umläufe erfolgen. Dies erfordert längere Zeiten, ein Höchstenergiesynchrotron liefert einen Teilchenpuls nur in Abständen von mehreren Sekunden.

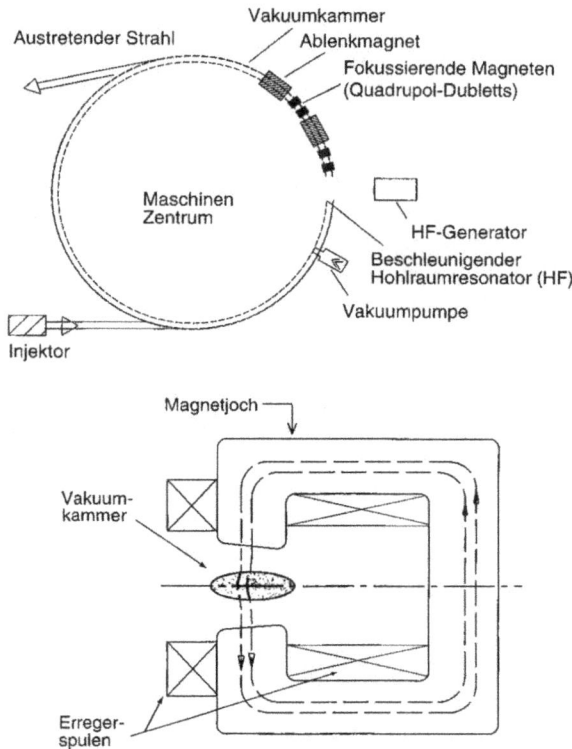

Bild 21.8: Das Synchrotron

Oben: Prinzipieller Aufbau. Die gezeigten Elemente wiederholen sich über den ganzen Bahnumfang, der hier idealisiert als kreisförmig gezeichnet ist.

Unten: Typischer Eisenjochmagnet für Strahlablenkung. Die schrägen Polschuhe erzeugen einen fokussierenden Gradienten. Das Vorzeichen der Gradienten wechselt zwischen benachbarten Magneten, d.h. das Maschinenzentrum liegt einmal links, einmal rechts vom Magneten.

Bemerkung:

Für das Synchrotron besteht keine so fundamentale Begrenzung der Endenergie, sondern eine rein technische. Wie diskutiert strahlen geladene Teilchen, die einer Beschleunigung (auch reiner Radialbeschleunigung) unterliegen, elektromagnetische Energie ab (Synchrotronstrahlung). Dies ist für Elektronen besonders ausgeprägt (siehe Abschnitt 9.6). Die einzige Abhilfe sind große Bahnradien. Dies hält die Beschleunigung in Grenzen. Bei Protonenstrahlen ist die Abstrahlung nicht das Problem, sondern die durch die größere Ruhemasse bedingte höhere Steifigkeit gegenüber magnetischer Ablenkung (siehe (21.2)). Bei vorgegebenen Magnetfeld sind die Krümmungsradien für Protonenstrahlen entsprechend größer als für Elektronenstrahlen. Selbst mit modernen supraleitenden Ablenkmagneten liegt die erzielbare Feldstärke bei 5-6 T maximal. Dies führt dann ebenfalls zu riesigen Bahnradien (Größenordnung 10 km) bei Endenergien jenseits von 1 TeV.

Das zur Zeit größte Synchrotron ist der Beschleunigerring LEP (=Large Electron Positron Collider) am CERN in Genf. Er besitzt einen Umfang von 27 km und ist in einem Tunnel von 3,8 m Durchmesser etwa 100 m unter der Oberfläche untergebracht. Die Endenergie liegt bei 100 GeV, pro Umlauf gehen 3 GeV durch Synchrotonstrahlung verloren. In dem Synchrotron werden gleichzeitig Elektronen und Positronen (bei entgegengesetzter Umlaufrichtung) beschleunigt. An vier Punkten überschneiden sich die sonst leicht getrennten e$^+$ und e$^-$ Bahnen (collision points), dort steht dann die zweifache Teilchenenergie als Stoßenergie zur Verfügung. An diesen Stellen befinden sich die Detektoren vom in Bild 20.10 gezeigten Typ. Der LEP besitzt über 3000 Ablenkmagnete, etwa 1300 Fokussierungsmagnete und 128 HF-Resonatoren. Die Hauptaufgabe ist die Produktion der intermediären Bosonen Z^0 in hoher Rate. Die Z^0 Bosonen vermitteln die schwache Wechselwirkung. Zu Beginn des nächsten Jahrtausends soll der LEP zum LHC (Large Hadron Collider) umgebaut werden. Alle Magnete werden durch sehr starke ($\approx$ 9 T) supraleitende Magnete ersetzt. Es ist vorgesehen zwei Protonenstrahlen antiparallel zu beschleunigen und an den Kreuzungspunkten zur Kollision zu bringen. Die Dipolmagnete haben hierzu zwei Feldspalte mit entgegengesetzter Feldrichtung. Die Endenergie soll 7 TeV pro Strahl betragen, also 14 TeV im Schwerpunkt der Kollision. Das erklärte Ziel ist die Suche nach den *Higgs-Bosonen* (siehe Kap. 22).

21.9 Speicherringe

Das Synchrotronprinzip kann zur Speicherung von energiereichen Teilchen benutzt werden. Teilchenpakete werden vom Beschleuniger her in den Ring mit E = const eingeschossen. Bei festem Führungsfeld laufen die Teilchen dann mit konstanter Frequenz um. Man kann eine größere Zahl von Teilchenpaketen im Ring unterbringen. Hochvakua sind heute so gut, daß die Lebensdauer des Strahls viele Stunden beträgt. Man kann entsprechende Speicherringe sich überschneiden lassen und dort Collider Experimente durchführen. Einfach ist dies für Teilchen-Antiteilchenstrahlen, die, wie beim LEP, im selben Ring entgegengesetzt umlaufen und sich an Kollisionspunkten überschneiden. Elektronen verlieren in einem solchen Ring rasch an Energie durch Abstrahlung. Dann ist eine HF-Beschleunigungsstrecke erforderlich, um E = const einzuhalten. Wie erwähnt dienen Elektronenspeicherringe als Synchrotronlichtquellen.

21.10 Strahlkühlung

Wir hatten erwähnt, daß Teilchen-Antiteilchen Collider-Experimente sehr attraktiv sind. Wie anfangs beschrieben, müssen Antiteilchen jedoch zunächst über Reaktion mit den entsprechenden energiereichen Teilchen erzeugt werden. Der so gewonnene Strahl an Antiteilchen, der schon eine höhere

Anfangsenergie besitzt, kann nicht ohne weiteres in einem Beschleuniger eingespeist werden, da seine Fokussierung Schwierigkeiten bereitet. Dies liegt daran, daß als Folge der Erzeugungsreaktion die Antiteilchen beträchtliche, breit verteilte Transversalgeschwindigkeiten (-impulse) besitzen. Der Strahl ist in hohem Maß diffus. Den Abbau der transversalen Impulsverteilung bezeichnet man als Strahlkühlung.

Bemerkung:

Der Name kommt vom thermodynamischen Analogon. Ein Strom von Gasteilchen besitzt aufgrund der Temperaturbewegung ebenfalls eine breite transversale Impulsverteilung, die sich jedoch durch Temperaturerniedrigung verringern läßt.

Es gibt verschiedene Verfahren zur Strahlkühlung. Wir erwähnen kurz die *stochastische Kühlung* (VAN DER MEER, CERN, Nobelpreis 1984) deren grundlegendes Prinzip Bild 21.9 zeigt. Ein Aufnehmer im Ring mißt die Impulsverteilung eines Teilchenpaketes. Ein elektrisches Korrektursignal, welches die mittlere Impulsverteilung reduziert, wird errechnet und an ein Steuerglied zu dem Zeitpunkt weitergegeben, an dem das selbe Teilchenpaket dort gerade eintrifft. Diese Impulskorrektur wiederholt sich sehr oft. Nach rund 2 s ist die Impulsverteilungsbreite um den Faktor 10 reduziert, der Strahl ist gekühlt und kann weiter verarbeitet werden.

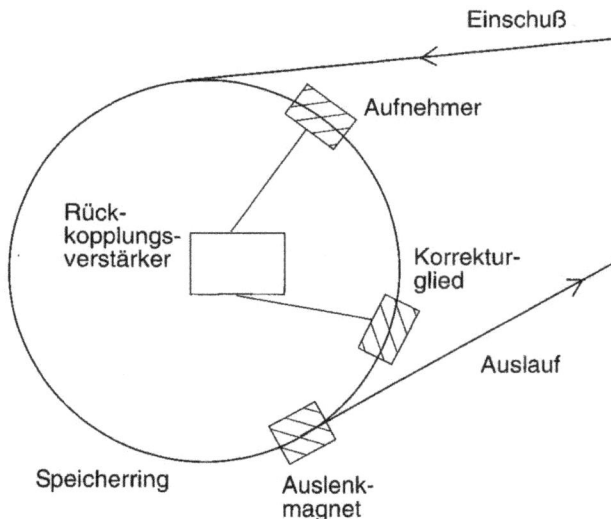

Bild 21.9: Prinzip der stochastischen Kühlung an einem gespeicherten Strahl.

22 Elementarteilchen, Wechselwirkung und Erhaltungssätze

22.1 Einleitung

Zum Abschluß des 3. Teiles dieses Buches sei noch ein kurzer, zusammenfassender Überblick über die subnuklearen Teilchen, sowie der Kräfte zwischen ihnen gegeben. Wir schließen damit den Kreis dieses Physikkurses, denn die Fundamentalteilchen und die fundamentalen Kräfte wurden bereits im ersten Kapitel von Physik I vorgestellt. Sie tauchten auch in den folgenden Bänden (speziell in Physik III) immer wieder auf. Daher ist vieles, was im Folgenden gesagt wird, eine Wiederholung. Jedoch sieht der Leser manches nun von einer anderen Warte. In jedem Fall kratzen wir (bildlich gesprochen) nur an der Oberfläche des weitumfassenden Gebiets der Teilchenphysik.

Nach heutiger Auffassung ist unser Universum aus zwei Sätzen von *Spin 1/2 Fermionen* aufgebaut, den *Leptonen* und *Quarks*. Die Wechselwirkungen zwischen ihnen werden in der quantenphysikalischen Behandlung durch den Austausch von Bosonen vermittelt die Spin 1 oder Spin 2 (Graviton) haben[1]. Die verschiedenen Wechselwirkungen sind nicht notwendigerweise zwischen allen Fundamentalteilchen wirksam. Obwohl bereits früher die Fundamentalteilchen und ihre wichtigsten Eigenschaften mehrfach aufgelistet worden waren, präsentieren wir hier noch einmal eine Zusammenfassung in den Tabellen 22.1 und 22.2. Zunächst wollen wir kurz die Bausteinteilchen der Materie, also die Leptonen und Quarks, besprechen.

---

[1] Wie später noch kurz erwähnt werden wird, sind für die Erzeugung der Masse der Fundamentalteilchen die sogenannten Higgs Teilchen gefordert. Sie enthalten Spin 0 Bosonen.

Tabelle 22.1: Die fundamentalen Fermionen (Materieteilchen). Alle Teilchen besitzen den Spin s=1/2. Die Massen sind in Einheiten von MeV/c^2, die Ladung in Einheiten der Elementarladung e angegeben.

Leptonen

Genera-tion	Flavor	Symbol	Masse	elektr. Ladung	Anti-teilchen	elektr. Ladung
1	Elektron	e^-	0,511	−1	e^+	+1
	e-Neutrino	ν_e	$0\,(< 10^{-5})$	0	$\bar{\nu}_e$	0
2	Myon	μ^-	105,6	−1	μ^+	+1
	μ-Neutrino	ν_μ	$0\,(< 0,27)$	0	$\bar{\nu}_\mu$	0
3	Tauon	τ^-	1784	−1	τ^+	+1
	τ-Neutrino	ν_τ	$0\,(< 35)$	0	$\bar{\nu}_\tau$	0

Quarks

Genera-tion	Flavor	Symbol	Masse	elektr. Ladung	Anti-teilchen	elektr. Ladung
1	up	u	≈ 350	+2/3	$\bar{u}$	−2/3
	down	d	≈ 350	−1/3	$\bar{d}$	+1/3
2	charm	c	≈ 1800	+2/3	$\bar{c}$	−2/3
	strange	s	≈ 550	−1/3	$\bar{s}$	+1/3
3	top	t	$\approx 2 \cdot 10^5$	+2/3	$\bar{t}$	−2/3
	botton	b	≈ 4500	−1/3	$\bar{b}$	+1/3

Tabelle 22.2: Fundamentale Bosonen (Feldteilchen).

Fundamentale Kraft	Ladung	Teilchen	Spin	Masse [GeV]	Relative Kopplungsstärke	Effektive Reichweite [m]
Gravitation	Masse	Graviton(?)	2	0	$\approx 10^{-40}$	∞
elektromagn.	elektrische Ladung	Photon	1	0	1/137	∞
schwach	schwache Ladung	intermediäre Bosonen	1			
		W^+, W^-		81	$\approx 10^{-5}$	10^{-18}
		Z^0		91		
stark	Farbladung	Gluonen	1	0	$\approx 1\,(r \approx 10^{-15}\,\text{m})$ $< 1\,(r \ll 10^{-15}\,\text{m})$	$\leq 10^{-15}$

22.2 Materieteilchen

Der grundlegende Unterschied zwischen Leptonen und Quarks ist, daß Quarks der starken Wechselwirkung unterliegen, Leptonen jedoch nicht. Beide Fermionen empfinden die schwache Wechselwirkung und natürlich die Gravitation, die allerdings im Rahmen der Teilchenphysik ohne Bedeutung ist. Soweit sie elektrisch geladen sind, wirkt auch die elektromagnetische Kraft, wobei hierbei der magnetische Teil in der Regel vernachlässigbar ist. Die Materieteilchen werden in 3 Generationen aufgeteilt (siehe Tabelle 22.1), jede Generation enthält 2 Flavors (Geschmäcker) von Teilchen. In der ersten Quarkgeneration sind dies das up (u) und down (d) Quark, in der ersten Leptonengeneration das Elektron (e) und das Elektronneutrino (ν_e). Zu allen Teilchen gibt es die Antiteilchen, am bekanntesten ist das Antiteilchen des Elektrons, das Positron. Antiteilchen besitzen dieselbe Masse (und denselben Spin) wie die Teilchen, sind aber, falls Ladung vorhanden ist, entgegengesetzt gleich stark geladen. Man bezeichnet dies als *Ladungskonjugation* (C-Symmetrie). Fermionen mit C-symmetrischen Antiteilchen werden auch als *Dirac-Fermion* geführt, denn die Dirac-Gleichung sagte ja als erste aus, daß es zum Elektron das positiv geladene Antiteilchen geben muß, das dann später in der kosmischen Höhenstrahlung gefunden (Positron) wurde. Den Gegensatz zum Dirac-Fermion bildet das *Majorana-Fermion*, das definitionsgemäß sein eigenes ladungskonjugiertes Teilchen ist. Klarerweise müssen Majorana-Teilchen ungeladen sein. Ungeklärt ist der Fall der Neutrinos.

Leptonen spüren keine starke Kraft

Bemerkung:

Ein entscheidender Test wäre der eindeutige Nachweis des neutrinolosen doppelten β-Zerfalls: $(A, Z) \longrightarrow (A, Z + 2) + e^- + e^-$, der nur für das (dann allerdings massenbehaftete) Majorana-Neutrino erlaubt ist, für das Dirac-Neutrino aber streng verboten ist. Der praktische Fall ist ^{76}Ge $\longrightarrow$ ^{76}Se $+ e^- + e^-$ mit einer Lebensdauer $\tau \geq 10^{23}$ Jahren. Bisherige Experimente waren nicht erfolgreich, die Existenz dieses doppelten β-Zerfalls nachzuweisen.

Das Problem Majorana $\leftrightarrow$ Dirac Neutrino ist eng mit der – nach wie vor ungelösten – Frage der Neutrinomasse verknüpft. Die gegenwärtigen experimentellen Grenzen (siehe Tabelle 22.1) lassen keine definitive Aussage zu, ob Neutrions masselos sind. Die wichtigste Eigenschaft der Neutrinos ist ihre Helizität (auch chirale Symmetrie genannt). Wie schon beim β-Zerfall diskutiert, besitzt das Neutrino stets Linkshändigkeit, das Antineutrino Rechtshändigkeit. Das Tau-Neutrino konnte bisher direkt noch nicht nachgewiesen werden.

Neutrino: Helizität (auch chirale Symmetrie genannt)

Schon in Physik I war aufgeführt worden, daß die Quarks noch einen weiteren inneren Freiheitsgrad besitzen, der zu drei verschiedenen Zuständen führt, die durch die Farbladung rot (r), blau (b) und grün (g) gekennzeichnet werden. Entsprechend (Ladungskonjugation) besitzen die Antiquarks die Antifarbladungen $\bar{r}, \bar{b}, \bar{g}$. Die Farbladungen sind die Quellen der starken Kraft, grob analog zu der elektrischen Ladung als Quelle der Coulomb-Kraft. Die Bezeichnungen rot, blau, grün wurden gewählt, weil ihre Summenmischung „weiß" ergibt, was Farbneutralität bedeutet (für Antifarben ebenso).

Quark Confinement

Während wir freie Leptonen ohne weiteres in der Natur finden (Elektronen sind das schlagende Beispiel), existieren freie Quarks nicht. Dies ist eine Folge spezieller Eigenschaften der starken Kraft (die die Leptonen ja nicht spüren). Wir besprechen diese im nächsten Abschnitt kurz (Quark Confinement). Dies macht auch die Bestimmung der Quarkmassen etwas unsicher. Auffallend ist, daß u und d in etwa (bis auf ≈ 1 MeV) dieselbe Masse haben. Daher sind auch Proton und Neutron etwa gleich schwer.

*Hadronen:
Baryonen und
Mesonen*

Quarks finden wir nur in farbneutralen gebundenen Zuständen, den *Hadronen*. Dabei unterscheiden wir die Baryonen, die aus drei Quarks aufgebaut sind, und die Mesonen, die ein Quark-Antiquark Paar darstellen. Zu den Baryonen gehören die Nukleonen Proton und Neutron. Tabelle 22.3 listet ein paar typische Beispiele auf, ist aber keineswegs vollständig.

Die Baryonen können mit Spin 1/2 und Spin 3/2 erscheinen, sind also stets Fermionen. Im einfachsten Bild bedeutet dies die Spinkonfiguration ($\uparrow\uparrow\downarrow$) oder ($\uparrow\uparrow\uparrow$) der Quarks. Im Detail ist das Problem aber nicht so einfach, wir gehen darauf hier nicht ein. Bei den Mesonen ist entsprechend ($\uparrow\downarrow$) bzw. ($\uparrow\uparrow$) möglich, was zu Spin 0 und Spin 1 bosonischen Teilchen führt. Bei den π, K und D Mesonen existieren auch die neutralen Mesonen (ebenso bei den ρ, K* und D*). Sie sind Linearkombinationen zweier möglicher Quark-Antiquark Konfigurationen. So ist das π^0 Meson $(u\bar{u}\text{-}d\bar{d})/\sqrt{2}$. Wir haben sie der Einfachheit halber in der Tabelle nicht aufgeführt. Bei den B-Mesonen ist dies aber nicht so. Hier existiert das echte neutrale Meson. Das $(c\bar{c})$-Hadron war uns schon in Abschnitt 5.7 als Charmonium begegnet. Mesonen, die das Top Quark (t) enthalten, sind bisher nicht gefunden worden (zu hohe Masse). Die gegenwärtig bekannten Mesonen können mit Flavor Kombinationen u, d, s, c, b erklärt werden, es gibt also keinen zusätzlichen Flavor unterhalb der Top Masse.

Bei den Mesonen erzeugt die Quark-Antiquark Kombination automatisch Farbneutralität. Bei den Baryonen muß gefordert werden, daß jedes der drei Quarks eine andere Farbladung besitzt. Die Farbneutralität schließt auch aus, daß Baryonen Quarks und Antiquarks enthalten können. Man kann natürlich jede Baryon Konfiguration (wie sie etwa Tabelle 22.3 zeigt) aus den entsprechenden Antiquarks aufbauen, also z.B. $(\bar{u}\bar{u}\bar{d})$, was das Antiproton ergibt. Jedoch ist der Begriff des Antiteilchens in strenger Form auf die strukturlosen Fundamentalteilchen beschränkt. Das Antiproton ist noch durchsichtig

Tabelle 22.3: Einige Hadronen. Die Massen sind in MeV/c^2 angegeben

Baryonen				
Quark Kombination	Spin 1/2 Teilchen	Masse	Spin 3/2 Teilchen	Masse
uuu	-		Δ^{++}	1,232
ddd			Δ^-	1,232
sss			Ω^-	1,672
uud	p	0,938	Δ^+	1,232
udd	n	0,940	Δ^0	1,232
uus	Σ^+	1,894	Σ^+_{1385}	1,384
dds	Σ^-	1,197	Σ^-_{1385}	1,387
uss	Ξ^0	1,315	Ξ^0_{1530}	1,532

Mesonen				
Quark Kombination	Spin 0 Teilchen	Masse	Spin 1 Teilchen	Masse
u$\bar{d}$	π^+	0,1396	ρ^+	0,770
d$\bar{u}$	π^-	0,1396	ρ^-	0,770
u$\bar{s}$	K$^+$	0,4937	K^{*+}	0,892
s$\bar{u}$	K$^-$	0,4937	K^{*-}	0,892
c$\bar{d}$	D$^+$	1,8693	D^{*+}	2,010
$\bar{c}$d	D$^-$	1,8693	D^{*-}	2,010
c$\bar{c}$	η_c	2,980	ψ	3,097
u$\bar{b}$	B$^+$	5,278	B^{*+}	5,325
b$\bar{u}$	B$^-$	5,278	B^{*-}	5,325
d$\bar{b}$	B^0	5,279	B^{*0}	5,325
b$\bar{d}$	$\bar{B}^0$	5,270	B^{*0}	5,325

in seiner Definition, aber bei Mesonen ist eine einfache Zuordnung nicht möglich. Formal kann man natürlich π^-, π^+ als Teilchen-Antiteilchen Paar ansehen, denn die Quark, Antiquark Flavors sind vertauscht.

22.3 Wechselwirkungsteilchen

Wie schon erwähnt, werden die fundamentalen Wechselwirkungen in den Quantenfeldtheorien durch den Austausch von Teilchen beschrieben. Dies sind Bosonen, und ihre wichtigsten Parameter sind in Tabelle 22.2 zusammengefaßt. Den bekanntesten Fall stellen die Photonen als die Feldteilchen der elektromagnetischen Kraft dar. Sie wurden in diesem Zusammenhang im Rahmen der Quantenelektrodynamik (QED) eingeführt. QED ist eine vollständige Quantenfeldtheorie. Sie erlaubt sehr präzise Aussagen. Wir erinnern an die g–2 Messungen und speziell die Lamb-Verschiebung. Quan-

Elektromagneti-
sche WW →
Photon

tenfeldtheorien sind generell aber weit außerhalb dieses Textes. Das Photon war speziell in Physik III als das Lichtteilchen ausführlich diskutiert worden. Es ist ein rein relativistisches Teilchen, besitzt somit die Ruhemasse Null und existiert nur bei Lichtgeschwindigkeit. Ruhemasse Null bedeutet ebenso, daß die Reichweite der elektromagnetischen Kraft unendlich ist, wie es die erste Maxwellsche Gleichung (bzw. das daraus abzuleitende Coulomb-Gesetz) fordert. Wir erinnern daran, daß die Maxwellschen Gleichungen lorentzinvariant sind. Das Photon selbst trägt keine elektrische Ladung, was bedeutet, daß Photonen untereinander nicht wechselwirken. Dies ist eine elementare Erfahrungstatsache der Optik. Lichtstrahlen können einander frei durchdringen. Als Kopplungskonstante der elektromagnetischen Wechselwirkung liefert die QED die Sommerfeld-Konstante $a_{em} = \alpha = e^2/4\pi\varepsilon_0\hbar c \approx 1/137$. Den Spin 1 des Photons hatten wir mit der Zirkularpolarisation der Lichtwellen begründet (siehe Physik III).

Schwache WW →
intermediäres
Boson

Die schwache Wechselwirkung wird durch die sogenannten intermediären Bosonen$W^{\pm}$, Z^0 vermittelt. Diese sind sehr massiv (etwa 100 Protonenmassen) was bedeutet, daß die Reichweite der schwachen Kraft extrem kurz ist. Die schwache Wechselwirkung wirkt, wie erwähnt, zwischen allen fundamentalen Fermionen (Leptonen und Quarks). Man kann sie formal in drei Kategorien einteilen:

1. *Leptonische Wechselwirkungen*. Es treten nur Leptonen in der Reaktion in Erscheinung. Ein Beispiel ist der Zerfall der Myonen, z.B. $\mu^- \rightarrow e^- + \nu_\mu + \bar{\nu}_e$ mit einer mittleren Lebensdauer von $\approx 2{,}2\,\mu s$.

2. *Halbleptonische Reaktionen*. Das bekannteste Beispiel ist der β-Zerfall, speziell der des freien Neutrons $n \rightarrow p + e^- + \bar{\nu}_e$ mit einer Lebensdauer von etwa 10 min. Wie beim β-Zerfall diskutiert, handelt es sich hierbei auf fundamentaler Ebene um eine Umwandlung des Quarkflavors d→u. Zu dieser Kategorie gehört auch der Pionenzerfall, etwa $\pi^+ \rightarrow \mu^+ + \nu_\mu$. Hier verschwindet das Hadron, und es bleiben nur Leptonen im Ausgangskanal.

3. *Hadronische schwache Wechselwirkungen*. Dabei ist der Eingangs- wie der Ausgangskanal rein hadronisch. Ein Beispiel[2] ist $K_1^0 \rightarrow \pi^+ + \pi^-$.

Die Theorie von WEINBERG und SALAM (Nobelpreis 1979 zusammen mit S. GLASHOW) vereinigt die schwache mit der elektromagnetischen Kraft (elektroschwache Wechselwirkung), und man würde vermuten, daß die Kopplungskonstante der schwachen Kraft der der elektromagnetischen entspricht. Dies ist auch nicht ganz falsch, man muß jedoch berücksichtigen, daß die Erzeugung der schweren intermediären Bosonen viel weniger wahr-

---

[2]   Auf die Notation K_1^0 kommen wir in Abschnitt 22.4 zurück.

scheinlich ist als die der massenlosen Photonen, so daß die effektive Kopplungsstärke, wie sie in Tabelle 22.2 angegeben ist, so klein wird. Die intermediären Bosonen tragen keine schwache Ladung, sie sind wie die Photonen untereinander nicht wechselwirkend.

Bemerkung:

Man kann sich weiter fragen, warum man geladene und ungeladene intermediäre Bosonen braucht. Wir können dies nur andeuten. Die Transformation von Elektronen oder Positronen in Neutrinos oder Antineutrinos, die einer Reihe von schwachen Wechselwirkungsprozessen unterliegen, verlangt, daß auch Ladung getauscht wird (sie bleibt aber global erhalten), und dies bewirken W^- bzw. W^+. In anderen schwachen Prozessen bleibt die Ladung der Leptonen ganz ungeändert, auch in der mikroskopischen Beschreibung. Hierzu ist das ungeladene Z^0 von Nöten. Ein Beispiel ist die Streuung hochenergetischer Neutrinos und Elektronen. Das ankommende Neutrino ν_μ wechselwirkt mit e^- und erzeugt μ^- und ν_e (virtueller W Austausch). Möglich ist aber auch einfache Streuung, d.h. ν_μ und e^- bilden sowohl den Eingangs- wie Ausgangskanal (virtueller Z Austausch). Einer Erklärung bedürfte auch, warum das neutrale Boson (Z^0) anders ist als die geladenen ($W^\pm$), in anderen Worten, warum nicht W^0. Aus Tabelle 22.2 ersieht man ja schon, daß die W und Z Massen leicht verschieden sind. Die Antwort gibt die Salam-Weinberg-Theorie, aber die Erklärung kann hier nicht nachvollzogen werden. Es sei nur erwähnt, daß das Z^0 ein gemischtes Teilchen ist, das das W^0 enthält. Das Mischungsverhältnis ist durch den sogenannten *Weinbergwinkel* gegeben, einer der grundlegenden (experimentell zu bestimmenden) Parameter der elektroschwachen Wechselwirkung.

In Bild 22.1 zeigen wir die Resonanz der Erzeugung des Z^0. Die Breite der Resonanz ist nach Heisenberg gegeben durch die Lebensdauer des Teilchens. Der recht genau vermessene Wert der Breite ist nur mit dem Zerfall des Z^0 in 3 Leptonengenerationen verträglich, eine vierte (noch unentdeckte) Generation kann ausgeschlossen werden. Wir hatten auch bei den Quarks schon erwähnt, daß es keinen Hinweis auf mehr als 3 Generationen gibt. Wir können die Limitierung auf 3 Generationen der fundamentalen Fermionen als gesichert ansehen; es gibt aber bisher keinen theoretisch zwingenden Grund dafür.

Die nur zwischen Quarks wirkende starke Wechselwirkung wird durch die Gluonen vermittelt. Die zur QED analoge Feldtheorie der starken Kraft (QCD = Quantenchromodynamik) kennt sechs Typen von Ladungen, die Farbladungen r (rot), b (blau), g (grün) und die Antifarben $\bar{r}$, $\bar{b}$, $\bar{g}$, wie schon anläßlich der Quarks aufgeführt. Sie nimmt exakte Farbsymmetrie an, d.h. die Quark-Quark-Wechselwirkung ist unabhängig von der Farbe der Quarks. Sie ist immer anziehend. Der viel grundlegendere Unterschied zwischen QED und QCD rührt jedoch daher, daß die Gluonen selbst Farb-

Starke Wechselwirkung → Gluon

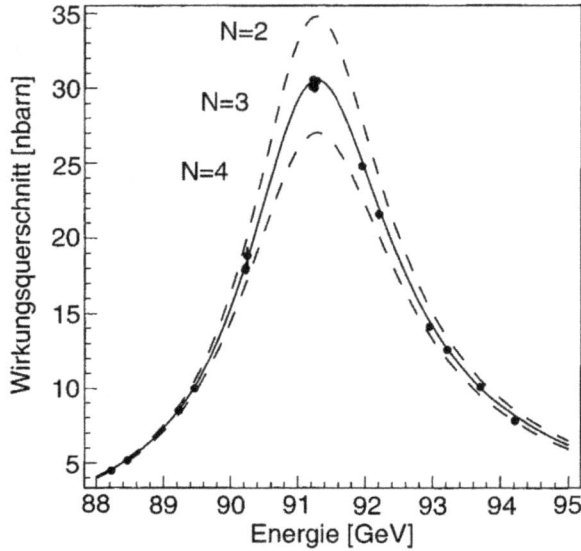

Bild 22.1: Erzeugungsrate der Z^0 als Funktion der Leptonen-Leptonen (z.B. e^+, e^-) Stoß-energie im Schwerpunktsystem. Eingezeichnet sind berechnete Kurven für die 2, 3 und 4 Leptonengenerationen angenommen wurden.

ladung tragen. Die Gluonen unterliegen untereinander somit der selben Wechselwirkung, die sie übertragen. Das führt zu einer komplizierten radialen Abhängigkeit der starken Kraft. Es fällt auf, daß die Gluonen in Tabelle 22.2 als masselos aufgelistet sind, obwohl die effektive Reichweite der starken Wechselwirkung sehr gering ($\approx 10^{-15}$ m) ist (wenn auch größer als die der schwachen Kraft). Ebenso wurde die Kopplungsstärke als abhängig vom Abstand angegeben. Bei sehr kleinen Abständen (klein verglichen mit dem typischen Hadronenradius von $\approx 10^{-15}$ m) geht die starke Kraft wie die Coulomb-Kraft $\propto 1/r^2$, und dies legt die Gluonenmasse zu Null fest. Im Bereich der typischen Quarkabstände in Hadronen nimmt dagegen die Kraft zwischen den Quarks mit *dem Abstand zu*. Dies ist an sich nichts ungewöhnliches, elastische Kräfte zeigen das gleiche Verhalten. Wir können uns sozusagen zwei Quarks mit einem Gummiband verbunden denken. In grober Näherung kann man daher für das Potential zwischen zwei Quarks ansetzen

$$U_s = -\frac{4}{3}\frac{a_s}{r} + kr. \tag{22.1}$$

Auf die Werte der Konstanten gehen wir nicht ein, aber Tabelle 22.2 zeigt $a_s \approx 1$. Dies hat als Folge das „Quark-Confinement". Je weiter wir z.B. die Quarks und Antiquarks eines Mesons voneinander trennen, um so mehr

Energie bringen wir in das System ein, und zwar im raschen Anstieg. Man erreicht schnell die Ruheenergie eines Quarkpaares (z.B. u$\bar{\text{d}}$ $\approx$ 100 MeV) und statt die Quarks weiter zu trennen wird ein Quark-Antiquark-Paar (Meson) erzeugt, und der Quarkabstand ist wieder klein. Dies führt zu der bereits erwähnten Tatsache, daß freie Quarks nicht in der Natur auftreten, sondern nur (farblose) Quarkkombinationen. Die Situation ist in Bild 22.2 veranschaulicht.

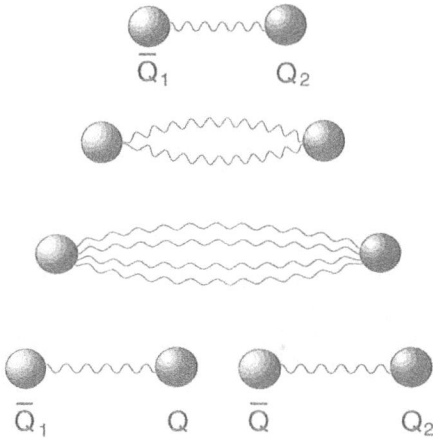

Bild 22.2: Versuch der Trennung eines Quark - Antiquarkpaares. Es gelingt nicht freie Quarks zu erzeugen.

Als letztes Wechselwirkungsboson bleibt das Graviton. Es ist bisher nicht gelungen, eine Quantengravitationstheorie befriedigend zu formulieren, daher ist die Existenz des Gravitons auch nur die entsprechende formale Ergänzung, aber nicht gesichert. Die Reichweite der Gravitation ist unendlich, und somit hat das Graviton keine Masse. Es besitzt also keine Ladung der zu vermittelnder Wechselwirkung. Die Feldgleichungen der allgemeinen Relativität besitzen Symetrieeigenschaften, die ein Spin 2 Boson als Wechselwirkungsteilchen verlangen. Sie erlauben weiter (wie die Maxwellsche Gleichung für das elektromagnetische Feld) die Existenz von *Gravitationswellen* und diese, falls sie existieren, würden direkt zum Graviton führen (analog zum Photon als Lichtteilchen).

Gravitation →
Graviton

Bemerkung:

Gravitationswellen konnten bisher experimentell nicht nachgewiesen werden. Ein typischer Detektor zu diesem Zweck besteht aus einem massiven Metallzylinder (z.B. Aluminium) von etwa 1 × 2 m Querschnitt und einer Masse von ca. 2 t. Eine durchlaufende Gravitationswelle verformt den Zylinder in charakteristischer Weise durch Kräfte, die senkrecht zur Ausbreitungsrichtung wirken (ganz analog zur elektrischen Feldstärke einer elektromagnetischen Welle). Ein Beispiel zeigt Bild 22.3. Diese Verformungen lassen sich z.B. durch Dehnungsmeßstreifen oder auch durch interferometrische Methoden messen. Natürlich besitzt ein solcher Detektor einen sehr hohen „Rauschpegel" durch die vielfältigen elastischen Wellen in unserer Umwelt. Zum sicheren Nachweis braucht man mindestens zwei solche Detektoren die durch kontinentale Entfernungen getrennt und in Koinzidenz geschaltet sind, also (bis auf Laufzeitkorrekturen – Gravitationswellen besitzen Lichtgeschwindigkeit) gleichzeitig ansprechen müssen. Der Nachweis ist bisher wegen der extremen Schwäche der Gravitation (siehe Tabelle 22.2) nicht geglückt.

Es gibt jedoch einen überzeugenden astrophysikalischen Hinweis, daß Gravitationswellen von kosmischen Objekten abgestrahlt werden. Die Radioastronomie kennt sogenannte Pulsare, das sind Radiosterne, die in sehr regelmäßiger Folge (Perioden typisch um 0,1 bis 1 s) kurze Radiopulse senden. Die Objekte sind die sehr kompakten Neutronensterne, die als Folgeprodukt einer Supernova-Explosion entstehen können.

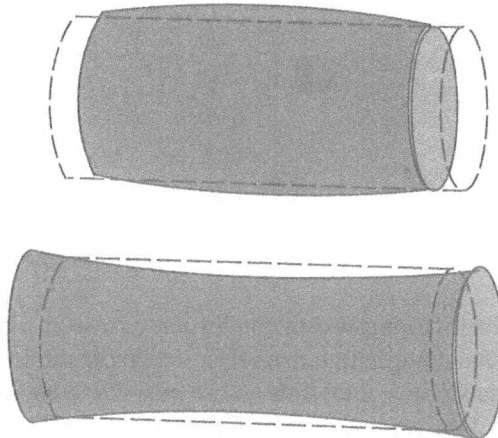

Bild 22.3: Gravitationswellendetektor unter dem Einfluß einer Gravitationswelle. Zunächst erfogt eine Kompression, dann eine Dehnung der Materie senkrecht zur Ausbreitungsrichtung der Welle, die aus der Zeichenebene herausragt. Man versucht die Eigenresonanz des Detektors für eine derartige Schwingung in den theoretisch erwartenden Frequenzbereich der Gravitationswellen aus dem All zu legen.

Bei der Supernova Kontraktion auf Radien von einigen 10 km bleibt der Drehimpuls des Sterns erhalten, und dies führt zu den kurzen Rotationsperioden. Weiters besitzen die Neutronensterne extrem hohe Magnetfelder (10^{12}-faches Erdfeld) in Polnähe. Diese Felder genügen Elektronen so zu beschleunigen, daß u.a. Abstrahlung in Radiobereich erfolgt. Da die magnetischen Polachsen (wie bei den Planeten) nicht mit der Drehachse zusammenfallen, rotiert der Radio-Strahlfleck, und das Radiosignal überstreicht wie der Lichtstrahl eines Leuchtturms den Empfänger (die Erde) mit der Drehfrequenz des Neutronensterns.

TAYLOR und HULSE (Nobelpreis 1990) fanden einen variablen Pulsar, d.h. er zeigte eine regelmäßige Modulation der Pulsfolgefrequenz. Es handelt sich um ein sehr enges binäres System von etwa gleich massiven Neutronensternen (der Sternabstand ist nur etwa gleich dem Sonnenradius, also ca. 10^9 m) die um den gemeinsamen Schwerpunkt auf (stark elliptischen) Keplerbahnen kreisen. Die Modulation der Pulsarfrequenz wird durch den Dopplereffekt der Bahnbewegung erzeugt. Wir empfangen nur das Signal eines der beiden Sterne, der andere strahlt vermutlich in einem Raumbereich der nicht zur Erde deutet. Es zeigt sich, daß die Modulationsperiode der Pulsarfrequenz des binären Neutronensterns mit der Zeit kleiner wird (etwa 75 μs/Jahr). Dies ist durch Energieverlust der Bahnbewegung des Neutronensterns zu erklären. Geringere Energie führt zu kleineren Bahnradien und zu kürzeren Umlaufperioden. Dies ist ein Effekt der von Satellitenbahnen und ebenso vom Bohrschen Atommodell wohlbekannt ist. Der Energieverlust kann nur durch Abstrahlung von Energie in Form von Gravitationswellen erfolgen, und in der Tat sagt die allgemeine Relativität diese Abstrahlung für ein enges binäres Sternsystem voraus. Sie liefert auch genau den experimentell beobachten Wert der Frequenzzunahme der Bahnrotation. Wegen der Spinquantenzahl $s = 2$ des Gravitons ist die niedrigste Ordnung der Gravitationswellen Quadrupolstrahlung. Dies zeigt auch die zu erwartende Verformung des zylindrischen Detektors von Bild 22.3.

Die Kopplungsstärke der Gravitationswechselwirkung können wir direkt aus dem Vergleich des Newtonschen Gravitationsgesetzes und dem Coulomb-Gesetz ableiten:

$$a_G = \frac{Gm_p^2}{\hbar c} \approx 10^{-40} \tag{22.2}$$

wobei G die (extrem schwache) Gravitationskonstante ist, und für die Massenladung haben wir die Protonenmasse als typischen Wert benutzt. Dies ist in der Tat ein sehr kleiner Wert. Die Protonenmasse ist für die Teilchenphysik charakteristisch und deshalb wird die Gravitation dort vernachlässigt. Die Situation sieht anders aus für kosmische Objekte: dort dominiert die Gravitation, und alle anderen Wechselwirkungen sind bedeutungslos.

Bemerkung:

Gemäß der allgemeinen Relativität koppelt die Gravitation nicht nur an die Ruhemasse, sondern auch an die Gesamtenergie. Wir können dann umschreiben $a_G = GE^2/\hbar c^5$ und finden daß $a_G = 1$ wird für $M_p = \sqrt{\hbar c/G} \approx 10^{22}$ MeV/c^2. Dies ist die sogenannte Planck Masse (bzw. 10^{22} MeV ist die Planck Energie). Entsprechend kann man die Planck Länge $l_p = \sqrt{G\hbar/c^3} \approx 1{,}6 \cdot 10^{-35}$ m und die Planck Zeit $t_p = G\hbar/c^5 \approx 5 \cdot 10^{-44}$ s definieren. In diesem extremen Bereich, der uns natürlich experimentell nicht zugänglich ist, würden alle Wechselwirkugen gleich erscheinen. Die Situation kann aber in der ersten Stufe des Urknalls bestanden haben.

Noch eine abschließende Anmerkung. Die Salam-Weinberg-Theorie kann die Massen der intermediären Bosonen nur durch die Einführung weiterer Bosonen, den *Higgs-Teilchen* erklären. Das Higgs-Feld würde auch die Leptonen und Quarkmassen erzeugen. Alle Massen sind bisher reine Eingangsparameter der zuständigen Theorie, des Standardmodells. Das Higgs-Boson ist sehr massiv, gegenwärtige Abschätzungen liegen etwas oberhalb von 1 TeV/c^2. Diese Energien stehen uns im Moment noch nicht zur Verfügung, und die Frage, ob es die Higgs-Bosonen als weitere Feldteilchen wirklich gibt, ist offen. Wir haben schon erwähnt, daß die Hoffnung besteht, es zu finden, wenn der Hadronen-Collider LHC am CERN in Betrieb geht.

22.4 Erhaltungssätze

Die klassischen Erhaltungssätze (Energie, Impuls, Drehimpuls, Ladung) haben universelle Gültigkeit. In der Quantenphysik muß der Spin bei der Drehimpulserhaltung mit eingeschlossen werden, in der Relativität die Masse in der Energiebilanz. Letzteres wirkt sich speziell in der Kern- und Teilchenphysik aus. So ist etwa die Bindungsenergie pro Nukleon im Kern rund 1% der Nukleonenmasse.

Leptonenzahl Erhaltung

Es gibt aber auch spezielle Erhaltungsgrößen der Teilchenphysik. Eine wichtige ist uns schon begegnet, die Leptonenzahl L. Wir ordnen den Leptonen $L = 1$ zu und den Antileptonen $L = -1$. Quarks und Antiquarks haben definitiongemäß $L = 0$. Unter allen fundamentalen Wechselwirkungen (starke, schwache, elektromagnetische) bleibt L erhalten. Man kann die Leptonenzahl sogar schärfer pro Generation, also L_e, L_μ, L_τ einführen. Nach dem heutigen Wissensstand bleibt auch diese Zahl erhalten. Ein Beispiel ist der Myonenzerfall, etwa $\mu^- = e^- + \bar{\nu}_e + \nu_\mu$. Die Erhaltung von L_μ verlangt zwei Neutrions, das Elektron-Antineutrino (dadurch wird $L_e = 0$) und das Myonneutrino (dadurch wird rechts wie links $L_\mu = 1$). Einen zwingenden theoretischen Grund für die Generationerhaltung bei Leptonen gibt es nicht, und die Frage ist, ob diese Erhaltung scharf ist. Man sucht z.B. nach Zerfällen wie $\mu^- = e^- + \gamma$, die alle anderen Erhaltungssätze erlauben; auch L ist erhalten aber nicht L_μ. Die gegenwärtige Grenze für die Wahrscheinlichkeit eines solchen Zerfalls liegt unter 10^{-10}.

Keine Erhaltung von Quarkzahl und Hadronenzahl

Eine Quarkzahlerhaltung gibt es nicht, ebensowenig eine Hadronenzahlerhaltung. Das schlagende Beispiel ist der Pionenzerfall $\pi^- = \mu^- + \bar{\nu}_\mu$. Das ν_μ erhält L_μ das links und rechts Null ist. Man kann jedoch eine Baryonenzahl B definieren. Dazu ordnet man allen Quarks $B = 1/3$ und allen Antiquarks $B = -1/3$ zu. Dies erzeugt: $B = 3(N(q) - N(\bar{q}))$, wenn $N(q)$ bzw. $N(\bar{q})$ die Zahl der Quarks bzw. Antiquarks ist. Sie ist voraussichtlich eine Erhaltungsgröße. Theoretische Untersuchungen erlauben unter gewissen Voraussetzungen den Zerfall des Protons gemäß $p^+ \rightarrow e^+ + \pi^0 \rightarrow e^+ + \gamma + \gamma$ mit einer abgeschätzten Lebensdauer von $\tau_p \approx 10^{30}$ Jahre. Dieser Zerfall würde die B-Erhaltung verletzen. Versuche den Protonenzerfall

Baryonenzahl Erhaltung?

nachzuweisen waren nicht positiv. Sie geben eine Grenze von $\tau_p > 10^{32}$ Jahre. Zumindest die bisher gemachten theoretischen Voraussetzungen, die zum Protonenzerfall führen, sind nicht erfüllt.

Das sogenannte CPT-Theorem ist grundlegend für alle gängigen Feldtheori-   *CPT-Erhaltung*
en. Es besagt, daß alle Prozesse invariant gegenüber der sequentiellen Anwendung der drei Operationen Ladungskonjugtion (C), Paritätskonjugation
(P) und Zeitumkehr (T) sein müssen, und zwar unabhängig von ihrer Reihenfolge. Verletzungen der CPT-Erhaltung sind experimentell nicht bekannt.

Bemerkung:

Schwieriger wird die Situation, wenn wir die CPT-Operation einzeln betrachten.
Prozesse, die über die starke und elektromagnetische Wechselwirkung ablaufen sind
invariant gegen derartige Operationen. Problematisch ist die schwache Wechselwirkung. Die vollständige P-Verletzung hatten wir schon beim β-Zerfall erwähnt. Sie
ist eng mit der eindeutigen Händigkeit der Neutrinos verknüpft. Nehmen wir einmal
an, CP wäre erhalten in der schwachen Wechselwirkung (was nicht ganz streng gilt,
siehe weiter unten), dann ist klar, daß C nicht erhalten sein kann. Auch hier spielt
das Neutrino die entscheidende Rolle. Wir hatten das bei der Diskussion des Dirac
gegen Majorana Antiteilchens erwähnt. Wie angedeutet ist CP nicht streng erhalten
in der schwachen Wechselwirkung, sondern sehr leicht ($\approx 1 : 10^{13}$) verletzt. Dies
folgt aus dem Zerfall des neutralen Kaons K^0 (CRONIN und FITCH, Nobelpreis
1980). Wir können dies nur kurz skizzieren. Experimentell beobachtet werden nicht
die Teilchen K^0 und $\bar{K}^0$ selbst, sondern ihre Mischung: $K_1^0 = \frac{1}{\sqrt{2}}(K^0 + \bar{K}^0)$ und
$K_2^0 = \frac{1}{\sqrt{2}}(K^0 - \bar{K}^0)$. K_1^0 hat gerade CP-Symmetrie und kann in zwei Pionen zerfallen. Die Lebensdauer ist kurz ($0{,}9 \cdot 10^{-10}$ s). Dagegen ist K_2^0 CP ungerade und muß
deshalb in drei Pionen (π^+, π^-, π^0 oder π^0, π^0, π^0) zerfallen, was zu einer langen
Lebensdauer ($0{,}5 \cdot 10^{-7}$ s) führt[3]. Es zeigt sich, daß ein ganz geringer Bruchteil des
langlebigen K_2^0 Zwei-Pionen-Zerfall erleidet, und daß somit CP leicht verletzt ist.

Es gibt in der Teilchenphysik noch eine Reihe neuer Quantenzahlen, deren
Invarianz zumindest unter bestimmten Bedingungen gegeben ist oder für
die feste Auswahlregeln gelten. Beispiele sind Isospin, Seltsamkeit (stran-
geness) und Charm. Darauf gehen wir hier nicht ein, weil eine derartige
Diskussion die Behandlung der Symmetrieeigenschaften der verschiedenen Wechselwirkungen voraussetzt, die wir weiterführenden Lehrbüchern
überlassen müssen[4].

---

[3] Also $CP(K_1^0) = +K_1^0$ während $CP(K_2^0) = -K_2^0$.
[4] siehe z.B. D.H. Perkins, *Hochenergiephysik*, Kap. 3, R. Oldenbourg Verlag (1991).

22.5 Ausklang

Hoffentlich hat Ihnen dieser kurze Blick in die Welt der Kerne und Teilchen Spaß gemacht. Vieleicht fühlen Sie sich wie ein Kind, das am Weihnachtstag einen kurzen Blick in die Stube mit den Geschenken unter dem Baum wirft. Es kann nicht genau sehen was das alles ist, aber es ist vielversprechend. Es wurde in allen Teilen dieses Buches, nicht nur hier im letzten Teil, versucht immer wieder auf weiterführende Probleme in verschiedenen Bereichen der Physik (Kondensierte Materie, Atom- und Molekülphysik usw.) hinzuweisen, um Ihnen zu zeigen, daß einmal die Grenzen der modernen Physik sich direkt aus den grundlegenden physikalischen Gesetzen entwickeln, und daß zum anderen die Physik – trotz mancher Unkenrufe – keineswegs abgestorben und ohne Zukunft ist. Es gibt noch eine weite, bunte Welt der Physik, die auf lohnenswerte Entdeckung wartet, und auch die Umsetzung neuer Erkenntnisse in Anwendungen ist eine Herausforderung gleichen Maßes. Aussagen über den erfolgten Abschluß des physikalischen Weltbildes tauchen regelmäßig auf. Das letzte Mal zu Ende des 19. Jahrhunderts, gerade vor der Geburt der Quantenphysik. In der Tat ist solcher Pessimismus meist das Zeichen, daß wir vor einem deutlichen Umbruch oder Erneuerung stehen. Vielleicht liegt diese im tieferen Verständnis der fundamentalen Teilchen und der ihnen eigenen (Super-) Symmetrie bzw. in einer vollständigen Quantengravitationstheorie.

Vertiefende Literatur

Quantenphysik

R. Eisberg und R. Resnik, *Quantum Physics of Atoms Molecules, Solids, Nuclei, and Particles*, 4. Aufl., John Wiley, New York 1985.

S. Flügge, *Lehrbuch der theoretischen Physik, Bd. 4 Quantentheorie*, Springer, Berlin 1964.

S. Gasiorowicz, *Quantenphysik*, 7. Aufl., Oldenbourg, München 1999.

H. Haken und H.C. Wolf, *Atom- und Quantenphysik*, 6. Aufl., Springer, Berlin 1996.

F. Schwabl, *Quantenmechanik*, Springer, Berlin 1993.

V.A. Weberruß, *Quantenphysik im Überblick*, Oldenbourg, München 1998.

Atom- und Molekülphysik

C.N. Banwell und E.M. McCash, *Grundlagen der Molekülspektroskopie*, Oldenbourg, München 1999.

K. Bethge und G. Gruber, *Physik der Atome und Moleküle*, 2.Aufl., VCH Verlag, Weinheim 1990.

B. Edlen, *Atomic Spectra* in Handbuch der Physik (S. Flügge, ed.) Bd. 27, Springer, Berlin 1964.

R. Eisberg und R. Resnik, *Quantum Physics of Atoms Molecules, Solids, Nuclei, and Particles*, 4. Aufl., John Wiley, New York 1985.

H. Haken und H.C. Wolf, *Atom- und Quantenphysik*, 6. Aufl., Springer, Berlin 1996.

H. Haken und H.C. Wolf, *Molekülphysik und Quantenchemie*, Springer, Berlin 1992.

K.H. Hellwege, *Einführung in die Physik der Atome*, 4. Aufl., Heidelberger Taschenbücher, Springer, Berlin 1974.

K.H. Hellwege, *Einführung in die Physik der Moleküle*, Heidelberger Taschenbücher, Springer, Berlin 1974.

T. Mayer-Kuckuk, *Atomphysik*, 5. Aufl., Teubner Studienbücher, Teubner, Stuttgart 1997.

Statistische Wärme

W. Brenig, *Statistische Theorie der Wärme*, 4. Aufl., Springer, Berlin 1996.

I.D. Fast, *Entropy*, Macnullan, London 1982.

Ch. Kittel und H. Krömer, *Physik der Wärme*, Oldenbourg, München 1999.

E. Reif, *Physikalische Statistik und Physik der Wärme*, Walter de Gruyter, 1987.

Kern- und Teilchenphysik

C. Berger, *Teilchenphysik*, Springer, Berlin 1992.

P.P.B. Collins, A.D. Martin and E.J. Squires, *Particle Physics and Cosmology*, John Wiley, New York 1989.

G.D. Coughlan and J.E. Dodd, *The Ideas of Particle Physics*, 2. Aufl., Cambridge University Press, Cambridge 1991.

H. Frauenfelder und E.M. Heuley, *Teilchen und Kerne*, 4. Aufl., Oldenbourg, München 1999.

T. Mayer-Kuckuk, *Physik der Atomkerne*, Teubner Studienbücher, Teubner, Stuttgart 1970.

B. Povh, K. Rith, C. Scholz und F. Zetsche, *Teilchen und Kerne*, 4. Aufl., Springer, Berlin 1996.

D.H. Perkins, *Hochenergiephysik*, Oldenbourg, München 1991.

Anhang

A Alphabetische Liste der chemischen Elemente

In folgender Liste sind die Symbole der chemischen Elemente alphabetisch geordnet. Die mit * gekennzeichneten Elemente sind nur als radioaktive Isotope bekannt. Die in Klammern gesetzten relativen Atommassen beziehen sich auf ein wichtiges Isotop des betreffenden Elementes.

Symbol	Name	Ordnungs-zahl	Relative Atommasse	Atomradius (nm)
Ac	Aktinium*	89	(227,027)	−
Ag	Silber	47	107,868	0,144
Al	Aluminium	13	26,9815	0,141
Am	Americium*	95	(243,061)	−
Ar	Argon	18	39,948	0,191
As	Arsen	33	74,9216	0,125
At	Astat(in)*	85	(209,987)	−
Au	Gold	79	196,967	0,144
B	Bor	5	10,811	−
Ba	Barium	56	137,34	0,224
Be	Beryllium	4	9,0122	0,113
Bi	Wismut	83	208,9804	0,182
Bk	Berkelium*	97	(247,07)	−
Bo	Bohrium*	105	(260)	−
Br	Brom	35	79,904	0,113
C	Kohlenstoff	6	12,01115	0,077
Ca	Calcium	20	40,08	0,197
Cd	Cadmium	48	112,40	0,152
Ce	Cer	58	140,12	0,182
Cf	Kalifornium*	98	(250,076)	−
Cl	Chlor	17	35,453	0,097
Cm	Curium*	96	(245,07)	−
Co	Kobalt	27	58,9332	0,125
Cr	Chrom	24	51,996	0,129
Cs	Cäsium	55	132,905	0,270

Symbol	Name	Ordnungs-zahl	Relative Atommasse	Atomradius (nm)
Cu	Kupfer	29	63,546	0,128
Dy	Dysprosium	66	162,50	0,177
Er	Erbium	68	167,26	0,175
Es	Einsteinium*	99	(254,088)	–
Eu	Europium	63	151,96	0,204
F	Fluor	9	18,9984	0,068
Fe	Eisen	26	55,847	0,126
Fm	Fermium*	100	(255)	–
Fr	Francium*	87	(223,02)	–
Ga	Gallium	31	69,72	0,135
Gd	Gadolinium	64	157,25	0,180
Ge	Germanium	32	72,59	0,139
H	Wasserstoff	1	1,00797	0,150
He	Helium	2	4,0026	–
Ha	Hahnium	105	(262,114)	–
Hf	Hafnium	72	178,49	0,159
Hg	Quecksilber	80	200,59	0,155
Ho	Holmium	67	164,9304	0,176
Hs	Hassium	108	265,130)	–
In	Indium	49	114,82	0,157
Ir	Iridium	77	192,2	0,135
I	Jod	53	126,9044	0,135
K	Kalium	19	39,098	0,238
Kr	Krypton	36	83,80	0,20
Ku	Kurtchatovium*	104	(258)	–
La	Lanthan	57	138,91	0,187
Li	Lithium	3	6,939	0,157
Lu	Lutetium	71	174,97	0,174
Lr	Lawrencium*	103	(257)	–
Md	Mendelevium*	101	(255,09)	–
Mg	Magnesium	12	24,305	0,160
Mn	Mangan	25	54,9380	0,125
Mo	Molybdän	42	95,94	0,140
Mt	Meitnerium	109	(266,138)	–
N	Stickstoff	7	14,0067	0,053
Na	Natrium	11	22,9898	0,192
Nb	Niob	41	92,906	0,147
Nd	Neodym	60	144,24	0,182
Ne	Neon	10	20,179	0,160
Ni	Nickel	28	58,71	0,125
No	Nobelium*	102	(254)	–
Np	Neptunium*	93	(237)	–
Nr	Nielsbohrium	107	(262,123)	–
O	Sauerstoff	8	15,9994	–

Symbol	Name	Ordnungs-zahl	Relative Atommasse	Atomradius (nm)
Os	Osmium	76	190,2	0,135
P	Phosphor	15	30,9738	0,108
Pa	Protaktinium*	91	(231)	–
Pb	Blei	82	207,19	0,175
Pd	Palladium	46	106,4	0,137
Pm	Promethium*	61	146,915	–
Po	Polonium*	84	(210)	–
Pr	Praseodym	59	140,907	0,183
Pt	Platin	78	195,09	0,139
Pu	Plutonium*	94	(242)	–
Ra	Radium*	88	226,05	–
Rb	Rubidium	37	85,468	0,251
Re	Rhenium	75	186,2	0,138
Rh	Rhodium	45	102,9055	0,135
Rn	Radon	86	(222)	–
Ru	Ruthenium	44	101,07	0,134
S	Schwefel	16	32,064	0,106
Sb	Antimon	51	121,75	0,161
Sc	Scandium	21	44,956	0,160
Se	Selen	34	78,96	0,116
Si	Silizium	14	28,086	0,117
Sm	Samarium	62	150,35	–
Sn	Zinn	50	118,69	0,158
Sr	Strontium	38	87,62	0,215
Ta	Tantal	73	180,948	0,147
Tb	Terbium	65	158,9254	0,177
Tc	Technetium*	43	(99)	–
Te	Tellur	52	127,60	0,145
Th	Thorium*	90	232,038	0,180
Ti	Titan	22	47,90	0,147
Tl	Thallium	81	204,37	0,171
Tm	Thulium	69	168,9342	0,174
U	Uran*	92	238,03	0,150
V	Vanadium	23	50,9414	0,136
W	Wolfram	74	183,85	0,141
Xe	Xenon	54	131,30	0,220
Y	Yttrium	39	88,9059	0,181
Yb	Ytterbium	70	173,04	0,194
Zn	Zink	30	65,38	0,137
Zr	Zirkonium	40	91,22	0,160

B Grundzustände und Elektronenkonfigurationen neutraler Atome

Z		nl										Grund-zustand
		1s	2s	2p	3s	3p	3d	4s	4p	4d	4f	
1	H	1										$^2S_{1/2}$
2	He	2										$^1S_0$
3	Li		1									$^2S_{1/2}$
4	Be		2									$^1S_0$
5	B		2	1								$^2P_{1/2}$
6	C	voll	2	2								$^3P_0$
7	N		2	3								$^4S_{3/2}$
8	O		2	4								$^3P_2$
9	F		2	5								$^2P_{3/2}$
10	Ne		2	6								$^1S_0$
11	Na				1							$^2S_{1/2}$
12	Mg				2							$^1S_0$
13	Al				2	1						$^2P_{1/2}$
14	Si	voll	voll		2	2						$^3P_0$
15	P				2	3						$^4S_{3/2}$
16	S				2	4						$^3P_2$
17	Cl				2	5						$^2P_{3/2}$
18	Ar				2	6						$^1S_0$
19	K				2	6		1				$^2S_{1/2}$
20	Ca				2	6		2				$^1S_0$
21	Sc				2	6	1	2				$^2D_{3/2}$
22	Ti				2	6	2	2				$^3F_2$
23	V				2	6	3	2				$^4F_{3/2}$
24	Cr				2	6	5	1				$^7S_3$
25	Mn				2	6	5	2				$^5D_4$
26	Fe				2	6	6	2				$^5D_4$
27	Co				2	6	7	2				$^4F_{9/2}$
28	Ni				2	6	8	2				$^3F_4$
29	Cu				2	6	10	1				$^2S_{1/2}$
30	Zn				2	6	10	2				$^1S_0$
31	Ga				2	6	10	2	1			$^2P_{1/2}$
32	Ge				2	6	10	2	2			$^3P_0$
33	As				2	6	10	2	3			$^4S_{3/2}$
34	Se				2	6	10	2	4			$^3P_2$
35	Br				2	6	10	2	5			$^2P_{3/2}$
36	Kr				2	6	10	2	6			$^1S_0$

Z		\multicolumn{10}{c}{nl}		Grund-zustand

Z		1	2	3	4s	4p	4d	4f	5s	5p	5d	...	6s	Grund-zustand
37	Rb				2	6			1					$^2S_{1/2}$
38	Sr				2	6			2					$^1S_0$
39	Y				2	6	1		2					$^2D_{3/2}$
40	Zr				2	6	2		2					$^3F_2$
41	Nb				2	6	4		1					$^6D_{1/2}$
42	Mo				2	6	5		1					$^7S_3$
43	Tc				2	6	5		2					$^6S_{5/2}$
44	Ru				2	6	7		1					$^5F_5$
45	Rh				2	6	8		1					$^4F_{9/2}$
46	Pd				2	6	10							$^1S_0$
47	Ag				2	6	10		1					$^2S_{1/2}$
48	Cd				2	6	10		2					$^1S_0$
49	In				2	6	10		2	1				$^2P_{1/2}$
50	Sn				2	6	10		2	2				$^3P_0$
51	Sb				2	6	10		2	3				$^4S_{3/2}$
52	Te				2	6	10		2	4				$^3P_2$
53	I				2	6	10		2	5				$^2P_{3/2}$
54	Xe				2	6	10		2	6				$^1S_0$
55	Cs				2	6	10	2	6				1	$^2S_{1/2}$
56	Ba				2	6	10	2	6				2	$^1S_0$
57	La				2	6	10	2	6	1			2	$^2D_{3/2}$
58	Ce				2	6	10	\multicolumn{4}{c}{gemischte Konfiguration}				$J = 4$
59	Pr				2	6	10	3	2	6			2	$^4I_{9/2}$
60	Nd				2	6	10	4	2	6			2	$^5I_4$
61	Pm				2	6	10	5	2	6			2	$^6H_{5/2}$
62	Sm				2	6	10	6	2	6			2	$^7F_0$
63	Eu				2	6	10	7	2	6			2	$^8S_{7/2}$
64	Gd				2	6	10	7	2	6	1		2	$^9D_2$
65	Tb				2	6	10	8	2	6	1		2	$^8G_{13/2}$
66	Dy				2	6	10	10	2	6			2	$^5I_8$
67	Ho				2	6	10	11	2	6			2	$^4I_{15/2}$
68	Er				2	6	10	12	2	6			2	$^3H_6$
69	Tm				2	6	10	13	2	6			2	$^2F_{7/2}$
70	Yb				2	6	10	14	2	6			2	$^1S_0$

Z		1	2	3	4s	4p	4d	4f	5s	5p	5d	...	6s	Grundzustand
								nl						Grundzustand
71	Lu					voll			2	6	1		2	$^2D_{3/2}$
72	Hf								2	6	2		2	$^3F_2$
73	Ta								2	6	3		2	$^4F_{3/2}$
74	W								2	6	4		2	$^5D_0$
75	Re								2	6	5		2	$^6S_{5/2}$
76	Os								2	6	6		2	$^5D_4$
77	Ir								2	6	7		2	$^4F_{9/2}$
78	Pt								2	6	9		1	$^3D_3$
79	Au								2	6	10		1	$^2S_{1/2}$
80	Hg								2	6	10		2	$^1S_0$

Z		1...4	5s	5p	5d	5f	5g	6s	6p	6d	7s	Grundzustand
						nl						Grundzustand
81	Tl		2	6	10			2	1			$^2P_{1/2}$
82	Pb		2	6	10			2	2			$^3P_0$
83	Bi		2	6	10			2	3			$^4S_{3/2}$
84	Po		2	6	10			2	4			$^3P_2$
85	At		2	6	10			2	5			$^2P_{3/2}$
86	Rn		2	6	10			2	6			$^1S_0$
87	Fr		2	6	10			2	6		1	$^2S_{1/2}$
88	Ra		2	6	10			2	6		2	$^1S_0$
89	Ac		2	6	10			2	6	1	2	$^2D_{3/2}$
90	Th		2	6	10			2	6	2	2	$^3F_2$
91	Pa		2	6	10	2		2	6	1	2	$^4K_{11/2}$
92	U		2	6	10	3		2	6	1	2	$^5L_6$
93	Np		2	6	10	4		2	6	1	2	$^6L_{11/2}$
94	Pu		2	6	10	6		2	6		2	$^7F_0$
95	Am		2	6	10	7		2	6		2	$^8S_{7/2}$
96	Cm		2	6	10	7		2	6	1	2	$^9D_2$
97	Bk		2	6	10	8?		2	6	1?	2	$^8G_{15/2}$?
98	Cf		2	6	10	10?		2	6		2	$^5I_8$?
99	E		2	6	10	11		2	6		2	$^4I_{15/2}$
100	Fm		2	6	10	12		2	6		2	$^3H_6$
101	Mv		2	6	10	13		2	6		2	$^2F_{7/2}$
102	No		2	6	10	14		2	6		2	$^1S_0$
103	Lr		2	6	10	14		2	6	1	2	$^2D_{3/2}$?
104	Ku		2	6	10	14		2	6	2	2	$^3F_2$?
105	Ha		2	6	10	14		2	6	3	2	$^4F_{3/2}$?
106	NN		2	6	10	14		2	6	4	2	$^5D_0$?
107	Nr		2	6	10	14		2	6	5	2	$^6S_{5/2}$?
108	Hs		2	6	10	14		2	6	6	2	$^5D_4$?
109	Mt		2	6	10	14		2	6	7	2	$^4F_{9/2}$?

C   K- und L-Bindungsenergien der Elemente.

Die Bindungsenergien sind in Elektronenvolt (eV) angegeben. Die Werte sind entnommen aus:

Kai Siegbahn et al., *ESCA, Nova Acta Regiae Societatis Scientiarum Upsaliensis*, Ser. IV, Vol. 20, 1967.

		$1s_{1/2}$ K	$2s_{1/2}$ L_I	$2p_{1/2}$ L_{II}	$2p_{3/2}$ L_{III}
1	H	14			
2	He	25			
3	Li	55			
4	Be	111			
5	B	188		5	
6	C	284		7	
7	N	399		9	
8	O	532	24	7	
9	F	686	31	9	
10	Ne	867	45	18	
11	Na	1072	63	31	
12	Mg	1305	89	52	
13	Al	1560	118	74	73
14	Si	1839	149	100	99
15	P	2149	189	136	135
16	S	2472	229	165	164
17	Cl	2823	270	202	200
18	A	3203	320	247	245
19	K	4038	377	297	294
20	Ca	4038	438	350	347
21	Sc	4493	500	407	402
22	Ti	4965	564	461	455
23	V	5465	628	520	513
24	Cr	5989	695	584	575
25	Mn	6539	769	652	641
26	Fe	7114	846	723	710
27	Co	7709	926	794	779
28	Ni	8333	1008	872	855
29	Cu	8979	1096	951	931
30	Zn	9659	1194	1044	1021
31	Ga	10367	1298	1143	1116

		$1s_{1/2}$	$2s_{1/2}$	$2p_{1/2}$	$2p_{3/2}$
		K	L_I	L_{II}	L_{III}
32	Ge	11104	1413	1249	1217
33	As	11867	1527	1359	1323
34	Se	12658	1654	1476	1436
35	Br	13474	1782	1596	1550
36	Kr	14326	1921	1727	1675
37	Rb	15200	2065	1864	1805
38	Sr	16105	2216	2007	1940
39	Y	17039	2373	2155	2080
40	Zr	17998	2532	2307	2223
41	Nb	18986	2698	2465	2371
42	Mo	20000	2866	2625	2520
43	Te	21044	3043	2793	2677
44	Ru	22117	3224	2967	2838
45	Rh	23220	3412	3146	3004
46	Pd	24350	3605	3331	3173
47	Ag	25514	3806	3524	3351
48	Cd	26711	4018	3727	3538
49	In	27940	4238	3938	3730
50	Sn	29200	4465	4156	3929
51	Sb	30491	4699	4381	4132
52	Te	31814	4939	4612	4341
53	I	33170	5188	4852	4557
54	Xe	34561	5453	5104	4782
55	Cs	35985	5713	5360	5012
56	Ba	37441	5987	5624	5247
57	La	38925	6267	5891	5483
58	Ce	40444	6549	6165	5724
59	Pr	41991	6835	6441	5965
60	Nd	43569	7126	6722	6208
61	Pm	45185	7428	7013	6460
62	Sm	46835	7737	7312	6717
63	Eu	48519	8052	7618	6977
64	Gd	50239	8376	7931	7243
65	Tb	51996	8708	8252	7515
66	Dy	53788	9047	8581	7790
67	Ho	55618	9395	8919	8071
68	Er	57486	9752	9265	8358
69	Tm	59390	10116	9618	8648
70	Yb	61332	10488	9978	8943

		$1s_{1/2}$ K	$2s_{1/2}$ L_I	$2p_{1/2}$ L_{II}	$2p_{3/2}$ L_{III}
71	Lu	63314	10870	10349	9244
72	Hf	65351	11272	10739	9561
73	Ta	67417	11680	11136	9881
74	W	69525	12099	11542	10205
75	Te	71677	12527	11957	10535
76	Os	73871	12968	12385	10871
77	Ir	76111	13419	12824	11215
78	Pt	78395	13880	13273	11564
79	Au	80725	14353	13733	11918
80	Hg	83103	14839	14209	12284
81	Tl	85531	15347	14698	12657
82	Pb	88005	15861	15200	13035
83	Bi	90526	16388	15709	13418
84	Po	93105	16939	16244	13814
85	At	95730	17493	16785	14214
86	Rn	98404	18049	17337	14619
87	Fr	101137	18639	17906	15031
88	Ra	103922	19237	18484	15444
89	Ac	106755	19840	19083	15871
90	Th	109651	20472	19693	16300
91	Pa	112601	21105	20314	16733
92	U	115606	21758	20948	17168
93	Np	118676	22420	21599	17608
94	Pu	121818	23102	22266	18057
95	Am	125027	23773	22944	18504
96	Cm	128220	24460	23779	18930
97	Bk	131590	25275	24385	19452
98	Cf	139490	26900	26020	20410
99	Es	143090	27700	26810	20900
100	Fm	146780	28530	27610	21390
101	Md	146780	28530	27610	21390
102	No	150540	29380	28440	21880
103	Lr	154380	30240	29280	22360
104	Ku	158300	31120	30140	22840

D SI-Einheiten

Das *Système Internationale d'Unités* (SI) enthält als Basiseinheiten *Meter* (m), *Kilogramm* (kg), *Sekunde* (s), *Ampere* (A), *Kelvin* (K), *Candela* (cd) und *Mol* (mol). Hinzu kommen die zwei ergänzenden Einheiten *Radiant* und *Steradiant*. Seit dem 1.1.1978 ist in der Bundesrepublik Deutschland die Verwendung des SI im amtlichen und geschäftlichen Verkehr gesetzlich vorgeschrieben.

Größe	Symbol	Einheit	Einheitenzeichen	Dimension
Länge	l	Meter	m	
Masse	m	Kilogramm	kg	
Zeit	t	Sekunde	s	
elektrische Stromstärke	I	Ampere	A	
Temperatur	T	Kelvin	K	
Lichtstärke	J	Candela	cd	
Stoffmenge	n	Mol	mol	
Ebener Winkel	ϑ	Radiant	rad	
Raumwinkel	Ω	Steradiant	sr	
Frequenz	ν	Hertz	Hz	s^{-1}
Kreisfrequenz ($2\pi\nu$)	ω	Radiant/Sekunde		s^{-1}
Geschwindigkeit	v	Meter/Sekunde		$m\,s^{-1}$
Beschleunigung	a	Meter/Sekunde^2		$m\,s^{-2}$
Winkelgeschwindigkeit	ω	Radiant/Sekunde		s^{-1}
Winkelbeschleunigung	α	Radiant/Sekunde^2		s^{-2}
Kraft	F	Newton	N	$m\,kg\,s^{-2}$
Energie	E	Joule	J	$m^2\,kg\,s^{-2}$
Leistung	L	Watt	W	$m^2\,kg\,s^{-3}$
Druck	P	Pascal	Pa	$m^{-1}\,kg\,s^{-2}$
Ladung	Q	Coulomb	C	$A\,s$
Potential (Spannung)	U	Volt	V	$m^2\,kg\,s^{-3}\,A^{-1}$
elektrische Feldstärke	E	Volt/Meter		$m\,kg\,s^{-3}\,A^{-1}$
elektrische Polarisation	P	Coulomb/Meter		$A\,s\,m^{-1}$
elektrische Flußdichte[a]	D	Coulomb/Meter^2		$A\,s\,m^{-2}$
elektrischer Widerstand	R	Ohm		$m^2\,kg\,s^{-3}\,A^{-2}$
elektrische Leitfähigkeit	σ	Siemens/Meter	S/m	$m^{-3}\,kg^{-1}\,s^3\,A^2$
Magnetfeld[b]	B	Tesla	T	$kg\,s^{-2}\,A^{-1}$
Magnetisierungsfeld[c]	H	Ampere/Meter		$A\,m^{-1}$
Magnetischer Fluß	Φ	Weber	Wb	$m^2\,kg\,s^{-2}\,A^{-1}$
Selbstinduktion	L	Henry	H	$m^2\,kg\,s^{-2}\,A^{-2}$
Wärmekapazität	C	Joule/Kelvin		$m^2\,kg\,s^{-2}\,K^{-1}$
Entropie	S	Joule/Kelvin		$m^2\,kg\,s^{-2}\,K^{-1}$
Enthalpie	J	Joule		$m^2\,kg\,s^{-2}$
Wärmeleitfähigkeit	λ	Watt/(Meter Kelvin)		$m\,kg\,s^{-3}\,K^{-1}$

[a]Wird auch als elektrische Verschiebung bezeichnet.
[b]Meist als magnetische Flußdichte oder magnetische Induktion bezeichnet.
[c]Meist als magnetische Feldstärke bezeichnet.

E   Vorsätze

10^{18}	Exa	E
10^{15}	Peta	P
10^{12}	Tera	T
10^{9}	Giga	G
10^{6}	Mega	M
10^{3}	Kilo	k
10^{2}	Hekto	h
10^{1}	Deka	da
10^{-1}	Dezi	d
10^{-2}	Zenti	c
10^{-3}	Milli	m
10^{-6}	Mikro	μ
10^{-9}	Nano	n
10^{-12}	Pico	p
10^{-15}	Femto	f
10^{-18}	Atto	a

F Wichtige physikalische Konstanten

Entnommen aus: *Revs.Mod.Phys.* **41**, 375 (1969).

Lichtgeschwindigkeit	c	$2,997925 \cdot 10^8$ m s^{-1}
Feinstrukturkonstante	α	$7,2973 \cdot 10^{-3}$
	$1/\alpha$	$137,036$
Elementarladung	e	$1,60219 \cdot 10^{-19}$ C
Plancksche Konstante	h	$6,6262 \cdot 10^{-34}$ J s
		$4,13571 \cdot 10^{-15}$ eV s
	$\hbar = h/(2\pi)$	$1,0546 \cdot 10^{-34}$ J s
		$6,5822 \cdot 10^{-16}$ eV s
Gravitationskonstante	γ	$6,6732 \cdot 10^{11}$ N m^{2}kg^{-2}
Influenzkonstante	ε_0	$8,85419 \cdot 10^{-12}$ C^{2}m^{-2}N^{-1}
	$1/(4\pi\varepsilon_0)$	$8,98755 \cdot 10^9$ N m^2 C^{-2}
Induktionskonstante	μ_0	$1,2566 \cdot 10^{-6}$ N A^{-2}
Loschmidtsche Zahl	N_0	$6,02217 \cdot 10^{23}$ mol^{-1}
Atomare Masseneinheit	amu	$1,66053 \cdot 10^{-27}$ kg
Elektronenruhemasse	m_e	$9,10956 \cdot 10^{-31}$ kg
		$5,4859 \cdot 10^4$ amu
Elektronenruheenergie	$m_e \cdot c^2$	$0,5110 \cdot 10^6$ eV
Protonenruhemasse	m_p	$1,6726 \cdot 10^{-27}$ kg
		$1,0072766$ amu
Protonenruheenergie	$m_p \cdot c^2$	$0,93825 \cdot 10^9$ eV
Neutronenruhemasse	m_n	$1,6749 \cdot 10^{27}$ kg
		$1,0086652$ amu
Neutronenruheenergie	$m_n \cdot c^2$	$0,93955 \cdot 10^9$ eV
Massenverhältnis Proton zu Elektron	m_p/m_e	$1836,109$
Spezifische Ladung des Elektrons	e/m_e	$1,758803 \cdot 10^{11}$ C kg^{-1}
Faradaysche Konstante	$F = N_0 \cdot e$	$9,6487 \cdot 10^4$ C mol^{-1}
Rydbergsche Konstante	R_∞	$1,097373 \cdot 10^5$ cm^{-1}
		$2,1799 \cdot 10^{-18}$ J
		$13,6058$ eV
Bohrscher Radius	a_B	$5,29177 \cdot 10^{11}$ m
Klassischer Elektronenradius	r_e	$2,8179 \cdot 10^{15}$ m
Magnetisches Flußquant	Φ_0	$2,06785 \cdot 10^{15}$ T m^2
Bohrsches Magneton	μ_B	$9,2741 \cdot 10^{-24}$ J T^{-1}
		$5,7884 \cdot 10^{-5}$ eV T^{-1}
		$1,400 \cdot 10^4$ MHz T^{-1}
Kernmagneton	μ_K	$5,0509 \cdot 10^{-27}$ J T^{-1}
		$3,1525 \cdot 10^8$ eV T^{-1}

Magnetisches Moment		
des Elektrons	μ_e	$9{,}2848 \cdot 10^{-24}\,\mathrm{J\,T^{-1}}$
		$1{,}00115964\,\mu_B$
des Protons	μ_p	$1{,}41062 \cdot 10^{-26}\,\mathrm{J\,T^{-1}}$
		$1{,}521033 \cdot 10^{-3}\,\mu_B$
		$2{,}7928\,\mu_K$
Compton-Wellenlänge		
des Elektrons	λ_C	$2{,}42631 \cdot 10^{-12}\,\mathrm{m}$
	$\lambda_C/(2\pi)$	$3{,}8616 \cdot 10^{-13}\,\mathrm{m}$
Gaskonstante	R	$8{,}3143\,\mathrm{J\,mol^{-1}K^{-1}}$
Boltzmannkonstante	k_B	$1{,}38062 \cdot 10^{-23}\,\mathrm{J\,K^{-1}}$
		$8{,}617 \cdot 10^{-5}\,\mathrm{eV\,K^{1}}$
Molvolumen (ideales Gas)	V_0	$22{,}4136\,\mathrm{l\,mol^{-1}}$
Normaldruck	P_0	$101325\,\mathrm{Pa}$
		$1{,}01325\,\mathrm{bar}$
Tripelpunkt H_2O	T_t	$273{,}15\,\mathrm{K}$
	T_0	$273{,}16\,\mathrm{K}$
		$0\,^{\circ}\mathrm{C}$
Strahlungskonstanten		
Stefan-Boltzmann	σ	$5{,}6697 \cdot 10^{-8}\,\mathrm{W\,m^{-2}K^{-4}}$
Planck	$c_1 = 8\pi hc$	$4{,}9926 \cdot 10^{-24}\,\mathrm{J\,m}$
	$c_2 = hc/k$	$1{,}4388 \cdot 10^{-2}\,\mathrm{m\,K}$
Wiensche Verschiebungskonstante	A	$2{,}898 \cdot 10^{-3}\,\mathrm{m\,K}$
Standard Fallbeschleunigung	g	$9{,}80665\,\mathrm{m\,s^{-2}}$

G Energieäquivalente

Arbeit:	$E = F \cdot l = 1\,N \cdot 1\,m = 1\,kg\,m^2 s^{-2} = 1\,J = 10^7\,erg = 10^7\,g\,cm^2 s^{-2}$
Elektronenvolt:	$E = q \cdot U = e \cdot 1\,V = 1{,}60219 \cdot 10^{-19}\,C \cdot 1\,V = 1{,}60219 \cdot 10^{-19}\,J$
Frequenz:	$E = h \cdot \nu = \hbar \cdot \omega = h \cdot 1\,Hz = 6{,}62619 \cdot 10^{-34}\,Js \cdot 1\,Hz = 6{,}62619 \cdot 10^{-34}\,J$
Wellenzahl:	$E = h \cdot c \cdot \lambda^{-1} = h \cdot c \cdot 1\,cm^{-1} = 6{,}62619 \cdot 10^{-34}\,J\,s \cdot 2{,}997925 \cdot 10^{10}\,cm\,s^{-1} \cdot 1\,cm^{-1} = 1{,}98648 \cdot 10^{-23}\,J$
Temperatur:	$E = k_B \cdot T = k_B \cdot 1\,K = 1{,}38062 \cdot 10^{-23}\,J K^{-1} \cdot 1\,K = 1{,}38062 \cdot 10^{-23}\,J$
Wärmemenge:	$1\,cal = 4{,}18400\,J = 10^{-3}\,kcal$ (Definition der thermochemischen Kalorie)
Magnetfeld:	$E = \nu \cdot B = 1\nu_B \cdot 1\,T = 9{,}27410 \cdot 10^{-24}\,JT^{-1} \cdot 1\,T = 9{,}27410 \cdot 10^{-24}\,J$
Masse:	$E = mc^2 = 1\,kg \cdot c^2 = 1\,kg \cdot (2{,}997925)^2 \cdot 10^{16}\,m^2 s^{-2} = 8{,}987554 \cdot 10^{16}\,J$
Atommasse:	$E = mc^2 = 1\,amu \cdot c^2 = 1\,amu \cdot (2{,}997925)^2 \cdot 10^{16}\,m^2 s^{-2} = 1{,}66053 \cdot 10^{-27}\,kg \cdot 8{,}987554 \cdot 10^{16}\,m^2 s^{-2}$ $= 1{,}49241 \cdot 10^{-10}\,J$

	J	eV	Hz	cm^{-1}	K	cal	T	kg	amu
1 J	= 1	$6{,}24146 \cdot 10^{18}$	$1{,}50916 \cdot 10^{33}$	$5{,}03403 \cdot 10^{22}$	$7{,}24312 \cdot 10^{22}$	$2{,}39006 \cdot 10^{-1}$	$1{,}07827 \cdot 10^{23}$	$1{,}11265 \cdot 10^{-17}$	$6{,}7006 \cdot 10^{9}$
1 eV	$= 1{,}60219 \cdot 10^{-19}$	1	$2{,}41797 \cdot 10^{14}$	$8{,}06547 \cdot 10^{3}$	$1{,}16049 \cdot 10^{4}$	$3{,}82933 \cdot 10^{-20}$	$1{,}72759 \cdot 10^{4}$	$1{,}78268 \cdot 10^{-36}$	$1{,}07356 \cdot 10^{-9}$
1 Hz	$= 6{,}62619 \cdot 10^{-34}$	$4{,}13570 \cdot 10^{-15}$	1	$3{,}33564 \cdot 10^{-11}$	$4{,}79943 \cdot 10^{-11}$	$1{,}58370 \cdot 10^{-34}$	$7{,}14482 \cdot 10^{-11}$	$7{,}37262 \cdot 10^{-51}$	$4{,}43994 \cdot 10^{-24}$
1 cm^{-1}	$= 1{,}98648 \cdot 10^{-23}$	$1{,}23985 \cdot 10^{-4}$	$2{,}99792 \cdot 10^{10}$	1	$1{,}43883$	$4{,}74781 \cdot 10^{-24}$	$2{,}14197$	$2{,}21026 \cdot 10^{-40}$	$1{,}33106 \cdot 10^{-13}$
1 K	$= 1{,}38062 \cdot 10^{-23}$	$8{,}61708 \cdot 10^{-5}$	$2{,}08358 \cdot 10^{10}$	$6{,}95007 \cdot 10^{-1}$	1	$3{,}29976 \cdot 10^{-24}$	$1{,}48868$	$1{,}53615 \cdot 10^{-40}$	$9{,}25098 \cdot 10^{-14}$
1 cal	$= 4{,}18400$	$2{,}61143 \cdot 10^{19}$	$6{,}31434 \cdot 10^{33}$	$2{,}10624 \cdot 10^{23}$	$3{,}03052 \cdot 10^{23}$	1	$4{,}51147 \cdot 10^{23}$	$4{,}65533 \cdot 10^{-17}$	$2{,}8035 \cdot 10^{10}$
1 T	$= 9{,}27410 \cdot 10^{-24}$	$5{,}78839 \cdot 10^{-5}$	$1{,}39961 \cdot 10^{10}$	$4{,}66861 \cdot 10^{-1}$	$6{,}71734 \cdot 10^{-1}$	$2{,}21657 \cdot 10^{-24}$	1	$1{,}03188 \cdot 10^{-40}$	$6{,}21420 \cdot 10^{-14}$
1 kg	$= 8{,}987554 \cdot 10^{16}$	$5{,}60954 \cdot 10^{35}$	$1{,}3565 \cdot 10^{50}$	$4{,}52436 \cdot 10^{39}$	$6{,}50979 \cdot 10^{39}$	$2{,}14808 \cdot 10^{16}$	$9{,}6910 \cdot 10^{39}$	1	$6{,}02220 \cdot 10^{26}$
1 amu	$= 1{,}49241 \cdot 10^{-10}$	$9{,}31481 \cdot 10^{8}$	$2{,}2523 \cdot 10^{23}$	$7{,}51284 \cdot 10^{12}$	$1{,}08097 \cdot 10^{13}$	$3{,}5669 \cdot 10^{-11}$	$1{,}60922 \cdot 10^{13}$	$1{,}66052 \cdot 10^{-27}$	1

Sachverzeichnis

Oldenbourg
Verlag

Ein Wissenschaftsverlag der
Oldenbourg Gruppe

Rudolf Gross, Achim Marx

Festkörperphysik

2012
XVIII, 982 Seiten
gebunden
ISBN 978-3-486-71294-0
€ 49,80

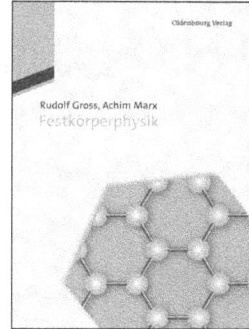

Jetzt ist das mehrfach überarbeitete, erweiterte und didaktisch aufbereitete Vorlesungsskript zur Festkörperphysik von Professor Rudolf Gross als Lehrbuch erhältlich. Viele Jahre war es die zuverlässige Basis für ein erfolgreiches Physikstudium.

In großer Detailliertheit führen die Autoren in das wohl breiteste Gebiet der Physik ein und vermitteln darüber hinaus eine solide Grundlage für alle wichtigen Spezialthemen wie z. B. Supraleitung, Halbleiterphysik und Spin-Elektronik. Somit ist das Werk als begleitende und vertiefende Lektüre gleichermaßen für das Bachelorstudium wie für das Masterstudium geeignet.

Es gelingt den Autoren nicht nur, die moderne Festkörperphysik in all ihrer Breite leicht verständlich und strukturiert zu behandeln, sondern – durch Lebensläufe herausragender Forscherpersönlichkeiten und historische Anmerkungen – auch ein tieferes Verständnis für die wissenschaftliche Entwicklung dieses Fachbereichs zu schaffen.

Das ausgewogene didaktische Konzept des Buches zeichnet sich durch Klarheit und Übersichtlichkeit aus. Farbige Hervorhebungen und Markierungen sowie vier verschiedene Icons am Seitenrand kennzeichnen besonders wesentliche Formeln, die zahlreichen Vertiefungsthemen, weiterführende Literatur und Übungsaufgaben am Ende der Kapitel.

Für Bachelor- und Masterstudenten der Physik und Materialwissenschaften.

Bestellen Sie in Ihrer Fachbuchhandlung
oder direkt bei uns: Tel: +49 89/45051-248
Fax: +49 89/45051-333 | verkauf@oldenbourg.de   **www.oldenbourg-verlag.de**

Oldenbourg Verlag

Ein Wissenschaftsverlag der
Oldenbourg Gruppe

Christopher J. Foot

Atomphysik

2011
XV, 428 Seiten, 145 Abbildungen
broschiert
ISBN 978-3-486-70546-1
€ 69,80

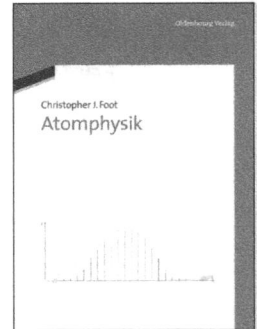

Dieses Buch ist in erster Linie als begleitende Lektüre zur Vorlesung über Atomphysik für Fortgeschrittene gedacht. Ergänzend zu der üblichen quantenmechanischen Behandlung der Struktur des Atoms wird hier größter Wert auf die Darstellung der experimentellen Grundlagen des Gebiets gelegt.

An die Kapitel schließen sich Zusammenfassungen und weiterführende Literaturangaben an. Zahlreiche Übungsaufgaben ermöglichen die unmittelbare Überprüfung des Gelernten.

Aus dem Inhalt:
- Frühe Atomphysik
- Das Wasserstoffatom
- Helium
- Alkalimetalle
- Das LS-Kopplungsschema
- Hyperfeinstruktur und Isotopenverschiebung
- Wechselwirkung von Atomen mit Strahlung
- Dopplerfreie Laserspektroskopie
- Laserkühlung und Laserfallen
- Magnetfallen, Verdampfungskühlung und Bose-Einstein-Kondensation
- Atominterferometrie
- Ionenfallen
- Quanteninformatik

Für Studierende der Physik ab dem 4. Semester.

Bestellen Sie in Ihrer Fachbuchhandlung
oder direkt bei uns: Tel: +49 89/45051-248
Fax: +49 89/45051-333 | verkauf@oldenbourg.de   **www.oldenbourg-verlag.de**

www.ingramcontent.com/pod-product-compliance
Lightning Source LLC
Chambersburg PA
CBHW081111220326
41598CB00038B/7308